住房和城乡建设部“十四五”规划教材
高等学校建筑学专业指导委员会规划推荐教材

建筑结构

（第三版）

Building Structure（3rd Edition）

湖南大学　邓　广　主编

中国建筑工业出版社

图书在版编目（CIP）数据

建筑结构 = Building Structure / 邓广主编 . — 3 版 . — 北京：中国建筑工业出版社，2023.8（2025.2 重印）
住房和城乡建设部“十四五”规划教材　高等学校建筑学专业指导委员会规划推荐教材
ISBN 978-7-112-28916-5

Ⅰ . ①建…　Ⅱ . ①邓…　Ⅲ . ①建筑结构—高等学校—教材　Ⅳ . ① TU3

中国国家版本馆 CIP 数据核字（2023）第 128795 号

为了更好地支持教学，我社向采用本书作为教材的教师提供课件，有需要者可与出版社联系，索取方式如下：邮箱 jckj@cabp.com.cn，电话（010）58337285。

责任编辑：仕　帅　陈　桦
责任校对：李美娜

住房和城乡建设部“十四五”规划教材
高等学校建筑学专业指导委员会规划推荐教材
建筑结构（第三版）
Building Structure（3rd Edition）
湖南大学　邓　广　主编
*
中国建筑工业出版社出版、发行（北京海淀三里河路 9 号）
各地新华书店、建筑书店经销
北京雅盈中佳图文设计公司制版
天津安泰印刷有限公司印刷
*
开本：787 毫米 ×1092 毫米　1/16　印张：$32^3/_4$　字数：725 千字
2024 年 3 月第三版　2025 年 2 月第二次印刷
定价：79.00 元（赠教师课件及配套数字资源）
ISBN 978-7-112-28916-5
（41296）

党和国家高度重视教材建设。2016 年，中办国办印发了《关于加强和改进新形势下大中小学教材建设的意见》，提出要健全国家教材制度。2019 年 12 月，教育部牵头制定了《普通高等学校教材管理办法》和《职业院校教材管理办法》，旨在全面加强党的领导，切实提高教材建设的科学化水平，打造精品教材。住房和城乡建设部历来重视土建类学科专业教材建设，从“九五”开始组织部级规划教材立项工作，经过近 30 年的不断建设，规划教材提升了住房和城乡建设行业教材质量和认可度，出版了一系列精品教材，有效促进了行业部门引导专业教育，推动了行业高质量发展。

为进一步加强高等教育、职业教育住房和城乡建设领域学科专业教材建设工作，提高住房和城乡建设行业人才培养质量，2020 年 12 月，住房和城乡建设部办公厅印发《关于申报高等教育职业教育住房和城乡建设领域学科专业“十四五”规划教材的通知》（建办人函〔2020〕656 号），开展了住房和城乡建设部“十四五”规划教材选题的申报工作。经过专家评审和部人事司审核，512 项选题列入住房和城乡建设领域学科专业“十四五”规划教材（简称规划教材）。2021 年 9 月，住房和城乡建设部印发了《高等教育职业教育住房和城乡建设领域学科专业“十四五”规划教材选题的通知》（建人函〔2021〕36 号）。为做好“十四五”规划教材的编写、审核、出版等工作，《通知》要求：（1）规划教材的编著者应依据《住房和城乡建设领域学科专业“十四五”规划教材申请书》（简称《申请书》）中的立项目标、申报依据、工作安排及进度，按时编写出高质量的教材；（2）规划教材编著者所在单位应履行《申请书》中的学校保证计划实施的主要条件，支持编著者按计划完成书稿编写工作；（3）高等学校土建类专业课程教材与教学资源专家委员会、全国住房和城乡建设职业教育教学指导委员会、住房和城乡建设部中等职业教育专业指导委员会应做好规划教材的指导、协调和审稿等工作，保证编写质量；（4）规划教材出版单位应积极配合，做好编辑、出版、发行等工作；（5）规划教材封面和书脊应标注“住房和城乡建设部‘十四五’规划教材”字样和统一标识；（6）规划教材应在“十四五”期间完成出版，逾期不能完成的，不再作为《住房和城乡建设领域学科专业“十四五”规划教材》。

住房和城乡建设领域学科专业“十四五”规划教材的特点：一是重点以修订教育部、住房和城乡建设部“十二五”“十三五”规划教材为主；二是严格按照专业标准规范要求编写，体现新发展理念；三是系列教材具有明显特点，满足不同层次和类型的学校专业教学要求；四是配备了数字资源，适应现代化教学的要求。规划教材的出版凝聚了作者、主审及编辑的心血，得到了有关院校、出版单位的大力支持，教材建设管理过程有严格保障。希望广大院校及各专业师生在选用、使用过程中，对规划教材的编写、出版质量进行反馈，以促进规划教材建设质量不断提高。

住房和城乡建设部“十四五”规划教材办公室

2021 年 11 月

修订版前言

本教材第二版自2017年出版以来，已有六年时间。这六年里，在理论研究和技术上都有很大的创新，《建筑结构可靠性设计统一标准》GB 50068—2018、《钢结构设计标准》GB 50017—2017、《木结构设计标准》GB 50005—2017进行了修订，并出台了《工程结构通用规范》GB 55001—2021、《建筑与市政工程抗震通用规范 》GB 55002—2021、《建筑与市政地基基础通用规范》GB 55003—2021、《木结构通用规范》GB 55005—2021、《钢结构通用规范》GB 55006—2021、《砌体结构通用规范》GB 55007—2021、《混凝土结构通用规范》GB 55008—2021、《建筑与市政工程施工质量控制通用规范》GB 55032—2022等一批强制性规范。基于以上我们对本教材第二版进行了修订。为强化学生工程意识，还增设了二维码，通过扫码来扩充案例知识。部分小节以扫码观看的形式体现，便于师生自选学习。鉴于装配式建筑已成为我国大力推广的新建筑，本书增设了装配式建筑结构章节。

本次修订增加了湖南省建筑设计院集团股份有限公司参加，以强化工程实践应用，书中二维码扩充案例知识材料大多来自该公司。本书编者是湖南大学邓广（第1、2、3、9章）、湖南省建筑设计院集团股份有限公司方辉（第1、8章）、夏心红（第3、5章）、阳波（第4、11章）、廖超（第5、10章）、袁峥嵘（第6、7章）、易广智（第8、12章）。

湖南大学沈蒲生教授对本教材进行了审阅，提出了许多宝贵意见，特此致谢。

由于我们的水平所限，不妥之处在所难免，欢迎批评指正。

编者

2023年10月

第一版前言

我国土木工程领域近年来有了很大的发展，很多大城市都兴建了大量的建筑，随着经济的快速发展和工程经验的不断增加，各类建筑结构规范、规程也在不断更新和完善，本书就是为适应这一变化而编著的。

本书在编写上依据建筑结构的内在联系，以混凝土结构基本原理和设计为主要内容，将砌体结构和钢结构有机结合，形成建筑结构课程体系。此体系充分体现了建筑结构知识的系统性，保证了非土木工程专业对建筑结构知识的基本要求。

在编写中，作者贯彻在教学中以学生为中心、以教师为主导的思想。针对非土木工程专业学生力学和数学知识较弱的特点，注重实用性和工程性，将基本知识、工程概念和基本技能的培养作为重点，力求基本内容讲解透彻、突出重点、开创新意，同时贯彻少而精的原则，使本课程内容和体系能满足非土木工程专业对建筑结构知识的要求。

本书第一、四、十章由何益斌编写，第二章由吴方伯编写，第五、十一章由刘桂秋编写，第三、七、十二章由樊海涛编写，第六、八章由郦世平编写，第九章由邓广编写，第四章有关楼盖例题的内容由夏栋舟完成。全书由何益斌教授负责制定编写大纲并进行统稿。

由于编写时间仓促及编者水平所限，书中定有不当之处，敬请读者批评指正。

目录

第1篇　建筑结构概论

第1章 绪论

第2章 建筑结构设计方法

第2篇　各种建筑结构

第3章 混凝土结构

第12章

多高层钢筋混凝土框架结构抗震设计简述

第1篇

建筑结构概论

第1章

绪　论

1.1 建筑结构与建筑的关系

人类为了生存和生活，必须具备一定的场所来抵御自然灾害，并保存劳动成果、休养生息、抚养子女，以及利用它来进行劳动生产和从事经济文化教育等多方面的活动。这些活动中所包含的要求不仅有物质方面的，还有精神方面的。建筑是根据人们物质生活和精神生活的需求，为满足人们在生产和从事经济文化教育的需要而建造的有组织、有目的的内部及外部空间环境。在历史的不同阶段、不同的人群阶层，对物质生活和精神生活的需求是不同的，导致了不同形式建筑的出现，建筑具有物质产品和精神产品的双重特点，这也是建筑的主要特征。所谓建筑是建筑物和构筑物的总称，是人们为了满足社会生活需求，利用所拥有的物质技术手法，并运用一定的科学规律和美学法则建造的人工环境，是工程技术和建筑艺术的综合创作。而建筑学作为研究设计和建造建筑物或构筑物的学科，主要内容涉及建筑功能、工程技术、建筑经济、建筑艺术及环境规划等许多方面的问题，其中工程技术涉及的最主要内容即为结构技术。结构技术主要指在既定结构基础上采用的分析、设计方法及所涉及的建筑材料、施工技术等。可以说结构技术是建筑得以发展和飞跃的重要因素。所谓建筑结构广义地讲是指房屋建筑和土木工程的建筑物、构筑物及其相应组成部分的实体，具体是指各种工程实体的承重骨架。

建筑的三个最基本要素包括强度、适用和美观。适用是指该建筑的实用功能，即建筑可提供的空间要满足建筑的使用要求，这是建筑最基本的特性；美观是建筑物能使那些接触它的人产生一种美学感受，这种效果可能由一种或多种原因产生，其中也包括了建筑形成的象征意义，形状、花纹和色彩的美学特征；强度是建筑的最基本特征，它关系到建筑物保存的完整性和作为一个物体在自然界的生存能力，满足此“强度”所需要的建筑物部分是结构，结构是建筑物的基础，没有结构就没有建筑物，也不存在适用，更不可能有美观。

从广义上讲，结构是指房屋建筑和土木工程的建筑物、构筑物及其相关组成部分的实体；狭义地讲是指各种工程实体的承重骨架。混凝土结构是指以混凝土为主要建筑材料制成的各种工程实体的承重骨架，钢结构是指以钢材为主要建筑材料制成的各种工程实体的承重骨架。

结构在其工作年限内，除要承受各种永久荷载和可变荷载外，还将受到外界温度变化（季节温差、白昼温差等)、混凝土收缩和徐变以及可能存在的地基不均匀沉降等影响。在地震区，结构还可能承受地震的作用。结构构件在上述各种因素的作用下，应具有足够的承载能力，不发生整体或局部的破坏或失稳。此外结构还应具有足够的刚度，不产生过大的挠度或侧移。结构还要具有足够的耐久性，在其工作年限内，钢材不出现严重锈蚀，混凝土等材料不发生严重腐蚀、风化、剥落等现象。

结构的主要功能是保证建筑的安全及正常使用，也即满足承载力极限状态要求和正常使用极限状态要求。一般情况下，对承重结构部分必须进行合理分析与设计方可满足两类极限状态要求，对非承重结构部分，一般通过适当的构造要求，即可满足上述两类极限状态要求，在以后论述中重点是讨论承重结构。

按结构的承重方式；可将结构分成如下三类：①水平承重结构：如房屋中的楼盖结构和屋盖结构；②竖向承重结构：如房屋中的框架、排架、刚架、剪力墙、筒体等结构；③下部承重结构：如房屋中的地基和基础。

这三类承重结构的荷载传递关系是水平承重结构将作用在楼盖、屋盖上的所有荷载传递给竖向承重结构，竖向承重结构将自身承受的荷载（垂直荷载和水平作用）以及水平承重结构传来的荷载（竖向荷载为主）传递给基础和地基。值得注意的是，水平承重结构、竖向承重结构和下部承重结构是一个整体，它们相互作用、相互影响。尤其是上部结构（水平承重结构和竖向承重结构的总称）将荷载传递给下部承重结构，下部承重结构将产生变形，这个变形也引起上部结构的内力和变形发生变化。

结构的形式与布局不可避免地与它要支撑的建筑物形式和功能密切相关，在满足建筑三个最基本要素的前提下，尽量达到经济最省的目标。从一个极端来说，建筑师在建筑物形式的创意过程中可能完全忽略结构因素，并且在建筑物的建造过程中完全隐藏结构构件。众所周知的纽约港入口处的自由女神像就是这样一个实例（图 1-1），它含有一套包含楼梯和电梯的内部交通系统，被看作一座建筑物，从外观上讲，它已是完全隐藏了结构内涵。2008 年我国奥运会场馆的水立方游泳馆也是这种创意的典型

(a)

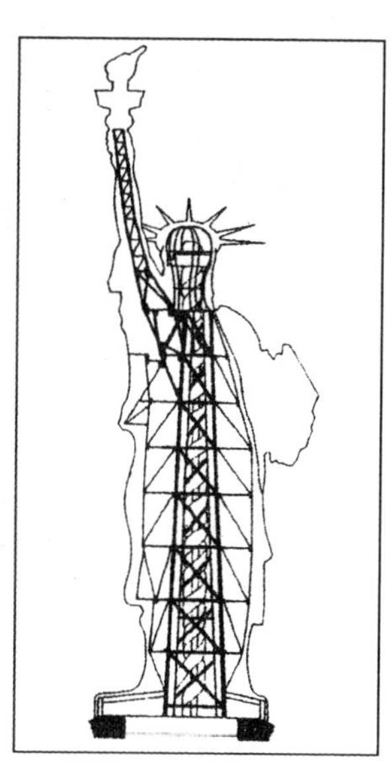
(b)

图 1-1 自由女神像
(a) 外观；(b) 内部骨架

实例（图 1-2）。从另一个极端来说，建筑师也可能完全依赖于结构构件，设计建造一个几乎完全由结构组成的建筑，如德国慕尼黑体育馆（图 1-3）和英国千年穹顶（图 1-4）就是这样的实例，2008 年我国奥运会主场馆国家体育场（图 1-5）也是一个典型依赖于结构的建筑。

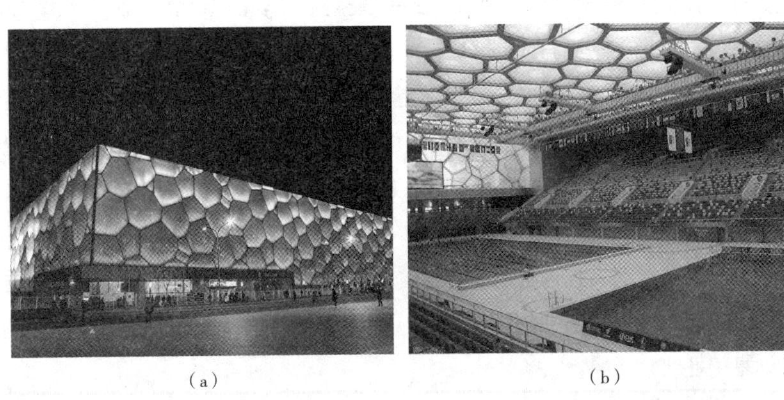

（a） （b）

图 1-2 水立方游泳馆

（a）外观；（b）内部

（a） （b）

图 1-3 慕尼黑体育馆

（a）鸟瞰；（b）内部

图 1-4 英国千年穹顶

（a）

（b）

图 1-5 国家体育场
（a）鸟巢外貌；（b）鸟巢内部

因此，结构与建筑之间的关系处理能够采用多种形式，结构是建筑物的基本受力骨架，一个优秀的建筑作品是各专业人员相互协调、密切配合的结果。在满足建筑物功能要求下的结构形式及方案的对比分析是很有必要的，有时方案的形成还受当时或当地施工条件的约束，也即一个方案的好坏不是绝对的，我们平常说方案只有更好，而没有最好就含有这方面的含义。

一栋好的建筑除了好的建筑元素外，还必定有优质的结构基因包括在内，一个好的建筑师必定是一个结构行家。一般情况下，建筑师在方案阶段应注意在结构上的三大原则概念。

1. 功能优先原则

1）满足建筑功能：房屋建筑功能是明确的，当然有些功能不是单一要求的，如超市建筑要求空间布置灵活多变、视野开阔，体育馆要求空间高大，为满足这些功能要求，建筑在高度、跨度及空间方面都应区别对待；在结构上应有相应体系与之协调。

2）满足造型要求：建筑在立面和平面布局中，为了空间效果，不可避免地有些不规则，如立面的凹凸、悬挑、转角、咬合，为避免这些不规则导致的应力集中或受力复杂，结构上应采用限制不规则尺寸的程度（大小）、设置变形缝或者加强部位处理等办法解决。

3）建筑、结构及施工三协调：建筑造型由结构骨架来体现，而结构骨架的建造离不开施工，因此结构的布局不仅与建筑要协调，而且要充分考虑施工条件。结构的构成与施工方法密切相关，施工方法的不同可能导致构件的受力不同，结构分析中必须保证构件实际受力与计算模型相一致。

4）选择正确结构体系：不同的结构体系对应其不同的抗侧移刚度（如框架结构、框 – 剪结构、筒体结构），因此，在不同设防烈度区，建筑高度的大小决定了结构体系的类型。当然，对主、附楼已分开处理的结构选型，可根据主、附楼各自受力特点采用各自不同的结构体系，但须设置必要的变形缝，以避免沉降及地震时房屋的互相碰撞。

5）积极创新开拓：为了满足建筑造型新颖的要求，建筑立面、平面布置等不可避免地超过规范的限制，这时必须详细地分析，包括受力及变形等多方面，通过分析计算及专家委员会专项审查，则可以实现新颖造型的创新开拓。

2. 受力合理原则

1）构件传力明确：结构中传力途径可分为两个主要体系，一是水平传力体系，二是竖向传力体系。在力传递过程中，必须明确力的传递路径，为此可以采用调整构件刚度的方法实现，通过主梁、次梁、次次梁等来实现。主梁、次梁和次次梁是一个相对概念，是相对传力途径而言的。

2）结构空间受力：从结构力学可知，冗余力越多，结构成为可变机构的可能性就越小。在地震作用下，结构双向抗力显得更为必要。因此，在结构整体布局中，尽量构建空间受力体系。对一些特殊建筑，还可采用设置斜撑方法以加强空间刚度。

3）优化构件布置：结构的行为表现在受力合理、变形满足要求及结构自振周期适当等方面。为使结构受力合理，可将构件设计成连续构件（梁、板），并尽量对称、规则、刚度中心与质量中心重合，尽量减少扭转；各种材料的构件有其优势的受力状态，必须加以充分利用。如使混凝土构件尽量处于受压，甚至轴心受压，砌体结构尽量少受弯、受拉，钢结构处于受压或受拉状态。为使变形满足要求同时自振周期合适，还要控制好结构刚度，须重视“适度”或“优化”的概念。

4）多道设防体系：随着建筑高度增加，水平作用已由次要地位占据主导地位。在地震作用下，为实现“大震不倒”的原则，不仅结构抗侧力要足够，而且还应采用多道设防，如在框架－剪力墙结构中，剪力墙是第一道设防体系，等到此体系失效后，还有框架结构可以抵抗水平力，可作为第二道设防体系。

5）减轻结构自重：结构自重的增加主要体现在填充墙用材及建筑装饰用材方面，自重增加不仅使基础负荷加大，增加造价，而且更明显的是增大了地震作用，相应地增加了工程造价。减轻自重的途径可以是选择轻质的复合材料，或者是利用其他高效能结构类型，如用网架作大跨结构、壳体作屋顶等。

6）设置合理构造：由于结构布置的复杂及地质条件的不均匀性，使结构在施工及使用过程中出现一些难以处理的问题，如不均匀沉降、受力复杂部位开裂、混凝土徐变性能、收缩性能等导致的裂缝，这些我们可以通过合理构造来解决。如设置变形缝（沉降缝、伸缩缝和抗震缝）解决不均匀沉降、收缩及房屋相互碰撞导致的裂缝和破坏。设置可滑动键解决构件两端在施工过程中因徐变等性能而引起的相对竖向位移差。这些位移差产生的附加内力可达荷载产生内力的6～8倍，完全可能导致构件尚未使用就开裂甚至破坏。此时采用滑动键解决问题就是有效方法之一。

3. 实际出发原则

1）施工条件：我国量大、面广的建设所需的人力和技术主要还是以当地条件为主进行。在进行建筑设计时，必须考虑当地的施工技术水平，建筑师不能太“任性”，一味强调新颖的结果必然是高造价，甚至由于施工技术达不到要求，导致工程存在不安全因素，留下安全隐患。

2）材料选用：我国传统的三大主材——钢筋、混凝土及砌体已成为大家所熟悉掌握的材料，但预应力混凝土大跨结构、高性能混凝土材料等并未在全国各地普遍使用。因此，对某些特高效能材料的使用必须在深入调查基础上方可考虑，尽量不要别出心裁地为体现发展趋势在局部小范围内采用某些新技术。

3）降低造价：同样的建筑，用不同的结构体系和不同的材料，导致的工程造价是不一样的，一般情况下，砌体结构造价最低，钢结构造价最高，钢筋混凝土结构介于中间。应在保证适用、安全的前提下，尽量降低造价，不要盲目地追求建筑的高端、大气、上档次。

4）初始投资与全寿命费用：我国目前注重控制建房时一次性投入，即初始投资，但据分析对比，房屋在后期的维修保养中也将花费不菲的费用。因此，在前期需综合考虑建筑寿命与结构用材及造价相匹配的问题。

1.2 建筑结构的分类

根据建筑结构采用的材料及受力特点，可从组成的材料、结构体系及建筑物层数等几方面进行分类，现分述如下。

1. 按材料分类

根据建筑结构所采用的材料，建筑结构可分为：

1）木结构

木结构是指以木材为主要受力骨架而建造的结构，广泛用于住宅、办公楼等中低层建筑之中，也可用于大跨度建筑中，如厂房、体育馆及商场等，在古代还用于塔庙建筑中。木结构具有较好的保温隔热性能、重量较轻、建造方便及良好的抗震性能等优点，此外它还是一种最为绿色的环保材料，资源再生产容易。它的缺点是材料受力性能各向异性明显，容易腐蚀，容易燃烧。

2）砌体结构

由砖砌体、石砌体或砌块砌体用砂浆砌筑的砌体作为竖向承重构件而建造的结构，称为砌体结构。

砌体材料，如黏土、砂和石是天然材料，具有分布广、容易就地取材且价格便宜等优点。此外砌体还具有良好的耐火性和较好的耐久性能，使用期限较长。砌体尤以其保温、隔热性能好，节能效果明显，而被广泛采用，并且砌体结构施工设备和方法较简单，能较好地连续施工。砌体结构的缺点是自重大、强度较低、抗震性能差，因而砌体结构的应用在层数及抗震区受到一定限制。

3）混凝土结构

混凝土结构包括素混凝土结构、钢筋混凝土结构及预应力混凝土结构。素混凝土结构是由混凝土组成，未配置钢筋，抗拉性能很差，它主要用于基础垫层等以受压为主的结构中。钢筋混凝土结构是将钢筋和混凝土有机合理组合在一起的结构，钢筋放置在受拉边，以提高混凝土抗拉能力，混凝土则主要承受压力。钢筋混凝土结构是应用最广泛的结构，它具有就地取材、耐火性好、可模性好及整体性好等优点。其缺点是自重较大，抗裂性能较差。预应力混凝土结构是针对钢筋混凝土结构抗裂性能差的缺点，在构件受拉区预先施加压应力而形成的结构，它适用于跨度较大的梁板结构等。

4）钢结构

以钢材为主要承重骨架而制作的结构称为钢结构。

钢材的抗拉及抗压、抗剪强度相对来说比较高，钢结构构件截面尺寸小，自重轻，施工周期短，基础负载也相对减少，降低了基础造价。此外，钢结构材料均匀，具有良好的延性，抗震性能好，尤其在高烈度地震区，使用钢结构更为有利。钢结构的缺点是容易生锈，耐火性较差，且价格较昂贵。

5）混合结构

混合结构是指在结构中核心部分为钢筋（型钢）混凝土结构，而外围部分为钢（型钢）结构的体系。型钢混凝土结构是指型钢埋入混凝土结构中共同受力的结构，按其组成方式可分为钢骨混凝土结构和钢管混凝土结构等。所谓钢骨混凝土结构是指将型钢（工字钢、角钢或槽钢）配置在钢筋混凝土的梁柱中而形成的结构。

各种结构各有其特点，表1-1为国内外高层建筑的技术指标统计，表1-2为各种结构的参数分析对比。

国内外高层建筑的技术指标　　表1-1

技术指标	钢结构	混合结构	钢筋混凝土结构	技术指标	钢结构	混合结构	钢筋混凝土结构
自重	1	1.22	1.72	施工期	1	1.33	1.6
结构面积	0.28	0.37	1	耗钢量	1.45	1.23	1

我国几栋高层建筑施工工期的比较　　表1-2

工程名称	层数（地上/地下）	总建筑面积（m^2）	结构形式	施工周期（月）
上海瑞金大厦	29/1	36 167	S	20
北京香格里拉饭店	26/2	56 710	SRC	24

续表

工程名称	层数（地上 / 地下）	总建筑面积（m^2）	结构形式	施工周期（月）
上海静安希尔顿酒店	43/1	52 000	S	30
北京长富宫中心	25/3	50 516	S	30
北京国际饭店	27/3	97 000	RC	43
北京国际大厦	29/3	47 700	RC	36

注：S—钢结构，SRC—钢骨混凝土结构，RC—钢筋混凝土结构。

由上表可知，钢结构在自重、施工周期及构件尺寸等方面具有较明显的优势，混合结构介于钢结构与钢筋混凝土结构之间。

2. 按结构体系分类

按建筑结构的结构体系受力特点，建筑结构可分为：

1）砌体结构

砌体结构是指楼、屋盖一般采用钢筋混凝土结构构件，墙体及基础采用砌体而形成的结构，它的受力特点是以承受竖向荷载为主。由于砌体由砌块砌筑而成，因此其抗水平力及抗裂能力较弱，不适应高地震设防区和层数较多的房屋，主要用于量大、面广的多层住宅建筑及办公楼建筑（图 1-6）。

2）框架结构

采用梁、柱等杆件刚接组成空间体系作为建筑物承重骨架的结构称为框架结构。它的受力特点是承受竖向荷载的能力较强，承受水平荷载（如风荷载、地震作用）的能力较弱。框架结构的侧向刚度较小，属柔性体系，因而其高度受到限制。目前，在多层工业厂房、仓库以及需要较大空间的商店、旅馆、办公楼以及建筑组合较复杂的多层住宅中，一般都采用框架结构体系（图 1-7）。

图 1-6　砌体结构房屋

图 1-7　框架结构房屋

3）剪力墙结构

利用墙体构成的承受水平作用和竖向作用的结构称为剪力墙结构。它的受力特点是比框架结构具有更强的侧向和竖向刚度，抵抗水平作用能力强。缺点是如果采用纯剪力墙结构，则平面布置和空间布置都受到一定的局限。广州的白云宾馆是我国第一座高度超过 100m 的钢筋混凝土剪力墙结构（图 1-8）。

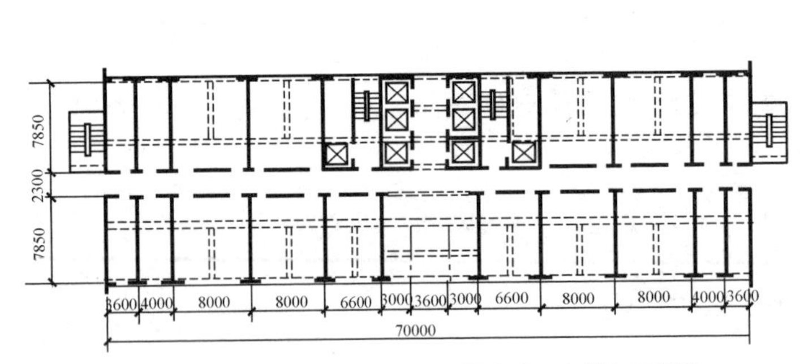

图 1-8 广州白云宾馆

4）框架 - 剪力墙结构

在框架结构中适当布置一定数量的剪力墙或在剪力墙结构中用框架取代一部分整片剪力墙或取代一部分剪力墙的下部部分层数的剪力墙（即所谓框支剪力墙），从而构成以框架和剪力墙共同承受水平和竖向荷载作用的结构称为框架 - 剪力墙结构。由于在结构中有框架，故空间布置较为灵活，易形成较大的空间，同时由于剪力墙的存在，使结构具有较大的抗侧刚度。因此，目前在多高层建筑中，这种结构体系应用最为广泛。广州的中信大厦即为框架 - 剪力墙体系（图 1-9）。

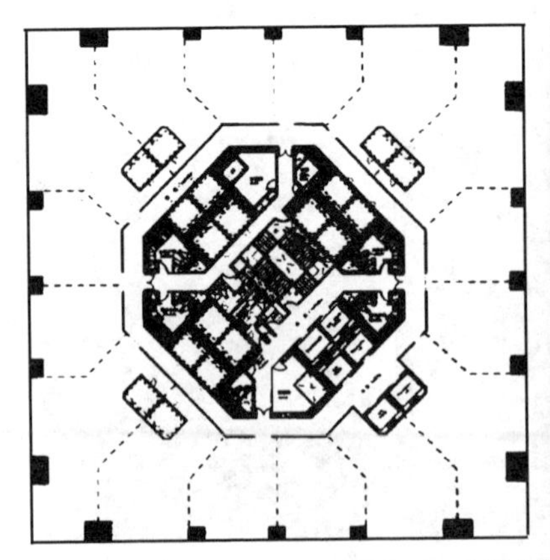

图 1-9 广州中信大厦

5）筒体结构

利用竖向筒体组成的承受水平和竖向作用的高层建筑结构称为筒体结构。由于筒体的布置及组成方式不同，筒体结构又可分为框筒结构、筒中筒结构和束筒结构。

框筒结构是指筒体位于结构核心部位，周边由间距很密的柱和截面很高的梁组成的密柱深梁框架而形成的结构。深圳的华联大厦即为框筒结构（图 1-10）。

图 1-10 华联大厦

筒中筒结构是指由内外筒体组成的结构，通常情况下，内筒为剪力墙的薄壁筒，外筒为密柱组成的框筒。所谓密柱，常指间距不大于 3m 的柱。广州国际大酒店即为筒中筒结构（图 1-11）。

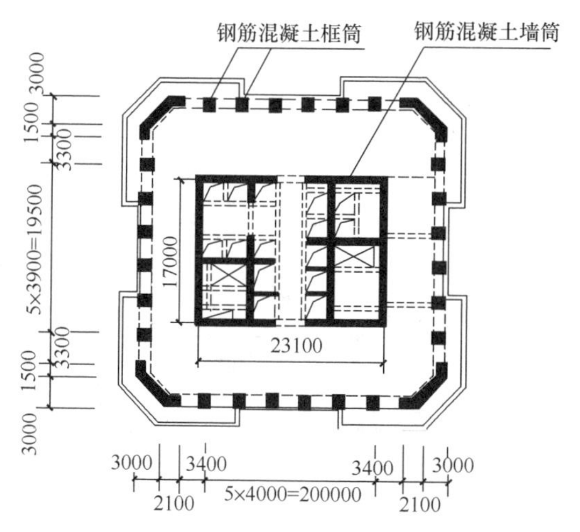

图 1-11 广州国际大酒店

束筒结构是指由多个筒体拼在一起而形成的结构，它具有竖向和水平刚度都很大的优点。世界著名的芝加哥西尔斯大厦即为典型的束筒结构，它随着建筑物的增高，束筒数量在不断地变化，在1～50层为9个筒体组成的平面，51～66层在一对角上切2个角，为7个筒组成的平面，67～90层在另一对角上又切2个角，由5个筒体组成对称平面，91层以上再切3个单筒（图1-12）。

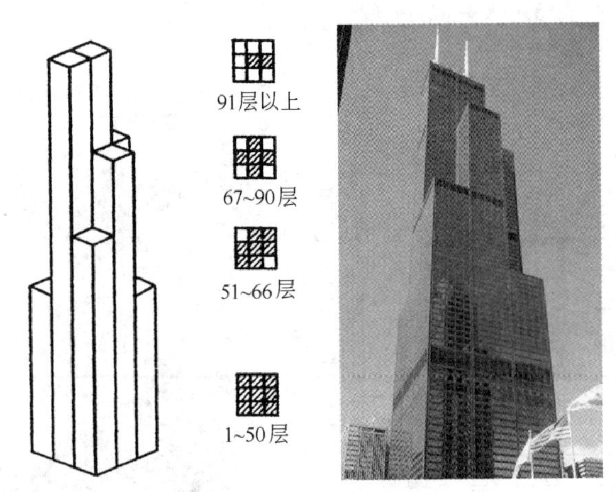

图1-12 芝加哥西尔斯大厦

6）排架结构

以上的结构中，大多以公共建筑及住宅建筑为主，都难以形成较大跨度空间来满足工业生产的需要，为此我们可以用排架结构来满足此要求。排架结构由屋面梁或屋架、柱和基础组成，主要用于单层工业厂房（图1-13）。其受力特点是柱下部固结，顶部与屋架铰接，施工时可采用预制构件，施工周期短。

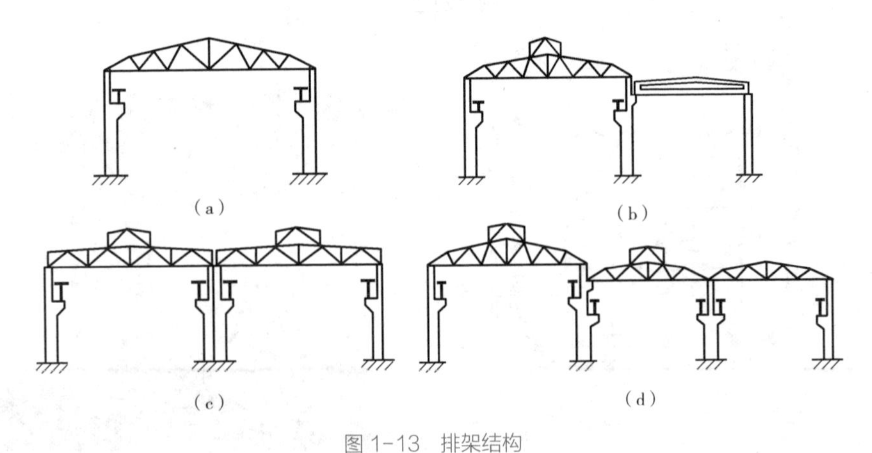

图1-13 排架结构
（a）单跨排架；（b）两跨不等高排架；（c）两跨等高排架；（d）三跨不等高排架

其他类型的特种结构，如拱、薄壳、网架、悬索和膜等结构将在第 9 章中详细介绍，可参考相关内容。

图 1-14　深圳地王大厦

3. 按建筑物层数分类

按建筑物的层数和高度，建筑结构可分为：

1）高层建筑

按《高层建筑混凝土结构技术规程》JGJ 3—2010 和《高层民用建筑钢结构技术规程》JGJ 99—2015 中规定：10 层及 10 层以上或房屋高度大于 28m 的住宅建筑以及房屋高度大于 24m 的其他高层民用建筑称为高层建筑。考虑到消防、结构设计等方面原因，将高度超过 100m 的建筑称为超高层建筑。深圳地王大厦即为超高层建筑，总高为 384m（图 1-14）。

图 1-15　中央电视台新楼

高层建筑结构的受力特点是：除了承受竖向荷载作用外还须承受由风、地震等作用产生的水平力，抵抗水平力已成为它的主要功能。从钢结构建筑分析可知，在竖向荷载作用下结构用钢量增加与结构层数的增加几乎呈线性关系，但在水平力作用下，用钢量的增加速度比结构层数的增加速度要快。对超高层建筑结构的分析及设计，以抵抗水平作用为主进行。

图 1-16　上海环球金融中心

2）多层建筑

把 4 ~ 9 层的建筑称为多层建筑。

3）低层建筑

把 1 ~ 3 层的建筑称为低层建筑。

随着我国房地产业的兴旺发展，也将 12 层左右的高层建筑称为小高层建筑，以区别多层和更高的高层建筑。

随着国民经济的飞速发展，人们对建筑的形式及功能要求越来越高，许多新颖建筑大量出现，如国家游泳馆水立方（图 1-2）、国家体育场鸟巢（图 1-5）、中央电视台新楼（图 1-15）、上海环球金融中心（图 1-16）、上海中心大厦（图 1-17）、马来西亚石油公司大厦（图 1-18）、广州电视塔（图 1-19）、长沙国金中心（图 1-20）及迪拜大厦（又名哈利法塔）（图 1-21）。这些建筑的出现，不仅给建筑师带来了巨大挑战，而且给结构工程师带来了挑战或创新机遇，这要求设计师必须站在全局的高度、全新的角度审视我们的设计问题。

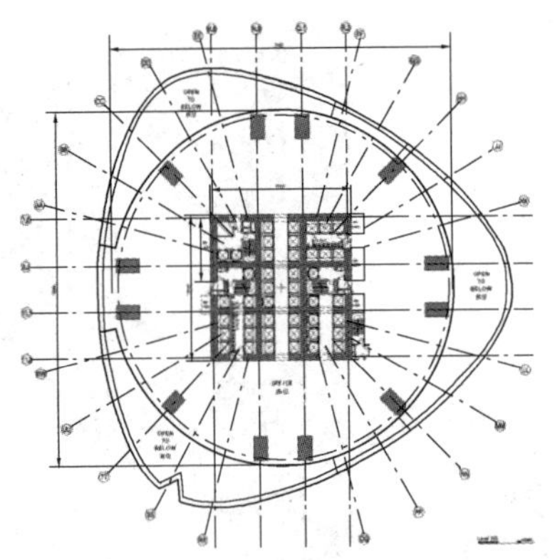

图 1-17 上海中心大厦

图 1-18 马来西亚石油公司大厦

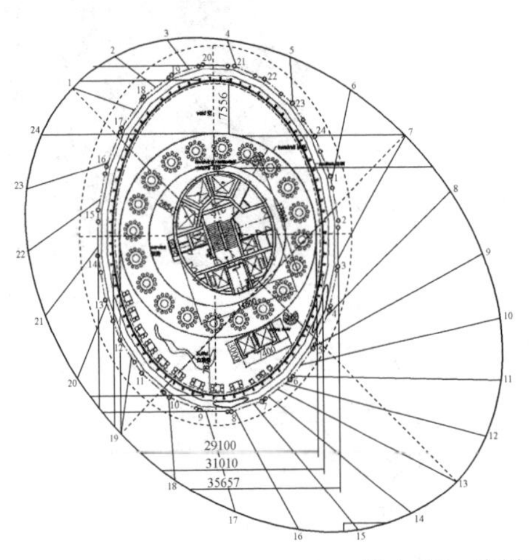

图 1-19 广州电视塔

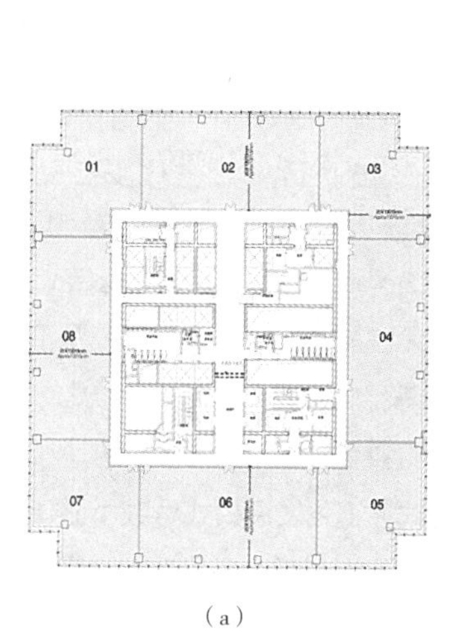

(a)

(b)

图 1-20　长沙国金中心

(a) 典型平面；(b) 外观

(a)

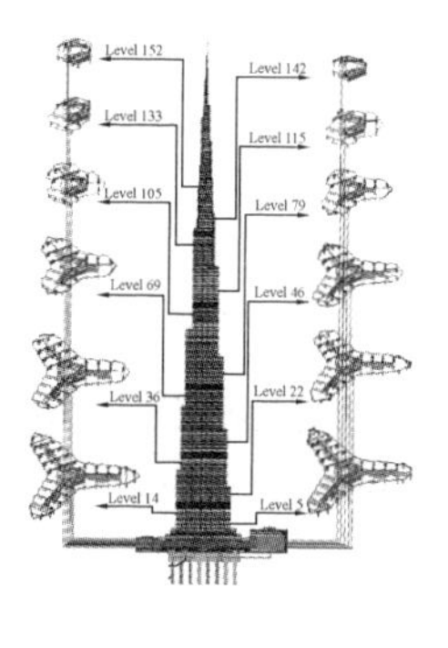

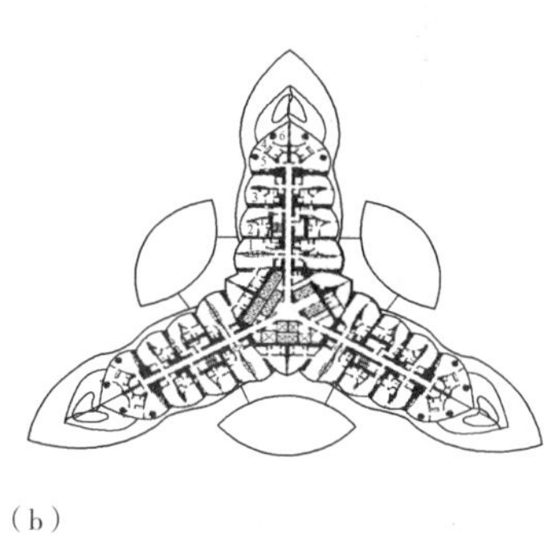

(b)

图 1-21　哈利法塔

(a) 外观；(b) 典型楼层平面

1.3　建筑结构发展与趋势

建筑是城市的重要组成部分，结构是提升城市品质，推进新型城市建设的重要一环。"双碳"目标的提出，给建筑结构行业发展提出了更高的要求。近十年我国在设计理论与方法、抗震防灾技术、数字化应用、工业化生产等方面取得了巨大成绩。

1. 结构行业发展特点

1）高层、超高层建筑：高层、超高层建筑一直被看作城市标志性建筑，代表着建筑结构技术的发展水平。据世界高层建筑与都市人居学会（CTBUH）统计，截至2020年底，我国大陆地区建成250m以上高层建筑数量达224栋，在世界最高100栋建筑中占据45席，表明我国已成为世界高层建筑发展的中心，高层建筑结构设计、建造水平已居世界领先位置。

2）大跨空间结构：大跨空间结构是衡量一个国家建筑业水平的重要标志。由于经济发展的需要，大跨空间结构得到快速发展，呈现出以下三个主要特点：一是适用范围不断扩展，用途广泛；二是建筑体型复杂、结构体系多样，开发出能满足应用要求的数十种结构体系；三是结构材料种类丰富，铝合金、高钒索、膜材、木材、复合材料等材料得以推广应用。

3）既有建筑改造更新和功能提升：过去粗放式城镇化发展模式导致早期建设的大量既有建筑在安全性、功能性、节能性、舒适性等方面的不足逐渐显现，已无法满足城市高质量发展的需求。既有建筑改造更新和功能提升将成为城市发展的主要内容，控制增量、盘活存量将成为建筑行业的新常态。

4）装配式建筑：2016年国务院下发关于大力发展装配式建筑的指导意见，在各级政策的支持引领下，我国建筑工业化迎来快速发展。近五年装配式建筑迅速推广，2020年新开工装配式建筑占新建建筑面积比例达20.5%，新开工面积平均年增长率达55%。

2. 结构技术特点

1）新型高强材料应用：高强材料在建筑结构中的应用日趋普遍，C70、C80高强混凝土已应用于超高层建筑，Q420、Q460高强钢材已应用于超高层和复杂结构中，一些新型的材料（如CFRP、铝合金和胶合木）也在大跨空间结构中得到应用。

2）减隔震技术：减隔震技术是消能减震和隔震技术的统称。随着减隔震技术在设计标准、配套软件、产品研发等方面日益成熟，其应用范围不断扩大，在超高层、大跨空间结构、复杂商业综合体、医院和学校建筑及建筑加固改造中均有成功应用案例。

3）结构分析手段：随着建筑结构复杂程度的不断提升，结构分析方法从静力发展到动力，从弹性发展到弹塑性，分析手段不断完善，且出现了一批功能完善、技术不断进步的国产软件，其功能扩展到减隔震结构分析、钢结构稳定分析、精细化有限元动力弹塑性时程分析等，广泛应用于超高层、大跨空间结构和复杂结构设计。

4）智能化技术应用：建筑结构行业的数字化技术发展应用日趋成熟和普遍，建筑信息模型（BIM）技术在大量公共建筑中得到广泛应用。智能化技术也在建筑结构领域得到应用，如智能结构优化技术、智能化审图技术和智能机器人等。

3. 结构技术发展展望

1）减隔震技术推广应用：减隔震技术是有效抵御地震灾害和提高城市安全的重要手段，国家规定以后在高烈度地区的新建学校、医院、应急指挥中心等应采用减隔震技术，将减隔震技术的应用提升到法律的高度，有利于促进减隔震技术的推广。

2）高强高性能材料应用：推广以超高性能混凝土（UHPC）、纤维增强复合材料（FRP）、高强钢筋和钢材等为代表的高强高性能材料，提高结构工程性能和品质，促进节能减排，推进建筑行业实现“双碳”目标。

3）既有建筑功能提升中的结构改造关键技术：加强既有建筑的健康监测，研究结构加固改造新技术；研发在城市高密度区老旧建筑尤其是高层建筑的绿色拆除技术，如逆向拆除等；加强固废利用，解决建筑垃圾处理难题，实现城市绿色、有机更新。

4）建筑抗震韧性评估：对既有建筑进行抗震韧性评估，提升灾害风险预警能力，加强灾害风险评估，建立巨灾保险制度，健全防灾减灾救灾体制，建设“韧性城乡”。

5）智能建造技术与建筑工业化：积极应用自主可控的 BIM 技术，加快推动新一代信息技术与建筑工业化技术协同发展，在建造全过程加大 BIM、互联网、物联网、大数据、云计算、移动通信、人工智能、区块链等新技术的集成与创新应用，探索建立表达和管理城市三维空间全要素的城市信息模型（CIM）基础平台。

1.4 通用符号和计量单位

1. 通用符号

本书将用到的符号是根据《工程结构设计基本术语标准》GB/T 50083—2014 中的通用符号选用的，并符合《有关量、单位和符号的一般原则》GB/T 3101—1993 和《结构设计基础—物理量和通用数量的名称和符号》ISO 3898：2013 的规定。

1）构成原则

混凝土、砌体、钢材、木材等材料的符号体系是由主体符号或带上、下标的主体符号构成。主体符号一般代表物理量，上、下标则代表物理量或物理量以外的术语或说明语（说明材料种类、受力状态、部位等），来进一步表示主体符号的含义。

各符号的书写和印刷规则如下：

（1）主体符号

主体符号采用下列三种字母，一律用斜体字母写书和印刷：斜体大写拉丁字母，如 M、V、A；斜体小写拉丁字母，如 b、h、d；斜体小写希腊字母，如 ρ、ξ、σ。

（2）上、下标

上标一般采用标记或正体小写拉丁字母，下标一般采用正体小写拉丁字母或正体数字，如 e'、$\sigma^{\mathrm{f}}_{\mathrm{p,min}}$、$f_{\mathrm{y}}$。

2）通用符号

（1）材料性能符号

E_{c}——混凝土弹性模量；

C30——立方体强度标准值 30N/mm^2 的混凝土强度等级；

HRB500——强度级别为 500MPa 的普通热轧带肋钢筋；

f_{ck}、f_{c}——混凝土轴心抗压强度标准值、设计值。

（2）作用和作用效应符号

G_{k}（g_{k}）、G（g）——恒荷载标准值、设计值；

M_{k}、M——弯矩标准值、设计值；

w_{max}——按荷载效应的准永久组合并考虑长期作用影响计算的最大裂缝宽度。

（3）几何参数符号

b——矩形截面宽度，T 形、I 形截面的腹板宽度；

l_0——计算跨度或计算长度；

A_{s}——受拉区纵向非预应力钢筋的截面面积。

（4）计算系数及其他

a_{E}——钢筋弹性模量与混凝土弹性模量的比值；

ρ——纵向受力钢筋的配筋率。

2. 计量单位

1）法定计量单位

我国采用中华人民共和国法定计量单位。计量单位和词头的符号应采用拉丁字母或希腊字母，且书写和印刷必须采用正体字母。如：

力的单位：N（牛顿）、kN（千牛顿）；1kN=1000N。

应力的单位：N/mm^2 或 MPa（兆帕斯卡或兆帕）。

长度的单位：mm（毫米）、cm（厘米）、m（米）。

2）非法定计量单位与法定计量单位的换算关系

表 1-3 给出了非法定计量单位与法定计量单位换算关系，需要时可以查用。

非法定计量单位与法定计量单位的换算关系表 表 1-3

量的名称	非法定计量单位		法定计量单位		换算关系
	名称	符号	名称	符号	
力、重力	千克力	kgf	牛顿	N	1kgf=9.806 65N
	吨力	tf	千牛顿	kN	1tf=9.806 65kN
力矩、弯矩	千克力米	kgf · m	牛 · 米	N · m	1kgf · m=9.806 65N · m
	吨力米	tf · m	千牛 · 米	kN · m	1tf · m=9.806 65kN · m
应力、材料强度	千克力每平方毫米	kgf/mm^2	兆帕斯卡（牛顿每平方毫米）	MPa（N/mm^2）	$1kgf/mm^2$=9.806 65MPa（N/mm^2）
	千克力每平方厘米	kgf/cm^2	兆帕斯卡（牛顿每平方毫米）	MPa（N/mm^2）	$1kgf/cm^2$=0.09806 65MPa（N/mm^2）
弹性模量、变形模量	千克力每平方厘米	kgf/cm^2	兆帕斯卡（牛顿每平方毫米）	MPa（N/mm^2）	$1kgf/cm^2$=0.09806 65MPa（N/mm^2）

1.5 本课程的特点与任务

建筑结构课程主要介绍建筑材料的力学性能、结构设计方法、钢筋混凝土结构构件的设计计算、砌体结构的设计计算、钢结构及木结构构件和连接的设计计算，以及结构选型和结构布置原则，并对多高层房屋结构设计和抗震设计基本知识进行介绍。通过本课程的学习，使建筑专业学生在建筑设计中能具备结构总体知识，对所设计建筑的结构体系、结构布置及结构形成有一定了解，并在建筑设计的基础上能对常用、简单的结构进行计算。此外，对于功能复杂、技术先进的大型建筑设计也具有初步的结构知识。

在本课程的学习中，须注意以下特点：

1）由于材料的力学性能复杂，混凝土结构、砌体结构及木结构的基本计算理论大都基于一定的试验，部分计算公式都是半经验半理论的，对它们必须注意其试验前提及简化模型的适用条件。

2）设计是一种创造性的劳动，其解答是多样性的，因而并不是唯一的。在决策过程中，要综合考虑安全适用、经济合理等多方面因素，并进行多方案的对比分析，做到科学决策。

3）建筑结构及构件的设计是在国家规范或规程指导下进行的工作，本书所介绍的公式是规范或规程所规定的，而一些构造知识，有的为规范所规定，有的为行之有效的工程经验总结，学习时要克服感觉构造繁琐枯燥的毛病。大量的工程事故表明，引起工程事故往往是由于构造不当酿成的。学习中应明确构造措施的目的，要记忆一些基本的构造要求。

4）在学习中一定要注重房屋的整体受力（或传力）行为，使结构受力（或传力）明确，路径清楚，同时在方案或初步设计中能运用基本理论知识进行结构构件的基本估计，把握方案的合理性。

5）各国制定的国家或行业技术标准和设计规范是为了指导混凝土结构的设计，这些标准和规范是各国在一定阶段内理论研究成果和实际工程经验的总结，由于混凝土结构是一门比较年轻和迅速发展的学科，许多计算方法和构造措施有待进一步完善。正因如此，各国每隔一段时间都要对其结构设计标准或规范进行修订，做到先进合理。在学习和运用规范的过程中，我们也要善于总结和发现问题，灵活运用，并要有勇于进行探索与创新的精神，为我国的土木工程发展做出贡献。

第2章

建筑结构设计方法

2.1 结构作用及功能要求

1. 结构上的作用、作用效应、结构抗力及其随机性

1）结构上的作用

作用是指施加在结构上的集中力或分布荷载以及引起结构外加变形或约束变形的原因总称。习惯上将前者称为直接作用，即通常所说的荷载，如结构自重、楼面人群、屋面的雪荷载以及墙面的风荷载等。而将引起结构外加变形或约束变形的原因称为间接作用，如地震、地基沉降、混凝土收缩及温度等因素。图 2-1（a）中梁上的直接作用是荷载，图 2-1（b）中梁上的直接作用是荷载、中间支座沉降是间接作用。

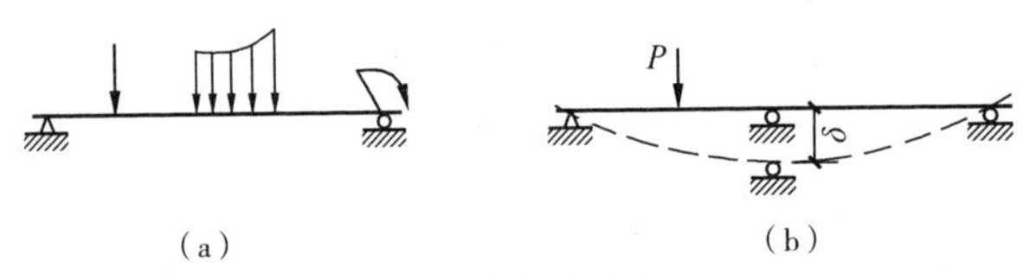

图 2-1 结构上的作用

结构上的作用按照其时间变化、空间变化、结构反应特点和有无限值进行分类。

（1）按随时间的变化分类，可以将作用分为三类：

①永久作用：是指在结构设计使用期间内始终存在且其量值变化与平均值相比可以忽略不计的作用；或其变化是单调的并趋于某个限值的作用。属于永久作用的有结构自重、土压力、预加应力等。这种作用为直接作用，通常称为恒荷载或永久荷载。

②可变作用：是指在结构设计使用期间内，其量值随时间变化，且其变化与平均值相比不可忽略不计的作用。属于可变作用的有安装荷载、风荷载、雪荷载、吊车荷载以及楼面荷载等。这种作用如果为直接作用，通常称为活荷载或可变荷载。

③偶然作用：是指在结构设计使用期间内不一定出现，而一旦出现其量值很大，且待续时间很短的作用。属于偶然作用的有地震、爆炸以及撞击等。这种作用多为间接作用。

（2）按随空间的变化分类，可以将作用分为两类：

①固定作用：在结构上具有固定空间分布的作用。当固定作用在结构某一点上的大小和方向确定后，该作用在整个结构上的作用即得以确定。属于固定作用的有结构构件的自重作用和结构上的固定设备荷载等。

②自由作用：在结构上给定的范围内具有任意空间分布的作用。属于自由作用的有房屋中自由走动的人群、桥梁上的车辆荷载等。

（3）按结构的反应特点分类，可以将作用分为两类：

①静态作用：使结构产生的加速度可以忽略不计的作用。属于静态作用的有结构构件的自重重力、土压力等。

②动态作用：使结构产生的加速度不可以忽略不计的作用。属于动态作用的有地震、爆炸和冲击等。

（4）按有无限值分类，可以将作用分为两类：

①有界作用：具有不能被超越的且可确切或近似掌握界限值的作用。属于有界作用的有水坝的最高水位等。

②无界作用：没有明确界限值的作用。如爆炸、地震等作用。

（5）其他

结构上的作用除按以上四类分类外，还有其他分类。如当结构构件进行疲劳验算时，可按作用随时间变化的低周性和高周性分类，当考虑结构构件的徐变特性时，可按作用在结构上的持续期长短来分类。

2）作用效应及环境影响

由作用引起的结构或构件的反应称为作用效应。如对钢筋混凝土结构而言，结构上的作用使结构产生内力与变形，还可能使之出现裂缝，这些都是作用效应。值得注意的是，直接作用和间接作用都能产生作用效应（图2-2），从作用效应后果来看，间接作用效应后果不为人们所重视和感观，但有时其后果比直接作用效应更具破坏性，如地震间接作用的作用效应就具有很大的破坏力（图2-3）。

建筑结构设计时，除应考虑结构上可能出现的各种直接作用和间接作用外，还应考虑环境影响。环境影响是指温、湿度及其变化以及二氧化碳、氧、盐、酸等环境因素对结构的影响。这种影响可以具有机械的、物理的、化学的或生物的性质，并且有可能使结构的材料性能随时间发生不同程度的退化，向不利的方向发展，从而影响结构的安全性和适用性。

环境影响按时间的变异性，可分为永久影响、可变影响和偶然影响三类。例如，对处于海洋环境中的混凝土结构，氯离子对钢筋的腐蚀作用是永久影响；空气湿度对木材强度的影响是可变影响等。

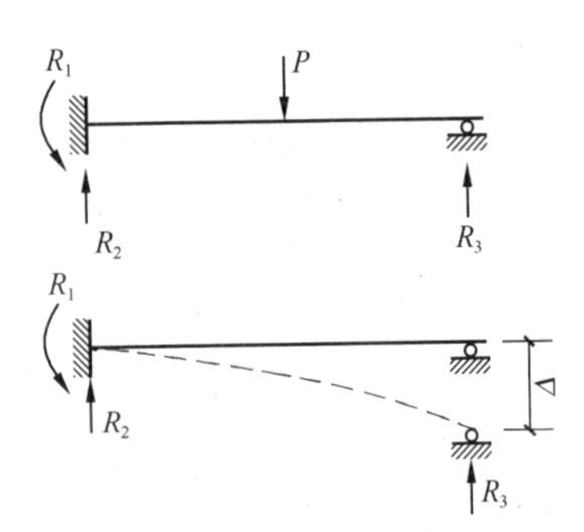

图2-2 作用效应示意图

图2-3 地震作用下房屋倒塌严重

环境影响对结构产生的效应主要是针对材料性能的降低，它与材料特性密切相关。因此，环境影响的效应应根据材料特点予以确定。环境影响的效应主要涉及化学和生物两方面的损害，其中环境湿度是最关键的因素。如同作用一样，对结构的环境影响应尽量地予以定量描述。但在多数情况下，没有条件进行定量描述，我们可以根据材料特点，通过环境对结构影响程度的分级（轻微、轻度、中度、严重等）等方法进行定性描述，并在设计中采取相应的技术措施。

3）结构抗力

结构或结构构件承受作用效应的能力称为结构抗力。结构抗力与构件的截面尺寸、形式、材料等级及计算模型的准确性有关。

4）随机性

楼面上的人群荷载、屋面上的雪荷载以及工业厂房中的吊车荷载等，都是可移动的，且其数值可能较大，也可能较小，具有随机性质。即使结构自重，由于所用材料的不同，或在制作过程中出现的不可避免的尺寸误差，其重量也不可能与设计值完全相等。地震、地基沉降及温差等间接作用也具有随机性质。也即作用具有随机性。

作用效应是结构上作用效果的反应，既然结构上的作用是随机的，作用效应也就具有随机性质。

影响结构抗力的主要因素是材料性能和构件的几何尺寸及计算的精确性等。由于材质及生产工艺等因素的影响，构件的制作误差及施工安装误差等的存在，构件几何参数、强度和变形也将存在差别，加之计算公式的不精确和理论上的假定，这些都导致结构抗力具有随机的性质。

由上述可见，结构上的作用（特别是可变作用）与时间有关，结构抗力也随时间变化。为确定可变作用等取值而选用的时间参数，称为设计基准期。我国《建筑结构可靠性设计统一标准》GB 50068—2018（以下简称《统一标准》）规定房屋建筑结构的设计基准期为50年。

2. 结构功能要求

结构的设计、施工和维护应使结构在规定的设计工作年限内以规定的可靠度满足规定的各项功能要求。《统一标准》规定在设计工作年限内应满足下列功能要求：

①能承受在施工和使用期间可能出现的各种作用；②保持良好的使用性能；③具有足够的耐久性能；④当发生火灾时，在规定的时间内可保持足够的承载力；⑤当发生爆炸、撞击、人为错误等偶然事件时，结构能保持必要的整体稳固性，不出现与起因不相称的破坏后果，防止出现结构的连续倒塌。

上述功能要求的第①、④、⑤项，属于结构的安全性；第②项关系到结构的适用性；第③项为结构的耐久性。安全性、适用性和耐久性总称为结构的可靠性，也就是结构在规定的时间内、在规定的条件下完成预定功能的能力。而结构可靠度则是指结构在规定的时间内、在规定的条件下完成预定功能的概率，即结构可靠度是结构可靠性的概率度量。结构可靠度定义中所说的“规定的时间”，是指“设计工作年限”。设计工作年限是指设计规定的结构或结构构件不需进行大修即可按其预定目的工作的年限，即结构在规定的条件下所应达到的工作年限。设计工作年限并不等同于建筑结构的实际寿命或耐久年限，当结构的实际使用年限超过设计工作年限后，其可靠度可能较设计时的预期值减小，但结构仍可继续使用或经大修后可继续使用。可靠度定义中的“规定的条件”，是指正常设计、正常施工和正常使用的条件，即不考虑人为过失的影响，人为过失应通过其他措施予以避免。

3. 结构安全等级

建筑结构设计时，应根据结构破坏可能产生的后果，即危及人的生命、造成经济损失、对社会或环境产生影响等的严重性，采用不同的安全等级。建筑结构安全等级的划分应符合表 2-1 的规定。

房屋建筑结构的安全等级　表 2-1

安全等级	破坏后果	实例
一级	很严重：对人的生命、经济、社会或环境影响很大	大型公共建筑等重要的结构
二级	严重：对人的生命、经济、社会或环境影响较大	普通住宅和办公楼等一般的结构
三级	不严重：对人的生命、经济、社会或环境影响较小	小型的或临时性储存建筑等次要的结构

注：房屋建筑结构抗震设计中的甲类建筑和乙类建筑，其安全等级宜规定为一级；丙类建筑，其安全等级宜规定为二级；丁类建筑，其安全等级宜规定为三级。

由上表可知，大量的一般房屋列入中间等级，重要的房屋提高一级，次要的房屋降低一级。

建筑结构中各类结构构件的安全等级，宜与整个结构的安全等级相同。但允许对部分结构构件根据其重要程度和综合经济效益进行适当调整。如提高某一结构构件的安全等级所需额外费用很少，又能减轻整个结构的破坏，从而大大减少人员伤亡和财产损失，则可将该结构构件的安全等级比整个结构的安全等级提高一级。相反，如某一结构构件的破坏并不影响整个结构或其他结构构件的安全性，则可将其安全等级降低一级，但不得低于三级。对于结构中重要构件和关键传力部位，宜适当提高其安全等级。

4. 设计工作年限

结构设计时，应根据工程的使用功能、建造和使用维护成本以及环境影响等因素规定设计工作年限，房屋建筑的结构设计工作年限不应低于表2-2的规定。若业主提出更高的要求，经主管部门批准，也可按业主的要求采用。

房屋建筑的结构设计工作年限　表2-2

类别	设计工作年限（年）
临时性建筑结构	5
易于替换的结构构件	25
普通房屋和构筑物	50
特别重要的建筑结构	100

结构的防水层、电气和管道等附属设施的设计工作年限，应根据主体结构的设计工作年限和附属设施的材料、构造和使用要求等因素确定。结构部件与结构的安全等级不一致或设计工作年限不一致的，应在设计文件中明确标明。

结构在设计工作年限内，必须符合下列规定：①应能够承受在正常施工和正常使用期间预期可能出现的各种作用；②应保障结构和结构构件的预定使用要求；③应保障足够的耐久性要求。

结构应按设计规定的用途使用，并应定期检查结构状况，进行必要的维护和维修。严禁下列影响结构使用安全的行为：①未经技术鉴定或设计许可，擅自改变结构用途和使用环境；②损坏或者擅自变动结构体系及抗震设施；③擅自增加结构使用荷载；④损坏地基基础；⑤违规存放爆炸性、毒害性、放射性、腐蚀性等危险物品；⑥影响毗邻结构使用安全的结构改造与施工。

2.2 荷载及其代表值

结构所承受的荷载不是一个定值，而是在一定范围内变动。但在设计中，不可能直接引用反映荷载变异性的各种统计参数，通过复杂的概率运算进行具体设计。因此，在设计时对荷载仍应赋予一个规定的量值，称为荷载代表值。荷载可根据不同的设计要求，规定不同的代表值，以使之能更确切地反映它在设计中的特点。《统一标准》中荷载有四种代表值：标准值、组合值、频遇值和准永久值。荷载标准值是荷载的基本代表值，其他代表值都可在标准值的基础上乘以小于1的相应系数后得出。

荷载标准值是指其在结构的使用期间可能出现的最大荷载值。由于荷载本身的随机性，因而使用期间的最大荷载也是随机变量，原则上也可用它的统计分布来描述。习惯上都以其规定的平均重现期来定义标准值，也即相当于其重现期内最大荷载的分布的众值为标准值。

1. 永久荷载的代表值

对于永久荷载而言，只有一个代表值，这就是它的标准值。

永久荷载标准值，对于结构自重，可按结构构件的设计尺寸与材料单位体积（或单位面积）的自重计算确定。

对于常用材料的构件，单位体积的自重可由《建筑结构荷载规范》GB 50009—2012 附录 A 查得。例如，几种常见材料单位体积的自重可查得为：

素混凝土　　$22\sim24\text{kN/m}^3$

钢筋混凝土　　$24\sim25\text{kN/m}^3$

水泥砂浆　　20kN/m^3

石灰砂浆　　17kN/m^3

对于某些自重变异较大的材料或构件（如现场制作的保温材料、混凝土薄壁构件等），自重的标准值应根据对结构的不利状态，取上限值或下限值。原则上，荷载的标准值应取其在结构设计基准期内可能达到的最大量值。

2. 可变荷载的代表值

对于可变荷载，应根据设计的要求，分别取如下不同的荷载值作为其代表值。

1）标准值

可变荷载的标准值，是可变荷载的基本代表值。《建筑结构荷载规范》GB 50009—2012 中，对于楼面和屋面活荷载、吊车荷载、雪荷载和风荷载等可变荷载的标准值，规定了具体数值或计算方法，设计时可以查用。例如，民用建筑楼面均布活荷载标准值可由表 2-3 中查得。

二维码 2-1

民用建筑楼面均布活荷载标准值及其组合值、频遇值和准永久值系数　　表 2-3

项次	类别		标准值（kN/m^2）	组合值系数 ψ_c	频遇值系数 ψ_f	准永久值系数 ψ_q
1	（1）住宅、宿舍、旅馆、医院病房、托儿所、幼儿园 （2）办公楼、教室、医院门诊室		2.0 2.5	0.7 0.7	0.5 0.6	0.4 0.5
2	食堂、餐厅、试验室、阅览会、会议室、一般资料档案室		3.0	0.7	0.6	0.5
3	礼堂、剧场、影院、有固定座位的看台、公共洗衣房		3.5	0.7	0.5	0.3
4	（1）商店、展览厅、车站、港口、机场大厅及其旅客等候室 （2）无固定座位的看台		4.0 4.0	0.7 0.7	0.6 0.5	0.5 0.3
5	（1）健身房、演出舞台 （2）运动场、舞厅		4.5 4.5	0.7 0.7	0.6 0.6	0.5 0.3
6	（1）书库、档案库、贮藏室（书架高度不超过2.5m） （2）密集柜书库（书架高度不超过2.5m）		6.0 12.0	0.9	0.9	0.8
7	通风机房、电梯机房		8.0	0.9	0.9	0.8
8	厨房	（1）餐厅 （2）其他	4.0 2.0	0.7 0.7	0.7 0.6	0.7 0.5
9	浴室、卫生间、盥洗室		2.5	0.7	0.6	0.5
10	走廊、门厅	（1）宿舍、旅馆、医院病房、托儿所、幼儿园、住宅 （2）办公楼、餐厅、医院门诊部 （3）教学楼及其他可能出现人员密集的情况	2.0 3.0 3.5	0.7 0.7 0.7	0.5 0.6 0.5	0.4 0.5 0.3
11	阳台	（1）可能出现人员密集的情况 （2）其他	3.5 2.5	0.7	0.6	0.5
12	楼梯	（1）多层住宅	2.0	0.7	0.5	0.4
		（2）其他	3.5	0.7	0.5	0.3
13	单向板楼盖：板跨不小于2m	定员不超过9人的小型客车	4.0	0.7	0.7	0.6
		满载总重不大于300kN的消防车	35.0	0.7	0.5	0.0
	双向板楼盖：板跨短边L不小于3m，小于6m	定员不超过9人的小型客车	$5.5 \sim 0.5L$	0.7	0.7	0.6
		满载总重不大于300kN的消防车	$50.0 \sim 5.0L$	0.7	0.5	0.0

续表

项次	类别		标准值（kN/m^2）	组合值系数 ψ_c	频遇值系数 ψ_f	准永久值系数 ψ_q
13	双向板楼盖：板跨短边不小于6m；无梁楼盖：柱网不小于6m×6m	定员不超过9人的小型客车	2.5	0.7	0.7	0.6
		满载总重不大于300kN的消防车	20.0	0.7	0.5	0.0

注：1. 本表所给各项活荷载适用于一般使用条件，当使用荷载较大或情况特殊时，应按实际情况采用；
2. 第6项书库活荷载当书架高度大于2.5m时，书库活荷载尚应按每米书架高度不小于2.5kN/m^2确定；
3. 第12项楼梯活荷载，对预制楼梯踏步平板，尚应按1.5kN集中荷载验算；
4. 本表各项荷载不包括隔墙自重和二次装修荷载；对固定隔墙的自重应按恒荷载考虑，当隔墙位置可灵活自由布置时，非固定隔墙自重应取每延米长墙重（kN/m）的1/3作为楼面活荷载的附加值（kN/m^2）计入，附加值不小于1.0kN/m^2。

2）组合值

当结构承受两种以上的可变荷载，且承载能力极限状态按基本组合设计或正常使用极限状态荷载按标准组合设计时，考虑到这两种或两种以上可变荷载同时达到最大值的可能性较小，因此，可以将它们的标准值乘以一个小于或等于1的荷载组合系数，用 ψ_c 表示。这种将可变荷载标准值乘以荷载组合值系数以后的数值，称为可变荷载的组合值。因此，可变荷载的组合值是当结构承受两种或两种以上的可变荷载时的代表值。

3）频遇值

对可变荷载，在设计基准期内，其超越的总时间仅为设计基准期一小部分的作用值，或在设计基准期内其超越频率为某一给定频率的作用值，称为可变荷载的频遇值。

频遇值大小为可变荷载标准值乘以荷载频遇值系数，民用建筑楼面均布活荷载的频遇值系数见表2-3，用 ψ_f 表示。房屋建筑的屋面活荷载的频遇值系数见表2-4。

屋面均布活荷载标准值及其组合值、频遇值和准永久值系数　　表2-4

项次	类别	标准值（kN/m^2）	组合值系数 ψ_c	频遇值系数 ψ_f	准永久值系数 ψ_q
1	不上人屋面	0.5	0.7	0.5	0
2	上人屋面	2.0	0.7	0.5	0.4
3	屋顶花园	3.0	0.7	0.6	0.5
4	屋顶运动场地	4.5	0.7	0.6	0.4

注：1. 不上人屋面，当施工或维修荷载较大时，应按实际情况采用；对不同类型的结构应按有关设计规范的规定采用，但不得低于0.3kN/m^2；
2. 上人屋面兼作其他用途时，应按相应楼面活荷载采用；
3. 屋顶花园活荷载不包括花圃土石等材料自重；
4. 对于因屋面排水不畅引起的积水荷载，应采用构造措施加以防止；必要时，应按积水的可能深度确定屋面活荷载。

4）准永久值

可变荷载虽然在设计基准期内其值会随时间而发生变化，但研究表明，不同的可变荷载在结构上的变化情况不一样。以住宅楼面的活荷载为例，人群荷载的流动性较大，家具荷载的流动性则相对较小，而图书馆中的活荷载，人群荷载的流动性较大，图书的荷载流动性则相对较小。可变荷载中在整个设计基准期内出现时间较长（一般认为总的持续时间不低于25年）的那部分荷载值，称为该可变荷载的准永久值。

可变荷载的准永久值为可变荷载标准值乘以荷载准永久值系数。由于可变荷载准永久值只是可变荷载标准值的一部分，因此，可变荷载准永久值系数小于或等于1.0，用 ψ_q 表示。

《建筑结构荷载规范》GB 50009—2012（简称《荷载规范》）中给出了各种可变荷载的准永久值系数取值，设计时可以查用。民用建筑楼面均布活荷载和屋面均布活荷载的准永久值系数均见表2-3及表2-4。

正常使用极限状态按长期效应组合设计时，应采用可变荷载的准永久值作为其代表值。

2.3 极限状态设计法

1. 结构的极限状态

整个结构或其中一部分超过某一特定状态就不能满足设计规定的某一功能（安全、适用、耐久）要求，此特定状态称为该功能的极限状态。

《统一标准》规定极限状态可分为承载能力极限状态、正常使用极限状态和耐久性极限状态三类。极限状态应符合下列规定：

1）承载能力极限状态：结构或构件达到最大承载能力或不适于继续承载的变形状态，称该结构或结构构件达到了承载能力极限状态。当结构或结构构件出现下列状态之一时，应认定为超过了承载能力极限状态：

（1）结构构件或连接因超过材料强度而破坏，或因过度变形而不适于继续承载；

（2）整个结构或其一部分作为刚体失去平衡；

（3）结构转变为机动体系；

（4）结构或结构构件丧失稳定；

（5）结构因局部破坏而发生连续倒塌；

（6）地基丧失承载力而破坏；

（7）结构或结构构件的疲劳破坏。

图2-4为结构超过承载力极限状态示意图。

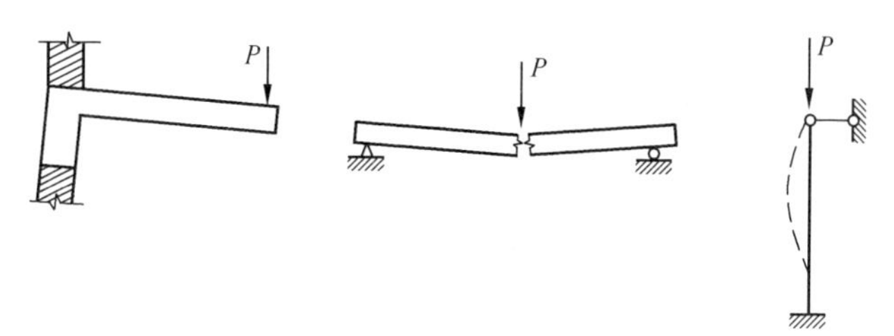

图 2-4　结构超过承载力极限状态示意图

2）正常使用极限状态：结构或结构构件达到正常使用的某项规定限值的状态，称该结构或结构构件达到了正常使用极限状态。当结构或结构构件出现下列状态之一时，应认定为超过了正常使用极限状态：

（1）影响正常使用或外观的变形；

（2）影响正常使用的局部损坏；

（3）影响正常使用的振动；

（4）影响正常使用的其他特定状态。

图 2-5 为构件超过正常使用极限状态示意图。

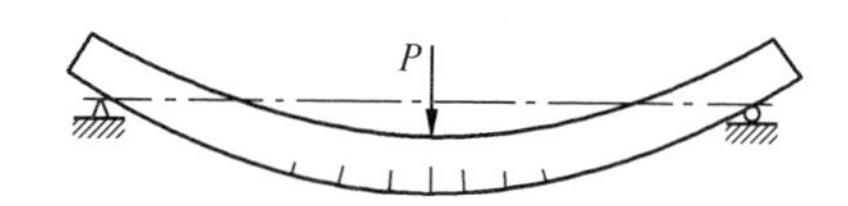

图 2-5　构件超过正常使用极限状态示意图

尽管超过正常使用极限状态的后果在一般情况下不如超过承载力极限状态严重，但不可以忽视，构件过大的变形将影响房屋或精密仪器的工作，过大的裂缝将导致渗漏，影响结构的耐久性，也使用户心里有不安全感，因此在进行结构和构件设计时，通常对结构构件先按承载能力极限状态进行承载能力计算，然后根据使用要求按正常使用极限状态进行变形、裂缝宽度或抗裂等验算。

3）耐久性极限状态：对应于结构或结构构件在环境影响下出现的劣化达到耐久性能的某项规定限值或标志的状态。当结构或结构构件出现下列状态之一时，应认定为超过了耐久性极限状态：

（1）影响承载能力和正常使用的材料性能劣化；

（2）影响耐久性能的裂缝、变形、缺口、外观、材料削弱等；

（3）影响耐久性能的其他特定状态。

结构的耐久性极限状态设计，应使结构构件出现耐久性极限状态标志或限值的年限不小于其设计工作年限。结构的设计工作年限应根据建筑物的用途和环境的侵蚀性确定。结构构件的耐久性极限状态设计，应包括保证构件质量的预防性处理措施、减小侵蚀作用的局部环境改善措施、延缓构件出现损伤的表面防护措施和延缓材料性能劣化速度的保护措施。

对结构的三类极限状态，均规定了明确的标志或限值。结构设计时应对结构的不同极限状态分别进行计算或验算；当某一极限状态的计算或验算起控制作用时，可仅对该极限状态进行计算或验算。

2. 结构的设计状况

所谓设计状况是表征一定时段内实际情况的一组设计条件，设计应做到在该组条件下结构不超越有关的极限状态。

结构的作用、环境影响以及自身特性都是随时间变化的，设计状况代表了在一定时间段内结构的内外环境状态。因此结构设计时应根据结构的实际情况（使用条件、环境条件等）选择与此相对应的设计状况，包括持久设计状况、短暂设计状况、偶然设计状况和地震设计状况。

（1）持久设计状况：适用于结构使用时的正常情况，是指在结构使用过程中一定出现，且持续期很长的设计状况，其持续期一般与设计使用年限为同一数量级。

（2）短暂设计状况：适用于结构出现的临时情况，包括结构施工和维修时的情况等，是指在结构施工和使用过程中出现概率较大，而与设计使用年限相比，其持续期很短的设计状况。

（3）偶然设计状况：适用于结构出现的异常情况，包括结构遭受火灾、爆炸、撞击时的情况等，是指在结构使用过程中出现概率很小，且持续期很短的设计状况。

（4）地震设计状况：适用于结构遭受地震时的情况。

对不同的设计状况，应采用相应的结构体系、可靠度水平、基本变量和作用组合等进行建筑结构可靠性设计。

地震设计状况与偶然设计状况区别开来，主要是因为地震作用具有与火灾、爆炸、撞击或局部破坏等偶然作用不同的特点。首先，地震设防区需要进行抗震设计，而且很多结构是由抗震设计控制的；其二，地震作用是能够统计并有统计资料的，可以根据地震的重现期确定地震作用。

为了保证结构的安全性和适用性，结构设计时选定的设计状况，应当涵盖所能够合理预见到的各种可能性。承载能力涉及结构安全和人身安全，因此对四种设计状况均应进行承载能力极限状态设计；对持久设计状况尚应进行正常使用极限状态设计，并宜进行耐久性极限状态设计；对短暂设计状况和地震设计状况可根据需要进行正常使用极限状态设计；对偶然设计状况可不进行正常使用极限状态和耐久性极限状态设计。

3. 结构的功能函数和可靠度计算

1）结构的功能函数

结构的可靠度通常受结构上的各种作用、环境影响、材料性能、几何参数、计算公式精确性等因素的影响。这些因素称为基本变量，他们是随机变量，记为 X_i（i=1，2，…，n）。

按极限状态方法设计建筑结构时，结构所要求具有的预定功能（如承载能力、刚度、抗裂度或裂缝宽度等）可用包括各有关基本变量 X_i 在内的结构功能函数来表达，用 Z 表示功能函数，即：

$$Z=g(X_1, X_2, \cdots, X_n) \tag{2-1}$$

当：

$$Z=g(X_1, X_2, \cdots, X_n)=0 \tag{2-2}$$

时，称为极限状态方程。

当采用结构的作用效应和结构的抗力作为综合基本变量时，功能函数中就仅包括作用效应 S 和结构抗力 R 两个基本变量，且有：

$$Z=g(R, S)=R-S \tag{2-3}$$

通过功能函数 Z 可以判别结构所处的状态：

当 $Z>0$ 时，结构处于可靠状态；

当 $Z<0$ 时，结构处于失效状态；

当 $Z=0$ 时，结构处于极限状态。

因此，结构可靠的基本条件是 $Z \geqslant 0$，结构按极限状态设计的方程为：

$$R-S=0 \tag{2-4}$$

2）可靠度计算

（1）结构的失效概率 P_f

假设 R 和 S 均服从正态分布且二者为线性关系，R 和 S 的平均值分别为 μ_R 和 μ_S，标准差分别为 σ_R 和 σ_S。

当结构功能函数中仅有两个独立的随机变量 R 和 S，且它们都服从正态分布时，则功能函数 $Z=R-S$ 也服从正态分布，其平均值 $\mu_Z=\mu_R-\mu_S$，标准差 $\sigma_Z=\sigma_R-\sigma_S$。功能函数 Z 的概率密度曲线如图 2-6 所示，结构的失效概率 P_f 可直接通过 $Z<0$ 的概率（图中阴影面积）来表达，即：

用失效概率来度量结构可靠性具有明确的物理意义，能较好地反映问题的实质。但 P_f 的计算比较复杂，因而国际标准和我国标准目前都采用可靠指标 β 来度量结构的可靠性。

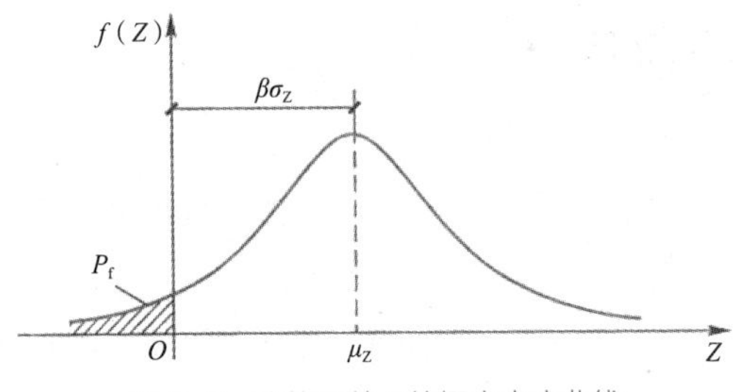

图 2-6 功能函数 Z 的概率密度曲线

（2）可靠指标 β

我们引入可靠指标 β 替代失效概率 P_f 来具体度量结构的可靠性。

可靠指标 β 为结构功能函数 Z 的平均值 μ_Z 与其标准差 σ_Z 之比，即：

$$\beta=\frac{\mu_Z}{\sigma_Z}=\frac{\mu_R-\mu_S}{\sqrt{\sigma_R^2+\sigma_S^2}} \tag{2-5}$$

可靠指标与失效概率存在对应的关系，β 值越大，失效概率 P_f 越小；反之 β 越小，失效概率 P_f 越大（表 2-5）。

β 与 P_f 的关系　　表 2-5

β	2.0	2.5	2.7	3.0	3.2	3.7	4.0	4.2
P_f	2.28×10^{-2}	6.21×10^{-3}	3.5×10^{-3}	1.35×10^{-3}	6.9×10^{-4}	1.1×10^{-4}	3.17×10^{-5}	1.3×10^{-6}

设计采用的可靠指标，理论上应根据各种结构构件的重要性、破坏性质（延性、脆性）及失效后果的严重程度，用优化方法分析确定。设计规范所规定的、作为设计结构或结构构件时所应达到的可靠指标，称为设计可靠指标 $[\beta]$，它是根据设计所要求达到的结构可靠度而确定的，所以又称为目标可靠指标。《统一标准》给出了结构构件承载能力极限状态的设计可靠指标，如表 2-6 所示。表中延性破坏是指结构构件在破坏前有明显的变形或其他预兆；脆性破坏是指结构构件在破坏前无明显的变形或其他预兆。显然，延性破坏的危害相对较小，故 $[\beta]$ 值相对低一些；脆性破坏的危害较大，所以 $[\beta]$ 值相对高一些。

以上讨论的主要是承载能力的问题，它是结构的最基本要求，即安全性问题。对于适用性及耐久性问题，在正常使用条件下结构构件设计的可靠指标 β 的取值可以比承载力极限状态设计时的取值低一些。

结构构件承载能力极限状态的可靠指标 表 2-6

破坏类型	安全等级		
	一级	二级	三级
延性破坏	3.7	3.2	2.7
脆性破坏	4.2	3.7	3.2

2.4 极限状态设计表达式

结构构件根据规定的可靠指标，采用由作用的代表值、材料性能的标准值、几何参数的标准值和各相应的分项系数构成的极限状态设计表达式进行设计。设计表达式中的各分项系数是根据结构构件基本变量的概率分布类型和统计参数及规定的结构可靠度指标分析，通过计算分析，并结合工程经验，经优化确定的，它们起着相当于设计可靠指标 $[\beta]$ 的作用。

1. 承载能力极限状态设计表达式

1）基本表达式

（1）结构或结构构件的破坏或过度变形的承载能力极限状态，其设计表达式为：

$$\gamma_0 S_d \leqslant R_d \tag{2-6}$$

$$R_d = R\left(f_{ck}/\gamma_c,\ f_{sk}/\gamma_s,\ a_d,\ \cdots\right) \tag{2-7}$$

式中 γ_0——结构重要性系数：对持久设计状况和短暂设计状况，对安全等级为一级的结构构件不应小于 1.1，对安全等级为二级的结构构件不应小于 1.0，对安全等级为三级的结构构件不应小于 0.9；对偶然设计状况和地震设计状况应取 1.0；

S_d——作用组合的效应设计值；

R_d——结构或结构构件的抗力设计值；

a_d——几何参数的设计值，当几何参数的变异性对结构性能有明显的不利影响时，应增加一个附加值；

f_{ck}——混凝土强度标准值；

f_{sk}——钢筋强度标准值；

γ_c——混凝土材料分项系数；

γ_s——钢筋材料分项系数。

（2）结构整体或其一部分作为刚体失去静力平衡的承载能力极限状态，其设计表达式为：

$$\gamma_0 S_{d,dst} \leqslant S_{d,stb} \tag{2-8}$$

式中 $S_{d,dst}$——不平衡作用效应的设计值；

$S_{d,stb}$——平衡作用效应的设计值。

2）作用组合的效应设计值 S_d

对每种设计状况，均应考虑各种不同的作用组合，以确定作用控制工况和最不利的效应设计值。对持久设计状况和短暂设计状况应采用作用的基本组合：对偶然设计状况应采用作用的偶然组合；对地震设计状况应采用作用的地震组合。作用组合应为可能同时出现的作用的组合，且每个作用组合中应包括一个主导可变作用或一个偶然作用或一个地震作用。

（1）基本组合

基本组合的效应设计值按下式中最不利值确定：

$$S_d=\sum_{i\geqslant 1}\gamma_{G_i}S_{G_ik}+\gamma_p P+\gamma_{Q_1}\gamma_{L_1}S_{Q_1k}+\sum_{j>1}\gamma_{Q_j}\psi_{c_j}\gamma_{L_j}S_{Q_jk} \tag{2-9}$$

式中 S_{G_ik}——第 i 个永久作用的标准值；

P——预应力作用的有关代表值；

S_{Q_1k}——第1个可变作用的标准值；

S_{Q_jk}——第 j 个可变作用的标准值；

γ_{G_i}——第 i 个永久作用的分项系数，按表2-7取用；

γ_p——预应力作用的分项系数，按表2-7取用；

γ_{Q_1}——第1个可变作用的分项系数，按表2-7取用；

γ_{Q_j}——第 j 个可变作用的分项系数，按表2-7取用；

γ_{L_1}、γ_{L_j}——第1个和第 j 个考虑结构设计使用年限的荷载调整系数，按表2-8取用；

ψ_{c_j}——第 j 个可变作用的组合值系数。

值得指出的是，上式仅适合于作用与作用效应按线性关系考虑的情况。当对 S_{Q_1k} 无法明显判断时，应依次以各可变作用效应为 S_{Q_1k}，最后选最不利为作用效应组合。

建筑结构的作用分项系数 表2-7

适用情况 作用分项系数	当作用效应对承载力不利时	当作用效应对承载力有利时
γ_G	1.3	≤ 1.0
γ_p	1.3	≤ 1.0
γ_Q	1.5	0

建筑结构考虑结构设计工作年限的荷载调整系数 γ_L　表 2-8

结构的设计工作年限（年）	γ_L
5	0.9
50	1.0
100	1.1

注：当设计工作年限不为表中数值时，调整系数 γ_L 不应小于按线性内插确定的值。

（2）偶然组合

偶然组合的效应设计值按下式确定：

$$S_d = \sum_{i \geqslant 1} S_{G_ik} + P + S_{A_d} + (\psi_{f_1} \text{或} \psi_{q_1}) S_{Q_1k} + \sum_{j>1} \psi_{q_j} S_{Q_jk} \quad (2\text{-}10)$$

式中　S_{A_d}——偶然作用的设计值；

P——预应力作用的有关代表值；

ψ_{f_1}——第 1 个可变作用的频遇值系数；

ψ_{q_1}、ψ_{q_j}——第 1 个和第 j 个可变作用的准永久值系数。

偶然作用的代表值不乘以分项系数，这是因为偶然作用标准值的确定本身带有不确定性和主观上的臆测因素；与偶然作用同时出现的其他作用可根据观测资料和工程经验采用适当的代表值。

（3）地震组合：符合结构抗震设计的规定。

3）荷载分项系数、材料分项系数

（1）荷载分项系数 γ_G、γ_Q

荷载标准值是结构在使用期间、在正常情况下可能遇到的具有一定保证率的偏大荷载值。考虑到荷载的统计资料尚不够完备，且为了简化计算，《统一标准》暂时按永久荷载和可变荷载两大类分别给出荷载分项系数。

荷载分项系数与荷载标准值的乘积，称为荷载设计值。如永久荷载设计值为 $\gamma_G S_{Gk}$，可变荷载设计值为 $\gamma_Q S_{Qk}$。

（2）荷载组合值系数 ψ_{c_i}、荷载组合值 $\psi_{c_i} S_{Q_ik}$

当结构上作用几个可变荷载时，各可变荷载最大值在同一时刻出现的概率很小，若设计中仍采用各荷载效应设计值叠加，则可能造成结构设计的浪费，因而必须对可变荷载设计值再乘以调整系数。荷载组合值系数 ψ_{c_i} 就是这种调整系数。$\psi_{c_i} S_{Q_ik}$ 称为可变荷载的组合值。《荷载规范》给出了各类可变荷载的组合值系数。当计算荷载组合的效应设计值时，除风荷载取 ψ_{c_i}=0.6 外，大部分可变荷载取 ψ_{c_i}=0.7，对个别固定时间较长的可变荷载取 ψ_{c_i}=0.9 ~ 0.95；例如，对于书库、贮藏室的楼面活荷载，ψ_{c_i}=0.9。

（3）材料分项系数、材料强度设计值

为了充分考虑材料的离散性和施工中不可避免的偏差带来的不利影响，再将材料强度标准值除以一个大于 1 的系数，即得材料强度设计值，相应的系数称为材料分项系数，即：

$$f_c=\frac{f_{ck}}{\gamma_c},\ f_s=\frac{f_{sk}}{\gamma_s} \tag{2-11}$$

根据可靠度原理，可以确定混凝土材料分项系数 γ_c=1.4；HPB300、HRB400、HRBF400 级钢筋的材料分项系数 γ_s=1.1，HRB500、HRBF500 级钢筋的材料分项系数 γ_s=1.15；预应力筋（包括钢绞线、中强度预应力钢丝、消除应力钢丝和预应力螺纹钢筋）的材料分项系数 γ_s=1.2，冷轧带肋钢筋的材料分项系数 1.25。建筑工程中混凝土及钢筋强度的标准值、设计值在第 3 章中将分别介绍。

2. 正常使用极限状态设计表达式

1）基本表达式

（1）正常使用极限状态的设计表达式为：

$$S_d \leqslant C \tag{2-12}$$

式中 S_d——作用组合的效应设计值，如变形的大小、裂缝的宽度等；

C——结构构件达到正常使用要求所规定的变形、裂缝宽度等的限值。

进行正常使用极限状态设计时，作用组合采用如下：对于不可逆正常使用极限状态设计，采用作用的标准组合；对于可逆正常使用极限状态设计，采用作用的频遇组合；对于长期效应是决定性因素的正常使用极限状态设计，采用作用的准永久组合；且对每一种作用组合，建筑结构的设计均应采用其最不利的效应设计值进行。

所谓不可逆的正常使用极限状态，则是指一旦超出极限状态，结构不能再恢复正常的极限状态，比如永久性的局部损坏，或永久变形。可逆的正常使用极限状态，是指在导致超出极限状态的因素移除之后，结构可以恢复正常的极限状态，比如超出极限状态要求的振动或临时性的位移等。不可逆的正常使用极限状态所采用的设计准则，与承载能力极限状态类似；而可逆的正常使用极限状态，其设计准则可根据实际情况确定。

（2）可变作用的频遇值、可变作用的准永久值

荷载标准值是在设计基准期内最大荷载的意义上确定的，它没有反映可变荷载作为随机过程而具有随时间变异的特性。当结构按正常使用极限状态的要求进行设计时，如要控制房屋的变形、裂缝、局部损坏及引起不舒适的振动时，就应从不同的要求来选择荷载的代表值。

在设计基准期内被超越的总时间占设计基准期的比率较小（平均值不大于 0.1）的作用值，或被超越的频率限制在规定频率内的作用值称为可变作用的频遇值，可通过频遇值系数对作用标准值的折减来表示。

在设计基准期内被超越的总时间占设计基准期的比率较大（平均值约为 0.5）的作用值，可通过准永久值系数对作用标准值的折减来表示。

2）作用组合的效应设计值

按正常使用极限状态设计时，应根据不同情况采用作用的标准组合、频遇组合或准永久组合：

（1）标准组合的效应设计值 S_d 按下式计算：

$$S_d=\sum_{i\geqslant 1} S_{G_ik}+P+S_{Q_1k}+\sum_{j>1}\psi_{c_j}S_{Q_jk} \tag{2-13}$$

（2）频遇组合的效应设计值 S_d 按下式计算：

$$S_d=\sum_{i\geqslant 1} S_{G_ik}+P+\psi_{f_1}S_{Q_1k}+\sum_{j>1}\psi_{q_j}S_{Q_jk} \tag{2-14}$$

式中 ψ_{f_1}、ψ_{q_j}——分别为可变荷载 S_{Q_1} 的频遇值系数、可变荷载 S_{Q_j} 的准永久值系数，可从《荷载规范》上查取。

（3）准永久组合的效应设计值按下式计算：

$$S_d=\sum_{i\geqslant 1} S_{G_ik}+P+\sum_{j\geqslant 1}\psi_{q_j}S_{Q_jk}$$

3）正常使用极限状态验算内容

其包括结构构件的裂缝宽度验算、受弯构件的最大挠度验算和结构构件的抗裂验算。构件的最大裂缝宽度不应超过规范规定的最大裂缝宽度限值。构件的最大裂缝宽度不应超过规范规定的最大裂缝宽度限值，最大裂缝宽度限值应根据结构的环境类别、裂缝控制等级及结构类别确定。受弯构件的最大挠度计算值不应超过规范规定的挠度限值。对结构构件进行抗裂验算时，其计算值不应超过规范规定的相应限值。以上内容的具体验算方法和规定见第 3 章。

2.5 耐久性极限状态设计

耐久性的作用效应与构件承载力的作用效应不同，其作用效应是环境影响强度和作用时间跨度与构件抵抗环境影响能力的结合体。结构的耐久性极限状态设计，其目的是使结构构件出现耐久性极限状态标志或限值的年限不小于其设计工作年限，而结构的设计工作年限应根据建筑物的用途和环境的侵蚀性确定。

结构构件的耐久性极限状态设计，包括保证构件质量的预防性处理措施、减小侵蚀作用的局部环境改善措施、延缓构件出现损伤的表面防护措施和延缓材料性能劣化速度的保护措施四个方面。

1. 耐久性极限状态标志或限值

各类结构构件及其连接，应依据环境侵蚀和材料的特点确定耐久性极限状态的标志和限值，具体如下：

1）对木结构，出现下列现象之一时，可作为结构达到耐久性极限状态的标志：

（1）出现霉菌造成的腐朽；

（2）出现虫蛀现象；

（3）发现受到白蚁的侵害等；

（4）胶合木结构防潮层丧失防护作用或出现脱胶现象；

（5）木结构的金属连接件出现锈蚀；

（6）构件出现翘曲、变形和节点区的干缩裂缝。

2）对钢结构、钢管混凝土结构的外包钢管和组合钢结构的型钢构件等，出现下列现象之一时，可作为达到耐久性极限状态的标志：

（1）构件出现锈蚀迹象；

（2）防腐涂层丧失作用；

（3）构件出现应力腐蚀裂纹；

（4）特殊防腐保护措施失去作用。

3）对铝合金、铜及铜合金等构件及连接，出现下列现象之一时，可作为达到耐久性极限状态的标志：

（1）构件出现表观的损伤；

（2）出现应力腐蚀裂纹；

（3）专用防护措施失去作用。

4）对混凝土结构的配筋和金属连接件，出现下列现象之一时，可作为达到耐久性极限状态的标志或限值：

（1）预应力钢筋和直径较细的受力主筋具备锈蚀条件；

（2）构件的金属连接件出现锈蚀；

（3）混凝土构件表面出现锈蚀裂缝；

（4）阴极或阳极保护措施失去作用。

5）对砌筑和混凝土等无机非金属材料的结构构件，出现下列现象之一时，可作为达到耐久性极限状态的标志或限值：

（1）构件表面出现冻融损伤；

（2）构件表面出现介质侵蚀造成的损伤；

（3）构件表面出现风沙和人为作用造成的磨损；

（4）表面出现高速气流造成的空蚀损伤；

（5）因撞击等造成的表面损伤；

（6）出现生物性作用损伤。

6）对聚合物材料及其结构构件，出现下列现象之一时，可作为达到耐久性极限状态的标志：

（1）因光老化，出现色泽大幅度改变、开裂或性能的明显劣化；

（2）因高温、高湿等，出现色泽大幅度改变、开裂或性能的明显劣化；

（3）因介质的作用等，出现色泽大幅度改变、开裂或性能的明显劣化。

2. 耐久性极限状态设计方法和措施

建筑结构的耐久性设计方法有三种：经验法、半定量法以及定量控制耐久性失效概率方法。

经验法：此方法适合于对缺乏侵蚀作用或作用效应统计规律的结构或结构构件。此时应采取经验的方法确定耐久性的系列技术措施，包括：①保障结构构件质量的杀虫、灭菌和干燥等技术措施；②避免物理性作用的表面抹灰和涂层等技术措施；③避免雨水等冲淋和浸泡的遮挡及排水等技术措施；④保障结构构件处于干燥状态的通风和防潮等技术措施；⑤推迟电化学反应的镀膜和防腐涂层等技术措施以及阴极保护等技术措施；⑥作出定期检查规定的技术措施等。

半定量法：此方法适合于具有一定侵蚀作用和作用效应统计规律的结构构件。耐久性措施按下列方式确定：①结构构件抵抗环境影响能力的参数或指标，结合环境级别和设计使用年限确定；②结构构件抵抗环境影响能力的参数或指标，应考虑施工偏差等不定性的影响；③结构构件表面防护层对于构件抵抗环境影响能力的实际作用，可结合具体情况确定。

定量控制耐久性失效概率方法：此方法适合于具有相对完善的侵蚀作用和作用效应相应统计规律的结构构件且具有快速检验方法予以验证的情况。当充分考虑了环境影响的不定性和结构抵抗环境影响能力的不定性时，定量设计就应使预期出现耐久性极限状态标志的时间不小于结构的设计工作年限。

3. 耐久性设计

混凝土结构由于混凝土碳化、氯离子对混凝土的侵蚀、混凝土碱－骨料反应和混凝土中钢筋的锈蚀等原因，有可能使其达不到预定的服役年限而提前失效。这就是混凝土结构耐久性问题。

混凝土结构的耐久性取决于环境状况、设计使用年限的要求、混凝土的组成成分、施工养护方法以及结构的防护措施等因素。

1）耐久性设计内容

混凝土结构应根据设计使用年限和环境类别进行耐久性设计，耐久性设计主要包括下列内容：确定结构所处的环境类别；提出材料的耐久性基本要求；确定构件中钢筋的混凝土保护层厚度；不同环境条件下的耐久性技术措施；提出结构使用阶段的检测与维护要求。

对临时性的混凝土结构，可不考虑混凝土的耐久性要求。

2）结构所处环境分类

混凝土结构的环境类别划分为一、二a、二b、三a、三b、四、五共七个类别。一类环境最好，五类环境最差。

3）耐久性对材料及结构要求

（1）设计工作年限为50年的混凝土结构，其混凝土材料（如最大水胶比、混凝土最低强度等级、最大氯离子含量及最大碱含量）宜符合一定的要求。

（2）一类环境中，设计工作年限为100年的混凝土结构应符合下列规定：钢筋混凝土结构的最低强度等级为C30；预应力混凝土结构的最低强度等级为C40；混凝土中的最大氯离子含量为0.06%；宜使用非碱活性骨料，当使用碱活性骨料时，混凝土中的最大碱含量为3.0kg/m^3。

（3）二、三类环境中，设计工作年限为100年的混凝土结构应采取专门的有效措施。

（4）混凝土保护层厚度应符合一定的规定；当采取有效的表面防护措施时，混凝土保护层厚度可适当减小。

思考题与习题

2-1 什么是结构上的作用？它们如何分类？

2-2 什么是结构的“设计基准期”？我国的“设计基准期”规定的年限为多长？

2-3 什么是作用效应？什么是结构抗力？

2-4 结构必须满足哪些功能要求？

2-5 结构可靠概率与结构失效概率有什么关系？

2-6 结构的安全等级与结构的可靠指标之间有什么关系？

2-7 什么是永久荷载的代表值？可变荷载有哪些代表值？进行结构设计时如何选用这些代表值？

2-8 什么情况下要考虑荷载组合系数？为什么荷载组合系数值小于或等于1？

2-9 为什么要引入荷载分项系数？如何选用荷载分项系数值？

2-10 如何划分结构的极限状态？

2-11　结构超过承载力极限状态的标志有哪些?

2-12　结构超过正常使用极限状态的标志有哪些?

2-13　结构构件的截面承载力与哪些因素有关?

2-14　如图 2-7 所示的某简支梁，计算跨度长 l_0=4m，承受的恒载为均布荷载，其标准值 g_k=4000N/m，承受的活荷载为跨中作用的集中荷载，其标准值 Q_k=2000N，结构的安全等级为二级，求梁跨中截面的弯矩设计值。

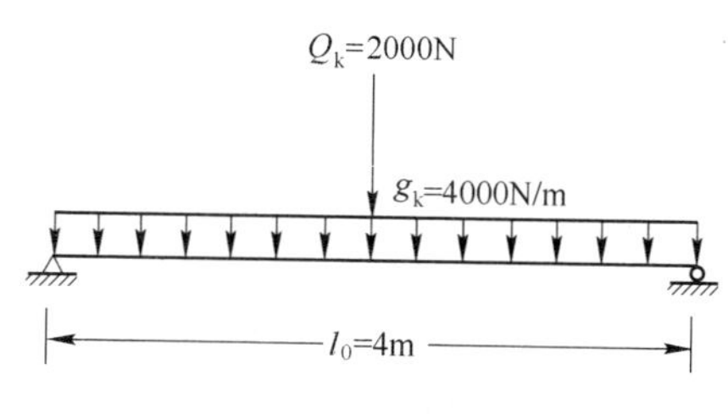

图 2-7　习题 2-14 用图

第2篇

各种建筑结构

第3章

混凝土结构

3.1 钢筋和混凝土材料及其力学性能

1. 混凝土结构的基本概念

以混凝土为主要材料制作的结构称为混凝土结构。它包括素混凝土结构、钢筋混凝土结构、型钢混凝土结构、钢管混凝土结构和预应力混凝土结构等。

素混凝土结构是指不配置任何钢材的混凝土结构。

钢筋混凝土结构是指配置受力钢筋作为配筋的混凝土结构。图 3-1 为常见钢筋混凝土构件和结构的配筋实例。在钢筋混凝土结构和构件中，钢筋和混凝土不是任意结合的，而是将混凝土和钢筋这两种材料合理有机地结合在一起，使两者共同工作。所谓合理有机指使混凝土主要承受压力，钢筋主要承受拉力，以体现充分利用材料各自力学特性的优势，以满足工程结构的使用要求。

型钢混凝土结构又称为钢骨混凝土结构。它是指用型钢或用钢板焊成的钢骨架作为配筋的混凝土结构。图 3-2（a）、（b）为型钢混凝土梁、柱配筋的截面形式。

钢管混凝土结构是指将混凝土浇捣于钢管内形成的混凝土结构（图 3-2c）。

预应力混凝土结构是指在结构构件制作时，在其受拉部位人为地预先施加压应力的混凝土结构（图 3-3）。

素混凝土结构由于承载力低、呈脆性，很少用来作为土木工程的承力结构。型钢混凝土结构承载能力大、抗震性能好，但耗钢量较多，多在高层、大跨或抗震要求较高的工程中采用。钢管混凝土结构的构件连接较复杂，维护费用多，承载力高，在高层建筑中广泛使用。本章重点讲述钢筋混凝土结构的材料性能、设计原则、计算方法和主要构造措施。

图 3-4（a）、（b）所示为两根截面尺寸、跨度、混凝土强度均相同的简支梁。一根为素混凝土梁，另一根则在梁的受拉区配有适量的钢筋。梁的跨中作用两个集中荷载 P。试验结果表明，两者的承载力和破坏形式有很大的差别。素混凝土梁由于混凝土抗拉能力小，在荷载作用下，梁的下边受拉区边缘混凝土一旦开裂，梁立即破坏（图 3-4a）。试件的破坏由混凝土抗拉强度控制，受压区混凝土的抗压强度没有得到利用，梁的承载能力很低，这种破坏是突然发生的，

（a）

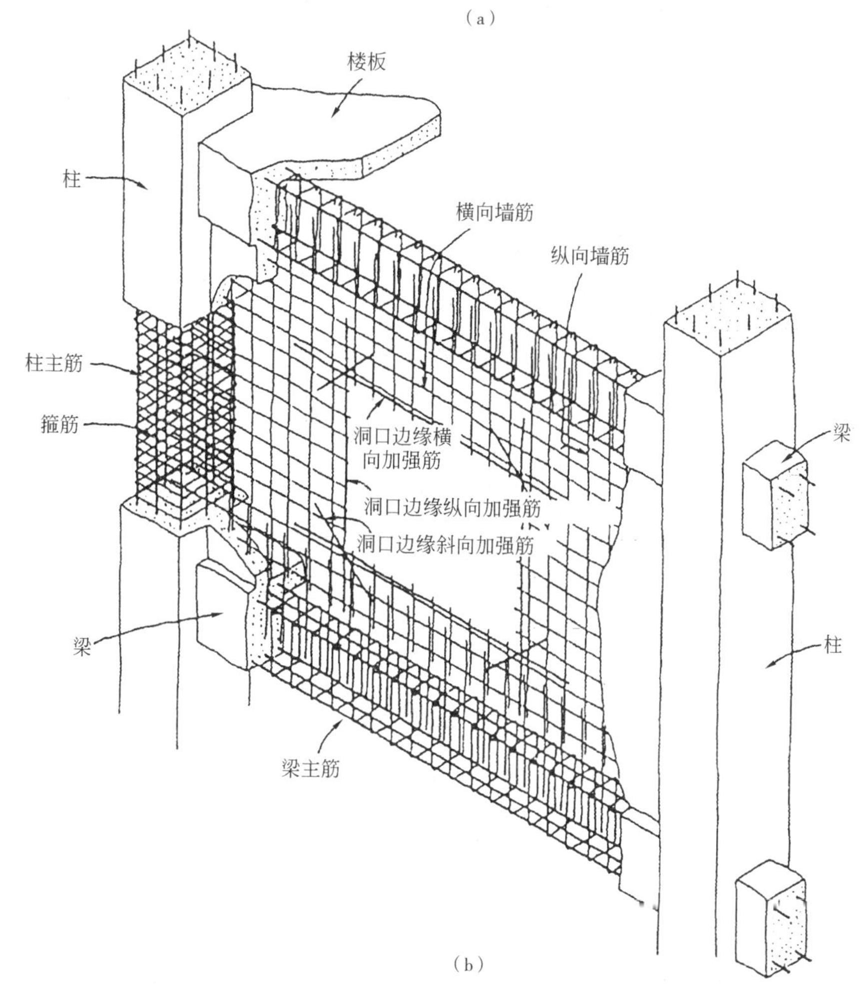

（b）

图 3-1　钢筋混凝土构件和结构实例

（a）钢筋混凝土板配筋；（b）钢筋混凝土框架局部配筋

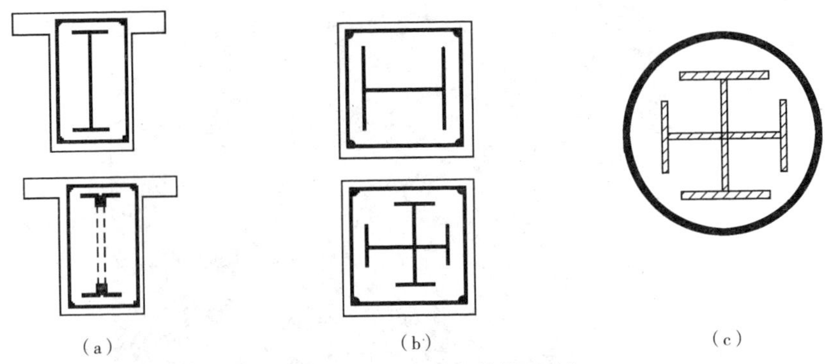

图3-2 型钢混凝土构件截面形式

(a)型钢混凝土梁截面;(b)型钢混凝土柱截面;(c)钢管型钢混凝土柱截面

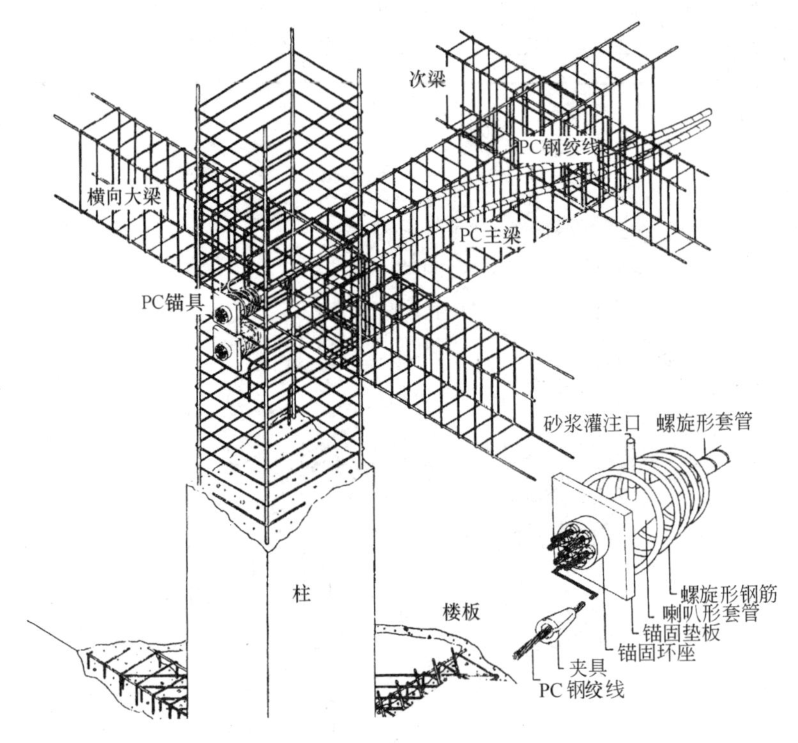

图3-3 预应力混凝土结构

没有明显的预兆。如果在梁的底部受拉区配置适量钢筋，在荷载作用下，受拉区混凝土仍然开裂，梁中和轴以下的拉力主要是由钢筋承担，中和轴以上受压区的压应力由混凝土承担，试件开裂后，梁还可以承受继续增加的荷载，随着荷载增大，裂缝的数量和宽度也将增大，直到钢筋达到其屈服强度，然后受压区的混凝土被压碎，梁才宣告破坏（图3-4b）。很显然，钢筋混凝土梁

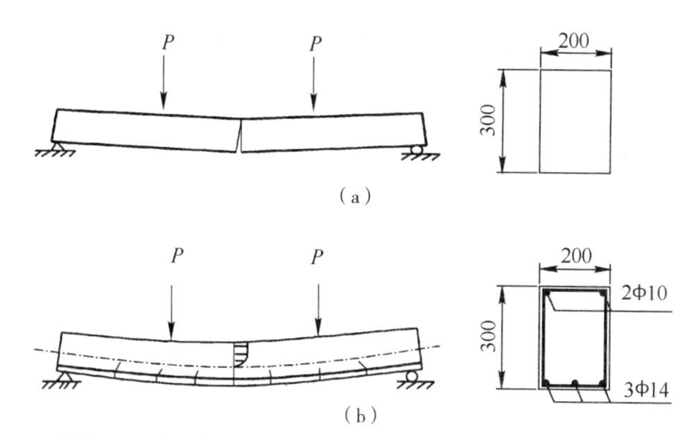

图 3-4　素混凝土与钢筋混凝土梁的破坏比较（单位：mm）

的承载力比素混凝土梁有很大地提高，并且破坏时钢筋的抗拉强度和混凝土的抗压强度得到了充分地利用，变形和裂缝都发展得很充分，呈现出明显的破坏预兆。因此，在混凝土结构中合理配置一定形式和数量的钢筋，可以提高结构的承载能力，改善结构受力性能。

钢筋混凝土结构除了能合理利用钢筋和混凝土两者的材料性能优势外，与钢结构、砌体结构等相比还有下列优点：

1）就地取材。钢筋混凝土结构中，砂和石料所占比例很大，砂和石料一般可以由建筑工地附近供应。

2）节约钢材。钢筋混凝土合理地发挥了材料的性能，在某些结构中可代替钢结构，从而节约工程造价。

3）耐久、耐火。钢筋埋放在混凝土中，受混凝土保护不易发生锈蚀，因而提高了结构的耐久性。当火灾发生时，钢筋混凝土结构不会像木结构那样被燃烧，也不会像钢结构那样很快软化而被破坏。

4）可模性好。钢筋混凝土可以根据需要浇制成各种形状和尺寸的结构。

5）现浇或装配整体式钢筋混凝土结构的整体性好，刚度大，且具备必要的延性，适于用作抗震结构；同时它的防振性和防辐射性也好，适于用作防护结构。

正是由于钢筋混凝土结构具有以上的这些优点，所以在国内外的工程建设中得到了广泛的应用。

钢筋混凝土结构也存在下述主要缺点：

1）自重大。钢筋混凝土的重度约为 25kN/m^3，比砌体和木材的重度都大。尽管比钢材的重度要小，但构件的截面尺寸比钢结构构件大，因而其自重远远超过相同跨度或高度的钢结构，在大跨及超高层建筑结构中应用受到一定限制。

2）抗裂性差。混凝土的抗拉强度非常低，因此，普通钢筋混凝土结构经常带裂缝工作。影响了结构的耐久性和美观。当裂缝数量较多和开展较宽时，还将给人造成不安全感。

3）建造较费工。如现浇结构模板需耗用较多的木材，施工受到气候条件的限制。

随着对钢筋混凝土研究的不断深入，其缺点已经或正在逐步加以改善。例如，目前国内外均大力研究轻质高强混凝土以减轻混凝土的自重，克服钢筋混凝土自重大的缺点；采用预应力混凝土以减小构件尺寸和提高结构的抗裂性能，克服普通钢筋混凝土容易开裂的缺点；采用预制装配式构件以节约模板加快施工速度；采用工业化的现浇施工方法以简化施工等。

混凝土结构的发展历史只有 160 年左右。我国在 19 世纪末和 20 世纪初开始有了钢筋混凝土建筑物，从 20 世纪 70 年代起，在一般民用建筑中广泛使用。改革开放以来，高层建筑在我国有了较大发展，混凝土结构得到了充分的使用。对于未来，超高层建筑及真正意义的摩天大楼将对高效能的混凝土结构提出了更高的要求。

2. 钢筋

钢筋混凝土结构主要用钢筋和混凝土材料制作而成。为了合理地进行钢筋混凝土结构设计，必须了解钢筋和混凝土力学性能以及两者共同工作的基础。

1）钢筋的品种

（1）钢材的品种

钢材是一种金属材料，其主要化学成分为铁，碳元素的含量低于 2%，此外还含有硅、锰、磷、硫等化学元素。

按所含碳量不同，钢材可分为碳素钢和合金钢，碳素钢又分为低碳钢（含碳量小于 0.25%）、中碳钢（含碳量为 0.25% ~ 0.60%）和高碳钢（含碳量大于 0.60%），随着含碳量的增加，钢筋的强度提高，但塑性降低。硅、锰元素可以提高钢材的强度并保持一定的塑性。磷、硫是钢材中有害元素，使钢筋易于脆断。合金钢又分为低合金钢（合金元素总含量小于 5.0%）、中合金钢（合金元素总含量为 5.0% ~ 10%）和高合金钢（合金元素总含量大于 10%）。本书主要阐述建筑用钢筋。

按照钢材生产加工工艺及力学性能的不同，用于混凝土结构中的建筑钢筋分为热轧钢筋、预应力筋以及冷加工钢筋三大系列。

（2）热轧钢筋

①热轧钢筋的种类

热轧钢筋是钢厂用普通低碳钢和普通低合金钢制成，有明显的屈服点，分为 HPB300、HRB400、HRBF400、HRB400E、HRB500E、RRB400、HRB500、HRBF500。

HPB300 为热轧光面钢筋，HRB400 和 HRB500 是热轧变形钢筋，HRBF400 和 HRBF500 钢筋是采用温控工艺生产的细晶粒带肋钢筋，RRB400 是余热处理钢筋，焊接时钢筋回火强度有所降低，应用范围受到限制。

钢筋的直径范围并不表示在此范围内任何直径的钢筋钢厂都生产。钢厂提供的钢筋直径为（6、8、10、12、14、16、18、20、22、25、28、32、36、40、50）mm。设计时，应在附表 3-1 的直径范围和上述提供的直径内选择钢筋，直径大于 40mm 的钢筋主要用于大坝一类大体积混凝土结构中，且应有可靠的工程经验。

为了使钢筋的强度能够得到充分地利用，强度越高的钢筋要求与混凝土粘结的强度越大。提高粘结强度的办法是将钢筋表面轧成有规律的凸出花纹，称为变形钢筋。HPB300 钢筋强度低，表面做成光面即可（图 3-5a），其余级别的钢筋强度较高，表面均应做成带肋形式，即为变形钢筋。变形钢筋的表面形状，我国以往长期采用人字纹和螺旋纹两种（图 3-5b、c）。近几年来我国已将变形钢筋的肋纹改为月牙纹（图 3-5d）。月牙纹钢筋的特点是横肋呈月牙形，与纵肋不相交，且横肋的间距比老式变形钢筋大，克服了人字纹和螺旋纹钢筋动力性能不利的缺点，而粘结强度降低不多。

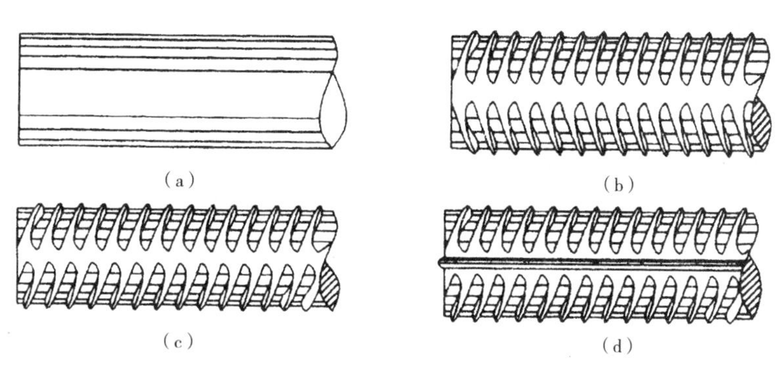

图 3-5 钢筋表面形状

（a）光面钢筋；（b）人字纹钢筋；（c）螺旋纹钢筋；（d）月牙纹钢筋

②热轧钢筋的力学性能

A. 应力 - 应变曲线的一般特征

图 3-6 为热轧钢筋拉伸时的应力 - 应变关系曲线，又称本构关系，它反映出钢材的主要力学特征。

从图中可看出，从开始受拉到拉断，经历了四个阶段：弹性阶段（OA）、屈服阶段（AB）、强化阶段（BC）和颈缩阶段（CD）。

a. 弹性阶段（OA）

在 OA 阶段，材料表现为弹性性质。应力与应变的比值称为弹性模量，A 点为比例极限点。

b. 屈服阶段（AB）

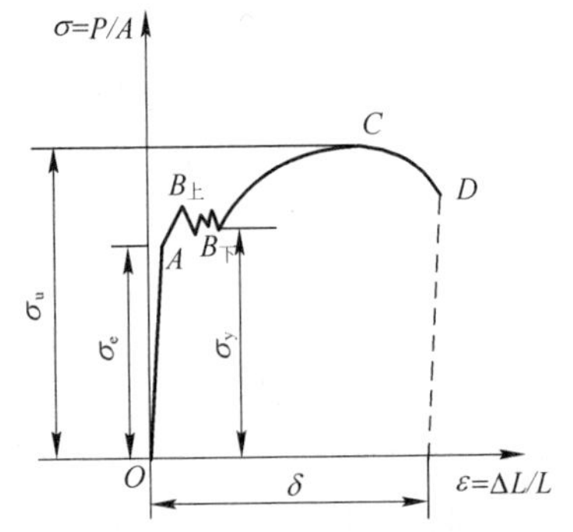

图 3-6 热轧钢筋拉伸时的应力 - 应变关系曲线

超过 A 点后应力有一小幅度波动，不再明显增加，而变形明显增大，且出现了塑性变形，这个阶段属于屈服阶段。与屈服阶段最小应力（$B_{下}$）对应的应力值称为屈服强度。此阶段的屈服点和屈服台阶非常明显。

c. 强化阶段（BC）

在荷载作用下试件变形继续增加，由于材料内部金属晶格结构发生变化，使其抵抗变形能力又重新提高，此阶段称为强化阶段。与 C 点对应的应力称为极限抗拉强度或简称为抗拉强度。

d. 颈缩阶段（CD）

当试件的应力超过 C 点后，试件的抗变形能力明显下降，在最薄弱的部位截面显著减小，称为颈缩现象。最终试件在颈缩部位发生断裂而破坏。

B. 强度及弹性模量

钢材的强度包括屈服强度、极限抗拉强度及疲劳强度。

a. 屈服强度

一般以有明显屈服阶段材料拉伸应力 - 应变曲线屈服阶段的下限应力（图 3-6）或无明显屈服阶段应力 - 应变曲线 0.2% 残余变形对应的应力作为屈服强度（图 3-9）。屈服强度也是确定钢结构容许应力的主要依据。

b. 极限抗拉强度

极限抗拉强度不能作为设计的依据，但是屈强比（屈服强度与极限抗拉强度的比值）在工程上有重要意义。屈强比越小，结构的强度储备越大，结构的可靠度越高，但是材料强度的利用率也就越低，合理的屈强比一般在 0.6 ~ 0.75 之间。

在钢筋混凝土构件中，由于受到混凝土极限压应变的制约，截面达到破坏时，钢筋不大可能进入强化阶段这样大的应变状态。但是作为一种安全储备，钢筋的极限抗拉强度仍有重要意义，即通常希望构件的某个（或某些）截面已经破坏时，钢筋仍不致被拉断而造成整个结构倒塌。因此，规范要求钢筋的屈服应力不低于规定值。而且“屈服应力 / 极限抗拉强度”值（通常称为“屈强比”）不宜过大。

c. 疲劳强度

一般把钢材承受 10^6 ~ 10^7 次反复荷载时发生破坏的最大应力称为疲劳强度。

d. 弹性模量

钢筋在弹性变形阶段，其应力和应变成正比例关系（即符合胡克定律），其比例系数称为弹性模量。弹性模量是衡量钢筋产生弹性变形难易程度的指标，其值越大，使钢筋发生一定弹性变形的应力也越大，也即在一定应力作用下，发生弹性变形越小。它是反映材料抵抗弹性变形能力的指标，它只与材料的化学成分有关，与其组织变化无关，与热处理状态无关。各种钢的弹性模量差别很小，金属合金化对其弹性模量影响也很小。

热轧钢筋强度标准值见附表 3-1，设计值见附表 3-3，弹性模量见附表 3-5。

C. 简化的应力 - 应变曲线

在建立钢筋混凝土构件截面承载力计算模型时，对热轧钢筋强度取值作如下两点简化：忽略从比例极限到屈服点之间钢筋微小的塑性应变；不利用应力强化阶段。据此热轧钢筋的应力 - 应变关系可简化为图 3-7 所示的曲线。

D. 塑性性能

钢筋的塑性性能通过伸长率和冷弯性能两个指标来衡量。

a. 伸长率。伸长率是衡量钢筋塑性性能的一个指标。试件拉伸试验后，把试件断裂的两段拼起来，便可测得标距范围内的实际长度 l_1，l_1 减去标距长 l 就是塑性变形值，此值与标距长 l 的比率称为伸长率，伸长率用 δ 表示：

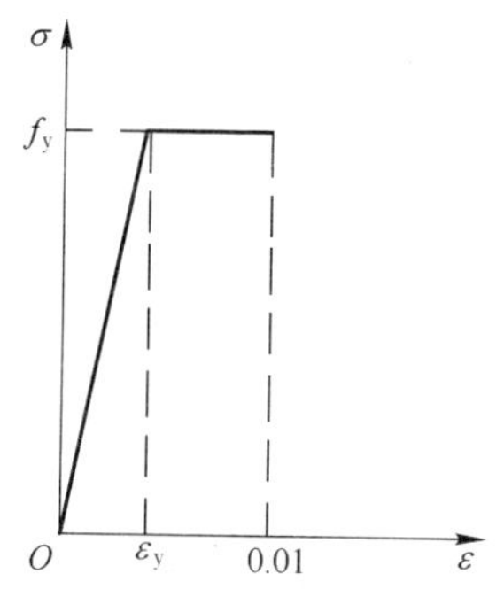

图 3-7　热轧钢筋的简化应力 - 应变曲线

$$\delta=\frac{l_1-l}{l}\times 100\% \tag{3-1}$$

它的数值越大，表示钢材塑性越好。良好的塑性，可将结构上的应力（超过屈服点的应力）进行重新分布，从而避免结构过早破坏。

混凝土结构对钢筋在最大力下的总伸长率要求如表 3-1 所示。

普通钢筋和预应力筋在最大力下的总伸长率限值 δ_{gt}（%）　　表 3-1

钢筋品种	普通钢筋				冷轧带肋钢筋		预应力筋	
	HPB300	HRB400、HRBF400、HRB500、HRBF500	HRB400E、HRB500E	RRB400	CRB500	CRB600H	中强度预应力钢丝、预应力冷轧带肋钢筋	消除应力钢丝、钢绞线、预应力螺纹钢筋
δ_{gt}（%）	10.0	7.5	9.0	5.0	2.5	5.0	4.0	4.5

b. 冷弯性能。冷弯性能是检验钢材塑性性能的另一个指标，能反映钢材脆化的倾向。为了使钢筋在弯折加工时不致断裂和在使用过程中不致脆断，应进行冷弯试验。冷弯试验是通过检验试

件经过规定的弯曲程度后，弯曲处有无裂纹、起层、鳞落和断裂等情况来评定。冷弯试验可以暴露材料内部的某些缺陷。对于重要结构和需要弯曲成形的钢材，冷弯性能必须合格。

（3）预应力筋

预应力筋包括中强度预应力钢丝、预应力螺纹钢筋、消除应力钢丝和钢绞线。

中强钢丝的直径为 4 ~ 10mm。钢丝外形有光面、刻痕、月牙肋及螺旋肋几种，而钢绞线则为绳状，由 3 股或 7 股钢丝捻制而成，均可盘成卷状。刻痕钢丝、螺旋肋钢丝和绳状钢绞线的形状如图 3-8 所示。

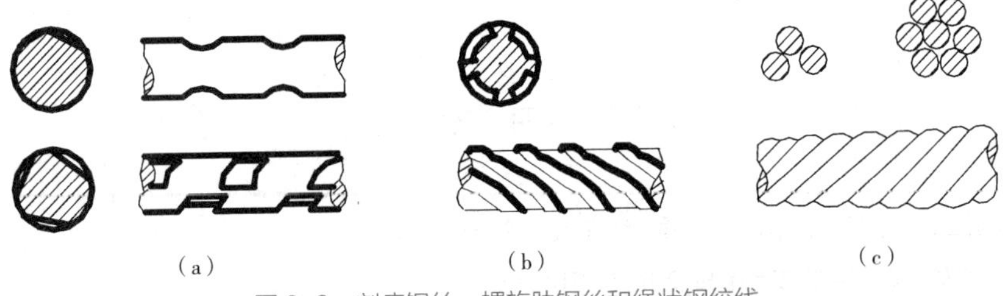

图 3-8 刻痕钢丝、螺旋肋钢丝和绳状钢绞线

（a）刻痕钢丝（二面、三面）;（b）螺旋肋钢丝;（c）绳状钢绞线

中强钢丝的抗拉强度为 800 ~ 1270MPa，钢绞线的抗拉强度为 1570 ~ 1960MPa。伸长率很小，δ_{100}=3.5% ~ 4%。预应力筋的应力－应变特征如图 3-9 所示。图 3-9 中 $\sigma_{0.2}$ 为对应于残余应变为 0.2% 的应力，称之为无明显屈服钢筋的条件屈服点。

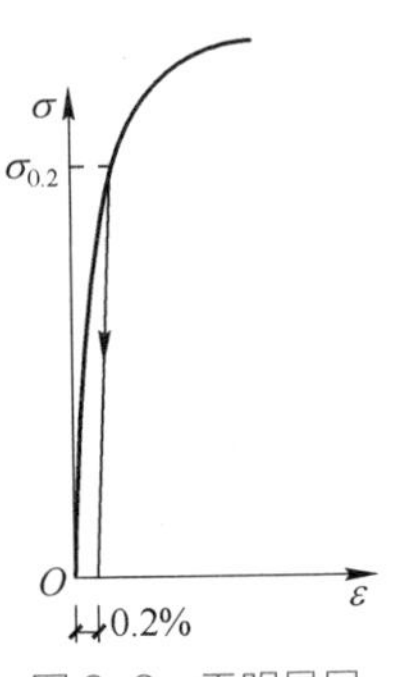

图 3-9 无明显屈服点钢筋的应力－应变曲线

预应力筋的代表符号、直径范围、强度标准值见附表 3-2，设计值见附表 3-4，弹性模量见附表 3-5。

屈服强度、极限强度、伸长率及冷弯性能是对有明显屈服点钢筋进行质量检验的四项主要力学性能指标，对无明显屈服点的钢筋只测定后三项。此外，钢材的弹性模量也是重要的力学性能指标。

（4）冷加工钢筋

冷加工钢筋是指在常温下采用某种工艺对热轧钢筋进行加工得到的钢筋。常用的加工工艺有冷拉、冷拔、冷轧和冷轧扭四种。其目的都是为了提高钢筋的强度，以节约钢材。同时伸长率显著降低，除冷拉钢筋仍具有明显的屈服点外，其余冷加工钢筋均无明显屈服点和屈服台阶。

①冷拉钢筋

冷拉是使热轧钢筋的冷拉应力值先超过屈服强度，然后卸载，如果停留一段时间后再进行张拉，屈服点将得到提高，这种现象称为时效硬化。为了使钢筋冷拉时效后，既能显著提高强度，又能使钢材具有一定的塑性，应合理选择张拉控制点。由于冷拉只能提高钢筋的抗拉强度而不能提高钢筋的抗压强度，因此目前已不提倡使用冷拉钢筋。

②冷拔钢筋

冷拔是将钢筋用强力拔过比其直径小的硬质合金拔丝模。经过几次冷拔，钢筋强度与原来相比有很大提高，但塑性则显著降低，且没有明显的屈服点。冷拔可以同时提高钢筋的抗拉强度和抗压强度。

③冷轧带肋钢筋

冷轧带肋钢筋是以低碳筋或低合金钢筋为原材料，在常温下进行轧制而成的表面带有纵肋和月牙纹横肋的钢筋。用这种钢筋逐步取代普通低碳钢筋和冷拔低碳钢丝，可以改善构件在正常使用阶段的受力性能和节省钢材。

④冷轧扭钢筋

冷轧扭钢筋是以热轧光面钢筋 HPB300 为原材料，按规定的工艺参数，经钢筋冷轧扭机一次加工轧扁扭曲呈连续螺旋状的冷强化钢筋。

冷拔低碳钢丝、冷轧带肋钢筋和冷轧扭钢筋都有专门的设计与施工规程，供设计与施工时查用。

2）钢筋的选用原则

在钢筋混凝土结构及预应力混凝土结构中，构件承受的拉力主要由钢筋来承受，因此钢筋性能直接影响到钢筋混凝土构件的受力性能。工程中对钢筋选用的规定如下：

①钢筋混凝土结构中的钢筋和预应力混凝土结构中的非预应力钢筋宜优先采用：纵向受力普通钢筋可采用 HPB300、HRB400、HRB500、HRBF400、HRBF500、RRB400 钢筋；梁、柱和斜撑构件的纵向受力普通钢筋宜采用 HRB400、HRB500、HRBF400、HRBF500 钢筋；箍筋宜采用 HPB300、HRB400、HRBF400、HRB500、HRBF500 钢筋。

②预应力钢筋宜采用预应力钢绞线、钢丝和预应力螺纹钢筋。

3）混凝土结构对钢筋性能其他要求

强度方面：对钢筋屈服强度及极限强度都有相应要求；同时采用较高强度的钢筋可以省材，从而获得较好的经济效益。

变形方面：为使构件破坏有足够的预兆，各类钢筋的伸长率及冷弯性能都要求合格。

可焊性方面：钢筋的接头常需要焊接，因此在一定工艺条件下钢筋焊接后不产生裂纹和过大的变形，确保接头性能良好。

粘结力方面：使钢筋与混凝土之间有足够的粘结力，从而保证两者能很好地共同工作。

在寒冷地区，对钢筋有一定的低温性能要求。

钢筋的公称截面面积及理论重量见附表 3-6，钢绞线及钢丝的公称直径及理论重量见附

表 3-7 及附表 3-8。

3. 混凝土

混凝土是由水泥、水、粗骨料和细骨料经过人工搅拌、入模、捣实、养护和硬化后形成的人工石。混凝土各组成成分的比例及加工制作过程都会直接影响混凝土最终的物理力学性能。

1）混凝土强度

在实际工程中，一般情况下混凝土均处于复合受力状态，而处于单向受力状态的情况是极少见的。研究复合受力作用下混凝土的强度必须以单向受力作用下的强度为基础，因此研究混凝土在单向受力状态下的强度指标就很有必要，它是结构构件分析和建立单向和多向受力下强度理论公式的重要基础。

（1）混凝土抗压强度

混凝土抗压强度是混凝土力学性能中最重要的指标，它是混凝土强度分级的标准，也是施工中控制混凝土质量的重要依据。在钢筋混凝土结构中可以通过抗压强度推断出混凝土其他力学指标。根据混凝土试件的不同，有两种不同的抗压强度指标：立方体抗压强度、棱柱体抗压强度（圆柱体抗压强度）。从设计方面考虑，我们想了解的是如何测定混凝土强度、不同测试方法之间强度系数关系以及测试所得的混凝土强度与实际构件混凝土强度之间的关系。

①立方体抗压强度 $f_{cu,k}$

目前国际上采用的混凝土试件形状有圆柱体和立方体两种，我国采用立方体试件，欧美国家采用圆柱体试件，两类试件强度可通过 ISO 3898 标准进行换算。

我国《混凝土结构设计规范》GB 50010—2010（2015 年版）规定：混凝土强度等级应按立方体抗压强度标准值确定。立方体抗压强度标准值指按照标准方法制作养护的边长 150mm 的立方体试件，在 20±3℃的温度和相对湿度在 90% 以上的潮湿空气中养护 28d 或设计规定龄期，用标准试验方法测得的具有 95% 保证率的抗压强度，用符号 $f_{cu,k}$ 表示。$f_{cu,k}$ 与平均值 μ_f 和标准差 σ_f 的关系为：

$$f_{cu,k}=\mu_f-1.645\sigma_f \tag{3-2}$$

混凝土立方体试件除了边长 150mm 外，还可以采用边长 100mm 和 200mm 的立方体试件。当采用不同的立方体试件时，应乘以修正系数来换算成标准尺寸的立方体强度，一般边长 100mm 和 200mm 的试件分别乘以 0.95 和 1.05 的系数来换算。

混凝土强度等级一般可划分为：C20、C25、C30、C35、C40、C45、C50、C55、C60、C65、C70、C75、C80，C 代表混凝土，C 后的数字即为混凝土立方体抗压强度的标准值，其单位为“N/mm^2”，例如 C60 表示混凝土的立方体抗压强度标准值为 $f_{cu,k}=60N/mm^2$。

二维码 3.1-1

不同的试验方法对混凝土的$f_{cu,k}$值有较大影响。试件在试验机上受压时，纵向会压缩，横向会膨胀，由于混凝土与压力机垫板弹性模量与横向变形的差异，压力机垫板的横向变形明显小于混凝土的横向变形。当试件承压接触面上不涂润滑剂时，混凝土的横向变形受到摩擦力的约束，形成“箍套”作用，试件破坏时形成两个对顶的角锥形破坏应力状态，如图 3-10（a）所示。如果在试件承压面上涂一些润滑剂，这时试件与压力机垫板间的摩擦力就大大减小，试件沿着力的作用方向平行地产生几条裂缝而破坏，所测得的抗压极限强度较低，如图 3-10（b）所示。标准试验方法不加润滑剂。

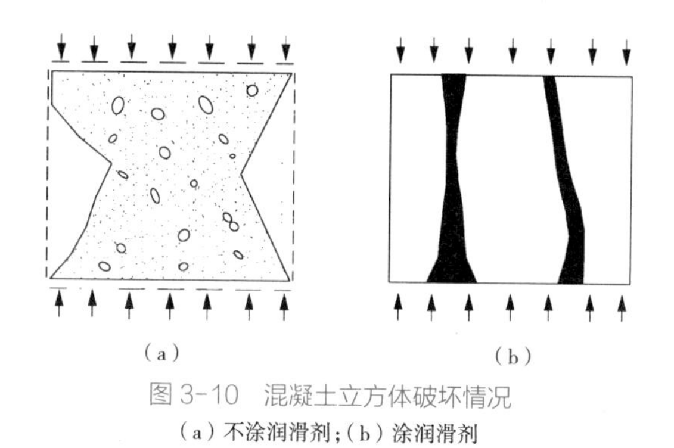

图 3-10　混凝土立方体破坏情况

（a）不涂润滑剂；（b）涂润滑剂

混凝土强度随时间而增长，初期增长较快，后期增长缓慢，至最后稳定。龄期在 4 周时其强度大体稳定，以此时间定义为划分强度等级的时间。混凝土强度大约在 5 年以后趋于稳定，其强度可比 28d 强度高出 20%。

②轴心抗压强度标准值f_{ck}

实际结构和构件往往不是立方体，而是棱柱体，因此采用棱柱体试件能更好地反映混凝土的实际抗压能力，可以用棱柱体测得的抗压强度作为轴心抗压强度，又称为棱柱体抗压强度，用f_{ck}表示。

我国《混凝土物理力学性能试验方法标准》GB/T 50081—2019 规定，采用 150mm×150mm×300mm 的棱柱体作为标准试件，按照标准试验方法测得的强度，称为混凝土轴心抗压强度。轴心抗压强度标准值f_{ck}与立方体抗压强度标准值$f_{cu,k}$之间折算关系为：

$$f_{ck}=0.88a_1a_2f_{cu,k} \quad (3-3)$$

式中　a_1——棱柱体强度与立方体强度的比值；

a_2——混凝土的脆性系数；

0.88——考虑结构中的混凝土强度与试块混凝土强度之间的差异等因素的修正系数。

（2）混凝土抗拉强度标准值f_{tk}

混凝土抗拉强度是混凝土的基本力学性能指标之一。混凝土抗拉强度很低，在实际结构中，只有钢筋混凝土构件的抗裂性、抗剪、抗冲切和抗扭等与混凝土的抗拉强度有关。

目前，混凝土抗拉强度试验方法主要有直接拉伸试验、劈裂试验和弯曲抗折试验三种。

抗拉强度标准值f_{tk}与立方体抗压强度标准值$f_{cu,k}$之间的折算关系为：

$$f_{tk}=0.88a_2\times0.395f_{cu,k}^{0.55}(1-1.645\delta)^{0.45} \quad (3-4)$$

式中，系数 0.88 和 a_2 的意义同式（3-3），$0.395f_{cu,k}^{0.55}$ 为轴心抗拉强度与立方体抗压强度的折算关系，而 $(1-1.645\delta)^{0.45}$ 则反映了试验离散程度对标准值保证率的影响。

混凝土抗压强度设计值f_c和抗拉强度设计值f_t与其对应的标准值的关系为：

$$f_c=\frac{f_{ck}}{\gamma_c} \quad (3-5)$$

$$f_t-\frac{f_{tk}}{\gamma_c} \quad (3-6)$$

式中 γ_c——混凝土的材料分项系数，取γ_c=1.40。

混凝土强度标准值见附表 3-9，设计值见附表 3-10。

（3）混凝土在复合应力作用下的强度

混凝土结构和构件很少使混凝土处于理想的单向应力状态，更多的是处于双向或三向受力状态，由于混凝土非均质材料的特点，目前仍只有借助有限的试验资料建立起经验公式。

①混凝土的双向受力强度

图 3-11 为混凝土双向受力的试验结果，试验表明，混凝土双向受压时混凝土两个方向的抗压强度都有所提高，最大可以达到单向受压时的 1.2 倍左右，最大受压强度发生在 σ_2/σ_3 等于 0.2 ~ 1.0 时；对双向受拉情况，双向受拉强度均接近于单向受拉强度；对双向异号应力都使强度降低。

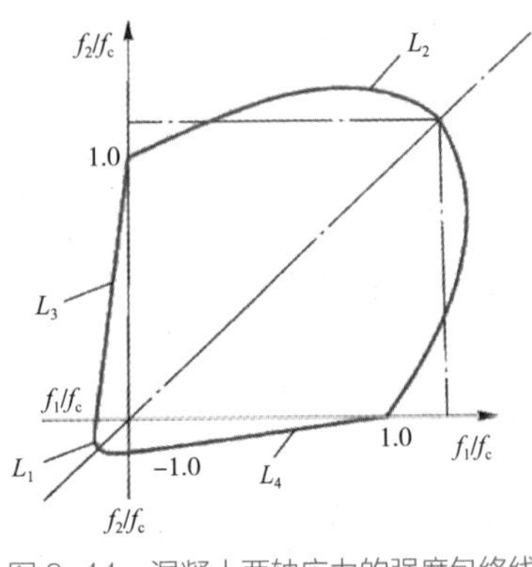

图 3-11 混凝土两轴应力的强度包络线

②混凝土的三向受压强度

混凝土三向受压时，各个方向的抗压强度及应变都有所提高（图 3-12）。原因通常用侧向约束的概念来说明。侧向约束限制了混凝土受压后的横向变形，包括限制了内部裂缝的产生和发展，从而提高了在受压方向上的抗压强度。在实际工程中，常常采用横向钢筋约束混凝土的办法提高混凝土的抗压强度，例如采用密排螺旋钢筋、钢管混凝土柱，相应的构件延性（承受变形的能力）有所提高。

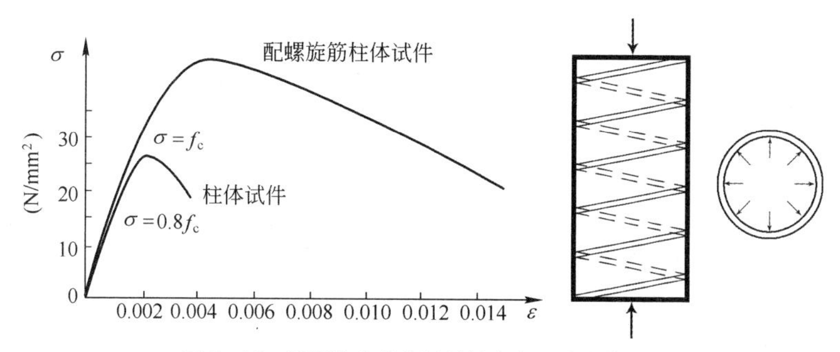

图 3-12　配螺旋筋柱体试件的应力 - 应变曲线

2）混凝土变形

混凝土的变形可以分为两类：一类为混凝土的受力变形，包括一次短期荷载下的变形、长期荷载下的变形和多次重复荷载下的变形；另一类为混凝土的非受力变形，如体积收缩、膨胀及温度变化而产生的变形。

（1）混凝土的受力变形

① 混凝土受压一次短期荷载下的应力 - 应变曲线

混凝土的应力 - 应变曲线也称作本构关系，它是钢筋混凝土构件应力分析、建立强度和变形计算理论必不可少的依据。图 3-13 为混凝土棱柱体在一次性加载时实测的受压应力 - 应变曲线，曲线由上升段 *OC* 和下降段 *CDE* 两部分组成，具有如下变形特点：

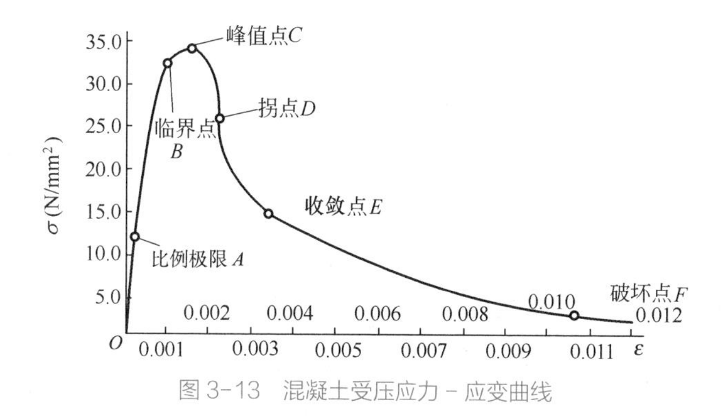

图 3-13　混凝土受压应力 - 应变曲线

OC 段为曲线的上升段：线性段（*OA* 段），混凝土变形主要是弹性变形，此段很短，线性极限应力 σ =（0.3 ~ 0.4）f_{ck}，*A* 点称为比例极限点。超过 *A* 点后，进入稳定裂缝扩展阶段，应变增长明显快于应力的增长，混凝土表现出塑性特点，临界点 *B* 相对应的应力可作为长期受压强度的依据（一般取为 0.8f_{ck}）。之后形成裂缝快速发展的不稳定状态直至 *C* 点，应力达到的最高点为 f_{ck}，f_{ck} 相对应的应变称为峰值应变 ε_0，一般 ε_0=0.0015 ~ 0.0025，平均取 ε_0=0.002。

CDE 段为下降段：D 点和 E 点为两个特征点。一般达到 D 点时，试件在宏观上已经完全破坏，因此可以取 D 点的应变为极限压应变 ε_u，极限压应变的试验结果为 0.003 ~ 0.006，我国混凝土结构设计规范取 0.0033。在拐点 D 之后 $\sigma-\varepsilon$ 曲线中曲率最大点 E 称为“收敛点”。E 点以后主裂缝已很宽，试件的承载力极低，承载力主要由破碎的混凝土内部机械咬合力与摩擦力提供。

混凝土的受拉应力－应变曲线与受压应力－应变曲线相似，但极限拉应力只有极限压应力的 1/20 ~ 1/8，极限拉应变也只有极限压应变的 1/20 左右，而且曲线只有上升段。

②混凝土的弹性模量

由于受压混凝土的 $\sigma-\varepsilon$ 曲线是非线性的，应力和应变的关系并不是常数。我国规范中弹性模量 E_c 值用如下方法确定：采用棱柱体试件，取应力上限为 $0.5f_c$ 重复加载 5 ~ 10 次，此时变形趋于稳定，混凝土的 $\sigma-\varepsilon$ 曲线接近于直线，自原点至 $\sigma-\varepsilon$ 曲线上 $\sigma=0.5f_c$ 对应点的连线斜率为混凝土的弹性模量。E_c 与 f_{cu} 的经验关系为：

$$E_c=\frac{10^5}{2.2+\dfrac{34.7}{f_{cu}}}\quad (\text{N/mm}^2) \tag{3-7}$$

混凝土弹性模量取值见附表 3-11。

混凝土的泊松比（横向应变与纵向应变之比）$\nu_c=0.2$。混凝土的剪变模量 $G_c=0.4E_c$。

③混凝土在重复荷载作用下的变形

若将试件加荷至某一数值，然后卸荷至零，并将这种过程多次重复，这就是通常所指的重复荷载作用。

混凝土棱柱体试件经历一次加荷卸荷时，其应力－应变曲线如图 3-14（a）所示。加荷曲线为 OA，卸荷曲线为 AB，其中应变包括三部分：一是卸荷后立即恢复的弹性应变 ε_{ce}，二是停留一段时间还能恢复的应变 BB'（称为弹性后效 ε_{ae}），三是不能恢复而残存在试件中的应变 OB'（称为残余应变 ε_{cp}）。

当每次循环所加的压应力较小时（如 $\sigma_c < 0.5f_c$），经过若干次加荷卸荷后，累积塑形变形将不再增长，混凝土的加卸荷应力－应变曲线成为直线（图 3-14b），此后混凝土将按弹性性质工作。如若每次加荷时的最大压应力超过某个限值（例如 $\sigma_c > 0.5f_c$），则在经历若干次循环后，应力－应变曲线也成为直线，但在继续经过多次重复加、卸荷后，曲线将从凸向应力轴而逐渐凸向应变轴，它标志着混凝土趋近疲劳破坏（图 3-14c）。

上述两种不同应力－应变曲线的发展和变化，取决于施加荷载时应力的大小是低于还是高于混凝土在重复荷载下的界限强度，这个界限强度称为混凝土的疲劳极限强度 f_c^f，其值大约在 $0.5f_c$。混凝土轴心抗压疲劳强度设计值 f_c^f、混凝土轴心抗拉疲劳强度设计值 f_t^f 由混凝土轴心抗压强度设计值和混凝土轴心抗拉强度设计值分别乘以疲劳强度修正系数 γ_p 确定。

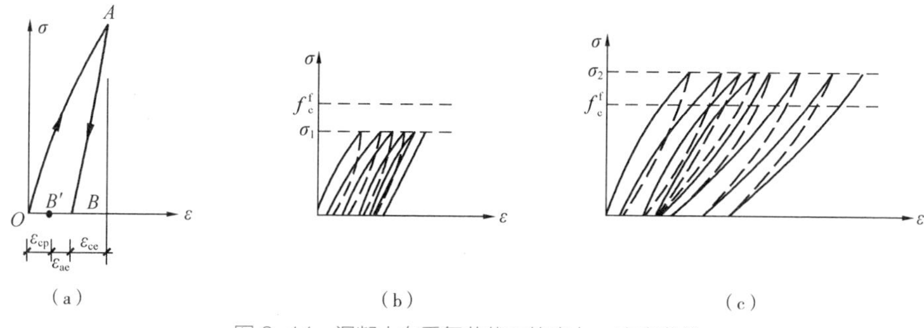

图 3-14　混凝土在重复荷载下的应力 - 应变曲线

混凝土疲劳变形模量 E_c^f 取值见附表 3-12。

④混凝土的徐变

混凝土在长期不变荷载作用下，沿作用力方向随时间而产生的塑性变形称为混凝土的徐变。混凝土产生徐变的原因是：在长期荷载作用下，水泥石中的凝胶体产生黏性流动，向毛细管内迁移，或者凝胶体中的吸附水或结晶水向内部毛细孔迁移渗透所致。

在荷载作用初期或混凝土硬化初期，徐变增长较快。以后徐变速度越来越慢，经过一定时间后，徐变趋于稳定。

混凝土的徐变对混凝土构件的受力性能有很大影响，主要体现在：a. 使试件在长期荷载作用下的变形增加；b. 引起试件或结构内部的应力重分布；c. 引起预应力损失。

混凝土的徐变和许多因素有关，其中主要影响因素有：水灰比、混凝土龄期、温度和湿度、材料配比等。水泥用量越多和水灰比越大，徐变也越大；加荷时混凝土的龄期越长，徐变越小；养护时温度高、湿度大、水泥水化作用充分，徐变就小，采用蒸汽养护可使徐变减小约 20% ~ 35%；受荷后构件所处环境的温度越高、湿度越低，则徐变越大；骨料越坚硬、弹性模量越高，徐变就越小；骨料的相对体积越大，徐变越小。混凝土的应力条件是影响徐变非常重要的因素。混凝土的应力越大，徐变越大。

（2）混凝土的非受力变形

①混凝土的收缩与膨胀

混凝土在空气中硬化时体积减小的现象称为混凝土的收缩。混凝土在水中或处于饱和湿度情况下硬结时体积增大的现象称为膨胀。混凝土的收缩和膨胀随时间而增长，整个过程可延续 2 年以上。初期发展较快。混凝土的收缩值比膨胀值大很多，分析研究时以收缩为主。

混凝土收缩的原因是混凝土内水泥浆凝固硬化过程中物理化学作用的结果，与水泥品种、水灰比、骨料类型及养护条件有关。收缩量随混凝土的硬化龄期的延长而增加，一般在 120d 内逐渐趋向稳定（图 3-15），最终收缩值约为（2 ~ 5）$\times 10^{-4}$。

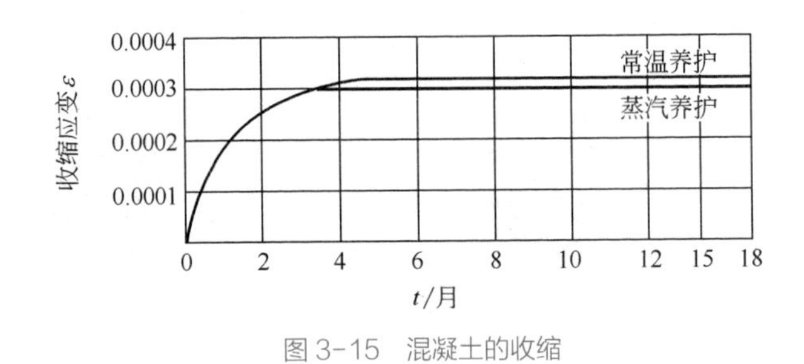

图 3-15 混凝土的收缩

混凝土的自由收缩只会引起混凝土体积的减小，不会产生应力和裂缝。但是当收缩受到约束时（如支承固定或内部钢筋约束时），混凝土内部将产生拉应力，甚至开裂。

②混凝土的温度变形

当温度变化时，混凝土的体积同样也有热胀冷缩的性质。混凝土的温度线膨胀系数一般为（1.2 ~ 1.5）$\times 10^{-5}$/℃。

对大体积混凝土工程，在凝结硬化初期，由于水泥水化放出的水化热不易散发而聚集在内部，造成混凝土内外温差很大，有时可达 40 ~ 50℃以上，因此产生极大的温度应力，导致混凝土表面开裂。混凝土在正常使用条件下也会随温度的变化而产生热胀冷缩变形，从而在结构内部产生一定的温度应力。

在施工过程中，加强养护、减小水泥用量、控制水灰比、采用坚硬的骨料以及良好的级配、恰当的水泥品种都可以减小混凝土的温度应力。此外，还可以采用分层分段浇筑混凝土、预留后浇带等施工措施减小混凝土的温度应力对结构或构件的不利影响，必要时可在构件内设置冷凝水管。

3）混凝土的选用原则

结构混凝土强度等级的选用应满足工程结构的承载力、刚度及耐久性需求。对设计工作年限为 50 年的混凝土结构，结构混凝土的强度等级应符合下列规定；对设计工作年限大于 50 年的混凝土结构，结构混凝土的最低强度等级应比下列规定提高。

①素混凝土结构构件的混凝土强度等级不应低于 C20，钢筋混凝土结构构件的混凝土强度等级不应低于 C25；预应力混凝土楼板结构的混凝土强度等级不应低于 C30，其他预应力混凝土结构构件的混凝土强度等级不应低于 C40；钢 - 混凝土组合结构构件的混凝土强度等级不应低于 C30。

②承受重复荷载作用的钢筋混凝土结构构件，混凝土强度等级不应低于 C30。

③抗震等级不低于二级的钢筋混凝土结构构件，混凝土强度等级不应低于 C30。

④采用 500MPa 及以上等级钢筋的钢筋混凝土结构构件，混凝土强度等级不应低于 C30。

4. 钢筋与混凝土间粘结与锚固

钢筋与混凝土这两种性质不同的材料之所以能有效地结合在一起共同工作，主要有三个方面的条件：首先，混凝土硬化后钢筋与混凝土之间产生了良好的粘结力，使两者牢固地粘结在一起，相互间不致滑动而能整体工作；其次，钢筋和混凝土两种材料的温度线膨胀系数非常接近，钢筋为 1.2×10^{-5}/℃，混凝土为（1.2 ~ 1.5）$\times10^{-5}$/℃，温度变化不致产生较大的相对变形破坏两者之间的粘结；最后，钢筋至构件边缘间的混凝土保护层，起着防护钢筋锈蚀的作用，能保证结构的耐久性。粘结和锚固是钢筋和混凝土形成整体共同工作的基础。

粘结力包含了水泥胶体对钢筋的胶结力、钢筋与混凝土之间的摩擦力、钢筋表面凹凸不平与混凝土的机械咬合力、钢筋端部在混凝土内的锚固力。

1）钢筋与混凝土间粘结

只要钢筋和混凝土有相对变形（滑移），就会在钢筋和混凝土交界面上产生沿钢筋轴线方向的相互作用力，这种力就称作钢筋和混凝土的粘结力。正因为粘结力的存在，使钢筋和混凝土能够共同工作。

（1）粘结力组成

粘结性能试验表明，钢筋和混凝土的粘结力主要有下面四种影响因素。

①化学胶结力：钢筋与混凝土接触面上的化学吸附作用力。这种力一般很小，当接触面发生相对滑移时就消失，仅在局部无滑移区内起作用。

②摩擦力：混凝土收缩后将钢筋紧紧地握裹住而产生的力。钢筋和混凝土之间的挤压力越大、接触面越粗糙，则摩擦力越大。

③机械咬合力：钢筋表面凹凸不平与混凝土产生的机械咬合作用而产生的力，是变形钢筋粘结力的主要来源。

④钢筋端部的锚固力：一般是在钢筋端部弯钩、弯折，在锚固区焊短钢筋、短角钢等方法来提供锚固力。

直段光面钢筋的粘结力主要来自于化学胶结力和摩擦力。变形钢筋的粘结效果比光面钢筋好得多，机械咬合力是变形钢筋粘结强度的主要来源。

（2）影响粘结强度的因素

钢筋的粘结强度均随混凝土的强度提高而提高。试验表明：当其他条件基本相同时，粘结强度 τ_u 与混凝土的劈裂抗拉强度 $f_{t,s}$ 成正比。钢筋的混凝土保护层厚度 c 和钢筋之间净距离越大，劈裂抗力越大，因而粘结强度越高。横向钢筋限制了纵向裂缝的发展，可使粘结强度提高，因而在钢筋锚固区和搭接长度范围内，加强横向钢筋（如箍筋加密等）可提高混凝土的粘结强度。钢筋端部的弯钩、弯折及附加锚固措施（如焊钢筋和焊钢板等）可以提高锚固粘结能力，锚固区内侧向压力的约束对粘结强度也有提高作用。

2）保证钢筋与混凝土之间粘结力的措施

为保证钢筋和混凝土的粘结力，需要在保护层的厚度、钢筋的锚固和连接、局部粘结力传递、钢筋切断位置和横向钢筋设置等方面采取措施。

（1）保护层的厚度

纵向受力钢筋及预应力钢筋的混凝土保护层厚度（钢筋外边缘到混凝土表面的距离）不能太小，具体规定见附表 3-13。

（2）钢筋的锚固

①钢筋的基本锚固长度取决于钢筋强度及混凝土的抗拉强度，并与钢筋的外形有关。当计算中充分利用钢筋的抗拉强度时，其基本锚固长度 l_{ab} 按下列公式计算：

普通钢筋：

$$l_{ab}=\alpha\frac{f_y}{f_t}d \tag{3-8}$$

预应力钢筋：

$$l_{ab}=\alpha\frac{f_{py}}{f_t}d \tag{3-9}$$

式中 l_{ab}——受拉钢筋的基本锚固长度；

f_y、f_{py}——普通钢筋、预应力筋的抗拉强度设计值；

f_t——混凝土轴心抗拉强度设计值；

d——钢筋直径；

α——锚固钢筋的外形系数。

②受拉钢筋的锚固长度根据锚固条件按下列公式计算，但不应小于 200mm。

$$l_a=\xi_a l_{ab}$$

式中 l_a——受拉钢筋的锚固长度；

ξ_a——锚固长度修正系数，与钢筋表面形状、钢筋保护层厚度等有关，具体参见《混凝土结构设计规范》GB 50010—2010（2015 年版）。

钢筋末端弯钩：光圆钢筋的粘结性能较差，故除受压钢筋及焊接网或焊接骨架中的光圆钢筋外，其余光圆钢筋的末端均应设置弯钩（图 3-16）。

当纵向受拉普通钢筋末端采用弯钩或机械锚固措施时，包括弯钩或锚固端头在内的锚固长度（投影长度）可取为基本锚固长度 l_{ab} 的 60%。弯钩和机械锚固的形式如图 3-17 所示。

混凝土结构中的纵向受压钢筋，当计算中充分利用其抗压强度时，锚固长度不应小于相应受拉锚固长度的 70%。受压钢筋不应采用末端弯钩和一侧贴焊锚筋的锚固措施。

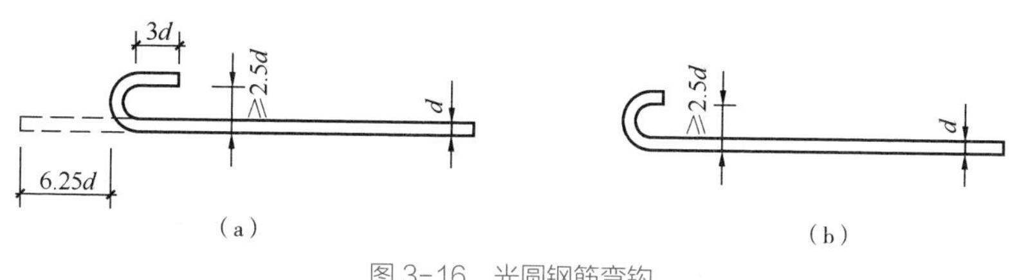

图 3-16　光圆钢筋弯钩

（a）手工弯标准钩；（b）机器弯标准钩

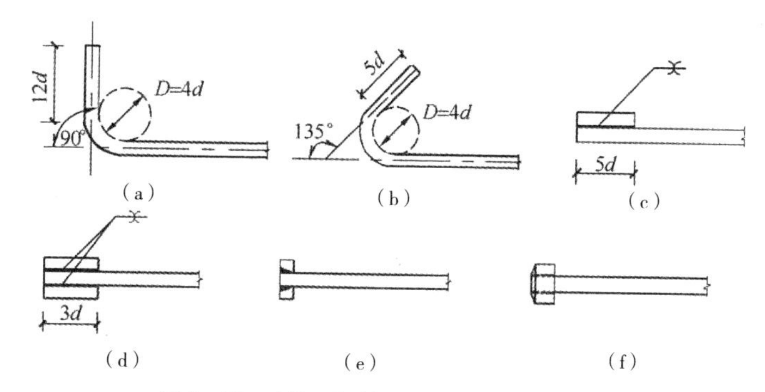

图 3-17　弯钩和机械锚固的形式和技术要求

（a）90° 弯钩；（b）135° 弯钩；（c）一侧贴焊锚筋；（d）两侧贴焊锚筋；（e）穿孔塞焊锚板；（f）螺栓锚头

（3）钢筋的连接

钢筋的连接有绑扎搭接、机械连接和焊接三类。混凝土结构中受力钢筋的连接接头宜设置在受力较小处。在同一根受力钢筋上宜少设接头。在结构的重要构件和关键传力部位，纵向受力钢筋不宜设置连接接头。

①绑扎搭接

轴心受拉及小偏心受拉杆件的纵向受力钢筋不得采用绑扎搭接；其他构件中的钢筋采用绑扎搭接时，受拉钢筋直径不宜大于 25mm，受压钢筋直径不宜大于 28mm。

同一构件中相邻纵向受力钢筋的绑扎搭接接头宜互相错开。钢筋绑扎搭接接头连接区段的长度为 1.3 倍搭接长度，凡搭接接头中点位于该连接区段长度内的搭接接头均属于同一连接区段。同一连接区段内纵向受力钢筋搭接接头面积百分率为该区段内有搭接接头的纵向受力钢筋与全部纵向受力钢筋截面面积的比值。位于同一连接区段内的受拉钢筋搭接接头面积百分率有限值要求：对梁类、板类及墙类构件，不宜大于 25%；对柱类构件，不宜大于 50%。当工程中确有必要增大受拉钢筋搭接接头面积百分率时，对梁类构件，不宜大于 50%；对板、墙、柱及预制构件的拼接处，可根据实际情况放宽。

纵向受拉钢筋绑扎搭接接头的搭接长度，应根据位于同一连接区段内的钢筋搭接接头面积百分率有关的系数再乘受拉钢筋的锚固长度计算，且不应小于 300mm。

二维码 3.1-2

构件中纵向钢筋受压且采用搭接连接时，其受压搭接长度不应小于纵向受拉钢筋绑扎搭接长度的 70%，且不应小于 200mm。

②机械连接

纵向受力钢筋的机械连接接头宜相互错开。钢筋机械连接区段的长度为 35d，d 为连接钢筋的较小直径。凡接头中点位于该连接区段长度内的机械连接接头均属于同一连接区段。位于同一连接区段内的纵向受拉钢筋接头面积百分率不宜大于 50%；但对板、墙、柱及预制构件的拼接处，可根据实际情况放宽。纵向受压钢筋的接头百分率可不受限制。

③焊接连接

纵向受力钢筋的焊接接头应相互错开。钢筋焊接接头连接区段的长度为 35d 且不小于 500mm，d 为连接钢筋的较小直径，凡接头中点位于该连接区段长度内的焊接接头均属于同一连接区段。纵向受拉钢筋的接头面积百分率不宜大于 50%，但对预制构件的拼接处，可根据实际情况放宽。纵向受压钢筋的接头百分率可不受限制。

需进行疲劳验算的构件，其纵向受拉钢筋不得采用绑扎搭接接头，也不宜采用焊接接头。

（4）保证局部粘结应力的传递

局部粘结应力是指裂缝两侧产生的粘结应力，其作用是使裂缝之间的混凝土参与受拉工作，为了增加局部粘结作用，减小裂缝宽度，应选择直径较小的带肋钢筋。

横向钢筋的存在约束了径向裂缝的发展，使混凝土的粘结强度提高，故在大直径钢筋的搭接和锚固区域内设置横向钢筋（箍筋加密等），可增大该区段的粘结能力。

3.2 受弯构件正截面承载力计算

受弯构件是指截面上通常有弯矩和剪力共同作用而轴力可忽略不计的构件（图 3-18）。梁和板是典型的受弯构件。

受弯构件常用的截面形式如图 3-19 所示。

梁和板的区别在于梁的高度一般大于其宽度，而板的宽度远大于板的高度（厚度）。有时为了降低楼层的高度，将梁做成十字形；有时为了节省混凝土用量，同时减小梁自重，将矩形梁做成工字形梁。当梁和板整体浇筑时，由于梁和板共同承受荷载，梁就成了 T 形梁或 ┌ 形梁。

图 3-18 受弯构件示意图

受弯构件在荷载等因素的作用下，截面有可能发生破坏：一种是沿弯矩最大截面的破坏（图 3-20a），

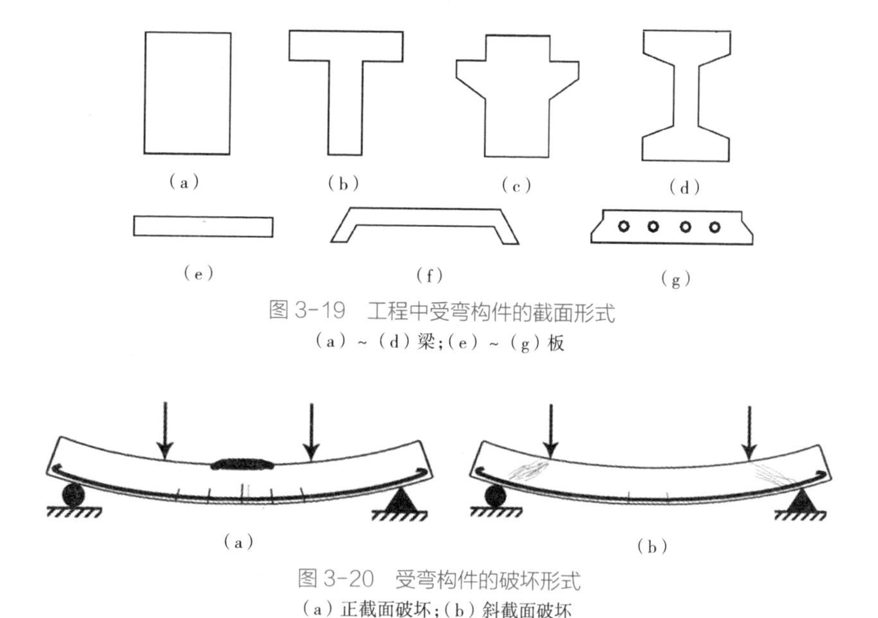

图 3-19　工程中受弯构件的截面形式
(a)～(d)梁；(e)～(g)板

图 3-20　受弯构件的破坏形式
(a)正截面破坏；(b)斜截面破坏

另一种是沿剪力最大或弯矩和剪力都较大的截面破坏（图 3-20b）。当受弯构件沿弯矩最大的截面破坏时，破坏截面与构件的轴线垂直，故称为沿正截面破坏；当受弯构件沿剪力最大或弯矩和剪力都较大的截面破坏时，破坏截面与构件的轴线斜交，称为沿斜截面破坏。

要使受弯构件安全，既要保证构件不得沿正截面发生破坏，又要保证构件不得沿斜截面发生破坏，因此要进行正截面承载能力和斜截面承载能力计算。

1. 受弯构件正截面的受力特性

1）配筋率对构件破坏特征的影响

对一截面宽度为 b、截面高度为 h 的矩形截面受弯构件，假定在受拉区配置了钢筋截面面积为 A_s 的纵向受力钢筋，设从受压边缘至纵向受力钢筋截面重心的距离 h_0 为截面的有效高度，截面宽度与截面有效高度的乘积 bh_0 为截面的有效面积，纵向受力钢筋截面重心到受拉边缘距离计为 a_s（图 3-21）。定义构件的截面配筋率为纵向受力钢筋截面面积与截面有效面积比，即：

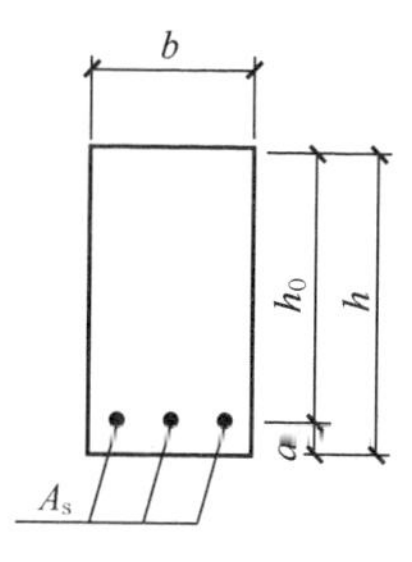

图 3-21　单筋矩形截面示意图

$$\rho=\frac{A_s}{bh_0} \tag{3-10}$$

构件的破坏特征取决于配筋率、混凝土的强度等级、截面形式等诸多因素，但是以配筋率对构件破坏特征的影响最为明显。试验表明，随着配筋率的改变，构件的破坏特征有三种。

以图 3-22 所示承受一个集中荷载作用的矩形截面简支梁为例，说明配筋率对构件破坏特征的影响。

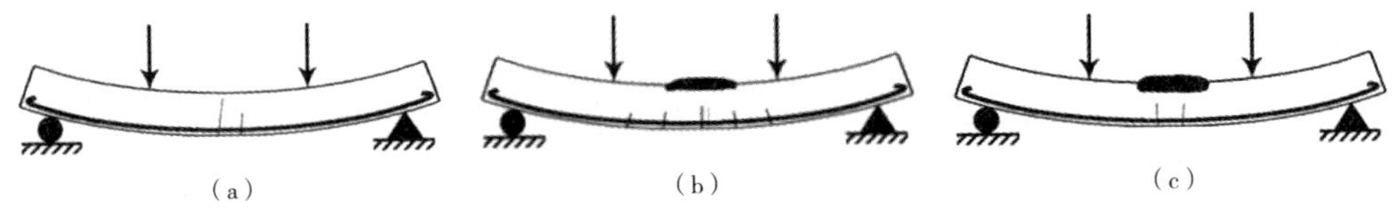

图 3-22 不同配筋率构件的破坏特征

(a)少筋梁;(b)适筋梁;(c)超筋梁

（1）当构件的配筋率低于某一定值时，构件不但承载能力很低，而且只要一开裂，裂缝就急速开展，裂缝截面处的拉力全部由钢筋承受，钢筋由于突然增大的应力而导致屈服，构件立即发生破坏（图 3-22a），可以说是“一裂就破”，这种破坏称为少筋破坏，破坏前无明显预兆，破坏是突然发生的。

（2）当构件的配筋率不低也不高时，构件的破坏首先是由于受拉区纵向受力钢筋屈服，然后受压区混凝土被压碎，构件破坏时，钢筋和混凝土的强度都得到充分利用，这种破坏称为适筋破坏。适筋破坏在构件破坏前有明显的塑性变形和裂缝预兆，破坏不是突然发生的，呈塑性性质（图 3-22b）。这种破坏有时也叫拉压破坏（钢筋拉断，混凝土压碎）。

（3）当构件的配筋率超过某一定值时，构件的破坏是由于受压区的混凝土被压碎而引起，受拉区纵向受力钢筋不屈服，这种破坏称为超筋破坏。超筋破坏在破坏前虽然也有一定的变形和裂缝预兆，但不像适筋破坏那样明显，而且当混凝土压碎时，破坏突然发生，破坏带有脆性性质（图 3-22c）。这种破坏有时也叫作受压破坏。

由上述可见，少筋破坏和超筋破坏都具有脆性性质，破坏前无明显预兆，材料的强度得不到充分利用。因此应避免将受弯构件设计成少筋构件和超筋构件，只允许设计成适筋构件。对于少筋和超筋构件，我们通过限制配筋率的上、下值来避免。

2）适筋受弯构件截面受力的三个阶段

试验表明，对于配筋量适中的受弯构件，从开始加载到正截面破坏，截面的受力状态可以分为三个主要阶段：

（1）第一阶段——截面开裂前的阶段

当荷载很小时，截面上的内力很小，应力与应变成正比，截面的应力分布为直线（图 3-23a），这种受力阶段称为第Ⅰ阶段。

当荷载增大时，截面上的内力也不断增大，由于受拉区混凝土出现塑性变形，受拉区的应力图形呈曲线。当荷载增大到某一数值时，受拉区边缘的混凝土可达其实际的抗拉强度和抗拉极限应变值，截面处于开裂前的临界状态（图 3-23b），这种受力状态称为第I_a阶段。

（2）第二阶段——从截面开裂到受拉区纵向受力钢筋开始屈服的阶段

截面受力达Ⅰ$_a$阶段后，只要荷载稍许增加，截面立即开裂，截面上应力发生重分布，裂缝处混凝土不再承受拉应力，钢筋的拉应力突然增大，受压区混凝土出现明显的塑性变形，应力图形呈曲线（图3-23c），这种受力阶段称为第Ⅱ阶段。

荷载继续增加，裂缝进一步开展，由于要平衡外荷载产生的弯矩，钢筋和混凝土的应力不断增大。当荷载增加到某一数值时，受拉区纵向受力钢筋开始屈服，钢筋应力达到其屈服强度（图3-23d），这种受力状态称为第Ⅱ$_a$阶段。

（3）第三阶段——破坏阶段

受拉区纵向受力钢筋屈服后，截面的承载能力无明显的增加，但塑性变形急速发展，裂缝迅速开展，并向受压区延伸，受压区面积减小，受压区混凝土压力迅速增大，这是截面受力的第Ⅲ阶段（图3-23e）。

在荷载几乎保持不变的情况下，裂缝进一步急剧开展，受压区混凝土出现纵向裂缝，混凝土被完全压碎，截面发生破坏（图3-23f），这种受力状态称为第Ⅲ$_a$阶段。

试验同时表明，从开始加载到构件破坏的整个受力过程中，变形前的平面，变形后仍保持平面。

在以后的各节中，截面抗裂验算是建立在第Ⅰ$_a$阶段的基础上，构件使用阶段的变形和裂缝宽度验算是建立在第Ⅱ阶段的基础上，而截面的承载能力计算则是建立在第Ⅲ$_a$阶段的基础上。

2. 单筋矩形截面受弯构件正截面承载力计算

矩形截面配筋分为单筋矩形截面配筋和双筋矩形截面配筋，只在截面受拉区配置纵向受力钢

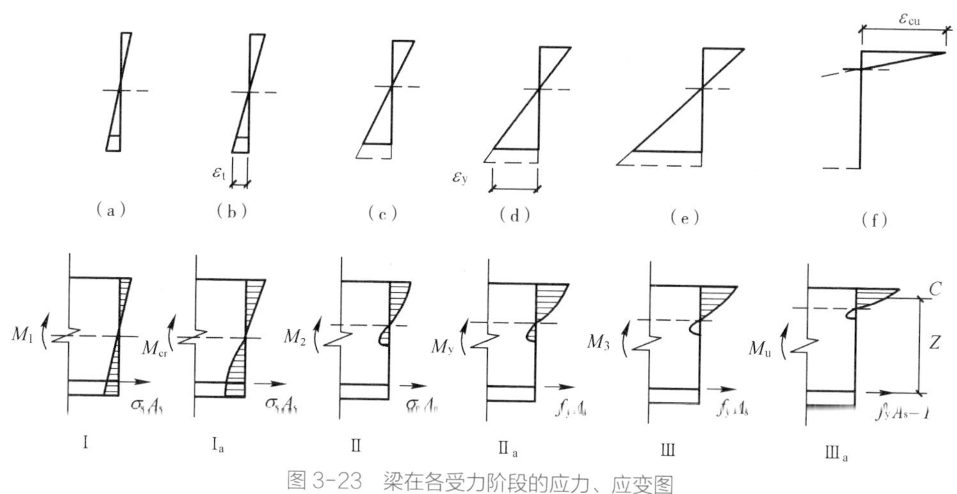

图3-23 梁在各受力阶段的应力、应变图

C—受压合力；T—受拉区合力

筋的截面称为单筋矩形截面（图 3-24），同时还在受压区配置受压纵向钢筋的截面称为双筋矩形截面。为了固定纵向受力钢筋而在受压区设置的构造钢筋——架立钢筋，不能当成是双筋矩形截面。受力钢筋与架立钢筋的区别在于前者是根据受力要求经计算求得，后者是为了构造上的需要而设置的最少量钢筋。当然在受压区设置了受压受力钢筋后，它可以起到架立钢筋的作用，无须在受压区再设置架立钢筋。本节只讨论单筋矩形截面的承载力计算，双筋矩形截面承载力计算在下节中讨论。

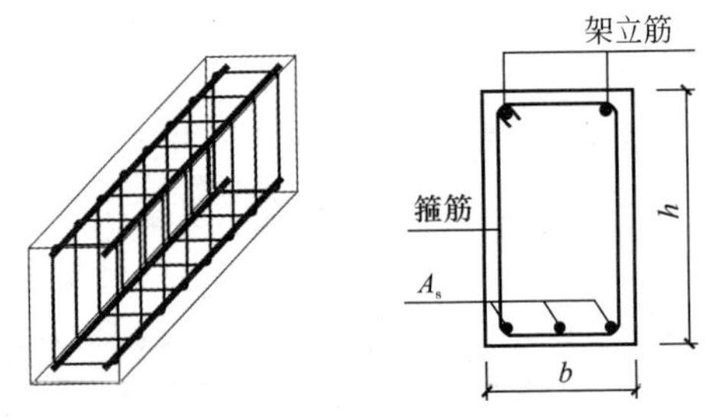

图 3-24 单筋矩形截面梁配筋

1）基本假定

在进行受弯构件正截面承载力计算时，采用了如下几个基本假定：

（1）截面应变在变形前后仍保持平面，即所谓平截面假定。

（2）不考虑混凝土的抗拉强度。

（3）混凝土受压的应力与应变关系曲线（图 3-25）按下列规定取用：

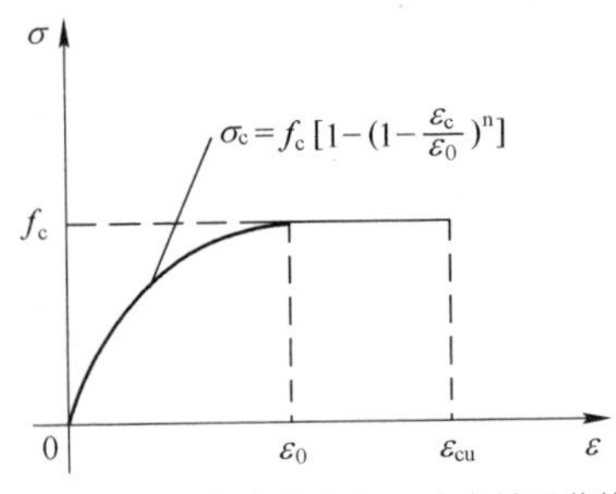

图 3-25 混凝土的应力 - 应变关系曲线

当 $\varepsilon_c \leqslant \varepsilon_0$ 时：

$$\sigma_c = f_c\left[1-\left(1-\frac{\varepsilon_c}{\varepsilon_0}\right)^n\right] \tag{3-11}$$

当 $\varepsilon_0 < \varepsilon_c \leqslant \varepsilon_{cu}$ 时：

$$\sigma_c = f_c \tag{3-12}$$

$$n=2-(f_{cu,k}-50)/60 \tag{3-13}$$

$$\varepsilon_0=0.002+0.5(f_{cu,k}-50)\times10^{-5} \tag{3-14}$$

$$\varepsilon_{cu}=0.0033-(f_{cu,k}-50)\times10^{-5} \tag{3-15}$$

式中　σ_c——对应于混凝土应变为 ε_c 时的混凝土压应力；

ε_0——对应于混凝土压应力刚好达到 f_c 时的混凝土压应变，当计算的 ε_0 值小于 0.002 时，应取为 0.002；

ε_{cu}——正截面处于非均匀受压时的混凝土极限压应变，当计算的 ε_{cu} 值大于 0.0033 时，应取为 0.0033；当处于轴心受压时取为 ε_0；

f_c——混凝土轴心抗压强度设计值；

$f_{cu,k}$——混凝土立方体抗压强度标准值；

n——系数，当计算的 n 大于 2.0 时，应取为 2.0。

n、ε_0 和 ε_{cu} 的取值见表 3-2。

n、ε_0 和 ε_{cu} 的取值　　表 3-2

混凝土强度等级	≤ C50	C55	C60	C65	C70	C75	C80
n	2	1.917	1.833	1.750	1.667	1.583	1.500
ε_0	0.00200	0.002025	0.002050	0.002075	0.002100	0.002125	0.002150
ε_{cu}	0.00330	0.00325	0.00320	0.00315	0.00310	0.00305	0.00300

（4）钢筋的应力取钢筋应变与其弹性模量的乘积，但其绝对值不应大于相应的强度设计值。受拉钢筋的极限拉应变取 0.01，即：

$$\left.\begin{aligned}\sigma_s&=\varepsilon_s E_s\leqslant f_y\\ \sigma'_s&=\varepsilon'_s E'_s\leqslant f'_y\\ \varepsilon_{s,max}&=0.01\end{aligned}\right\} \tag{3-16}$$

2）单筋矩形截面承载力计算

（1）计算简图

根据以上基本假定，可得如图 3-26 所示的单筋矩形截面计算简图。

为了简化计算，可将受压区混凝土的压应力图形用一个等效的矩形应力图形代替（图 3-27）。矩形应力图的应力取为 $\alpha_1 f_c$，f_c 为混凝土轴心抗压强度设计值。所谓“等效”，是指这两个图不但压应力合力的大小相等，而且合力的作用位置完全相同。

按照以上等效原则可求得等效矩形应力图形的受压区高度 x 与按平截面假定确定的受压区高度 x_0 之间的关系为：

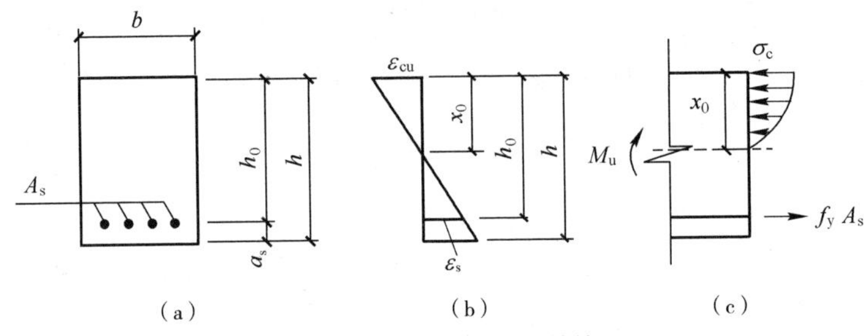

图 3-26 单筋矩形截面计算简图

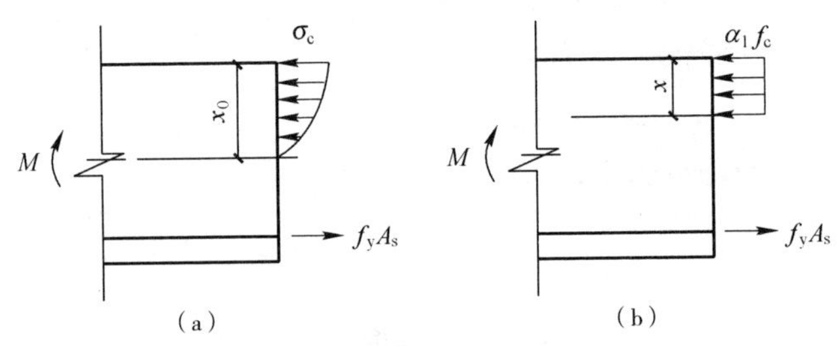

图 3-27 单筋矩形截面受压区混凝土等效应力图

(a)截面实际受力图;(b)截面等效受力图

$$x=\beta_1 x_0 \tag{3-17}$$

系数 α_1 和 β_1 的取值见表 3-3。

系数 α_1 和 β_1 表 3-3

混凝土强度等级	≤ C50	C55	C60	C65	C70	C75	C80
α_1	1.00	0.99	0.98	0.97	0.96	0.95	0.94
β_1	0.80	0.79	0.78	0.77	0.76	0.75	0.74

(2)基本计算公式

对于图 3-27(b)的受力状态，可建立两个静力平衡方程。一个是所有各力水平方向上的合力为零，即：

$$\Sigma X=0 \qquad \alpha_1 f_c bx=f_y A_s \tag{3-18a}$$

式中 b——矩形截面宽度；

A_s——受拉区纵向受力钢筋的截面面积。

另一个是所有各力对截面上任何一点的合力矩为零，当对受拉区纵向受力钢筋的合力作用点取矩时，有：

$$\Sigma M_s=0 \qquad M \leqslant \alpha_1 f_c bx\left(h_0-\frac{x}{2}\right) \tag{3-18b}$$

当对受压区混凝土压应力合力的作用点取矩时，有：

$$\Sigma M_c=0 \qquad M \leqslant f_y A_s\left(h_0-\frac{x}{2}\right) \tag{3-18c}$$

$$h_0=h-a_s \tag{3-18d}$$

式中　M——荷载在该截面上产生的弯矩设计值；

h_0——截面的有效高度；

h——截面高度；

a_s——受拉区边缘到受拉钢筋合力作用点的距离。

按构造要求，当环境类别为一类，混凝土的强度等级不低于 C30 时，梁内钢筋的混凝土保护层最小厚度（指从构件边缘至钢筋边缘的距离）不得小于 20mm，板内钢筋的混凝土保护层厚度不得小于 15mm。假定梁的受力钢筋直径为 20mm，板的受力钢筋直径为 10mm，箍筋直径为 8mm，纵筋净距为 25mm。截面的有效高度在构件设计时一般可按下面方法估算（图 3-28）：

梁的纵向受力钢筋按一排布置时，$h_0=h-20-8-\frac{20}{2}\approx h-35$mm；

梁的纵向受力钢筋按两排布置时，$h_0=h-20-8-20-\frac{25}{2}\approx h-60$mm；

板的截面有效高度 $h_0=h-15-10/2=h-20$mm。

对于处于其他使用环境的梁和板，保护层的厚度见附表 3-13。

式（3-18a ~ d）是单筋矩形截面受弯构件正截面承载力的基本计算公式。式（3-18b）和式（3-18c）不是相互独立的，只能任意选用其中一个与式（3-18a）一起进行计算。

当混凝土强度变化时，混凝土保护层的厚度要调整，梁板截面的有效高度相应有变化，相应的配筋计算结果有变化，一般情况下，此结果影响较小，实际配筋与计算结果相差不会太大，不必重新计算。

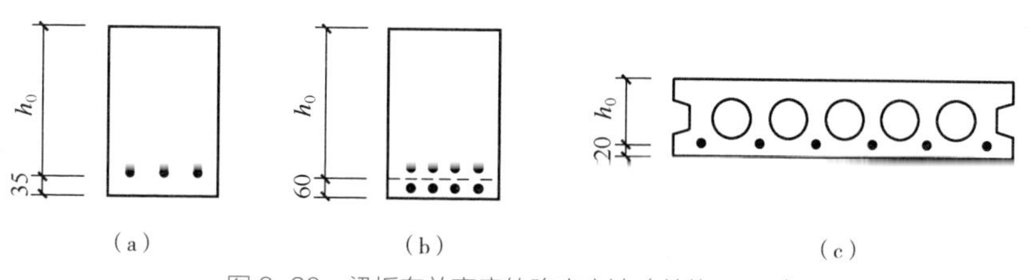

图 3-28　梁板有效高度的确定方法（单位：mm）

（3）基本计算公式的适用条件

式（3-18）是根据适筋构件的破坏简图推导出的静力平衡方程式。它们只适用于适筋构件计算，不适用于少筋构件和超筋构件计算。所以设计的受弯构件必须满足下列两个适用条件：

①为了防止构件发生少筋破坏，要求构件的配筋率不得低于其最小配筋率。它是根据受弯构件的破坏弯矩等于其开裂弯矩确定的。受弯构件的最小配筋率 ρ_{min} 按构件全截面面积扣除位于受压边的翼缘面积（b'_f-b）h'_f 后的截面面积计算，即：

$$\rho_{min}=\frac{A_{s,min}}{A-(b'_f-b)h'_f} \tag{3-19}$$

式中 A——构件全截面面积；

$A_{s,min}$——按最小配筋率计算的钢筋面积；

ρ_{min}——取 0.2% 和 $45f_t/f_y$（%）中的较大值，ρ_{min}（%）的值见附表 3-14。

②为了防止构件发生超筋破坏，要求构件截面的相对受压区高度 ξ 不得超过其相对界限受压区高度 ξ_b，即：

$$\xi \leqslant \xi_b \tag{3-20}$$

相对界限受压区高度 ξ_b 是适筋构件与超筋构件相对受压区高度的分界限值，它可根据截面平面变形假定求出。

a. 配置有明显屈服点钢筋的受弯构件

由图 3-29 可得：

$$\xi_b=\frac{x_b}{h_0}=\frac{\beta_1 x_{0b}}{h_0}=\frac{\beta_1\varepsilon_{cu}}{\varepsilon_{cu}+\varepsilon_y}=\frac{\beta_1}{1+\dfrac{\varepsilon_y}{\varepsilon_{cu}}}$$

$$\xi_b=\frac{\beta_1}{1+\dfrac{f_y}{\varepsilon_{cu}E_s}} \tag{3-21}$$

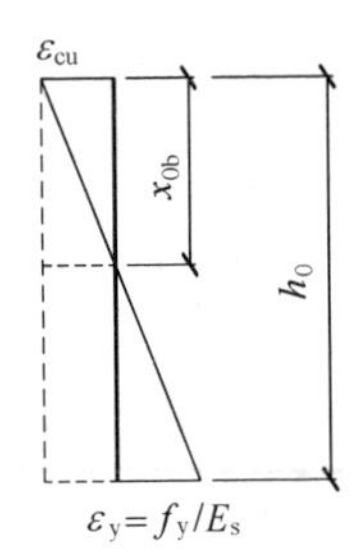

图 3-29 界限配筋时的应变情况

对于常用的有明显屈服点的 HPB300、HRB400 和 HRB500 等钢筋，将其抗拉强度设计值 f_y 和弹性模量 E_s 代入式（3-21）中，可求得相对界限受压区高度 ξ_b，如表 3-4 所示，设计时可直接查用。当 $\xi \leqslant \xi_b$ 时，受拉钢筋必将屈服，为适筋构件。当 $\xi > \xi_b$ 时，受拉钢筋不屈服，为超筋构件。

受弯构件有屈服点钢筋配筋时的 ξ_b 值　　表 3-4

混凝土强度等级	≤ C50	C55	C60	C65	C70	C75	C80
HPB300	0.5757	0.5661	0.5564	0.5468	0.5372	0.5276	0.5180
HRB400 HRBF400 RRB400	0.5176	0.5084	0.4992	0.4900	0.4808	0.4776	0.4625
HRB500 HRBF500	0.4822	0.4733	0.4644	0.4555	0.4466	0.4378	0.4290

b. 配置无明显屈服点钢筋的受弯构件

对于无明显屈服点的钢筋，取对应于残余应变为 0.2% 时的应力 $\sigma_{0.2}$ 作为条件屈服点。对应于条件屈服点 $\sigma_{0.2}$ 时的钢筋应变为（图 3-30）：

$$\varepsilon_s=0.002+\varepsilon_y=0.002+\frac{f_y}{E_s} \tag{3-22}$$

式中　f_y——无明显屈服点钢筋的抗拉强度设计值；

E_s——无明显屈服点钢筋的弹性模量。

根据截面平面变形等假设，将推导公式（3-21）时的 ε_y 用公式（3-22）的 ε_s 代替，可以求得无明显屈服点钢筋受弯构件相对界限受压区高度的计算公式为：

$$\xi_b=\frac{\beta_1}{1+\dfrac{0.002}{\varepsilon_{cu}}+\dfrac{f_y}{E_s\varepsilon_{cu}}} \tag{3-23}$$

由于截面相对受压区高度 ξ 与截面配筋率 ρ 之间存在对应关系，因此 ξ_b 求出后，可以求出适筋受弯构件截面最大配筋率的计算公式。由式（3-18a）可写出：

$$\alpha_1 f_c b\xi_b h_0=f_y A_{smax} \tag{3-24}$$

$$\rho_{max}=\frac{A_{smax}}{bh_0}=\xi_b\frac{\alpha_1 f_c}{f_y} \tag{3-25}$$

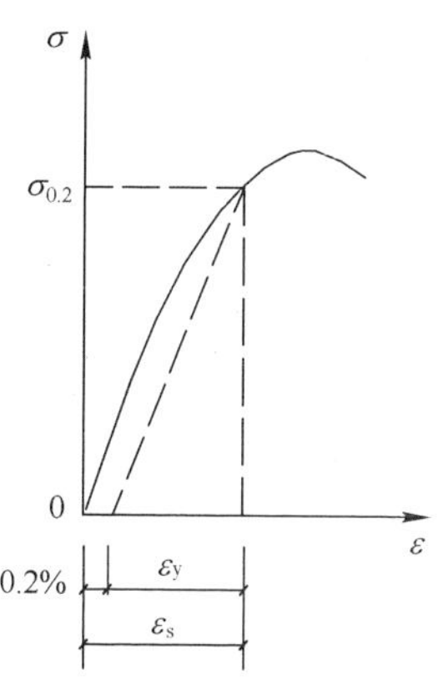

图 3-30　无明显屈服点钢筋应力 - 应变关系

式（3-25）即为受弯构件最大配筋率的计算公式。常用的具有明显屈服点钢筋配筋的普通钢筋混凝土受弯构件的最大配筋率

ρ_{max} 见表 3-5。

受弯构件截面最大配筋率 ρ_{max}（%） 表 3-5

钢筋等级	混凝土的强度等级												
	C20	C25	C30	C35	C40	C45	C50	C55	C60	C65	C70	C75	C80
HPB300	1.638	2.030	2.440	2.849	3.259	3.600	3.940	4.191	4.420	4.631	4.808	4.954	5.097
HRB400 HRBF400 RRB400	1.104	1.369	1.645	1.921	2.197	2.427	2.657	2.823	2.974	3.110	3.228	3.321	3.413
HRB500 HRBF500	0.851	1.055	1.268	1.481	1.694	1.871	2.049	2.175	2.290	2.395	2.481	2.551	2.620

由构件最大配筋率，按式（3-18b）可求出适筋受弯构件所能承受的最大弯矩为：

$$M_{max}=\alpha_1 f_c b\xi_b h_0\left(h_0-\frac{\xi_b h_0}{2}\right)=\xi_b\left(1-\frac{\xi_b}{2}\right)bh_0^2\alpha_1 f_c=\alpha_{sb}bh_0^2\alpha_1 f_c \tag{3-26}$$

式中 α_{sb}——截面最大抵抗矩系数，$\alpha_{sb}=\xi_b\left(1-\frac{\xi_b}{2}\right)$。

对于具有明显屈服点钢筋配筋的受弯构件，其截面最大抵抗矩系数见表 3-6。

受弯构件截面最大抵抗矩系数 α_{sb} 表 3-6

钢筋等级	混凝土强度等级						
	≤ C50	C55	C60	C65	C70	C75	C80
HPB300	0.4100	0.4059	0.4016	0.3973	0.3929	0.3884	0.3838
HRB400 HRBF400 RRB400	0.3836	0.3792	0.3746	0.3700	0.3652	0.3604	0.3555
HRB500 HRBF500	0.3659	0.3613	0.3566	0.3518	0.3469	0.3420	0.3370

由上面的讨论可知，为了防止将构件设计成超筋构件，既可以用式（3-20）进行控制，也可以用：

$$\rho \leqslant \rho_{max} \tag{3-27}$$

或

$$\alpha_s \leqslant \alpha_{sb} \tag{3-28}$$

进行控制。式（3-20）、式（3-27）和式（3-28）三者是等价的。

二维码 3.2-3

设计经验表明，梁板的经济配筋率为：

实心板：　　　　　　　　ρ=（0.4 ~ 1.0）%

矩形梁：　　　　　　　　ρ=（0.6 ~ 1.5）%

T 形梁：　　　　　　　　ρ=（0.9 ~ 1.8）%

所谓经济配筋率是指在此配筋范围内，施工较方便，受力性能也比较好，因此常将梁板配筋设计在上述范围之内。

（4）计算例题

在受弯构件设计中，通常会遇见下列两类问题：一类是构件设计问题，即假定构件的截面尺寸、混凝土的强度等级、钢筋的品种以及构件上作用的荷载，或某种因素虽然暂时未知，但可依据实际情况和设计经验假定，要求计算受拉区纵向受力钢筋所需的面积，并且参照构造要求，选择钢筋的根数和直径。进行梁或板的配筋选择时，钢筋不同间距分布时每米宽板内钢筋面积见附表 3-15；梁宽一定时，钢筋一排布置时最多根数见附表 3-16。另一类是承载能力校核问题，即构件的尺寸、混凝土的强度等级、钢筋的品种和数量以及配筋方式等都已确定，要求计算截面是否能够承受某一已知的荷载或内力设计值。利用式（3-18）以及它们的适用条件式，便可以求得上述两类问题的答案，计算步骤见以下各计算例题。

【例 3-1】某办公楼的内廊为现浇简支在砖墙上的钢筋混凝土平板（图 3-31a），板上作用的均布活荷载标准值为 q_k=3.0kN/m。水磨石地面及细石混凝土垫层共 30mm 厚（重度为 22kN/m^3），板底粉刷白灰砂浆 12mm 厚（重度为 17kN/m^3）。混凝土强度等级选用 C30，纵

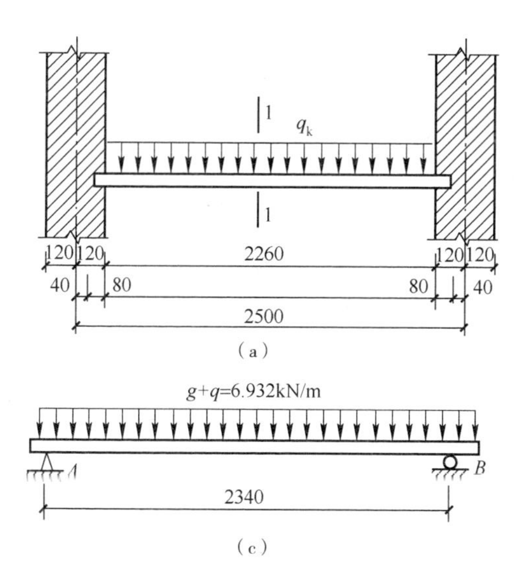

图 3-31　例 3-1 图

向受拉钢筋采用 HRB400 热轧钢筋，设计工作年限为 50 年，环境类别为一类。试确定板厚度和受拉钢筋截面面积。

【解】（1）计算单元选取及截面有效高度计算

对板的计算，考虑到板上荷载沿短边传递，沿纵向方向的跨度（短边）、板厚即荷载均相同，不必要取整个板作为计算单元进行分析，故沿纵向只需取出 1m 宽板带作为计算单元，其余板按此配筋。取板厚 h=80mm（图 3-31b），板钢筋的保护层厚 15mm，取 a_s=20mm，则 $h_0=h-a_s$=80-20=60mm。

（2）计算跨度

走道板支撑在砖墙上，砖墙对其约束较小，为简化计算，我们忽略此约束带来的影响，单跨板的计算跨度等于板的净跨加板的厚度（参见附表 3-19）：

$$l_0=l_n+h=2260+80=2340\text{mm}$$

（3）荷载设计值

计算荷载时，一般先计算恒荷载和活荷载的标准值，再根据荷载分项系数计算其设计值或其他组合，且为防止漏项，可由板面至板底逐项计算（也可由板底至板面逐项计算）。

恒载标准值：水磨石地面　　$0.03\times22=0.66$kN/m

钢筋混凝土板自重

（重度为 25kN/m^3）　　$0.08\times25=2.0$kN/m

白灰砂浆粉刷　　$0.012\times17=0.204$kN/m

$$g_k=0.66+2.0+0.204=2.864\text{kN/m}$$

活荷载标准值：　　$q_k=3.0$kN/m

恒荷载分项系数 γ_G=1.3，活荷载分项系数 γ_Q=1.5。

恒载设计值：　$g=\gamma_G g_k=1.3\times2.864=3.723$kN/m

活荷载设计值：$q=\gamma_Q q_k=1.5\times3.0=4.5$kN/m

（4）弯矩设计值 M（图 3-31c）

由结构力学可知，简支梁最大弯矩出现在跨中截面，为安全起见，并便于施工，只进行跨中截面设计，其余截面配筋均按此截面进行。同时走道板没有偶然荷载，可仅考虑荷载的基本组合。

$$M=\frac{1}{8}(g+q)l_0^2=\frac{1}{8}\times8.223\times2.34^2=5.628\text{kN}\cdot\text{m}$$

（5）查钢筋和混凝土强度设计值

由附表 3-3 和附表 3-10 查得：

C30 混凝土：　　$f_c=14.3\text{N/mm}^2$，$\alpha_1=1.0$

二维码 3.2-4

HRB400 钢筋：　　f_y=360N/mm^2

（6）求 x 及 A_s 值

由式（3-18a）和式（3-18b）得：

$$x = h_0\left[1 - \sqrt{1 - \frac{2M}{\alpha_1 f_c b h_0^2}}\right] = 60\left[1 - \sqrt{1 - \frac{2 \times 5\ 628\ 000}{14.3 \times 1000 \times 60^2}}\right] = 6.96\text{mm}$$

$$A_s = \frac{x b \alpha_1 f_c}{f_y} = \frac{6.96 \times 1000 \times 14.3}{360} = 276.5\text{mm}^2$$

（7）验算适用条件

查表 3-4 可知：ξ_b=0.5176，查附表 3-14 可知：ρ_{min}=0.2%，本例中：

$$\xi = \frac{x}{h_0} = \frac{6.96}{60} = 0.116 < \xi_b = 0.5176$$

$$\rho = \frac{A_s}{bh_0} = \frac{276.5}{1000 \times 60} = 0.46\% > \rho_{min} = 0.2\%$$

结果表明不属于超筋构件，也不属于少筋构件，属于适筋构件。

（8）选用钢筋及绘配筋图

查附表 3-15，选用 Φ 8@180（实配 A_s=279mm^2），配筋见图 3-32。图中分布钢筋采用 HPB300，选用 ϕ 8@250。

当计算结果可以用来选取钢筋时，很难做到实际选用的钢筋面积正好与计算得到的钢筋面积一致，工程中，使二者相差在 ±5% 的范围内即可。按照《混凝土结构设计规范》GB 50010—2010（2015 年版）第 3.3.2 条规定，抗力设计值不小于效应设计值的要求，一般情况下，实配钢筋面积大于计算钢筋的面积。

板内除配纵向受力钢筋之外，与受力钢筋垂直的方向还需配置分布钢筋，分布钢筋的作用是使板面荷载均匀地传递给受力钢筋，施工时起到固定受力钢筋的作用。分布钢筋不需要计算，只需要满足构造要求即可。

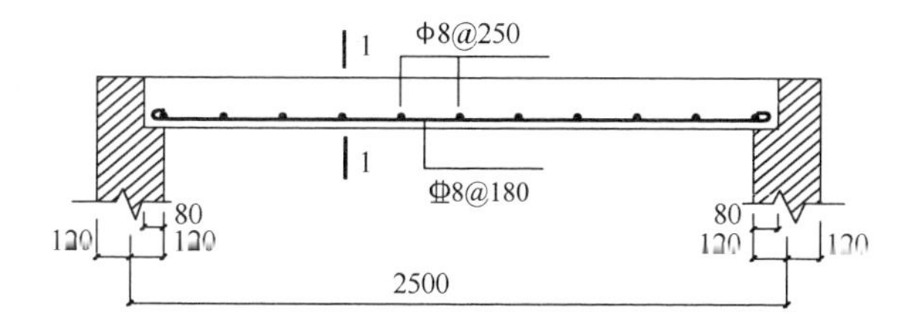

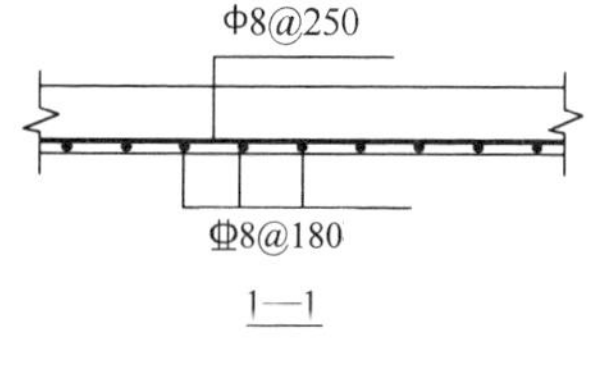

图 3-32　例 3-1 配筋图

【例 3-2】某宿舍一预制钢筋混凝土走道板，环境类别为一类，设计工作年限为 50 年，计算跨长 l_0=1820mm，板宽 480mm，板厚 60mm，混凝土的强度等级为 C30，受拉区配有 4 根直径为 8mm 的 HRB400 钢筋，当使用荷载及板自重在跨中产生的弯矩最大设计值为 M=2.2kN · m 时，试验算该截面的承载力是否足够？

【解】（1）求 x

由附表 3-3 和附表 3-10 查得：

$$f_c=14.3\text{N/mm}^2，\alpha_1=1.0$$

$$f_y=360\text{N/mm}^2$$

$$h_0=h-c-\frac{d}{2}=60-15-\frac{8}{2}=41\text{mm}$$

$$b=480\text{mm}，A_s=201\text{mm}^2$$

由式（3-18a）求得受压区计算高度为：

$$x=\frac{f_yA_s}{\alpha_1f_cb}=\frac{360\times201}{14.3\times480}=10.54\text{mm}<\xi_bh_0=0.5176\times41=21.22\text{mm}$$

（2）求 M_u

$$M_u=\alpha_1f_cbx\left(h_0-\frac{x}{2}\right)=1.0\times14.3\times480\times10.54\times\left(41-\frac{10.54}{2}\right)=2\,584\,943\text{N}\cdot\text{mm}$$

（3）判别截面承载力是否满足

$$M_u>M=2\,200\,000\text{N}\cdot\text{mm}$$

承载力足够。

（4）计算表格的制作及使用

①计算表格的制作

工程中常将计算公式制成表格，从而使计算工作得到简化。

式（3-18b）可写成：

$$M=\alpha_1f_cbx\left(h_0-\frac{x}{2}\right)=\alpha_1f_cb\xi h_0\left(h_0-\frac{\xi h_0}{2}\right)=\alpha_1f_cbh_0^2\,[\,\xi(1-0.5\xi)\,] \quad (3\text{-}29)$$

令：

$$\alpha_s=\xi(1-0.5\xi) \quad (3\text{-}30)$$

则式（3-29）可写成：

$$M=\alpha_sbh_0^2\alpha_1f_c \quad (3\text{-}31)$$

式中，$\alpha_sbh_0^2$ 可以认为是截面在极限状态时的抵抗矩，因此可以将 α_s 称为截面抵抗矩系数。

同样，式（3-18c）可写成：

$$M=f_yA_s\left(h_0-\frac{x}{2}\right)=f_yA_sh_0\left(1-0.5\frac{x}{h_0}\right)=f_yA_sh_0(1-0.5\xi) \tag{3-32}$$

令：

$$\gamma_s=(1-0.5\xi) \tag{3-33}$$

则式（3-32）可写成：

$$M=f_yA_sh_0\gamma_s \tag{3-34}$$

式中　γ_s——内力臂系数。

由式（3-30）可得：

$$\xi=1-\sqrt{1-2\alpha_s} \tag{3-35}$$

代入式（3-33）可得：

$$\gamma_s=\frac{1+\sqrt{1-2\alpha_s}}{2} \tag{3-36}$$

式（3-35）和式（3-36）表明，ξ 和 γ_s 与 α_s 之间存在一一对应的关系，因此，可以事先给出一串 α_s 值，算出与它们对应的 ξ 值和 γ_s 值，并且将它们列成表格（见附表3-17和附表3-18），因而使计算工作得到简化。

②计算表格的使用

下面通过一个例题来说明计算表格如何使用。

【例3-3】 某实验室一楼面梁的尺寸为250mm×500mm，跨中最大弯矩设计值为 M=180 000N·m，采用强度等级C30的混凝土和HRB400级钢筋配筋，设计工作年限为50年，环境类别为一类。求所需纵向受力钢筋面积。

【解】（1）利用附表3-17求 A_s

先假定受力钢筋按一排布置，则：

$$h_0=h-35=500-35=465\text{mm}$$

查附表3-3和附表3-10得：

$$\alpha_1=1.0，f_c=14.3\text{N/mm}^2，f_y=360\text{N/mm}^2，\xi_b=0.5176，\rho_{\min}=0.2\%$$

由式（3-31）得：

$$\alpha_s=\frac{M}{\alpha_1f_cbh_0^2}=\frac{180\,000\,000}{1.0\times14.3\times250\times465^2}=0.2329$$

由附表3-17查得相应的 ξ 值为：

$$\xi=0.2691<\xi_b=0.5176$$

所需纵向受拉钢筋面积为：

$$A_s=\xi bh_0\frac{\alpha_1f_c}{f_y}=0.2691\times250\times465\times\frac{1.0\times14.3}{360}=1243\text{mm}^2$$

$$\rho=\frac{A_s}{bh_0}=\frac{1243}{250\times465}=1.07\% > \rho_{min}=0.2\%$$

选用3Φ25（A_s=1473mm^2），查附表3-16可知，一排可以布置得下，因此不必修改 h_0 重新计算 A_s 值。

（2）利用附表3-18求 A_s

根据上面求得 α_s=0.2329，查附表3-18得 γ_s=0.8653。

由式（3-34）可求出所需纵向受力钢筋的截面面积为：

$$A_s=\frac{M}{f_y\gamma_s h_0}=\frac{180\,000\,000}{360\times0.865\,3\times465}=1243\text{mm}^2$$

用表的计算结果完全相同，因此以后只需要选用其中的一个表格进行计算便可。

由以上分析可知，可以按照下列框图进行受弯构件正截面配筋计算。

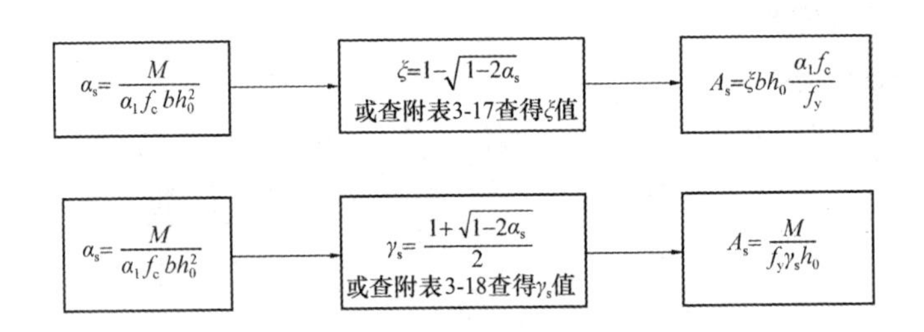

3. T形截面正截面承载力计算

1）概述

如前所述，在矩形截面受弯构件的承载力计算中，不考虑混凝土的抗拉强度。因此，对于尺寸较大的矩形截面构件，为节省材料、减轻自重可将受拉区两侧混凝土挖去，形成如图3-33所示T形截面，获得经济效果。

对于图3-33所示的现浇钢筋混凝土连续梁，由于在支座处（1-1剖面）承受负弯矩，梁截面上部受拉下部受压，因此支座处按矩形截面计算，而在跨中截面处（2-2剖面）承受正弯矩，梁截面上部受压下部受拉，故按T形截面计算与设计。

对T形截面翼缘计算宽度 b'_f 的取值问题，是T形截面尺寸的关键，在理论上，T形截面翼缘宽度 b'_f 越大，截面受力性能越好，但离肋部越远压应力越小（图3-34），纵向压应力沿翼缘宽度方向分布不均匀。为减小计算的复杂性，我们取一有效翼缘宽度，在此范围内的翼缘，认为压应力均匀分布（图3-35），有效翼缘计算宽度按表3-7取用。

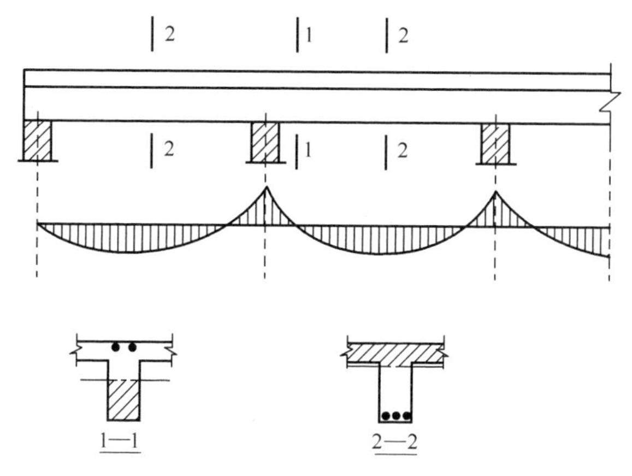

图 3-33　T 形截面

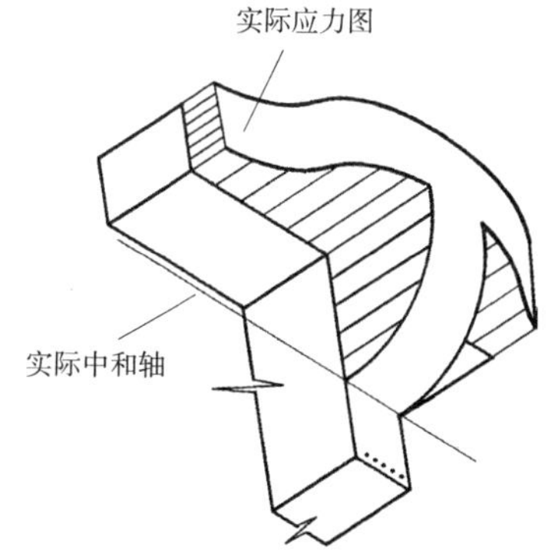

图 3-34　T 形截面翼缘实际压应力分布　　图 3-35　T 形截面有效翼缘宽度 b'_f 及压应力分布

T 形及倒 L 形截面受弯构件受压区有效翼缘计算宽度 b'_f　　表 3-7

情况			T 形截面、工形截面		倒 L 形截面
			肋形梁（板）	独立梁	肋形梁（板）
1	按计算跨度 l_0 考虑		$l_0/3$	$l_0/3$	$l_0/6$
2	按梁（肋）净距 s_n 考虑		$b+s_n$	—	$b+s_n/2$
3	按翼缘高度 h'_f 考虑	$h'_f/h_0 \geqslant 0.1$	—	$b+12h'_f$	—
		$0.1 > h'_f/h_0 \geqslant 0.05$	$b+12h'_f$	$b+16h'_f$	$b+5h'_f$
		$h'_f/h_0 < 0.05$	$b+12h'_f$	b	$b+5h'_f$

注：1. 表中 b 为梁的腹板宽度；
2. 肋形梁在梁跨内设有间距小于纵肋间距的横肋时，可不考虑表列第 3 种情况的规定；
3. 对有加肋的 T 形、工形和倒 L 形截面，当受压区加肋的高度 $h_h \geqslant h'_f$ 且加肋的宽度 $b_h \leqslant 3h_h$ 时，则其翼缘计算宽度可按表列第 3 种情况规定分别增加 $2b_h$（T 形、工形截面）和 b_h（倒 L 形截面）；
4. 独立梁受压区的翼缘板在荷载作用下经验算沿纵肋方向可能产生裂缝时，其计算宽度应取腹板宽度 b。

2）基本计算公式

T 形截面受弯构件，按受压区的高度不同，可分为下述两种类型：

第一类 T 形截面，中和轴在翼缘内，即 $x \leqslant h'_f$（图 3-36a）；第二类 T 形截面，中和轴在梁肋内，即 $x > h'_f$（图 3-36b）。

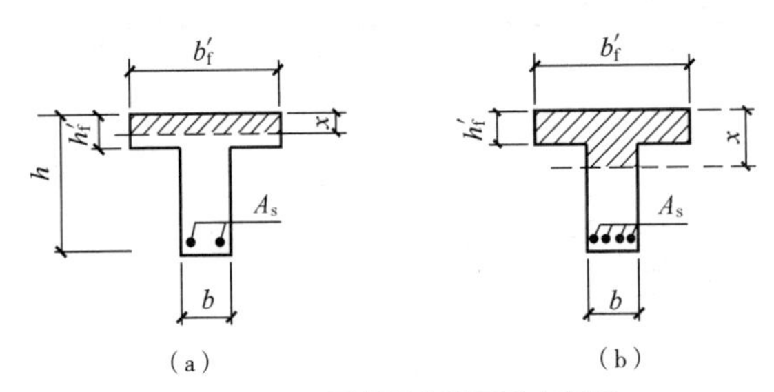

图 3-36 T 形截面分类及受力简图

对第一类 T 形截面（图 3-37），相当于宽度 $b=b'_f$ 的矩形截面，因此不考虑混凝土的抗拉作用，可用 b'_f 代替 b 按矩形截面的公式计算；即：

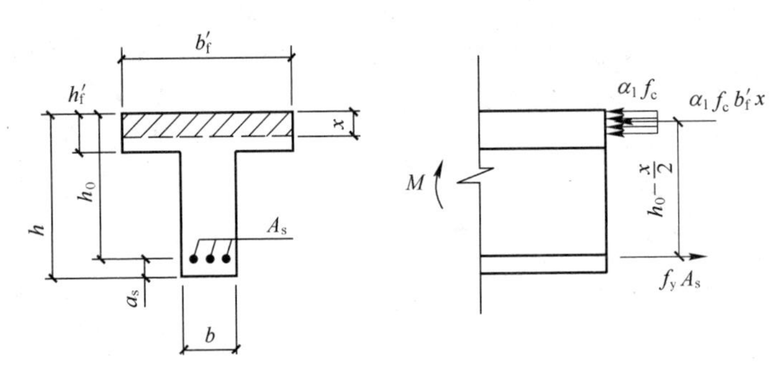

图 3-37 第一类 T 形截面计算简图

$$\alpha_1 f_c b'_f x = f_y A_s \tag{3-37}$$

$$M \leqslant \alpha_1 f_c b'_f x \left(h_0 - \frac{x}{2} \right) \tag{3-38}$$

适用条件：

$$\xi \leqslant \xi_b \tag{3-39}$$

$$A_s \geqslant \rho_{min} bh \tag{3-40}$$

其中，式（3-39）一般均能满足，因为 h'_f/h_0 都不大，而 $x < h'_f$，故 $\xi=x/h$ 更小于 ξ_b，可不必验算。

对第二类 T 形截面（图 3-38）的计算，由平衡条件可得：

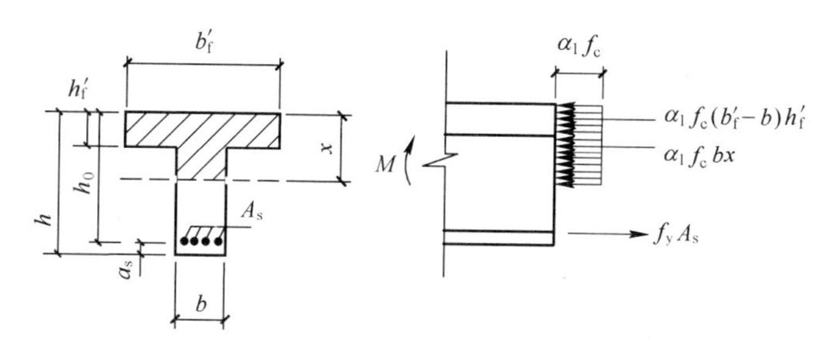

图 3-38　第二类 T 形截面计算简图

$$\alpha_1 f_c\,(b'_f-b)\,h'_f+\alpha_1 f_c bx=f_y A_s \tag{3-41}$$

$$M \leqslant \alpha_1 f_c\,(b'_f-b)\,h'_f\left(h_0-\frac{h'_f}{2}\right)+\alpha_1 f_c bx\left(h_0-\frac{x}{2}\right) \tag{3-42}$$

适用条件：

$$x \leqslant \xi_b h_0 \tag{3-43}$$

$$A_s \geqslant \rho_{min} bh \tag{3-44}$$

其中，后面一个条件一般均能满足，不必验算。

3）基本计算公式的应用

截面选择及截面校核是计算的两个基本内容，其步骤同单筋矩形截面。

4. 双筋矩形截面正截面承载力计算

双筋矩形截面适用于下面 3 种情况：①结构或构件承受某种交变的作用（如地震作用），使截面上的弯矩改变方向。②截面承受的弯矩设计值大于单筋截面所能承受的最大弯矩设计值，而截面尺寸和材料品种等由于某些限制又不能改变。③由于某种原因，在截面受压区已预先布置了一定数量的受力钢筋。

1）计算公式及适用条件

对双筋矩形截面受弯构件正截面承载力的计算，单筋矩形截面受弯构件承载力计算中的各项假定均有效，此外还假定当 $x \geqslant 2a'_s$ 时，受压钢筋能屈服，其应力等于其抗压强度设计值 f'_y（图 3-39）。

对于图 3-39 的受力情况，可以像单筋矩形截面一样列出下面两个静力平衡方程式：

$$\Sigma X=0 \quad A_s f_y=f'_y A'_s+\alpha_1 f_c bx \tag{3-45}$$

$$\Sigma M=0 \quad M \leqslant f'_y A'_s\,(h_0-a'_s)+\alpha_1 f_c bx\left(h_0-\frac{x}{2}\right) \tag{3-46}$$

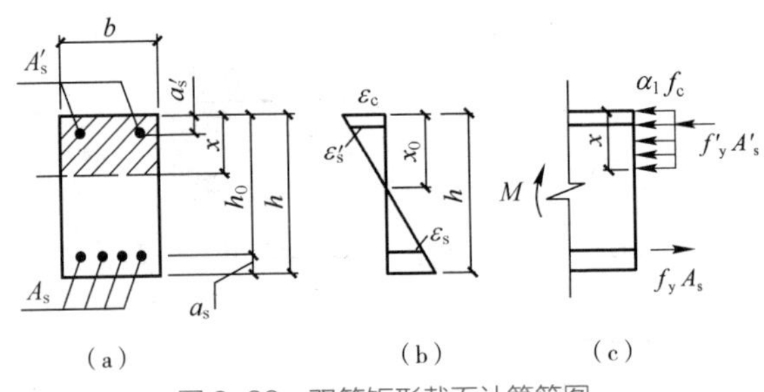

图 3-39 双筋矩形截面计算简图

式中 A'_s——受压区纵向受力钢筋的截面面积；

a'_s——从受压区边缘到受压区纵向受力钢筋合力作用点之间的距离；对于梁，当混凝土强度大于 C25，且受压钢筋按一排布置时，可取 a'_s=35mm；当受压钢筋按两排布置时，可取 a'_s=60mm；对于板，可取 a'_s=20mm；当混凝土强度不大于 C25 时，a'_s 增加 5mm。

式（3-45）和式（3-46）是双筋矩形截面受弯构件的计算公式。它们的适用条件是：

$$x \leqslant \xi_b h_0 \tag{3-47}$$

$$x \geqslant 2a'_s \tag{3-48}$$

满足条件式（3-47），可防止受压区混凝土在受压区纵向受力钢筋屈服前压碎。满足条件式（3-48），可防止受压区纵向受力钢筋在构件破坏时达不到抗压强度设计值。

对于受拉钢筋最小配筋率的要求，一般均可以满足。

当不满足条件式（3-48）时，受压钢筋的应力达不到 f'_y 而成为未知数，这时可近似地取 $x=2a'_s$，即忽略受压钢筋作用，并将各力对受压钢筋的合力作用点取矩得：

$$M \leqslant f_y A_s (h_0 - a'_s) \tag{3-49}$$

用式（3-49）可以直接确定纵向受拉钢筋的截面面积 A_s。这样有可能使求得的 A_s 比不考虑受压钢筋的存在而按单筋矩形截面计算的 A_s 还大，这时应按单筋截面的计算结果配筋。

2）计算公式的应用

与单筋矩形截面类似，同样分为截面设计与承载力复核两方面。

（1）截面设计

根据受压钢筋情况，又分为在受压区是否布置了受压钢筋而分别处理。

①已知截面的弯矩设计值 M、截面尺寸 $b \times h$、钢筋种类和混凝土强度等级，要求确定受拉钢筋截面面积 A_s 和受压钢筋截面面积 A'_s。

计算公式为式（3-45）和式（3-46）。但是，在这两个公式中，有三个未知数 A_s、A'_s 和 x，必须补充一个方程式方可求解。为了节约钢材，必须充分发挥混凝土的强度，可以假定受压区的高度等于其界限高度，即：

$$x=\xi_b h_0 \tag{3-50}$$

将 x 代入式（3-46）可得：

$$A'_s=\frac{M-\alpha_1 f_c bx\left(h_0-\dfrac{x}{2}\right)}{f'_y(h_0-a'_s)}=\frac{M-\alpha_1 f_c b\xi_b h_0\left(h_0-\dfrac{\xi_b h_0}{2}\right)}{f'_y(h_0-a'_s)}=\frac{M-\alpha_{sb}bh_0^2\alpha_1 f_c}{f'_y(h_0-a'_s)} \tag{3-51}$$

由式（3-45）有：

$$A_s=\frac{f'_y A'_s+\alpha_1 f_c bx}{f_y}=\frac{f'_y A'_s+\alpha_1 f_c b\xi_b h_0}{f_y} \tag{3-52}$$

②已知截面的弯矩设计值 M、截面尺寸 $b\times h$、钢筋种类、混凝土强度等级以及受压钢筋截面面积 A'_s，要求确定受拉钢筋截面面积 A_s。

计算公式仍为式（3-45）和式（3-46），由于 A'_s 已知，只有两个未知数 A_s 和 x，可以求解。由式（3-46）可得：

$$x=h_0-\sqrt{h_0^2-2\frac{M-f'_y A'_s(h_0-a'_s)}{\alpha_1 f_c b}} \tag{3-53}$$

由式（3-45）可得：

$$A_s=\frac{f'_y A'_s+\alpha_1 f_c bx}{f_y} \tag{3-54}$$

按式（3-53）求出受压区的高度以后，如果不满足条件式（3-47），说明给定的受压钢筋截面面积 A'_s 太小，这时应按第一种情况即按式（3-51）和式（3-52）分别求 A'_s 和 A_s。如果不满足条件式（3-48），说明受压钢筋未屈服，此时应按式（3-49）计算受拉钢筋截面面积，计算公式为：

$$A_s=\frac{M}{f_y(h_0-a'_s)} \tag{3-55}$$

（2）截面校核

承载力校核时，钢筋种类、混凝土强度等级、截面弯矩设计值 M、截面尺寸 $b\times h$、受拉钢筋截面面积 A_s 和受压钢筋截面面积 A'_s 都是已知的，要求确定截面能否抵抗给定的弯矩设计值。可按以下步骤进行：

先按式（3-45）计算受压区高度 x：

$$x=\frac{f_y A_s-f'_y A'_s}{\alpha_1 f_c b} \tag{3-56}$$

如果 x 能满足条件式（3-47）和式（3-48），则由式（3-56）可知其能够抵抗的弯矩为：

$$M_u=f'_y A'_s(h_0-a'_s)+\alpha_1 f_c bx\left(h_0-\frac{x}{2}\right) \tag{3-57}$$

如果 $x \leqslant 2a'_s$，由式（3-49）可知：

$$M_u=A_s f_y(h_0-a'_s) \tag{3-58}$$

如果 $x > \xi_b h_0$，取 $x=\xi_b h_0$ 计算，则：

$$\begin{aligned} M_u&=f'_y A'_s(h_0-a'_s)+\alpha_1 f_c b\xi_b h_0\left(h_0-\frac{\xi_b h_0}{2}\right) \\ &=f'_y A'_s(h_0-a'_s)+\alpha_{sb} b h_0^2 \alpha_1 f_c \end{aligned} \tag{3-59}$$

截面能够抵抗的弯矩 M_u 求出后，将 M_u 与截面的弯矩设计值 M 相比较，如果 $M \leqslant M_u$，则截面承载力足够；反之，如果 $M > M_u$，则截面承载力不够，截面失效，这时可采取加大截面尺寸，增加钢筋面积或选用强度等级更高的混凝土和钢筋等措施来解决。

5. 构造要求

为了使用和施工上的可能和需要，以及在计算模型中有许多未考虑因素（如温度、混凝土的收缩、徐变等）对截面承载能力带来的不利影响，在构件设计时，除了要符合计算结果外，还必须满足一定的构造要求，这些构造措施是人们在长期实践经验基础上总结出来的，它可防止因在计算中没有考虑的影响因素而导致构件的破坏。现分述如下：

1）板的构造要求

（1）板的最小厚度

现浇钢筋混凝土板的厚度除应满足各项功能要求外，其厚度尚应符合下列规定：现浇钢筋混凝土实心楼板的厚度不应小于 80mm，现浇空心楼板的顶板、底板厚度均不应小于 50mm；预制钢筋混凝土实心叠合楼板的预制底板及后浇混凝土厚度均不应小于 50mm。

（2）板的受力钢筋

受力钢筋的直径通常采用 6、8、10mm。采用绑扎配筋时，受力钢筋的间距一般不小于 70mm；当板厚 $h \leqslant$ 150mm 时，不宜大于 200mm；当板厚 $h >$ 150mm 时，不应大于 1.5h，且不宜大于 250mm，在板的每米宽度内不宜少于 3 根。

简支板或连续板下部纵向受力钢筋伸入支座的锚固长度不应小于钢筋直径的 5 倍，且宜伸过支座中心线。当连续板内温度、收缩应力较大时，伸入支座的长度宜适当增加。

（3）板的分布钢筋

板的分布钢筋是指垂直于受力钢筋方向上布置的构造钢筋。分布钢筋与受力钢筋绑扎或焊接在一起，形成钢筋骨架。分布钢筋的作用：将板面的荷载更均匀地传递给受力钢筋，施工过程中固定受力钢筋的位置，以及抵抗温度和混凝土的收缩应力等。分布钢筋的截面面积不宜小于单位长度上受力钢筋截面面积的 15%，且配筋率不宜小于 0.15%，分布钢筋的间距不宜大于 250mm，直径不宜小于 6mm，对集中荷载较大的情况，分布钢筋面积应适当增加，间距不宜大于 200mm。对处于温度经常变化较大处的板，其分布钢筋应适当增加，见 3.11 节有关构造要求。

（4）板内钢筋的保护层厚度

取决于周围环境和混凝土强度等级，具体数值参见附表 3-13。

2）梁的构造要求

（1）截面尺寸

独立简支梁的截面高度与其跨度的比值可为 1/12 左右，独立悬臂梁的截面高度与其跨度的比值可为 1/6 左右。

矩形截面梁的高宽比 h/b 一般取为 2.0 ~ 2.5；T 形截面梁的 h/b 一般取为 2.5 ~ 4.0（b 为梁肋宽）。为了统一模板尺寸，梁常用的宽度为 b=（120、150、180、200、220、250、300、350）mm 等，而梁的常用高度则为 h=（250、300、350…750、800、900、1000）mm 等尺寸。

（2）纵向受力钢筋

梁中常用的纵向受力钢筋直径为 10 ~ 28mm，伸入梁支座范围内的钢筋根数不得少于 2 根。梁高不小于 300mm 时，钢筋直径不应小于 10mm；梁高小于 300mm 时，钢筋直径不应小于 8mm。梁内受力钢筋的直径宜尽可能相同。当采用两种不同的直径时，它们之间相差至少应为 2mm，以便在施工时容易为肉眼识别，但相差也不宜超过 6mm，以保证受力同步。

在梁的配筋密集区域宜采用并筋的配筋形式。采用并筋的配筋形式时，直径 28mm 及以下的钢筋并筋数量不宜超过 3 根；直径 32mm 的钢筋的并筋数量不宜超过 2 根；直径 36mm 及以上的钢筋不宜采用并筋。并筋可按单根等效直径的钢筋进行设计，等效原则是面积相等，故等效直径两根钢筋并筋的公称直径为 1.41d，三根时为 1.73d。

为了便于浇筑混凝土，保证钢筋能与混凝土粘结在一起，以及保证钢筋周围混凝土的密实性，纵筋的净间距以及钢筋的最小保护层厚度应满足图 3-40 的要求。钢筋排成一行时梁的最小宽度见附表 3-16。

（3）纵向构造钢筋

为了固定箍筋并与钢筋连成骨架，在梁的受压区应设置架立钢筋，如受压区有受力钢筋，则它可兼作架立钢筋。

架立钢筋直径与梁跨度 l 有关。当 $l>$ 6m 时，架立钢筋直径不宜小于 12mm；当 l 在 4 ~ 6m 时，不宜小于 10mm；当 $l<$ 4m 时，不宜小于 8mm。

简支梁架立钢筋一般伸至梁端；当考虑其受力时，架立钢筋两端在支座内应有足够的锚固长度。

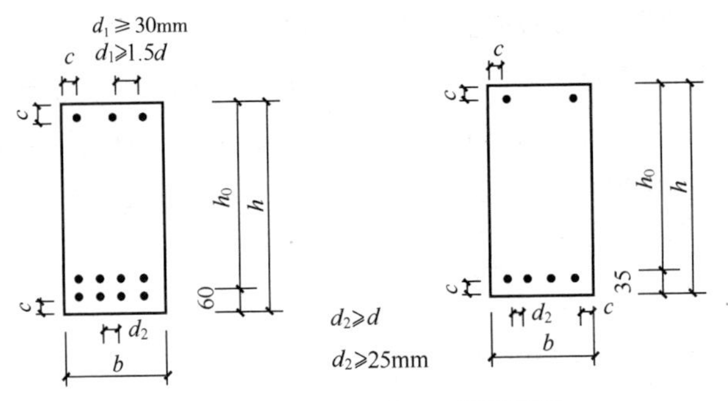

图 3-40 混凝土保护层和钢筋间距

c—保护层厚度；d—钢筋直径

当梁端按简支计算但实际受到部分约束时，应在支座区上部设置纵向构造钢筋。其截面面积不应小于梁跨中下部纵向受力钢筋计算所需截面面积的 1/4，且不应少于 2 根。该纵向构造钢筋自支座边缘向跨内伸出的长度不应小于 $l_0/5$，l_0 为梁的计算跨度。

当梁扣除翼缘厚度后的截面高度大于或等于 450mm 时，在梁的两个侧面沿高度配置纵向构造钢筋，每侧纵向构造钢筋（不包括受力钢筋及架立钢筋）的截面面积不应小于腹板截面面积（bh_w）的 0.1%，纵向构造钢筋的间距不宜大于 200mm，但当梁宽较大时可以适当放松。

关于梁板的更多构造要求，可参阅《混凝土结构设计规范》GB 50010—2010（2015 年版）。

3.3 受弯构件斜截面承载力计算

受弯构件正截面承载力计算，只考虑了截面在弯矩作用下构件处于承载力极限状态时的受力特征及计算问题。在实际工程结构中，构件截面常处于弯矩 M 和剪力 V 共同作用下复合受力状态，其受力和破坏特征与正截面都不同，本节主要讨论受弯构件在剪力和弯矩共同作用下的计算和构造问题。

1. 斜截面开裂原因分析

图 3-41 所示的矩形截面简支梁，在对称集中荷载作用下，当忽略梁的自重时，CD 段为纯弯区段，AC 及 DB 段有弯矩和剪力的共同作用。构件在跨中正截面抗弯承载力有保证的情况下，有可能在剪力和弯矩的共同作用下，在支座附近区段发生斜截面破坏。

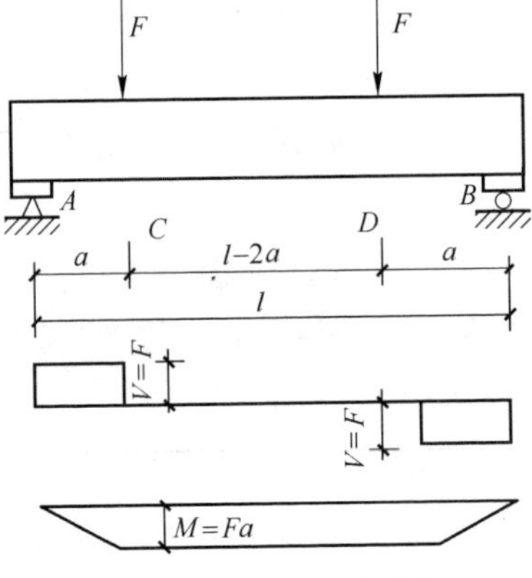

图 3-41 对称加载简支梁

按材料力学方法绘得该梁在荷载作用下的主应力迹线图，如图 3-42 所示（其中实线为主拉应力迹线，虚线为主压应力迹线），从截面 1—1 中分别在中和轴、受压区和受拉区各取出一个微元体，其编号为 1、2、3，它们处于不同的受力状态：位于中和轴处的微元体 1，其正应力为零，剪应力最大，主拉应力 σ_{tp} 和主压应力 σ_{cp} 与梁轴线呈 45° 角；位于受压区的微元体 2，由于压应力的存在，主拉应力 σ_{tp} 减少，主压应力 σ_{cp} 增大，主拉应力与梁轴线夹角大于 45°；位于受拉区的微元体 3，由于拉应力的存在，主拉应力 σ_{tp} 增大，主压应力 σ_{cp} 减小，主拉应力与梁轴线夹角小于 45°。对于匀质弹性体的梁来说，当主拉应力或主压应力达到材料的复合抗拉或抗压强度时，将引起构件截面的破坏。

对于钢筋混凝土梁，由于混凝土的抗拉强度很低，因此随着荷载的增加，当主拉应力值超过混凝土的抗拉强度时，将首先在该部位产生裂缝，其裂缝走向与主拉应力的方向垂直，与主压应力线方向一致，故是斜裂缝。在通常情况下，梁底只有垂直于梁轴线的拉应力，无剪应力，故斜裂缝往往是由梁底的弯曲裂缝发展而成的，称为弯剪型斜裂缝（图 3-42c）；当梁的腹板很薄或集中荷载至支座距离很小时，主应力较大，斜裂缝可能首先在梁腹部出现，称为腹剪型斜裂缝（图 3-42d）。斜裂缝的出现和发展使梁内应力的分布和数值发生变化，最终导致支座附近剪力较大部位的混凝土被压碎或拉坏而丧失承载能力，即发生斜截面破坏。

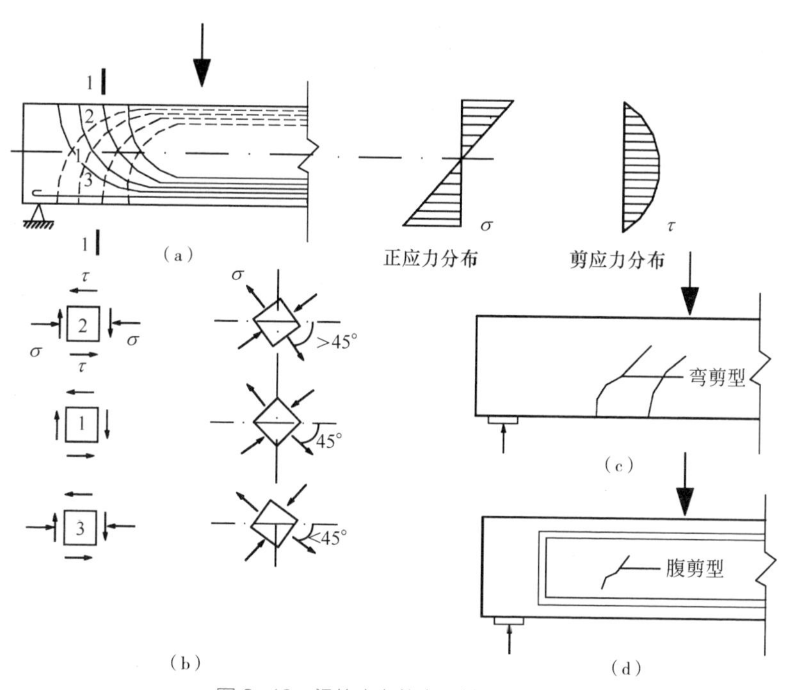

图 3-42　梁的应力状态和斜裂缝形态

（a）主应力迹线；（b）单元体应力；（c）弯剪型斜裂缝；（d）腹剪型斜裂缝

2. 斜截面主要破坏形态

梁斜截面的受力性能受到许多因素的影响，同时不同的斜截面破坏形式又有不同的主要影响参数。大量的试验研究表明，影响斜截面的破坏形态及破坏特点的主要因素有：①剪跨比和跨高比；②腹筋的数量；③混凝土强度等级；④纵筋配筋率；⑤梁是否连续。大量试验结果表明，无腹筋（指不配置箍筋和弯起钢筋）梁斜截面剪切破坏主要有三种形态：

1）斜拉破坏（图 3-43a）

当剪跨比 λ 较大时（剪跨比是指同一截面弯矩值 M 与截面的剪力值 V 和截面有效高度 h_0 乘积之比，即 $\lambda=M/(Vh_0)$，一般 $\lambda>3$），斜裂缝一旦出现，便迅速向集中荷载作用点延伸，并很快形成临界斜裂缝，梁立即破坏。

整个破坏过程急速而突然，破坏荷载与出现斜裂缝时的荷载相当接近，破坏前梁的变形很小，并且往往只有一条斜裂缝，破坏具有明显的脆性，属于脆性破坏。

2）剪压破坏（图 3-43b）

当剪跨比适中（一般 $1<\lambda\leqslant 3$）时，常发生剪压破坏。其特征是当加载到一定阶段时，斜裂缝中的某一条发展成为临界斜裂缝；临界斜裂缝向荷载作用点缓慢发展，剪压区高度逐渐减小，最后剪压区混凝土被压碎，梁丧失承载能力。

这种破坏有一定的预兆，破坏荷载较出现斜裂缝时的荷载高。与适筋梁的正截面破坏相比，剪压破坏仍属于脆性破坏。

3）斜压破坏（图 3-43c）

这种破坏发生在剪跨比很小（一般 $\lambda\leqslant 1.5$）或腹板宽度较窄的 T 形和工字形截面梁上。其破坏过程是：首先在荷载作用点与支座间梁的腹部出现若干条平行的斜裂缝（即腹剪型斜裂

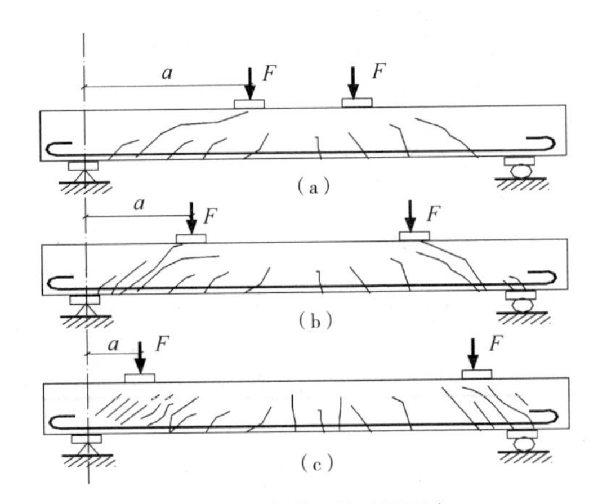

图 3-43 斜截面的破坏形态

缝）；随着荷载的增加，梁腹被这些斜裂缝分割为若干斜向“短柱”，最后因短柱混凝土被压碎而破坏。

斜压破坏的破坏荷载很高，但变形很小，亦属于脆性破坏。

除上述主要的斜截面剪切破坏形态外，还有可能发生纵向钢筋在梁端锚固不足而引起的锚固破坏或混凝土局部受压破坏。均布荷载作用下的梁临界斜裂缝大致由支座向梁顶 1/4 跨度处发展，跨高比较小时发生斜压破坏，跨高比适中时发生剪压破坏，跨高比很大时发生斜拉破坏。

进行受弯构件设计时，为充分发挥构件的良好工作性能和材料的受力特性，应使斜截面破坏呈剪压破坏，避免斜拉、斜压和其他形式的破坏。

以上介绍的是无腹筋梁的斜截面剪切破坏形态。对配置箍筋的梁，其斜截面破坏形态与无腹筋梁类似。当配箍率 ρ_{sv} 太小或箍筋间距太大并且剪跨比 λ 较大时，易发生斜拉破坏。破坏特征与无腹筋梁相同，破坏时箍筋被拉断。当配置的箍筋太多或剪跨比很小（$\lambda \leqslant 1.5$）时，发生斜压破坏，其特征是混凝土斜向柱体被压碎，但箍筋不屈服。当配箍适量且剪跨比介于斜压破坏和斜拉破坏的剪跨比之间时，发生剪压破坏，其特征是箍筋受拉屈服，剪压区混凝土压碎，斜截面受剪承载力随配箍率 ρ_{sv} 及箍筋强度 f_{yv} 的增加而增大。

3. 斜截面承载力计算

试验证明，影响斜截面承载力的主要因素有剪跨比、腹筋数量（箍筋和弯起钢筋）及混凝土强度等级。

1）不配置箍筋和弯起钢筋的一般板类受弯构件

板类构件通常承受的荷载不大，剪力较小，因此，一般不必进行斜截面承载力的计算，也不配箍筋和弯起钢筋。但是，当板上承受的荷载较大时，需要对其斜截面承载力进行计算。

不配置箍筋和弯起钢筋的一般板类受弯构件，其斜截面的受剪承载力应满足下列计算要求：

$$V \leqslant 0.7\beta_h f_t b h_0 \tag{3-60}$$

$$\beta_h = \left(\frac{800}{h_0}\right)^{1/4} \tag{3-61}$$

式中 β_h——截面高度影响系数；当 h_0 小于 800mm 时，取 h_0 等于 800mm；当 h_0 大于 2000mm 时，取 h_0 等于 2000mm；

f_t——混凝土轴心抗拉强度设计值。

2）矩形、T 形和 I 字形截面的一般受弯构件

（1）仅配置箍筋

在仅配置箍筋的梁中，箍筋不仅作为桁架的受拉腹杆承受斜裂缝截面的部分剪力，而且还能

抑制斜裂缝的开展，使骨料咬合力和纵筋销栓力有所提高。箍筋对梁斜截面受剪承载力的提高是多方面的。

规范以剪压破坏的受力特征作为抗剪承载力计算公式的基础。在有腹筋梁斜截面受剪承载力计算中，采用无腹筋梁混凝土所承担的剪力 V_c 和箍筋承担的剪力 V_s 两项相加形式体现。

按上述原理，可得如图 3-44 所示斜截面受剪承载力计算模型，斜截面受剪承载力应满足：

$$V \leqslant V_{cs}=\alpha_{cv} f_t b h_0+f_{yv} \frac{A_{sv}}{s} h_0 \tag{3-62}$$

式中 V_{cs}——构件斜截面上混凝土和箍筋的受剪承载力设计值；

α_{cv}——斜截面混凝土受剪承载力系数；对于一般受弯构件取 0.7；对集中荷载作用下（包括作用有多种荷载，其中集中荷载对支座截面或节点边缘所产生的剪力值占总剪力的 75% 以上的情况）的独立梁，取$\frac{1.75}{\lambda+1.0}$，λ 为计算截面的剪跨比，可取 $\lambda=a/h_0$，当 λ 小于 1.5 时，取 1.5，当 λ 大于 3 时，取 3，a 为集中荷载作用点至支座截面或节点边缘的距离；

A_{sv}——配置在同一截面内箍筋各肢的全部截面面积，$A_{sv}=nA_{sv1}$，n 为在同一截面内箍筋的肢数，A_{sv1} 为单肢箍筋的截面面积；

s——沿构件长度方向箍筋间距；

f_{yv}——箍筋抗拉强度设计值。

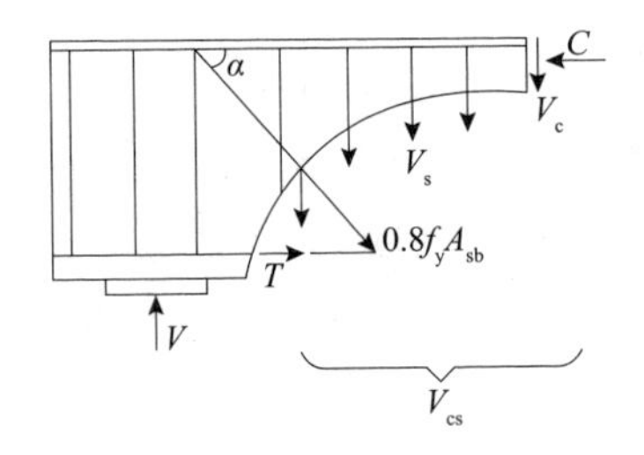

图 3-44 斜截面受剪承载力计算模型

（2）配置箍筋和弯起钢筋

此时计算模型与仅配置箍筋的计算模型一致，只要在原计算式后增加弯起钢筋对斜截面受剪承载力贡献的内容即可，此时斜截面受剪承载力应满足：

$$V \leqslant V_{cs}+V_{sb}=\alpha_{cv} f_t b h_0+f_{yv} \frac{A_{sv}}{s} h_0+0.8 f_y A_{sb} \sin\alpha \tag{3-63}$$

（3）当符合下式要求时，可不进行斜截面的受剪承载力计算，按构造配置箍筋

$$V \leqslant \alpha_{cv} f_t b h_0 \tag{3-64}$$

式中　V_{sb}——与斜裂缝相交的弯起钢筋受剪承载力设计值；

f_y——弯起钢筋抗拉强度设计值；

A_{sb}——弯起钢筋截面面积；

α——弯起钢筋与梁轴线夹角，一般取 45°，当梁高 $h>800$mm 时，取 60°；

0.8——应力不均匀系数，用来考虑靠近剪压区的弯起钢筋在斜截面破坏时，可能达不到钢筋抗拉强度设计值。

3）计算公式的适用范围

梁的斜截面受剪承载力计算式（3-60）~式（3-64）仅适用于剪压破坏情况。为防止斜压破坏和斜拉破坏，还应规定其上、下限值。

（1）上限值——最小截面尺寸

只要保证构件截面尺寸不太小，就可防止斜压破坏的发生。最小截面尺寸应满足下列要求：

当$\frac{h_w}{b} \leqslant 4$ 时：

$$V \leqslant 0.25\beta_c f_c b h_0 \tag{3-65}$$

当$\frac{h_w}{b} \geqslant 6$ 时：

$$V \leqslant 0.2\beta_c f_c b h_0 \tag{3-66}$$

当 $4<\frac{h_w}{b}<6$ 时，按线性内插法取用或按下式计算：

$$V \leqslant 0.025\left(14-\frac{h_w}{b}\right)\beta_c f_c b h_0 \tag{3-67}$$

式中　V——构件斜截面上的最大剪力设计值；

β_c——混凝土强度影响系数，当混凝土强度等级不超过 C50 时，取 β_c=1.0；当混凝土强度等级为 C80 时，取 β_c=0.8；其间按线性内插法取用（表 3-8）；

b——矩形截面的宽度，T 形截面或 I 字形截面的腹板宽度；

h_w——截面的腹板高度：矩形截面取有效高度 h_0，T 形截面取有效高度减去翼缘高度，I 字形截面取腹板净高（图 3-45）。

混凝土强度影响系数 β_c 取值　　表 3-8

混凝土强度	≤ C50	C55	C60	C65	C70	C75	C80
β_c	1.000	0.9667	0.9333	0.9000	0.8667	0.8333	0.8000

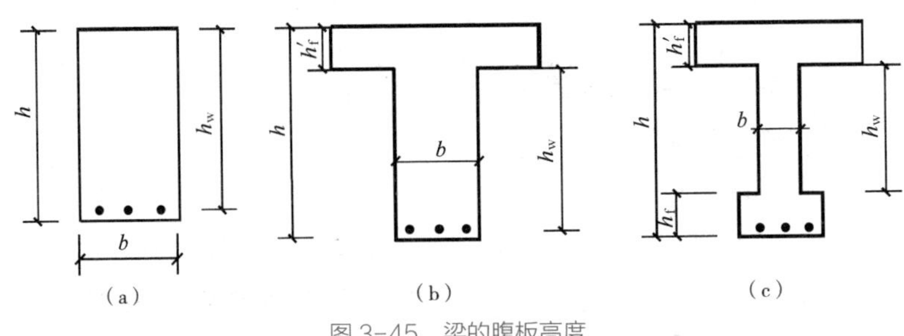

图3-45 梁的腹板高度

(a) $h_w=h_0$; (b) $h_w=h_0-h'_f$; (c) $h_w=h-h'_f-h_f$

在设计中，如果不满足式（3-65）~式（3-67）的条件，应加大构件截面尺寸或提高混凝土强度等级，直到满足为止。对T形或I形截面的简支受弯构件，当有实践经验时，式（3-65）中的系数0.25可改用0.3。

（2）下限值——最小配箍率和箍筋最大间距

试验表明，若箍筋的配筋率过小或箍筋间距过大，可能发生斜拉破坏。此外，若箍筋直径过小，也不能保证钢筋骨架的刚度。

为了防止斜拉破坏，梁中箍筋间距不宜大于表3-9的规定，直径不宜小于表3-10的规定，梁中配有计算需要的纵向受压钢筋时，箍筋直径也不应小于$d/4$（d为纵向受压钢筋的最大直径）。

当$V > 0.7f_tbh_0$时，配箍率尚应满足最小配箍率要求，即：

$$\rho_{sv} \geqslant \rho_{sv,\min}=0.24\frac{f_t}{f_{yv}} \tag{3-68}$$

梁中箍筋最大间距s_{max}（mm） 表3-9

梁高 h	$V > 0.7f_tbh_0$	$V \leqslant 0.7f_tbh_0$	梁高 h	$V > 0.7f_tbh_0$	$V \leqslant 0.7f_tbh_0$
$150 < h \leqslant 300$	150	200	$500 < h \leqslant 800$	250	350
$300 < h \leqslant 500$	200	300	$h > 800$	300	400

梁中箍筋最小直径（mm） 表3-10

梁高 h	箍筋直径	梁高 h	箍筋直径
$h \leqslant 800$	6	$h > 800$	8

按斜截面承载力计算不需要配置箍筋的梁，需满足以下构造要求：当截面高度大于300mm时，应沿梁全长设置构造箍筋；当截面高度h为150～300mm时，可仅在构件两端部各$l_0/4$范围内设置构造箍筋，l_0为跨度。但当在构件中部$l_0/2$范围内有集中荷载作用时，则应沿梁全长

设置箍筋。当截面高度小于 150mm 时，可以不设置箍筋。

箍筋最大间距、最小直径及最小配箍率是梁中箍筋设计的基本构造要求。

4）斜截面受剪承载力的计算位置

位置的选用主要是由计算公式组成部分相应的截面抗剪承载力贡献而定的，其计算位置应按下列规定采用（图 3-46）。

（1）支座边缘处截面（图 3-46 中 1—1 截面）。该截面承受的剪力值最大。计算该截面剪力设计值时，跨度取净跨长 l_n（即算至支座内边缘处）。用支座边缘的剪力设计值确定第一排弯起钢筋和 1—1 截面的箍筋。

（2）受拉区弯起钢筋弯起点处截面（图 3-46 中 2—2 截面和 3—3 截面）。

（3）箍筋截面面积或间距改变处截面（图 3-46 中 4—4 截面）。

（4）腹板宽度改变处截面。

计算是否需要弯起钢筋时，截面剪力设计值取值原则为：计算第一排（对支座而言）弯起钢筋时，取支座边缘处的剪力值；计算以后的每一排弯起钢筋时，取前一排弯起钢筋弯起处的剪力值。

在设计时，弯起钢筋距支座边缘距离 s_1 及弯起钢筋之间的距离 s_2（图 3-46）均不应大于箍筋最大间距 s_{max}（表 3-9），以保证可能出现的斜裂缝与弯起钢筋相交。

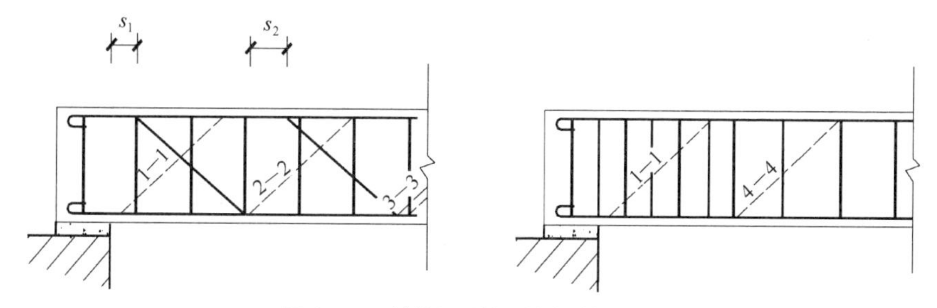

图 3-46　斜截面受剪承载力计算位置

5）斜截面受剪承载力计算步骤

一般先由梁的高跨比、高宽比等构造要求及正截面受弯承载力计算确定截面尺寸、混凝土强度等级及纵向钢筋用量，然后进行斜截面受剪承载力设计计算。其步骤为：

（1）选定各计算截面并计算截面剪力设计值；

（2）截面尺寸验算；

（3）是否仅按构造配箍；

（4）按计算和（或）构造选择腹筋；

（5）绘出配筋图。

6）计算例题

梁斜截面受剪承载力设计计算中遇到的同样是截面选择和承载力校核两类问题。这两类问题也包括计算和构造两方面内容，构造方面的内容除前面提到箍筋的基本构造要求外，后面还要进一步讲述。

【例 3-4】 某钢筋混凝土矩形截面简支梁，两端支承在砖墙上，净跨度 l_n=4160mm（图 3-47）；截面尺寸 $b \times h$=200mm×500mm。该梁承受均布荷载，其中恒荷载标准值 g_k=22kN/m（包括自重），活荷载标准值 q_k=40kN/m；混凝土强度等级为 C30（f_c=14.3N/mm^2，f_t=1.43N/mm^2），箍筋为 HPB300 钢筋（f_{yv}=270N/mm^2），按正截面受弯承载力计算已选配 4 Φ 25 的 HRB400 钢筋为纵向受力钢筋（f_y=360N/mm^2）。设计工作年限为 50 年，环境类别为一类。试根据斜截面受剪承载力要求确定腹筋。

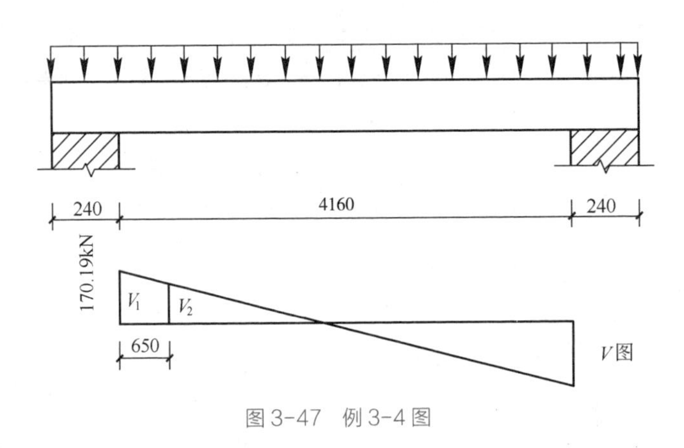

图 3-47 例 3-4 图

【解】 取 a_s=35mm，$h_0=h-a_s$=500−35=465mm

（1）截面的确定和剪力设计值计算

支座边缘处剪力最大，故应选择该截面进行斜截面受剪承载力计算。该截面的剪力设计值为：

$$V_1=\frac{1}{2}(\gamma_G g_k+\gamma_Q \gamma_L q_k)\,l_n=\frac{1}{2}(1.3\times22+1.5\times1.0\times40)\times4.16=184.29\text{kN}$$

（2）复核梁截面尺寸

$$h_w=h_0=465\text{mm}$$

$$h_w/b=465/200=2.3<4\text{，属一般梁。}\beta_c=1.0\text{，则：}$$

$$0.25\beta_c f_c b h_0=0.25\times14.3\times200\times465=332.5\text{kN}>184.29\text{kN}$$

截面尺寸满足要求。

（3）验算是否按构造配筋

$$0.7f_tbh_0=0.7\times1.43\times200\times465=93.09\text{kN}<184.29\text{kN}$$

应按计算配置腹筋，且应满足 $\rho_{sv}\geqslant\rho_{sv,\ min}$。

（4）所需腹筋计算

配置腹筋有两种办法：一种是只配箍筋，另一种是配置箍筋和弯起钢筋。一般都是优先选择只配箍筋方案。分述如下：

①仅配箍筋

由 $V\leqslant0.7f_tbh_0+f_{yv}\dfrac{A_{sv}}{s}h_0$，得：

$$\frac{nA_{sv1}}{s}\geqslant\frac{184290-93090}{270\times465}=0.726\text{mm}^2/\text{mm}$$

选用双肢箍筋 ϕ8@130，则：

$$\frac{nA_{sv1}}{s}=\frac{2\times50.3}{130}=0.774\text{mm}^2/\text{mm}$$

满足计算要求及表 3-9、表 3-10 的构造要求。

也可这样计算：选用双肢箍筋 ϕ8，则 A_{sv1}=50.3mm²，可求得：

$$s\leqslant\frac{2\times50.3}{0.726}=139\text{mm}$$

取 s=130mm，箍筋沿梁长均匀布置（图 3-48a）。

②配置箍筋和弯起钢筋

按表 3-9 及表 3-10 要求，选 ϕ8@200 双肢箍筋，则：

$$\rho_{sv}=\frac{A_{sv}}{bs}=\frac{2\times50.3}{200\times200}=0.252\%>\rho_{sv,min}=0.24\frac{f_t}{f_{yv}}=0.24\times\frac{1.43}{270}=0.127\%$$

$$V_{cs}=0.7f_tbh_0+f_{yv}\frac{A_{sv}}{s}h_0=93090+270\times\frac{2\times50.3}{200}\times465=156\text{kN}$$

由式（3-63），取 α=45°：

$$V-V_{cs}\leqslant0.8A_{sb}f_y\sin\alpha$$

则有：

$$A_{sb}\geqslant\frac{V_1-V_{cs}}{0.8f_y\sin\alpha}=\frac{184290-156000}{0.8\times360\times\sin45°}=138.9\text{mm}^2$$

选用 1 Φ 25 纵筋作弯起钢筋，A_{sb}=491mm²，满足计算要求。

按图 3-46 的规定，核算是否需要第二排弯起钢筋。

取 s_1=200mm，弯起钢筋水平投影长度 $s_b=h-50$=450mm，则截面 2—2（图 3-47）的剪

力可由相似三角形关系求得：

$$V_2=V_1\left(1-\frac{200+450}{0.5\times4160}\right)=126.70\text{kN}<V_{cs}=156\text{kN}$$

故不需要第二排弯起钢筋。其配筋如图 3-48（b）所示。

值得指出的是，在实际工程中，在满足构造要求前提下，第一排弯起钢筋（对支座而言）的始弯点距支座内侧的距离一般为 50mm，箍筋亦如此。

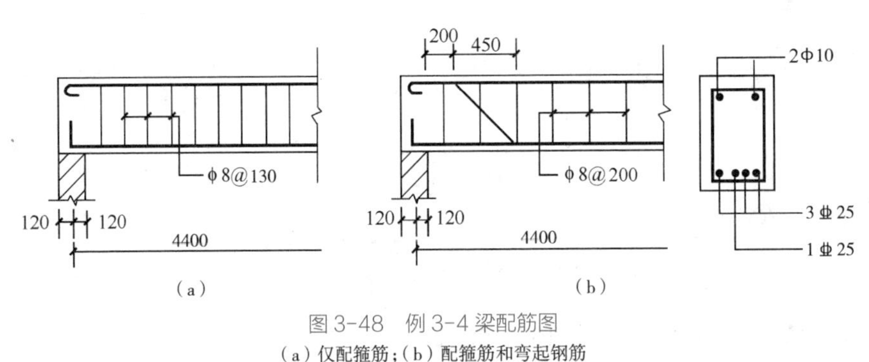

图 3-48 例 3-4 梁配筋图
（a）仅配箍筋；（b）配箍筋和弯起钢筋

4. 纵向受力钢筋弯起、截断及钢筋锚固

前面讲述的是梁斜截面受剪承载力的计算问题。试验表明，在弯剪区段，梁除发生斜截面破坏外，还可能发生因斜截面受弯承载力不够及锚固不足的破坏，因此在考虑纵向钢筋弯起、截断及钢筋锚固时，还需在构造上采取措施，保证梁的斜截面受弯承载力及钢筋的锚固可靠。

1）正截面受弯承载力图（材料图）的概念

所谓正截面受弯承载力图，是指按实际配置的纵向钢筋绘制的梁上各正截面所能承受的实际弯矩图。它反映了沿梁长正截面上材料的抗力，故简称为材料图。材料的正截面受弯承载力设计值 M_u 简称为抵抗弯矩。

（1）材料图的作法

按梁正截面承载力计算的纵向受力钢筋是以同符号弯矩区段的最大弯矩为依据求得的，该最大弯矩处的截面称为控制截面。

以单筋矩形截面为例，若在控制截面处实际选定的纵筋为 A_s，则由 3.2 节可知：

$$M_u=f_yA_sh_0(1-0.5\xi) \tag{3-69}$$

分析可知，抵抗弯矩 M_u 与钢筋截面面积（或配筋率）为二次曲线关系（图 3-49）。

在作材料图时，可用式（3-69）求 M_u。为方便分析，各钢筋按其面积的大小（不同规格的

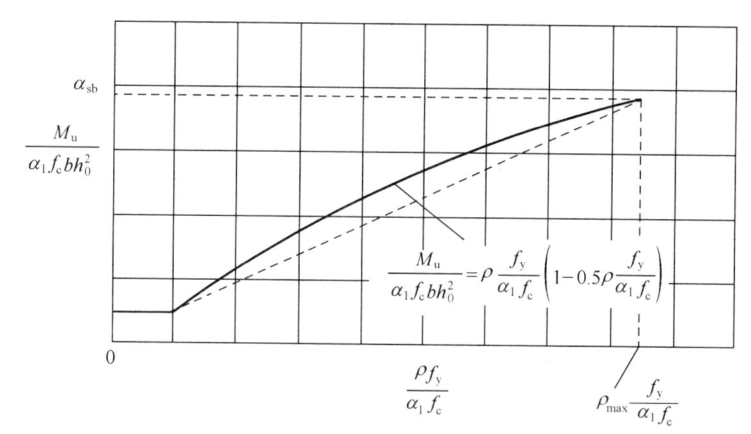

图 3-49　抵抗弯矩与配筋关系

钢筋按$f_y A_s$的大小）近似分担弯矩，（由图 3-49 可知：这个假定作出的材料图偏于安全且方便）。

（2）材料图的作用

①反映材料利用的程度

显然，材料图越贴近弯矩图，表示材料利用程度越高。

②确定纵向钢筋的弯起数量和位置

设计中，将跨中部分纵向钢筋弯起的目的有两个：一是用于斜截面抗剪，其数量和位置由受剪承载力计算确定；二是抵抗支座负弯矩，只有当材料图全部覆盖住弯矩图，各正截面受弯承载力才有保证；而要满足截面受弯承载力的要求，也必须通过作材料图才能确定弯起钢筋的数量和位置。

③确定纵向钢筋的截断位置

通过绘制材料图还可确定纵向钢筋的理论截断点及其延伸长度，从而确定纵向钢筋的实际截断位置。

2）满足斜截面受弯承载力的纵向钢筋弯起位置

图 3-50 表示弯起钢筋弯起点与弯矩图形的关系。钢筋①在受拉区的弯起点为 1，按正截面受弯承载力计算不需要该钢筋的截面位置为 2，该钢筋强度充分利用的截面为 3，它所承担的弯矩为图中阴影部分。可以证明，当弯起点与按计算充分利用该钢筋的截面之间的距离不小于 $h_0/2$ 时，可以满足斜截面受弯承载力的要求（保证斜截面的受弯承载力不低于正截面受弯承载力）。自然，钢筋弯起后与梁中心线的交点应在该钢筋正截面抗弯的不需要点之外。

由上可知，若利用弯起钢筋抗剪，则钢筋弯起点的位置应同时满足抗剪位置（由抗剪计算确定）、正截面抗弯（材料图覆盖弯矩图）及斜截面抗弯（$S \geqslant h_0/2$）三项要求，也即此时不必再进行斜截面受弯承载力计算。但在连续梁支座或节点处第一排弯起钢筋不能抵抗弯起钢筋所在一侧

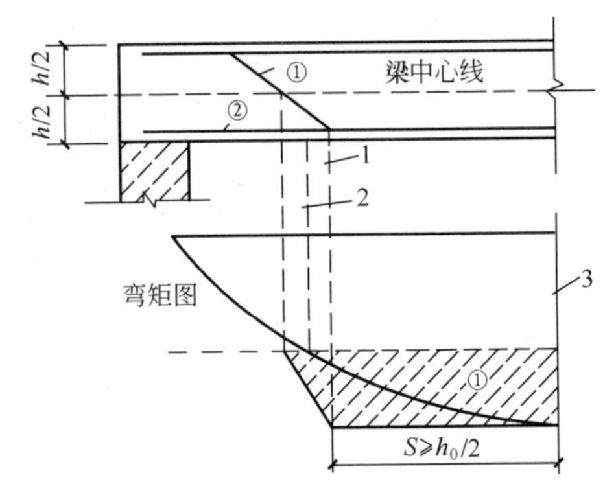

图 3-50 弯起钢筋弯起点的位置

的支座负弯矩。

3）纵向受力钢筋的截断位置

根据内力分析所得的弯矩图沿梁纵长方向是变化的，从节省材料的角度出发，所配的纵向受力钢筋截面面积也应沿梁纵长方向有所变化。变化的方式可采取弯起或切断钢筋的形式，但在工程中应用得更多的是将纵向受力钢筋根据弯矩图的变化而在适当的位置切断，所以任何一根纵向受力钢筋在结构中要发挥其承载能力的作用，应从其“强度充分利用截面”外伸一定的长度 l_{d1}，依靠这段长度与混凝土的粘结锚固作用维持钢筋足够的抗力。同时，从按正截面承载力计算“不需要该钢筋的截面”（理论切断点）也须外伸一定的长度 l_{d2}，作为受力钢筋应有的构造措施。在结构设计中，应从上述两个条件确定的较长外伸长度作为纵向受力钢筋的实际延伸长度 l_d，作为其真正的切断点（实际切断点）（图 3-51）。

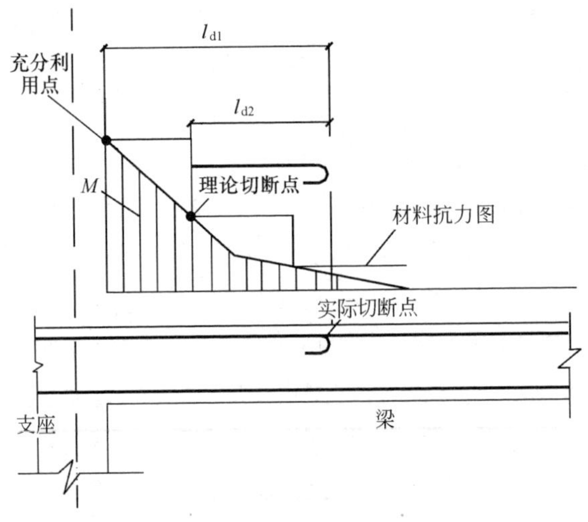

图 3-51 钢筋的延伸长度和切断点

钢筋混凝土梁支座截面的负弯矩纵向受拉钢筋不宜在受拉区截断。如必须截断时，其延伸长度 l_d 可按表 3-11 中 l_{d1} 和 l_{d2} 中取外伸长度较长者确定。其中 l_{d1} 是从“充分利用点截面”延伸出的长度，而 l_{d2} 是从“按正截面承载力计算理论切断点截面”延伸出的长度，两者不在同一起始截面。

负弯矩钢筋的延伸长度 l_d　　表 3-11

截面条件	充分利用截面伸出 l_{d1}	计算不需要截面伸出 l_{d2}
$V \leqslant 0.7f_tbh_0$	$1.2l_a$	$20d$
$V > 0.7f_tbh_0$	$1.2l_a+h_0$	$20d$ 且 $\geqslant h_0$
$V > 0.7f_tbh_0$ 且切断点仍在负弯矩受拉区内	$1.2l_a+1.7h_0$	$20d$ 且 $\geqslant 1.3h_0$

4）纵向受力钢筋在支座处锚固

支座附近的剪力较大，在出现斜裂缝后，由于与斜裂缝相交的纵筋应力会突然增大，若纵筋伸入支座的锚固长度不够，将使纵筋滑移，甚至从混凝土中被拔出而导致锚固破坏。

为了防止这种破坏，纵向钢筋伸入支座的长度和数量应该满足下列要求。

（1）伸入梁支座的纵向受力钢筋根数。深入梁支座范围内的钢筋不应小于 2 根，梁高不小于 300mm 时，直径不应小于 10mm，梁高小于 300mm 时，直径不应小于 8mm。

（2）钢筋混凝土简支梁和连续梁简支端的下部纵向受力钢筋锚固。从支座边缘算起，受力纵筋伸入支座的锚固长度 l_a 应满足表 3-12 的规定。

锚固长度 l_a　　表 3-12

$V \leqslant 0.7f_tbh_0$	$V > 0.7f_tbh_0$
$\geqslant 5d$	带肋钢筋不小于 $12d$，光面钢筋不小于 $15d$

当纵筋伸入支座的锚固长度不符合表 3-12 的要求时，可采用弯钩或机械锚固措施，详见规范要求。

支承在砌体结构上的钢筋混凝土独立梁，在纵向受力钢筋的锚固长度范围内应配置不少于 2 个箍筋，其直径不宜小于 $d/4$，d 为纵向受力钢筋的最大直径；间距不宜大于 $10d$，当采取机械锚固措施时箍筋间距尚不宜大于 $5d$，d 为纵向受力钢筋的最小直径。

混凝土强度等级为 C25 及以下的简支梁和连续梁的简支端，当距支座边 $1.5h$ 范围内作用有集中荷载，且 V 大于 $0.7f_tbh_0$ 时，对带肋钢筋宜采取有效的锚固措施，或取锚固长度不小于 $15d$，d 为锚固钢筋的直径。

（3）在钢筋混凝土悬臂梁中，应有不少于2根上部钢筋伸至悬臂梁外端，并向下弯折不小于12d；其余钢筋不应在梁的上部截断，而应满足钢筋弯起点的构造规定，将弯起点位置向下弯折，并满足弯起钢筋端部的锚固要求。

（4）连续梁及框架梁。在连续梁、框架梁的中间支座或中间节点处，纵筋伸入支座的长度参见3.11节。

5）弯起钢筋锚固。弯起钢筋的弯终点外应留有锚固长度，其长度在受拉区不应小于20d，在受压区不应小于10d，对光面钢筋在末端尚应设置弯钩（图3-52）。位于梁底层两角的钢筋不应弯起，顶层钢筋中的角部钢筋不应弯下。

弯起钢筋不得采用浮筋（图3-53a），当支座处剪力很大而又不能利用纵筋弯起抗剪时，可设置仅用于抗剪的鸭筋（图3-53b），其端部锚固与弯起钢筋相同。

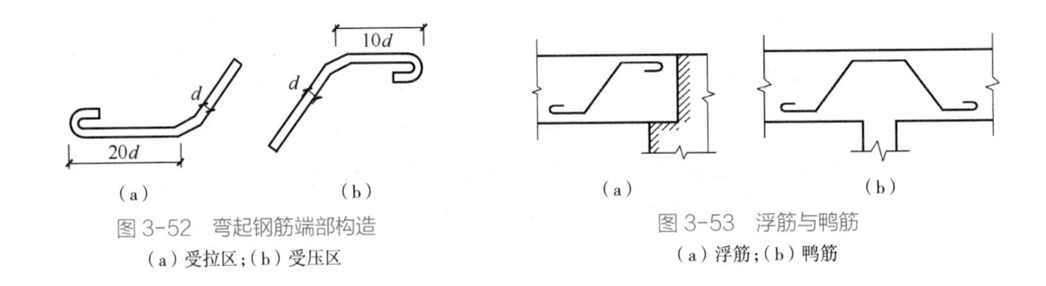

图3-52 弯起钢筋端部构造
（a）受拉区；（b）受压区

图3-53 浮筋与鸭筋
（a）浮筋；（b）鸭筋

6）箍筋构造要求

梁中的箍筋对抑制斜裂缝的开展及传递剪力等有积极作用，前述梁的箍筋间距、直径和最小配箍率是箍筋最基本的构造要求，在设计中应予遵守。

箍筋一般采用HPB300，当剪力较大时，也可采用HRB400级钢筋。

箍筋一般采用135°弯钩的封闭式箍筋。当T形截面梁翼缘顶面另有横向受拉钢筋时，也可采用开口式箍筋（图3-54）。

梁内一般采用双肢箍筋（n=2）。当梁的宽度大于400mm且一层内的纵向受压钢筋多于3根时，或当梁的宽度不大于400mm但一层内的纵向受压钢筋多于4根时，应设置复合箍筋（如四肢箍）（图3-55）；当梁宽度很小时，也可采用单肢箍筋。

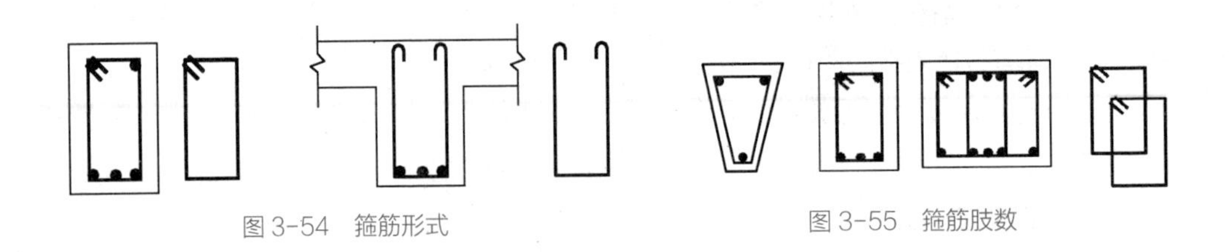

图3-54 箍筋形式

图3-55 箍筋肢数

当梁中配有按计算需要的纵向受压钢筋（如双筋梁）时，箍筋应为封闭式，且弯钩直线段长度不应小于 5d，d 为箍筋直径，其间距不应大于 15d，不应大于 400mm，d 为纵向受压钢筋中的最小直径。当一层内的纵向受压钢筋多于 5 根且直径大于 18mm 时，箍筋间距不应大于 10d。

在绑扎骨架中非焊接的搭接接头长度范围内设置箍筋，其直径不小于搭接钢筋较大直径的 1/4，当搭接钢筋为受拉时，其箍筋间距 $s \leqslant 5d$，且不应大于 100mm；当搭接钢筋为受压时，箍筋间距 $s \leqslant 10d$，且不应大于 200mm（d 为受力钢筋中的最小直径）；当受压钢筋直径大于 25mm，尚应在搭接接头两个端面外 100mm 范围内各设置两个箍筋。

3.4 受弯构件裂缝与变形验算

前面谈到的是承载能力极限状态的问题，本节要谈的是正常使用极限状态中的裂缝和变形问题。在荷载保持不变的情况下，由于混凝土的徐变等特性，裂缝和变形将随着时间的推移而发展。对构件进行正常使用极限状态的验算时，应该根据不同要求，分别按荷载效应的标准组合和准永久组合并考虑长期作用影响进行验算，以保证变形、裂缝、应力等计算值不超过相应的规定限值。正常使用极限状态的一般验算公式为：

$$S \leqslant C \tag{3-70}$$

式中 S——正常使用极限状态荷载组合的效应设计值；

C——结构构件达到正常使用要求所规定的裂缝宽度、变形、应力和自振频率等的限值。

荷载效应的标准组合为：

$$S_d = \sum_{i \geqslant 1} S_{G_i k} + P + S_{Q_1 k} + \sum_{j > 1} \psi_{c_j} S_{Q_j k} \tag{3-71}$$

荷载效应的准永久组合为：

$$S_d = \sum_{i \geqslant 1} S_{G_i k} + P + \sum_{j \geqslant 1} \psi_{q_j} S_{Q_j k} \tag{3-72}$$

式中 $S_{G_i k}$——第 i 个永久作用的标准值；

P——预应力作用的有关代表值；

$S_{Q_1 k}$——第 1 个可变作用的标准值；

$S_{Q_j k}$——第 j 个可变作用的标准值；

ψ_{c_j}——第 j 个可变作用的组合值系数；

ψ_{q_j}——可变荷载 S_{Q_j} 的准永久值系数，可从《工程结构通用规范》GB 55001—2021 上查取。

我们先讨论裂缝宽度问题，再讨论变形验算问题。

1. 裂缝宽度验算

按裂缝形成的原因可分两大类：第一类是由荷载引起的裂缝；第二类是由非荷载引起的裂缝，如由材料收缩、温度变化、混凝土碳化（钢筋锈蚀膨胀）以及地基不均匀沉降等原因引起的裂缝，很多裂缝往往是几种因素共同作用的结果。调查表明，工程实践中结构物的裂缝属于非荷载因素为主引起的约占 80%，属于荷载为主引起的约占 20%，对非荷载引起的裂缝主要是通过构造措施（如加强配筋、设变形缝等）进行控制。本节讨论由荷载引起的正截面裂缝验算，并提出控制非荷载裂缝的防治方法。

1）验算公式

根据正常使用阶段对结构构件裂缝的不同要求，结构构件正截面的受力裂缝控制等级分为三级：正常使用阶段严格要求不出现裂缝的构件，裂缝控制等级属一级；正常使用阶段一般要求不出现裂缝的构件，裂缝控制等级属二级；正常使用阶段允许出现裂缝但要控制其宽度的构件，裂缝控制等级属三级。即构件受拉边缘的应力应满足以下规定：

一级裂缝控制等级构件，在荷载标准组合下，受拉边缘混凝土不应产生拉应力，即：

$$\sigma_{ck}-\sigma_{pc} \leqslant 0 \tag{3-73}$$

二级裂缝控制等级构件，在荷载标准组合下，受拉边缘混凝土拉应力不应大于混凝土抗拉强度的标准值，即：

$$\sigma_{ck}-\sigma_{pc} \leqslant f_{tk} \tag{3-74}$$

三级裂缝控制等级时，钢筋混凝土构件的最大裂缝宽度可按荷载准永久组合并考虑长期作用影响的效应计算，预应力混凝土构件的最大裂缝宽度可按荷载标准组合并考虑长期作用影响的效应计算。最大裂缝宽度应符合下列规定：

$$w_{max} \leqslant w_{lim} \tag{3-75}$$

对环境类别为二 a 类的预应力混凝土构件，在荷载准永久组合下，受拉边缘应力尚应符合下列规定：

$$\sigma_{cq}-\sigma_{pc} \leqslant f_{tk} \tag{3-76}$$

式中 σ_{ck}、σ_{cq}——荷载标准组合、准永久组合下抗裂验算边缘的混凝土法向应力；

σ_{pc}——扣除全部预应力损失后在抗裂验算边缘混凝土的预压应力；

f_{tk}——混凝土轴心抗拉强度标准值；

w_{max}——按荷载的标准组合或准永久组合并考虑长期作用影响计算的最大裂缝宽度；

w_{lim}——最大裂缝宽度限值，最大裂缝宽度限值见附表 3-20。

2）w_{max} 的计算方法

规范采用平均裂缝宽度乘以扩大系数的方法确定最大裂缝宽度 w_{max}。

（1）平均裂缝宽度 w_m

以轴心受拉构件为例来建立平均裂缝宽度 w_m 的计算公式。

如图 3-56（a）所示，在荷载准永久值组合求得的轴向力 N_q 作用下，在裂缝截面处混凝土退出工作（图 3-56b），钢筋应变最大（图 3-56c）；中间截面由于粘结应力使混凝土应变恢复到最大值（图 3-56b），而钢筋应变最小。粘结滑移理论认为裂缝产生的原因是由于钢筋与混凝土之间的粘结破坏，出现相对滑移，引起裂缝处混凝土回缩而产生的。故平均裂缝宽度 w_m 应等于平均裂缝间距 l_{cr} 之间沿钢筋水平位置处钢筋和混凝土总伸长之差，即：

$$w_m=\int_0^{l_{cr}}(\varepsilon_s-\varepsilon_c)\,dl$$

为计算方便，现将曲线应变分布简化为平均应变 ε_{sm} 和 ε_{cm} 的直线分布，如图 3-56（b）、（c）所示，于是：

$$w_m=(\varepsilon_{sm}-\varepsilon_{cm})\,l_{cr}=\left(1-\frac{\varepsilon_{cm}}{\varepsilon_{sm}}\right)\varepsilon_{sm}l_{cr}=\alpha_c\frac{\varepsilon_{sm}}{E_s}l_{cr} \tag{3-77}$$

由试验取 $\varepsilon_{cm}/\varepsilon_{sm}=0.15$，故 $\alpha_c=0.85$，令 $\sigma_{sm}=\psi\sigma_{sq}$，则式（3-77）为：

$$w_m=\alpha_c\psi\frac{\sigma_{sq}}{E_s}l_{cr} \tag{3-78}$$

式（3-78）尽管由轴心受拉构件导出，也同样适用于受弯、偏心受拉和偏心受压构件，式中 E_s 为钢筋的弹性模量。应该指出的是，按式（3-78）计算的 w_m 是指构件钢筋水平处的裂缝宽度。

①平均裂缝间距 l_{cr} 的计算

根据试验结果，平均裂缝间距可按下列半理论半经验公式计算：

$$l_{cr}=\beta\left(1.9c+0.08\frac{d_{eq}}{\rho_{te}}\right) \tag{3-79}$$

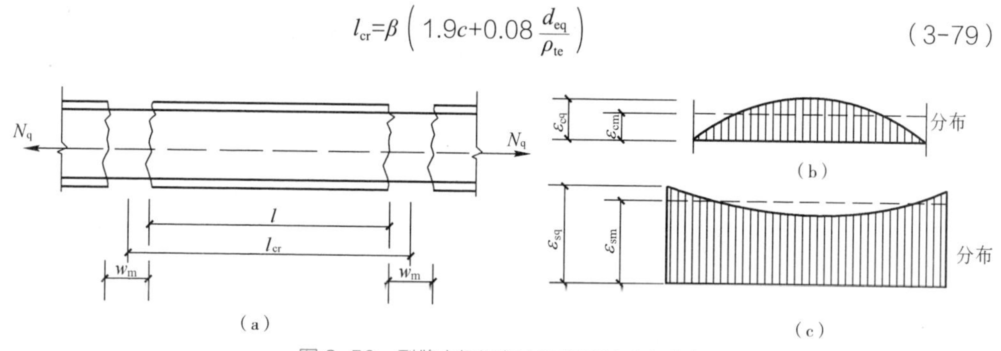

图 3-56　裂缝之间混凝土和钢筋的应变分布

（a）裂缝宽度计算简图；（b）ε_{cq} 分布图；（c）ε_{sq} 分布图

式中 β——系数，对轴心受拉构件取 1.1，对受弯、偏心受压、偏心受拉构件取 1.0；

c——最外层纵向受拉钢筋外边缘至受拉区底边的距离（mm），当 $c < 20$mm 时，取 c=20mm，当 $c > 65$mm 时，取 c=65mm；

d_{eq}——受拉区纵向钢筋的等效直径，$d_{eq}=\frac{\sum n_i d_i^2}{\sum n_i v_i d_i}$，$n_i$ 为受拉区第 i 种纵向钢筋根数，d_i 为受拉区第 i 种钢筋的公称直径；

v_i——纵向受拉钢筋相对粘结特征系数，对变形钢筋，取 $v_i = 1.0$，对光面钢筋，取 $v_i = 0.7$；

ρ_{te}——有效配筋率，是指按有效受拉混凝土截面面积 A_{te} 计算的纵向受拉钢筋的配筋率，即：

$$\rho_{te}=A_s/A_{te} \tag{3-80}$$

有效受拉混凝土截面面积 A_{te} 按下列规定取用：

对轴心受拉构件，A_{te} 取构件截面面积；

对受弯、偏心受压和偏心受拉构件，取：

$$A_{te}=0.5bh+(b_f-b)h_f \tag{3-81}$$

式中 b——矩形截面宽度，T 形和工字形截面腹板厚度；

h——截面高度；

b_f、h_f——受拉翼缘的宽度和高度。

对于矩形、T 形、倒 T 形及工字形截面，A_{te} 的取用见图 3-57（a）、（b）、（c）、（d）所示的阴影面积。

当计算得 $\rho_{te} < 0.01$ 时，取 ρ_{te}=0.01。

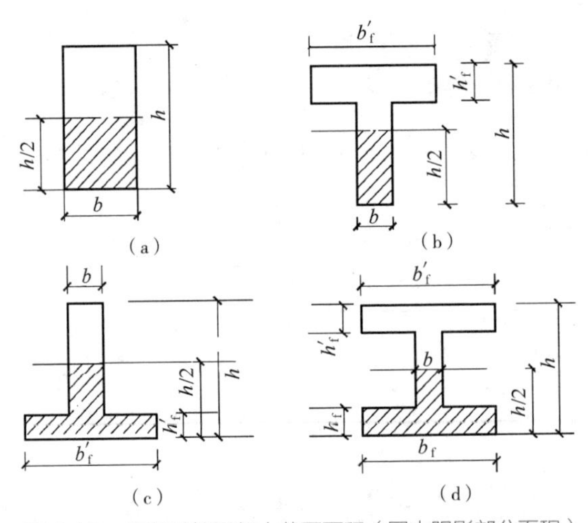

图 3-57 有效受拉混凝土截面面积（图中阴影部分面积）

②裂缝截面钢筋应力 σ_{sq}

在荷载标准组合或准永久值组合作用下，构件裂缝截面处纵向受拉钢筋的应力 σ_{sq}（图 3-58）可按下列公式计算：

a. 轴心受拉（图 3-58a）：

$$\sigma_{sq}=\frac{N_q}{A_s} \tag{3-82a}$$

b. 受弯（图 3-58b）：

$$\sigma_{sq}=\frac{M_q}{0.87h_0A_s} \tag{3-82b}$$

式中　A_s——受拉区纵向钢筋截面面积；对轴心受拉构件，取全部纵向钢筋截面面积；对受弯构件，取受拉区纵向钢筋截面面积；

M_q、N_q——分别按荷载效应准永久组合计算的弯矩值和轴向力。

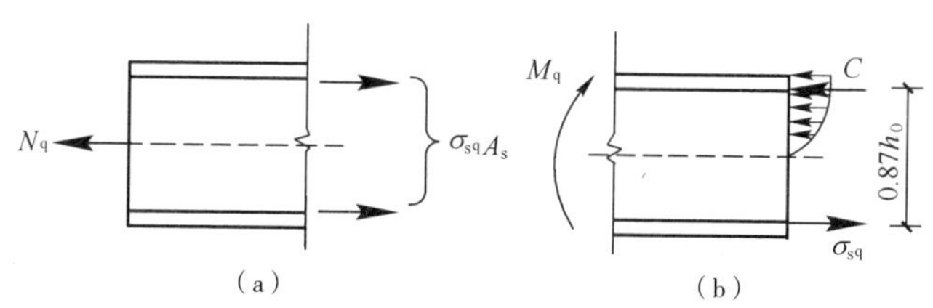

图 3-58　构件使用阶段的截面应力状态
（a）轴心受拉；（b）受弯
C—受压区总压应力合力

③钢筋应变不均匀系数 ψ

系数 ψ 为裂缝之间钢筋的平均应变（或平均应力）与裂缝截面钢筋应变（或应力）之比，即：

$$\psi=\sigma_{sm}/\sigma_{sq}=\varepsilon_{sm}/\varepsilon_{sq}$$

系数 ψ 反映裂缝之间混凝土协助钢筋抗拉工作的程度。按下列公式计算：

$$\psi=1.1-\frac{0.65f_{tk}}{\rho_{te}\sigma_{sq}} \tag{3-83}$$

式中　f_{tk}——混凝土抗拉强度标准值。

为避免过高估计混凝土协助钢筋抗拉的作用，当按式（3-83）算得的 $\psi<0.2$ 时，取 $\psi=0.2$；当 $\psi>1.0$ 时，取 $\psi=1.0$。对直接承受重复荷载的构件，$\psi=1.0$。

（2）最大裂缝宽度 w_{max}

由于混凝土的非匀质性及其随机性，荷载准永久值效应组合作用下最大裂缝宽度应等于平均裂缝宽度 w_m 乘以荷载短期效应裂缝扩大系数 τ_s、荷载长期效应裂缝扩大系数 τ_l。

由式（3-78）和式（3-83）可得：

$$w_{max}=\tau_s\tau_l\alpha_c\psi\frac{\sigma_{sq}}{E_s}\beta\left(1.9c+0.08\frac{d_{eq}}{\rho_{te}}\right) \tag{3-84}$$

令 $\alpha_{cr}=\tau_s\tau_l\alpha_c\beta$，即可得用于各种受力构件正截面最大裂缝宽度的统一计算公式：

$$w_{max}=\alpha_{cr}\psi\frac{\sigma_{sq}}{E_s}\left(1.9c+0.08\frac{d_{eq}}{\rho_{te}}\right) \tag{3-85}$$

式中 α_{cr}——构件受力特征系数；对轴心受拉构件 α_{cr}=2.7；对偏心受拉构件 α_{cr}=2.4；对受弯和偏心受压构件 α_{cr}=1.9。

对承受吊车荷载但不需作疲劳验算的受弯构件，可将计算求得的最大裂缝宽度乘以系数0.85；

对 $e_0/h_0\leqslant 0.55$ 的偏心受压构件，可不作裂缝宽度验算。

在验算裂缝宽度时，w_{max} 主要取决于 d、v 这两个参数。当计算得出 $w_{max}>w_{lim}$ 时，宜选择较细直径的变形钢筋，也可增加钢筋截面面积 A_s，提高钢筋与混凝土的粘结强度，但钢筋直径的选择也要考虑施工方便。改变截面形式和尺寸，提高混凝土强度等级，效果甚差，一般不宜采用。

式（3-85）是计算在纵向受拉钢筋水平处的最大裂缝宽度，而在结构试验或质量检验时，通常只能观察构件外表面的裂缝宽度，后者比前者约大 τ_b 倍。该倍数可按下列经验公式估算：

$$\tau_b=1+1.5a_s/h_0$$

式中 a_s——从受拉钢筋截面重心到构件近边缘的距离。

【例 3-5】 矩形截面简支梁的截面尺寸 $b\times h$=250mm×600mm，设计工作年限为 50 年，环境类别为一类，混凝土强度等级为 C30，配置 4 Φ 18 的 HRB400 级钢筋，混凝土保护层厚度 c=20mm，按荷载准永久值组合计算的跨中弯矩 M_q=90kN · m，最大裂缝宽度限值 w_{lim}=0.3mm，试验算其最大裂缝宽度是否符合要求。

【解】 查附表 3-5、附表 3-9 可知，f_{tk}=2.01N/mm² $E_s=2.0\times10^5$N/mm²

$$v_i=v=1.0 \quad d_{eq}=d/v=18\text{mm}$$

$$h_0=600-\left(20+\frac{18}{2}\right)=571\text{mm}，A_s=1017\text{mm}^2$$

$$\rho_{te}=\frac{A_s}{0.5bh}=\frac{1017}{0.5\times250\times600}=0.0136$$

$$\sigma_{sq}=\frac{M_q}{0.87h_0A_s}=\frac{90\times10^6}{0.87\times571\times1017}=178.14\text{N/mm}^2$$

$$\psi=1.1-\frac{0.65f_{tk}}{\rho_{te}\sigma_{sq}}=1.1-\frac{0.65\times2.01}{0.0136\times178.14}=0.561$$

$$w_{\max}=1.9\psi\frac{\sigma_{sq}}{E_s}\left(1.9c+0.08\,\frac{d_{eq}}{\rho_{te}}\right)$$
$$=1.9\times0.561\times\frac{178.14}{2.0\times10^5}\times\left(1.9\times20+0.08\times\frac{18}{0.0136}\right)$$
$$=0.137\text{mm}<0.3\text{mm}$$

满足要求。

3）非荷载裂缝的防治方法

在非荷载裂缝中，最常见的是温度收缩裂缝，当混凝土不能自由收缩时，会在混凝土内引起约束拉应力而产生裂缝。这种非荷载裂缝，有一个“时间过程”，裂缝出现后，先被约束的变形得到释放或部分释放，约束应力随即消失或部分消失，这是区别于荷载裂缝的主要特点。现有的试验资料表明，混凝土在一年内可完成总收缩值的60% ~ 85%。因此，在实际工程中许多温度收缩裂缝在一年左右出现。对于上下有梁约束的现浇混凝土墙，这种裂缝的形状呈枣核形（图3-59a）；对于与基础整体浇筑的基础梁，可形成若干根贯穿构件截面的裂缝（图3-59b）。规范控制这类温度收缩裂缝采取的措施是规定钢筋混凝土结构伸缩缝最大间距（表3-13），以及加强梁、板、墙的构造配筋。

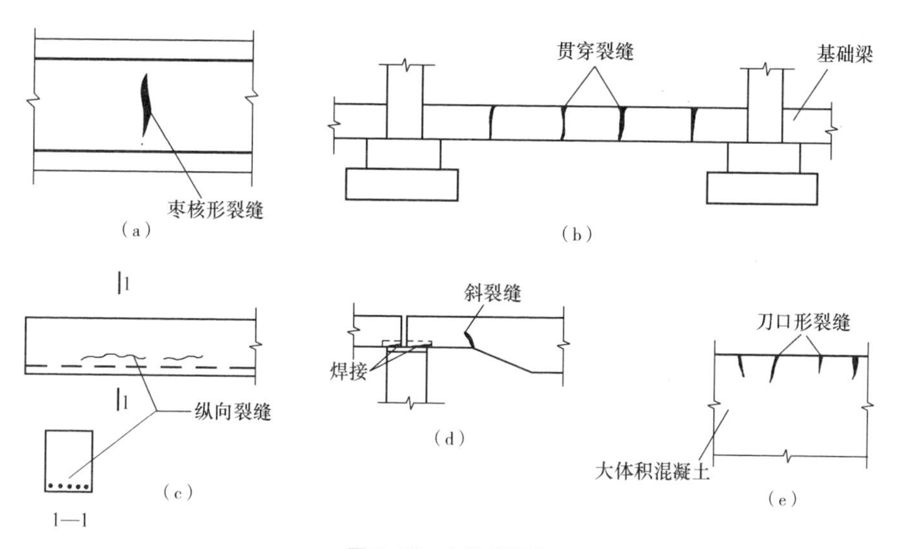

图3-59　非荷载裂缝
（a）枣核形裂缝；（b）贯穿裂缝；（c）纵向裂缝；（d）斜裂缝；（e）刀口形裂缝

在非荷载裂缝中，值得注意的是有一种裂缝是由碳化引起的锈蚀膨胀裂缝。对于保护层较薄、混凝土密实性较差的构件，混凝土的碳化过程在较短时期就达到钢筋表面，混凝土失去对钢筋的保护作用，钢筋因锈蚀而体积增大，将混凝土胀裂，形成沿钢筋长度方向的纵向锈蚀膨胀裂缝（图 3-59c）。规范控制这种裂缝的措施是规定受力钢筋的混凝土保护层的最小厚度。

此外，在施工过程中，预应力混凝土工字形薄腹梁受拉翼缘与腹板交界处可能出现贯穿的纵向裂缝；两端与柱焊接的折线形吊车梁在支座内折角处常出现斜裂缝（图 3-59d）；大体积混凝土硬结时，其水化热使构件外表面和内部形成较大的温差，因而在温度低的外表层出现垂直于构件表面的刀口形裂缝（图 3-59e）等。

钢筋混凝土结构伸缩缝最大间距（m） 表 3-13

结构类型		室内或土中	露天
排架结构	装配式	100	70
框架结构	装配式	75	50
	现浇式	55	35
剪力墙结构	装配式	65	40
	现浇式	45	30
挡土墙、地下室墙壁等结构	装配式	40	30
	现浇式	30	20

注：1. 装配整体式结构的伸缩缝间距，可根据结构的具体情况取表中装配式结构与现浇式结构之间的数值；
2. 框架－剪力墙结构或框架－核心筒结构房屋的伸缩缝间距，可根据结构的具体情况，取表中框架结构与剪力墙结构之间的数值；
3. 当屋面无保温或隔热措施时，框架结构、剪力墙结构的伸缩缝间距宜按表中露天栏的数值采用；
4. 现浇挑檐、雨篷等外露结构的局部伸缩缝间距不宜大于 12m。

在实际工程中，应从结构设计方案、结构布置、结构计算、构造、施工、材料等方面采取措施，避免出现影响适用性和耐久性的各种裂缝。对于已出现的裂缝，则应善于根据裂缝的形状、部位、所处环境、配筋及结构形式以及对结构构件承载力危害程度等进行具体分析，做出安全、适用、经济的处理方案。

2. 受弯构件变形验算

变形验算主要是指受弯构件的挠度验算。

1）验算公式

受弯构件的挠度验算应满足下面条件：

$$a_{f,\ max} \leq a_{f,\ lim} \tag{3-86}$$

式中 $a_{f,\ max}$——受弯构件按荷载效应的准永久组合并考虑荷载长期作用影响计算的挠度最大值；

$a_{f,\ lim}$——受弯构件的挠度限值，受弯构件的挠度限值见附表 3-21。

2）$a_{f,\ max}$ 的计算方法

（1）钢筋混凝土受弯构件弹性特征

承受均布荷载 $g_q+\psi_q q_q$ 的简支弹性梁，其跨中挠度为：

$$a_f=\frac{5\left(g_q+\psi_q q_q\right)l_0^4}{384EI}=\frac{5M_q l_0^2}{48EI} \tag{3-87}$$

式中　EI——匀质弹性材料梁的抗弯刚度。

当梁的材料、截面和跨度一定时，挠度与弯矩呈线性关系，如图 3-60 中的 1 号曲线所示。

钢筋混凝土梁的挠度与弯矩的关系是非线性的（图 3-60 中 2 号曲线），其截面刚度不仅随弯矩变化而变化，而且随着荷载持续作用的时间而发生变化，因此不能用 EI 这个常量来表示。通常用 B_s 表示钢筋混凝土梁在荷载短期效应组合作用下的截面抗弯刚度，简称短期刚度；而用 B 表示荷载长期效应组合影响的截面抗弯刚度，简称长期刚度。

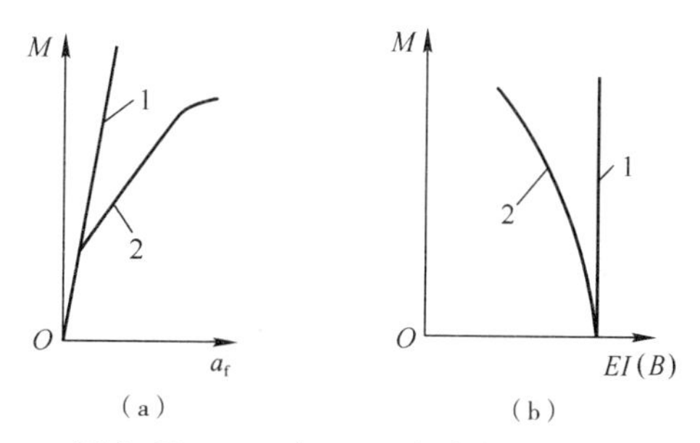

图 3-60　M–a_f 与 M–EI（B）的关系曲线

（a）M–a_f 关系曲线；（b）M–EI（B）关系曲线

1—均质弹性材料梁；2—钢筋混凝土适筋梁

（2）短期刚度 B_s 的计算

由材料力学可知，匀质弹性材料梁的弯矩 M 和曲率 $\frac{1}{r}$ 有关系为：

$$EI=\frac{M}{\frac{1}{r}} \tag{3-88}$$

式中，r 为截面的曲率半径，$1/r$ 即为截面曲率。

在混凝土未裂之前，通常可偏安全地取钢筋混凝土构件的短期刚度为：

$$B_s=0.85E_cI_0 \tag{3-89}$$

构件受拉区混凝土开裂后，其变形（刚度）计算以第Ⅱ阶段的应力应变状态为根据。图 3-61 为适筋构件纯弯段应变及内力分布图，我们以此为对象，分析刚度的计算方法。

裂缝出现后，受压混凝土和受拉钢筋的应变沿构件长度方向的分布是不均匀的（图 3-61），

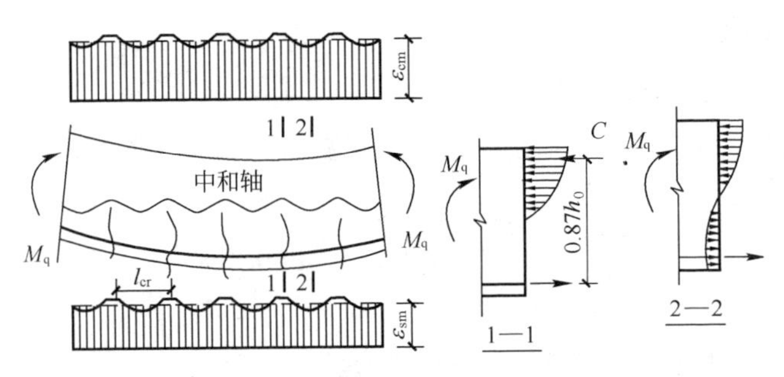

图 3-61 构件中混凝土和钢筋应变分析

中和轴呈波浪状，曲率分布也是不均匀的。裂缝截面曲率最大，裂缝中间截面曲率最小。为简化计算，截面上的应变、中和轴位置、曲率均采用平均值。若以裂缝平均间距 l_{cr} 为单元体（图 3-61），根据平截面假定，其受拉钢筋伸长量 Δ_s 为：

$$\Delta_s=\varepsilon_{sm}l_{cr}$$

受压边缘混凝土缩短量 Δ_c 为：

$$\Delta_c=\varepsilon_{cm}l_{cr}$$

由弯矩与曲率及刚度关系可知：

$$B_s=\frac{M_q h_0}{\varepsilon_{cm}+\varepsilon_{sm}} \qquad (3\text{-}90)$$

式中 ε_{sm}——裂缝截面之间钢筋的平均应变；

ε_{cm}——裂缝截面之间受压混凝土边缘的平均应变。

ε_{sm} 的计算公式为：

$$\varepsilon_{sm}=\psi\varepsilon_s=\psi\frac{\sigma_{sq}}{E_s}=\psi\frac{M_q}{\eta h_0 A_s E_s} \qquad (3\text{-}91)$$

$$\varepsilon_{cm}=\frac{M_q}{\zeta b h_0^2 E_c} \qquad (3\text{-}92)$$

式中 ψ——按式（3-83）计算；

ζ——受压边缘混凝土平均应变的抵抗矩系数。

将式（3-91）和式（3-92）代入式（3-90）得：

$$B_s=\frac{h_0}{\dfrac{1}{\zeta b h_0^2 E_c}+\dfrac{\psi}{\eta h_0 A_s E_s}} \qquad (3\text{-}93)$$

以 $E_s h_0 A_s$ 同乘分子和分母，并取 $\alpha_E=E_s/E_c$，$\rho=A_s/bh_0$，同时近似地取 $\eta=0.87$，即得：

$$B_s=\frac{E_sA_sh_0^2}{1.15\psi+\frac{\alpha_E\rho}{\zeta}} \tag{3-94}$$

通过常见截面受弯构件实测结果的分析，可取：

$$\frac{\alpha_E\rho}{\zeta}=0.2+\frac{6\alpha_E\rho}{1+3.5\gamma'_f}$$

从而可得矩形、T 形、倒 T 形、I 字形截面受弯构件短期刚度的公式：

$$B_s=\frac{E_sA_sh_0^2}{1.15\psi+0.2+\frac{6\alpha_E\rho}{1+3.5\gamma'_f}} \tag{3-95}$$

$$\gamma'_f=\frac{(b'_f-b)h'_f}{bh_0} \tag{3-96}$$

式中　ψ——由式（3-83）求得；

ρ——纵向受拉钢筋配筋率；

γ'_f——T 形、工字形截面受压翼缘面积与腹板有效面积之比；

b'_f、h'_f——截面受压翼缘的宽度和高度，当 $h'_f>0.2h_0$ 时，取 $h'_f=0.2h_0$。

（3）长期刚度 B 的计算

构件在持续荷载作用下，由于截面受压区混凝土的徐变、裂缝之间受拉混凝土的应变松弛、受拉钢筋和混凝土之间的滑移、徐变使裂缝之间的受拉混凝土退出工作，从而导致变形随时间不断缓慢增长。

当采用荷载标准组合时：

$$B=\frac{M_k}{M_q(\theta-1)+M_k}B_s \tag{3-97a}$$

当采用荷载准永久组合时，钢筋混凝土受弯构件考虑荷载长期作用影响的刚度可按下式简化计算：

$$B=\frac{B_s}{\theta} \tag{3-97b}$$

根据试验结果，对于荷载长期作用下的挠度增大系数 θ，按下式计算：

$$\theta=2.0-0.4\rho'/\rho \tag{3-98}$$

式中，ρ（$\rho=A_s/bh_0$）和 ρ'（$\rho'=A'_s/bh_0$）分别为纵向受拉和受压钢筋的配筋率，当 $\rho'/\rho>1$ 时，取 $\rho'/\rho=1$。由于受压钢筋能阻碍受压混凝土的徐变，因而可以减小长期挠度，上式的 ρ'/ρ 项反映了受压钢筋的这一有利影响。此外还规定，对翼缘在受拉区的倒 T 形截面，θ 应在式（3-98）

的基础上增大 20%。

（4）受弯构件挠度的计算

钢筋混凝土受弯构件截面的抗弯刚度随弯矩增大而减小。例如，承受均布荷载的简支梁，当中间部分开裂后，其抗弯刚度分布情况如图 3-62（a）所示。按照这样的变刚度来计算梁的挠度显然是十分繁琐的。在实用计算中，一般取同号弯矩区段内弯矩最大截面的抗弯刚度作为该区段的抗弯刚度。对于简支梁即取最大正弯矩截面按式（3-97）计算的截面刚度，并以此作为全梁的抗弯刚度（图 3-62b）。对于带悬挑的简支梁、连续梁或框架梁，则取最大正弯矩截面和最小负弯矩截面的刚度，分别作为相应弯矩区段的刚度。这就是挠度计算中通称的“最小刚度原则”，据此可很方便地确定构件的刚度分布。例如，受均匀荷载作用的带悬挑的等截面简支梁其弯矩如图 3-63（a）所示，而截面刚度分布如图 3-63（b）所示。

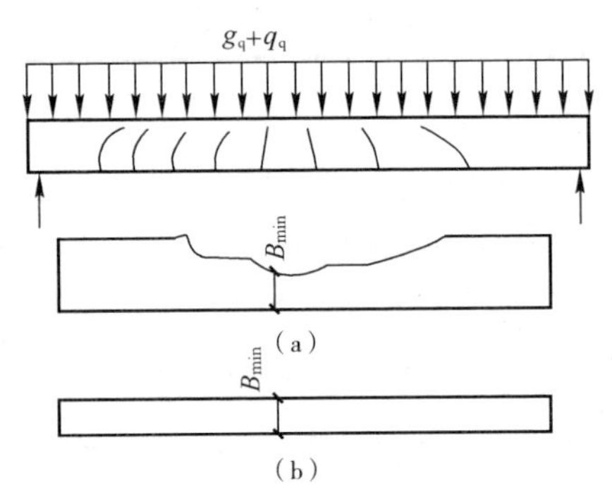

图 3-62 简支梁抗弯刚度分布
（a）实际抗弯刚度分布；（b）计算抗弯刚度分布

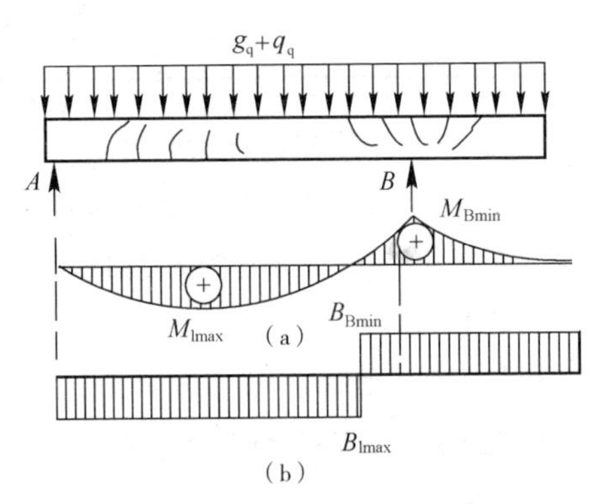

图 3-63 带悬挑简支梁抗弯刚度分布
（a）弯矩分布；（b）计算抗弯刚度分布

构件刚度分布图确定后，即可按结构力学的方法计算钢筋混凝土受弯构件的挠度。

为简化计算，当计算跨度内的支座截面刚度大于跨中截面刚度的 2 倍，或不小于跨中截面刚度的 1/2 时，该跨也可按等刚度构件进行计算，其构件刚度可取跨中最大弯矩截面的刚度。

受弯构件挠度一般不考虑剪切变形的影响。

当计算所得的长期挠度 $a_{f,\ max}$，不能满足式（3-86）时，最有效的措施是增加截面高度；当设计上构件截面尺寸不能加大时，可考虑增加纵向受拉钢筋截面面积或提高混凝土强度等级，或在构件受压区配置一定数量的受压钢筋。此外，采用预应力混凝土构件也是提高受弯构件刚度的有效措施。

【例 3-6】矩形截面简支梁的截面尺寸 $b\times h$=250mm×550mm，设计工作年限为 50 年，环境类别为一类。混凝土强度等级为 C25，配置 HRB400 的 4 ⌀ 18 受拉钢筋，混凝土保护层厚度 c=20mm，承受均布荷载，按荷载的准永久组合计算的跨中弯矩 M_q=65kN · m，梁的计算跨

度 l_0=6.0m，挠度允许值为$\frac{l_0}{250}$。试验算挠度是否符合要求。

【解】查附表 3-5、3-9、3-11 可知：f_{tk}=1.78N/mm²，E_s=2.0×10⁵N/mm²，E_c=2.80×10⁴N/mm²，$\alpha_E=\frac{E_s}{E_c}$=7.14，$h_0=550-\left(20+\frac{18}{2}\right)$=521mm，$A_s$=1017mm²，受压区未配置受压钢筋，$\rho'$=0，故 θ=2。

$$\rho=\frac{A_s}{bh_0}=\frac{1017}{250\times521}=0.00781$$

$$\rho_{te}=\frac{A_s}{0.5bh}=\frac{1017}{0.5\times250\times550}=0.0148$$

$$\sigma_{sq}=\frac{M_q}{0.87h_0A_s}=\frac{65\times10^6}{0.87\times521\times1017}=141.0\text{N/mm}^2$$

$$\psi=1.1-\frac{0.65f_{tk}}{\rho_{te}\sigma_{sq}}=1.1-\frac{0.65\times1.78}{0.0148\times141}=0.546$$

$$B_s=\frac{E_sA_sh_0^2}{1.15\psi+0.2+6\alpha_E\rho}$$

$$=\frac{2.0\times10^5\times1017\times521^2}{1.15\times0.546+0.2+6\times7.14\times0.00781}=4.749\times10^{13}\text{N}\cdot\text{mm}^2$$

$$B=\frac{B_s}{\theta}=\frac{4.749}{2}\times10^{13}=2.375\times10^{13}\text{N}\cdot\text{mm}^2$$

$$a_f=\frac{5}{48}\frac{M_ql_0^2}{B}=\frac{5}{48}\times\frac{65\times10^6\times6000^2}{2.375\times10^{13}}=10.26\text{mm}<\frac{l_0}{250}=24\text{mm}$$

符合要求。

应该指出，裂缝宽度和挠度一般可分别用控制最大钢筋直径和最大跨高比来满足适用性和耐久性的要求。但是，对于采用较高强度的钢筋以及较小截面尺寸的大跨度的简支构件和悬臂构件，在使用荷载下钢筋应力较高，且常为变截面构件，其裂缝宽度和挠度的验算应给予足够重视。

3.5 轴心受力构件承载力计算

当构件轴向力作用线与构件截面形心轴线重合时，即为轴心受力构件。承受轴心拉力的构件称为轴心受拉构件（图 3-64a）；承受轴心压力的构件称为轴心受压构件（图 3-64b）。

在钢筋混凝土结构中，由于混凝土的非匀质性、钢筋位置的偏离、轴向力作用位置的差异等原因，理想的轴心受力构件是很难找到的。为了计算方便，工程上仍按纵向外力作用线与构件的截面形心轴线是否重合来判别是否为轴心受力。

在实际工程中，按轴心受拉构件计算的有：承受节点荷载的屋架或托架的受拉弦杆和腹杆（图 3-65a 中的屋架下弦以及腹杆 *ab* 和 *be*）、拱的拉杆、圆形水池池壁的环向部分（图 3-65b）等。按轴心受压构件计算的有：承受节点荷载的屋架受压腹杆（图 3-65a 中的腹杆 *ad* 和 *ce*）及受压弦杆；以恒荷载作用为主的等跨多层房屋的内柱等。

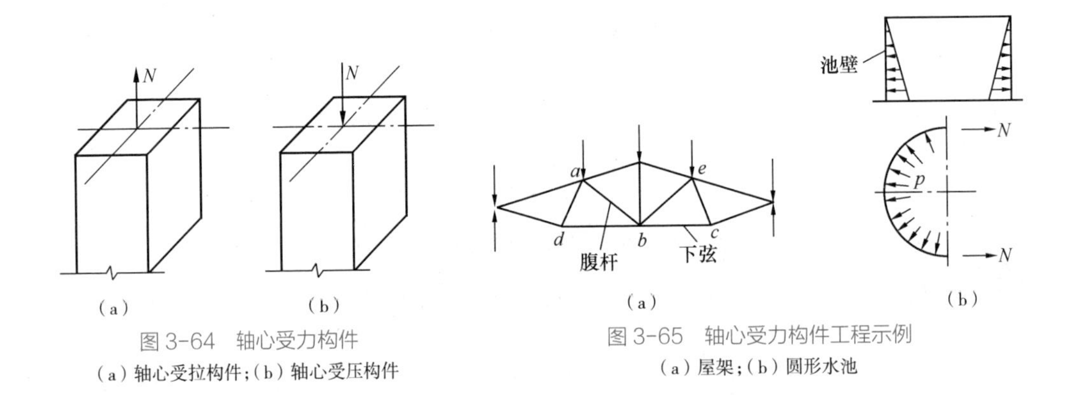

图 3-64 轴心受力构件

（a）轴心受拉构件；（b）轴心受压构件

图 3-65 轴心受力构件工程示例

（a）屋架；（b）圆形水池

1. 轴心受拉构件承载力计算

1）轴心受拉构件受力特点

试验表明，构件从开始加载到破坏的受力过程可分为三个阶段：

（1）混凝土开裂前

开始加载时，轴向拉力很小，由于钢筋与混凝土之间的粘结力，构件截面上各点的应变值相等，混凝土和钢筋都处在弹性受力状态。

依据静力平衡条件，有：

$$N=(A_c+\alpha_E A_s)\sigma_c \tag{3-99}$$

式中 N——施加于构件上的轴向拉力；

A_s——纵向受拉钢筋截面面积；

A_c——混凝土截面面积；

α_E——钢筋弹性模量与混凝土弹性模量之比，$\alpha_E=E_s/E_c$。

式（3-99）表明：当混凝土和钢筋都处于弹性受力状态时，若将构件截面面积看成是混凝土截面面积 A_c 与钢筋折算成的相当混凝土面积 $\alpha_E A_s$ 之和，则轴心受拉构件可视为由单一混凝土材料组成的构件，并用材料力学的方法进行分析：

$$\sigma_c=N/A_0 \tag{3-100}$$

式中 A_0——构件截面的换算截面面积，$A_0=A_c+\alpha_E A_s$。

随着荷载的增加，混凝土受拉塑性变形开始出现，混凝土的应力与应变不成比例，钢筋则仍然处于弹性受力状态。式（3-99）应改为：

$$N=(A_c+\alpha'_E A_s)\sigma_c \tag{3-101}$$

式中 α'_E——钢筋弹性模量与混凝土割线模量 E'_c 之比，$\alpha'_E=E_s/E'_c$。

将式（3-100）中的 A_0 改为 $A_c+\alpha'_E A_s$，仍可采用材料力学方法分析构件截面的应力。

（2）混凝土开裂后

当混凝土的拉应力 σ_c 达到抗拉强度 f_{tk} 时，构件开裂，混凝土退出工作，所有外力由钢筋承受。荷载还可以继续增加，新裂缝也将产生，原有裂缝将随荷载增加不断加宽。裂缝的间距和宽度与截面的配筋率、纵向受力钢筋的直径与布置等因素有关。一般情况下，当截面配筋率较高，在相同配筋率下钢筋直径较细、根数较多、分布较均匀时，裂缝间距较小，裂缝宽度较细；反之则裂缝间距较大，裂缝宽度较宽。

（3）破坏阶段

当轴向拉力使裂缝截面处钢筋的应力达到其抗拉强度时，构件进入破坏阶段。当构件采用有明显屈服点钢筋配筋时，构件的变形还可以有较大的发展，但裂缝宽度将大到不适于继续承载的状态。当采用无明显屈服点钢筋配筋时，构件有可能被拉断。

2）轴心受拉构件正截面承载力计算

进行结构构件设计时，以构件破坏阶段的受力情况为基础（图3-66），同时考虑可靠度要求，即荷载在构件内产生的拉力设计值不超过构件承载力设计值，计算公式为：

$$N \leqslant f_y A_s \tag{3-102}$$

式中 N——轴向拉力设计值；

f_y——钢筋抗拉强度设计值；

A_s——纵向受拉钢筋截面面积。

3）构造要求

（1）纵向受力钢筋

①轴心受拉构件的受力钢筋不得采用绑扎搭接。

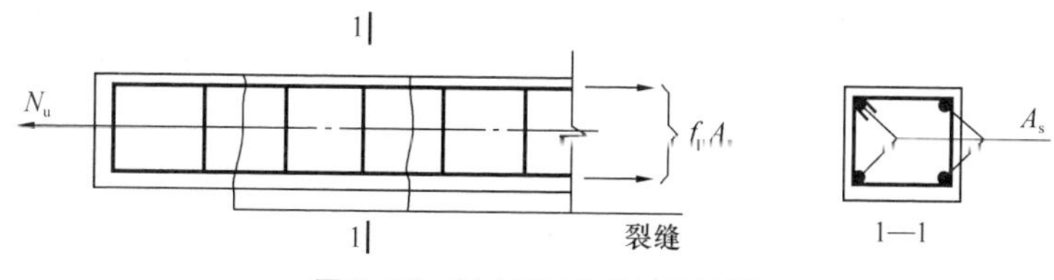

图3-66 轴心受拉构件计算简图

②受力钢筋的直径不宜小于 12mm，构件一侧受拉钢筋的最小配筋百分率不应小于 0.2% 和（$45f_t/f_y$）% 的较大值，全截面配筋率也不应大于 5%。

③受力钢筋沿截面周边均匀对称布置，净间距不应小于 50mm，且不宜大于 300mm。

（2）箍筋

箍筋直径不应小于纵筋直径的 1/4，且不应小于 6mm，间距一般不应大于 400mm 及构件截面短边尺寸，且不应大于 15d，d 为纵向钢筋的最小直径。

【例 3-7】某钢筋混凝土屋架下弦截面尺寸 $b\times h$=200mm×140mm，其端节间承受恒荷载标准值产生的轴向拉力 N_{gk}=130kN，活荷载标准值产生的轴向拉力 N_{qk}=48kN，设计工作年限为 50 年，环境类别为一类。混凝土的强度等级为 C30，纵向钢筋为 HRB400 级热轧钢筋。试计算其所需纵向受拉钢筋截面面积，并选择钢筋。

【解】（1）计算轴向拉力设计值

查附表 3-3、附表 3-10 知，HRB400 级钢筋的抗拉强度设计值 f_y=360N/mm²，C30 混凝土 f_t=1.43N/mm²。

荷载效应基本组合下的轴力设计值为：

$$N=\gamma_0(\gamma_G\times N_{gk}+\gamma_Q\times\gamma_L\times N_{qk})$$
$$=1.0\times(1.3\times130+1.5\times1.0\times48.0)$$
$$=241.0\text{kN}$$

（2）计算所需要受拉钢筋面积

由式（3-102）求得截面所需要受拉钢筋面积为：

$$A_s\geqslant\frac{N}{f_y}=\frac{241000}{360}=669.4\text{mm}^2$$

按最小配筋率计算的钢筋面积为：

$$A_{s,\min}=\rho_{\min}bh=0.4\%\times200\times140=112\text{mm}^2$$

$$\frac{90f_t}{f_y}\%bh=100\text{mm}^2<669.4\text{mm}^2$$

应按 A_s=669.4mm² 选择钢筋。选用 4 根直径为 16mm 的 HRB400 级钢筋，记作 4 Φ 16，实配钢筋截面面积为 804mm²，箍筋采用 HPB300 级钢筋，直径 6mm，间距 200mm，记作 ϕ6@200，配筋如图 3-67 所示。

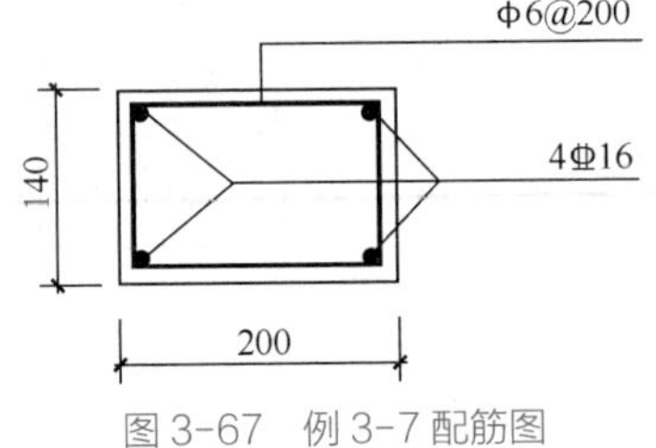

图 3-67 例 3-7 配筋图

2. 轴心受压构件承载力计算

轴心受压构件内配有纵向钢筋和箍筋，纵向钢筋与混凝土共同承担轴向压力。箍筋可以固定纵向受力钢筋的位置，防止纵向钢筋在混凝土压碎之前压屈，保证纵筋与混凝土共同受力直到构件破坏。

根据需要截面形状可做成矩形、圆形、正多边形及环形，根据箍筋配置方式可分为配置普通箍筋和配置螺旋箍筋（或环式焊接箍筋）两大类。

1）配置普通箍筋的轴心受压构件

（1）试验研究分析

根据构件的长细比（构件的计算长度 l_0 与构件的截面回转半径 i 之比）的不同，轴心受压构件可分为短构件（对一般截面 $l_0/i \leqslant 28$；对矩形截面 $l_0/b \leqslant 8$，b 为截面宽度）和中长构件。习惯上将前者称为短柱，后者称为长柱。

钢筋混凝土轴心受压短柱的试验表明：在整个加载过程中，可能的初始偏心对构件承载力无明显影响。钢筋和混凝土两者压应变相等。当达到极限荷载时，极限压应变大致与混凝土棱柱体受压破坏时的压应变相同，钢筋和混凝土的抗压强度都得到充分利用。

对于高强度钢筋，当混凝土的强度等级不大于 C50 时，极限压应变值为 0.002，钢筋应力为 $\sigma'_s=0.002E_s=400\text{N/mm}^2$，即钢材的强度不能被充分利用，只能取 400N/mm^2。在临近破坏时，短柱四周出现明显的纵向裂缝，箍筋间的纵向钢筋发生压曲外鼓，呈灯笼状（图 3-68），最终以混凝土压碎而破坏。不论受压钢筋在构件破坏时是否屈服，构件的最终承载力都是由混凝土压碎来控制。

对于钢筋混凝土轴心受压长柱，试验表明，加荷时由于种种因素形成的初始偏心距对试验结果影响较大。它将使构件产生附加弯矩和弯曲变形，如图3-69所示。对长细比很大的构件来说，

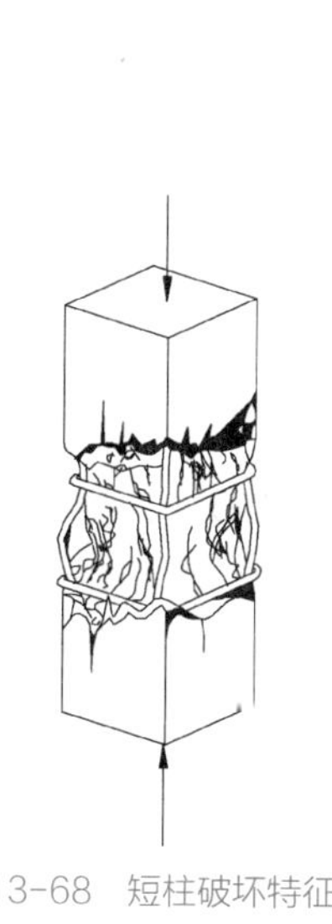
图 3-68　短柱破坏特征

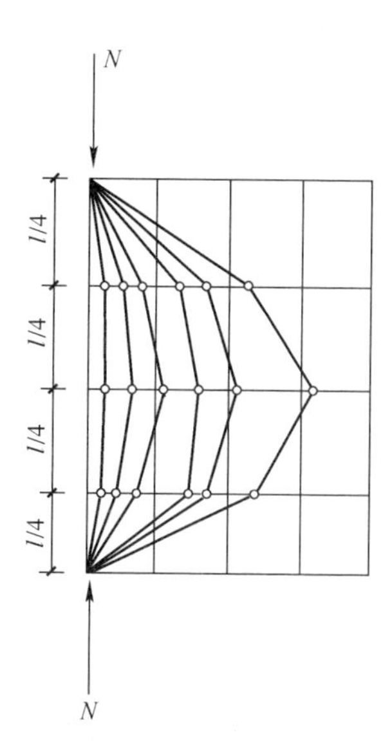

图 3-69　长柱弯曲变形

则有可能在材料强度尚未达到以前即由于构件丧失稳定而引起破坏。

试验结果也表明，长柱的承载力低于相同条件短柱的承载力。规范采用引入稳定系数 φ 来考虑长柱纵向挠曲的不利影响，φ 值小于 1.0 且随着长细比的增大而减小，具体见表 3-14。

钢筋混凝土轴心受压构件的稳定系数 φ　　表 3-14

l_0/b	l_0/d	l_0/r	φ	l_0/b	l_0/d	l_0/r	φ
≤ 8	≤ 7	≤ 28	1.0	30	26	104	0.52
10	8.5	35	0.98	32	28	111	0.48
12	10.5	42	0.95	34	29.5	118	0.44
14	12	48	0.92	36	31	125	0.40
16	14	55	0.87	38	33	132	0.36
18	15.5	62	0.81	40	34.5	139	0.32
20	17	69	0.75	42	36.5	146	0.29
22	19	76	0.70	44	38	153	0.26
24	21	83	0.65	46	40	160	0.23
26	22.5	90	0.60	48	41.5	167	0.21
28	24	97	0.56	50	43	174	0.19

注：1. 表中 l_0 为构件计算长度；b 为矩形截面的短边尺寸；d 为圆形截面直径；r 为截面回转半径；
2. 构件计算长度 l_0：当构件两端固定时取 $0.5l$；当一端固定、一端为不动铰支座时取 $0.7l$；当两端为不动铰支座时取 l；当一端固定、一端自由时取 $2l$；l 为构件支座间长度。

（2）正截面承载力计算公式

在轴向力设计值 N 作用下，轴心受压构件的计算简图如图 3-70 所示，由静力平衡条件并考虑长细比等因素的影响后，承载力按下式计算：

$$N \leqslant 0.9\varphi\,(f'_yA'_s+f_cA) \tag{3-103}$$

式中 φ——钢筋混凝土构件的稳定系数，按表 3-14 取用；

N——轴向力设计值；

f'_y——钢筋抗压强度设计值；

f_c——混凝土轴心抗压强度设计值，见附表 3-10；

A'_s——全部纵向受压钢筋截面面积；

A——构件截面面积，当纵向钢筋配筋率大于 0.03 时，A 改用 $A_c=A-A'_s$；

0.9——为了保持与偏心受压构件正截面承载力计算具有相近的可靠度而引入的系数。

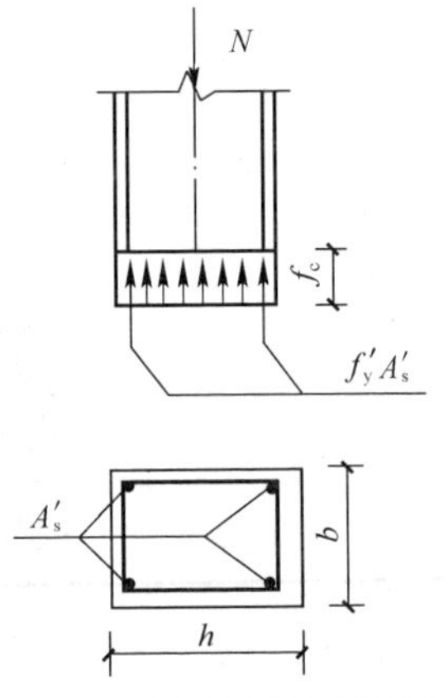

图 3-70　轴心受压柱的计算图

（3）截面设计

截面设计分为截面选择和承载力校核两类。

在截面选择时，可先确定材料强度等级，并根据建筑设计的要求、轴向压力设计值大小以及房屋整体刚度确定截面形状和尺寸，然后按式（3-103）求出所需钢筋数量。求得全部受压钢筋的配筋率 ρ'（$=A'_s/A$）不应小于最小配筋率 ρ'_{min}。

应当注意，实际工程中的轴心受压构件沿截面两个主轴方向的杆端约束条件可能不同，因此计算长度 l_0 和截面回转半径 i 也不同。此时应分别按两个方向确定 φ 值，选其中较小者代入式（3-103）进行计算。

在截面校核时，构件的计算长度、截面尺寸、材料强度、配筋量均为已知，故只需将有关数据代入式（3-103）即可求出构件所能承担的轴向力设计值。

【例 3-8】某轴心受压柱，轴向力设计值 N=2700kN，计算高度为 l_0=6.0m，混凝土强度等级为 C25，纵筋采用 HRB400 级钢筋，设计工作年限 50 年，环境类别为一类。试求柱截面尺寸，并配置受力钢筋。

【解】初步估算截面尺寸

由附表 3-10 查得 C25 混凝土的 f_c=11.9N/mm^2，由附表 3-3 查得 HRB400 钢筋的 f'_y=360N/mm^2。取 φ=1.0，ρ'=1%，由式（3-103）可得：

$$A=\frac{N}{0.9\varphi\left(f_c+f'_y\rho'\right)}=\frac{2700\times10^3}{0.9\times1\times\left(11.9+360\times0.01\right)}=193.5\times10^3\text{mm}^2$$

若采用方柱，$h=b=\sqrt{A}$=440mm，取 $b\times h$=450mm×450mm，l_0/b=6.0/0.45=13.33，查表 3-14，得 φ=0.930，由式（3-103）可求得：

$$A'_s=\frac{N-0.9\varphi f_c A}{0.9\varphi f'_y}=\frac{2700\times10^3-0.9\times0.930\times11.9\times450\times450}{0.9\times0.930\times360}=2267\text{mm}^2$$

选配 8 Φ 20（A'_s=2513mm^2）。

$$\rho'=\frac{2513}{450\times450}=1.24\%>\rho_{min}=0.55\%$$

因此配筋合适。

（4）构造要求

①材料

宜采用强度等级较高的混凝土。不宜用高强度钢筋作受压钢筋，钢筋的抗压强度设计值取值不应超过 400N/mm^2，也不得用冷拉钢筋作受压钢筋。

②截面形式

轴心受压构件以方形为主，根据需要也可采用矩形截面、圆形截面或正多边形截面；矩形截面最小边长不应小于 300mm，圆形截面柱的直径不应小于 350mm，构件长细比 l_0/b 一般为 15 左右，不宜大于 30。

③纵向钢筋

纵向受力钢筋直径 d 不宜小于 12mm，宜选用较大直径的钢筋。

全部纵向受压钢筋的配筋率 ρ' 不得超过 5%。圆柱中纵向钢筋不宜少于 8 根，不应少于 6 根，且宜沿周边均匀布置。

纵向钢筋应沿截面周边均匀布置，钢筋净距不应小于 50mm，亦不宜大于 300mm。混凝土保护层最小厚度见附表 3-13，最小配筋率见附表 3-14。

④箍筋

应当采用封闭式箍筋，以保证钢筋骨架的整体刚度，并保证构件在破坏阶段箍筋对混凝土和纵向钢筋的侧向约束作用。

箍筋的间距 s 不应大于横截面短边尺寸，且不大于 400mm。同时，不应大于 15d，d 为纵向钢筋最小直径。

箍筋采用热轧钢筋时，其直径不应小于 6mm，且不应小于 $d/4$（d 为纵向钢筋的最大直径）。

当柱每边的纵向受力钢筋不多于 3 根（或当柱短边尺寸 $b \leqslant 400$mm 而纵筋不多于 4 根）时，可采用单个箍筋，否则应设置复合箍筋（图 3-71）。

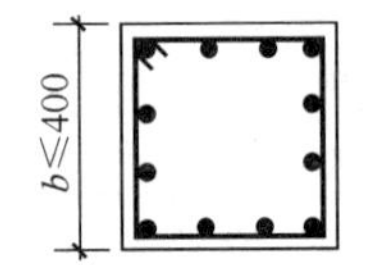

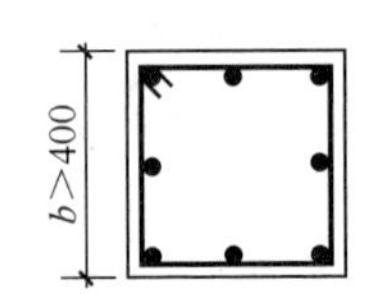

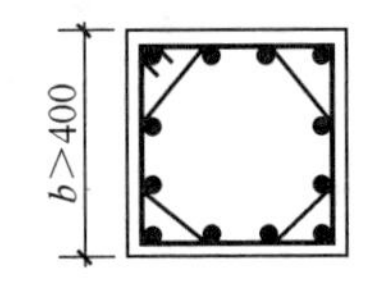

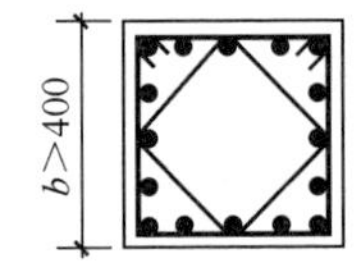

图 3-71 轴心受压柱的箍筋

当柱中全部纵向受力钢筋配筋率超过 3% 时，箍筋直径不宜小于 8mm，其间距不应大于 10d（d 为纵向钢筋的最小直径），且不应大于 200mm；箍筋末端应做成 135° 弯钩，且弯钩末端平直段长度不应小于箍筋直径的 10 倍；箍筋也可焊成封闭环式。

在受压纵向钢筋搭接长度范围内的箍筋直径不应小于搭接钢筋较大直径的 0.25 倍，间距不应大于 10d，且不应大于 200mm（d 为受力钢筋最小直径）。当受压钢筋直径 > 25mm 时，尚应在搭接接头两个端面外 100mm 范围内各设置两个箍筋。

2）配有螺旋箍筋轴心受压构件

螺旋式或焊接环式间接钢筋配筋（图 3-72）仅用于轴心受压荷载很大而截面尺寸又受限制的柱。

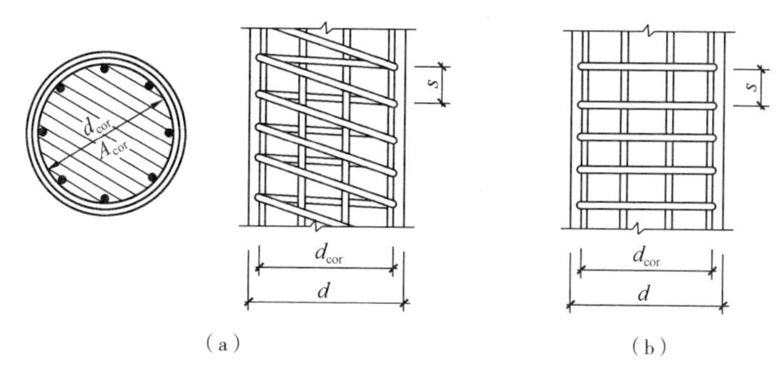

图 3-72　配螺旋式和焊接环式间接钢筋截面
(a)螺旋式;(b)焊接环式

(1)试验研究分析

试验研究表明，当混凝土所受的压应力较低时，螺旋箍筋的受力并不明显；当混凝土的压应力相当大后，混凝土中沿受力方向的微裂缝开始迅速扩展，使混凝土的横向变形明显增大并对箍筋形成径向压力（图 3-73），这时箍筋才对混凝土施加被动的径向均匀约束压力；当构件的压应变超过无约束混凝土的极限应变后，箍筋以外的表层混凝土将逐步脱落，箍筋以内的混凝土（称为核心混凝土）在箍筋约束下处于三向压应力状态，可以进一步承受压力，当螺旋箍筋屈服后，构件破坏。

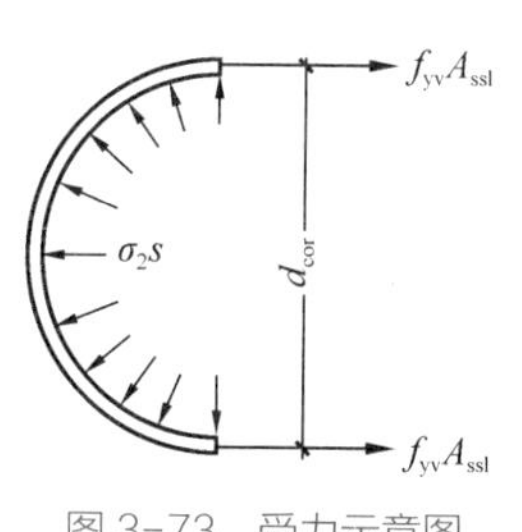

图 3-73　受力示意图

三向受压应力状态能显著提高承载力，这种概念被广泛应用于构件尺寸受限或柱结构的加固中。

分析表明，构件受压承载力设计值不应超过按同样材料和截面的普通箍筋受压构件承载力的 1.5 倍。

(2)构造要求

环形箍筋间距 s 不应大于 80mm 及 $d_{cor}/5$，同时亦不应小于 40mm。

螺旋箍筋柱的截面尺寸常做成圆形或正多边形（如正八边形），纵向钢筋不宜少于 8 根，不应小于 6 根，沿截面周边均匀布置。

3.6　偏心受压构件正截面承载力计算

当轴向力 N 偏离截面形心或构件同时承受轴向力和弯矩作用时，则为偏心受力构件。轴向力偏离截面形心的距离称为偏心距；轴向力为压力时称为偏心受压构件（或称压弯构件）（图 3-74a、b、c）；轴向力为拉力时称为偏心受拉构件（或称拉弯构件）（图 3-74d、e、f）。当轴向力的作用线仅与构件截面的一个方向的形心不重合时，称为单向偏心受力构件（图 3-74a、b、

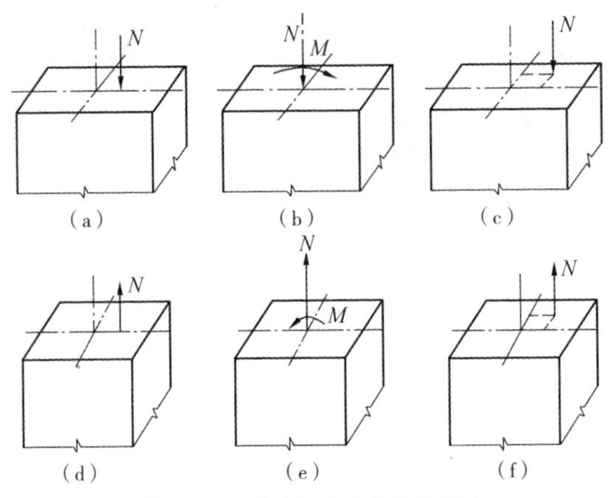

图 3-74 偏心受力构件受力形态

d、e)；两个方向都不重合时，称为双向偏心受力构件（图 3-74c、f）。

工程结构中的大多数的竖向构件（如单层工业厂房的排架柱、多层或高层房屋的钢筋混凝土墙、柱等）（图 3-75a、b、c）都是偏心受压构件，而承受节间荷载的桁架拉杆（图 3-75d 的上弦）、矩形水池的池壁（图 3-75e）等，则属于偏心受拉构件。

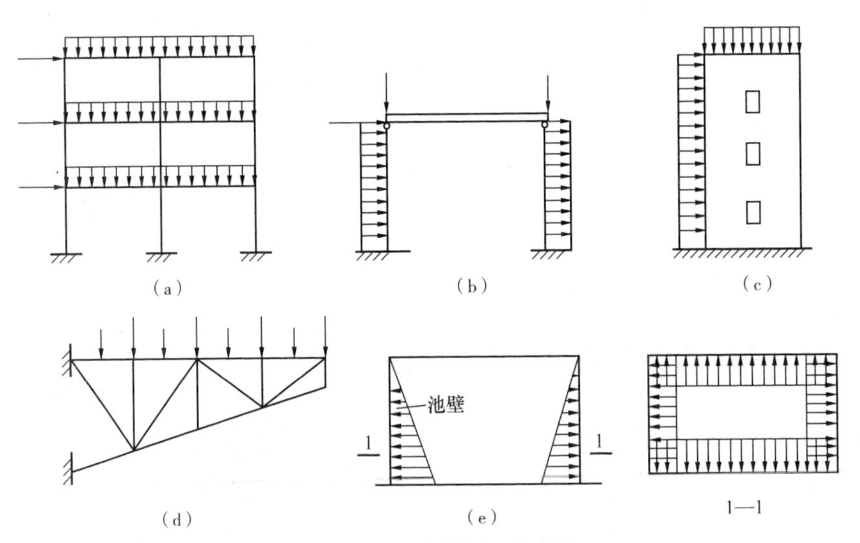

图 3-75 工程中的偏心受力构件

(a) 框架柱；(b) 排架柱；(c) 剪力墙；(d) 桁架上弦杆；(e) 矩形水池池壁

1. 偏心受压构件受力性能

钢筋混凝土偏心受压构件等效于对截面形心的偏心距为 $e_0=M/N$ 的偏心压力作用。钢筋混凝土偏心受压构件的受力性能、破坏形态介于受弯构件与轴心受压构件之间。

1）破坏类型

钢筋混凝土偏心受压构件也有长柱和短柱之分。以工程中常用的截面两侧纵向受力钢筋为对称配置（$A_s=A'_s$）的偏心受压短柱为例，说明其破坏形态和破坏特征。随轴向力 N 在截面上的偏心距 e_0 大小的不同和纵向钢筋配筋率（$\rho=A_s/bh_0$）的不同，偏心受压构件的破坏形态有两种：

（1）受拉破坏——大偏心受压破坏

受拉区混凝土较早地出现横向裂缝，由于配筋率不高，受拉钢筋（A_s）应力增长较快，首先达到屈服。随着裂缝的开展，受压区高度减小，最后受压钢筋（A'_s）屈服，压区混凝土压碎，达到极限压应变 ε_{cu}。其破坏形态与配有受压钢筋的适筋梁相似（图 3-76）。

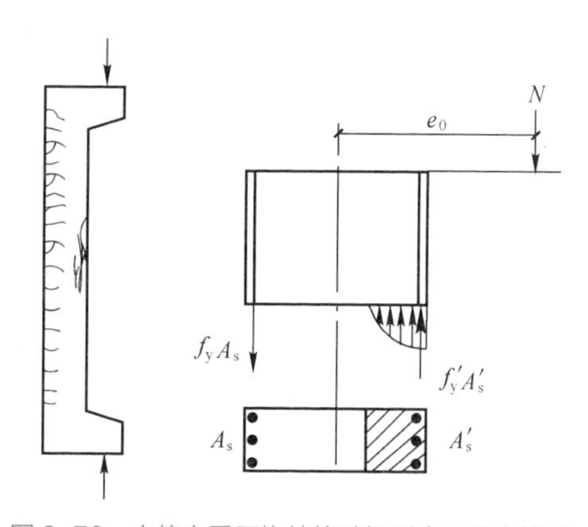

图 3-76 大偏心受压构件的破坏形态及受力简图

破坏是由于受拉钢筋首先到达屈服，最终压区混凝土压坏，其承载力主要取决于受拉钢筋，故称为受拉破坏。这种破坏有明显的预兆。形成这种破坏的条件是：偏心距 e_0 较大，且纵筋配筋率不高，故称为大偏心受压破坏。

（2）受压破坏——小偏心受压破坏

当轴向力 N 的偏心距较小，或当偏心距较大但纵筋率很高时，构件的截面可能部分受压、部分受拉（图 3-77a），也可能全截面受压（图 3-77b）。其特点是：构件的破坏由于受压区混凝土到达其抗压强度，远离纵向力一侧的钢筋，无论受拉或受压，一般均未达到屈服，但近纵向力一侧的钢筋一般均能达到屈服，构件承载力主要取决于受压区混凝土，故称为受压破坏。这种破坏缺乏明显的预兆，具有脆性破坏的性质。

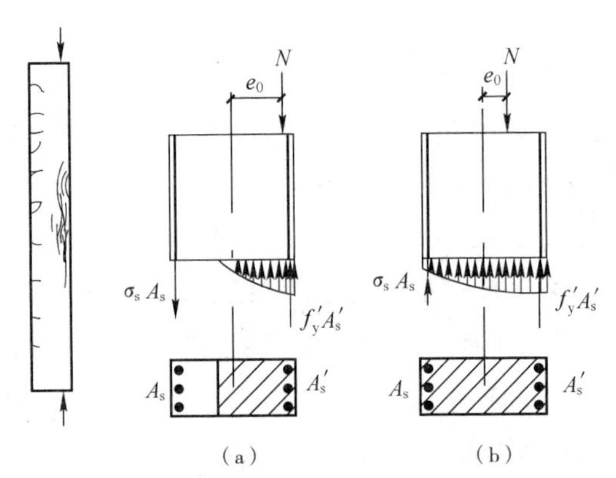

图 3-77 小偏心受压构件的破坏形态及受力简图

2）两类偏心受压破坏的界限

从以上两类偏心受压破坏的特征可以看出，两类破坏的本质区别就在于破坏时远离纵向力一侧的钢筋能否达到屈服。若远离纵向力一侧的钢筋屈服，即为受拉破坏；若远离纵向力一侧的钢筋未屈服，则为受压破坏。两类破坏的界限与受弯构件中的适筋破坏与超筋破坏的界限完全相同。当 $\xi \leqslant \xi_b$，受拉钢筋先屈服，然后混凝土压碎，破坏为受拉破坏——大偏心受压破坏；否则为受压破坏——小偏心受压破坏。

3）附加偏心距 e_a

由于荷载不可避免地偏心、混凝土的非均质性及施工偏差等原因，都可能产生附加偏心距。按 $e_0=M/N$ 求得的偏心距，实际上有可能增大或减小。在偏心受压构件的正截面承载力计算中，应考虑轴向压力在偏心方向存在的附加偏心距 e_a，其值取 20mm 和偏心方向截面尺寸的 1/30 两者中的较大值。截面的初始偏心距 e_i 等于 e_0 加上附加偏心距 e_a，即：

$$e_i=e_0+e_a \tag{3-104}$$

4）结构侧移和构件挠曲引起的附加内力

钢筋混凝土偏心受压构件中的轴向力在结构发生层间位移和挠曲变形时会引起附加内力，即二阶效应。在有侧移框架中，二阶效应主要是指竖向荷载在产生了侧移的框架中引起的附加内力，即通常称为 $P-\Delta$ 效应，即为重力二阶效应；在无侧移框架中，二阶效应是指轴向力在产生了挠曲变形的柱段中引起的附加内力，通常称为 $P-\delta$ 效应，本书只讨论 $P-\delta$ 效应问题。

对于无侧移钢筋混凝土柱在偏心压力作用下将产生挠曲变形，计为侧向挠度 a_f（图 3-78）。侧向挠度引起附加弯矩 Na_f。当柱的长细比较大时，挠曲的影响不容忽视，计算中须考虑侧向挠度引起的附加弯矩对构件承载力的影响。偏压构件的 $P-\delta$ 效应的主要影响因素除构件的长细比以外，还与构件两端弯矩的大小和方向有关，与构件的轴压比有关。

《混凝土结构设计规范》GB 50010—2010（2015 年版）根据构件的长细比、构件两端弯矩的大小和方向及柱轴压比，给出了可以不考虑 $P-\delta$ 效应的条件，对弯矩作用平面内截面对称的偏心受压构件，当同一主轴方向的杆端弯矩比 M_1/M_2 不大于 0.9 且设计轴压比不大于 0.9 时，若构件的长细比满足式（3-105）的要求时，可不考虑该方向构件自身挠曲产生的附加弯矩影响；当不满足式（3-105）时，附加弯矩的影响不可忽略，需按截面的两个主轴方向分别考虑构件自身挠曲产生的附加弯矩的影响：

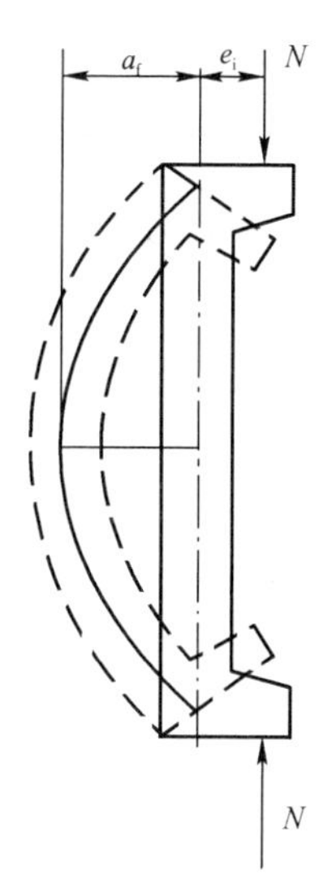

图 3-78　偏心受压构件纵向弯曲图

$$\frac{l_c}{i} < 34-12\left(\frac{M_1}{M_2}\right) \tag{3-105}$$

式中　M_1、M_2——分别为已考虑侧移影响的偏心受压构件两端截面按结构弹性分析确定的对同一主轴的组合弯矩设计值，绝对值较大端为 M_2，绝对值较小端为 M_1，当构件按单曲率弯曲时，M_1/M_2 为正值，否则为负值；

l_c——构件计算长度，可近似取偏心受压构件相应主轴方向上下支撑点之间的距离；

i——偏心方向截面回转半径。

在确定偏心受压构件的内力设计值时，需要考虑构件侧向挠曲引起的附加弯矩影响，规范将柱端的附加弯矩计算用偏心距调节系数和弯矩增大系数来表示，除排架结构柱外，其他偏心受压构件考虑轴向压力在挠曲杆件中产生二阶效应后控制截面的弯矩设计值，应按下列公式计算：

$$M=C_m\eta_{ns}M_2 \tag{3-106}$$

$$C_m=0.7+0.3\frac{M_1}{M_2} \tag{3-107}$$

$$\eta_{ns}=1+\frac{1}{1300(M_2/N+e_a)/h_0}\left(\frac{l_c}{h}\right)^2\zeta_c \tag{3-108}$$

$$\zeta_c=\frac{0.5f_cA}{N} \tag{3-109}$$

式中　C_m——构件端截面偏心距调节系数，当小于 0.7 时，取 0.7；

η_{ns}——弯矩增大系数；

N——与弯矩设计值 M_2 相应的轴向压力设计值；

e_a——附加偏心距；

ζ_c——截面曲率修正系数，当计算值大于 1.0 时取 1.0；

h、h_0——截面高度和有效高度；

A——构件截面面积。

当 $C_m\eta_{ns}$ 小于 1.0 时，取 1.0；对剪力墙及核心筒墙，可取 $C_m\eta_{ns}$ 等于 1.0。

2. 矩形截面偏心受压构件正截面承载力计算

1）正截面承载力计算公式

矩形截面大偏压构件正截面承载力计算中的截面应力状态与适筋梁完全一致；而对于小偏压构件，离纵向力较远一侧的钢筋合力表达为 $\sigma_s A_s$。偏心受压构件正截面承载力计算简图如图 3-79 所示，由静力平衡条件可得：

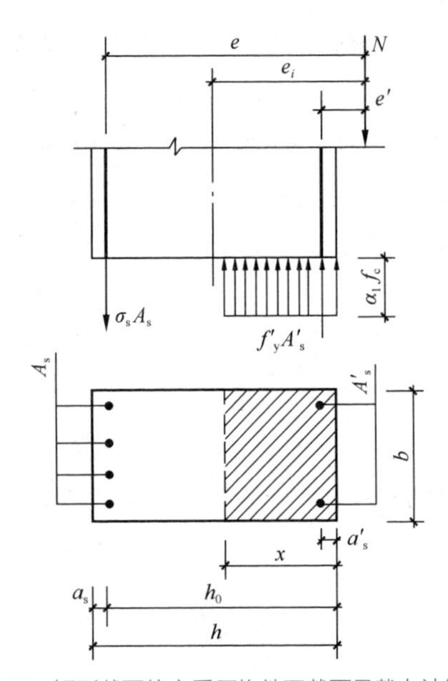

图 3-79 矩形截面偏心受压构件正截面承载力计算简图

$$N \leqslant \alpha_1 f_c bx + f'_y A'_s - \sigma_s A_s \tag{3-110}$$

$$Ne \leqslant \alpha_1 f_c bx \left(h_0 - \frac{x}{2} \right) + f'_y A'_s \left(h_0 - a'_s \right) \tag{3-111}$$

$$e = e_i + \frac{h}{2} - a_s \tag{3-112}$$

式中 e——轴向力作用点至远离纵向力一侧钢筋之间的距离；

e_i——初始偏心距，按式（3-104）计算；

a'_s——受压钢筋的合力点至截面受压边缘的距离；

a_s——受拉钢筋的合力点至截面受拉边缘的距离。

将混凝土相对受压区高度 ξ（$\xi=x/h_0$）取代式（3-110）和式（3-111）中的 x，可得：

$$N \leqslant \xi\alpha_1 f_c b h_0+f'_y A'_s-\sigma_s A_s \tag{3-113}$$

$$Ne \leqslant \xi(1-0.5\xi)\alpha_1 f_c b h_0^2+f'_y A'_s(h_0-a'_s) \tag{3-114}$$

远离纵向力一侧钢筋 A_s 的应力 σ_s 按下列情况计算：当 $\xi \leqslant \xi_b$ 时，取 $\sigma_s=f_y$；当 $\xi > \xi_b$ 时，σ_s 计算采用下列公式进行：

$$\sigma_s=\frac{\xi-\beta_1}{\xi_b-\beta_1}f_y \tag{3-115}$$

式中　β_1——同受弯构件；当混凝土强度等级不超过 C50 时，取为 0.8；当为 C80 时，取为 0.74，其间按线性内插法确定。

且应符合下列条件：

$$-f'_y \leqslant \sigma_s \leqslant f_y$$

当大偏心受压计算中考虑受压钢筋时，则受压区高度应符合 $x \geqslant 2a'_s$ 的条件（或 $\xi \geqslant 2a'_s/h_0$），以保证构件破坏时受压钢筋达到屈服强度。当 $x < 2a'_s$ 时（或 $\xi < 2a'_s/h_0$），受压钢筋 A'_s 不屈服，其应力达不到 f'_y。

2）垂直于弯矩作用平面的受压承载力验算

当轴向压力设计值 N 较大且弯矩作用平面内的偏心距 e_i 较小时，若垂直于弯矩作用平面的长细比 l_0/b 较大或边长 b 较小时，构件承载力则有可能由垂直于弯矩作用平面的轴心受压承载力起控制作用。因此，偏心受压构件除应计算弯矩作用平面内受压承载力外，尚应按轴心受压构件验算垂直于弯矩作用平面的受压承载力。在一般情形下，小偏心受压构件需要进行此项验算；对于对称配筋的大偏心受压构件，当 $l_0/b \leqslant 24$ 时，可不进行此项验算。

3. 矩形截面对称配筋设计计算

对称配筋是实际结构工程中偏心受压柱最常用的配筋形式。例如，单层厂房排架柱、多层框架柱等偏心受压柱，由于其控制截面在不同的荷载组合下可能承受变号弯矩的作用，同时为便于设计和施工，这些构件常采用对称配筋。为保证吊装时不出现差错，装配式柱一般也采用对称配筋。

所谓对称配筋，是指 $A_s=A'_s$，$a_s=a'_s$，并且采用同一种规格的钢筋。对于常用的 HRB400 级和 HRB500 级钢筋，由于 $f_y=f'_y$，因此在大偏心受压时，一般有 $f_y A_s=f'_y A'_s$（当 $2a'_s/h_0 \leqslant \xi \leqslant \xi_b$ 时）；对小偏心受压，由于 A_s 不屈服，情况稍为复杂一些。非对称配筋设计计算较为复杂，在此不讨论这种配筋情况。

对称配筋偏心受压构件的基本公式仍为式（3-113）~式（3-115）。对称配筋计算同样包括截面设计和承载力复核两方面的内容。

1）截面设计

在对称配筋情形下，由计算式（3-113）可得界限破坏荷载：

$$N_b=\xi_b\alpha_1 f_c b h_0 \tag{3-116a}$$

因此，当轴向压力设计值$N>N_b$时，截面为小偏心受压；当$N\leqslant N_b$时，截面为大偏心受压。由式（3-113）有：

$$\xi=\frac{N}{\alpha_1 f_c b h_0} \tag{3-116b}$$

即对称配筋下的偏心受压构件，可用式（3-116）中的N_b或ξ直接判断大小偏心受压的类型。

（1）大偏心受压

由式（3-116b）、式（3-114）并考虑$\xi<2a'_s/h_0$的情况，可得A_s（A'_s）。

（2）小偏心受压

当$\xi>\xi_b$时，应按小偏心受压情形进行计算。

由基本公式（3-113）、式（3-115），并取$A_s=A'_s$、$f_y=f'_y$、$a_s=a'_s$，可得到ξ的三次方程，解此方程算出ξ后，即可求得配筋，但解三次方程对一般设计而言过于繁琐。可采用如下简化计算公式：

$$\xi=\frac{N-\xi_b\alpha_1 f_c b h_0}{\dfrac{Ne-0.43\alpha_1 f_c b h_0^2}{(\beta_1-\xi_b)(h_0-a'_s)}+\alpha_1 f_c b h_0}+\xi_b \tag{3-117}$$

式（3-114）可简化为：

$$A_s=A'_s=\frac{Ne-\alpha_1 f_c b h_0^2\xi(1-0.5\xi)}{f'_y(h_0-a'_s)} \tag{3-118}$$

综上所述，对称配筋偏心受压构件截面设计计算步骤归结如下：

①由结构功能要求及刚度条件初步确定截面尺寸b、h；由混凝土保护层厚度及预估钢筋的直径确定a_s（a'_s）。

②由构件的长细比l_0/h及内力，确定是否考虑弯矩增大系数η_{ns}，进而计算η_{ns}。

③由截面上的设计内力，求得考虑二阶效应的弯矩设计值，计算偏心距$e_0=M/N$，确定附加偏心距e_a，进而计算初始偏心距$e_i=e_0+e_a$。

④计算对称配筋条件下的$N_b=\alpha_1 f_c b\xi_b h_0$，$N_b$与$N$比较来判别大小偏心。

⑤当$N\leqslant N_b$时，为大偏心受压。用式（3-116b）和式（3-114）求出A_s（A'_s）。

⑥当$N>N_b$，为小偏心受压。由式（3-117）求ξ，再代入式（3-118）确定出A_s（A'_s）。

⑦将计算所得的 A_s（A'_s），根据截面构造要求确定钢筋的直径和根数，并绘出截面配筋图。

【例 3-9】某矩形截面钢筋混凝土柱，设计工作年限为 50 年，环境类别为一类。截面尺寸为 b=400mm，h=600mm，柱的计算长度 l_c=7.2m。承受轴向压力设计值 N=1000kN，柱两端弯矩设计值分别为 M_1=400kN · m、M_2=450kN · m，单曲率弯曲。该柱采用 HRB400 级钢筋（f_y=f'_y=360N/mm^2）。混凝土强度等级为 C25（f_c=11.9N/mm^2，f_t=1.27N/mm^2）。采用对称配筋，试求纵向钢筋截面面积。

【解】（1）材料强度和几何参数

C25 混凝土，f_c=11.9N/mm^2，f_t=1.27N/mm^2。

HRB400 级钢筋，f_y=f'_y=360N/mm^2，ξ_b=0.518，α_1=1.0，β_1=0.8。

构件最外层钢筋的保护层厚度为 20mm，对混凝土强度等级不超过 C25 的构件要多加 5mm，初步确定受压柱箍筋直径采用 8mm，柱受力纵筋为 20 ~ 25mm，则取 a_s=a'_s=20+5+8+12=45mm。

$$h_0=h-a_s=600-45=555\text{mm}$$

（2）求弯矩设计值（考虑二阶效应后）

由于 M_1/M_2=400/450=0.889（弯矩同号为单曲率弯曲）:

$$i=\sqrt{\frac{I}{A}}=\sqrt{\frac{1}{12}}h=\sqrt{\frac{1}{12}}\times 600=173.2\text{mm}$$

l_c/i=7200/173.2=41.57mm > 34−12 $\frac{M_1}{M_2}$ =23.33mm。应考虑附加弯矩的影响。

根据式（3-106）~式（3-109）有:

$$\zeta_c=\frac{0.5f_cA}{N}=\frac{0.5\times 11.9\times 400\times 600}{1000\times 10^3}=1.428>1.0\text{，取 }\zeta_c=1.0$$

$$C_m=0.7+0.3\frac{M_1}{M_2}=0.7+0.3\times\frac{400}{450}=0.9667\text{，}e_a=\frac{h}{30}=\frac{600}{30}=20\text{mm}$$

$$\eta_{ns}=1+\frac{1}{1300(M_2/N+e_a)/h_0}\left(\frac{l_0}{h}\right)^2\zeta_c,$$

$$=1+\frac{1}{1300\times[(450\times 10^6)/(1000\times 10^3)+20]/555}\times\left(\frac{7200}{600}\right)^2\times 1.0=1.13$$

考虑纵向挠曲影响后弯矩设计值为:

$$M=C_m\eta_{ns}M_2=0.9667\times 1.13\times 450=491.57\text{kN}\cdot\text{m}$$

（3）求 e_i 及 e

$$e_0=\frac{M}{N}=\frac{491.57\times 10^6}{1000\times 10^3}=491.57\text{mm}$$

$$e_i=e_0+e_a=491.57+20=511.57\text{mm}$$

$$e=e_i+\frac{h}{2}-a_s=511.57+300-45=766.57\text{mm}$$

（4）判别偏心受压类型

$\xi=\dfrac{N}{\alpha_1 f_c b h_0}=\dfrac{1000\times10^3}{11.9\times400\times555}=0.379$，

$\dfrac{2a'_s}{h_0}=\dfrac{2\times45}{555}=0.162$，$\dfrac{2a'_s}{h_0}<\xi<\xi_b$，为大偏心受压。

（5）求 A_s（A'_s）

$$A_s=A'_s=\frac{Ne-\alpha_1 f_c b h_0^2\xi(1-0.5\xi)}{f'_y(h_0-a'_s)}$$

$$=\frac{1000\times10^3\times766.57-11.9\times400\times555^2\times0.378\times(1-0.5\times0.378)}{360\times(555-45)}$$

$$=1727\text{mm}^2>0.002bh=480\text{mm}^2$$

每边选用纵筋3Φ22+2Φ20对称配置（$A_s=A'_s=1769\text{mm}^2$），按构造要求选用箍筋ϕ8@250。

全部纵向钢筋的配筋率为：$\rho=\dfrac{A_s+A'_s}{bh}=\dfrac{2\times1727}{400\times600}=1.44\%>0.55\%$，满足最小配筋率要求。配筋率同时小于3%，满足要求。

（6）垂直于弯矩作用平面的验算

由 $l_0/b=7200/400=18$，查得 $\varphi=0.810$，有：

$0.9\varphi(f_cA_s+f'_yA'_s)=0.9\times0.810\times(11.9\times400\times600+2\times360\times1727)=2\,988\,492\text{N}=2988\text{kN}>1000\text{kN}$，满足要求，说明平面外承载力足够。

2）截面承载力复核

当构件的截面尺寸、配筋面积 A_s（A'_s）、材料强度及计算长度均为已知，要求根据给定的轴力设计值 N（或偏心距 e_0）确定构件所能承受的弯矩设计值 M（或轴向力 N）时，属于截面承载力复核问题。一般情况下，单向偏心受压构件应进行两个平面内的承载力复核：弯矩作用平面内承载力复核及垂直于弯矩作用平面承载力复核。

（1）弯矩作用平面内承载力复核

首先应按偏心距的大小 e_i 初步确定偏心受压的类型，再利用基本公式求出 ξ，以确定究竟是哪一类偏心受压，然后计算承载力。

（2）垂直于弯矩作用平面承载力复核

当构件在垂直于弯矩作用平面内的长细比比较大时，应按轴心受压构件验算垂直于弯矩作用平面的受压承载力。这时应考虑稳定系数 φ 的影响，按轴心受压计算承载力 N。

4. 偏心受压构件的构造

1）混凝土强度等级、计算长度及截面尺寸

（1）混凝土强度等级的选用

偏心受压构件的混凝土强度等级不应低于 C25，一般设计中常用 C30 ~ C50，并宜优先选择较高的混凝土强度等级。

（2）混凝土保护层厚度

偏心受压构件的混凝土保护层厚度与结构所处环境类别和设计使用年限有关（附表 3-13），设计工作年限为 100 年的混凝土结构保护层厚度不应小于附表 3-13 的 1.4 倍。同时构件中受力钢筋的保护层厚度不应小于钢筋直径 d。

（3）柱的计算长度

轴心受压柱和偏心受压柱的计算长度可按下列规定确定。

一般多层房屋中梁柱为刚接的框架结构，各层柱段计算长度可按表 3-15 中的规定取用。

框架结构各层柱的计算长度 表 3-15

楼盖类型	柱的类别	计算长度 l_0	楼盖类型	柱的类别	计算长度 l_0
现浇楼盖	底层柱	1.0H	装配式楼盖	底层柱	1.25H
	其余各层柱	1.25H		其余各层柱	1.5H

注：表中 H 对底层柱为从基础顶面到一层楼盖顶面的高度；对其余各层柱为上、下两层楼盖顶面之间的高度。

刚性屋盖单层房屋排架柱、露天吊车柱和栈桥柱的计算长度可按表 3-16 规定取用。

采用刚性屋盖的单层房屋排架柱、露天吊车柱和栈桥柱的计算长度 l_0 表 3-16

柱的类型		排架方向	垂直排架方向	
			有柱间支撑	无柱间支撑
无吊车房屋柱	单跨	1.5H	1.0H	1.2H
	两跨及多跨	1.25H	1.0H	1.2H
有吊车房屋柱	上柱	2.0H_u	1.25H_u	1.5H_u
	下柱	1.0H_l	0.8H_l	1.0H_l
露天吊车柱和栈桥柱		2.0H_l	1.0H_l	—

注：1. 表中 H 为从基础顶面算起的柱全高；H_l 为从基础顶面至装配式吊车梁底面或现浇式吊车梁顶面的柱下部高度；H_u 为从装配式吊车梁底面或从现浇式吊车梁顶面算起的柱上部高度；

2. 表中有吊车房屋排架柱的计算长度，当计算中不考虑吊车荷载时，可按无吊车房屋的计算长度采用，但上柱的计算长度仍按有吊车房屋采用；

3. 表中有吊车房屋排架柱的上柱在排架方向的计算长度，仅适用于 H_u/H_l 不小于 0.3 的情况；当 H_u/H_l 小于 0.3 时，计算长度宜采用 2.5H_u。

（4）截面尺寸

为了充分利用材料强度，使构件的承载力不致因长细比过大而降低过多，柱截面尺寸不宜过小，矩形截面的最小尺寸不应小于 300mm，同时截面的长边 h 与短边 b 的比值常选用为 h/b=1.5 ~ 3.0。一般截面应控制在 $l_0/b \leqslant 30$ 及 $l_0/h \leqslant 25$（b 为矩形截面的短边，h 为长边）。当柱截面的边长在 800mm 以下时，截面尺寸以 50mm 为模数，边长在 800mm 以上时，以 100mm 为模数。

2）纵向钢筋及箍筋

（1）纵向钢筋

纵向钢筋的最小配筋率见附表 3-14。如截面承受变号弯矩作用，则均应按受压钢筋考虑。从经济和施工方面考虑，为了不使截面配筋过于拥挤，全部纵向钢筋配筋率不得超过 5%。

纵向受力钢筋一般选用 HRB400、HRB500、HRBF400、HRBF500 热轧钢筋，纵向受力钢筋直径 d 不宜小于 12mm，一般直径为 12 ~ 40mm。柱中宜选用根数较少、直径较粗的钢筋，但根数不得少于 4 根。圆柱中纵向钢筋应沿周边均匀布置，根数不宜少于 8 根，且不应少于 6 根。纵向钢筋的保护层厚度要求不小于 25mm 或纵筋直径 d。纵筋的净距不应小于 50mm，也不宜大于 300mm。配置于垂直于弯矩作用平面的偏心受压柱及轴心受压柱中各边的纵向受力钢筋间距不宜大于 350mm。对水平浇筑的预制柱，其纵筋间距的要求与梁同。

当偏心受压柱的 $h \geqslant 600$mm 时，在侧面应设置直径为 10 ~ 16mm 的纵向构造钢筋，并相应地设置复合箍筋或拉筋（图 3-80）。

（2）箍筋

受压构件中的箍筋应为封闭式的。箍筋一般采用 HPB300 级钢筋，其直径不应小于 $d/4$，且不应小于 6mm，d 为纵向钢筋的最大直径。

箍筋间距不应大于 400mm，不应大于构件截面的短边尺寸，且不应大于 15d，d 为纵向钢筋的最小直径。

当柱中全部纵向钢筋的配筋率超过 3% 时，箍筋直径不应小于 8mm，且应焊成封闭式，或在箍筋末端做不小于 135° 的弯钩，弯钩末端平直段的长度不应小于 10 倍箍筋直径。其间距不应大于 10d（d 为纵向钢筋的最小直径），且不应大于 200mm。

当柱截面短边尺寸大于 400mm，且每边纵筋根数超过 3 根时，或当柱的短边尺寸不大于 400mm，但每边纵向钢筋多于 4 根时，应设置复合箍筋，箍筋不允许内折角（图 3-80）。

柱内纵向钢筋搭接长度范围内的箍筋间距应符合相关规定。

工字形柱的翼缘厚度不宜小于 120mm，腹板厚度不宜小于 100mm。当腹板开有孔洞时，在孔洞周边宜设置 2 ~ 3 根直径不小于 8mm 的补强钢筋。每个方向补强钢筋的截面面积不宜小于该方向被截断钢筋的截面面积。

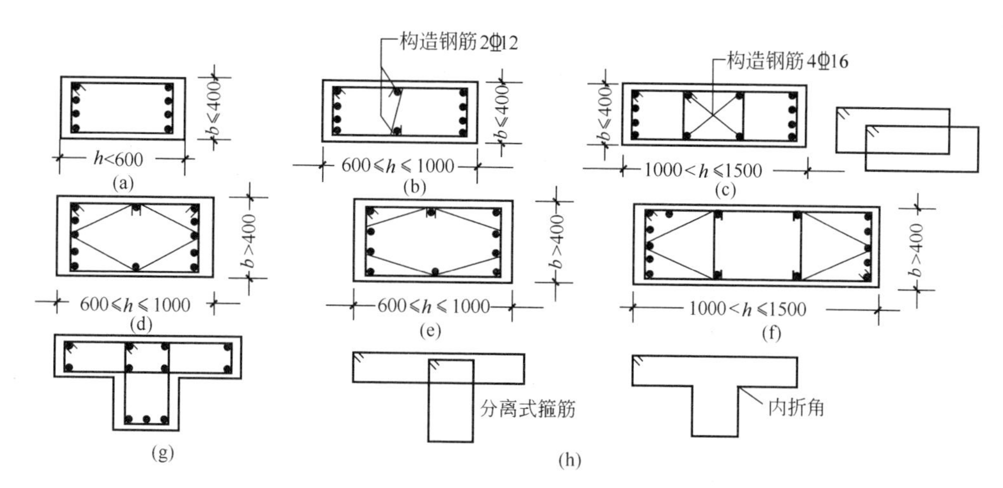

图 3-80　偏心受压构件的构造要求（单位：mm）

3）上、下层柱的接头

在多层现浇钢筋混凝土结构中，一般在楼盖顶面处设置施工缝，上下柱须做成接头，具体做法见有关图集。

3.7　偏心受拉构件正截面承载力计算

实际结构工程中的偏心受拉构件多为矩形截面，故本节只介绍矩形截面偏心受拉构件的计算。

1. 分类及破坏特征

1）偏心受拉构件的分类

按照偏心拉力的作用位置，偏心受拉构件可以分为小偏心受拉和大偏心受拉两种。当轴向拉力作用在 A_s 和 A'_s 之间（A_s 为离轴向拉力较近一侧纵筋，A'_s 为离轴向拉力较远一侧纵筋，下同）时，属小偏心受拉（图 3-81a），此时偏心距 $e_0 < h/2-a_s$；当轴向拉力作用于 A_s 和 A'_s 之外时，属大偏心受拉（图 3-81b），此时偏心距 $e_0 > h/2-a_s$。

2）偏心受拉构件破坏特征

偏心受拉构件破坏特征与偏心距的大小有关。由于偏心受拉构件是介于轴心受拉构件和受弯构件之间的受力构件，可以设想当偏心距很小时，其破坏特征接近轴心受拉构件，而当偏心距很大时，其破坏特征则与受弯构件相近。

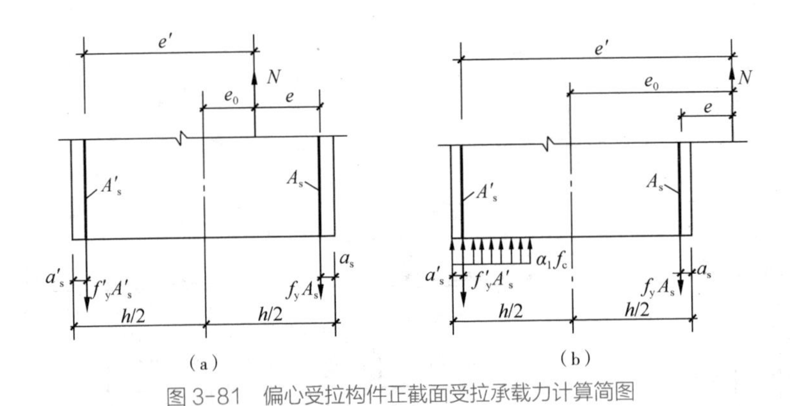

图 3-81 偏心受拉构件正截面受拉承载力计算简图

(a)小偏心受拉;(b)大偏心受拉

(1)小偏心受拉构件

在偏心拉力作用下，临破坏时截面全部裂通，A_s 和 A'_s 一般都受拉屈服（图 3-81a），拉力完全由钢筋承担。

(2)大偏心受拉构件

由于轴向拉力作用于 A_s 和 A'_s 之外，故大偏心受拉构件在整个受力过程中都存在混凝土受压区（图 3-81b）。破坏时，截面不会通裂；当 A_s 适量时，破坏特征与大偏心受压破坏相同；当 A_s 过多时，破坏特征类似小偏心受压破坏。当 $x < 2a'_s/h_0$ 时，A'_s 也不会受压屈服。

2. 偏心受拉构件正截面承载力计算公式

1）小偏心受拉（$0 < e_0 < h/2-a_s$）

正截面承载力计算简图如图 3-81（a）所示。分别对 A_s 和 A'_s 取矩，可得计算公式：

$$Ne \leqslant f'_y A'_s (h-a_s-a'_s) \tag{3-119}$$

$$Ne' \leqslant f_y A_s (h-a_s-a'_s) \tag{3-120}$$

式中 e——轴向拉力作用点至 A_s 合力点的距离，$e=h/2-a_s-e_0$；

e'——轴向拉力作用点至 A'_s 合力点距离，$e'=h/2-a'_s+e_0$；

e_0——轴向力对截面重心的偏心距，$e_0=M/N$。

2）大偏心受拉（$e_0 > h/2-a_s$）

由于其破坏特征与大偏心受压构件相同，正截面承载力计算简图如图 3-81（b）所示，由平衡条件可得承载力计算公式：

$$N \leqslant f_y A_s - \xi \alpha_1 f_c b h_0 - f'_y A'_s \tag{3-121}$$

$$Ne \leqslant \xi (1-0.5\xi) \alpha_1 f_c b h_0^2 + f'_y A'_s (h_0-a'_s) \tag{3-122}$$

式中　e——轴向拉力作用点至 A_s 合力点的距离，$e=e_0-h/2+a_s$。

式（3-122）的适用条件是：

$$\xi \leqslant \xi_b \tag{3-123a}$$

$$\xi \geqslant 2a'_s/h_0 \tag{3-123b}$$

同时，A_s 及 A'_s 均应满足最小配筋的条件。

当 $\xi < 2a'_s/h_0$ 时，A'_s 不会达到受压屈服强度，此时取 $\xi=2a'_s/h_0$ 计算配筋；其他情况的计算与大偏心受压构件类似，所不同的只是 N 为拉力。

3.8　偏心受力构件斜截面承载力计算

扫码观看 3.8 节

3.9　受扭构件承载力计算

扫码观看 3.9 节

3.10　预应力混凝土结构简介

扫码观看 3.10 节

3.11　混凝土楼盖结构

扫码观看 3.11 节

思考题与习题

3-1 什么是混凝土结构？什么是素混凝土结构？什么是钢筋混凝土结构？什么是型钢混凝土结构？什么是预应力混凝土结构？

3-2 钢筋和混凝土是两种物理、力学性能不相同的材料，它们为什么能结合在一起共同工作？

3-3 人们正在采取哪些措施来克服钢筋混凝土结构的主要缺点？

3-4 立方体抗压强度是怎样确定的？为什么试块在承压面上抹涂润滑剂后测出的抗压强度比不涂润滑剂的高？

3-5 影响混凝土收缩和徐变的因素有哪些？

3-6 受弯构件适筋梁从加载到破坏经历哪几个阶段？各阶段正截面上应力－应变分布、中和轴位置的变化规律如何？各阶段的主要特征是什么？每个阶段是哪种极限状态的计算依据？

3-7 什么叫配筋率？配筋率对梁的正截面承载力有何影响？

3-8 什么叫截面相对界限受压区高度 ξ_b？它在承载力计算中的作用是什么？

3-9 在什么情况下可采用双筋截面梁，其计算应力图形如何确定？在双筋截面梁中受压钢筋起什么作用？为什么双筋截面一定要用封闭箍筋？

3-10 截面为 200mm × 500mm 的梁，混凝土强度等级 C25，HPB300 钢筋，截面面积 A_s=763mm^2，求 α_s、γ_s 的值，说明 α_s、γ_s 物理意义是什么？

3-11 无腹筋梁的斜裂缝形成前后的应力状态有什么变化？

3-12 什么是剪跨比？它对梁的斜截面抗剪有什么影响？

3-13 梁斜截面破坏的主要形态有哪几种？它们分别在什么情况下发生？破坏性质如何？

3-14 在梁中弯起一部分钢筋用于斜截面抗剪时，应当注意哪些问题？

3-15 轴心受压构件中箍筋的作用是什么？

3-16 试从破坏原因、破坏性质及影响承载力的主要因素来分析偏心受压构件的两种破坏特征。形成两种破坏特征的条件是什么？

3-17 何谓预应力混凝土？与普通钢筋混凝土构件相比，预应力混凝土构件有何优缺点。

3-18 什么是张拉控制应力 σ_{con}？为什么张拉控制应力取值不能过高也不能过低？

3-19 为什么要对混凝土结构构件的变形和裂缝进行验算？

3-20 减小裂缝宽度最有效的措施是什么？

3-21 减小受弯构件挠度的措施有哪些？

3-22 如何提高混凝土结构的耐久性？

3-23 一钢筋混凝土矩形梁截面尺寸 $b \times h$=250mm × 650mm，混凝土强度等级 C30，HRB400 钢筋，弯矩设计值 M=140kN · m，设计工作年限为 50 年，环境类别为一类。试计算受拉钢筋截面面积，并绘制配筋图。

3-24 一钢筋混凝土矩形梁截面尺寸 $b \times h$=200mm×500mm，弯矩设计值 M=120kN·m，混凝土强度等级 C30。设计工作年限为 50 年，环境类别为一类。试计算其纵向受力钢筋截面面积 A_s:（1）当选用 HPB300 钢筋时;（2）改用 HRB400 钢筋时;（3）M=220kN·m 时。最后对三种结果进行对比分析。

3-25 某大楼中间走廊单跨简支板如图 3-121 所示，计算跨度 l=2.18m，承受均布荷载设计值 $g+q$=6kN/m^2（包括自重），混凝土强度等级 C25，HPB300 钢筋。设计工作年限为 50 年，环境类别为一类。试确定现浇板的厚度 h 及所需受拉钢筋截面面积 A_s，选配钢筋，并绘制钢筋配置图。

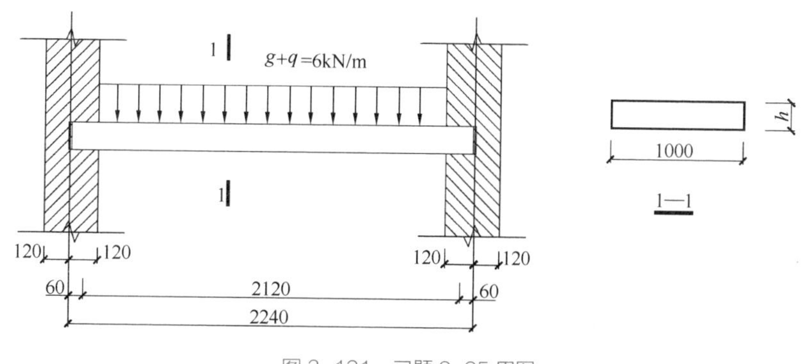

图 3-121 习题 3-25 用图

3-26 一钢筋混凝土矩形梁截面尺寸 $b \times h$=250mm×550mm，混凝土强度等级 C25，HRB400 钢筋，A_s=509mm^2（2 Φ 18）。设计工作年限为 50 年，环境类别为一类。试计算梁截面上承受弯矩设计值 M=120kN·m 时是否安全?

3-27 一钢筋混凝土矩形梁截面尺寸 $b \times h$=250mm×600mm，配置 4 Φ 22 的 HRB400 钢筋，分别选 C25、C35 与 C40 强度等级的混凝土。设计工作年限为 50 年，环境类别为一类。试计算梁能承担的最大弯矩设计值，并对计算结果进行分析。

3-28 一简支钢筋混凝土矩形梁如图 3-122 所示，承受均布荷载设计值 $g+q$=22kN/m，距 A 支座 3m 处作用有一集中荷载 F=22kN，混凝土强度等级 C30，HRB400 钢筋。设计工作年限为 50 年，环境类别为一类。试确定截面尺寸 $b \times h$ 和所需受拉钢筋截面面积 A_s，并画出配筋图。

3-29 如图 3-123 所示雨篷板，板面上 20mm 厚防水砂浆，板底抹 20mm 厚混合砂浆。板上活荷载标准值考虑 500N/m^2。HPB300 钢筋，混凝土强度等级 C25。设计工作年限为 50 年，环境类别为一类。试求受拉钢筋截面面积 A_s，并绘制配筋图。

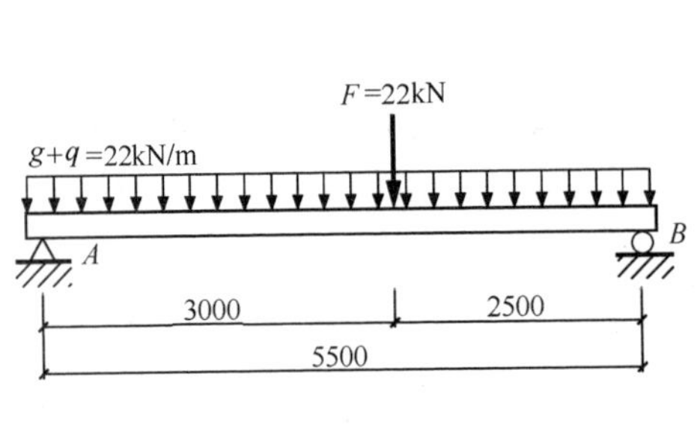

图 3-122 习题 3-28 用图

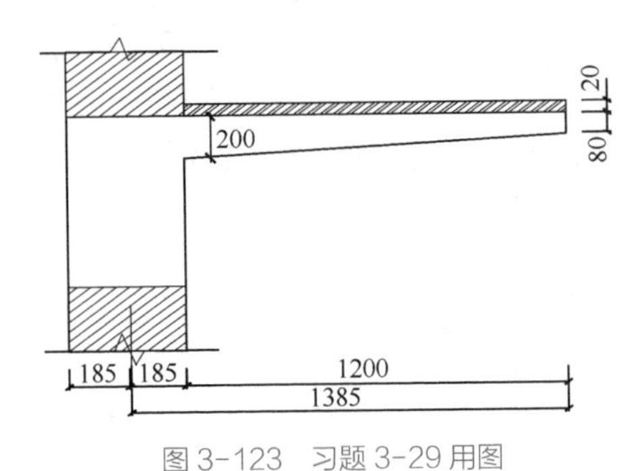

图 3-123 习题 3-29 用图

3-30 某连续梁中间支座截面尺寸 $b\times h$=250mm × 700mm，承受支座负弯矩设计值 M=275kN·m，混凝土强度等级 C30，HRB400 钢筋。设计工作年限为 50 年，环境类别为一类。现由跨中正弯矩计算的钢筋中弯起 2 Φ 20 伸入支座承受负弯矩，试计算支座负弯矩所需钢筋截面面积 A_s，如果不考虑弯起钢筋的作用时，支座需要钢筋截面面积 A_s 为多少?

3-31 图 3-124 所示钢筋混凝土简支梁，集中活荷载标准值 F_k=150kN，均布活荷载标准值 q_k=15kN/m，均布恒荷载标准值（包括梁自重）为 10kN/m，集中恒荷载标准值为 180kN。选用 C25 混凝土，纵向受力钢筋为 HRB400 钢筋，箍筋为 HPB300 钢筋。设计工作年限为 50 年，环境类别为一类。试选择该梁的纵筋和箍筋，并绘制配筋图。

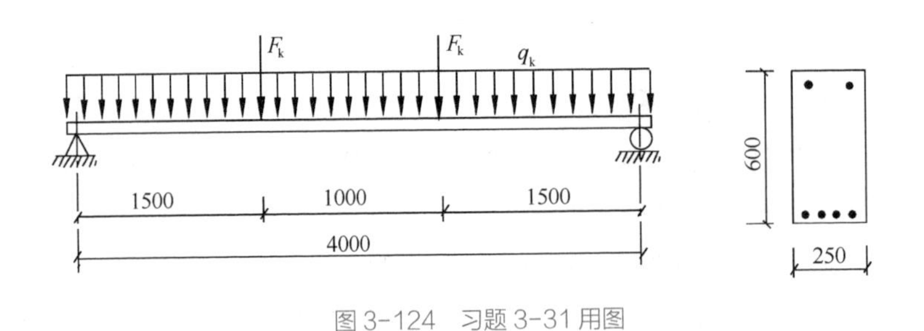

图 3-124 习题 3-31 用图

3-32 已知某钢筋混凝土矩形截面简支梁，计算跨度 l_0=6000mm，净跨 l_n=5760mm，截面尺寸 $b\times h$=250mm × 600mm，采用 C30 混凝土，HRB400 纵向钢筋和 HPB300 箍筋。设计工作年限为 50 年，环境类别为一类。若已知梁的纵向受力钢筋为 4 Φ 22，试求当采用 ϕ8@200 双肢箍和 ϕ10@200 双肢箍时，梁所能承受的荷载设计值 $g+q$ 分别为多少。

3-33 某四层四跨现浇框架结构的第二层内柱轴向力设计值 N=140 × 10^4N，楼层高 H=5.0m，混凝土强度等级为 C25，HRB400 级钢筋。试求柱截面尺寸及纵筋面积。

3-34 已知矩形截面柱 b=300mm，h=450mm。计算长度 l_0 为 3m，作用轴向力设计值

N=380kN，弯矩设计值 $M_1=M_2$=175kN · m，单曲率弯曲，混凝土强度等级为 C30，钢筋采用 HRB400 级钢。试求对称配筋时钢筋数量 A_s（A'_s）。

3-35　已知矩形截面柱 h=600mm，b=450mm，计算长度 l_0=6m，柱上作用轴向力设计值 N=2400kN，弯矩设计值 $M_1=M_2$=120kN · m，单曲率弯曲，混凝土强度等级为 C30，钢筋为 HRB400。试求对称配筋时钢筋数量 A_s（A'_s），并验算垂直弯矩作用平面的抗压承载力，绘制配筋图。

3-36　某门厅入口悬挑板 l_0=1.5m，如图 3-125 所示，配置Φ 16@150 的 HRB400 钢筋，混凝土强度等级为 C30。板上均布荷载标准值：永久荷载 g_k=8kN/m^2，可变荷载 q_k=0.6kN/m^2（准永久值系数为 1.0）。试验算板的最大挠度和最大裂缝宽度是否满足规范要求。

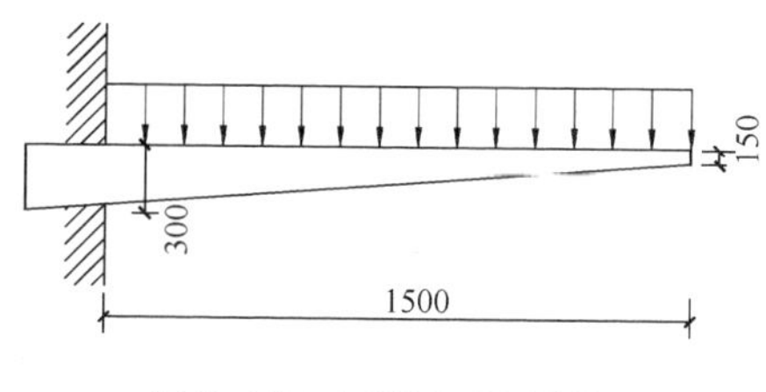

图 3-125　习题 3-36 用图

第4章

砌体结构

4.1 砌体结构特点

由块体和砂浆砌筑而成的墙、柱作为建筑物主要受力构件的结构称为砌体结构，是砖砌体、砌块砌体和石砌体结构的统称。过去大都应用的是砖砌体和石砌体，所以习惯上称砌体结构为砖石结构。

砌体结构是应用范围非常广泛的一种结构形式。一般民用建筑和工业建筑的墙、柱和基础都可采用砌体结构。一些特种结构，如烟囱、涵洞、挡土墙、桥和渡槽等，也常采用砖砌体、石砌体或砌块砌体建造。在钢筋混凝土框架和其他结构的建筑中，常用砖墙作为维护结构，如框架结构的填充墙等。

砌体结构主要优点有：

（1）材料来源广泛，易于就地取材，价格也较水泥、钢材、木材便宜。工业废料也可作为块材的制作原料，降低造价，保护环境。

（2）砌体结构具有很好的耐火性能和较好的耐久性能；保温、隔热性能好，节能效果显著。

（3）砌体结构施工方法简单，并可节约钢材、水泥和木材。

（4）采用砌块或大型板材做墙体，进行工业化生产和施工时，可以加快施工进度。

除具有上述优点外，砌体结构还有一些缺点，主要表现为以下几个方面：

（1）自重大。一般砌体的强度较低，从而造成结构自重大。

（2）砌体的基本力学特征是抗压强度高，抗拉强度却很低，构件宜承受轴心压力或小偏心压力。

（3）砌体结构的抗震性能差，且砌筑工作量大，生产效率低。

生产轻质、高强的砌块以及高粘结强度的砂浆可克服砌体的强度低、自重大的缺点，利用配筋砌体结构可扩大砌体结构的应用范围。

4.2　砌体材料及力学性能

1. 砌体材料

其包括块体和砂浆两部分。块体有砖、砌块和石材。砌块砌体包括混凝土砌块、轻集料混凝土砌块；石材包括料石和毛石的砌体。

1）砖

砖包括烧结普通砖、烧结多孔砖、蒸压灰砂普通砖、蒸压粉煤灰普通砖、混凝土普通砖、混凝土多孔砖。

（1）烧结普通砖：是以煤矸石、页岩、粉煤灰或黏土为主要原料，经过焙烧而成的孔洞率不大于 15% 的实心砖。

（2）烧结多孔砖和空心砖：是以煤矸石、页岩、粉煤灰或黏土为主要原料，经过焙烧而成，孔洞率不大于 35%，孔的尺寸小而数量多，主要用于承重部位的砖，简称多孔砖。

（3）蒸压灰砂普通砖和蒸压粉煤灰普通砖：是以石灰等钙质材料和砂等硅质材料为主要原料、高压蒸汽养护而成的实心砖，简称灰砂砖或粉煤灰砖。

2）砌块

砌块是比标准砖尺寸大的块体，砌块尺寸一般可达标准砖的 6 ~ 60 倍，施工中使用砌块，可减轻砌筑工作量，并可加快施工进度，是墙体材料改革的一个重要方向。

砌块按尺寸大小可分为小型、中型和大型三种。高度不足 390mm 的块体，一般称为小型砌块，高度为 390 ~ 900mm 的块体称为中型砌块，高度大于 900mm 的块体，称为大型砌块。

混凝土小型空心砌块是由普通混凝土或轻集料混凝土制成，主规格尺寸为 390mm × 190mm × 190mm，空心率为 25% ~ 50%。

3）石材

天然石材具有抗压强度高、抗冻性能好、耐久性好等优点，是应用历史最为悠久的块体材料。

天然石材根据其外形和加工程度可分为料石和毛石两种。

4）砂浆

砂浆是由砂和适量的无机胶凝材料（水泥、石灰等）加水搅拌而成的一种粘结材料。砂浆的主要作用是：粘结块体，使单个块体形成受力整体；找平块体间的接触面，促使应力分布较为均匀，使块体均匀受力；充填块体间的缝隙，减小砌体的通风性，提高砌体的隔热性能和抗冻性能。

砂浆按其组成材料的不同可分为水泥砂浆、水泥混合砂浆、非水泥砂浆和砌块专用砂浆四种。

（1）水泥砂浆是由水泥和砂加水拌合而成，一般多用于含水量较大的地基土中的地下砌体或地面以上接触潮湿环境的砌体。其强度较高、耐久性好，但和易性较差。

（2）水泥混合砂浆简称混合砂浆，是指在水泥砂浆中掺入一定塑化剂的砂浆。如水泥石灰砂浆，这种砂浆的和易性和保水性都好，水泥用量较少，适用于砌筑地面以上的墙、柱砌体。

（3）非水泥砂浆主要有石灰砂浆、黏土砂浆和石膏砂浆等。石灰砂浆，属气硬性材料，强度不高，通常用于地上砌体；黏土砂浆，强度低，用于简易建筑；石膏砂浆，硬化快，一般用于不受潮湿的地上砌体。

（4）砌块专用砂浆是由水泥、砂、水以及根据需要掺入的掺合料和外加剂等组分按一定比例采用机械拌合制成的砂浆。

5）材料强度等级

承重结构的块体的强度等级，按下列规定采用：

（1）烧结普通砖、烧结多孔砖的强度等级：MU30、MU25、MU20、MU15和MU10；

（2）蒸压灰砂普通砖、蒸压粉煤灰普通砖的强度等级：MU25、MU20和MU15；

（3）混凝土普通砖、混凝土多孔砖的强度等级：MU30、MU25、MU20和MU15；

（4）混凝土砌块、轻集料混凝土砌块的强度等级：MU20、MU15、MU10、MU7.5和MU5；

（5）石材的强度等级：MU100、MU80、MU60、MU50、MU40、MU30和MU20。

砂浆的强度等级按下列规定采用：

（1）烧结普通砖、烧结多孔砖、蒸压灰砂普通砖和蒸压粉煤灰普通砖砌体采用的普通砂浆强度等级：M15、M10、M7.5、M5和M2.5；

（2）蒸压灰砂普通砖和蒸压粉煤灰普通砖砌体采用的专用砌筑砂浆强度等级：Ms15、Ms10、Ms7.5、Ms5.0；

（3）混凝土普通砖、混凝土多孔砖、单排孔混凝土砌块和煤矸石混凝土砌块砌体采用的砂浆强度等级：Mb20、Mb15、Mb10、Mb7.5和Mb5；

（4）双排孔或多排孔轻集料混凝土砌块砌体采用的砂浆强度等级：Mb10、Mb7.5和Mb5；

（5）毛料石、毛石砌体采用的砂浆强度等级：M7.5、M5和M2.5。

2. 砌体的分类

砌体分为无筋砌体、配筋砌体和约束砌体三大类。无筋砌体是仅由块体和砂浆组成的砌体。配筋砌体是在砌体中设置了钢筋或钢筋混凝土材料的砌体。约束砌体结构是通过竖向和水平钢筋混凝土构件约束的砌体。广为应用的是钢筋混凝土构造柱加圈梁形成的砌体结构。它的特点是在水平力作用下墙体的极限水平位移能得到改善，从而提高了墙的延性。其受力性能介于无筋砌体和配筋砌体之间。无筋砌体应用范围广泛，但抗震性能较差。配筋砌体的抗压、抗剪和抗弯承载力远大于无筋砌体，并有良好的抗震性能。本章主要讲述无筋砌体性能。

根据块体的不同，无筋砌体又细分为砖砌体、砌块砌体和石砌体。按照砌筑方式不同，砖砌体又可分为实心砌体和空心砌体。

实砌砌体标准墙的厚度一般为 240mm（一砖）、370mm（砖半）、490mm（二砖）、620mm（二砖半）、740mm（三砖）等。对空心砌体，根据多孔砖规格，可砌成 90mm、180mm、190mm、240mm、290mm 及 390mm 厚的多孔砖砌体。

目前的砌块砌体多为混凝土小型空心砌块砌体，主要用于多层民用建筑和工业建筑的墙体，砌块墙体一般由单排砌块砌筑，即墙厚度等于砌块宽度，根据砌块规格，可砌成 190mm、200mm 及 210mm 等厚度的砌体。

石砌体分为料石砌体和毛石砌体，料石砌体可以用于民用房屋的承重墙、柱和基础，还可以用于建造石拱桥、石坝和涵洞等。毛石砌体可用于一般民用建筑房屋及规模不大的构筑物基础，也常用于挡土墙和护坡。

3. 使用环境分类

砌体结构所处的环境类别应依据气候条件及结构的使用环境条件进行分类，如表 4-1 所示。块体和砂浆的强度等级越低，所处的环境越恶劣，房屋的耐久性越差，可靠性越低。为保证结构耐久性，结构材料（块体和砂浆）性能（如材料强度）需有一些基本要求，可参见《砌体结构通用规范》GB 55007—2021。

使用环境分类　　表 4-1

环境类别	环境名称	环境条件
1	干燥环境	干燥室内、室外环境；室外有防水防护环境
2	潮湿环境	潮湿室内或室外环境，包括与无侵蚀性土和水接触的环境
3	冻融环境	寒冷地区潮湿环境
4	氯侵蚀环境	与海水直接接触的环境，或处于滨海地区的盐饱和的气体环境
5	化学侵蚀环境	有化学侵蚀的气体、液体或固态形式的环境，包括有侵蚀性土壤的环境

4. 砌体力学性能

1）砌体受压破坏特征

砌体由块体和砂浆组成，故其受力特性取决于块体和砂浆各自的性能和两者共同工作时的复合受力状态，即其受压性能不仅与块体和砂浆本身的力学性能有关，而且与灰缝厚度、灰缝的均

二维码 4.1-1a

二维码 4.1-1b

二维码 4.1-1c

二维码 4.1-1d

匀饱满程度、块体的排列与搭接方式等多种因素有关。有必要通过砌体的受压破坏试验了解和掌握砌体的受压性能。

以普通砖砌体的轴心受压为例，砌体从开始受力到破坏，根据裂缝的出现和发展特点，可划分为三个受力阶段（图 4-1）。

第一阶段：从开始加载到砌体中个别单砖出现裂缝（图 4-1a），此为弹性阶段，是砌体受力及破坏过程的第一阶段，如果此时不再继续增大荷载，单砖裂缝并不发展。试验表明单砖出现第一条（第一批）裂缝的荷载大致为砌体极限荷载的 50% ~ 70%。

第二阶段：继续加载，砌体内的单砖裂缝开展并延伸，逐渐形成上下贯通多皮砖的连续裂缝同时还有新裂缝不断出现（图 4-1b）。当其荷载为极限荷载的 80% ~ 90% 时，即使不再增加荷载，裂缝仍会继续发展。实际工程中，如果出现这样的裂缝，即可认为是砌体接近破坏的征兆，应当及时采取紧急措施。

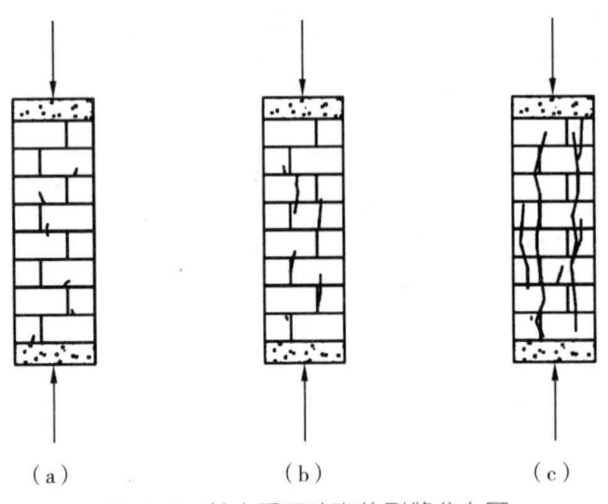

图 4-1　轴心受压砖砌体裂缝分布图

第三阶段：若继续加载，裂缝延长，加宽速度加快，砌体被贯通的竖向裂缝分割成若干独立小柱（图 4-1c）。最终这些小柱或被压碎或失稳而导致砌体试件破坏。

由于砖的表面本身不平整，加之铺设砂浆的厚度不均匀，水平灰缝也不太饱满，造成砖砌块在砌体内并不是均匀受压，而是处于同时受压、受弯、受剪甚至受扭的复合受力状态。结果是破坏总是从单砖出现裂缝开始，且砌体的抗压强度远低于砖和砂浆的抗压强度。大量试验表明，砌体抗压强度不仅与砌块和砂浆物理力学性能有关，还与砌筑质量有关。

按照《砌体结构工程施工质量验收规范》GB 50203—2011 规定，砌体施工质量控制等级分为 A、B、C 三级，如表 4-2 所示。

施工质量等级控制　　表 4-2

项目	施工质量		
	A	B	C
现场质量管理	监督检查制度健全，并严格执行；施工方有在岗专业技术管理人员，人员齐全，并持证上岗	监督检查制度基本健全，并能执行；施工方有在岗专业技术管理人员，人员齐全，并持证上岗	有监督检查制度；施工方有在岗专业技术管理人员
砂浆、混凝土强度	试块按规定制作，强度满足验收规定，离散性小	试块按规定制作，强度满足验收规定，离散性小	试块按规定制作，强度满足验收规定，离散性大

续表

项目	施工质量		
	A	B	C
砂浆拌合	机械拌合；配合比计量控制严格	机械拌合；配合比计量控制一般	机械或人工拌合；配合比计量控制较差
砌筑工人	中级工以上，其中，高级工不少于30%	高、中级工不少于70%	初级工以上

注：1. 砂浆、混凝土强度离散性大小根据强度标准差确定；
2. 配筋砌体不得为C级施工。

2）砌体的计算指标

（1）龄期为28d的以毛截面计算的砌体抗压强度设计值，当施工质量控制等级为B级时，应根据块体和砂浆的强度等级分别按下列规定采用。

①烧结普通砖和烧结多孔砖砌体的抗压强度设计值，应按表4-3采用。

烧结普通砖和烧结多孔砖砌体的抗压强度设计值（MPa） 表4-3

砖强度等级	砂浆强度等级					砂浆强度
	M15	M10	M7.5	M5	M2.5	0
MU30	3.94	3.27	2.93	2.59	2.26	1.15
MU25	3.60	2.98	2.68	2.37	2.06	1.05
MU20	3.22	2.67	2.39	2.12	1.84	0.94
MU15	2.79	2.31	2.07	1.83	1.60	0.82
MU10	—	1.89	1.69	1.50	1.30	0.67

注：当烧结多孔砖的孔洞率大于30%时，表中数值应乘以0.9。

②混凝土普通砖和混凝土多孔砖砌体的抗压强度设计值，应按表4-4采用。

混凝土普通砖和混凝土多孔砖砌体的抗压强度设计值（MPa） 表4-4

砖强度等级	砂浆强度等级					砂浆强度
	Mb20	Mb15	Mb10	Mb7.5	Mb5	0
MU30	4.61	3.94	3.27	2.93	2.59	1.15
MU25	4.22	3.60	2.98	2.68	2.37	1.05
MU20	3.77	3.22	2.67	2.39	2.12	0.94
MU15	—	2.79	2.31	2.07	1.83	0.82

③蒸压灰砂普通砖和蒸压粉煤灰普通砖砌体的抗压强度设计值，应按表4-5采用。

蒸压灰砂普通砖和蒸压粉煤灰普通砖砌体的抗压强度设计值（MPa） 表 4-5

砖强度等级	砂浆强度等级				砂浆强度
	M15	M10	M7.5	M5	0
MU25	3.60	2.98	2.68	2.37	1.05
MU20	3.22	2.67	2.39	2.12	0.94
MU15	2.79	2.31	2.07	1.83	0.82

④规范对单排孔混凝土砌块和轻集料混凝土砌块对孔砌筑砌体；双排孔、多排孔轻集料混凝土砌块砌体；单排孔混凝土砌块对孔砌筑时，灌孔混凝土砌块砌体的抗压强度设计值都做出了规定，具体数值参见规范。

⑤石砌体

块体高度为 180 ~ 350mm 的毛料石砌体的抗压强度设计值，应按表 4-6 采用。毛石砌体的抗压强度设计值，应按表 4-7 采用。

毛料石砌体的抗压强度设计值（MPa） 表 4-6

毛料石强度等级	砂浆强度等级			砂浆强度
	M7.5	M5	M2.5	0
MU100	5.42	4.80	4.18	2.13
MU80	4.85	4.29	3.73	1.91
MU60	4.20	3.71	3.23	1.65
MU50	3.83	3.39	2.95	1.51
MU40	3.43	3.04	2.64	1.35
MU30	2.97	2.63	2.29	1.17
MU20	2.42	2.15	1.87	0.95

注：对细石料砌体、粗石料砌体和干砌勾缝石砌体，表中数值分别乘以调整系数 1.4、1.2 和 0.8。

毛石砌体的抗压强度设计值（MPa） 表 4-7

毛石强度等级	砂浆强度等级			砂浆强度
	M7.5	M5	M2.5	0
MU100	1.27	1.12	0.98	0.34
MU80	1.13	1.00	0.87	0.30
MU60	0.98	0.87	0.76	0.26
MU50	0.90	0.80	0.69	0.23
MU40	0.80	0.71	0.62	0.21
MU30	0.69	0.61	0.53	0.18
MU20	0.56	0.51	0.44	0.15

在表 4-3 ~表 4-7 中列有砂浆强度为零时的砌体抗压强度设计值，它通常是指施工阶段砂浆尚未硬化的新砌砌体的强度取值。

（2）龄期为 28d 的以毛截面计算的各类砌体的轴心抗拉强度设计值、弯曲抗拉强度设计值和抗剪强度设计值，应符合下列规定。

①当施工质量控制等级为 B 级时，强度设计值应按表 4-8 采用：

沿砌体灰缝截面破坏时砌体的轴心抗拉强度设计值、弯曲抗拉强度设计值和抗剪强度设计值（MPa） 表 4-8

强度类别	破坏特征及砌体种类		砂浆强度等级			
			≥ M10	M7.5	M5	M2.5
轴心抗拉	沿齿缝	烧结普通砖、烧结多孔砖	0.19	0.16	0.13	0.09
		混凝土普通砖、混凝土多孔砖	0.19	0.16	0.13	—
		蒸压灰砂普通砖、蒸压粉煤灰普通砖	0.12	0.10	0.08	—
		混凝土和轻集料混凝土砌块	0.09	0.08	0.07	—
		毛石	—	0.07	0.06	0.04
弯曲抗拉	沿齿缝	烧结普通砖、烧结多孔砖	0.33	0.29	0.23	0.17
		混凝土普通砖、混凝土多孔砖	0.33	0.29	0.23	—
		蒸压灰砂普通砖、蒸压粉煤灰普通砖	0.24	0.20	0.16	—
		混凝土和轻集料混凝土砌块	0.11	0.09	0.08	—
		毛石	—	0.11	0.09	0.07
	沿通缝	烧结普通砖、烧结多孔砖	0.17	0.14	0.11	0.08
		混凝土普通砖、混凝土多孔砖	0.17	0.14	0.11	—
		蒸压灰砂普通砖、蒸压粉煤灰普通砖	0.12	0.10	0.08	—
		混凝土和轻集料混凝土砌块	0.08	0.06	0.05	—
抗剪	烧结普通砖、烧结多孔砖		0.17	0.14	0.11	0.08
	混凝土普通砖、混凝土多孔砖		0.17	0.14	0.11	—
	蒸压灰砂普通砖、蒸压粉煤灰普通砖		0.12	0.10	0.08	—
	混凝土和轻集料混凝土砌块		0.09	0.08	0.06	—
	毛石		—	0.19	0.16	0.11

注：1. 对于用形状规则的块体砌筑的砌体，当搭接长度与块体高度的比值小于 1 时，其轴心抗拉强度设计值 f_t 和弯曲抗拉强度设计值 f_{tm} 应按表中数值乘以搭接长度与块体高度比值后采用；

2. 表中数值是依据普通砂浆砌筑的砌体确定，采用经研究性试验且通过技术鉴定的专用砂浆砌筑的蒸压灰砂普通砖、蒸压粉煤灰普通砖砌体，其抗剪强度设计值按相应普通砂浆强度等级砌筑的烧结普通砖砌体采用；

3. 对混凝土普通砖、混凝土多孔砖、混凝土和轻集料混凝土砌块砌体，表中的砂浆强度等级分别为：≥ Mb10、Mb7.5 及 Mb5。

②单排孔混凝土砌块对孔砌筑时，灌孔砌体的抗剪强度设计值，应按下列公式计算：

$$f_{vg}=0.2f_g^{0.55} \tag{4-1}$$

式中 f_g——灌孔砌体抗压强度设计值。

（3）砌体强度设计值调整。

工程上，砌体强度在某些情况下有可能会降低，而在某些情况下又需适当提高或降低结构构件的安全储备。因此，砌体结构设计计算时需要考虑砌体强度的调整，砌体强度设计值取 $\gamma_a f$，其中 γ_a 为砌体强度设计值的调整系数，应按下列规定采用：

①对无筋砌体构件，其截面面积小于 0.3m² 时，γ_a 为其截面面积加 0.7；对配筋砌体构件，当其中砌体截面面积小于 0.2m² 时，γ_a 为其截面面积加 0.8；构件截面面积以“m²”计。对于局部抗压强度，局部受压面积小于 0.3m² 时，可不考虑此项调整。

②当砌体用强度等级低于 M5 的水泥砂浆砌筑时，对表 4-3 ~ 表 4-7 中的数值，γ_a 为 0.9，对表 4-8 中的数值，γ_a 为 0.8。

③当验算施工中房屋的构件时，γ_a 为 1.1。

施工阶段砂浆尚未硬化的新砌砌体的强度和稳定性，可按砂浆强度为零进行验算。对于冬期施工采用掺盐砂浆法施工的砌体，砂浆强度等级按常温施工的强度等级提高一级时，砌体强度和稳定性可不验算。配筋砌体不得用掺盐砂浆法施工。

（4）砌体的弹性模量、线膨胀系数和收缩系数、摩擦系数分别按附表 4-1~ 附表 4-3 规定采用。砌体的剪变模量按砌体弹性模量的 0.4 倍采用。烧结普通砖砌体的泊松比可取 0.15。

（5）砌体的耐久性。

结构的耐久性是指在设计确定的环境作用和维修、使用条件下，结构构件在设计工作年限内保持其适用性和安全性的能力。砌体结构的耐久性包括两个方面：一是对砌体材料的保护，二是对配筋砌体结构构件钢筋的保护。结构的耐久性设计主要是依据结构的设计工作年限、环境类别，选择性能可靠的材料，采取防止材料劣化的措施。

对设计工作年限为 50 年的砌体结构，根据砌体结构的环境类别（表 4-1），砌体材料耐久性应符合下列规定：

①对处于环境类别 1 类和 2 类的承重砌体，所用块体材料的最低强度等级应符合表 4-9 的规定；对配筋砌块砌体抗震墙，表 4-9 中 1 类和 2 类环境的普通、轻骨料混凝土砌块强度等级为 MU10；安全等级为一级或设计工作年限大于 50 年的结构，表 4-9 中材料强度等级应至少提高一个等级。

1 类、2 类环境下块体材料最低强度等级　　表 4-9

环境类别	烧结砖	混凝土砖	普通、轻骨料混凝土砌块	蒸压普通砖	蒸压加气混凝土砌块	石材
1	MU10	MU15	MU7.5	MU15	A5.0	MU20
2	MU15	MU20	MU7.5	MU20	—	MU30

②对处于环境类别 3 类的承重砌体，所用块体材料的抗冻性能和最低强度等级应符合表 4-10 的规定。设计工作年限大于 50 年时，表 4-10 中的抗冻指标应提高一个等级，对严寒

地区抗冻指标提高为 F75。

3 类环境下块体材料抗冻性能与最低强度等级　表 4-10

环境类别	冻融环境	抗冻性能			块材最低强度等级		
		抗冻指标	质量损失（%）	强度损失（%）	烧结砖	混凝土砖	混凝土砌块
3	微冻地区	F25	≤ 5	≤ 20	MU15	MU20	MU10
	寒冷地区	F35			MU20	MU25	MU15
	严寒地区	F50			MU20	MU25	MU15

③夹心墙的外叶墙的砖及混凝土砌块的强度等级不应低于 MU10。

④填充墙的块材最低强度等级，应符合下列规定：

A. 内墙空心砖、轻骨料混凝土砌块、混凝土空心砌块应为 MU3.5，外墙应为 MU5；

B. 内墙蒸压加气混凝土砌块应为 A2.5，外墙应为 A3.5。

设计工作年限为 50a 时，砌体中钢筋的保护层厚度，应符合下列规定：

①配筋砌体中钢筋的最小保护层厚度，应符合表 4-11 的规定。

钢筋的最小保护层厚度（单位：mm）　表 4-11

环境类别	混凝土强度等级			
	C20	C25	C30	C35
	最低水泥含量（kg/m^3）			
	260	280	300	320
1	20			
2	—	25		
3	—	40	40	30
4	—	—	40	40
5	—	—	—	30

注：1. 材料中最大氯离子含量和最大碱含量应符合现行国家标准《混凝土结构设计规范》GB 50010—2010（2015 年版）的规定；

2. 当采用防渗砌体块体和防渗砂浆时，可以考虑部分砌体（含抹灰层）的厚度作为保护层，但对环境类别 1、2、3，其混凝土保护层的厚度相应不应小于 10mm、15mm 和 20mm；

3. 钢筋砂浆面层的组合砌体构件的钢筋保护层厚度宜比表中规定的混凝土保护层厚度数值增加 5 ~ 10mm；

4. 对安全等级为一级或设计工作年限为 50a 以上的砌体结构，钢筋保护层的厚度应至少增加 10mm。

②灰缝中钢筋外露砂浆保护层厚度不应小于 15mm；所有钢筋端部均应有与对应钢筋的环境类别条件相同的保护层厚度。

4.3 无筋砌体受压构件承载力计算

砌体结构设计方法采用以概率理论为基础的极限状态设计方法，以可靠指标度量结构构件的可靠度，采用分项系数的设计表达式进行计算。砌体结构应按承载能力极限状态设计，并满足正常使用极限状态的要求。设计中对结构的重要性系数、荷载组合方式、组合系数、可变荷载分项系数、材料性能分项系数、几何参数标准值、设计工作年限等规定均按现行国家标准《建筑结构可靠性设计统一标准》GB 50068—2018、《砌体结构设计规范》GB 50003—2011 和《工程结构通用规范》GB 55001—2021 的有关规定确定。

根据压力合力作用点的位置，可分为轴心受压构件和偏心受压构件，在实际工程中，由于截面尺寸的误差、荷载的偏移、材料的非匀质性等因素的影响，理想的轴心受压情况并不存在，但为了计算方便，可将偏心距很小的情况近视为轴心受压，而其他情况则视为偏心受压。受压构件包含了轴心受压、偏心受压和局部受压三种情况。

1. 受压构件承载力计算

无筋砌体受压构件的承载力主要取决于砌体的种类与强度等级、砂浆强度等级、构件的截面尺寸、构件的高厚比以及偏心距等。

1）根据试验研究结果，无筋砌体轴心和偏心受压构件的承载力按下式计算：

$$N \leqslant \varphi f A \tag{4-2}$$

$$\varphi = \frac{1}{1+12\left[\frac{e}{h}+\sqrt{\frac{1}{12}\left(\frac{1}{\varphi_0}-1\right)}\right]} \tag{4-3}$$

式中 N——轴向力设计值；

φ——高厚比β和轴向力的偏心距e对受压构件承载力的影响系数，查附表4-4~附表4-6，或者按（4-3）计算而得；

φ_0——轴心受压构件稳定系数，在附表 4-4~ 附表 4-6 中 e/h 或 e/h_t 为 0 的栏内查得；

f——砌体的抗压强度设计值；

A——截面面积。

2）砌体材料种类不同，砌体在受压性能上存在差异，在计算影响系数 φ 或查表时，应先对构件高厚比 β 加以修正，按下列公式确定：

对矩形截面：

$$\beta = \gamma_\beta \frac{H_0}{h} \tag{4-4}$$

对 T 形截面：

$$\beta=\gamma_{\beta}\frac{H_0}{h_t} \tag{4-5}$$

式中 γ_{β}——不同砌体材料构件的高厚比修正系数，按附表 4-7 采用；

H_0——受压构件的计算高度，按附表 4-8 确定；

h——矩形截面轴向力偏心方向的边长，当轴心受压时为截面较小边长；

h_t——T 形截面的折算厚度，可近似按 h_t=3.5i 计算，i 为截面回转半径。

3）公式的适用条件。当偏心距较大时，构件截面的受拉边将出现水平裂缝从而导致截面面积减小，纵向弯曲影响增大，构件刚度降低，构件承载能力明显下降。从经济件和合理性角度出发，公式（4-2）适用条件是：$e\leqslant 0.6y$，y 为截面重心到轴向力所在偏心方向截面边缘的距离。当偏心距超过 0.6y 时，应采取如下措施：增大截面尺寸、端部支撑处设置垫块或带缺口垫块，甚至选用组合砖砌体构件。

4）对矩形截面构件，当轴向力偏心方向的截面边长大于另一方向的边长时，除按偏心受压计算外，还应对较小边长方向，按轴心受压进行验算，必须满足 $N\leqslant\varphi_0 fA$。

2. 局部受压承载力计算

砌体结构中常见的一种受力状态是局部受压，即轴向力仅作用在砌体的部分截面上。如果砌体的局部受压面作用的压应力是均匀分布的，称为局部均匀受压（图 4-2），如支承轴心受压柱的砌体基础为局部均匀受压。反之称为局部非均匀受压（图 4-3），如梁端支承处的砌体一般为局部非均匀受压。

1）局部均匀受压

研究表明，考虑应力扩散以及套箍强化对轴心抗压强度的提高作用，砌体的抗压强度为f时，则局部受压时砌体的抗压强度可记为 γf，γ 为大于 1.0 的局部抗压强度提高系数。截面局部均匀受压时的承载力，应该满足下式要求：

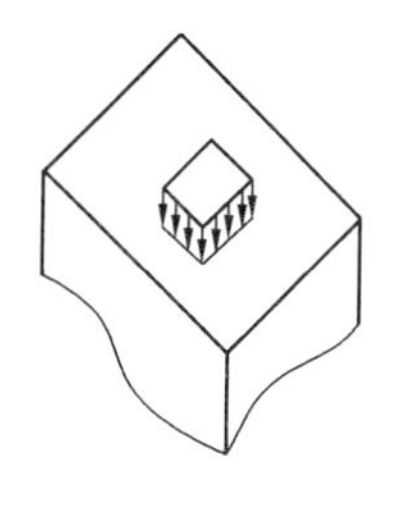

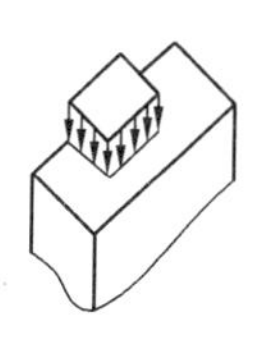

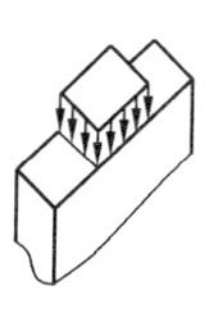

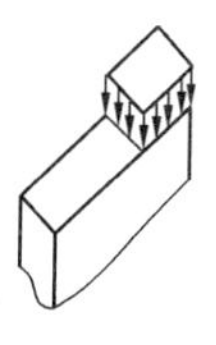

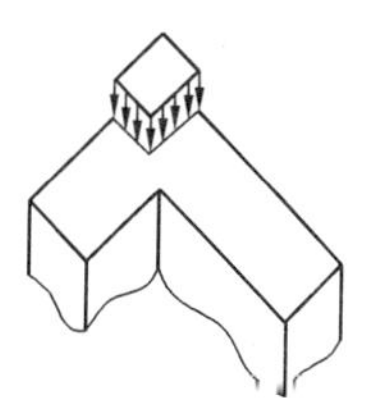

图 4-2 局部均匀受压

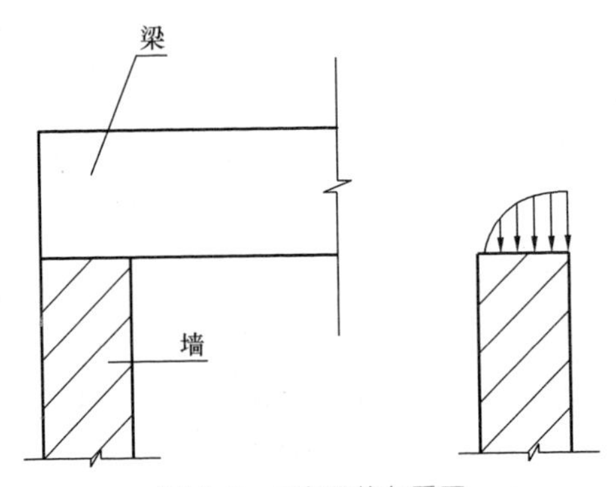

图 4-3 局部不均匀受压

$$N_l \leqslant \gamma f A_l \tag{4-6}$$

式中 N_l——局部受压面积上的轴向力设计值；

γ——砌体局部抗压强度提高系数；

f——砌体的抗压强度设计值，局部受压面积小于 0.3m²，可不考虑强度调整系数 γ 的影响；

A_l——局部受压面积。

砌体局部抗压强度提高系数 γ 与局部受压砌体所处的位置、受周边砌体约束的程度有关。根据试验结果，局部抗压强度提高系数 γ 可按下式计算：

$$\gamma = 1 + 0.35\sqrt{\frac{A_0}{A_l} - 1} \tag{4-7}$$

式中 A_0——影响砌体局部抗压强度的计算面积，按图 4-4 采用；同时为了避免发生突然的脆性破坏，按图 4-4 确定影响局部抗压强度的计算面积 A_0 所计算的 γ 值尚不应超过下列限值。

（1）在图 4-4（a）的情况下，$\gamma \leqslant 2.5$；

（2）在图 4-4（b）的情况下，$\gamma \leqslant 1.5$；

（3）在图 4-4（c）的情况下，$\gamma \leqslant 2.0$；

（4）在图 4-4（d）的情况下，$\gamma \leqslant 1.25$。

2）局部非均匀受压

（1）梁端支承处砌体的局部受压

当梁端支承在砌体上时，由于梁受弯产生翘曲变形，支座内边缘处砌体的压缩变形较大，使梁的末端部分与砌体脱开，梁端有效支承长度 a_0 一般小于其实际支承长度 a，如图 4-5 所示，相应的局部受压面积 $A_l = a_0 b$（b 为梁宽，mm）。

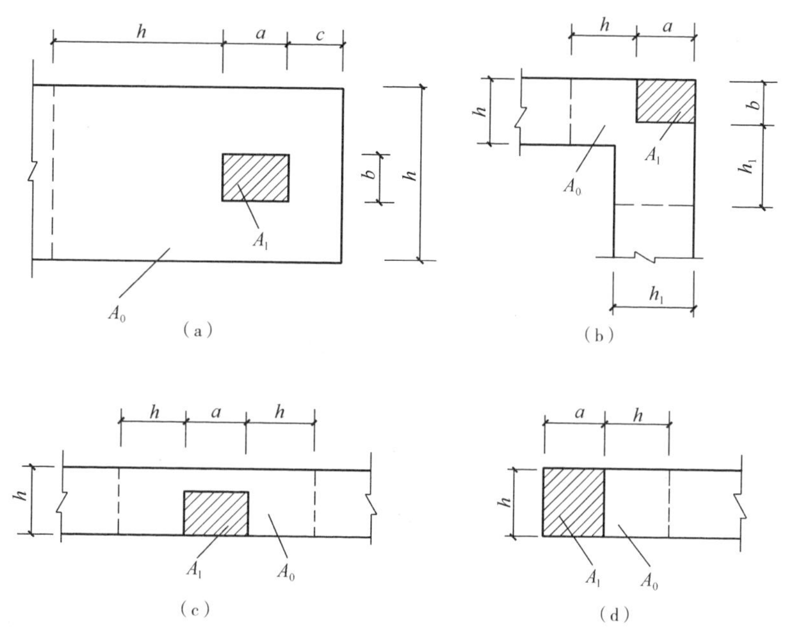

图 4-4　影响局部抗压强度的计算面积 A_0

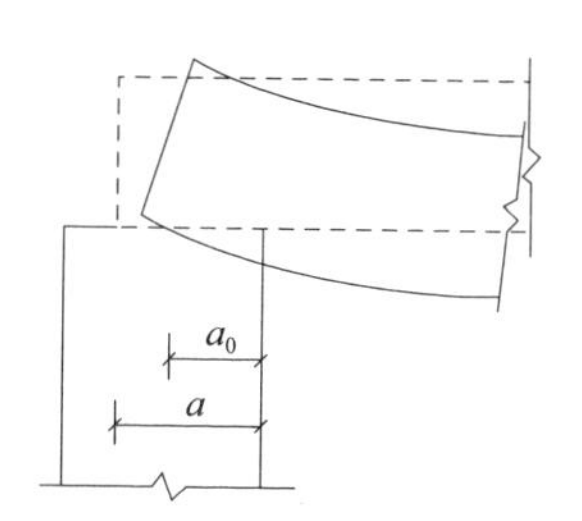

图 4-5　梁端有效支撑长度

《砌体结构设计规范》GB 50003—2011 中，梁端有效支承长度的计算公式为：

$$a_0=10\sqrt{\frac{h_c}{f}} \tag{4-8}$$

梁端支承处砌体的局部受压承载力，按下列公式计算（参见图 4-6）:

$$\psi N_0+N_l \leqslant \eta\gamma f A_l \tag{4-9}$$

$$\psi = 1.5-0.5\frac{A_0}{A_l} \tag{4-10}$$

$$N_0 = \sigma_0 A_l \tag{4-11}$$

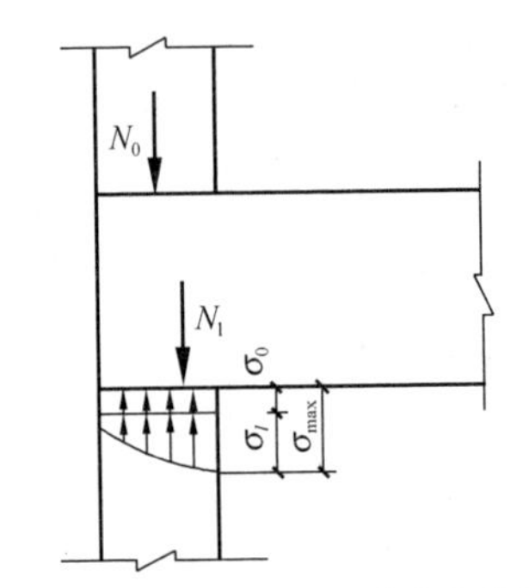

图 4-6 梁端支承处砌体的应力分布图

$$A_l=a_0b \tag{4-12}$$

式中 ψ——上部荷载的折减系数，当 $\frac{A_0}{A_l}$ 大于或等于 3 时，应取等于 0；

N_0——局部受压面积内上部轴向力设计值（N）；

N_l——梁端支承压力设计值（N）；

σ_0——上部平均压应力设计值（N/m^2）；

η——梁端底面压应力图形的完整系数，应取 0.7，对于过梁和墙梁应取 1.0；

a_0——梁端有效支承长度（mm）；当 a_0 大于 a 时，应取 a_0 等于 a，a 为梁端实际支承长度（mm）；

b——梁的截面宽度（mm）；

h_c——梁的截面高度（mm）；

f——砌体的抗压强度设计值（MPa）。

（2）梁端下设置刚性垫块或梁下设有垫梁的砌体局部受压

当梁端下支承处的砌体局部受压承载力不满足式（4-9）要求时，可在梁端下设置刚性垫块，它既可使局部受压面积增大，又能保证梁端支承压力的有效传递，是解决局部受压承载力不足的有效措施。在实际工程中，常在梁或屋架端部下面的砌体墙上设置连续的钢筋混凝土梁（如圈梁），此钢筋混凝土圈梁可把承受的局部集中荷载扩散到一定范围的砌体墙上，起到垫块的作用，故称为垫梁。

垫块和垫梁的计算公式较为复杂，在此不详述，可参阅《砌体结构设计规范》GB 50003—2011。

3. 轴心受拉承载力计算

由于砌体的抗拉强度要远远低于抗压强度，故实际工程中很少使用轴心受拉砌体构件。轴心受拉构件的承载力应满足下式的要求：

$$N_t \leqslant f_t A \tag{4-13}$$

式中 N_t——轴心拉力设计值；

f_t——轴心抗拉强度设计值。

4. 受弯构件承载力计算

受弯构件除了要计算受弯承载力外，还要进行受剪承载力验算。

（1）受弯构件的承载力应满足下式的要求：

$$M \leqslant f_{tm} W \tag{4-14}$$

式中 f_{tm}——砌体弯曲抗拉强度设计值；

W——截面抵抗矩。

（2）受弯构件的受剪承载力应满足下式的要求：

$$V \leqslant f_v bz \tag{4-15}$$

$$z = I/S \tag{4-16}$$

式中 f_v——砌体抗剪强度设计值；

b——截面宽度；

z——内力臂，当截面为矩形时，为截面高度的 2/3；

I——截面惯性矩；

S——截面面积矩。

4.4 混合结构房屋墙柱设计

混合结构房屋通常指主要承重构件由不同材料组成的房屋，如房屋的楼（屋）盖采用钢筋混凝土结构，而墙体、柱、基础等竖向承重构件采用砌体材料，混合结构房屋适用于多层住宅、宿舍、办公楼、中小学教学楼等。混合结构房屋的结构布置分为横墙承重体系、纵墙承重体系、纵横墙混合承重体系、底部框架－抗震墙承重体系和内框架承重体系五种类型。各种方案的优缺点同混凝土结构布置方案，不再详述。

混合结构房屋墙柱设计必须首先计算构件的内力，而构件内力与其支座条件有关，同一构件在相同荷载作用下对不同的边界约束条件有不同的内力结果，因此首先必须了解墙柱的受力情况和边界条件。

1. 混合结构房屋的空间工作性能

混合结构房屋由屋盖、楼盖、墙体、柱、基础等主要承重构件组成空间受力体系，共同承受各种竖向荷载、水平风荷载和地震作用。在梁端有山墙的房屋中，由于两端山墙的约束，在均匀的水平荷载作用下，整个房屋墙顶的水平位移不再相同。距山墙越远的墙顶，水平位移越大；距山墙越近的墙顶，水平位移越小（图 4-7）。其原因是水平风荷载不仅在纵墙和屋盖组成的平面排架内传递，还通过屋盖平面和山墙平面进行传递，属于空间受力体系。

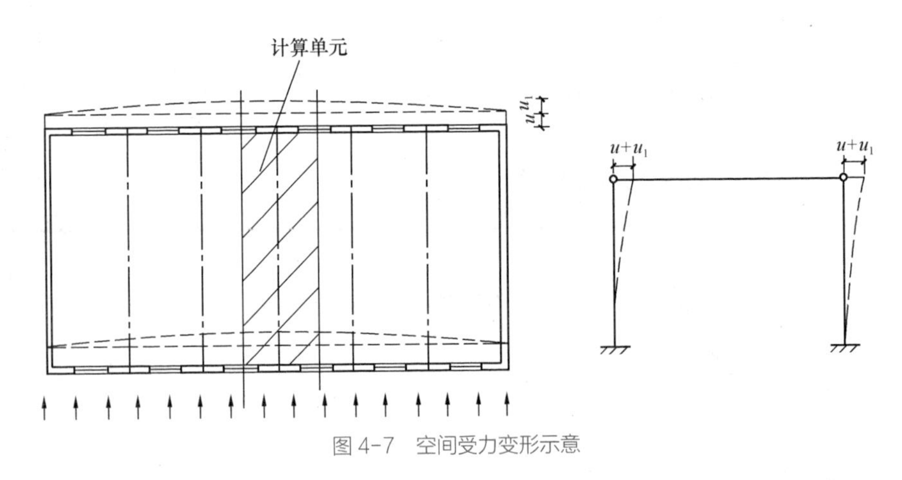

图 4-7 空间受力变形示意

影响房屋空间受力性能的因素主要有屋（楼）盖在其自身平面内的刚度、横墙或山墙的间距以及横墙或山墙在其自身平面内的刚度。

2. 房屋静力计算方案分类

房屋静力计算方案实际上是通过对房屋空间工作性能的分析，按照房屋空间刚度的大小确定墙、柱设计时的计算简图。

根据屋盖或楼盖的类别和横墙的间距，按表 4-12 将混合结构房屋的静力计算方案划分为刚性方案、刚弹性方案和弹性方案三种类型。

（1）刚性方案：指按楼盖、屋盖作为水平不动铰支座对墙、柱进行静力计算的方案。房屋的空间刚度很好，在荷载作用下，墙、柱顶端水平位移等于零。墙、柱的内力按其顶部为不动铰支承的竖向构件计算。

（2）弹性方案：按楼盖、屋盖与墙、柱为铰接，不考虑空间工作的平面排架或框架对墙、柱进行静力计算的方案。房屋的空间刚度较差，墙体内力按墙顶无支承的平面排架计算。由于弹性方案房屋的水平位移较大，稳定性差，多层房屋不宜采用弹性方案。

房屋的静力计算方案　　表 4-12

	屋盖或楼盖类别	刚性方案	刚弹性方案	弹性方案
1	整体式、装配整体和装配式无檩体系钢筋混凝土屋盖或钢筋混凝土楼盖	$s < 32$	$32 \leqslant s \leqslant 72$	$s > 72$
2	装配式有檩体系钢筋混凝土屋盖、轻钢屋盖和有密铺望板的木屋盖或木楼盖	$s < 20$	$20 \leqslant s \leqslant 48$	$s > 48$
3	瓦材屋面的木屋盖和轻钢屋盖	$s < 16$	$16 \leqslant s \leqslant 36$	$s > 36$

注：1. 表中 s 为房屋横墙间距，其长度单位为米；
2. 当多层房屋的屋盖、楼盖类别不同或横墙间距不同时，可按本表规定分别确定各层（底层或顶部各层）房屋的静力计算方案；
3. 对无山墙或伸缩缝无横墙的房屋，应按弹性方案考虑。

（3）刚弹性方案：按楼盖、屋盖与墙、柱为铰接，考虑空间工作的平面排架或框架对墙、柱进行静力计算的方案。房屋的空间刚度介于上述两种方案之间，在荷载作用下，纵墙顶端水平位移比弹性方案要小，但又不能忽略。

在一般房屋设计中，都设计成刚性方案房屋。为保证刚性方案及刚弹性方案的实现，横墙刚度需满足一定的要求。

刚性方案的构件内力计算由结构力学方法可以求得、荷载组合方式按 2.2 节要求进行、承载力验算按前述内容计算，在此不详述。

4.5　构造要求

在砌体结构和构件承载力验算中某些因素尚未得到充分考虑，如砌体结构的整体性，结构计算简图与实际受力的差异，砌体的收缩与温度变形等因素的影响。因此，在砌体结构设计时，除了使计算结果满足要求外，还须采取必要和合理的构造措施，确保砌体结构安全和正常使用。混合结构房屋的墙体构造有：墙、柱高厚比，圈梁设置，防止或减轻墙体开裂措施以及一般构造要求等。

1. 墙柱高厚比验算

砌体结构中的墙、柱是受压构件，除满足截面承载力外，还必须保证其稳定性。墙、柱高厚比验算是保证砌体结构在施工阶段和使用阶段稳定性和房屋空间刚度的重要构造措施。

高厚比用 β 表示，其验算包括两方面内容：允许高厚比限值，墙、柱实际高厚比确定。

允许高厚比 $[\beta]$：允许高厚比 $[\beta]$ 取决于一定时期内材料的质量和施工水平。《砌体结构设计规范》GB 50003—2011 给出了不同砂浆砌筑的墙、柱允许高厚比 $[\beta]$，如表 4-13 所示。

二维码 4.5-1

1）矩形截面墙、柱高厚比验算

矩形截面墙、柱高厚比应按下式验算：

$$\beta=\frac{H_0}{h}\leqslant \mu_1\mu_2[\beta] \tag{4-17}$$

$$\mu_2=1-0.4\frac{b_s}{s} \tag{4-18}$$

式中 H_0——墙、柱的计算高度，应按附表 4-8 确定；

h——墙厚或矩形柱与 H_0 相对应的边长；

$[\beta]$——墙、柱的允许高厚比，应按表 4-13 确定；

μ_1——自承重墙（$h\leqslant 240$mm）允许高厚比的修正系数，按下列规定采用：当 h=240mm 时，μ_1=1.2；当 h=90mm 时，μ_1=1.5；当 90mm < h < 240mm 时，μ_1 可按直线内插法取值；

μ_2——门窗洞口墙允许高厚比的修正系数，且 $\mu_2\geqslant 0.7$；当洞口高度等于或小于墙高的 1/5 时，取 μ_2=1.0；

b_s——在宽度 s 范围内的门窗洞口总宽度，如图 4-8 所示；

s——相邻横墙或壁柱之间的距离。

当洞口高度大于或等于墙高的 4/5 时，可按独立墙段验算高厚比。

墙、柱的允许高厚比 [β] 表 4-13

砌体类型	砂浆强度等级	墙	柱
无筋砌体	M2.5	22	15
	M5.0 或 Mb5.0、Ms5.0	24	16
	≥ M7.5 或 Mb7.5、Ms7.5	26	17
配筋砌体	—	30	21

注：1. 毛石墙、柱允许高厚比应按表中数值降低 20%；
2. 组合砖砌体的允许高厚比，可按表中数值提高 20%，但不得大于 28；
3. 验算施工阶段砂浆尚未硬化的新砌砌体高厚比时，允许高厚比对墙取 14，对柱取 11。

当与墙连接的相邻两横墙间的距离 $s\leqslant \mu_1\mu_2[\beta]h$ 时，墙体的稳定性能够满足要求，墙的计算高度 H_0 可不受式（4-17）的限制。

对于变截面柱，分别对上、下截面进行高厚比验算，且验算上柱高厚比时，墙、柱的允许高厚比 $[\beta]$ 可按表 4-13 的数值乘以 1.3 后采用。

2）带壁柱墙和带构造柱墙的高厚比验算

单层或多层房屋的进深较大时，纵墙常设壁柱成为带壁柱墙，需对整片墙和壁柱间墙分别进

二维码 4.5-2

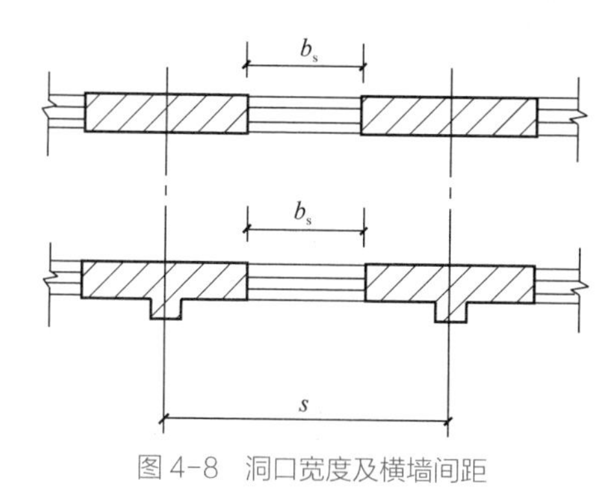

图 4-8　洞口宽度及横墙间距

行高厚比验算。

钢筋混凝土构造柱可提高墙体使用阶段的稳定性和刚度，带构造柱墙的允许高厚比可适当提高。

以上两类情况计算复杂，在此不详述。

2. 圈梁设置及构造要求

为加强房屋的整体性，抵抗地基不均匀沉降或较大振动荷载的作用，提高房屋的抗震性能和抗倒塌能力，墙体应设置钢筋混凝土圈梁。

1）圈梁设置部位：房屋的类型、层数、是否受到振动荷载的作用及地基条件等，是影响圈梁设置位置和数量的主要因素。

（1）厂房、仓库、食堂等空旷单层房屋应按下列规定设置圈梁：砖砌体结构房屋，檐口标高为 5 ~ 8m 时，应在檐口标高处设置圈梁一道；檐口标高大于 8m 时，应增加设置数量。砌块及料石砌体结构房屋，檐口标高为 4 ~ 5m 时，应在檐口标高处设置圈梁一道；檐口标高大于 5m 时，应增加设置数量。对有吊车或较大振动设备的单层工业房屋，当未采取有效的隔振措施时，除在檐口或窗顶标高处设置现浇混凝土圈梁外，尚应增加设置数量。

（2）住宅、办公楼等多层砌体结构民用房屋，且层数为 3 ~ 4 层时，应在底层和檐口标高处各设置一道圈梁。当层数超过 4 层时，除应在底层和檐口标高处各设置一道圈梁外，至少应在所有纵、横墙上隔层设置。多层砌体工业房屋，应每层设置现浇混凝土圈梁。设置墙梁的多层砌体结构房屋，应在托梁、墙梁顶面和檐口标高处设置现浇钢筋混凝土圈梁。

（3）建筑在软弱地基或不均匀地基上的砌体结构房屋，除按以上规定设置圈梁外，尚应符合现行国家标准《建筑地基基础设计规范》GB 50007—2011 的有关规定。

2）圈梁的构造

（1）圈梁宜连续地设在同一水平面上，并形成封闭状；当圈梁被门窗洞口截断时，应在洞口上部增设相同截面的附加圈梁。附加圈梁与圈梁的搭接长度不应小于其中到中垂直间距的 2 倍，且不得小于 1m，如图 4-9 所示。

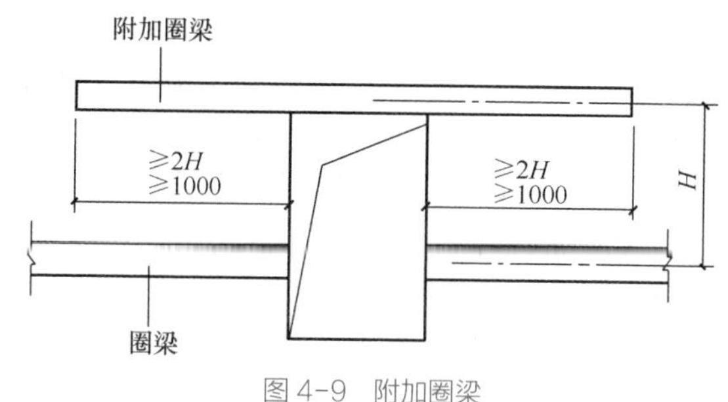

图 4-9　附加圈梁

（2）纵、横墙交接处的圈梁应可靠连接。刚弹性和弹性方案房屋，圈梁应与屋架、大梁等构件可靠连接。

（3）混凝土圈梁的宽度宜与墙厚相

同，宽度不应小于 190mm，高度不应小于 120mm。纵向钢筋数量不应少于 4 根，直径不应小于 12mm，箍筋间距不应大于 200mm。

（4）圈梁兼作过梁时，过梁部分的钢筋应按计算面积另行增配。

（5）采用现浇混凝土楼（屋）盖的多层砌体结构房屋，当层数超过 5 层时，除应在檐口标高处设置一道圈梁外，可隔层设置圈梁，并应与楼（屋）面板一起现浇。未设置圈梁的楼面板嵌入墙内的长度不应小于 120mm，并沿墙长配置不少于 2 根直径为 10mm 的纵向钢筋。

3. 防止或减轻墙体开裂的主要措施

砌体结构是由钢筋混凝土楼盖（木楼盖）、屋盖（木屋盖）和砖墙组成的混合结构房屋，砖墙又由砌块和砂浆构成，各种材料的物理和力学性能有比较大的差别，其结果是在自然界温度发生变化或材料发生收缩时，房屋各组成部分构件将产生各自不同的变形，必然引起彼此的制约作用而产生应力。混凝土和砖砌体这两种材料又都是抗拉强度很弱的非匀质材料，当构件中产生的拉应力超过其抗拉强度时，就出现了不同形式的裂缝。

大量的调查表明，裂缝常发生在下列部位：房屋高度、质量和刚度有较大变化处；地质条件剧变处；基础底面或埋深变化处；房屋平面形状复杂的转角处；房屋过长的中部、整体式或装配整体式屋盖房屋的顶层的墙体。其中，以纵墙的两端和楼梯间、底层两端部的纵墙、老房屋中邻近新建房屋的墙体出现裂缝尤其严重。

产生裂缝的根本原因有两点：一是由于收缩和温度变化引起；二是由于地基不均匀沉降引起。

1）防止或减轻由温差和砌体干缩引起墙体竖向裂缝的主要措施

温差和砌体干缩在墙体内产生的拉应力与房屋的长度成正比。房屋很长时，为了防止或减少房屋在正常使用状态下由温差和砌体干缩引起墙体的竖向裂缝，应在温度和收缩变形引起应力集中、砌体产生裂缝可能性最大处的墙体中设置伸缩缝。通常，伸缩缝设置在房屋转折处、体型变化处、房屋的中间部位以及房屋的错层处。各类砌体房屋伸缩缝的最大间距可按表 4-14 采用。伸缩缝应设在因温度和收缩变形引起应力集中、砌体产生裂缝可能性最大处。

砌体房屋伸缩缝最大间距（m） 表 4-14

屋盖或楼盖类别		间距
整体式或装配整体式钢筋混凝土结构	有保温层或隔热层的屋盖、楼盖	50
	无保温层或隔热层的屋盖	40
装配式无檩体系钢筋混凝土结构	有保温层或隔热层的屋盖、楼盖	60
	无保温层或隔热层的屋盖	50

续表

屋盖或楼盖类别		间距
装配式有檩体系钢筋混凝土结构	有保温层或隔热层的屋盖、楼盖	75
	无保温层或隔热层的屋盖	60
瓦材屋盖，木屋盖或楼盖，轻钢屋盖		100

2）防止或减轻房屋顶层墙体裂缝的主要措施

减小屋盖与墙体之间的温差、选择整体性和刚度相对较小的屋盖、减小屋盖与墙体之间的约束、提高墙体自身的抗拉和抗剪强度，均可有效防止或减轻房屋顶层墙体的裂缝。设计时可采取下列措施：

（1）屋面应设置保温、隔热层。

（2）屋面保温（隔热）层或屋面刚性面层及砂浆找平层应设置分隔缝，分隔缝间距不宜大于6m，其缝宽不小于30mm，并与女儿墙隔开。

（3）顶层屋面板下设置现浇钢筋混凝土圈梁，并沿内外墙拉通，房屋两端圈梁下的墙体内宜设置水平钢筋。

（4）顶层墙体有门窗等洞口时，在过梁上的水平灰缝内设置2～3道焊接钢筋网片或2根直径6mm钢筋，焊接钢筋网片或钢筋应伸入洞口两端墙内不小于600mm。

（5）女儿墙应设置构造柱，构造柱间距不宜大于4m，构造柱应伸至女儿墙顶并与现浇钢筋混凝土压顶整浇在一起。

3）防止由于地基不均匀沉降引起墙体裂缝的主要措施

由地基不均匀沉降引起的房屋裂缝主要有下列三种情况：基础下地基土的性质不同；房屋的各部位存在较大的荷载差；基础在杂填土压缩性地基上。工程上防止因地基不均匀沉降引起墙体开裂的主要措施有：

（1）设置沉降缝：房屋的基础应放在土体地质年代相同、土层物理力学性质基本相同的地基上，如果基础下地基土性质相差较大，房屋各部分的高度、荷载、结构刚度不同，以及高低层的施工时间不同，宜用沉降缝将房屋划分为几个刚度较好的单元。房屋沉降缝宽度设置要求为：2～3层房屋，沉降缝宽度为5～80mm，4～5层房屋，沉降缝宽度为80～120mm，多于5层房屋，沉降缝宽度不小于120mm。

（2）加强房屋的整体刚度：对于3层和3层以上的房屋，长高比L/H宜不大于2.5，合理布置承重横墙的间距；在墙体内设置钢筋混凝土圈梁或钢筋砖圈梁等。

（3）合理安排施工程序：先建造层数多、荷载大的单元，后施工层数少、荷载小的单元。

二维码 4.5-3a

二维码 4.5-3b

4. 一般构造要求

为提高房屋的整体性，需满足以下构造要求：

（1）墙体转角处和纵横墙交接处应设置水平拉结钢筋或钢筋焊接网。

（2）钢筋混凝土楼、屋面板应符合下列规定：①现浇钢筋混凝土楼板或屋面板伸进纵、横墙内的长度，均不应小于 120mm；②预制钢筋混凝土板在混凝土梁或圈梁上的支承长度不应小于 80mm；当板未直接搁置在圈梁上时，在内墙上的支承长度不应小于 100mm，在外墙上的支承长度不应小于 120mm；③预制钢筋混凝土板端钢筋应与支座处沿墙或圈梁配置的纵筋绑扎，应采用强度等级不低于 C25 的混凝土浇筑成板带；④预制钢筋混凝土板与现浇板对接时，预制板端钢筋应与现浇板可靠连接；⑤当预制钢筋混凝土板的跨度大于 4.8m 并与外墙平行时，靠外墙的预制板侧边应与墙或圈梁拉结；⑥钢筋混凝土预制板应相互拉结，并应与梁、墙或圈梁拉结。

（3）承受吊车荷载的单层砌体结构应采用配筋砌体结构。

（4）单层空旷房屋大厅屋盖的承重结构，在下列情况下不应采用砖柱：①大厅内设有挑台；② 6 度时，大厅跨度大于 15m 或柱顶高度大于 8m；③ 7 度（0.10g）时，大厅跨度大于 12m 或柱顶高度大于 6m；④ 7 度（0.15g）、8 度、9 度时的大厅。

4.6 过梁、墙梁和挑梁

扫码观看 4.6 节

4.7 砌体结构房屋抗震设计简述

1. 破坏类型

历次震害调查结果表明，砌体结构房屋通过合理的抗震设计并采取相应的抗震构造措施，且砌体材料和施工的质量均得到保证时，房屋在高烈度区仍具有较好的抗震性能。房屋震害主要是由于承载力不足或构造处理不妥导致，其主要震害可概括为如下 6 种类型。

1）墙体破坏

墙体的破坏主要表现为墙体内形成斜裂缝、交叉裂缝、水平裂缝或竖向裂缝，严重时出现倾斜甚至倒塌现象。

当横墙间距过大或楼盖水平刚度过小时，在水平地震作用下，纵墙产生过大的平面外变形，最后墙体因抗弯刚度不足，在窗间墙上下截面处或外纵墙在楼板高度处产生水平裂缝。

2）墙角破坏

墙角位于房屋的尽端，地震时墙角所受的扭转作用较大，而房屋对它的约束作用相对较弱，墙角处受力复杂。因此，墙角处容易开裂甚至局部倒塌。尤其空旷房间或楼梯间布置在房屋的端部时，墙角破坏更加严重。

3）楼梯间破坏

楼梯间开间较小且水平方向的刚度较大，分担的地震作用亦较大，楼梯间墙体与楼盖、屋盖的连系较其他墙体差。顶层楼梯间高度较大，为一般楼层高度的 1.5 倍，墙体平面外的稳定性差。因此，楼梯间的破坏比一般墙体严重。此外，若构件连接薄弱，楼梯间还可能出现预制踏步板在接头处拉开、现浇楼梯踏步板与平台梁连接处拉断等现象。

4）纵横墙连接处破坏

地震时，纵横墙连接处将受到两个方向的地震作用，受力较复杂且易产生应力集中，若纵横墙连接处未按施工要求咬槎砌筑时，该处易产生竖向裂缝，严重时纵墙与横墙脱开，纵墙外闪甚至倒塌，导致房屋整体性丧失。

5）楼盖、屋盖破坏

预制板或梁在墙上的支承长度过小、板或梁与墙体间缺乏可靠的拉结，地震时可能出现楼板从墙内或梁上滑落。

6）突出屋面部位破坏

突出屋面的烟囱、女儿墙等，由于与主体结构连接较差以及地震时的“鞭梢效应”影响，其破坏比主体结构严重。

2. 结构布置原则

根据规范提出的抗震设防目标和要求，在进行砌体结构房屋的抗震设计时，除了对建筑物的承载力进行验算外，还应对房屋的结构体系、平面布置、结构形式、高度和层高等进行合理的选择。

1）结构体系

（1）优先采用横墙承重或纵横墙共同承重的结构体系。不应采用砌体墙和混凝土墙混合承重的结构体系。

（2）纵横向砌体抗震墙的布置宜均匀对称，沿平面内宜对齐，沿竖向应上下连续，且纵横向墙体的数量不宜相差过大。

（3）平面轮廓凹凸尺寸，不应超过典型尺寸的 50%，当超过典型尺寸的 25% 时，房屋转角处应采取加强措施，楼板局部大洞口的尺寸不宜超过楼板宽度的 30%，且不应在墙体两侧同时开洞；房屋错层的楼板高差超过 500mm 时，应按两层计算，错层部位的墙体应采取加强措施。

（4）同一轴线上的窗间墙宽度宜均匀；墙面洞口的立面面积：6、7 度时不宜大于墙面总面积的 55%，8、9 度时不宜大于 50%。

（5）在房屋宽度方向的中部应设置内纵墙，其累计长度不宜小于房屋总长度的 60%（高宽比大于 4 的墙段可不计入）。

（6）房屋立面高差在 6m 以上，或房屋有错层，且楼板高差大于层高的 1/4；或各部分结构刚度、质量截然不同时，应设置防震缝，防震缝两侧均应设置墙体，缝宽可采用 70 ~ 100mm。

（7）楼梯间不宜设置在房屋的尽端或转角处；不应在房屋转角处设置转角窗；横墙较少、跨度较大的房屋，宜采用现浇钢筋混凝土楼、屋盖。

2）房屋总高度、层数及层高限制

多层砌体房屋的总高度和层数，应符合表 4-15 的规定。横墙较小时，需适当降低房屋高度，总高度应比表 4-15 的规定降低 3m，层数相应减少一层；各层横墙很少的多层砌体房屋，还应再减少一层。所谓横墙较少是指同一楼层内开间大于 4.2m 的房间占该层总面积的 40% 以上；其中，开间不大于 4.2m 的房间占该层总面积不到 20% 且开间大于 4.8m 的房间占该层总面积的 50% 以上为横墙很少。

甲、乙类建筑不应采用底部框架－抗震墙砌体结构。乙类的多层砌体房屋应按表 4-15 的规定层数减少 1 层、总高度应降低 3m。

丙类砌体房屋的层数和总高度限值（m） 表 4-15

房屋类型		最小墙厚度（mm）	设防烈度和设计基本地震加速度											
			6		7				8				9	
			0.05g		0.10g		0.15g		0.20g		0.30g		0.40g	
			高度	层数	高度	层数	高度	层数	高度	层数	高度	层数	高度	层数
多层砌体房屋	普通砖	240	21	7	21	7	21	7	18	6	15	5	12	4
	多孔砖	240	21	7	21	7	18	6	18	6	15	5	9	3
	多孔砖	190	21	7	18	6	15	5	15	5	12	4	—	—
	小砌块	190	21	7	21	7	18	6	18	6	15	5	9	3
底部框架－抗震墙房屋	普通砖 多孔砖	240	22	7	22	7	19	6	16	5	—	—	—	—
	多孔砖	190	22	7	19	6	16	5	13	4	—	—	—	—
	小砌块	190	22	7	22	7	19	6	16	5	—	—	—	—

注：1. 房屋的总高度指室外地面到主要屋面板板顶或檐口的高度，半地下室从地下室室内地面算起，全地下室和嵌固条件好的半地下室应允许从室外地面算起；
2. 室内外高差大于 0.6m 时，房屋总高度应允许比表中的数据适当增加，但增加量应少于 1.0m；
3. 乙类建筑的多层砌体房屋仍按本地区设防烈度查表，其层数应减少一层且总高度应降低 3m；不应采用底部框架－抗震墙砌体房屋。

多层砌体房屋的层高，不应超过 3.6m；采用加强措施的普通砖砌体房屋的层高，不超过 3.9m。底部框架－抗震墙砌体房屋的底部，层高不应超过 4.5m；当底层采用约束砌体墙后，底层的层高不应超过 4.2m。

3）房屋高宽比

为了保证房屋的整体稳定性，房屋总高度与总宽度比值应符合表 4-16 的要求。

房屋最大高宽比　　表 4-16

设防烈度	6	7	8	9
最大高宽比	2.5	2.5	2.0	1.5

4）抗震横墙最大间距

为了确保横向水平地震作用主要由横墙承担，楼盖必须具备足够的水平刚度。多层砌体房屋抗震横墙最大间距不应超过表 4-17 的要求。

房屋抗震横墙的间距（m）　　表 4-17

房屋类型		设防烈度			
		6	7	8	9
多层砌体房屋	现浇或装配整体式钢筋混凝土楼、屋盖	15	15	11	7
	装配式钢筋混凝土楼、屋盖	11	11	9	4
	木屋盖	9	9	4	—
底部框架－抗震墙房屋	上部各层	同多层砌体房屋			—
	底层或底部二层	18	15	11	—

5）房屋局部尺寸限值

为了使各墙体受力均匀、避免结构中出现抗震薄弱环节，砌体房屋的某些局部尺寸应符合表 4-18 的要求。

房屋的局部尺寸限值（m）　　表 4-18

部位	6 度	7 度	8 度	9 度
承重窗间墙最小宽度	1	1	1.2	1.5
承重外墙尽端至门窗洞边的最小距离	1	1	1.2	1.5
非承重外墙尽端至门窗洞边的最小距离	1	1	1	1
内墙阳角至门窗洞边的最小距离	1	1	1.5	2
无锚固女儿墙（非出入口处）的最大高度	0.5	0.5	0.5	0

注：1. 局部尺寸不足时，应采取局部加强措施弥补，且最小宽度不宜小于 1/4 层高和表列数据的 80%；
2. 出入口处的女儿墙应有锚固。

6）底部框架－抗震墙砌体房屋结构布置

底部框架－抗震墙砌体房屋的底部易发生集中变形，产生较大的侧移而破坏，甚至倒塌。因此，底部框架－抗震墙砌体房屋的结构布置，除满足前述有关要求外，还应符合下列要求：

（1）房屋的底部，应沿纵横两个方向设置一定数量的抗震墙，并应均匀对称布置，使房屋底层或底部纵横两个方向的侧向刚度接近。

（2）抗震墙应设置整体性好的基础，如采用条形基础、筏形基础。

（3）上部的砌体墙体与底部的框架梁或抗震墙，除楼梯间附近的个别墙段外均应对齐。

（4）底层框架－抗震墙砌体房屋的纵横两个方向，第二层计入构造柱影响的侧向刚度与底层侧向刚度的比值，6度、7度时不应大于2.5，8度时不应大于2.0，且均不应小于1.0。

（5）底部2层框架－抗震墙砌体房屋纵横两个方向，底层与底部第二层侧向刚度应接近，第三层计入构造柱影响的侧向刚度与底部第二层侧向刚度的比值，6度、7度时不应大于2.0，8度时不应大于1.5，且均不应小于1.0。

7）配筋混凝土砌块砌体剪力墙房屋结构布置

配筋混凝土砌块砌体剪力墙（抗震墙）房屋的结构布置，除满足砌体房屋一般要求外，还在房屋的总高度、高宽比、房屋的层高、剪力墙最大间距、结构抗震等级、防震缝设置及材料性能指标等方面要满足一定要求，具体参见《砌体结构设计规范》GB 50003—2011。

3. 抗震承载力验算

砌体结构房屋的地震作用计算方法采用底部剪力法或反应谱法进行（可参见第11章相应内容），求得各层间剪力后，各片抗侧力墙体所分配的地震剪力与墙体侧向刚度成正比。原则上应将地震沿房屋的两个主轴方向进行分解，并以此验算房屋纵、横墙抗震能力；对屋面突出的楼梯间、女儿墙等小建筑，须考虑“鞭梢效应”的影响。

1）砌体的抗震抗剪强度设计值

由于压应力在一定范围内能够有效地提高墙体的抗剪强度，各类砌体沿阶梯形截面破坏的抗震抗剪强度设计值，按下式确定：

$$f_{vE} = \zeta_N f_v \tag{4-19}$$

式中 f_{vE}——砌体沿阶梯形截面破坏的抗震抗剪强度设计值；

f_v——非抗震设计时砌体抗剪强度设计值；

ζ_N——砌体抗震抗剪强度的正应力影响系数，可按表4-19采用。

影响系数 ζ_N　　表 4-19

砌体类别	σ_0/f_v							
	0.0	1.0	3.0	5.0	7.0	10.0	12.0	≥ 16.0
普通砖、多孔砖	0.80	0.99	1.25	1.47	1.65	1.9	2.05	
小砌块		1.23	1.69	2.15	2.57	3.02	3.32	3.92

注：σ_0 为对应于重力荷载代表值的砌体截面平均压应力。

2）普通砖、多孔砖墙体截面抗震抗剪承载力验算

（1）一般情况下，墙体截面抗震抗剪承载力按下式验算：

$$V \leqslant A f_{vE} / \gamma_{RE} \tag{4-20}$$

式中　V——考虑地震作用组合的墙体剪力设计值；

f_{vE}——砖砌体沿阶梯形截面破坏时抗震抗剪强度设计值；

A——墙体横截面面积；

γ_{RE}——承载力抗震调整系数，应按表 4-20 采用。

承载力抗震调整系数　　表 4-20

结构构件类别	受力状态	γ_{RE}
两端均设构造柱、芯柱的承重墙	受剪	0.9
其他承重墙	受剪	1.0
组合砖砌体抗震墙	偏压、大偏拉和受剪	0.9
配筋砌块砌体抗震墙	偏压、大偏拉和受剪	0.85
自承重墙	受剪和受压	0.75

（2）水平配筋墙体、网状配筋墙体及设置构造柱墙体截面抗震抗剪承载力都能得以提高，具体计算公式见《砌体结构设计规范》GB 50003—2011。

3）混凝土砌块墙体抗震抗剪承载力验算

无筋砖砌体墙的截面抗震受压承载力，按本章计算的截面非抗震受压承载力除以承载力抗震调整系数进行计算。

4 抗震构造措施

抗震构造措施是指根据抗震概念设计原则，一般不需计算而对结构和非结构各部分必须采取的各种细部要求。其主要目的在于加强房屋的整体性，增强房屋构件间的连接，提高房屋的抗震

能力。它是对抗震承载力验算的一种补充和保证。

抗震构造措施主要体现在以下方面，必须指出的是这里所提要求都是最基本的，有许多要根据设防烈度大小进行加强，具体办法可参见有关专著或规范。

1）构造柱设置

（1）构造柱设置部位

构造柱设置部位，一般在楼、电梯间四角、楼梯斜梯段上下端对应的墙体处，外墙四角和对应转角，错层部位横墙与外纵墙交接处，大房间内外墙交接处及较大洞口两侧。其他内外墙交接处等应设置构造柱的位置详见规范。

（2）构造柱截面及连接

构造柱的最小截面可为 180mm×240mm，纵向钢筋宜采用 4ϕ12，箍筋直径可采用 6mm，间距不宜大于 250mm，且在柱上、下端适当加密。房屋四角的构造柱应适当加大截面及配筋。

构造柱与墙连接处应砌成马牙槎，沿墙高每隔 500mm 设 2ϕ6 水平钢筋，每边伸入墙内不宜小于 1m。

构造柱可不单独设置基础，但应伸入室外地面下 500mm，或与埋深小于 500mm 的基础圈梁相连。

2）芯柱设置

（1）芯柱设置部位

芯柱设置在外墙转角，楼、电梯间四角，楼梯斜梯段上下端对应的墙体处，大房间内外墙交接处，错层部位横墙与外纵墙交接处。

（2）芯柱截面与连接

芯柱截面一般为砌块孔洞的尺寸，芯柱截面不宜小于 120mm×120mm，其混凝土强度等级不应低于 Cb20。

芯柱的竖向插筋应贯通墙身且与圈梁连接，插筋不应小于 1ϕ12。

芯柱应伸入室外地面下 500mm 或与埋深小于 500mm 的基础圈梁相连。

芯柱可以用构造柱代替，有关构造同构造柱要求。

3）圈梁设置

圈梁设置及构造要求除满足前述要求外，还需满足在所有墙体上的屋盖处及每层楼盖处，构造柱对应部位设置。

圈梁截面高度不应小于 120mm，配筋不少于 4ϕ10，箍筋最大间距不大于 250mm；当考虑地基不均匀沉降要求增设的基础圈梁，截面高度不应小于 180mm，配筋不应少于 4ϕ12。

4）楼（屋）盖与承重墙体连接

（1）楼板在墙上或梁上应有足够的支承长度，罕遇地震下楼板不应跌落或拉脱。

（2）装配式钢筋混凝土楼板或屋面板，应采取有效的拉结措施，保证楼、屋面的整体性。

（3）楼、屋面的钢筋混凝土梁或屋架应与墙、柱（包括构造柱）或圈梁可靠连接；不得采用独立砖柱。跨度不小于 6m 的大梁，其支承构件应采用组合砌体等加强措施，并应满足承载力要求。

5）楼梯间要求

（1）不应采用悬挑式踏步或踏步竖肋插入墙体的楼梯，8 度、9 度时不应采用装配式楼梯段。

（2）装配式楼梯段应与平台板的梁可靠连接。楼梯栏板不应采用无筋砖砌体。

（3）楼梯间及门厅内墙阳角处的大梁支承长度不应小于 500mm，并应与圈梁连接。

（4）顶层及出屋面的楼梯间，构造柱应伸到顶部，并与顶部圈梁连接，墙体应设置通长拉结钢筋网片。

（5）顶层以下楼梯间墙体应在休息平台或楼层半高处设置钢筋混凝土带或配筋砖带，并与构造柱连接。

6）砌体房屋

（1）砌体房屋应设置现浇钢筋混凝土圈梁、构造柱或芯柱。

（2）砌体结构房屋中的构造柱、芯柱、圈梁及其他各类构件的混凝土强度等级不应低于 C25。对于砌体抗震墙，其施工应先砌墙后浇构造柱、框架梁柱。

7）底部框架 - 抗震墙砌体房屋抗震构造措施

底部框架 - 抗震墙砌体房屋与上述多层砌体房屋在受力性能上有所不同，其抗震构造措施的重点在于防止该结构体系在地震作用下产生薄弱层或薄弱部位，确保房屋的上、下部有良好的协同抗震能力。为此，对房屋过渡层的楼盖、托梁、柱、墙体及房屋底部抗震墙在材料强度等级、截面尺寸及配筋等方面的要求及采取的加强措施都进行了强制性条文规定。具体参见《建筑抗震设计规范》GB 50011—2010（2016 年版）和《砌体结构通用规范》GB 55007—2021。

配筋砌块砌体抗震墙结构抗震构造措施参见《砌体结构设计规范》GB 50003—2011 和《砌体结构通用规范》GB 55007—2021。

思考题与习题

4-1　影响砌体抗压强度的主要因素有哪些?

4-2　为何要考虑砌体强度设计值的调整系数?

4-3　如何确定混合结构房屋的静力计算方案?

4-4　影响无筋砌体受压构件承载力的主要因素有哪些?

4-5 为何要控制无筋砌体受压构件的轴向力偏心距 $e \leqslant 0.6y$？当出现 $e > 0.6y$ 时，应采取哪些措施？

4-6 砌体局部抗压强度提高的原因是什么？

4-7 为何要进行墙、柱的高厚比验算？

4-8 地震时，多层砌体结构房屋的破坏特点是什么？

4-9 多层砌体结构房屋中设置构造柱、圈梁的目的分别是什么？

第5章

钢结构

5.1 钢结构特点及发展

1. 钢结构特点

钢结构是土木工程的主要结构种类之一。钢结构是以钢板、角钢、工字钢、槽钢、H型钢、钢管和圆钢等热轧钢材或冷加工成型的型钢通过焊接、铆接或螺栓连接而成的结构。它在房屋建筑、地下建筑、桥梁、海洋平台、矿山建筑、水工建筑中都得到广泛应用，具有以下特点：

（1）强度高，重量轻。在同样受力的情况下，钢结构与钢筋混凝土结构和木结构相比，构件截面面积较小，重量较轻。

（2）材性好，可靠性高。材质均匀性好，且有良好的塑性和韧性，计算理论能够较好地反映钢结构的实际工作性能。

（3）加工性能和焊接性能良好，工期短。钢结构一般为工厂制作，工地安装的施工方法，有效地缩短工期，降低了造价。

（4）抗震性能好。由于自重轻和结构体系相对较柔，历次地震中表现了良好的抗震性能，是抗震设防地区特别是强震区的最合适结构。

（5）耐热性较好。钢结构可用于温度不高于250℃的场合。当温度达到300℃以上时，对钢结构必须采取防护措施。

钢结构的下列缺点有时会影响钢结构的应用：

（1）耐锈蚀性差。钢结构一般隔一定时间都要重新刷涂料，维护费用较高。

（2）耐火性差。未防护的钢结构在火灾中一般只能维持20min左右。如在钢结构外包其他防火材料，或在构件表面喷涂防火涂料则可提高其防火性能。

2. 钢结构发展

中华人民共和国成立初期，由于受到钢产量的制约，钢结构仅在重型厂房、大跨度公共建筑、铁路桥梁以及塔桅结构中采用。1975年建成的上海体育馆采用的三向网架，跨度已达110m，武汉和南京长江大桥都采用了铁路公路两用双层钢桁架桥。1977年北京建成的环境气

二维码 5.1-1

二维码 5.1-2

二维码 5.1-3a

二维码 5.1-3b

二维码 5.1-4

象塔是一高达 325m 的 5 层纤绳三角形杆身的钢桅杆结构。

1987 年以后，钢结构应用的领域有了较大的扩展。高层和超高层房屋、大跨度会展中心、城市桥梁和大跨度公路桥梁以及海上采油平台等都已采用钢结构。1998 年建成的地上 88 层、地下 3 层、高 420m 的上海金茂大厦，标志着我国的超高层钢结构已进入世界前列。1994 年建成的天津新体育馆采用圆形平面球面双层网壳，直径达 108m，使我国网壳结构跨度突破 100m 大关。1994 年建成的铁路、公路两用的双层九江长江大桥，其中主联跨长（180+216+180）m，并用柔性拱加劲。可以预期，我国钢结构发展的主要方向为：大跨度公共建筑、高层及超高层建筑、大跨度公路及城市桥梁、需拆卸及搬移的结构等。

5.2　钢结构材料及力学性能

1. 钢材种类和规格

1）钢材种类

在钢结构中采用的钢材主要有两个种类：一是碳素结构钢（或称为普通碳素钢），二是低合金结构钢。

（1）碳素结构钢

根据国家标准《碳素结构钢》GB/T 700—2006 的规定，碳素结构钢分为 Q195、Q215、Q235 和 Q275 共四种牌号，其中 Q 是屈服强度中屈字汉语拼音的字首，后接的阿拉伯数字表示屈服强度的大小，单位为“N/mm^2”，阿拉伯数字越大，含碳量越大，强度和硬度越大，塑性越低。其中 Q235 在使用、加工和焊接方面的性能都比较好，是钢结构常用钢材品种之一。

碳素结构钢力学性能内容为：屈服强度（f_y）、极限强度（f_u）和伸长率（δ_5 或 δ_{10}）。

（2）低合金结构钢

根据国家标准《低合金高强度结构钢》GB/T 1591—2018 的规定，低合金高强度结构钢分为 Q345、Q390、Q420、Q460、Q500、Q550、Q620、Q690 共八种牌号，符号含义同碳素结构钢。其中 Q345、Q390、Q420、Q460 为钢结构常用的钢种。

低合金结构钢力学性能内容为：屈服强度（f_y）、极限强度（f_u）、伸长率（δ_5 或 δ_{10}）和冷弯试验。

钢材的强度设计值见附表 5-1、附表 5-2。

2）钢材规格

钢结构所用的钢材主要为热轧成型的钢板、型钢以及冷弯成型的薄壁型钢，还有热轧成型钢管和冷弯成型焊接钢管。

(1)钢板

钢板有薄板、厚板、特厚板和扁钢(钢带)等。

薄钢板主要是用来制造冷弯薄壁型钢;厚钢板用作梁、柱、实腹式框架等构件的腹板和翼缘,以及桁架中的节点板;特厚板用于高层钢结构箱形柱等;扁钢可作为组合梁的翼缘板、各种构件的连接板、桁架节点板和零件等。

(2)型钢

常用的型钢是角钢、工字形钢、槽钢和H型钢、钢管等,除H型钢和钢管有热轧和焊接成型外,其余型钢均为热轧成型,如图5-1所示。

①角钢:角钢有等边角钢和不等边角钢两种,可以用来组成独立的受力构件,或作为受力构件之间的连接零件。

②工字钢:工字钢有普通工字钢和轻型工字钢两种,主要用于受弯构件,或由几个工字钢组成的组合构件。

③槽钢:槽钢分普通槽钢和轻型槽钢两种,槽钢伸出肢较大,可用于屋盖檩条,承受斜弯曲或双向弯曲。

④H型钢:H型钢分热轧和焊接两种。H型钢的两个主轴方向的惯性矩接近,使构件受力更加合理。H型钢已广泛应用于高层建筑、轻型工业厂房和大型工业厂房中。

⑤钢管:钢管的类型分为圆钢管和方钢管。钢管常用于网架与网壳结构的受力构件、厂房和高层结构柱,有时在钢管内浇筑混凝土,形成钢管混凝土柱。

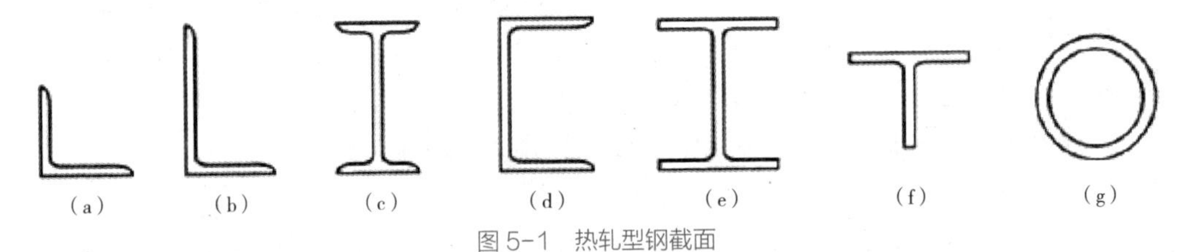

图5-1 热轧型钢截面

(a)等边角钢;(b)不等边角钢;(c)工字钢;(d)槽钢;(e)H型钢;(f)T型钢;(g)钢管

(3)冷弯薄壁型钢

冷弯薄壁型钢采用薄钢板冷轧而制成,其截面形式及尺寸按合理方案设计,用于厂房的檩条、墙梁,也可用作承重柱和梁。常用冷弯薄壁型钢的形式见图5-2。

2. 单轴反复应力作用下特性

掌握钢材在各种应力状态和不同使用条件下的工作性能,能够选择合适的钢材,使结构安全可靠并满足使用要求,还能最大程度地节约钢材和降低造价。

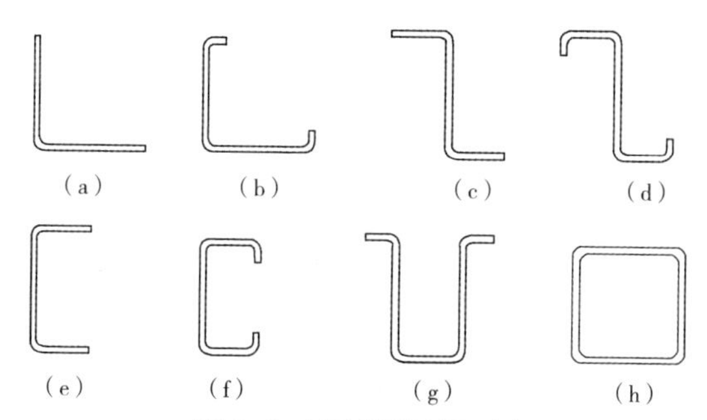

图 5-2 冷弯薄壁型钢形式

(a) 等边角钢;(b) 卷边等边角钢;(c) Z 形钢;(d) 卷边 Z 形钢;
(e) 槽钢;(f) 卷边槽钢;(g) 向外卷边槽钢;(h) 方钢管

钢材在单向均匀受拉时的荷载 - 变形曲线参见图 3-6，在此不再重述。本节主要讨论钢材在单轴反复应力作用下的特性。

试验表明，当构件反复应力 $|\sigma| < f_y$ 时，材料处于弹性阶段，反复应力作用下钢材的材性无变化，也不存在残余变形。当钢材反复应力 $|\sigma| > f_y$ 时，材料处于弹塑性阶段，重复应力和反复应力引起塑性变形的增长（图 5-3）。图 5-3（a）表示重复加载是在卸载后马上进行的应力 - 应变图，应力 - 应变曲线不发生变化。图 5-3（b）表示重新加载前有一定间歇时期后的应力 - 应变曲线。从图中看出，屈服点提高，韧性降低，并且极限强度也稍有提高。这种现象称为钢材的时效现象。图 5-3（c）表示反复加载时钢材应力 - 应变曲线。多次反复加荷后，钢材的强度下降，这种现象称为钢材疲劳。

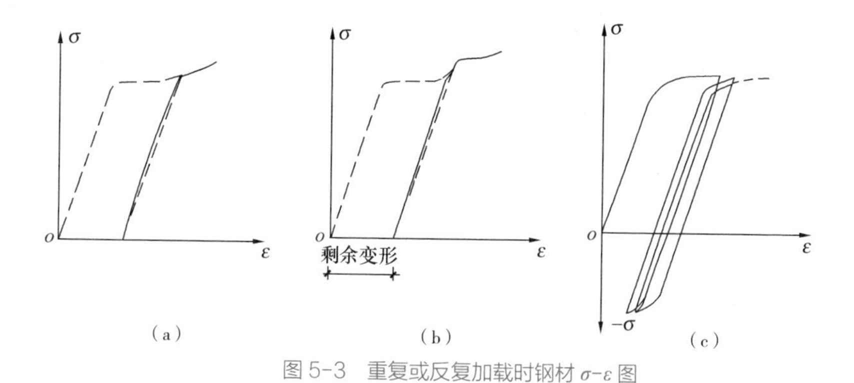

图 5-3 重复或反复加载时钢材 σ-ε 图

3. 钢材的破坏形式

钢材在力的作用下有两种性质完全不同的破坏形式，即塑性破坏和脆性破坏。建筑钢结构所用钢材虽然有较好的塑性和韧性，但在一定的条件下，仍然有脆性破坏的可能性。两者的破坏特征有明显的区别。

钢材的塑性破坏是由于构件的应力达到材料的极限强度而产生的，破坏断口呈纤维状，破坏前有较大的塑性变形，且变形持续时间长、容易发现并采取有效补救措施，通常不会引起严重后果。钢材的脆性破坏是在塑性变形很小，甚至没有塑性变形的情况下突然发生的，破坏时构件的计算应力可能小于钢材的屈服强度，破坏的断口平齐并呈有光泽的晶粒状。由于钢材脆性破坏前没有明显的征兆，不能及时察觉和补救，破坏后果严重。

因此，在钢结构的设计、施工和使用中，要充分考虑各方面因素，尽量避免一切可能发生的脆性破坏。

4. 建筑钢材的选用

1）钢结构对材料的要求

根据用途的不同，钢材可分为多种类别，性能也有很大差别，适用于建筑钢结构的钢材必须符合下列要求：

（1）较高的抗拉强度 f_u 和屈服强度 f_y：f_y 是衡量结构承载能力和确定强度设计值的重要指标，f_y 高则可减轻结构自重，节约钢材和降低造价。f_u 是衡量钢材经过较大变形后抵抗拉断的性能指标，它直接反映钢材内部组织的优劣，而且与抗疲劳能力有比较密切的关系，同时 f_u 高可以增加结构的安全保障。

（2）较好的塑性和韧性：塑性好，结构在静荷载作用下有足够的应变能力，破坏前变形明显，可减轻或避免结构脆性破坏的发生；还可通过较大的变形调整局部应力，提高构件的延性，使其具有较好的抵抗重复荷载作用的能力，有利于结构的抗震。冲击韧性好，可在动荷载作用下破坏时吸收较多的能量，提高结构抵抗动荷载的能力，避免发生裂纹和脆性断裂。

（3）良好的加工性能（包括冷加工、热加工和焊接性能）：钢材经常在常温下进行加工，良好的加工性能不但可保证钢材在加工过程中不发生裂纹或脆断，而且不致因加工而对结构的强度、塑性、韧性等造成较大的不利影响。

在符合上述要求的条件下，根据结构的具体工作条件，有时还要求钢材具有适应低温、高温和腐蚀性环境的能力。

2）选用原则

承重结构所用的钢材应具有屈服强度、抗拉强度、断后伸长率和硫、磷含量的合格保证，对焊接结构尚应具有碳当量的合格保证。焊接承重结构以及重要的非焊接承重结构采用的钢材应具有冷弯试验的合格保证；对直接承受动力荷载或需验算疲劳的构件所用钢材尚应具有冲击韧性的合格保证。由于建筑钢材性能受多种因素的影响，材料选择的最终目的是为了防止建筑钢材可能发生的脆性破坏。

综合上述因素，用于承重结构的钢材宜选用 Q235、Q345、Q390、Q420 和 Q460，其质量要求应保证抗拉强度、屈服强度、断后伸长率、冷弯性能和硫、磷的极限含量，焊接结构尚应保证碳的极限含量。

对与需要验算疲劳的焊接结构的钢材，应具有常温冲击韧性的合格保证。当结构工作温度高于 0℃时，钢材质量等级不应低于 B 级；当结构工作温度等于或低于 0℃但高于 -20℃时，Q235 钢和 Q345 钢不应低于 C 级，Q390 钢、Q420 钢、Q460 钢不应低于 D 级；当结构工作温度等于或低于 -20℃时，Q235 钢和 Q345 钢不应低于 D 级，Q390 钢、Q420 钢和 Q460 钢应选用 E 级。

对于需要验算疲劳的非焊接结构的钢材也应具有常温冲击韧性的合格保证。其钢材质量等级要求可较需要验算疲劳的焊接结构降低一级，但不应低于 B 级。另外，在不高于 -20℃环境下工作的承重结构受拉板材，其选材还应符合下列规定：不宜采用过厚（厚度大于 40mm）的钢板，质量等级不宜低于 C 级；严格控制钢材的硫、磷、氮含量；当板厚大于 40mm 时，质量等级不宜低于 D 级；重要承重结构受拉板材宜选用 GJ 钢。有抗震设防要求的钢结构，可能发生塑性变形的构件或部位所采用的钢材应符合现行《建筑抗震设计规范》GB 50011—2010（2016 年版）中的相关规定。

5.3　钢结构连接

钢结构的基本构件由钢板、型钢等连接而成，制作时，一般须将钢材加工成零件，运到工地后再通过连接安装成整体结构。

1. 钢结构连接方式

钢结构的连接方式一般采用焊接和紧固件（图 5-4）连接，后者主要指螺栓连接和铆钉连接。

焊接连接是现代钢结构最主要的连接方式，它的优点是任何形状的结构都可用焊缝连接，构造简单。但焊缝质量易受材料和操作的影响。

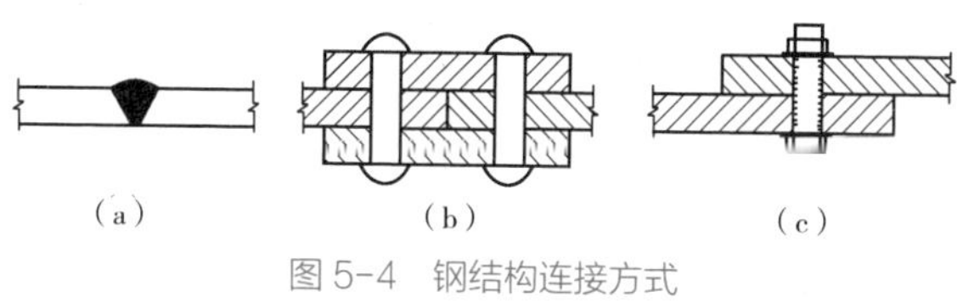

图 5-4　钢结构连接方式

（a）焊接连接；（b）铆钉连接；（c）螺栓连接

焊缝缺陷一般位于焊缝或其附近热影响区钢材的表面及内部，通常表现为裂纹、未熔合、夹渣、焊瘤、电弧擦伤、未焊满、根部收缩等。焊缝表面缺陷可通过外观检查，内部缺陷则用无损探伤（超声波或X射线、γ射线）确定。焊缝质量分为三级，一级要求最高。

铆钉连接需要先在构件上开孔，用加热的铆钉进行铆合。铆钉连接由于费钢费工，现在很少采用。

螺栓连接采用的螺栓有普通螺栓和高强度螺栓两种。普通螺栓的优点是装卸便利，不需特殊设备。高强度螺栓是用强度较高的钢材制作，安装时通过特制的扳手，以较大的扭矩上紧螺帽，使螺杆产生很大的预应力。高强度螺栓连接分为摩擦型连接和承压型连接两种。

除上述常用连接外，在薄钢结构中还经常采用射钉、自攻螺钉和焊钉等连接方式。在铰接中还可以采用销轴连接。

2. 焊接连接形式

焊缝连接形式可按构件相对位置、构造和施焊位置来划分。

1）按构件相对位置其可分为平接、搭接和顶接三种类型（图5-5）。

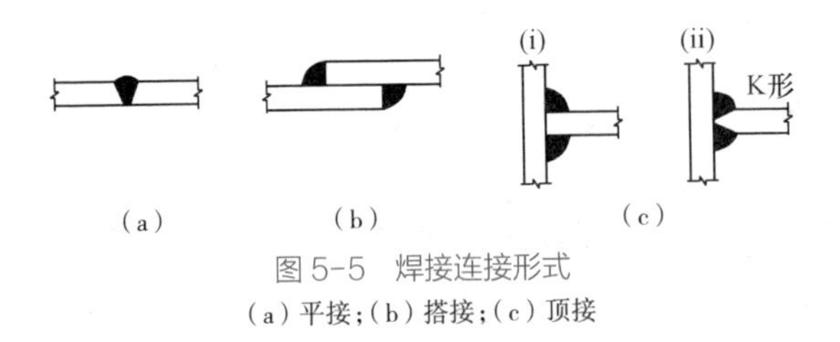

图5-5 焊接连接形式
（a）平接；（b）搭接；（c）顶接

2）按构造其可分为对接焊接和角焊接两种形式。图5-5中的平接（K形焊接）为对接焊缝，对接焊缝一般焊透全厚度。对接焊缝按作用力方向其可分为直缝和斜缝（图5-6）。搭接和顶接为角焊缝。角焊缝按作用力方向可分为侧缝和端缝（图5-7）。

3）按施焊位置其可分俯焊、立焊、横焊和仰焊等几种（图5-8）。

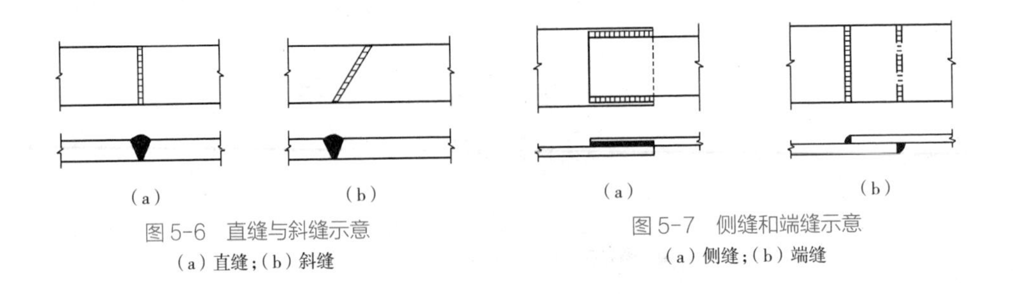

图5-6 直缝与斜缝示意
（a）直缝；（b）斜缝

图5-7 侧缝和端缝示意
（a）侧缝；（b）端缝

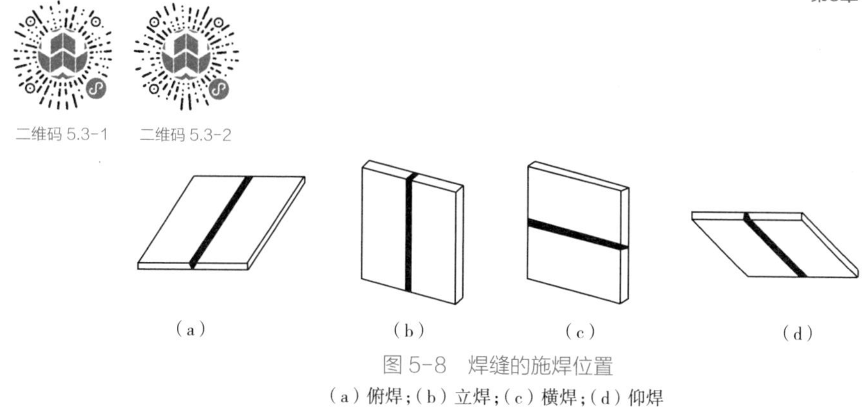

图 5-8　焊缝的施焊位置

(a) 俯焊;(b) 立焊;(c) 横焊;(d) 仰焊

3. 对接焊缝连接构造和计算

1）对接焊缝构造

对接焊缝的形式有直边缝、单边 V 形缝，双边 V 形缝、U 形缝、K 形缝、X 形缝等（图 5-9），形式与焊件厚度有关。

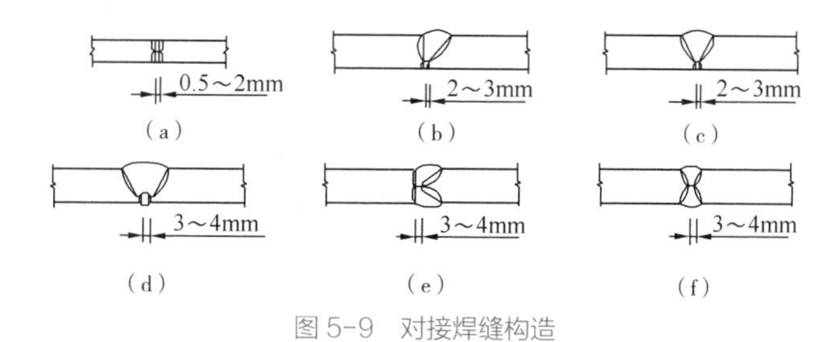

图 5-9　对接焊缝构造

(a) 直边缝;(b) 单边 V 形缝;(c) 双边 V 形缝;(d) U 形缝;(e) K 形缝;(f) X 形缝

在钢板厚度或宽度有变化的焊接中，为了使构件传力均匀，应在板的一侧或两侧做成坡度不大于 1 ∶ 2.5 的斜角，形成平缓过渡（图 5-10）。

2）对接焊缝计算

由于对接焊缝形成了被连接构件截面的一部分，一般要求对焊缝强度进行计算，并满足要求。以下根据焊缝受力情况分述焊缝强度的计算公式。

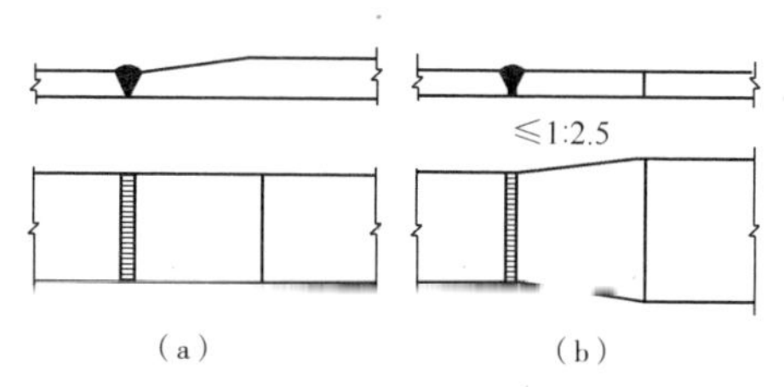

图 5-10　不同厚度或宽度钢板连接

(a) 改变厚度;(b) 改变宽度

（1）轴心受力（拉力或压力）对接焊缝计算（图 5-11）

对接焊缝受轴心力是指作用力通过焊件截面形心，且垂直焊缝长度方向，其计算公式为：

$$\sigma=\frac{N}{l_{w}h_{e}}<f_{t}^{w}或f_{c}^{w} \tag{5-1}$$

式中 N——轴心拉力或压力设计值；

l_w——焊接的计算长度，当未采用引弧板时取实际长度减去 $2t$，采用引弧板时，取焊缝实际长度；

h_e——对接焊缝的计算厚度（mm），在对接接头中为连接件的较小厚度，在 T 形连接中为腹板厚度；

f_t^w或f_c^w——分别为对接焊缝抗拉、抗压强度设计值，见附表 5-3。

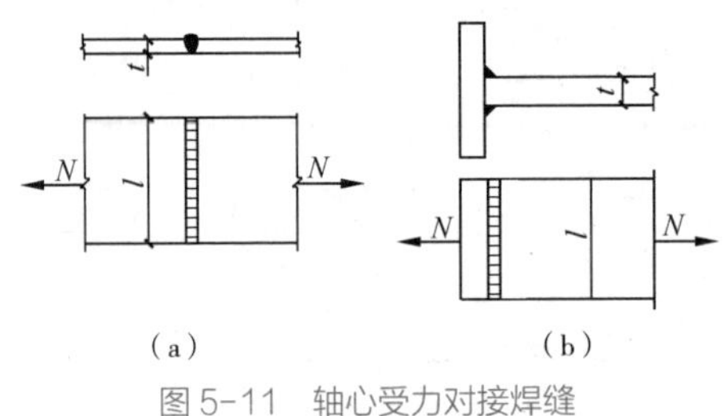

图 5-11 轴心受力对接焊缝

（a）平接接头；（b）顶接接头

（2）剪力作用对接焊缝计算（图 5-12）

对接焊缝受剪是指作用力通过焊缝形心，且平行焊缝长度方向，其计算公式为：

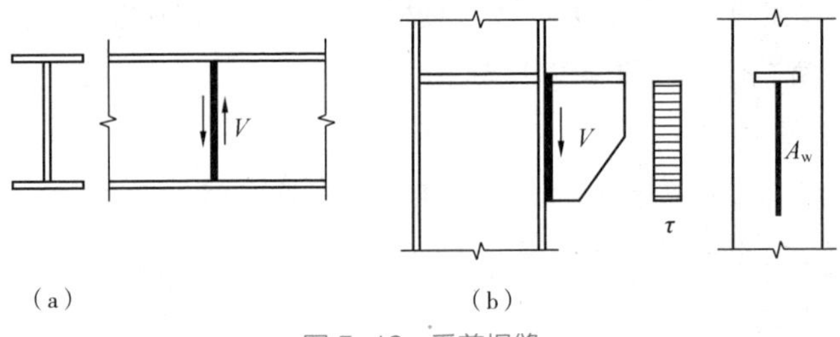

图 5-12 受剪焊缝

$$\tau=\frac{VS_{w}}{I_{w}h_{e}}\leqslant f_{v}^{w} \tag{5-2}$$

式中 V——焊缝承受的剪力；

I_w——焊缝计算截面对其中和轴惯性矩；

S_w——计算剪应力处以上焊缝计算截面对中和轴的面积矩；

f_v^w——对接焊缝的抗剪强度设计值。

对于梁柱节点处牛腿（图 5-12b），假定剪力由腹板承受，且剪应力均匀分布，其计算公式为：

$$\tau = \frac{V}{A_w} \tag{5-3}$$

式中 A_w——牛腿处腹板焊缝计算面积。

（3）弯矩和剪力共同作用下对接焊缝计算（图 5-13）。

弯矩作用下焊缝产生正应力，剪力作用下焊缝产生剪应力，其应力分布见图 5-13，弯矩作用下焊缝截面上 A 点正应力最大，其计算公式为：

$$\sigma_M = \frac{M}{W_w} \leqslant f_t^w \tag{5-4}$$

式中 W_w——焊缝计算截面模量。

剪力作用下焊缝截面上 C 点剪应力最大，可按式（5-2）计算。

对于工字形、箱形等构件，在腹板与翼缘交接处，见图 5-13（b），焊缝截面的 B 点同时受有较大的正应力 σ_1 和较大的剪应力 τ_1 作用，故还应计算折算应力，其公式为：

$$\sigma_f = \sqrt{\sigma_1^2 + 3\tau_1^2} \leqslant 1.1 f_t^w \tag{5-5}$$

$$\tau_1 = \frac{VS_1}{I_w t} \text{或} \tau_1 = \frac{V}{A_w}$$

$$\sigma_1 = \frac{M}{W_w}\frac{h_0}{h}$$

式中 σ_1——腹板与翼缘交接处焊缝正应力；

h_0、h——分别为焊缝截面处腹板高度、总高度；

τ_1——腹板与翼缘交接处焊缝剪应力；

S_1——B 点以上面积对中和轴的面积矩；

t——腹板厚度。

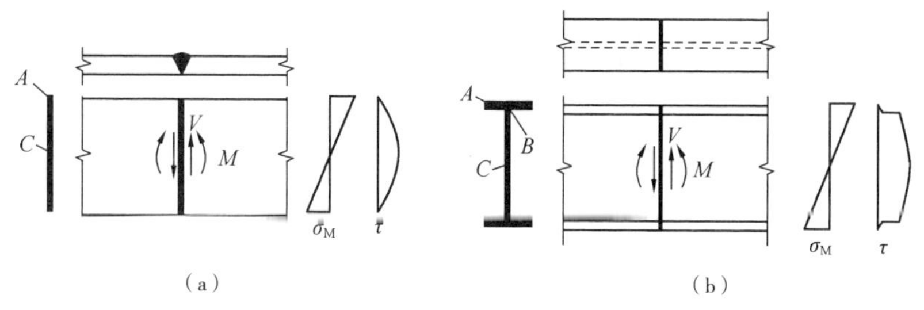

图 5-13 弯矩和剪力共同作用下对接焊缝

角焊缝的构造与计算原理与对接焊缝类似，在此不再详述，可参见有关书著。

4. 普通螺栓连接计算

普通螺栓分 A、B 级和 C 级。A、B 级普通螺栓的制作精度和螺栓孔的精度、孔壁表面粗糙度等要求都比 C 级普通螺栓相应内容严格。

普通螺栓按受力情况可以分为剪力螺栓（图 5-14a）和拉力螺栓（图 5-14b）。

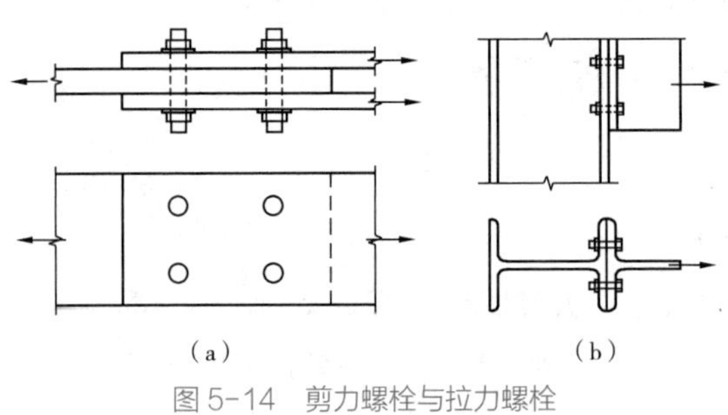

图 5-14 剪力螺栓与拉力螺栓

（a）剪力螺栓；（b）拉力螺栓

1）剪力螺栓的工作性能：当外力并不大时，由构件间的摩擦力来传递外力。当外力继续增大而超过极限摩擦力后，构件之间出现相对滑移，螺栓开始接触构件的孔壁而受剪，孔壁则受压（图 5-15）。

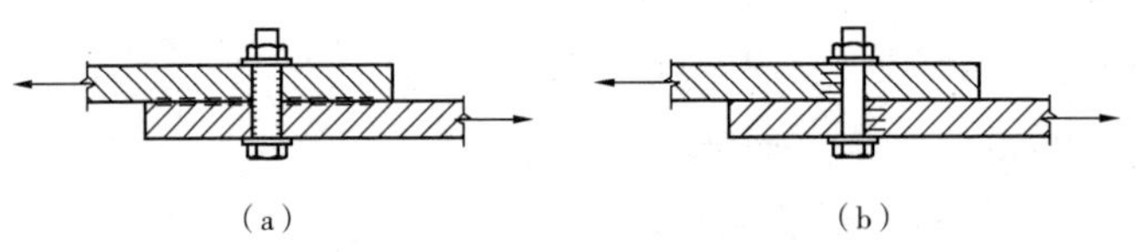

图 5-15 剪力螺栓连接的工作性能

（a）螺栓连接受力不大时，靠钢板间的摩擦力来传力；（b）螺栓连接受力较大时，靠孔壁受压和螺杆受剪力来传力

一个剪力螺栓的承载力按受剪和受压两种情况计算：

受剪承载力：

$$N_v^b = n_v \frac{\pi d^2}{4} f_v^b \tag{5-6a}$$

承压承载力：

$$N_c^b = d \Sigma t f_c^b \tag{5-6b}$$

取二者中最小值，即：

$$[N]_{c}^{b}=\min\left(N_{c}^{b},\ N_{v}^{b}\right) \tag{5-6c}$$

式中　N_{v}^{b}—— 一个剪力螺栓承载力；

n_v——每个螺栓的剪面数，单剪（图 5-16a）n_v=1.0，双剪（图 5-16b）n_v=2.0；

d——螺杆直径；

Σt——在同一受力方向的承压构件的较小总厚度，单剪（图 5-16a）时，Σt 取较小的厚度；双剪（图 5-16b）时，Σt=min｛b，$a+c$｝；

f_{v}^{b}、f_{c}^{b}——分别为螺栓的抗剪、承压强度设计值，可按附表 5-4 采用。

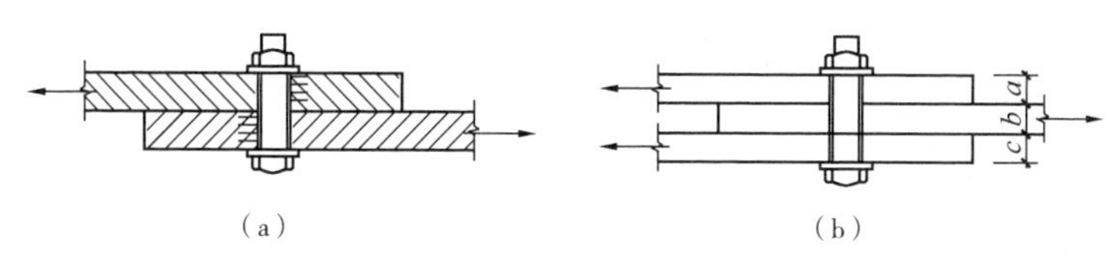

图 5-16　剪力螺栓剪面数和承压厚度

2）拉力螺栓的工作性能：在受拉螺栓连接中，外力使被连接构件的接触面互相脱开而使螺栓受拉，最后螺栓被拉断而破坏。为减小因拼接角钢 B 的刚度对螺栓拉力的影响（图 5-17a、b），可采用将拉力螺栓的抗拉强度降低和在角钢中设加劲肋（图 5-17c）或增加角钢厚度构造措施等进行处理。

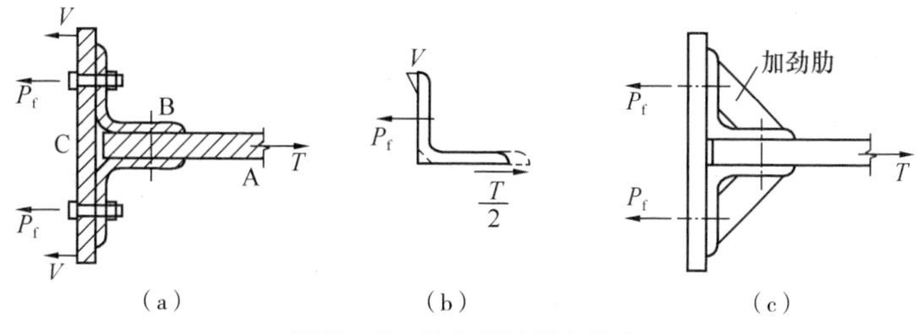

图 5-17　拉力螺栓受力状态

一个拉力螺栓承载力计算公式为：

$$N_{t}^{b}=\frac{\pi d_{e}^{2}}{4}f_{t}^{b} \tag{5-7}$$

式中　d_e——螺栓有效直径，按表 5-1 采用；

f_{t}^{b}——螺栓抗拉强度设计值，按附表 5-4 采用。

螺栓的有效面积 表 5-1

螺栓直径 d（mm）	螺距 p（mm）	螺栓有效直径 d_e（mm）	螺栓有效面积 A_e（mm^2）	螺栓直径 d（mm）	螺距 p（mm）	螺栓有效直径 d_e（mm）	螺栓有效面积 A_e（mm^2）
16	2	14.1236	156.7	52	5	47.3090	1758
18	2.5	15.6545	192.5	56	5.5	50.8399	2030
20	2.5	17.6545	244.8	60	5.5	54.8399	2362
22	2.5	19.6545	303.4	64	6	58.3708	2676
24	3	21.1854	352.5	68	6	62.3708	3055
27	3	24.1854	459.4	72	6	66.3708	3460
30	3.5	25.7163	560.6	76	6	70.3708	3889
33	3.5	29.7163	693.6	80	6	74.3708	4344
36	4	32.2472	816.7	85	6	79.3708	4948
39	4	35.2472	975.8	90	6	84.3708	5591
42	4.5	37.7781	1121	95	6	89.3708	6273
45	4.5	40.7781	1306	100	6	94.3708	6995
48	5	43.3090	1473				

5. 高强度螺栓连接计算

1）工作性能

高强度螺栓连接有摩擦型和承压型两种。现分述其工作性能。

（1）摩擦型连接抗剪工作性能：高强度螺栓安装时将螺栓拧紧，使螺杆产生预拉力压紧构件接触面，靠接触面的摩擦力来阻止其相互滑移，以达到传递外力的目的。

（2）承压型连接抗剪工作性能：当剪力超过摩擦力时，构件之间发生相对滑移，螺杆杆身与孔壁接触，使螺杆受剪和孔壁受压，破坏形式与普通螺栓相同。

2）摩擦型连接抗剪计算

（1）抗剪承载力设计值

抗剪承载力的大小与其传力摩擦面的抗剪滑移系数和对钢板的预压力有关（图 5-18）。一个高强度螺栓的抗剪承载力设计值为：

$$N_v^b = 0.9 k n_f \mu P \tag{5-8}$$

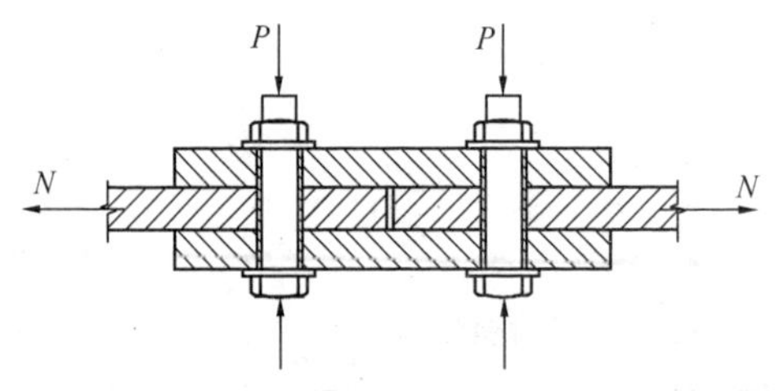

图 5-18 高强度螺栓连接中的内力传递

式中　k——孔型系数；

n_f——传力摩擦面数目；

μ——摩擦面抗滑移系数，按表 5-2 采用；

P——每个高强度螺栓的预拉力，按表 5-3 采用。

摩擦面抗滑移系数 μ　　表 5-2

连接处构件接触面的处理方法	构件的钢号		
	Q235	Q345 或 Q390	Q420 或 Q460
喷硬质石英砂或铸钢棱角砂	0.45	0.45	0.50
抛丸（喷砂）	0.4	0.40	0.40
钢丝刷清除浮锈或未经处理的干净轧制面	0.30	0.35	—

一个高强度螺栓的预拉力设计值 P（kN）　　表 5-3

螺栓的承载性能等级	螺栓公称直径（mm）					
	M16	M20	M22	M24	M27	M30
8.8 级	80	125	150	175	230	280
10.9 级	100	155	190	225	290	355

（2）抗拉承载力设计值

试验表明，当拉力过大时，螺栓将发生松弛现象，这对连接抗剪性能是不利的，故规定一个高强度螺栓抗拉承载力设计值为：

$$N_t^b=0.8P \tag{5-9}$$

式中　P——螺栓的预拉力设计值。

（3）同时承受剪力和拉力计算，应满足下式：

$$\frac{N_v}{N_v^b}+\frac{N_t}{N_t^b}\leqslant 1.0 \tag{5-10}$$

式中　N_v、N_t——分别为某个高强度螺栓所承受的剪力和拉力（N）；

N_v^b、N_t^b——一个高强度螺栓的受剪、受拉承载力设计值（N）。

3）承压型连接计算

承压型连接中高强度螺栓采用的钢材与摩擦型连接中的高强度螺栓相同。因容许被连接构件之间产生滑移，所以抗剪连接计算方法与普通螺栓相同。

在螺栓杆轴方向受拉及承受剪力的高强度螺栓，应按下式计算：

$$\sqrt{\left(\frac{N_v}{N_v^b}\right)^2+\left(\frac{N_t}{N_t^b}\right)^2}<1 \tag{5-11}$$

和

$$N_v<\frac{N_c^b}{1.2} \tag{5-12}$$

式中 N_v、N_t——每个高强度螺栓所承受的剪力和拉力；

N_v^b、N_t^b、N_c^b——每个高强度螺栓的受剪、受拉和承压承载力设计值，其强度设计值可按附表 5-4 采用。

公式（5-12）右边分母 1.2 是考虑由于螺栓杆轴方向的外拉力使孔壁承压强度的设计值有所降低之故。

高强度螺栓承压型连接仅用于承受静力荷载和间接承受动力荷载的连接中。

6. 螺栓连接构造

1）螺栓孔的孔径与孔型应符合下列规定：B 级普通螺栓的孔径心较螺栓公称直径 d 大 0.2 ~ 0.5mm，C 级普通螺栓的孔径心较螺栓公称直径 d 大 1.0 ~ 1.5mm；

2）螺栓（铆钉）连接宜采用紧凑布置，其连接中心宜与被连接构件截面的重心相一致。螺栓的间距、边距和端距容许值应符合表 5-4 的规定。

螺栓的孔距、边距和端距容许值　　表 5-4

<table>
<tr><th>名称</th><th colspan="3">位置和方向</th><th>最大容许间距
（取两者的小者）</th><th>最小容许间距</th></tr>
<tr><td rowspan="5">中心距离</td><td colspan="3">外排（垂直内力方向或顺内力方向）</td><td>$8d_0$ 或 $12t$</td><td rowspan="5">$3d_0$</td></tr>
<tr><td rowspan="3">中间排</td><td colspan="2">垂直内力方向</td><td>$16d_0$ 或 $24t$</td></tr>
<tr><td rowspan="2">顺内力方向</td><td>构件受压力</td><td>$12d_0$ 或 $18t$</td></tr>
<tr><td>构件受拉力</td><td>$16d_0$ 或 $24t$</td></tr>
<tr><td colspan="3">沿对角线方向</td><td>—</td></tr>
<tr><td rowspan="4">中心至构件边缘距离</td><td colspan="3">顺内力方向</td><td rowspan="4">$4d_0$ 或 $8t$</td><td>$2d_0$</td></tr>
<tr><td rowspan="3">垂直内力方向</td><td colspan="2">剪切边或手工切割边</td><td rowspan="2">$1.5d_0$</td></tr>
<tr><td rowspan="2">轧制边、自动气割或锯割边</td><td>高强度螺栓</td></tr>
<tr><td>其他螺栓或铆钉</td><td>$1.2d_0$</td></tr>
</table>

注：1. d_0 为螺栓或锁钉的孔径，对槽孔为短向尺寸，t 为外层较薄板件的厚度；

2. 钢板边缘与刚性构件（如角钢，槽钢等）相连的高强度螺栓的最大间距，可按中间排的数值采用；

3. 计算螺栓孔引起的截面削弱时可取 d+4mm 和 d_0 的较大者。

二维码 5.3-3

二维码 5.4-1a

二维码 5.4-1b

二维码 5.4-2

5.4 节点连接

钢构件间的连接主要包括主梁与次梁、梁与柱及柱与基础的连接三大类。从传力性质上看，连接节点可分为铰接、刚性连接和半刚性连接。从连接方法上看，有焊接、普通螺栓连接和高强度螺栓连接。节点计算复杂，本节仅介绍几种连接方法。

1. 主梁与次梁连接

主梁与次梁连接可分为叠接和平接二类，叠接是将次梁直接放在主梁上，再用焊接或螺栓连接，平接是主次梁顶面等高或次梁顶面略高于或低于主梁顶面。图 5-19 为主次梁连接的构造做法。

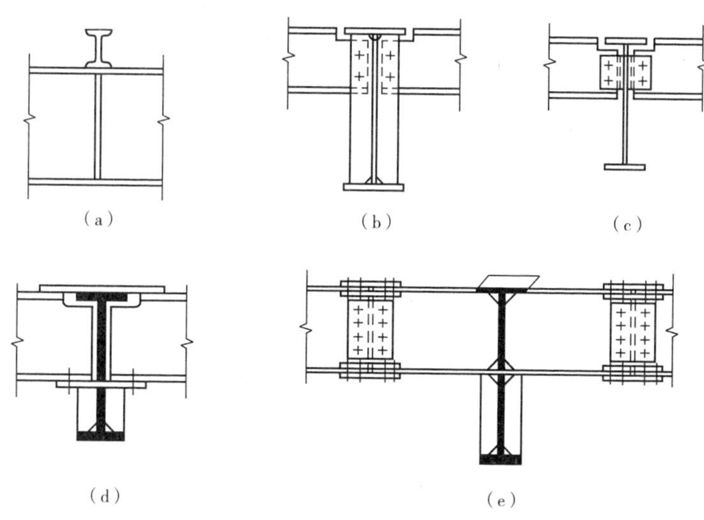

图 5-19 主次梁连接
（a）铰接构造；（b）铰接构造；（c）铰接构造；（d）刚接构造；（e）刚接构造

2. 梁与柱连接

梁与柱连接可分为铰接和刚接两种，在多高层框架结构中，梁柱连接节点为刚接，其余根据计算模型可以设计成铰接或半刚性连接，图 5-20 为梁柱连接的构造作法。

3. 柱与基础连接

柱与基础连接可以是铰接，也可以刚接。铰接节点只承受轴向压力和剪力，刚接连接则承受压力、剪力和弯矩。板式柱脚主要用于铰接柱脚（图 5-21a），埋入式柱脚多用于多高层框架结构的固定端连接柱脚（图 5-21d、e），带靴梁柱脚可用于铰接（图 5-21b、c）也可用于固定端连接柱脚。

二维码 5.4-3 二维码 5.4-4 二维码 5.4-5

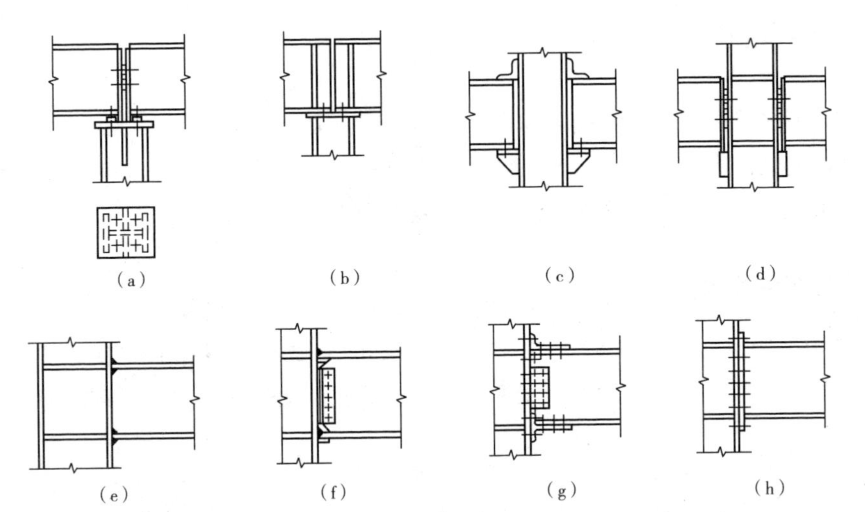

图 5-20 梁柱连接

(a)(b) 梁置于柱顶;(c)(d) 梁置于柱侧;(e)(f)(g)(h) 多层框架梁柱连接

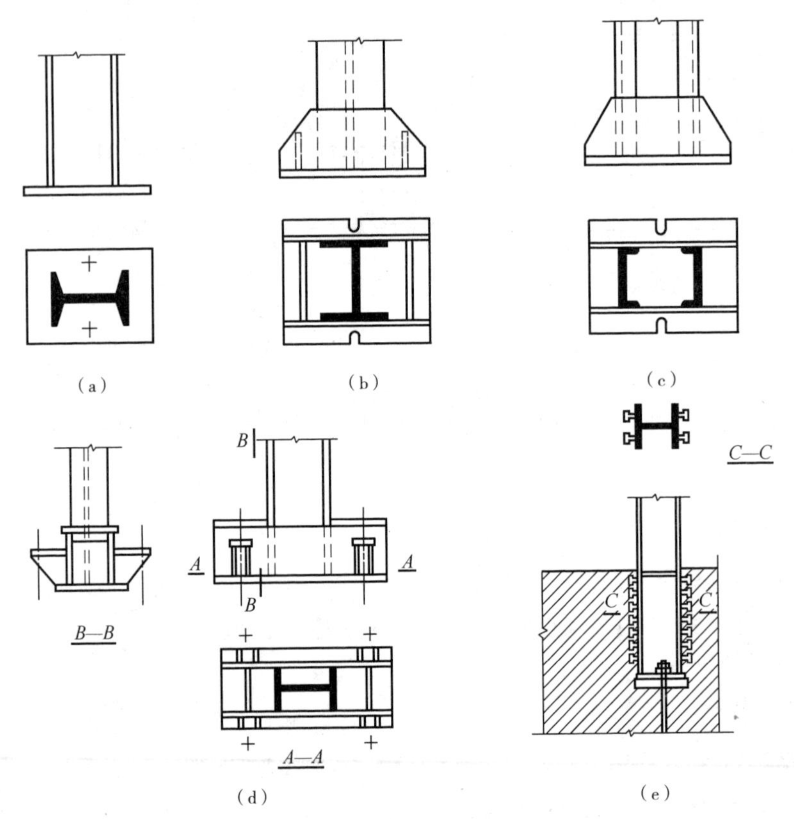

图 5-21 柱与基础连接

(a)(b)(c) 铰接柱脚;(d)(e) 刚接柱脚

5.5　轴心受拉构件

1. 截面形式

轴心受拉构件截面形式如图 5-22 所示。当受力较小时，可选用热轧型钢和冷弯薄壁型钢（图 5-22a）；当受力较大时，可选用由型钢或钢板组成的实腹式截面形式（图 5-22b）；当构件大且受力较大时，可选用型钢组成的格构式截面形式（图 5-22c）。

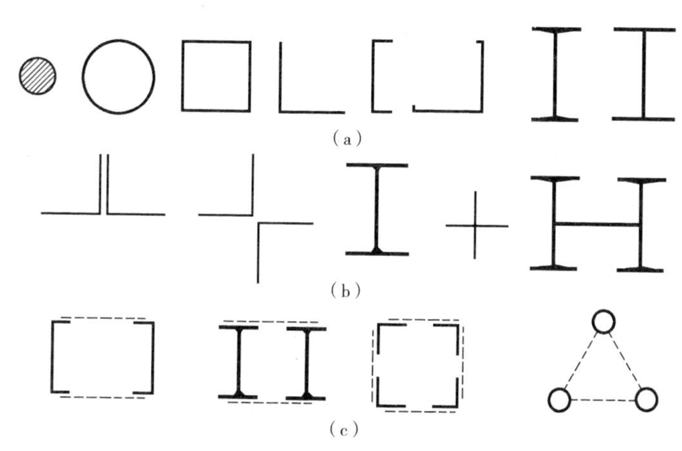

图 5-22　轴心受拉构件截面形式

（a）热轧型钢及冷弯薄壁型钢；（b）实腹截面；（c）格构式截面

2. 构件强度

轴心受拉构件的强度是以截面的平均应力达到钢材的屈服应力为极限。但当构件的截面有局部削弱时，截面上的应力分布不再是均匀的，在孔洞附近有应力集中现象，若拉力继续增加，当孔壁边缘的最大应力达到材料的屈服强度以后，应力不再继续增加而只发展塑性变形，截面上的应力产生塑性重分布，最后达到均匀分布。因此，对于有孔洞削弱的轴心受拉构件，以其净截面的平均应力达到其抗拉强度最小值的 0.7 倍作为设计时的控制值。这就要求在设计时应选用具有良好塑性性能的材料。轴心受拉构件的强度计算公式为：

毛截面屈服：
$$\sigma = \frac{N}{A} \leqslant f \qquad (5\text{-}13)$$

净截面断裂：
$$\sigma = \frac{N}{A_n} \leqslant 0.7 f_u \qquad (5\text{-}14)$$

式中　N——轴心拉力设计值；

A——构件截面面积；

A_n——构件净截面面积；

f_u——钢材抗拉强度最小值；

f——钢材抗拉强度设计值。

3. 构件刚度

为了避免拉杆在制作、运输、安装和使用过程中出现刚度不足现象，应对拉杆刚度进行控制。拉杆刚度用长细比来控制，其表达式为：

$$\lambda_{max}=\left(\frac{l_0}{i}\right)_{max}<[\lambda] \tag{5-15}$$

式中 λ_{max}——拉杆最大长细比；

l_0——计算拉杆长细比时的计算长度；

i——截面回转半径；

$[\lambda]$——容许长细比，按表5-5采用。

受拉构件容许长细比 [λ]　　表5-5

项次	构件名称	容许长细比
1	桁架的杆件	350
2	吊车梁或吊车桁架以下的柱间支撑	300
3	其他拉杆、支撑、系杆等（张紧的圆钢除外）	400

注：1. 承受静力荷载的结构中，可仅计算受拉构件在竖向平面内的长细比；
2. 在直接或间接承受动力结构荷载的结构中，计算单角钢受拉构件的长细比时，应采用角钢的最小回转半径；但在计算交叉杆件平面外的长细比时，应采用与角钢肢边平行轴的回转半径；
3. 受拉构件在永久荷载与风荷载组合作用下受压时，其长细比不宜超过250。

5.6 轴心受压构件

轴心受压构件的计算包括强度计算、整体稳定、局部稳定及刚度四个方面。

1. 轴心受压构件可能破坏形式

轴心受压构件可能破坏形式有强度破坏、整体失稳和局部失稳3种。

1）截面强度破坏

轴心受压构件截面如无削弱，一般不会发生强度破坏，因为整体失稳或局部失稳总发生在强度破坏之前。轴心受压构件的截面如有削弱，则有可能在截面削弱处发生强度破坏。

2）整体失稳

轴心受压构件在轴心压力较小时处于稳定平衡状态，如有微小干扰力使其偏离平衡位置，则在干扰力除去后，仍能回复到原先的平衡状态。随着轴心压力的增加，轴心受压构件会由稳定平衡状态逐步过渡到随遇平衡状态，这时如有微小干扰力使其偏离平衡位置，则在干扰力除去后，将停留在新的位置而不能回复到原先的平衡位置。随遇平衡状态也称为临界状态，这时的轴心压力称为临界压力。当轴心压力超过临界压力后，构件就不能维持平衡而失稳。构件的初始缺陷和残余应力都导致构件刚度及稳定承载力下降。

3）局部失稳

轴心受压构件中的板件如工形、H形截面的翼缘和腹板等均处于受压状态，如果板件的宽度与厚度之比较大，就会在压应力作用下出现波浪状的鼓曲变形，这种现象叫局部失稳。

2. 轴心受压构件强度

轴心受压构件强度与轴心受拉构件的主要不同点在于前者不会断裂。当截面应力超过屈服点后，截面应变会迅速增加，并诱发受压板件局部失稳和构件整体失稳。因此，通常以截面的平均应力达到屈服强度时轴心压力作为轴心受压构件的承载力，设计时应有：

$$N < A_n f \text{或} \sigma = \frac{N}{A_n} < f \tag{5-16}$$

式中 N——构件轴心压力设计值；

A_n——轴心受压构件净截面面积；

f——钢材抗压强度设计值。

3. 轴心受压构件整体稳定计算

轴心受压构件整体失稳的极限承载力 N_{cr} 用下列公式计算：

$$N_{cr}=\varphi A f_y \tag{5-17}$$

设计计算时应使轴心受压构件所受的轴力 N 小于等于整体失稳时的极限承载力设计值，即：

$$N < \varphi A f \text{或} \sigma = \frac{N}{\varphi A} < f \tag{5-18}$$

式中 A——构件截面面积；

φ——轴心压杆稳定系数，按构件的截面分类后查《冷弯薄壁型钢结构技术规范》GB 50018—2002和《钢结构设计标准》GB 50017—2017可得此系数。

4. 轴心受压构件局部稳定

轴心受压构件分为实腹受压构件和格构式受压构件两类，对实腹受压构件不允许出现局部失稳的准则是板件受压的应力应小于局部失稳的临界应力，可通过限制构件宽厚比来实现。格构式构件分为缀条格构构件和缀板格构构件两种，其局部稳定均包括三个内容，即受压构件单肢截面板件的局部稳定、受压构件单肢自身的稳定以及缀条（缀板）的稳定。对构件单肢截面板件的局部稳定计算与实腹受压构件局部稳定计算方法相同；对受压构件单肢自身的稳定可通过限制长细比的方法得以保证；对缀条的稳定可通过计算整体稳定来满足，对缀板的稳定可通过限制缀板的厚度及缀板满足正应力及剪应力的强度要求来满足。

5. 轴心受压构件刚度

与轴心受拉构件一样，轴心受压构件的刚度也用长细比控制。由于受压构件有失稳破坏的可能，因此其长细比控制比轴心受拉构件更为严格。长细比需满足下式要求：

$$\lambda_{max} < [\lambda] \qquad (5\text{-}19)$$

式中 $[\lambda]$——受压构件容许长细比，按表 5-6 采用。

受压构件容许长细比 $[\lambda]$ 表 5-6

项次	构件名称	容许长细比 $[\lambda]$
1	轴心受压柱、桁架和天窗架中的杆件	150
	柱的缀条、吊车梁或吊车桁架以下的柱间支撑	
2	支撑（吊车梁或吊车桁架以下的柱间支撑除外）	200
	用以减少受压构件长细比的杆件	

注：1. 桁架的受压腹杆，当其内力等于或小于承载能力的 50% 时，容许长细比可取为 200；
2. 跨度等于或大于 60m 的桁架，其受压弦杆和端压杆的容许长细比宜取 100，其他受压腹杆可取 150；
3. 计算单角钢受压构件的长细比时，应采用角钢的最小回转半径，但计算在交叉相互连接的交叉杆在平面外的长细比时，可采用与角钢肢边平行轴的回转半径。

5.7 拉弯构件

扫码观看 5.7 节

5.8 压弯构件

扫码观看 5.8 节

5.9 受弯构件

扫码观看 5.9 节

思考题与习题

5-1　钢材有哪几项主要力学指标?

5-2　为什么会出现整体失稳现象? 如何防止整体失稳?

5-3　为什么会出现局部失稳现象? 如何防止局部失稳?

第6章

木结构

6.1 木结构特点及发展

1. 木结构特点

木结构是指以木材为主要受力构件的工程结构。木结构除大量用于住宅、学校和办公楼等中低层建筑之外，在大跨度建筑（如体育场、会议中心和厂房等）中也有应用。木结构具有以下优点：

（1）木材资源再生容易。木材依靠太阳能周期性地自然生长，一般周期为 50 ~ 100a，速生人工林只需 10 ~ 15a 时间，木材是一种绿色环保材料。

（2）木材具有较好的保温隔热性能。木材本身细胞内有空腔，形成了天然的中空材料，木结构有冬暖夏凉之特点。

（3）木结构建造方便。木材容易加工，木结构构件相对轻，运输和安装都较容易。木结构建筑的纹理自然，住在木结构的建筑中使人有一种回归自然的感觉。

（4）木结构建筑具有较好的抗震性能。在国内外历次强震中都表现出良好的抗震性能。

木结构也有一些缺点，经合理设计，可以避免这些缺点对使用的影响：

（1）木材各向异性。木材力学性能沿纵向、横向完全不同。设计中最好使构件纵向承受压力。

（2）木材容易腐蚀、易于燃烧。做好建筑物的通风、防潮，使用干燥的木材是避免木材腐蚀的有效措施。适当的防火间距、安全疏散通道、烟感报警装置的设置等都是防止火灾的必要措施。

2. 木结构发展

欧美许多国家，木结构因取材方便而得到广泛使用。美国华盛顿州塔科马市体育竞技馆采用木结构，穹顶直径为 162m，矢高达 45.7m，1983 年建成时为当时世界最大的木穹顶结构。

我国木结构建筑历史悠久，远溯到 3500 年前，我国就基本上形成了用榫卯连接梁柱的框架结构体系。如建于公元 1056 年的中国应县木塔，为八角形楼阁式木塔，全部由木材以榫卯连接而成，总高 66.13m，底层直径 30m。经历了 5 级以上的地震十几次，至今依然巍然屹立。

木结构建筑在我国正处于复苏阶段。《木结构设计标准》GB 50005—2017、《古建筑木结

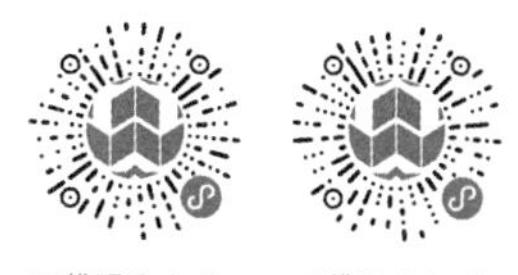
二维码 6.1-1a　二维码 6.1-1b

构维护与加固技术标准》GB/T 50165—2020 等修编为木结构建筑提供了一定的技术保障。木结构将朝着多层、大跨、组合 / 混合、全寿命设计和全装配化的方向发展。

6.2　木结构材料及力学性能

1. 木材构造及种类

1）木材构造

结构用材可分为针叶材和阔叶材。针叶材一般质地较软，又称为软木；而阔叶材一般质地较硬，又称硬木，软木（针叶材）并非强度一定比硬木（阔叶材）低，硬木的木纹不像软木那样平直、有规律。使用时因木纹方向变化较大使得强度离散性很大，所以硬木用作结构用材较少，结构中的承重构件大多采用针叶材等软木。

木材在宏观构造上体现为：

（1）边材和心材：边材是位于树皮内侧并靠近树皮处，颜色一般较浅；心材是位于边材里面的木材，颜色一般较深。

（2）年轮、早材和晚材：年轮是指一年内木材的生长层，在横断面上围绕髓心呈环状，一年形成一轮，因此通称年轮。靠近髓心部分的木材叫早材，靠近树皮部分的木材叫晚材。

2）木材种类

结构用木材按照其加工方式不同主要分三大类：原木、锯材和胶合材。

（1）原木为经去皮后的树干直接用作结构的构件。用原木建造的建筑往往造价很高，且不利于充分利用原材料。

（2）锯材为树干经去皮处理后，切割成一定长度、断面的材料。锯材分方木、实木板材和规格材。

方木指从原木直锯切得到的、宽厚比小于 3 的矩形或方形锯材，常用作建筑物的梁和柱。实木板材指从原木直锯切得到的、宽厚比不小于 3 的矩形锯材，常用于楼、屋面板。规格材为截面厚度不大于 90mm、宽度和厚度按规定尺寸加工的规格化矩形截面锯材。

（3）以木材为原料通过胶合压制成矩形材和板材的总称为胶合材。常用的胶合材有：结构胶合材、胶合板和层板胶合木等。

2. 木材等级和设计强度

1）木材性能指标

（1）密度

木材的密度是指构成木材细胞壁物质的密度，约为 6.0 ~ 8.0kN/m^3，各材种之间相差不大，实际计算和使用中常取 6.5kN/m^3。

（2）含水率

木材的含水率是木材中水分质量占干燥木材质量的百分比。

（3）湿胀干缩性

木材具有显著的湿胀干缩性。木材含水率在纤维饱和点以下时吸湿具有明显的膨胀变形现象，解吸时具有明显的收缩变形现象。木材在干燥的过程中会产生变形、翘曲和开裂等现象，木材的干缩湿胀变形还随树种不同而异。

木材的干缩性质常用干缩率来表示。木材的纵向干缩率很小，一般为 0.1% 左右，弦向干缩率为 6% ~ 12%，径向干缩率为 3% ~ 6%，径向与弦向干缩率之比一般为 1 ： 2。径向与弦向干缩率的差异是造成木材开裂和变形的重要原因之一。锯成的板材总是背着髓心向上翘曲的。

（4）强度

木材有抗压、抗拉、抗弯和抗剪强度。木材是一种非均质材料，强度具有各向异性。

木材在长期荷载作用下不致引起破坏的最大强度，称为持久强度。木材的持久强度比其极限强度小，一般为极限强度的 50% ~ 60%。影响木材强度的因素主要有含水率、环境温度、负荷时间、密度及疵病等。

2）木材材质等级

主要的承重构件应采用针叶材，重要的木制连接件应采用细密、直纹、无节和无其他缺陷的耐腐硬质阔叶材。承重结构用材可采用原木、方木、板材、规格材、层板胶合木、结构复合木材等。为充分利用木材的性能，必须对木材进行分级，分级方法有目测分级和机械分级两类，目测分级是通过观察木材表面实际存在且肉眼可见的缺陷的严重程度，例如节子、腐朽、开裂等木材表面缺陷，并参照相关标准规定将木材分为若干等级。我国《木结构设计标准》GB 50005—2017 将原木、方木（含板材）材质等级由高到低划分为 I_a、II_a、III_a 三级；《木结构设计标准》GB 50005—2017 和《胶合木结构技术规范》GB/T 50708—2012 规定普通胶合木层板应采用针叶材树种制作，并将材质等级由高到低划分为 I_b、II_b、III_b 三级；《木结构设计标准》GB 50005—2017 和《轻型木结构用规格材目测分级规则》GB/T 29897—2013 规定将规格材划分为 I_c、II_c、III_c、IV_c、V_c、VI_c、VII_c 七个等级，质量由高到低排列，并规定了每一级别的目测缺陷的限值，详见《轻型木结构用规格材目测分级规则》GB/T 29897—2013。而木材的强度由这些木材的树种确定，分级后不同等级的木材不再做强度取值调整，但对各等级木材可用的范围做了严格规定，如表 6-1、表 6-2 和表 6-3 所示。

机械分级是在目测分级方法的基础上建立起来的更为便捷有效的一种分级方法。目前主要用于规格材、层板胶合木或正交胶合木的层板分级。分级所依据木材的物理力学性能指标尚未统一，但该指标应能与结构木材的某种强度（如木材的抗弯强度或弹性模量）有可信的相关关系，并在定级过程中不断地对其进行监督检测。《木结构设计标准》GB 50005—2017 规定了我国针叶树种的规格材机械分级强度分为 8 级，即 M10、M14、M18、M22、M26、M30、M35、M40，其等级标识中的数字即为该等级木材应有的抗弯强度特征值。

各级原木方木（板材）应用范围　　表 6-1

项次	主要用途	材质等级
1	受拉或抗弯构件	Ⅰ$_a$
2	受弯或压弯构件	Ⅱ$_a$
3	受压构件及次要受弯构件（如吊顶小龙骨等）	Ⅲ$_a$

普通胶合木层板应用范围　　表 6-2

项次	主要用途	材质等级	木材等级配置图
1	受拉或拉弯构件	Ⅰ$_b$	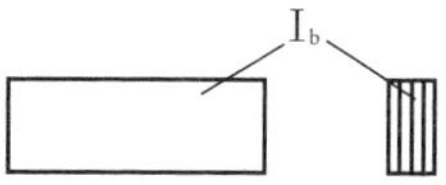
2	受压构件（不包括桁架上弦和拱）	Ⅲ$_b$	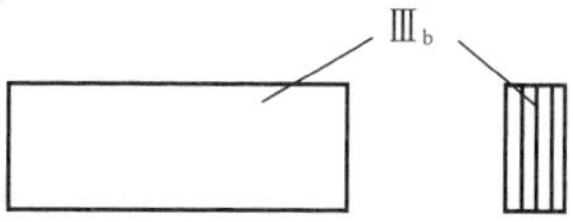
3	桁架上弦或拱，高度不大于 500mm 的胶合梁 （1）构件上下边缘各 0.1h 区域，且不少于两层板 （2）其余部分	Ⅱ$_b$ Ⅲ$_b$	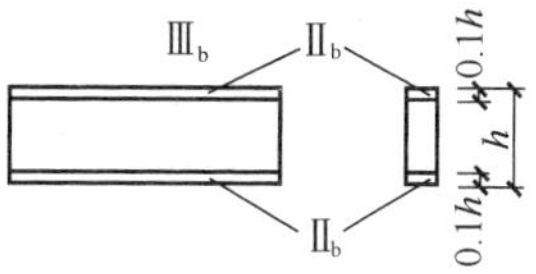
4	高度大于 500mm 的胶合梁 （1）梁的受拉边缘 0.1h 区域，且不少于两层板 （2）距受拉边缘 0.1h ~ 0.2h 区域 （3）受压边缘 0.1h 区域，且不少于两层板 （4）其余部分	Ⅰ$_b$ Ⅱ$_b$ Ⅱ$_b$ Ⅲ$_b$	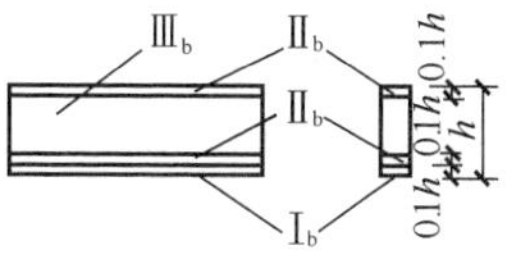
5	侧立腹板工字梁 （1）受拉翼缘板 （2）受压翼缘板 （3）腹板	Ⅰ$_b$ Ⅱ$_b$ Ⅲ$_b$	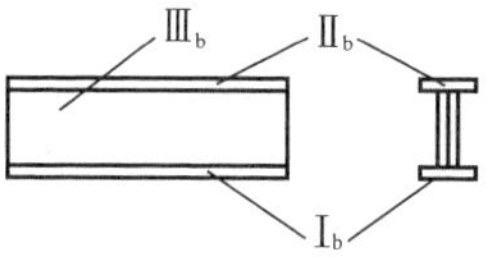

轻型木结构用各级规格材应用范围　　表 6-3

项次	主要用途	材质等级
1	用于对强度、刚度和外观有较高要求的构件	Ⅰ$_c$
2		Ⅱ$_c$

二维码 6.2-1a

二维码 6.2-1b

续表

项次	主要用途	材质等级
3	用于对强度、刚度有较高要求而对外观只有一般要求的构件	$Ⅲ_c$
4	用于对强度、刚度有较高要求而对外观无要求的普通构件	$Ⅳ_c$
5	用于墙骨柱	$Ⅴ_c$
6	除上述用途外的构件	$Ⅵ_c$
7		$Ⅶ_c$

3）材料力学性能指标

木材强度按作用力性质以及作用力方向与木纹方向的关系一般可分为：顺纹抗拉、顺纹抗压及承压、抗弯、顺纹抗剪及横纹承压等几类。其他形式受力如横纹抗拉等因强度太低，应尽可能避免。

（1）普通木结构材质强度

普通木结构强度等级按针叶材、阔叶材的树种分等，针叶材种木材强度分为 TC17、TC15、TC13 及 TC11 共四个等级，各等级中根据树种不同，又分为 A、B 两组。阔叶材种分为 TB20、TB17、TB15、TB13 和 TB11 共五个等级，各等级木材强度设计值和弹性模量见附表 6-1，各等级标识中的数字代表抗弯强度（f_m）设计值。

（2）胶合木结构材质强度

采用目测分级和机械弹性模量分级层板制作的胶合木的强度设计指标值应按下列规定采用：

①胶合木应分为异等组合与同等组合二类，异等组合又应分为对称异等组合与非对称异等组合。胶合木强度设计值及弹性模量应按附表 6-2、附表 6-3 和附表 6-4 的规定取值。

②胶合木构件顺纹抗剪强度设计值应按附表 6-5 的规定取值。

③胶合木构件横纹承压强度设计值应按附表 6-6 的规定取值。

④承重结构用材强度标准值及弹性模量标准值，可参见《木结构设计标准》GB 50005—2017 附录 E 的规定采用。

（3）轻型木结构材质强度

规格材强度设计值和弹性模量见表 6-4。

规格材强度设计值和弹性模量（N/mm^2） 表 6-4

强度	强度等级							
	M10	M14	M18	M22	M26	M30	M35	M40
抗弯 f_m	8.20	12	15	18	21	25	29	33

续表

强度	强度等级							
	M10	M14	M18	M22	M26	M30	M35	M40
顺纹抗拉 f_t	5.0	7.0	9.0	11	13	15	17	20
顺纹抗压 f_c	14	15	16	18	19	21	22	24
顺纹抗剪 f_v	1.1	1.3	1.6	1.9	2.2	2.4	2.8	3.1
横纹承压 $f_{c,90}$	4.8	5.0	5.1	5.3	5.4	5.6	5.8	5.0
弹性模量 E	8000	8800	9600	10000	11000	12000	13000	14000

（4）强度和弹性模量指标调整

由于使用环境、荷载作用的时间、结构的设计工作年限等参数不同以及构件的尺寸效应影响，承重结构用材时，其强度设计值和弹性模量应进行调整，并符合下列规定：

①在不同的使用条件下，强度设计值和弹性模量应乘以表 6-5 规定的调整系数。

不同使用条件下木材强度设计值和弹性模量的调整系数　　表 6-5

使用条件	调整系数	
	强度设计值	弹性模量
露天环境	0.9	0.85
长期生产性高温环境，木材表面温度达 40 ~ 50°C	0.8	0.8
按恒荷载验算时	0.8	0.8
用于木构筑物时	0.9	1.0
施工和维修时的短暂情况	1.2	1.0

注：1. 当仅有恒荷载或恒荷载产生的内力超过全部荷载所产生的内力的 80% 时，应单独以恒荷载进行验算；
2. 当若干条件同时出现时，表列各系数应连乘。

②对于不同的设计使用年限，强度设计值和弹性模量应乘以表 6-6 规定的调整系数。

不同设计工作年限时强度设计值和弹性模量的调整系数　　表 6-6

设计工作年限	调整系数	
	强度设计值	弹性模量
5a	1.10	1.10
25a	1.05	1.05
50a	1.00	1.00
100a 及以上	0.90	0.90

③对于目测分级规格材，强度设计值和弹性模量应乘以表 6-7 规定的尺寸调整系数。

目测分级规格材尺寸调整系数 表 6-7

等级	截面高度（mm）	抗弯强度		顺纹抗压强度	顺纹抗拉强度	其他强度
		截面宽度（mm）				
		40 和 65	90			
Ⅰ$_c$、Ⅱ$_c$、Ⅲ$_c$、Ⅳ$_c$、Ⅳ$_{c1}$	≤ 90	1.5	1.5	1.15	1.5	1.0
	115	1.4	1.4	1.1	1.4	1.0
	140	1.3	1.3	1.1	1.3	1.0
	185	1.2	1.2	1.05	1.2	1.0
	235	1.1	1.2	1.0	1.1	1.0
	285	1.0	1.1	1.0	1.0	1.0
Ⅱ$_{c1}$、Ⅲ$_{c1}$	≤ 90	1.0	1.0	1.0	1.0	1.0

对于规格材、胶合木和进口结构材的强度设计值和弹性模量，除应符合以上规定外，还应按下列规定进行调整：

①当楼屋面可变荷载标准值与永久荷载标准值的比率（Q_k/G_k）ρ < 1.0 时，强度设计值应乘以调整系数 k_d，调整系数 k_d 应按下式进行计算，且 k_d 不应大于 1.0：

$$k_d=0.83+0.17\rho \tag{6-1}$$

②当有雪荷载、风荷载作用时，应乘以表 6-8 中规定的调整系数。

雪荷载、风荷载作用下强度设计值和弹性模量的调整系数 表 6-8

使用条件	调整系数	
	强度设计值	弹性模量
当雪荷载作用时	0.83	1.0
当风荷载作用时	0.91	1.0

对于承重结构用材的横纹抗拉强度设计值可取其顺纹抗剪强度设计值的 1/3。

6.3 轴心受力构件

木结构设计方法采用以概率理论为基础的极限状态设计法。设计基准期应为 50 年。构件设计工作年限、建筑结构的安全等级等均按照《建筑结构可靠性设计统一标准》GB 50068—2018 执行。

1. 轴心受拉构件承载力

轴心受拉构件是所受拉力通过截面形心的构件，如木桁架下弦杆，支撑体系中拉杆等。轴心受拉构件的控制截面往往出现在该构件与其他构件连接处或构件截面因开槽、开孔等的削弱处。受拉构件表现出脆性破坏的特点，因此抗拉强度设计值确定时，其可靠指标要高些。

轴心受拉构件承载力验算按式（6-2）进行：

$$\frac{N}{A_n} < f_t \tag{6-2}$$

式中　f_t——木材顺纹抗拉强度设计值（N/mm^2）；

N——构件拉力设计值（N）；

A_n——构件净截面面积（mm^2），计算 A_n 时应扣除分布在 150mm 长度上的缺孔投影面积，如图 6-1 所示。

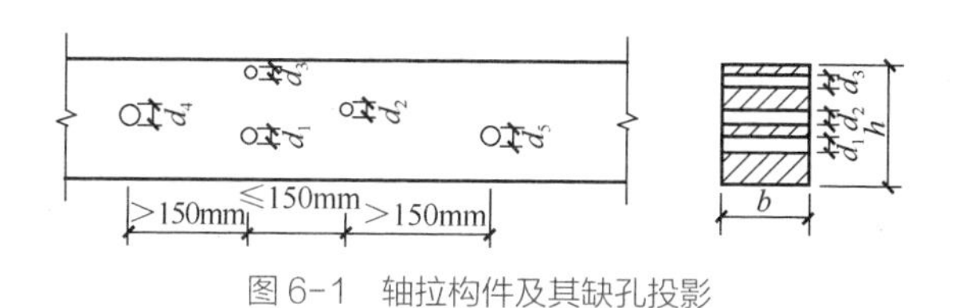

图 6-1　轴拉构件及其缺孔投影

对于图 6-1 所示轴拉构件，净截面强度计算时其面积 A_n 为：$b(h-d_1-d_2-d_3)$、$b(h-d_4)$、$b(h-d_5)$ 三者中的较小者。

2. 轴心受压构件承载力

轴心受压构件的破坏形式有强度破坏和整体失稳。

当轴心受压构件的截面无削弱时一般不会发生强度破坏，因为整体失稳总发生在强度破坏之前。当轴心受压构件的截面有较大削弱时，则有可能在削弱处发生强度破坏。

1）按强度验算

轴心受压构件承载力，应按式（6-3）进行验算：

$$\frac{N}{A_n} < f_c \tag{6-3}$$

式中　f_c——木材顺纹抗压强度设计值（N/mm^2）；

N——构件压力设计值（N）；

A_n——构件净截面面积（mm^2）。

2）按稳定验算

轴心受压构件稳定承载力很大程度上取决于构件的长细比。长细比越大，稳定承载力越低。

轴心受压构件稳定按式（6-4）进行验算：

$$\frac{N}{\varphi A_0} < f_c \quad (6\text{-}4)$$

式中 A_0——受压构件截面计算面积（mm^2）；

φ——轴心受压构件稳定系数。

（1）计算面积 A_0 的确定方法

稳定计算时受压构件截面计算面积 A_0 与构件是否有缺口及缺口的位置有关。

①无缺口时，A_0 按式（6-5）进行计算：

$$A_0=A \quad (6\text{-}5)$$

式中 A——受压构件全截面面积（mm^2）。

②有缺口时，根据缺口的不同位置确定 A_0，缺口的位置见图 6-2。

缺口不在边缘时，如图（6-2a），取 A_0=0.9A； （6-6a）

缺口在边缘且对称时，如图（6-2b），取 A_0=A_n； （6-6b）

缺口在边缘但不对称时，如图（6-2c），取 A_0=A_n，且应按偏心受压构件计算。

验算稳定时，螺栓孔不作为缺口考虑。

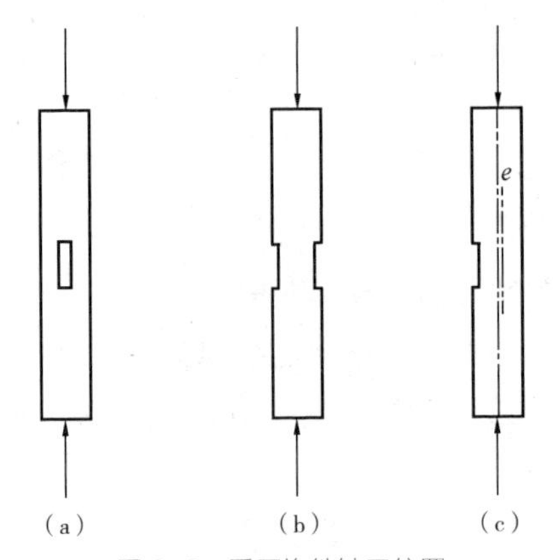

图 6-2 受压构件缺口位置

（a）缺口不在边缘；（b）缺口在边缘且对称；（c）缺口在边缘但不对称

（2）稳定系数 φ

稳定系数应根据树种不同强度等级进行计算。

①强度等级为 TC15、TC17 及 TB20：

当 $\lambda \leqslant 75$ 时，稳定系数 φ 按式（6-7）计算：

$$\varphi=\frac{1}{1+\left(\frac{\lambda}{80}\right)^2} \tag{6-7}$$

当 $\lambda > 75$ 时，稳定系数 φ 按式（6-8）计算：

$$\varphi=\frac{3000}{\lambda_2} \tag{6-8}$$

②强度等级为 TC11、TC13、TB11、TB13、TB15 及 TB17：

当 $\lambda \leqslant 91$ 时，稳定系数 φ 按式（6-9）计算：

$$\varphi=\frac{1}{1+\left(\frac{\lambda}{65}\right)^2} \tag{6-9}$$

当 $\lambda > 91$ 时，稳定系数 φ 按式（6-10）计算：

$$\varphi=\frac{2800}{\lambda_2} \tag{6-10}$$

式中　λ——构件长细比。

轴心受压构件稳定系数亦可从附表 6-7 中查得。

（3）构件长细比 λ 计算

长细比均按全截面面积和全截面惯性矩计算，即不考虑缺孔影响。长细比计算按式（6-11）进行：

$$\lambda=\frac{l_0}{i} \tag{6-11a}$$

$$i=\sqrt{\frac{I}{A}} \tag{6-11b}$$

式中　l_0——受压构件计算长度（mm）；

i——构件截面回转半径（mm）；

I——构件全截面惯性矩（mm^4）；

A——构件全截面面积（mm^2）；

受压构件的计算长度，按实际长度乘以下列系数：两端铰接乘以 1.0；一端固定、一端自由，乘以 2.1；一端固定、一端铰接，乘以 0.8；两端固定，乘以 0.65。

3）刚度计算

为保证轴心受压构件的刚度，构件尚需满足一定的长细比要求。

轴心受压构件的刚度用长细比控制，各类压杆长细比限值见表 6-9。

二维码 6.3-1a

二维码 6.3-1b

二维码 6.3-2

受压构件长细比限值 [λ] 表 6-9

项次	构件类别	长细比限值 [λ]
1	结构的主要构件（包括桁架的弦杆、支座处的竖杆或斜杆以及承重柱等）	120
2	一般构件	150
3	支撑	200

原木构件沿着构件长度的直径变化按每米 9mm 考虑，当当地树种有经验数值时按此数值计及。验算挠度和稳定时，可取构件的中央截面，验算抗弯强度时，可取弯矩最大处截面。

6.4 受弯构件

只受弯矩作用或受弯矩与剪力共同作用的构件称为受弯构件。本书只讨论单向弯曲问题。受弯构件的计算包括抗弯承载力、抗剪承载力、弯矩作用平面外侧向稳定和挠度等几个方面。

1. 受弯承载力

受弯构件受弯承载力按式（6-12）验算：

$$\frac{M}{W_{\mathrm{n}}}<f_{\mathrm{m}} \tag{6-12}$$

式中 f_{m}——木材抗弯强度设计值（$\mathrm{N/mm^2}$）；

M——构件弯矩设计值（N · mm）；

W_{n}——构件净截面抵抗矩（$\mathrm{mm^3}$）。

受弯构件的抗弯承载能力一般可按弯矩最大处截面进行验算，但在构件截面有较大削弱，且被削弱截面不在最大弯矩处时，尚应按被削弱截面处弯矩对该截面进行验算。

2. 受剪承载力

受弯构件受剪承载力按式（6-13）验算：

$$\frac{VS}{Ib}\leqslant f_{\mathrm{v}} \tag{6-13}$$

式中 f_{v}——木材顺纹抗剪强度设计值（$\mathrm{N/mm^2}$）；

V——构件剪力设计值（N）；

I——构件全截面惯性矩（$\mathrm{mm^4}$）；

b——构件截面宽度（mm）；

S——剪切面以上截面面积对中和轴的面积矩（mm^3）。

荷载作用在梁顶面，计算受弯构件的剪力 V 值时，可不考虑梁端处在距离支座等于梁截面高度范围内所有荷载的作用。

受弯构件设计时应尽可能减少截面因切口而引起应力集中。当必须设置切口时，宜采用逐渐变化的锥形切口，不宜采用直角形切口；简支梁支座处受拉边的切口深度，锯材不应超过梁截面高度的 1/4；层板胶合材不应超过梁截面高度的 1/10；有可能出现负弯矩的支座处及其附近区域不应设置切口。

当矩形截面受弯构件支座处受拉面有切口时，该处实际抗剪承载能力应按式（6-14）验算：

$$\frac{3V}{2bh_n}\left(\frac{h}{h_n}\right)^2 \leqslant f_v \tag{6-14}$$

式中 f_v——木材顺纹抗剪强度设计值（N/mm^2）；

b——构件截面宽度（mm）；

h——构件截面高度（mm）；

h_n——受弯构件在切口处净截面高度（mm）；

V——剪力设计值（N），与无切口受弯构件抗剪承载能力不同的是，计算该剪力 V 时应考虑全跨度内所有荷载的作用。

3. 局部承压承载能力验算

受弯构件局部承压的承载能力应按下式进行验算：

$$\frac{N_C}{bl_b K_B K_{Zcp}} \leqslant f_{c,90} \tag{6-15}$$

式中 N_C——局部压力设计值（N）；

b——局部承压面宽度（mm）；

l_b——局部承压面长度（mm）；

$f_{c,90}$——构件材料的横纹承压强度设计值（N/mm^2），当承压面长度 $l_b \leqslant 150mm$，且承压面外缘距构件端部不小于 75mm 时，$f_{c,90}$ 取局部表面横纹承压强度设计值，否则应取全表面横纹承压强度设计值；

K_B——局部受压长度调整系数，应按表 6-10 的规定取值，当局部受压区域内有较高弯曲应力时，K_B=1；

K_{Zcp}——局部受压尺寸调整系数，应按表 6-11 的规定取值。

局部受压长度调整系数 K_B 表 6-10

顺纹测量承压长度（mm）	修正系数 K_B	顺纹测量承压长度（mm）	修正系数 K_B
≤ 12.5	1.75	75.0	1.13
25.0	1.38	100.0	1.10
38.0	1.25	≥ 150	1.00
50.0	1.19		

注：1. 当承压长度为中间值时，可采用插入法求出 K_B 值；
2. 局部受压的区域离构件端部不应小于 75mm。

局部受压尺寸调整系数 K_{Zcp} 表 6-11

构件截面宽度与构件截面高度的比值	K_{Zcp}
≤ 1.0	1.00
≥ 2.0	1.15

注：比值在 1.0 ~ 2.0 之间时，可采用插入法求出 K_{Zcp} 值。

4. 弯矩作用平面外侧向稳定

受弯构件受到弯矩作用时，截面受压侧类似于压杆，当压应力达到一定值时有受压屈曲的倾向。受弯构件侧向失稳形式如图 6-3 所示。受弯构件抵抗平面外失稳的能力与侧向抗弯刚度和抗扭刚度有关。

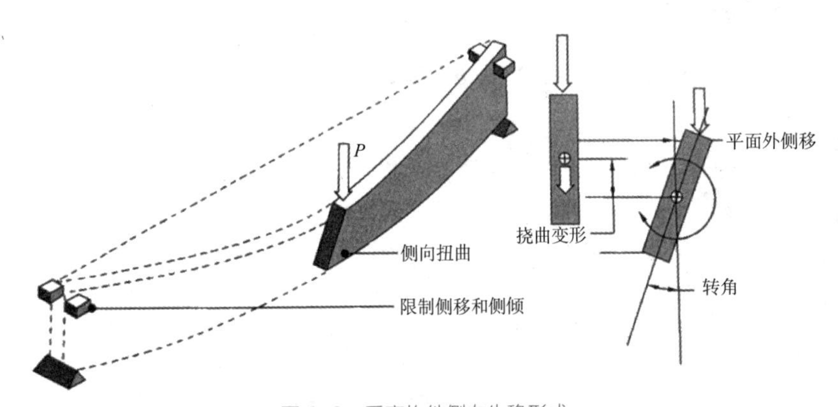

图 6-3 受弯构件侧向失稳形式

受弯构件侧向稳定按式（6-16）验算：

$$\frac{M}{\varphi_l W} < f_m \qquad (6\text{-}16)$$

式中 f_m——木材抗弯强度设计值（N/mm²）；

M——构件弯矩设计值（N · mm）;

W——受弯构件全截面抵抗矩（mm^3）;

φ_l——受弯构件侧向稳定系数，按规范要求采用。

在梁的支座处应设置用来限制侧向位移和侧倾的侧向支撑。在梁的跨度内，设置有类似檩条能阻止侧向位移和侧倾的侧向支撑时，能有效提高受弯构件侧向稳定。当受弯构件的两个支座处设有防止其侧向位移和侧倾的侧向支承，并且截面的最大高度对其截面宽度之比以及侧向支承满足下列规定时，侧向稳定系数 φ_l 应取为 1：①$h/6 \leqslant 4$ 时，中间未设侧向支承；②$4 < h/b \leqslant 5$ 时，在受弯构件长度上有类似檩条等构件作为侧向支承；③ $5 < h/b \leqslant 6.5$ 时，受压边缘直接固定在密铺板上或直接固定在间距不大于 610mm 的搁栅上；④ $6.5 < h/b \leqslant 7.5$ 时，受压边缘直接固定在密铺板上或直接固定在间距不大于 610mm 的搁栅上，并且受弯构件之间安装有横隔板，其间隔不超过受弯构件截面高度的 8 倍；⑤ $7.5 < h/b \leqslant 9$ 时，受弯构件的上下边缘在长度方向上均有限制侧向位移的连续构件。

5. 挠度验算

受弯构件的挠度，应满足式（6-17）验算要求：

$$w < [w] \tag{6-17}$$

式中　$[w]$——受弯构件的挠度限值（mm），按表 6-12 采用；

w——构件按荷载效应的标准组合计算的挠度（mm），对于原木构件，挠度计算时按构件中间的截面特性取值。

受弯构件挠度限值　　表 6-12

项次	构件类别		挠度限值 $[w]$
1	檩条	$l \leqslant 3.3$m	$l/200$
		$l > 3.3$m	$l/250$
2	椽条		$l/150$
3	吊顶中的受弯构件		$l/250$
4	楼板梁和搁栅		$l/250$

注：l——受弯构件计算跨度。

6.5　拉弯或压弯构件

在结构体系中既有轴力又有弯矩作用或轴向力合力未作用在构件形心处的构件，称为拉弯或压弯构件。

1. 拉弯构件承载能力

拉弯构件承载能力，按式（6-18）验算：

$$\frac{N}{A_n f_t}+\frac{M}{W_n f_m}\leqslant 1 \tag{6-18}$$

式中 N、M——分别为轴向拉力设计值（N）及弯矩设计值（N·mm）；

A_n、W_n——分别为按轴心受拉构件计算的构件净截面面积（mm^2）及净截面抵抗矩（mm^3）；

f_t、f_m——分别为木材顺纹抗拉强度设计值及抗弯强度设计值（N/mm^2）。

2. 压弯构件及偏心受压构件承载能力

压弯构件及偏心受压构件承载能力分强度和稳定两部分，而稳定又分为平面内稳定和平面外稳定两方面。

1）强度验算

$$\frac{N}{A_n f_c}+\frac{M}{W_n f_m}\leqslant 1 \tag{6-19}$$

$$M=Ne_0+M_0$$

2）弯矩作用平面内稳定验算

$$\frac{M}{\varphi\varphi_m A_0}\leqslant f_c \tag{6-20}$$

式中 φ、A_0——分别为轴心受压构件的稳定系数及计算面积（按轴心受压构件计算）；

φ_m——考虑轴力和初始弯矩共同作用的折减系数；

N——轴向压力设计值（N）；

M_0——横向荷载作用下跨中最大初始弯矩设计值（N·mm）；

e_0——构件的初始偏心距（mm），当不能确定时，按0.05倍构件截面高度采用；

f_c、f_m——分别为考虑木材强度调整系数后木材顺纹抗压强度设计值及抗弯强度设计值（N/mm^2）。

3）弯矩作用平面外稳定验算

弯矩作用平面外侧向稳定性复杂，在此不详述。

6.6　木结构连接

扫码观看 6.6 节

6.7　木结构防火和防护

扫码观看 6.7 节

思考题与习题

6-1　影响木材主要力学性能的因素有哪些?

6-2　对木材分类的目的是什么? 使用木材中应注意事项有哪些?

6-3　木材的连接方式有哪几种?

6-4　木结构防火的主要措施有哪些?

6-5　木结构防护的目的是什么?

第7章

钢筋混凝土单层厂房

7.1 结构类型及结构布置

1. 单层厂房特点

工业厂房按层数分类，可分为单层厂房和多层厂房。厂房往往设有重型设备，生产的产品重、体积大，因而大多采用单层厂房。单层厂房占地面积较大，对设备轻或虽然设备较重但产品小而轻的车间，为节约用地和满足生产工艺上的要求，宜采用多层厂房，本章重点介绍单层厂房等高排架的构成及受力特点、构件选用。

单层厂房结构设计首先要解决的问题是根据生产工艺要求和建筑工业化、现代化要求，经过技术综合分析与比较，确定厂房的结构方案，即进行方案设计。方案设计的主要内容包括确定结构类型和结构体系，进行结构布置和构件选型。

2. 单层厂房结构类型

单层厂房按承重结构的材料分类有：混合结构、混凝土结构和钢结构。一般依据其跨度、高度和吊车起重量等因素来选用结构类型。一般来说，无吊车或吊车吨位不超过 5t，跨度在 15m 以内，柱顶标高在 8m 以下，无特殊工艺要求的小型厂房，可采用混合结构（承重砖柱、钢筋混凝土屋架、木屋架或轻钢屋架）。当吊车吨位在 250t（中级工作制）以上，跨度大于 36m 的大型厂房或有特殊要求的厂房，一般采用钢屋架、混凝土柱或全钢结构。除上述情况以外的单层工业厂房，一般采用混凝土结构，而且除特殊情况之外，一般采用装配式钢筋混凝土结构。

单层厂房按承重结构形式的不同可分为：排架结构和刚架结构两种。

排架结构由屋架（或屋面梁）、柱和基础组成，柱与屋架铰接，而与基础刚接。根据生产工艺和使用要求的不同，排架结构可设计成等高或不等高、单跨或多跨等多种形式，如图 7-1 所示。钢筋混凝土排架结构的跨度可超过 30m，高度可达 20 ~ 30m 或更大，吊车吨位可达 150t，甚至更大。排架结构传力明确，构造简单，施工方便。

刚架也是由横梁、柱和基础组成，柱与横梁刚接为同一构件，而与基础一般为铰接，有时也适用于刚接。门式刚架按其横梁形式的不同，分为人字形门式刚架（图 7-2a、b）和弧形门式

二维码 7.1-1

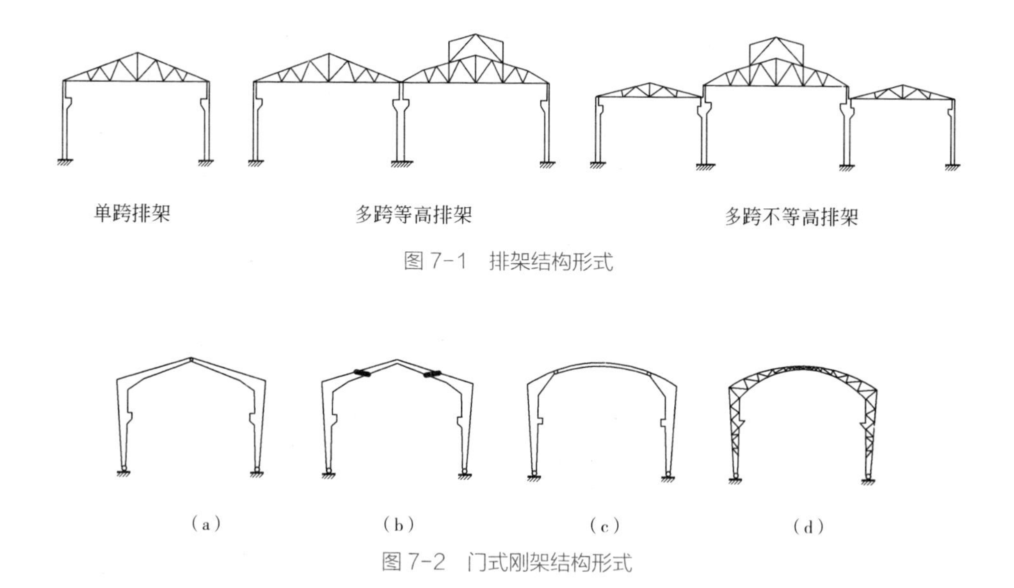

图 7-1　排架结构形式

图 7-2　门式刚架结构形式

刚架（图 7-2c、d）两种；按其顶节点的连接方式不同，又分为三铰门式刚架（图 7-2a）和两铰门式刚架（图 7-2b）。

门式刚架常用于跨度不超过 18m，檐口高度不超过 10m，无吊车或吨位不超过 10t 的仓库或车间建筑中。有些公共性建筑（如食堂、礼堂、体育馆）也可以采用门式刚架，其跨度可大些。

3. 排架结构组成

厂房构件尺寸较大（较长）且规则，在通常情况下可预制后再装配。装配式钢筋混凝土单层厂房结构是由多种构件组成的空间整体（图 7-3），这些构件主要有屋面板、屋架、吊车梁、连系梁、柱和基础。根据组成构件的作用功能不同，可将单层厂房结构的组成构件分为屋盖结构、纵横向平面排架结构和围护结构。

屋盖结构分有檩体系和无檩体系两种。无檩体系由大型屋面板、屋架或屋面梁及屋盖支撑所组成，是单层厂房中应用较广的一种形式。有檩体系是由小型屋面板、檩条、屋架及屋盖支撑所组成，适用于中、小型厂房。

横向平面排架由横梁（屋架或屋面梁）和横向柱列、基础组成，是厂房的基本承重体系。厂房承受的竖向荷载（包括结构自重、屋面荷载、雪载和吊车竖向荷载等）及横向水平荷载（包括风荷载、水平横向制动力和横向水平地震作用等）主要通过横向平面排架传至基础及地基（图 7-4）。

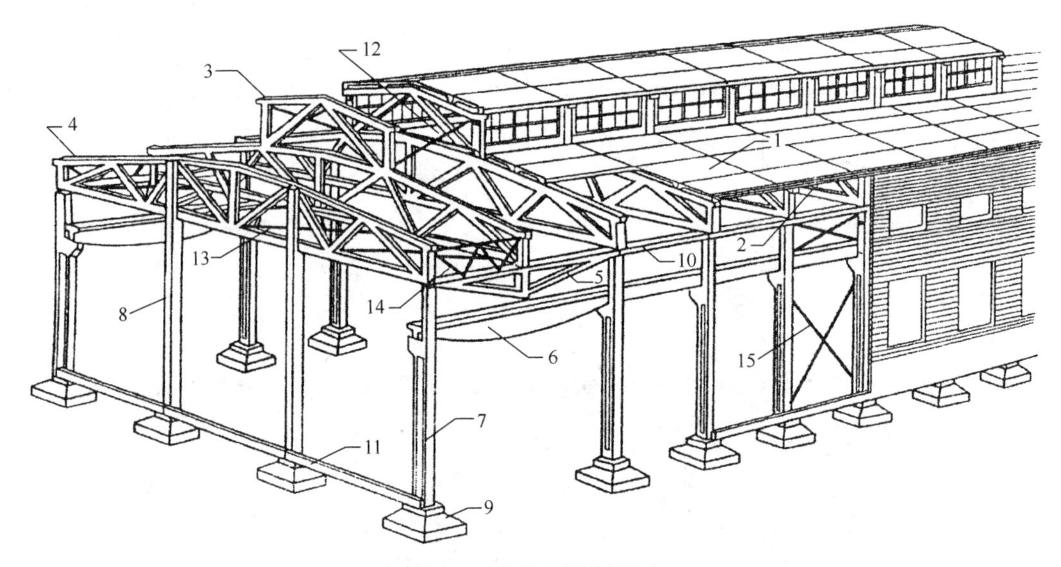

图7-3 单层厂房结构组成

1—屋面板；2—天沟板；3—天窗架；4—屋架；5—托架；6—吊车梁；7—排架柱；8—抗风柱；9—基础；10—连系梁；11—基础梁；12—天窗架垂直支撑；13—屋架下弦横向水平支撑；14—屋架端部垂直支撑；15—柱间支撑

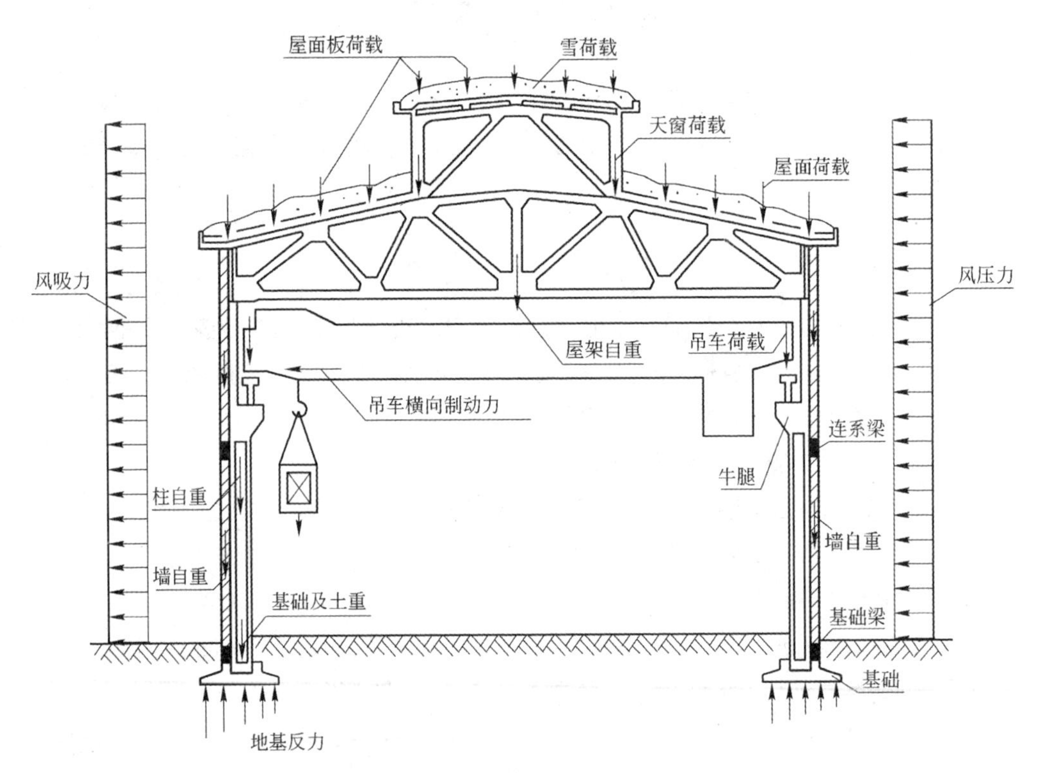

图7-4 横向平面排架荷载示意图

纵向平面排架由连系梁、吊车梁、纵向柱列（包括基础）和柱间支撑等组成，其作用是保证厂房结构的纵向稳定性和刚度，承受吊车纵向水平荷载、纵向水平地震作用、温度应力以及作用在山墙及天窗架端壁并通过屋盖结构传来的纵向风荷载等，如图 7-5 所示。

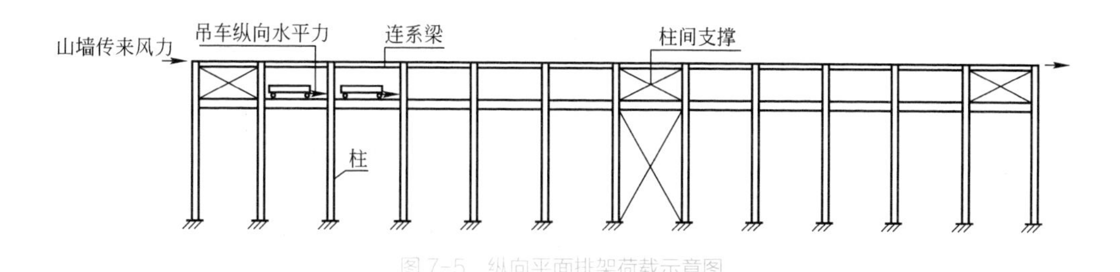

图 7-5　纵向平面排架荷载示意图

围护结构包括纵墙、横墙（山墙）、抗风柱、连系梁、基础梁等构件。这些构件所承受的荷载主要是墙体和构件的自重以及作用在墙面上的风荷载。

4. 结构布置

在单层厂房的结构类型确定之后，即可根据厂房生产工艺等各项要求，进行厂房结构布置，包括厂房平面布置、支撑布置和围护结构布置等。

1）平面布置

（1）柱网布置

厂房承重柱的纵向和横向定位轴线所形成的网格，称为柱网。柱网尺寸确定后，承重柱的位置、屋面板、屋架、吊车梁和基础梁等构件的位置也随之确定。柱网布置恰当与否，将直接影响厂房结构的经济合理性和先进性，与生产使用有密切关系。

柱网布置原则：①符合生产工艺和使用功能要求。②力求建筑平面和结构方案经济合理。③符合《厂房建筑模数协调标准》GB/T 50006—2010 规定的统一模数制，以 100mm 为基本单位，为厂房设计标准化、生产工厂化和施工机械化创造条件。

一般情况下，当厂房跨度小于或等于 18m 时，应以 3m 为模数；当厂房跨度大于 18m 时，应以 6m 为模数。厂房柱距一般采用 6m 较为经济，当工艺有特殊要求时，可局部插柱或抽柱（图 7-6）。

为了使端部屋架与山墙抗风柱的位置不发生冲突，一般将山墙内侧第一排柱中心内移 500mm，并将端部屋面板做成一端伸展板，在厂房端部的横向定位轴线与山墙内边缘重合，屋面不留缝隙，以形成封闭式横向定位轴线，如图 7-7 所示，伸缩缝两边的柱中心线亦需向两边移 500mm，而使伸缩缝中心线与横向定位轴线重合。

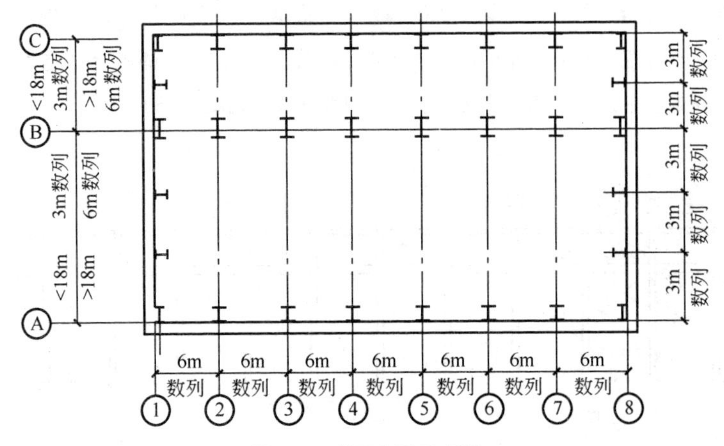

图 7-6 柱网布置示意图

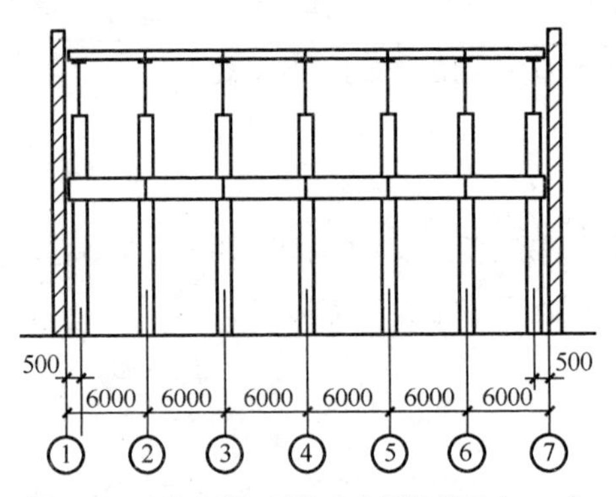

图 7-7 山墙与第一排柱中心线的关系（mm）

（2）变形缝

厂房的变形缝包括伸缩缝、沉降缝和防震缝三种。温度区段的长度取决于结构类型、施工方法和结构所处的环境。装配式钢筋混凝土排架结构伸缩缝最大间距，在室内或土中时不大于 100m，处于露天时不大于 70m。

沿厂房纵向所设的伸缩缝一般采用双柱、双屋架，但基础不分开，双柱在一个基础上；沿横向设置伸缩缝，常采用在柱顶设滚动铰支座办法来实现。

单层厂房排架结构对地基不均匀沉降有较好的适应能力，故在一般单层厂房中可不设计沉降缝。但当厂房相邻两部分高度相差大于 10m，相邻两跨吊车起重量相差悬殊，地基承载力或下卧层土质有较大差别或厂房各部分的施工时间先后相差很长，土壤压缩程度等不同情况下，应考虑设置沉降缝。

位于地震区的单层厂房，如因生产工艺或使用要求，平、立面布置复杂或结构相邻两部分的刚度和高度相差较大时，应设置防震缝，将相邻两部分分开，防震缝的两侧应布置墙或柱。防震缝的宽度根据抗震设防烈度和缝两侧中较低一侧房屋的高度确定。对大柱网厂房或不设置柱间支撑的厂房可采用 100 ~ 150mm，其他采用 50 ~ 90mm。

2）支撑布置

厂房的整体刚度和稳定性较差，为保证厂房在施工和使用过程中的整体性和空间刚度，须设置各种支撑。单层厂房的支撑体系包括屋盖支撑和柱间支撑两部分。

（1）屋盖支撑

屋盖支撑包括上、下弦横向水平支撑，纵向水平支撑，垂直支撑、纵向水平系杆和天窗架支撑。

①横向水平支撑

横向水平支撑是由交叉角钢和屋架上弦或下弦组成的水平桁架，布置在厂房端部及温度区段两端的第一或第二柱间。其作用是构成刚性框，增强屋盖的整体刚度，保证屋架的侧向稳定，同时将山墙、抗风柱所承受纵向水平力传至两侧柱列上。设置在屋架上弦、下弦平面内的水平支撑分别称为屋架上弦、下弦横向水平支撑，如图 7-8、图 7-9 所示。

②纵向水平支撑

纵向水平支撑一般是由交叉角钢、直腹杆和屋架下弦第一节间组成的纵向水平桁架。其作用是加强屋盖结构的横向水平刚度。

当设置下弦纵向水平支撑时，为保证厂房空间刚度，必须同时设置相应的下弦横向水平支撑，形成封闭的水平支撑系统，如图 7-9 所示。

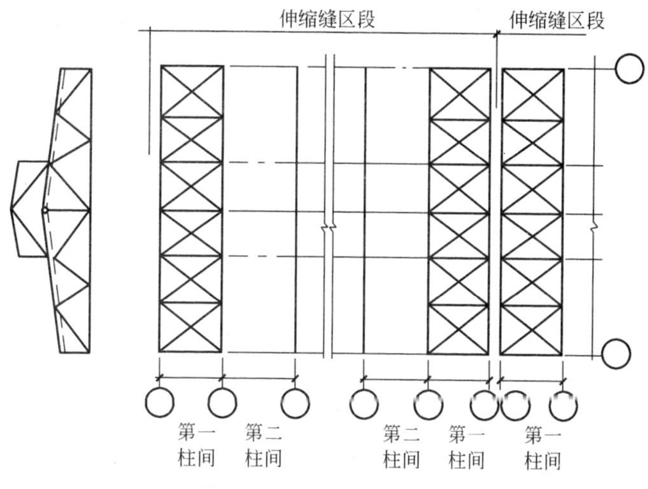

图 7-8　上弦横向水平支撑

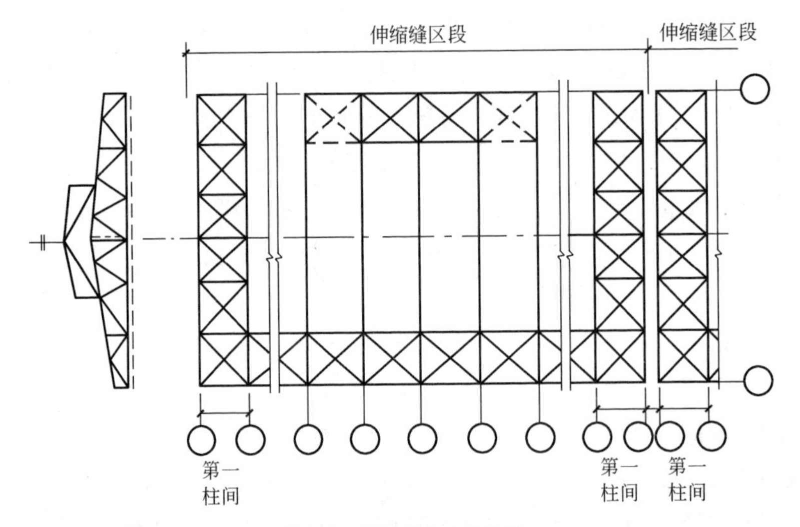

图 7-9 下弦横向水平支撑

③垂直支撑及水平系杆

垂直支撑一般是由角钢杆件与屋架直腹杆或天窗架的立柱组成的垂直桁架，其形式为十字交叉形或 W 形。垂直支撑的作用是保证屋架及天窗架在承受荷载后的平面外稳定并传递纵向水平力，因而应与下弦横向水平支撑布置在同一柱距内。水平系杆分为上、下弦水平系杆。上弦水平系杆可保证屋架上弦或屋面梁受压翼缘的侧向稳定，下弦水平系杆可防止吊车或有其他水平振动时屋架下弦发生侧向颤动，如图 7-10 所示。

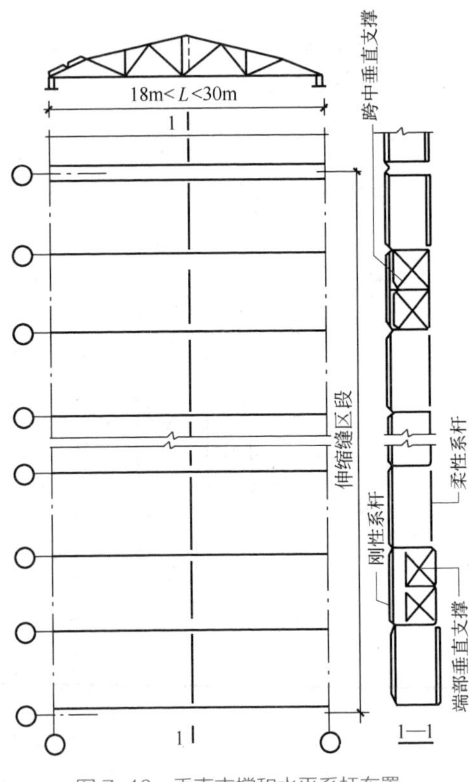

图 7-10 垂直支撑和水平系杆布置

④天窗架支撑

天窗架支撑包括天窗架上弦横向水平支撑和天窗架间的垂直支撑，用以保证天窗架上弦侧向稳定和将天窗端壁上的风荷载传给屋架。天窗架上弦横向水平支撑和垂直支撑一般均设置在天窗端部第一柱间内。当天窗区段较长时，还应在区段中部设有柱间支撑的柱间内设置垂直支撑。垂直支撑一般设置在天窗的两侧，天窗架跨度大于或等于 12m 时，还应在天窗中间竖杆平面内设

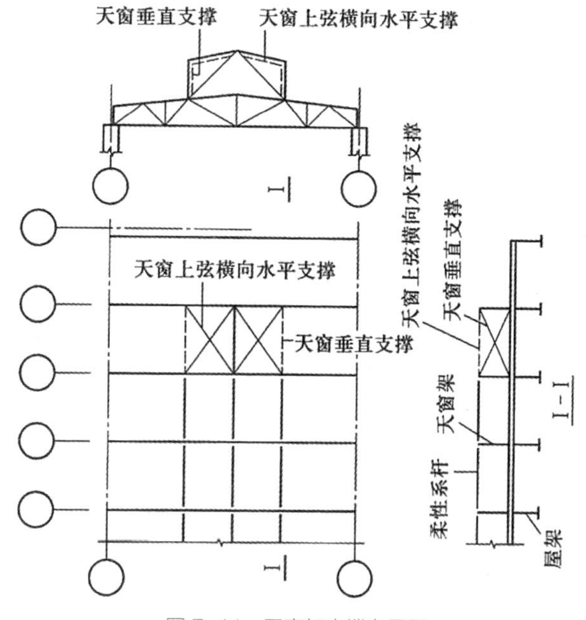

图 7–11　天窗架支撑布置图

置一道垂直支撑。天窗有挡风板时，在挡风板立柱平面内也应设置垂直支撑。在未设置上弦横向水平支撑的天窗架间，应在上弦节点处设置柔性系杆。图 7–11 为天窗架支撑布置图。

（2）柱间支撑

柱间支撑的作用主要是增强厂房的纵向刚度和稳定性。柱间支撑按其位置分为上部柱间支撑和下部柱间支撑。前者位于吊车梁上部，承受作用在山墙上的风荷载并保证厂房上部的纵向刚度和稳定；后者位于吊车梁下部，承受上部支撑传来的力和吊车梁传来的吊车纵向制动力，并把它们传到基础，如图 7–12 所示。

3）围护结构布置

单层厂房的围护结构包括屋面板、墙体、抗风柱、圈梁、连系梁、过梁、基础梁等构件，其作用是承受风、积雪、雨水、地震作用，以及地基产生不均匀沉降所引起的内力。屋面板、抗风

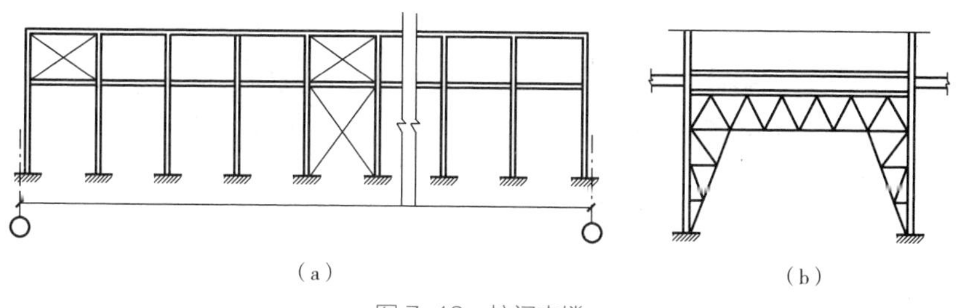
（a）　（b）
图 7–12　柱间支撑

柱、圈梁、连系梁、过梁和基础梁按建筑要求选用标准件，柱和基础须进行单独设计。

5. 主要构件选型

单层厂房中主要的承重构件是屋面板、屋架、吊车梁、柱和基础。这五种主要构件的材料用量，对一般中型厂房（跨度不大于 24m，吊车起重量不超过 15t）而言如表 7-1 所示。从表中可知，屋盖结构（屋面板和屋架）的材料用量，占总用量的 38% ~ 60%。因此，屋盖结构设计的经济合理性，应引起重视。

单层厂房中的柱和基础，一般需要通过计算确定。屋面板、屋架、吊车梁以及其他大部分组成构件均有标准图或通用图，可供设计时选用。

中型钢筋混凝土单层厂房各主要构件材料用量　　表 7-1

材料	每平方米建筑面积构件材料用量	每种构件材料用量占总用量的百分比（%）				
		屋面板	屋架	吊车梁	柱	基础
混凝土	0.13 ~ 0.18m^3	30 ~ 40	8 ~ 12	10 ~ 15	15 ~ 20	25 ~ 35
钢材	18 ~ 20kg	25 ~ 30	20 ~ 30	20 ~ 32	18 ~ 25	8 ~ 12

1）屋面板

在单层厂房中，屋面板常用的形式如图 7-13 所示，它们都适用于无檩体系。

预应力混凝土大型屋面板（图 7-13a）组成的屋面水平刚度好，适用于柱距为 6m 或 9m 的大多数厂房，以及振动较大、对屋面刚度要求较高的车间。

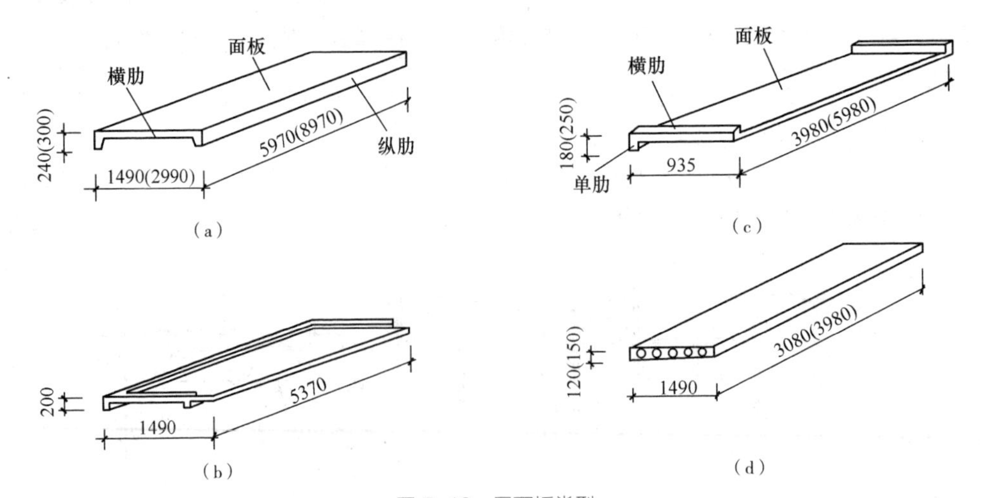

图 7-13　屋面板类型

（a）预应力混凝土大型屋面板；（b）预应力混凝土 F 形屋面板；（c）预应力混凝土单肋板；（d）预应力混凝土空心板

预应力混凝土 F 形屋面板（图 7-13b）或预应力混凝土单肋板（图 7-13c）组成的屋面，其水平刚度及防水效果不如预应力混凝土大型屋面板，适用于跨度、荷载较小的非保温屋面，不宜用于对屋面刚度及防水要求高的厂房。

预应力混凝土空心板（图 7-13d）广泛用于楼盖，也可作为屋面板用于柱距为 4m 左右的车间和仓库。

2）屋面梁和屋架

屋面梁和屋架除承受屋面板、天窗架传来的荷载及其自重外，有时还承受悬挂吊物、高架管道等荷载。

屋面梁常用的有预应力混凝土单坡或双坡薄腹工形梁及空腹梁（图 7-14a、b、c），适用于跨度不大（18m 和 18m 以下）、有较大振动或有腐蚀性介质的厂房。

屋架可做成拱式和桁架式两种。拱式屋架常用的有钢筋混凝土两铰拱屋架（图 7-14d）；若顶节点做成铰接，则为三铰拱屋架（图 7-14e）；适用于跨度为 15m 和 15m 以下的厂房。

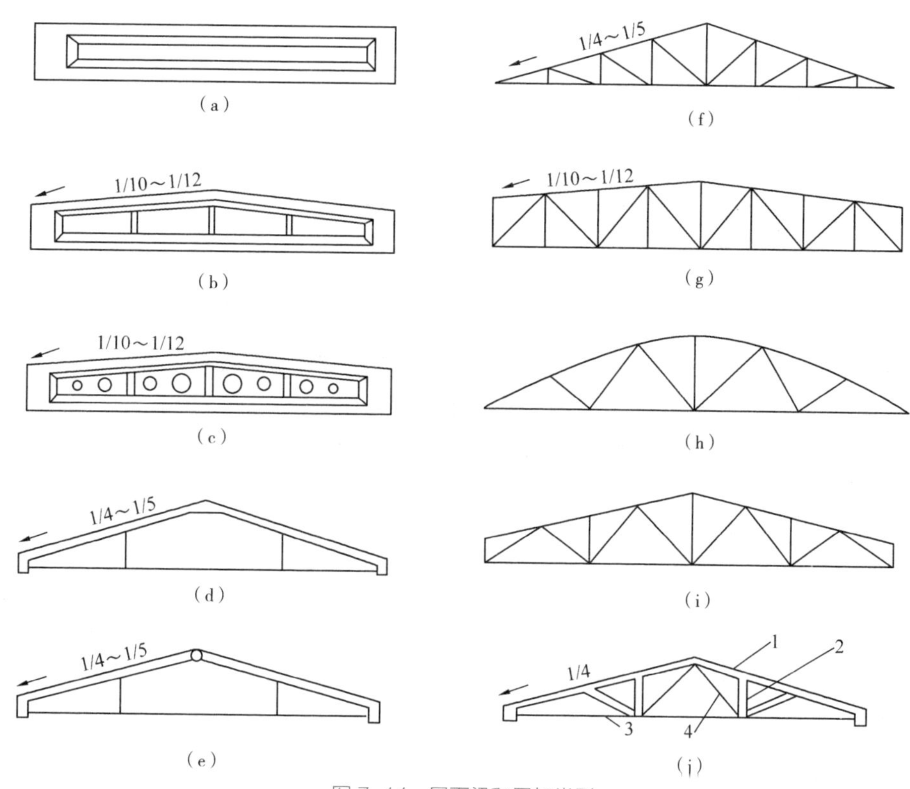

图 7-14 屋面梁和屋架类型

（a）单坡屋面梁；（b）双坡屋面梁；（c）空腹屋面梁；（d）两铰拱屋架；（e）三铰拱屋架；（f）三角形屋架；（g）梯形屋架；（h）拱形屋架；（i）折线形屋架；（j）组合屋架
1、2—钢筋混凝土上弦及压腹杆；3、4—钢下弦及拉腹杆桁架式屋架有三角形、梯形、拱形和折线形等多种（图7-14f、g、h、i）。

当桁架式屋架跨度较小（18m以内），也可采用三角形组合屋架（图7-14j）。

3）吊车梁

吊车梁承受吊车荷载（竖向荷载及纵、横向水平制动力）、吊车轨道及吊车梁自重，并将这些力传给厂房柱。

吊车梁通常做成T形截面，以便在其上安放吊车轨道。腹板如采用厚腹的，可做成等截面梁（图7-15a）；如采用薄腹的，则腹板在梁端局部加厚，为便于布筋采用工形截面（图7-15b）。

根据简支吊车梁弯矩包络图跨中弯矩最大的特点，也可做成变高度的吊车梁，如预应力混凝土鱼腹式吊车梁（图7-15c）和预应力混凝土折线式吊车梁（图7-15d）。

对于柱距4～6m、起重量不大于5t的轻型厂房，也可采用结构轻巧的桁架式吊车梁（图7-15e、f）。

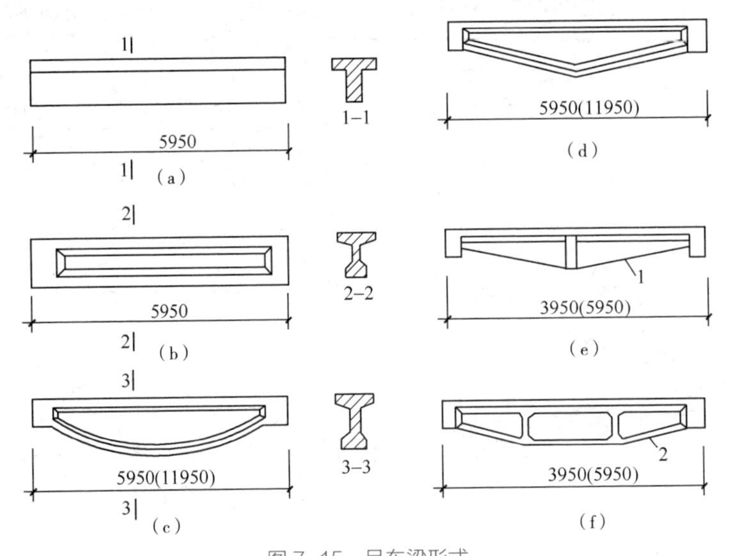

图7-15 吊车梁形式

（a）厚腹吊车梁；（b）薄腹吊车梁；（c）鱼腹式吊车梁；（d）折线式吊车梁；（e）、（f）桁架式吊车梁
1—钢下弦；2—钢筋混凝土下弦

4）柱

当厂房跨度、高度和吊车起重量不大，柱的截面尺寸较小时，多采用矩形或工字形截面柱（图7-16a、b）；当跨度、高度、起重量较大，柱的截面尺寸也较大时，宜采用平腹杆或斜腹杆双肢柱（图7-16c、d）。

柱型的选择还应根据厂房的具体条件灵活考虑。如有的厂房为方便布置管道，柱截面高度为800～1000mm也采用平腹杆双肢柱；有的重型厂房，为提高柱的抗撞击能力，柱截面高度为

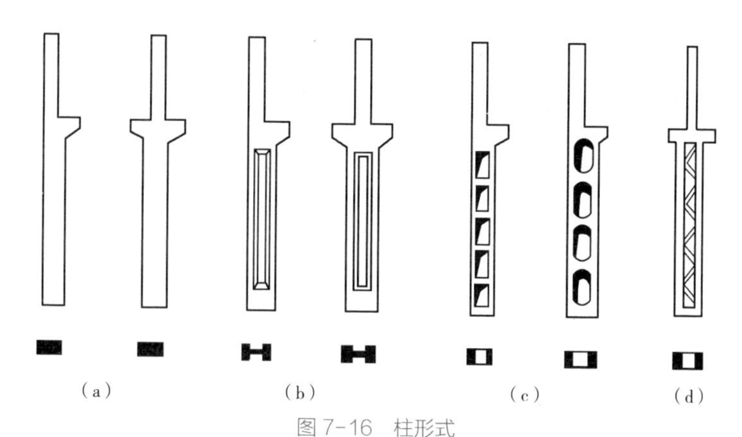

图 7-16　柱形式

(a) 矩形截面柱；(b) 工字形截面柱；(c) 平腹杆双肢柱；(d) 斜腹杆双肢柱

1000 ~ 1300mm 却采用矩形截面。

柱截面尺寸不仅要满足结构承载力的要求，而且还应使柱具有足够的刚度，柱截面尺寸不应太小。尺寸的选用参见有关图集。

5）基础

单层厂房一般采用柱下独立基础，柱下独立基础按施工方法可分为预制柱下基础和现浇柱下基础。现浇柱下基础通常用于多层现浇框架结构，预制柱下基础则用于装配式单层厂房结构。

独立基础有阶梯形和锥形两种（图 7-17a、b）。由于它们与预制柱的连接部分做成杯口，故统称为杯形基础。当因为柱下基础标高与设备基础或地坑冲突以及地质条件差等原因需要深埋时，为不使预制柱过长，且能与其他柱长一致，可做成图 7-17（c）所示的高杯口基础，它由杯口、短柱以及阶形或锥形底板组成。短柱是指杯口以下的基础上阶部分（即图中Ⅰ－Ⅰ截面到Ⅱ－Ⅱ截面之间的一段）。

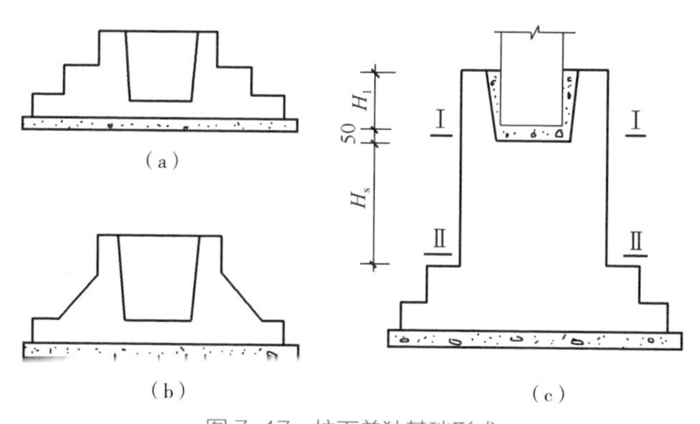

图 7-17　柱下单独基础形式

(a) 阶梯形基础；(b) 锥形基础；(c) 高杯口基础

对上部结构荷载大、地质条件差（持力层深）、对地基不均匀沉降要求严格控制的厂房，可采用桩基础，其计算和构造要求详见有关专著。

7.2 等高排架内力计算

单层厂房结构是一个空间结构体系，为了方便计算，可简化成横向平面排架和纵向平面排架分别进行计算。厂房纵向排架柱较多，通常其水平刚度较大，纵向排架一般可以不必计算。横向平面排架承受作用于厂房的主要荷载，包括屋面荷载、吊车荷载以及纵墙面和屋盖传来的风荷载等。排架结构的计算内容包括：计算简图确定，荷载计算，内力分析和内力组合，必要时还需验算排架侧移。

1. 计算简图确定

1）计算单元

对于图 7-18（a）所示的厂房结构平面，如果各榀排架的几何尺寸完全相同，作用于厂房上的屋面荷载、雪荷载和风荷载都是均布的，则可以选取图中的阴影部分面积表示该榀排架的负载面积，其计算单元如图 7-18（a）阴影部分所示。

2）简化假定与计算简图

基于图 7-18（a）所示计算单元，在确定计算简图时作如下假定：

（1）柱上端与屋架或屋面梁为铰接，柱下端与基础为固接；

（2）横梁（即屋架或屋面架）为无轴向变形的刚性连杆，即横梁两端柱的侧移相等。

根据上述假定，可得横向排架的计算简图如图 7-18（b）所示。柱的计算长度见表 3-16。

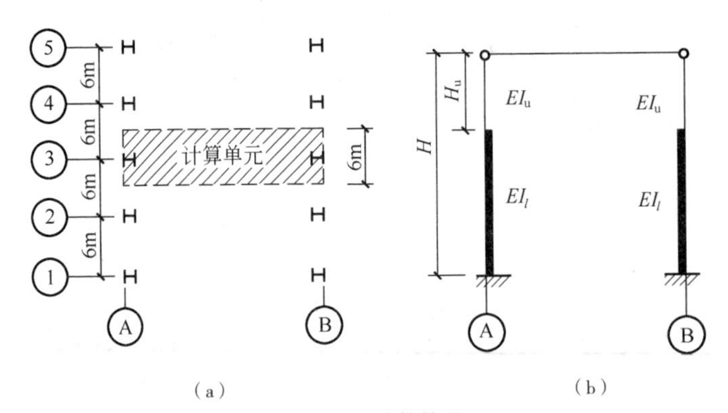

图 7-18 计算简图

H——从基础顶面算起的柱子全高；H_u——从装配式吊车梁底面或从现浇式吊车梁顶面算起的柱上部高度

2. 荷载计算

作用在横向排架上的荷载分恒荷载、屋面活荷载（含雪荷载、积灰荷载）、吊车荷载和风荷载等，除吊车荷载外，其他荷载均取自计算单元范围内。

1）恒载

恒载包括屋盖、柱、吊车梁及轨道连接件、围护结构等自重，其值可根据构件的设计尺寸和材料重度计算。若选用标准构件，则可直接由相应的构件标准图集中查得。

（1）屋盖恒载 G_1

屋盖恒载包括屋盖构造层（找平层、保温层、防水层等）、屋面板、天窗架、屋架或屋面梁、屋盖支撑以及与屋架连接的各种管道等自重。此荷载通过屋架或屋面梁的端部以竖向集中力 G_1 的形式传至柱顶，其作用点位于屋架上、下弦几何中心线交汇处（或屋面梁梁端垫板中心线处），一般在厂房纵向定位轴线内侧 150mm 处，如图 7-19（a）所示，G_1 对上柱截面几何中心存在偏心距 e_1，且对下柱截面几何中心还存在偏心距（e_1+e_2），如图 7-19（b）所示。

（2）柱自重 G_2（G_3）

上柱自重 G_2 和下柱自重 G_3 分别作用于各自截面的几何中心线上，其中 G_2 对下柱截面几何中心线有一偏心距 e_2，如图 7-19（b）所示。

（3）吊车梁和轨道及连接件重力荷载 G_4

吊车梁和轨道及连接件重力荷载可以从有关标准图集中直接查得，轨道及连接件重力荷载也可以按 0.8 ~ 1.0kN/m 估算。G_4 的作用点一般距纵向定位轴线 750mm，它对下柱截面几何中心线的偏心距为 e_4，如图 7-19（c）所示。

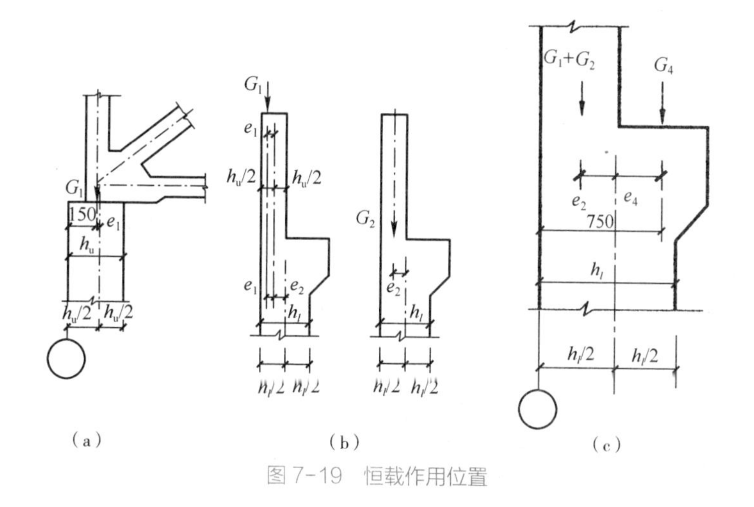

图 7-19　恒载作用位置

围护结构自重 G_5 通过承重梁传至设置在柱上的牛腿，自重大小可根据相应材料重度计算，并按实际作用点计算偏心距 e_5（参见图 7-4）。

各种恒载作用下荷载简图如图 7-20 所示。

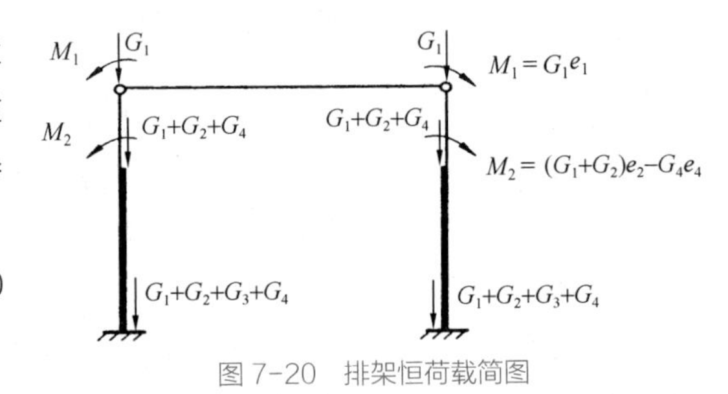

图 7-20 排架恒荷载简图

2）屋面活荷载

屋面活荷载包括屋面均布活荷载、屋面雪荷载和屋面积灰荷载三部分。通过屋架传至柱顶，其作用位置与 G_1 相同。

（1）屋面均布荷载

按《建筑结构荷载规范》GB 50009—2012（以下简称《荷载规范》）规定，屋面水平投影面上的屋面均布活荷载标准值为不上人屋面 0.5kN/m²，上人屋面 2.0kN/m²。

（2）屋面雪荷载

《荷载规范》规定，屋面水平投影面上的雪荷载标准值 S_k（kN/m²）按下式计算：

$$S_k=\mu_r S_0 \tag{7-1}$$

式中 S_0——基本雪压值（kN/m²），与所处地域有关，参见《荷载规范》；

μ_r——屋面积雪分布系数（当坡屋面坡度 $\alpha \leqslant 25°$ 时，$\mu_r=1.0$）。

屋面积灰荷载计算参见《荷载规范》。

3）风荷载

作用在排架上的风荷载，是由计算单元内墙面及屋面传来的，其作用方向垂直于建筑物表面，有压力和吸力两种情况，沿建筑表面均匀分布。

《荷载规范》规定垂直于建筑物表面上的风荷载标准值，应在基本风压、风压高度变化系数、风荷载体型系数、地形修正系数和风向影响系数的乘积基础上，考虑风荷载脉动的增大效应加以确认，风荷载标准值 w_k 按下式计算：

$$w_k=\beta_z\eta\gamma_d\mu_s\mu_z w_0 \tag{7-2}$$

式中 w_0——基本风压值（kN/m²），应根据基本风速值进行计算，其值不得低于 0.3kN/m²，基本风速应通过将标准地面粗糙度条件下观测得到的历年最大风速记录，统一换算为离地 10m 高 10min 平均年最大风速之后，采用适当的概率分布模型，按 50 年重现期计算得到；

β_z——高度 Z 处的风振系数，风荷载脉动的增大效应可采用风荷载放大系数的方法考虑，风荷载放大系数应按下列规定采用：（a）主要受力结构的风荷载放大系数应根据地形特征、脉动风特性、结构周期、阻尼比等因素确定，其值不应小于 1.2;（b）围护结构的风荷载放大系数应根据地形特征、脉动风特性和流场特征等因素确定，且不应小于 $1+\frac{0.7}{\sqrt{\mu_s}}$，其中 μ_s 为风压高度变化系数；

η——地形修正系数，应按下列规定采用:（a）对于山峰和山坡等地形，应根据山坡全高、坡度和建筑物计算位置离建筑物地面的高度确定地形修正系数，其值不应小于 1.0;（b）对于山间盆地、谷地等闭塞地形，地形修正系数不应小于 0.75;（c）对于与风向一致的谷口、山口，地形修正系数不应小于 1.20;（d）其他情况，应取 1.0;

γ_d——风向影响系数，应按下列规定采用:（a）当有 15 年以上符合观测且可靠的风气象资料时，计算所得所有风向影响系数的最大值不应小于 1.0，最小值不应小于 0.8;（b）其他情况，应取 1.0;

μ_s——风荷载体型系数，应根据建筑外形、周边干扰情况等因素确定；

μ_z——风压高度变化系数，根据建筑所在地区的地面粗糙程度类别和所求风压值处离地面的高度确定。

各参数取值见《荷载规范》。

风荷载的组合值系数、频遇值系数和准永久值系数应分别取 0.6、0.4 和 0。

排架结构内力分析时，通常将作用于厂房上的风荷载作如下简化：

（1）作用在排架柱顶以下墙面上的水平风荷载近似按均布荷载计算，其风压高度变化系数可根据柱顶标高确定。

（2）作用在排架柱顶以上屋盖上的风荷载仅考虑其水平分量对排架的作用，且以水平集中荷载的形式作用在排架柱顶。其风压高度变化系数，当无矩形天窗时，根据厂房檐口标高确定；当有矩形天窗时，根据天窗檐口标高确定。排架结构内力分析时，应考虑左吹风和右吹风两种情况。

4）吊车荷载

吊车的型号和规格与生产工艺、跨度和起吊重量等相关，不同类型的吊车当起重量和跨度均相同时，作用在厂房结构上的荷载是不同的，设计时应以吊车制造厂产品规格为依据确定吊车荷载。吊车工作级别越高，表示其工作繁重程度越高，利用次数越多。

对于一般的桥式吊车，作用于厂房横向排架上的吊车荷载有竖向荷载和横向水平荷载，设计时应以吊车制造厂当时的产品规格为依据确定。

（1）吊车竖向荷载

桥式吊车由大车（即桥架）和小车组成，大车在吊车轨道上沿厂房纵向运动，小车在大车轨道上沿厂房横向运行。当小车满载（即吊有额定起重量）运行至大车一侧的极限位置时，小车所在一侧轮压将出现最大值 P_{max}，称为最大轮压，另一侧吊车轮压称为最小轮压 P_{min}，P_{max} 和 P_{min}

同时出现，如图 7-21 所示。P_{max} 和 P_{min} 可从吊车制造厂家提供的吊车产品说明书中查得。P_{max} 和 P_{min} 与吊车桥架重量 G、吊车的额定起重量 Q 以及小车重量 g 三者的重力荷载满足下列平衡关系：

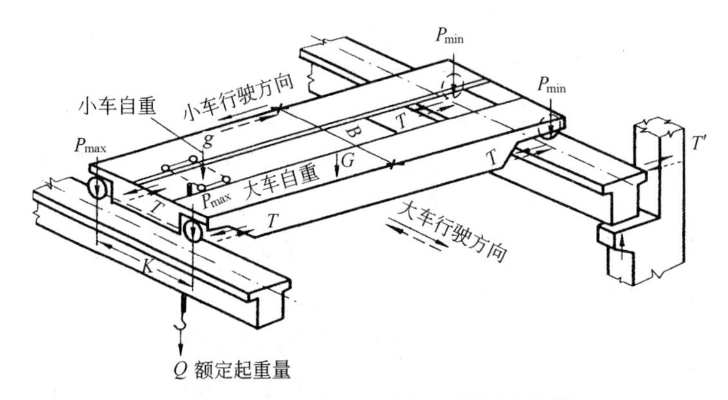

图 7-21 产生最大轮压和最小轮压的小车位置

$$n(P_{max}+P_{min})=G+Q+g \tag{7-3}$$

式中 n——吊车每一侧的轮子数。

吊车轮压 P_{max} 和 P_{min} 作用在吊车梁上，吊车梁最大支座反力 D_{max} 和 D_{min} 分别由 P_{max} 和 P_{min} 产生，还与厂房内的吊车台数和吊车作用位置有关。《荷载规范》规定：对单跨厂房的每个排架，参与组合的吊车台数不宜多于 2 台；对多跨厂房的每个排架，不宜多于 4 台。

由于吊车荷载是移动荷载，因此需要用影响线原理求吊车梁的最大支座反力，D_{max} 和 D_{min} 的标准值按下式计算：

$$D_{max}=\Sigma P_{imax}y_i \tag{7-4}$$

$$D_{min}=\Sigma P_{imin}y_i \tag{7-5}$$

式中 P_{imax}、P_{imin}——第 i 台吊车的最大轮压和最小轮压；

y_i——与吊车轮压相对应的支座反力影响线的竖向坐标值。

吊车竖向荷载 D_{max} 和 D_{min} 分别作用在同一跨两侧排架柱的牛腿顶面，作用点位置与吊车梁和轨道自重 G_4 相同，距下柱截面形心的偏心距为 e_4，它们施加于排架结构的力偶分别为 $D_{max}e_4$ 和 $D_{min}e_4$，可变荷载分项系数 γ_Q=1.5。

（2）横向水平荷载

小车起吊重物后在启动或制动时将产生惯性力，即横向水平制动力，此力通过小车制动轮与钢轨间的摩擦传给排架结构（图 7-21）。对于一般四轮桥式吊车，每一轮子作用在轨道上的横向水平制动力 T 为：

二维码 7.2-1

$$T=\frac{1}{4}\alpha(Q+g) \tag{7-6}$$

式中 α 按下列规定取值：

硬钩吊车取 0.20。

软钩吊车：

当额定起重量不大于 100kN 时取 0.12；

当额定起重量为 160 ~ 500kN 时取 0.10；

当额定起重量不小于 750kN 时取 0.08。

《荷载规范》规定，对单跨或多跨厂房的每个排架，参与水平荷载组合的吊车台数不超过 2 台。吊车横向水平制动力标准值按下式计算：

$$T_{\max}=\Sigma T_i y_i \tag{7-7}$$

式中　T_i——第 i 个大车轮子的横向水平制动力；

　　y_i——同式（7-5）。

横向水平荷载作用的位置与吊车梁轨顶标高一致。

（3）吊车纵向水平荷载

吊车纵向水平荷载标准值，按作用在一边轨道上所有刹车轮的最大轮压之和的 10% 采用，即：

$$T_0=nP_{\max}/10 \tag{7-8}$$

式中　n——施加在一边轨道上所有刹车轮数之和，对于一般的四轮吊车，n=1。

3. 等高排架内力计算

排架内力分析关键在于求得柱顶剪力，一旦求得柱顶剪力，问题就变为静定悬臂柱的内力计算。由结构力学可知，用剪力分配法可求得等高排架的内力，在此不详述，可参见结构力学方法。

4. 内力组合

排架内力组合，就是求出控制截面产生的最不利内力，作为柱和基础设计的依据。

1）控制截面

在一般单阶柱中，上、下柱截面配筋相同，故应分别找出上柱和下柱的控制截面。如图 7-22 所示，底部截面 1—1 为上柱的控制截面；牛腿面（2—2 截面）和柱底（3—3 截面）为下柱控制截面。

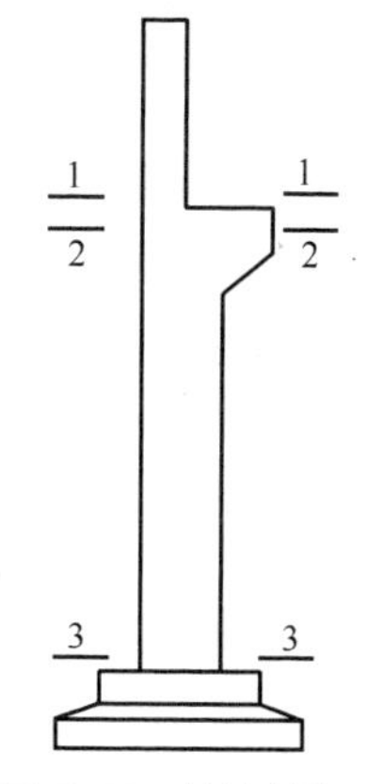

图 7-22　柱控制截面

二维码 7.2-2

2）荷载组合

为了求得控制截面的最不利内力，就必须按荷载同时出现的可能性进行组合，具体可按第2章相关内容进行。

3）内力组合

排架柱为偏心受压构件，对于矩形、工字形截面排架柱，一般应考虑以下四种内力组合：

① $+M_{max}$ 及相应的 N、V；

② $-M_{max}$ 及相应的 N、V；

③ N_{max} 及相应的 $\pm M$、V；

④ N_{min} 及相应的 $\pm M$、V。

7.3 柱构件设计

单层厂房主要构件计算和设计包括排架柱设计及柱下基础设计。本节主要介绍柱设计。

预制混凝土排架柱的设计，包括选择柱的形式，确定截面尺寸，配筋计算，吊装验算，牛腿设计等。

1. 截面设计

柱形式及截面尺寸的选择在7.1节中已叙述，参见相应内容。因为柱截面上剪力 V 比轴力 N 小，所以在矩形、工字形截面这类实腹柱的配筋计算中，一般不进行抗剪承载力计算，按构造要求配置箍筋可满足抗剪要求。柱采用对称配筋，计算和构造要求与一般混凝土偏心受压构件相同，柱计算长度 l_0 见表3-16。此外还应按轴心受压构件进行平面外轴压承载力验算。

对于钢筋混凝土预制柱，在施工阶段还需要对吊装过程进行验算。吊装可以采用平吊也可以采用翻身吊。如柱中配筋能满足平吊时的承载力和裂缝的要求，宜采用平吊，以简化施工。但是，当平吊需增加柱中配筋时，则宜考虑改用翻身吊。

柱吊点设在牛腿的下边缘处，考虑到起吊时的动力作用，柱自重须乘以1.5的动力系数。当采用翻身吊时，截面的受力方向与使用阶段一致，因而承载力和裂缝均能满足要求，一般不必进行验算。当平吊时，可将H形截面简化为宽度为 $2h_f$、高为 b_f 的矩形截面。由于本项验算为施工阶段的验算，结构的重要性系数可降低一级取用。

构件施工阶段的承载力验算，按双筋受弯构件公式进行。裂缝宽度的验算则采用弯矩标准值进行验算。

二维码 7.3-1

2. 牛腿设计

在厂房结构中，吊车梁和连系梁等构件，常由设置在柱上的牛腿来支承。牛腿承受很大的竖向荷载，有时也承受地震作用和风荷载引起的水平荷载。

1）牛腿分类

牛腿按承受的竖向荷载合力作用点至牛腿根部柱边缘水平距离 a 的不同分为两类（图 7-23）：$a > h_0$ 时为长牛腿，按悬臂梁进行设计；$a \leqslant h_0$ 时为短牛腿，为一变截面悬臂深梁。此处，h_0 为牛腿根部的有效高度（图 7-24）。本节讨论短牛腿设计。

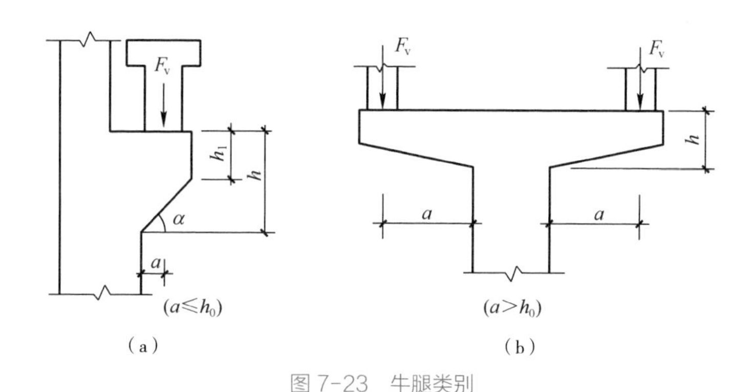

图 7-23　牛腿类别
（a）短牛腿；（b）长牛腿

2）牛腿的破坏形式

随着 a/h_0 值不同的牛腿，其破坏形态可以分为 4 类，具体如下：（1）弯压破坏：当 $0.75 < \frac{a}{h_0} < 1$ 且纵向钢筋配筋率偏低时，随着荷载增加，斜裂缝②不断向受压区延伸，纵筋应力不断增加并逐渐达到屈服强度，这时斜裂缝②外侧部分绕牛腿下部与柱交接点转动，致使受压区混凝土压碎而引起破坏（图 7-24a）。设计中可以采取配置足够数量的纵向受拉钢筋来避免出现这种破坏现象。（2）斜压破坏：当 a/h_0=0.1 ~ 0.75 时，随着荷载增加，在斜裂缝②外侧整个压杆范围内，出现大量短小斜裂缝③，当这些斜裂缝逐渐贯通时，压杆内混凝土剥落崩出，牛腿即破坏（图 7-24b）；有些牛腿不出现裂缝③，而是在加载垫板下突然出现一条通长斜裂缝④而破坏（图 7-24c）。这种破坏称为斜压破坏，破坏时纵向受拉钢筋应力达到屈服强度。牛腿承载力计算主要是以这种破坏模式为依据。（3）剪切破坏：当 $a/h_0 < 0.1$ 或虽 a/h_0 较大但牛腿的外边缘高度 h_1 较小时，在牛腿与下柱的交接面上出现一系列短而细的斜裂缝，最后牛腿沿此裂缝从柱上切下而破坏（图 7-24d）。此时牛腿内纵向钢筋应力较小。设计中可用控制牛腿截面尺寸 h_1 和采取必要的构造措施来防止。（4）局压破坏：由于牛腿上加载板尺寸过小而导致加载板下混凝土局部压碎破坏。此外还有由于纵向受拉钢筋锚固不良而被拔出等破坏现象。

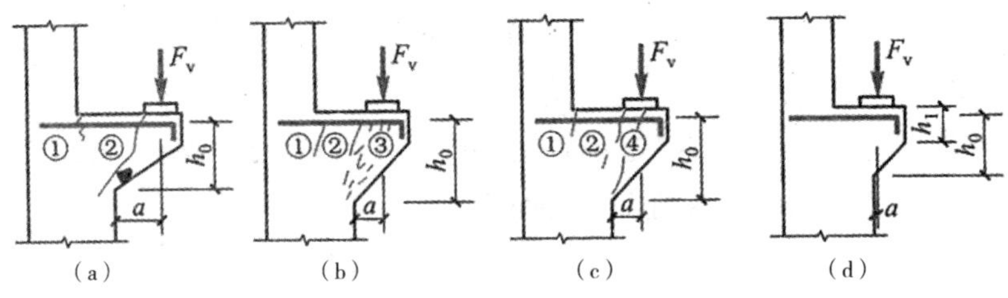

图 7-24 牛腿的破坏形态

3）牛腿截面尺寸确定

牛腿截面宽度与柱宽相同，牛腿在使用阶段一般要求不出现斜裂缝或仅出现少量微细裂缝，设计时以不出现斜裂缝作为控制条件来确定牛腿截面高度：

$$F_{vk} \leqslant \beta \left(1-0.5\frac{F_{hk}}{F_{vk}}\right)\frac{f_{tk}bh_0}{0.5+a/h_0} \tag{7-9}$$

式中 F_{vk}、F_{hk}——作用于牛腿顶部按荷载标准值组合计算的竖向力和水平拉力值；

β——裂缝控制系数，对支承吊车梁的牛腿，取 β=0.65，其他牛腿，取 β=0.80；

a——竖向力作用点至下柱边缘的水平距离，此时应考虑安装偏差 20mm，当考虑 20mm 安装偏差后的竖向力作用线仍位于下柱截面以内时，取 a=0；

b——牛腿宽度；

h_0——牛腿与下柱交接处的竖向截面有效高度，取 $h_0=h_1-a_s+c\tan\alpha$，其余符号意义见图 7-24。

此外，牛腿外边缘高度 h_1 不应小于 h/3，且不应小于 200mm；牛腿外边缘至吊车梁外边缘的距离不宜小于 100mm；牛腿底边倾斜角 $\alpha \leqslant 45°$，如图 7-25 所示。

为了防止牛腿顶面加载垫板下混凝土的局部受压破坏，垫板下的局部压应力应满足：

$$\sigma_c=\frac{F_{vk}}{A}\leqslant 0.75f_c \tag{7-10}$$

式中 A——局部受压面积；

f_c——混凝土轴心抗压强度设计值。

当式（7-10）不满足时，应采取加大受压面积、提高混凝土强度等级或设置钢筋网等有效措施。

4）牛腿配筋计算与构造

根据牛腿的斜压破坏形态，可近似地把牛腿看作是一个以顶部纵向受力钢筋为水平拉杆（拉力为 $f_y A_s$），以混凝土斜向压力为压杆的三角形桁架，如图 7-26 所示。

根据图 7-26 所示的计算简图，可得纵向受拉钢筋总截面面积 A_s 为：

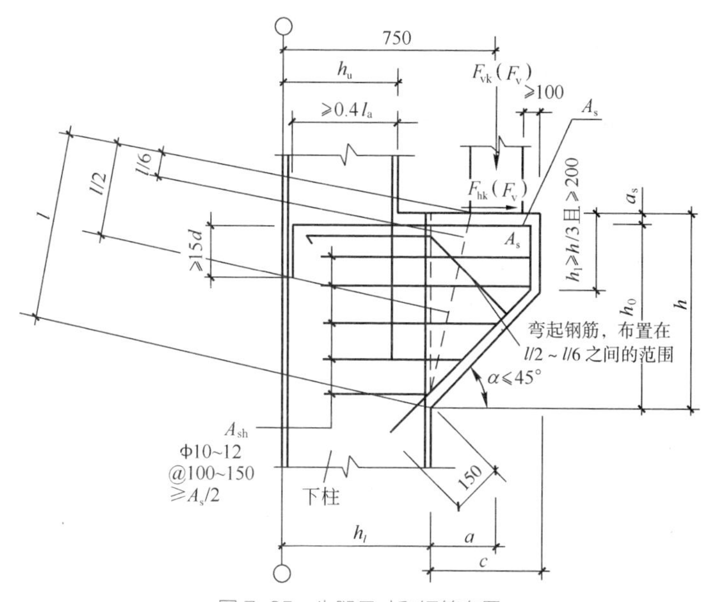

图 7-25　牛腿尺寸和钢筋布置

$$A_s \geqslant \frac{F_v a}{0.85 f_y h_0} + 1.2\frac{F_h}{f_y} \qquad (7-11)$$

式中　a——竖向力的作用点至柱下边缘的水平距离，考虑 20mm 的安装偏差，当 $a < 0.3h_0$ 时，取 $a=0.3h_0$；

h_0——牛腿根部截面的有效高度；

f_y——纵筋强度设计值。

图 7-26　牛腿计算简图

纵向受拉钢筋宜采用 HRB400 或 HRB500 钢筋。承受竖向力所需的纵向受拉钢筋的配筋率，按牛腿的有效截面计算不应小于 0.2% 及 0.45 f_t/f_y，也不宜大于 0.6%，且根数不宜少于 4 根，直径不应小于 12mm；纵筋的弯起与锚固、水平箍筋设置等要求见图 7-25。

7.4　基础设计

扫码观看 7.4 节

思考题与习题

7-1 单层厂房由哪些构件组成？

7-2 单层厂房要求设置哪些支撑？作用是什么？

7-3 单层厂房中有哪些荷载？如何计算？

7-4 单层厂房排架计算有哪些基本假定？

7-5 为什么要对地基承载力特征值进行修正?

7-6 基础设计的主要内容包含哪些?

7-7 简述基础连系梁的作用。

第8章

多层与高层钢筋混凝土结构

什么样的建筑是高层建筑？顾名思义是层数较多、高度较高的建筑。世界各国对多层建筑与高层建筑的划分界限并不统一，在不同时期的划分界限也不尽相同。我国《高层建筑混凝土结构技术规程》JGJ 3—2010 和《高层民用建筑钢结构技术规程》JGJ 99—2015 规定 10 层及 10 层以上或房屋高度大于 28m 的住宅建筑以及房屋高度大于 24m 的其他高层民用建筑称为高层建筑。1 ~ 3 层建筑为低层建筑，层数介于高层和低层之间的建筑为多层建筑，高度超过 100m 的建筑称为超高层建筑。本章以介绍高层建筑的结构设计为主，但结构设计原理与方法同样适用于多层建筑的结构设计。

目前我国高层建筑的主要特点有：①高度越来越高，一栋建筑甚至一个城市是否有名，建筑高度是标志性因素之一，因此争高度是高层建筑无休止的主题。②超限、复杂的高层建筑越来越多，所谓超限是指高度超过规范规定的最大高度的建筑，复杂建筑包括连体、带转换层、带加强层、错层及竖向体型收进建筑。对这类高层建筑结构，可采用结构抗震性能设计方法进行补充分析。③高强混凝土及高强钢筋的广泛使用。④钢 - 混凝土组合构件发展迅速，大大提高了构件的抗震能力和变形能力。⑤框架 - 核心筒结构广泛使用，在 200m 高的高层结构中，绝大多数采用此结构形式，它具有抗侧力强，空间布置灵活的优点。

高层建筑从力学角度讲是一个竖向悬臂结构，它主要承受垂直荷载和水平荷载。从内力特性看，垂直荷载主要使结构构件产生轴向力、一定的弯矩和剪力，轴向力与建筑物高度大体上为线性关系；水平荷载使结构产生弯矩，此弯矩与建筑物高度成二次方变化。从侧移特性看，竖向荷载引起的侧移很小，当水平荷载为均布荷载时，侧移与高度成四次方变化。由此可以看出，在高层建筑结构中，水平荷载的影响要大于垂直荷载的影响，水平荷载是结构设计的主导因素。结构除需抵抗水平荷载产生的弯矩、剪力和轴力等内力外，结构还要有足够的刚度和延性，使结构的侧向变形在结构允许范围内。

8.1 结构设计的基本规定

高层建筑结构应有必要的承载能力，合适的刚度和延性，避免因局部构件的破坏而导致整个结构丧失承载力。在风荷载或多遇地震作用下，结构不受损坏或不需修理可继续使用；在设防烈度地震作用下，结构经修复后可继续使用；在罕遇地震作用下，允许结构有部分构件屈服、破坏，但不应倒塌。

高层建筑结构应注重概念设计，重视结构的选型和平面、立面布置的规则性，加强构造措施，择优选用抗震和抗风性能好且经济合理的结构体系。

1. 结构体系

结构体系是结构的具体化，它是承受竖向荷载、抵抗水平荷载作用的骨架，此骨架由水平构件及竖向构件组成，有时还有起支撑作用的斜向构件。水平构件主要包括梁及楼板，竖向构件主要包括柱、剪力墙（或电梯井）。竖向荷载因结构及设备自重、活荷载而产生，水平荷载因风荷载及地震作用而产生。从荷载的传递路线上讲，作用在楼板上的竖向荷载（恒载和活荷载）通过楼板传递至梁，梁传递给柱（剪力墙）或斜向支撑，最后传递至基础和地基。作用在结构上的水平荷载通过围护结构墙（或剪力墙）传递到水平构件或竖向构件，再由水平构件传递到竖向构件，最后传递到基础和地基。根据各种骨架结构承受竖向荷载和水平荷载时的受力和变形特点，可将高层结构体系分为框架结构、剪力墙结构、框架－剪力墙结构、筒体结构、巨型结构及巨型框架－核心筒等，各类结构体系有其不同的适用高度。

高层建筑不应采用严重不规则的结构体系，并应符合下列规定：①抗震设防的高层建筑平、立面宜简单、规则、对称，不宜采用特别不规则的结构体系；②应避免因部分结构或构件的破坏而导致整个结构丧失承受重力荷载、风荷载和地震作用的能力；③当结构高度、平面及竖向不规则性和结构复杂性等多项控制指标超过现行规范及有关规定时，可根据建筑物的重要性及结构体系的具体情况，提出合适的抗震性能目标及具体的加强措施，进行详细的计算分析及论证（必要时进行局部或整体结构模型试验），保证结构的抗震安全性。随着建筑高度的不断发展，高层结构高效的抗侧力体系将随着工程经验及科研成果而不断出现。本节介绍几种主要结构体系，并就框架结构及剪力墙结构设计过程作一简介。

2. 高层建筑的高宽比及适用高度

高宽比主要影响结构的经济性，是对刚度、承载能力及经济合理的宏观控制。对不同结构类型高宽比 H/B 限值如表 8-1 所示。

不同的结构体系有不同的抗侧移刚度，因而适用不同高度的房屋，按《高层建筑混凝土结构技术规程》JGJ 3—2010 规定，钢筋混凝土高层建筑结构的最大适用高度应区分为 A 级和 B 级。A、B 级高度的钢筋混凝土乙类和丙类高层建筑最大高度应符合表 8-2、表 8-3 的规定。

钢筋混凝土高层建筑结构适用的最大高宽比 *H/B* 表 8-1

结构体系	非抗震设计	抗震设防烈度		
		6 度、7 度	8 度	9 度
框架	5	4	3	—
框架－剪力墙、剪力墙	7	6	5	4
框架－核心筒	8	7	6	4
筒中筒	8	8	7	5
板柱－剪力墙	6	5	4	—

A 级高度钢筋混凝土高层建筑最大高度（m） 表 8-2

结构体系		非抗震设计	抗震设防烈度				
			6 度	7 度	8 度		9 度
					0.2g	0.3g	
框架		70	60	50	40	35	—
框架－剪力墙		150	130	120	100	80	50
剪力墙	全部落地剪力墙	150	140	120	100	80	60
	部分框支剪力墙	130	120	100	80	50	不应采用
筒体	框架－核心筒	160	150	130	100	90	70
	筒中筒	200	180	150	120	100	80
板柱－剪力墙		110	80	70	55	40	不应采用

B 级高度钢筋混凝土高层建筑最大高度（m） 表 8-3

结构体系		非抗震设计	抗震设防烈度			
			6 度	7 度	8 度	
					0.2g	0.3g
框架－剪力墙		170	160	140	120	100
剪力墙	全部落地剪力墙	180	170	150	130	110
	部分框支剪力墙	150	140	120	100	80
筒体	框架－核心筒	220	210	180	140	120
	筒中筒	300	280	230	170	150

A 级高度的高层建筑是指常规的、一般的建筑。B 级高度的高层建筑是指较高的、设计上有更加严格要求的建筑。房屋高度指室外地面到主要屋面板板面的高度，宽度指房屋平面轮廓边缘的最小宽度尺寸。平面和竖向均不规则的高层建筑结构，其最大适用高度宜适当降低。

混合结构房屋建筑的最大适用高度见 8.11 节。

3. 结构平面布置

结构布置与建筑平立面设计密切相关，建筑功能确定后，平面就可以确定了，结构工程师须在满足建筑要求基础上，尽最大可能做出性价比高的结构布置。因此，合理优化结构布置是结构设计成功的关键和前提。

结构的竖向和水平布置宜使结构具有合理的刚度和承载力分布，避免因刚度和承载力局部突变或结构扭转效应而形成薄弱部位，对可能出现的薄弱部位，应采取有效的加强措施；抗震设计时宜具有多道防线。

结构平面形状宜简单、规则，质量、刚度和承载力分布宜均匀。不应采用严重不规则的平面布置。高层建筑宜选用风作用效应较小的平面形状。高层建筑混凝土结构宜采取措施减小混凝土收缩、徐变、温度变化、基础差异沉降等非荷载效应的不利影响。

进行结构布置时，还应遵循以下原则：

1）平面长度不宜过长，突出部分长度 l 不宜过大，L、l 的值应满足表 8-4（图 8-1）的要求，凹角处应采取加强措施。

L、l 的限值　　表 8-4

设防烈度	L/B	l/B_{max}	l/b
6、7 度	≤ 6.0	≤ 0.35	≤ 2.0
8、9 度	≤ 5.0	≤ 0.30	≤ 1.5

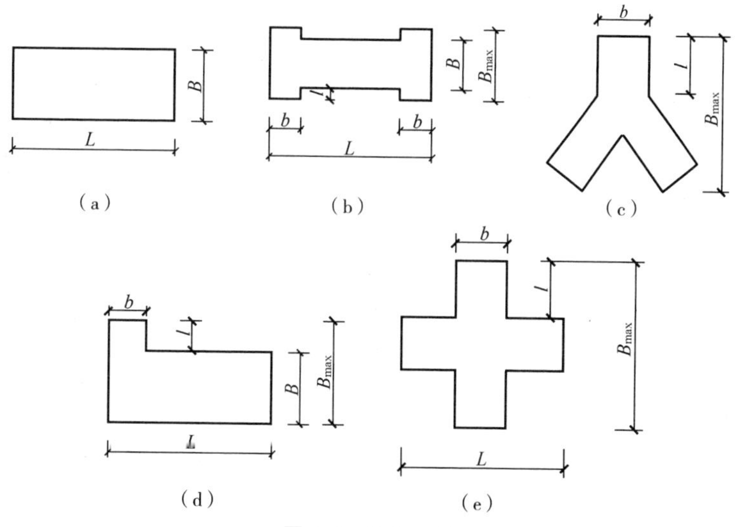

图 8-1　建筑平面

2）结构应尽可能简单、规则、均匀、对称，结构质量重心与刚度中心重合，减少偏心。

3）建筑平面不宜采用角部重叠或细腰形平面布置。角部重叠部分尺寸与相应边长较小值的比值 b/B_{min} 不宜小于 1/3（图 8-2），细腰形平面尺寸 b/B 不宜小于 0.4。

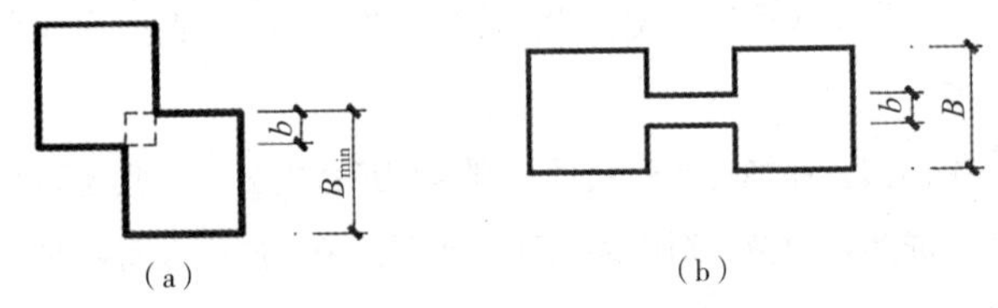

图 8-2 角部重叠或细腰形平面

4）结构平面布置应减少扭转的影响。在考虑偶然偏心影响的规定水平地震力作用下，楼层竖向构件最大的水平位移和层间位移，A 级高度高层建筑不宜大于该楼层平均值的 1.2 倍，不应大于该楼层平均值的 1.5 倍；B 级高度高层建筑、超过 A 级高度的组合结构及复杂高层建筑不宜大于该楼层平均值的 1.2 倍，不应大于该楼层平均值的 1.4 倍。此外结构扭转为主的第一自振周期与平动为主的第一自振周期之比也有要求。

5）当楼板平面比较狭长、有较大的凹入和开洞而使楼板有较大削弱时，应在设计中考虑楼板削弱产生的不利影响。有效楼板宽度不宜小于楼面宽度的 50%；楼板开洞总面积不宜超过楼面面积的 30%；在扣除凹入或开洞后，楼板在任一方向的最小净宽度不宜小于 5m，且开洞后每一边的楼板净宽度不应小于 2m。

6）井字形等外伸长度较大的建筑，当中央部分楼板有较大削弱时，应加强楼板以及连接部位墙体的构造措施，必要时可在外伸段凹槽处设置连系梁或连系板。楼板大洞口周边宜设置边梁（暗梁）或适当加大板厚并双层双向配筋（适当提高楼板配筋率）或在楼板洞口角部集中配置斜向钢筋。

7）为保证结构各向具有良好的抗震性能，一般都采用纵横兼顾的承重方案，且以双向板的楼盖设计为主。

4. 结构竖向布置

高层建筑的竖向布置宜规则、均匀，避免有过大的外挑或收进；结构的侧向刚度宜下大上小，均匀变化，避免侧向刚度不规则和楼层承载力突变，并尽量少采用转换层结构；为保证高层建筑有良好的抗震性能，宜设置地下室。结构竖向抗侧力构件宜上下连续贯通。

抗震设计时，当结构上部楼层收进部位到室外地面的高度 H_1 与房屋高度 H 之比大于 0.2 时，上部楼层收进后的水平尺寸 B_1 不宜小于下部楼层水平尺寸 B 的 0.75 倍（图 8-3a、b）；当上部结构楼层相对于下部楼层外挑时，下部楼层水平尺寸 B 不宜小于上部楼层水平尺寸 B_1 的 0.9 倍，且水平外挑尺寸 a 不宜大于 4m（图 8-3c、d）。

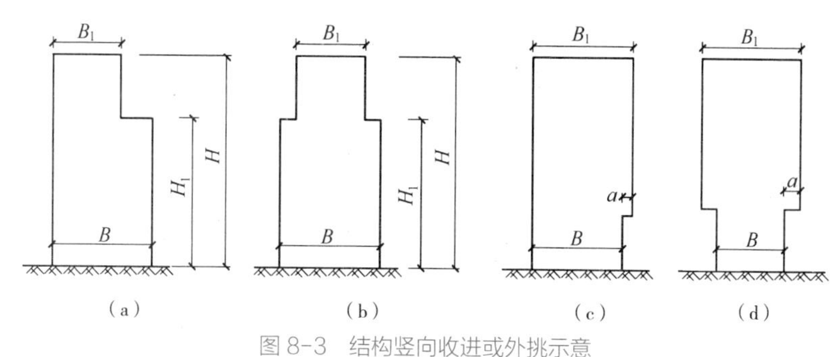

图 8-3　结构竖向收进或外挑示意

(a) $B_1 \geq 0.75B$;(b) $B_1 \geq 0.75B$;(c) $B \geq 0.9B_1$，$a \leq 4\text{m}$;(d) $B \geq 0.9B_1$，$a \leq 4\text{m}$

A 级高度高层建筑的楼层抗侧力结构的层间受剪承载力不宜小于其相邻上一层受剪承载力的 80%，不应小于其相邻上一层受剪承载力的 65%；B 级高度高层建筑的楼层抗侧力结构的层间受剪承载力不应小于其相邻上一层受剪承载力的 75%。

高层建筑相邻楼层的侧向刚度变化应符合下列规定：对框架结构，本层与相邻上层的侧向刚度比值不宜小于 0.7，与相邻上部三层侧向刚度平均值的比值不宜小于 0.8。对框架 - 剪力墙、板柱 - 剪力墙结构、剪力墙结构、框架 - 核心筒结构、筒中筒结构，本层与相邻上层的侧向刚度比值不宜小于 0.9；当本层层高大于相邻上层层高的 1.5 倍时，该比值不宜小于 1.1；对结构底部嵌固层，该比值不宜小于 1.5。

不宜采用同一楼层刚度和承载力变化同时不满足上述规定的高层建筑结构。侧向刚度变化、承载力变化、竖向抗侧力构件连续性不符合上述要求的楼层，其对应于地震作用标准值的剪力应乘以 1.25 的增大系数。

楼层质量沿高度宜均匀分布，楼层质量不宜大于相邻下部楼层质量的 1.5 倍。

5. 楼盖结构

房屋高度超过 50m 时，框架 - 剪力墙结构，筒体结构及复杂高层建筑结构应采用现浇楼盖结构，剪力墙结构和框架结构宜采用现浇楼盖结构。

房屋高度不超过 50m 时，8、9 度抗震设计时宜采用现浇楼盖结构；6、7 度抗震设计时可采用装配整体式楼盖，但板的搁置长度、拉结筋等构造须满足一定要求，且楼盖每层宜设置钢筋混凝土现浇层，厚度不小于 50mm。

房屋的顶层、结构转换层、大底盘多塔楼结构的底盘及顶层、平面复杂或开洞过大的楼层、作为上部结构嵌固部位的地下室楼层等部位均应采用现浇楼盖结构。一般楼层现浇楼板厚度不应小于 100mm；顶层楼板厚度不宜小于 120mm，且双层双向配筋；转换层楼板不宜开大洞口，其厚度参见规范规定，转换梁不宜做成反梁；普通地下室顶板厚度不宜小于 160mm；作为上部结构嵌固部位的地下室楼层的顶楼盖应采用梁板结构，楼板厚度不宜小于 180mm，应采用双层双向配筋，且每层每个方向的配筋率不宜小于 0.25%。现浇预应力混凝土楼板厚度可按跨度的 1/50 ~ 1/45 采用，且不宜小于 150mm。一般现浇楼板受力钢筋的配筋率不宜小于 0.2%。

6. 水平位移限值和舒适度要求

高层建筑结构应具有足够的刚度，避免产生过大的位移而影响结构的承载力、稳定性和使用要求。

结构在风荷载和地震作用下的水平位移应按弹性方法计算。按弹性方法计算的风荷载或多遇地震标准值作用下的楼层层间最大水平位移与层高之比、在罕遇地震作用下的薄弱层弹塑性变形验算以及结构薄弱层（部位）层间弹塑性位移等都应满足一定要求。

高层建筑应满足风振舒适度要求。在现行国家或地方《建筑结构荷载规范》GB 50009—2012 规定的 10 年一遇的风荷载标准值作用下，结构顶点的顺风向和横风向振动最大加速度计算值对住宅、公寓不应超过 0.15m/s^2，对办公、旅馆不应超过 0.25m/s^2，结构顶点的顺风向和横风向振动最大加速度可按现行国家标准《建筑结构荷载规范》GB 50009—2012 的规定计算，也可通过风洞试验结果确定。

楼盖结构应具有适宜的舒适度。钢筋混凝土楼盖结构的竖向振动频率不宜小于 3Hz，钢 - 混凝土组合楼盖结构的竖向振动频率不宜小于 4Hz，轻钢楼盖结构的竖向振动频率不宜小于 6Hz，竖向振动加速度峰值不应超过表 8-5 的限值。

楼盖竖向振动加速度限值　　表 8-5

人员活动环境	峰值加速度限值（m/s^2）	
	竖向自振频率不大于 2Hz	竖向自振频率不小于 4Hz
住宅，办公	0.07	0.05
商场及室内连廊	0.22	0.15

注：楼盖结构竖向自振频率为 2 ~ 4Hz 时，峰值加速度限值可按线性插值选取。

7. 构件承载力设计

高层建筑结构构件的承载力应按下列公式验算：

持久设计状况、短暂设计状况：

$$\gamma_0 S_d \leqslant R_d \tag{8-1}$$

地震设计状况：

$$S_d \leqslant R_d / \gamma_{RE} \tag{8-2}$$

式中　γ_0——结构重要性系数；

S_d——作用组合的效应设计值；

R_d——构件承载力设计值；

γ_{RE}——构件承载力抗震调整系数。

8. 结构抗震性能设计

结构抗震性能设计是指以结构抗震性能目标为基准的结构抗震设计，此目标针对不同的地震地面运动水准设定了结构抗震性能水准，此水准是对结构震后损坏状态及继续使用可能性等抗震性能的界定，一般用结构变形指标——层间弹塑性位移角限值来表征。

结构抗震性能设计应选用适宜的结构抗震性能目标，并采取满足预期的抗震性能目标的措施。

结构抗震性能目标应综合考虑抗震设防类别、设防烈度、场地条件、结构的特殊性、建造费用、震后损失和修复难易程度等各项因素选定。结构抗震性能目标分为 A、B、C、D 四个等级，结构抗震性能分为 1、2、3、4、5 五个水准（表 8-6），每个性能目标均与一组在指定地震地面运动下的结构抗震性能水准相对应。

结构抗震性能目标　　表 8-6

性能水准 地震水准	性能目标			
	A	B	C	D
多遇地震	1	1	1	1
设防烈度地震	1	2	3	4
预估的罕遇地震	2	3	4	5

结构抗震性能水准可按表 8-7 进行宏观判别。

各性能水准结构预期的震后性能状况　　表 8-7

结构抗震性能水准	宏观破坏程度	破坏部位			继续使用的可能性
		关键构件	普通竖向构件	耗能构件	
1	完好，无损坏	无损坏	无损坏	无损坏	不需要修理即可继续使用
2	基本完好，轻微损坏	无损坏	无损坏	轻微损坏	稍加修理即可继续使用
3	轻度损坏	轻微损坏	轻微损坏	轻度损坏，部分中度损坏	一般修理后可继续使用
4	中度损坏	轻度损坏	部分构件中度损坏	中度损坏，部分比较严重损坏	修复或加固后可继续使用
5	比较严重损坏	中度损坏	部分构件比较严重损坏	比较严重损坏	需排险大修

注："关键构件"是指该构件的失效可能引起结构的连续破坏或危及生命安全的严重破坏；"普通竖向构件"是指"关键构件"之外的竖向构件；"耗能构件"包括框架梁、剪力墙连梁及耗能支撑等。

丙类建筑结构的抗震性能目标和设防烈度地震作用下结构构件的性能水准应不低于表 8-8 的要求。

设防烈度地震作用下的抗震性能目标和性能水准 表 8-8

设防地震烈度	6、7度	8、9度
性能目标等级	C	D
结构构件性能水准	3	4

各性能目标结构的层间弹塑性极限位移角宜符合表 8-9 要求。

各性能目标结构的层间弹塑性极限位移角限值 表 8-9

性能目标	A	B	C	D
层间弹塑性极限位移角限值	1/100	1/80	1/65	1/50

9. 抗震等级

抗震设计时，高层建筑钢筋混凝土结构构件应根据抗震设防分类、烈度、结构类型和房屋高度采用不同的抗震等级，并应符合相应的计算和构造措施要求。抗震等级分为五级，即特一级和一、二、三、四级，构造要求依次减弱，具体计算和措施要求见第 12 章。

10. 抗连续倒塌设计基本要求

安全等级为一级的高层建筑结构应满足抗连续倒塌概念设计要求，并应符合下列规定：通过必要的结构连接措施增强结构的整体性；主体结构宜采用冗余度较高的多跨、规则的超静定结构；结构构件应具有适宜的延性，避免剪切破坏、压溃破坏、锚固破坏、节点先于构件破坏；转换结构应具有整体多重传递重力荷载的途径；钢筋混凝土结构梁柱宜刚接，梁板顶、底钢筋在支座处宜按受拉要求妥善锚固，或连续贯通；钢结构框架梁柱宜刚接；独立基础之间宜采用拉梁连结。

混凝土重要结构的防连续倒塌设计可采用下列方法：局部加强法、拉结构件法和拆除构件法。在高层建筑中，有特殊要求时，可采用拆除构件方法进行抗连续倒塌设计，所谓拆除构件法就是按一定规则拆除结构的主要受力构件，验算剩余结构体系的极限承载力；也可采用倒塌全过程分析进行设计。

11. 装配式建筑结构设计

装配式混凝土结构设计，应按现行国家标准《装配式混凝土建筑技术标准》GB/T 51231—

2016 及现行行业标准《装配式混凝土结构技术规程》JGJ 1—2014 的有关规定执行。

装配式混凝土结构体系主要有装配整体式框架结构、装配整体式剪力墙结构、装配整体式框架 - 现浇剪力墙结构、装配整体式框架 - 现浇核心筒结构、装配整体式部分框支剪力墙结构共 5 种结构体系。结构竖向构件宜采用现浇。此外还特别强调预制构件设计、连接设计和楼盖设计。

装配式建筑结构构件宜模数化、标准化设计，并应考虑运输及施工现场的吊装能力。装配式建筑结构构件宜形状规则，少数不规则构件可采用现浇。

高层装配整体式结构应符合下列规定：宜设置地下室，地下室宜采用现浇混凝土；剪力墙结构和部分框支剪力墙结构底部加强部位宜采用现浇混凝土；框架结构首层柱宜采用现浇混凝土，顶层宜采用现浇楼盖结构。

12. 变形缝设置

为了消除结构不规则、收缩和温度应力、不均匀沉降等因素对结构的不利影响，可以设置变形缝将房屋分为若干相对独立的部分。

变形缝有伸缩缝、沉降缝、防震缝三种。在工程实际中，为避免影响建筑美观，应尽量少设缝或不设缝，这可简化构造、方便施工、降低造价、增强结构的整体性和空间刚度。为化解建筑受力需要与使用美观需要间的矛盾，在建筑设计时，应采取调整平面形状、尺寸、体型等措施；在结构设计时，应通过选择节点连接方式、配置构造钢筋、设置刚性层等措施；在施工方面，应通过分阶段施工、设置后浇带、做好保温隔热层等措施。确定是否设置变形缝及如何合理设置变形缝是确定结构方案的主要任务之一。

1）伸缩缝

季节温差、室内外温差以及迎阳面与背阳面之间的温差都使混凝土结构因热胀冷缩产生温度应力，混凝土收缩及温度应力双重作用常使混凝土结构产生裂缝。在高层钢筋混凝土结构中一般不计算由于温度、收缩产生的内力及由此引起的裂缝宽度。伸缩缝是为了避免温度应力和混凝土收缩应力使房屋产生裂缝而设置的，在伸缩缝处，基础顶面以上的结构和建筑必须全部分开。伸缩缝最大间距见表 8-10。伸缩缝宜设双柱，伸缩缝最小宽度为 50mm，也可以采用后浇带、温度敏感部位提高配筋以及采用隔热措施和改善材料性能等方面来避免或减小伸缩缝设置或适当放宽伸缩缝的间距。

伸缩缝的最大间距（m）　　表 8-10

结构类别	施工方法	最大间距
框架结构	现浇	55
剪力墙结构	现浇	45

2）沉降缝

为防止地基不均匀或房屋层数和高度相差很大或重量相差悬殊引起房屋开裂而设的缝称为沉降缝。除修建在坚硬岩石上的房屋以外，房屋都会有不同程度的沉降。如果沉降是均匀的，则不会引起房屋开裂；如果沉降不均匀且超过一定量值，房屋便有可能开裂。高层建筑层数多、体量大，对不均匀沉降较敏感。沉降缝不但上部结构要断开，基础也要断开。

当既需设置伸缩缝又需设置沉降缝时，伸缩缝与沉降缝应合并设置，以使整个房屋的缝数减少。其大小宽度与地质条件及房屋高度有关，一般不小于 50mm，当房屋高度超过 10m 时，缝宽度应不小于 70mm。

在地基条件许可前提下，也可通过调整基础减小沉降差，达到不设缝的目的，措施有：可以利用天然基础，将主体和裙房放在一个刚度大的基础上；采用桩基础，将荷载传到压缩性小的土质中；在主体与裙房间设置后浇带，待两者沉降基本完成后再浇混凝土，将结构连成整体；裙房尺寸不大时，可在主体结构基础上悬挑结构，以承受裙房重量。

3）防震缝

地震区为防止房屋或结构单元在发生地震时相互碰撞设置的缝，称为防震缝。下列情况下宜设防震缝：

（1）平面长度和外伸长度尺寸超出了规程限值而又没有采取加强措施时；

（2）各部分结构刚度相差很远，采取不同材料和不同结构体系时；

（3）各部分质量相差很大时；

（4）各部分有较大错层时。

防震缝两侧结构体系不同时，防震缝宽度应按不利的结构类型确定；防震缝两侧的房屋高度不同时，防震缝宽度可按较低的房屋高度确定；当相邻结构的基础存在较大沉降差时，宜增大防震缝的宽度；防震缝宜沿房屋全高设置，地下室、基础可不设防震缝，但与防震缝对应处应加强构造和连接；结构单元之间或主楼与裙房之间如无可靠措施不应采用牛腿托梁的做法设置防震缝；8、9 度抗震设计的框架结构房屋，防震缝两侧结构层高相差较大时，防震缝两侧框架柱的箍筋应沿房屋全高加密，并可根据需要沿房屋全高在缝两侧各设置不少于两道垂直于防震缝的抗撞墙。

当相邻结构的基础存在较大沉降差时，宜增大防震缝的宽度。

防震缝应尽可能与伸缩缝、沉降缝重合。在抗震设计时，建筑物各部分之间的关系应明确；如分开，则彻底分开；如相连，则连接牢固。

防震缝最小宽度应符合下列规定：

（1）框架结构房屋，高度不超过 15m 时不应小于 100mm；高度超过 15m 时，6、7、8、9 度相应每增加 5、4、3 和 2m，宜加宽 20mm。

二维码 8.2-1

（2）框架－剪力墙结构房屋可按上项规定的 70% 采用，剪力墙结构房屋可按上项规定的 50% 采用，但二者均不宜小于 100mm。

8.2　框架结构

采用梁、柱等杆件刚接组成空间体系作为建筑物承重骨架的结构称为框架结构。它的特点是承受竖向荷载的能力较强，承受水平荷载（如风荷载、地震作用）的能力较弱，因而其高度受到限制。框架结构是多层房屋的常用结构形式，具有空间布置灵活、能形成较大的空间及构件简单、施工简便、较经济的特点。我国早期的高层建筑许多都采用了框架结构。

1. 结构布置

框架结构的柱距，可以是 4 ~ 6m 的小柱距，也可以是 7 ~ 10m 的大柱距，当采用组合楼盖时柱距可以更大一些。布置时应注意做到结构受力明确、布置尽量均匀对称、非承重隔墙优先采用轻质材料（减轻自重）以及减少构件类型利用工业化生产。

按框架构件传力路线的不同，框架的平面布置方案有横向框架承重方案、纵向框架承重方案和纵横向框架双向承重方案 3 种。

1）横向框架承重方案

横向框架承重方案是在横向布置框架主梁，而在纵向布置连系梁，如图 8-4（a）所示，框架在横向承受全部竖向荷载和横向水平荷载，有利于提高横向抗侧刚度。纵向框架只承受纵向水平荷载，在纵向仅需按构造要求布置连系梁，有利于房屋室内的采光与通风。

2）纵向框架承重方案

纵向框架承重方案是在纵向布置框架主梁，在横向上布置连系梁，如图 8-4（b）所示。框架纵向为主框架，承重全部竖向荷载和纵向水平荷载，横向框架只承受横向水平荷载，它可获得较高的室内净空。另外，可利用纵向框架的刚度来调整房屋纵向方向的不均匀沉降。纵向框架承重方案的缺点是房屋的横向刚度较差。

3）纵横向框架双向承重方案

纵横向框架双向承重方案是在两个方向均需布置框架主梁以承受楼面荷载，楼盖的荷载可传递到纵、横两个方向的框架上，布置如图 8-4（c）、（d）所示。纵横向框架双向承重方案具有较好的整体工作性能，框架柱均为双向偏心受压构件，为空间受力体系。

需特别指出的是，在平面布置中不应采用部分由框架承重、部分由砌体墙承重的混合承重形式，框架结构中的电梯间、楼梯间及局部出屋面建筑（如电梯机房、楼梯间、水箱间等），均应采用框架承重，不应采用砌体墙承重，这主要是因为两者结构受力性能不同，在地震中两者变形

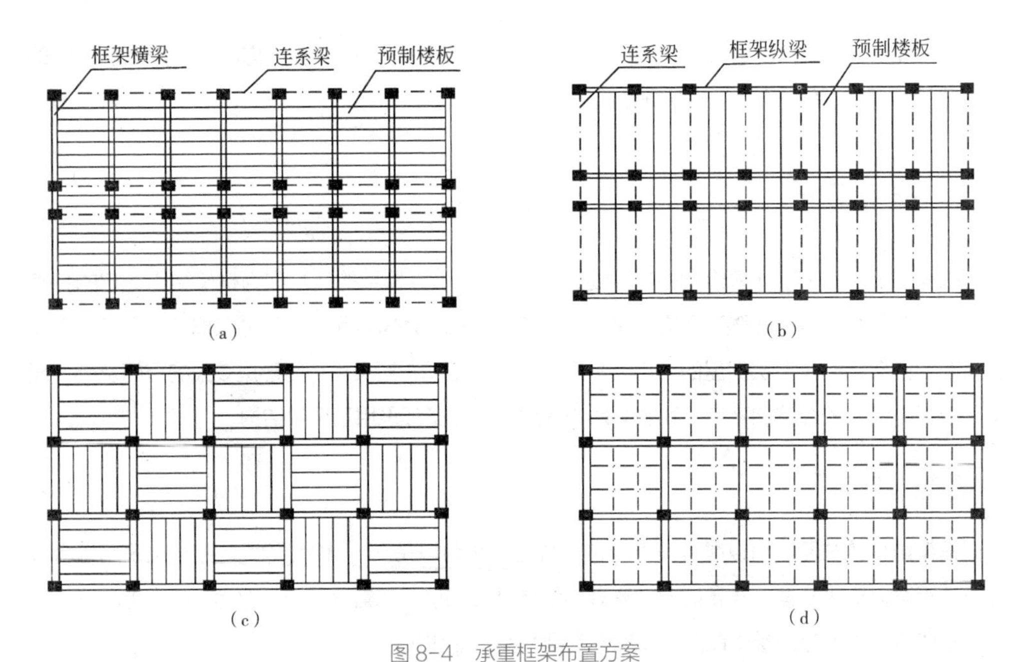

图 8-4 承重框架布置方案

(a)横向框架承重方案;(b)纵向框架承重方案;(c)纵横向框架双向承重方案(预制板);(d)纵横向框架双向承重方案(现浇板)

不协调，容易造成震害。

框架结构中的非承重墙宜采用轻质材料，以减轻对结构抗震的不利影响，但须在填充墙和框架柱之间设置可靠拉结，如设置构造柱、水平系梁和拉结筋等，避免在地震中墙体的倒塌和掉落。

框架结构应设计成双向梁柱抗侧力体系。主体结构除个别部位外，不应采用铰接。抗震设计的框架结构不应采用单跨框架。

框架梁、柱中心线宜重合。当梁柱中心线不能重合时，在计算中应考虑偏心梁柱节点核心区受力和构造的不利影响，以及梁荷载对柱子的偏心影响。

带斜柱的框架结构应考虑斜柱端部水平分力的平衡，采用合适的计算模型以及必要的结构构造加强措施。不与竖向抗侧力构件相连的次梁，梁端可按非抗震要求进行设计。

图 8-5 为一些框架结构典型平面布置图。此外，通过合理设计，框架结构可以设计成为耗能能力大、变形能力强的结构，称为“延性框架”。相对而言，钢框架结构比钢筋混凝土框架结构更容易设计成为延性结构，主要是因为钢材强度高、变形能力大。钢筋混凝土延性框架结构典型工程实例是北京长城饭店（图 8-6），它是我国 8 度抗震设防区最高的现浇钢筋混凝土框架结构，地上 18 层，局部 22 层，总高 82.85m；采用轻钢龙骨石膏板作隔断墙，外墙为玻璃幕墙。

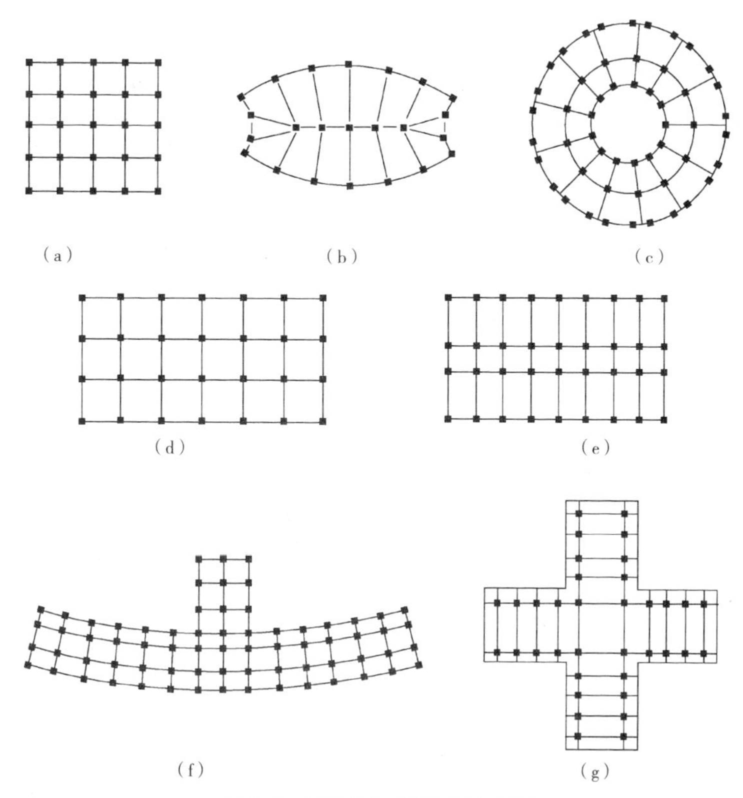

图 8-5　框架结构典型平面布置图

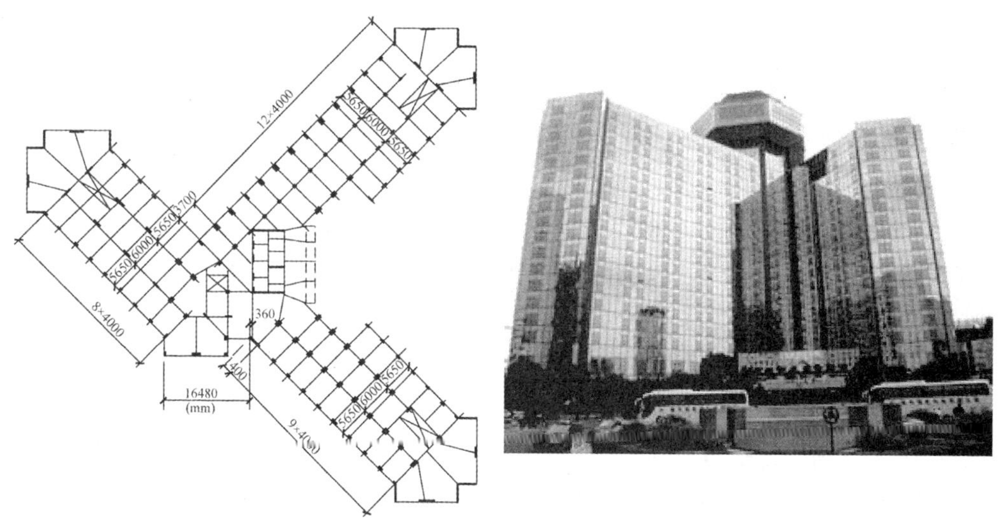

图 8-6　北京长城饭店标准层平面及立面图

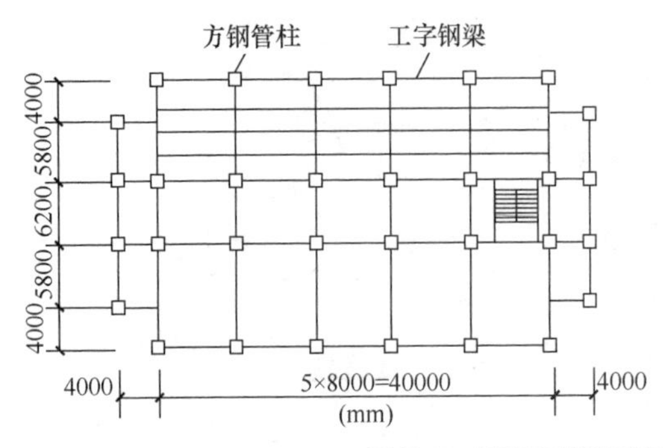

图 8-7 长富宫标准层平面及立面图

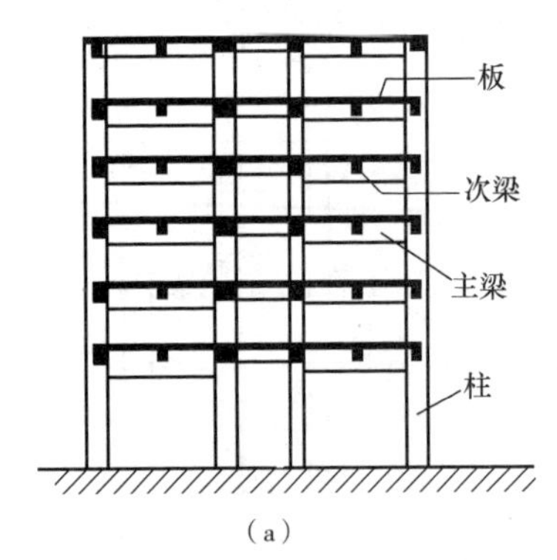

（a）

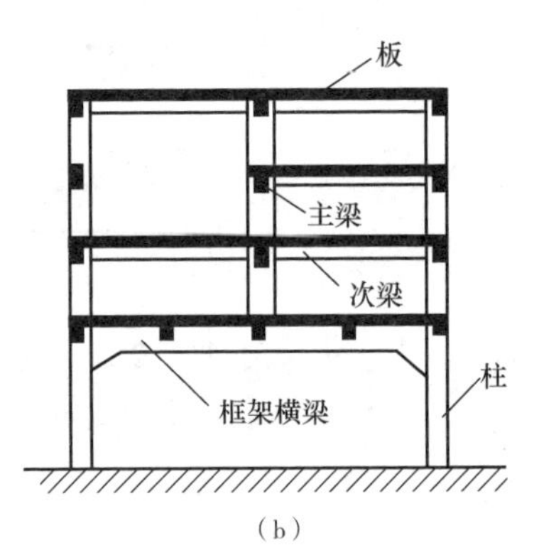

（b）

图 8-8 多层框架示意

（a）多层多跨框架；（b）缺梁缺柱框架

钢结构延性框架结构典型工程实例是北京的长富宫（图 8-7），它是我国高烈度地震区最高的钢框架结构，26 层，94m。

在立面布置上，多层框架由横梁和立柱组成（图 8-8）。框架可以是等跨或不等跨，也可以是层高相同或不完全相同（图 8-8a），有时因工艺和使用要求，也可能在某层缺柱或某跨缺梁（图 8-8b）。

沿建筑高度，柱截面尺寸及梁截面尺寸尽量保持不变。当房屋较高时，可在上部对柱截面尺寸沿高度适当减少，并尽量减少偏心柱，尤其避免双向偏心柱及扭矩较大的柱。

2. 构件尺寸及计算简图

框架梁截面形式有矩形、倒 T 形、梯形和花篮形等。对不承受楼面竖向荷载的连系梁，其截面常用 T 形、矩形、L 形、Γ 形等。在设计中一般先要进行构件尺寸估算，待构件的内力和结构的变形计算好以后，如果估算的截面尺寸满足承载力和变形要求，则可以将估算的截面尺寸作为框架的最终截面尺寸。如果估算的截面尺寸不满足要求，如构件配筋过大或过小说明构件尺寸

估算偏大或偏小、位移过大或过小说明竖向构件刚度过小（尺寸偏小）或过大（尺寸偏大），此时需要重新估算和重新进行计算。

1）截面尺寸初步选择

（1）梁

梁尺寸应该根据承受竖向荷载的大小、柱网和平面布置、抗震烈度的大小以及选用的混凝土材料强度等诸多因素综合考虑确定。一般情况下，主梁跨度为 5 ~ 8m，次梁为 4 ~ 7m。当前许多高层建筑中的柱网尺寸也达到 8.4m × 8.4m 或者更大。

框架梁的截面尺寸可按以下公式估算：

$$h=\left(\frac{1}{18}\sim\frac{1}{8}\right)l \tag{8-3}$$

式中　h——梁截面高度（mm）；

l——梁计算跨度（mm）。

梁净跨与截面高度之比不宜小于 4，梁的截面宽度不应小于 200 mm。随着层高的不断减小，为了获得较大的使用空间，有时将框架梁设计成扁梁。扁梁的截面尺寸可按以下公式估算：

$$h=\left(\frac{1}{25}\sim\frac{1}{18}\right)l$$

$$b=(1\sim3)h$$

（2）柱

柱截面的宽与高一般不小于（1/20 ~ 1/15）层高，矩形截面柱宽度不宜小于 300mm，圆形截面柱直径不应小于 350mm，并按下述方法进行初步估算：

①承受以轴力为主的框架柱，可按轴心受压验算。考虑到弯矩的影响，适当将轴向力乘以 1.2 ~ 1.4 的增大系数。

②对于其他柱，则用满足轴压比限值的要求估算截面尺寸。所谓轴压比 n 是指 $n=N/f_cA$，N 为柱轴力，f_c 为混凝土轴心抗压强度设计值，A 为柱截面面积。对一级抗震等级柱最大轴压比 n 为 0.65，二级抗震等级柱最大轴压比 n 为 0.75，三级抗震等级柱最大轴压比 n 为 0.85，四级抗震等级柱最大轴压比 n 为 0.9。式中的轴力 N 可按柱支承的楼面荷载面积上竖向荷载产生的轴向力设计值乘以 1.1 ~ 1.2 系数获得，亦可近似将楼面板沿柱轴线之间的中线划分，恒载和活荷载的分项系数均取 1.35 或按经验近似取 16 ~ 18kN/m^2 设计荷载进行计算。

框架结构各层柱的计算长度见表 3-15。

2）框架结构计算简图

计算简图选取前作两个基本假定：一是框架只在其自身平面内有刚度，平面外刚度很小，可忽略；二是楼板在其自身平面内刚度无限大。以上两条假定确定了水平荷载在各抗侧力间的分配

二维码 8.2-3

二维码 8.2-4

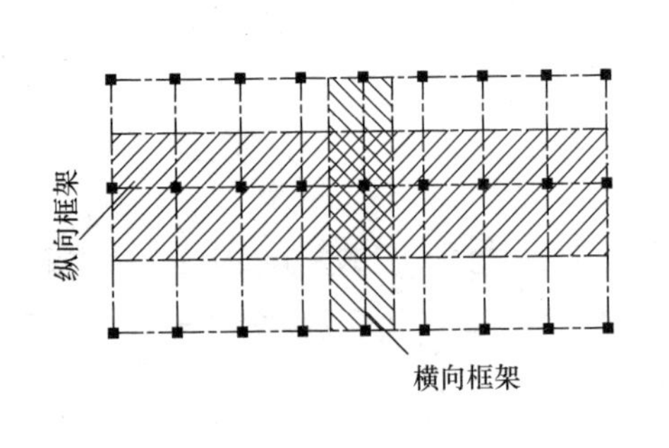

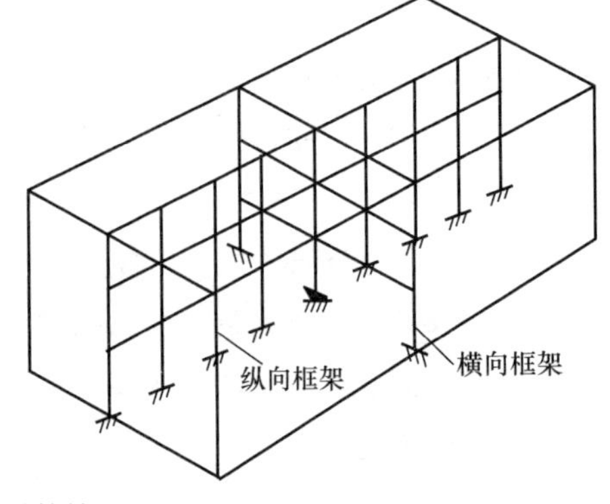

图 8-9 框架计算单元

原则，即按框架侧向刚度大小成正比例进行分配。

对规则结构，取出一榀框架作为计算单元（图 8-9）。在纵横向混合布置时，则可根据结构的不同特点进行分析，并对荷载进行适当简化，分别进行横向和纵向框架的计算。

在计算简图中，杆件用轴线表示，杆件间的连接区用节点表示，杆件长度用节点间的距离表示，荷载的作用点也转移到轴线上。在一般情况下，等截面柱柱轴线取截面形心位置（图 8-10a），当上、下柱截面尺寸不同时，则取上层柱形心线作为柱轴线，跨度取柱轴线间的距离（图 8-10b）。柱高对楼层柱取层高；对底层柱，预制楼板取基础顶面至二层楼板底面之间的高度，现浇楼板则取基础顶面与二层楼板顶面之间的高度。

当框架各跨的跨度相差不超过 10% 时，可当作具有平均跨度的等跨框架；当屋面框架横梁为斜形或折线形，若其倾斜度不超过 1/8 时，仍当作水平横梁计算。当梁在端部加腋，且端部截面高度与跨中截面高度之比小于 1.6 时，可不考虑加腋的影响，按等截面梁计算。

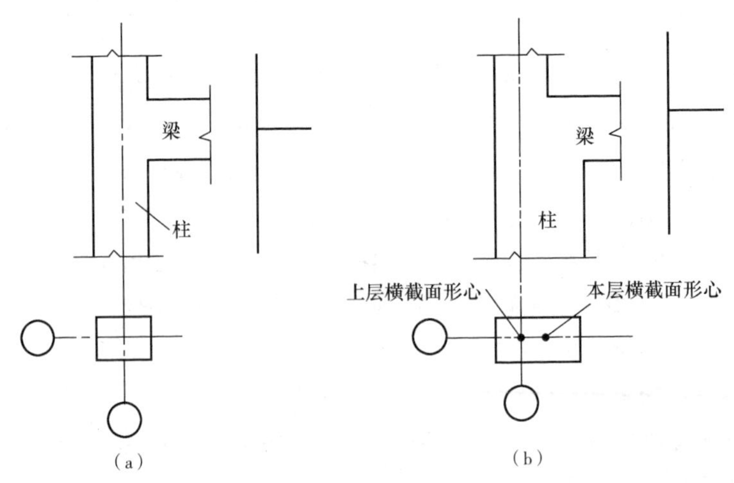

图 8-10 框架柱轴线位置

3. 荷载取值

作用于框架结构上的荷载通常有恒载和活荷载。恒载包括结构自重、结构表面的粉刷重、土压力、预应力等。活荷载包括楼面活荷载、屋面活荷载、风荷载、雪荷载和安装荷载等。其大小可直接从《建筑结构荷载规范》GB 50009—2012 查得或由相关公式计算得到，风荷载计算同 7.2 节计算公式，地震作用计算参见第 11 章。此处只讨论民用建筑楼面活荷载折减。

1）设计楼面梁

采用楼面等效均布活荷载方法设计楼面梁时，当楼面梁的从属面积较大时，楼面活荷载布满该面积上的可能性很小，楼面梁所承受的活荷载标准值应予以折减，对住宅、宿舍、旅馆、医院病房、托儿所等建筑，楼面梁的从属面积超过 25m^2 时，此折减系数为 0.9。

2）设计墙、柱和基础

在设计住宅、宿舍、旅馆、医院病房、托儿所等建筑（活荷载标准值为 2.0kN/m^2）的墙、柱及基础时，作用于楼面上的活荷载标准值应乘以表 8-11 所列的折减系数。

楼面活荷载按楼层折减系数　　表 8-11

墙、柱、基础计算截面以上的楼层数	1	2 ~ 3	4 ~ 5	6 ~ 8	9 ~ 20	> 20
计算截面以上各楼层活荷载总和的折减系数	1.00（0.90）	0.85	0.70	0.65	0.60	0.55

注：当楼面梁的从属面积超过 25m^2 时，采用括号内系数。

值得指出的是，在设计梁、墙、柱和基础时，工业建筑的楼面活荷载均不得折减，且不应小于以下数值：

工业建筑楼面均布活荷载标准值及其组合值系数、频遇值系数和准永久值系数　　表 8-12

项次	类别	标准值（kN/m^2）	组合值系数 ψ_c	频遇值系数 ψ_f	准永久值系数 ψ_q
1	电子产品加工	4.0	0.8	0.6	0.5
2	轻型机械加工	8.0	0.8	0.6	0.5
3	重型机械加工	12.0	0.8	0.6	0.5

温度的变化也能使多层框架结构产生温度应力。当房屋的长度不超过规定的伸缩缝最大间距时，温度应力较小，可以不予考虑。

4. 竖向荷载和水平荷载作用下的内力计算

在竖向荷载和水平荷载作用下，框架梁、柱都将产生内力及变形。梁的内力主要为弯矩和剪力，其轴力很小，常可忽略不计；柱的内力主要为轴力、弯矩和剪力。框架变形主要是水平侧移，侧移主要由水平荷载引起，其值会影响房屋的正常使用，必须予以控制。

内力计算的方法详见结构力学。

5. 重力二阶效应

框架结构在水平荷载作用下将产生侧向位移，如果此侧移量比较大，由结构重力荷载产生的附加弯矩称之为重力二阶效应（P-Δ 效应），附加弯矩过大将危及结构的安全与稳定。分析结果表明，重力二阶效应与框架结构的 $D_i h_i / \sum_{j=1}^{n} G_j$ 有关。D_i 和 h_i 分别为第 i 楼层的弹性等效侧向刚度和第 i 层层高。$\sum_{j=i}^{n} G_j$ 为第 i 楼层及以上楼层重力荷载设计值之和。$D_i h_i / \sum_{j=i}^{n} G_j$ 也称之为框架结构的刚重比。结构的重力二阶效应取决于其刚重比。重力二阶效应可采用有限元方法进行计算，也可采用对未考虑重力二阶效应的计算结果乘以增大系数的方法近似考虑。一般情况下，重力二阶效应在多层框架结构中影响较小（刚重比大于 20），可以不考虑；在高层框架结构中则影响较大（刚重比不小于 10，不大于 20），不能忽视；为保障框架结构的稳定性，规范要求结构的刚重比必须不小于 10。

6. 荷载及内力组合

框架在各种荷载作用下的内力确定之后，在进行框架梁柱截面配筋设计之前，必须找出构件的控制截面及其最不利内力，以作为梁、柱配筋的依据。对于每一控制截面，要分别考虑各种荷载下最不利的作用状态及其组合的可能性，从几种组合中选取最不利组合，求出最不利内力，这就是内力组合。

1）荷载组合

作用在房屋结构上的各荷载同时达到各自最大值的可能性几乎不存在，因此，在承载能力计算时，应当采用荷载效应的基本组合求荷载效应设计值。

对于一般民用建筑框架结构，有恒荷载标准值的荷载效应 S_{Gk}、竖向活荷载标准值的荷载效应 S_{Qk}、风荷载标准值的荷载效应 S_{Wk} 等，各基本组合参见 2.4 节。

2）控制截面及最不利内力组合

框架结构的每一根杆件都有许多截面，实际设计中我们只要选取几个主要截面进行内力组合，将这几个主要截面的内力求出，并按此内力进行杆件的配筋便可以保证此杆件有足够的可靠度。这些主要截面称之为杆件的控制截面。一般情况下，梁有三个控制截面，即左右支座截面和跨中截面，柱有两个控制截面，即柱上下端截面。

（1）梁

梁的控制截面是支座截面和跨中截面。在支座截面处，一般产生最大负弯矩和最大剪力（在水平荷载作用下还可能有正弯矩产生），跨中截面则是最大正弯矩作用处（也可能出现负弯矩）。在求支座截面的最不利内力时，应采用柱边截面的弯矩和剪力。

（2）柱

对于框架柱，弯矩最大值在柱的两端，剪力和轴力通常在一层内无变化或变化很小，因此柱的控制截面是柱上、下端。一般的框架柱都采用对称配筋，从而柱的最不利内力可归结为如下三种类型：

① $|M|_{max}$ 及相应的 N、V;

② N_{max} 及相应的 M、V;

③ N_{min} 及相应的 M、V。

7. 侧移验算

框架结构侧移的外因是风荷载和水平地震作用，内因是因梁柱杆件弯曲变形和柱轴向变形产生。在正常使用条件下的侧移验算是指按弹性方法计算的风荷载标准值作用下的各层层间相对侧移值与该层的层高之比 $\Delta u/h$。为避免产生过大的位移而影响结构的承载力、稳定性、舒适性和使用要求，规范要求层间相对侧移不宜超过 1/550。

框架的变形是一种剪切型变形，框架层间侧移可以按以下方法近似计算：将第 i 层的总剪力除以第 i 层所有柱的抗侧刚度之和，即可得每一层的层间侧移值，从而计算各层楼板标高处的侧移和顶点侧移值，各层楼板标高处的侧移值是该层以下各层层间侧移之和，顶点侧移是所有各层层间侧移之和。

8. 框架梁柱截面配筋

1）梁

梁的纵向钢筋及腹筋的计算与配置按前面第 3 章所述内容进行，分别按受弯构件正截面承载力和斜截面承载力的计算和构造确定，此外还应满足裂缝宽度及挠度要求。

2）框架柱

柱属于偏心受压构件。一般在中间轴线上的框架柱，按单向偏心受压考虑；位于边轴线的角柱，则应按双向偏心受压考虑。边柱为大偏心受压构件，中柱为小偏心受压构件，内力组合时，可充分考虑这一特点。

此外还应进行斜截面受剪承载力计算；对框架的边柱，当偏心距 $e_0 > 0.55h_0$ 时，尚应进行裂缝宽度验算。

9. 框架结构构造要求

1）框架梁。框架梁一般不采用弯起钢筋抗剪，沿梁全长顶面和底面应至少各配置两根纵向钢筋，纵向受拉钢筋的净距、最小直径、最小配筋百分率，箍筋间距、最小直径、箍筋面积配筋率以及梁中配有纵向受压钢筋时箍筋配置的要求等都应符合前述第 3 章的有关规定外，尚应符合以下要求：

（1）计入受压钢筋作用的梁端截面混凝土受压区高度与有效高度之比值，一级不应大于 0.25，二级、三级不应大于 0.35。

（2）纵向受拉钢筋的最小配筋率不应小于表 8-13 规定的数值。

梁纵向受拉钢筋最小配筋率（%） 表 8-13

抗震等级	位置	
	支座（取较大值）	跨中（取较大值）
一级	0.40 和 $80f_t/f_y$	0.30 和 $65f_t/f_y$
二级	0.30 和 $65f_t/f_y$	0.25 和 $55f_t/f_y$
三、四级	0.25 和 $55f_t/f_y$	0.20 和 $45f_t/f_y$

（3）梁端截面的底面和顶面纵向钢筋截面面积的比值，除按计算确定外，一级不应小于 0.5，二级、三级不应小于 0.3。

（4）梁端箍筋的加密区长度、箍筋最大间距和最小直径应符合表 8-14 的要求；一级、二级抗震等级框架梁，当箍筋直径大于 12mm、肢数不少于 4 肢且肢距不大于 150mm 时，箍筋加密区最大间距应允许放宽到不大于 150mm。

梁端箍筋加密区的长度、箍筋最大间距和最小直径 表 8-14

抗震等级	加密区长度（取较大值）（mm）	箍筋最大间距（取较大值）（mm）	箍筋最小直径（取较大值）（mm）
一级	$2.0h_b$，500	$h_b/4$，$6d$，100	10
二级	$1.5h_b$，500	$h_b/4$，$8d$，100	8
三级	$1.5h_b$，500	$h_b/4$，$8d$，150	8
四级	$1.5h_b$，500	$h_b/4$，$8d$，150	6

注：d 为纵向钢筋直径，h_b 为梁截面高度。

2）框架柱。框架柱一般采用对称配筋，柱中全部纵向钢筋最大配筋率、最小配筋率、每一侧纵向钢筋的配筋率，纵向钢筋的净距，纵筋不应与箍筋、拉筋及预埋件等焊接；箍筋形式（单箍或复合箍）、直径、间距，采用搭接做法的纵向钢筋，搭接长度范围内箍筋直径、纵向受拉（受压）钢筋在搭接长度范围内的箍筋间距以及复合箍筋做法等都应符合前述第3章的有关规定外，尚应符合以下要求：

柱全部纵向普通钢筋的配筋率不应小于表8-15的规定，且柱截面每一侧纵向普通钢筋配筋率不应小于0.20%；当柱的混凝土强度等级为C60以上时，应按表中规定值增加0.10%；当采用400MPa级纵向受力钢筋时，应按表中规定值增加0.05%采用。

柱纵向受力钢筋最小配筋率（%）　　表8-15

柱类型	抗震等级			
	一级	二级	三级	四级
中柱、边柱	0.90（1.00）	0.70（0.80）	0.60（0.70）	0.60（0.50）
角柱、框支柱	1.10	0.90	0.80	0.70

注：表中括号内数值用于房屋建筑纯框架结构柱。

3）柱箍筋在规定的范围内应加密，加密区的箍筋间距和直径应符合下列规定：①箍筋加密区的箍筋最大间距和最小直径应按表8-16采用。②一级框架柱的箍筋直径大于12mm且箍筋肢距不大于150mm及二级框架柱箍筋直径不小于10mm且肢距不大于200mm时，除柱根外加密区箍筋最大间距应允许采用150mm；三级、四级框架柱的截面尺寸不大于400mm时，箍筋最小直径应允许采用6mm。③剪跨比不大于2的柱，箍筋应全高加密，且箍筋间距不应大于100mm。

柱箍筋加密区的箍筋最大间距和最小直径　　表8-16

抗震等级	箍筋最大间距（mm）	箍筋最小直径（mm）
一级	$6d$和100的较小者	10
二级	$8d$和100的较小者	8
三、四级	$6d$和150（柱根100）的较小者	8

注：表中d为柱纵向普通钢筋的直径（mm）；柱根指柱底部嵌固部位的加密区范围。

4）钢筋保护层、钢筋搭接、钢筋切断及钢筋锚固等要求应符合前述第3章的有关规定。

5）梁柱节点：节点内箍筋配置应符合柱中箍筋的有关规定，箍筋间距不宜大于250mm。对四边有梁与之相连的节点，可仅沿节点周边设置矩形箍筋，具体细节做法较为复杂，在此不做介绍，可参阅有关书籍。

装配式建筑构造要求见第 10 章介绍，抗震构造要求见第 12 章介绍。

8.3 剪力墙结构

利用建筑物墙体构成的承受水平作用和竖向作用的结构称为剪力墙结构。剪力墙一般沿横向、纵向双向布置。它的特点是比框架结构具有更强的侧向和竖向刚度，抵抗水平作用能力强，空间整体性好。历次地震中，剪力墙结构表现了良好的抗震性能。

1. 剪力墙类型

剪力墙结构体系的内力和位移性能与墙体洞口大小、形状和位置有关，根据剪力墙结构的受力特点，剪力墙分为以下五类：

1）整体墙

无洞口或洞口面积不超过墙面面积 15%，且孔洞间净距及洞口至墙边距离均大于洞口边长尺寸时，可忽略洞口影响，墙作为整体墙来考虑，因而截面应力可按材料力学公式计算，应力图如图 8-11（a）所示，变形属弯曲型。

2）开口整体墙

当洞口稍大时，通过洞口横截面上的正应力分布已不再成一直线，而是在洞口两侧的部分横截面上，其正应力分布各成一直线，如图 8-11（b）所示。这说明除了整个墙截面产生整体弯矩外，每个墙肢还出现局部弯矩，局部弯矩不超过水平荷载的整体弯矩的 15%，大部分楼层上墙肢没有反弯点，可以认为剪力墙截面变形大体上仍符合平截面假定，且内力和变形仍按材料力学计算，然后适当修正。

3）双肢、多肢剪力墙

洞口开得比较大，截面的整体性已经破坏，如图 8-11（c）所示。连梁的刚度比墙肢刚度小得多，连梁中部有反弯点，各墙肢单独弯曲作用较为显著，个别或少数层内墙肢出现反弯点。这种剪力墙可视为由连梁把墙肢联结起来的结构体系，故称为联肢剪力墙。其中，由一列连梁把两个墙肢连接起来的称为双肢剪力墙，由两列以上的连梁把三个以上的墙肢联结起来的称为多肢剪力墙。

4）壁式框架

洞口更大，墙肢与连梁的刚度比较接近，墙肢明显出现局部弯矩，在许多楼层内有反弯点，如图 8-11（d）所示。剪力墙的内力分布接近框架。壁式框架实质是介于剪力墙和框架之间的一种过渡形式，它的变形已很接近框架。只不过壁柱和壁梁都较宽，因而在梁柱交接区形成不产生变形的刚域。

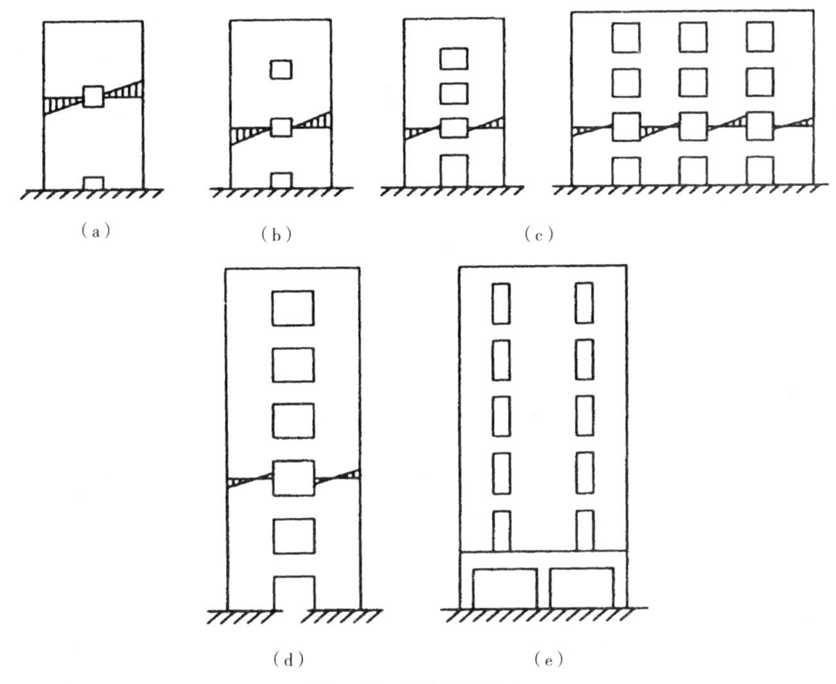

图 8-11　剪力墙结构类型

(a) 整体墙；(b) 小开口整体墙；(c) 联肢墙；(d) 壁式框架；(e) 框支剪力墙

5）框支剪力墙

当底层需要大空间时，采用框架结构支承上部剪力墙，这种结构称为框支剪力墙结构，如图 8-11（e）所示。典型首层及标准层平面如图 8-12 所示。

图 8-12　框支墙平面

(a) 首层平面；(b) 标准层平面

虽然剪力墙结构有较大的抗侧移刚度，但还是有限，其最大高宽比及最大高度须满足表 8-1 ~表 8-3 中的有关要求。

2. 结构布置

剪力墙结构应具有适宜的侧向刚度，其布置除应满足前述一般要求外，还应符合以下要求：

1）沿建筑物整个高度，剪力墙应贯通，上下不错层、不中断，门窗洞口应对齐，做到规则、统一，避免在地震作用下产生应力集中和出现薄弱层，电梯井尽量与抗侧力结构结合布置。

2）为增大剪力墙的平面外刚度，剪力墙端部宜有翼缘（与其垂直的剪力墙），布置成 T 形、L 形和工字形结构，此外还可提高剪力墙平面内抗弯延性；剪力墙应纵横两方向双向布置，且纵横两方向的刚度宜接近。

3）震区剪力墙高宽比宜设计成 H/B 较大的高墙或中高墙（表 8-1），因为矮墙延性不好。如果墙长度太长时，宜将墙分段，以提高弯曲变形能力。

剪力墙不宜过长，较长剪力墙宜设置跨高比较大的连梁将其分成长度较均匀的若干墙段，各墙段的高度与墙段长度之比不宜小于 3，墙段长度不宜大于 8m。

4）框支剪力墙结构上部各层采用剪力墙结构，结构底部一层或几层采用框 - 剪结构或框架 - 筒体结构，故属于双重结构体系（图 8-13）。框支剪力墙结构在地震中破坏严重。在震区落地剪力墙数量不应小于总量的 50%，且落地剪力墙间距不宜过大，墙厚宜增大。在 9 度区，不宜选用此种体系。

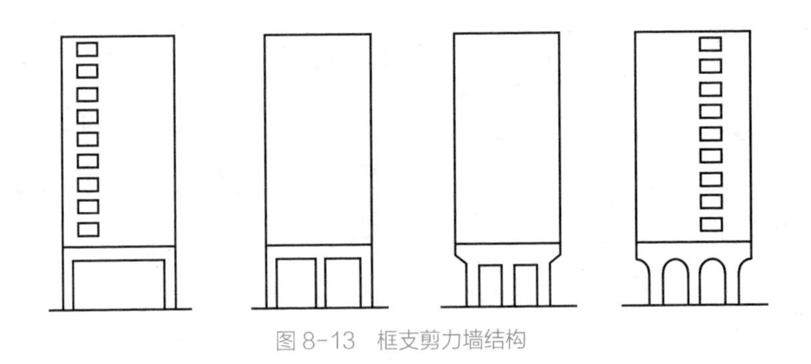

图 8-13 框支剪力墙结构

5）剪力墙结构剪力墙应沿结构平面主要轴线方向布置。一般情况下，当结构平面采用矩形、L 形、T 形平面时，剪力墙沿主轴方向布置。对三角形及 Y 形平面，剪力墙可沿三个方向布置。对采用正多边形、圆形和弧形平面，则可沿径向及环向布置。图 8-14 ~图 8-16 为国内一些典型的剪力墙结构工程实例，图 8-17 为典型剪力墙结构平面布置。

二维码 8.3-3

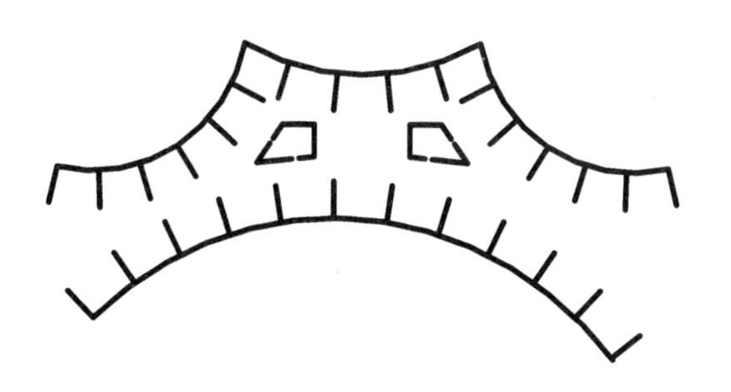

图 8-14　北京国际饭店 26 层，高 112m

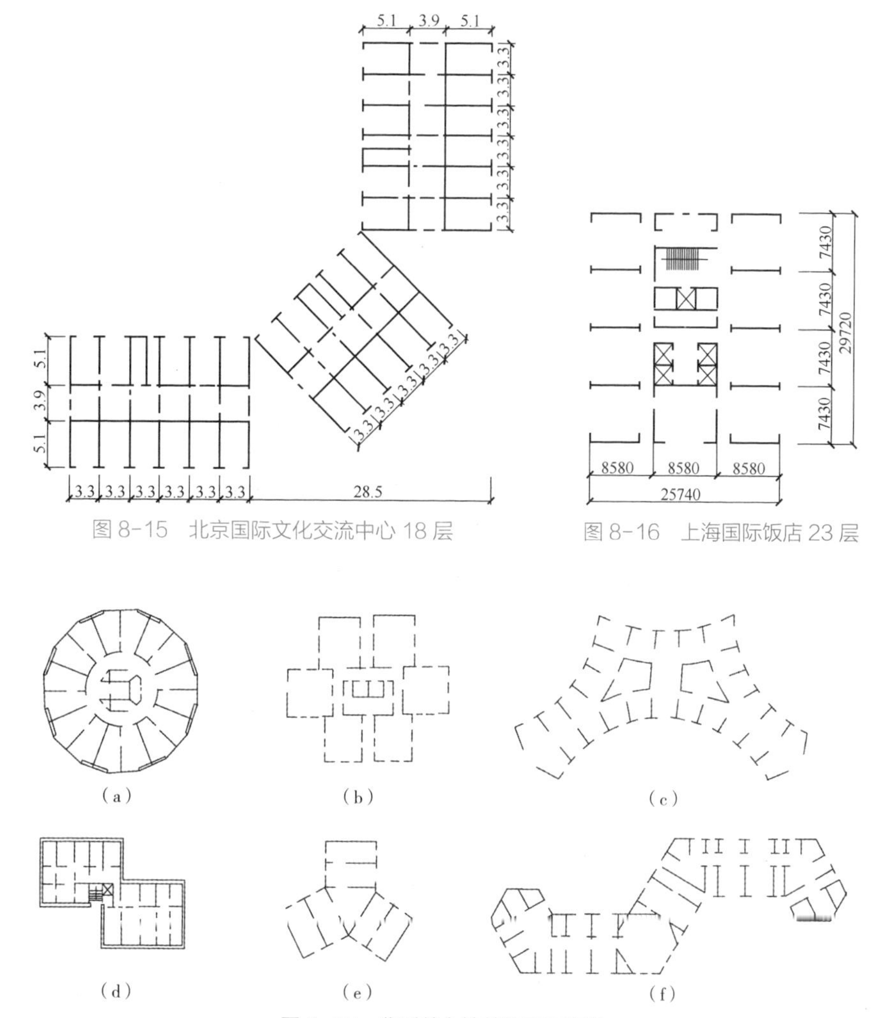

图 8-15　北京国际文化交流中心 18 层

图 8-16　上海国际饭店 23 层

（a）　（b）　（c）

（d）　（e）　（f）

图 8-17　典型剪力墙结构平面布置

6）抗震设计时，高层建筑结构不应全部采用短肢剪力墙，B 级高度高层建筑以及抗震设防烈度为 9 度的 A 级高度高层建筑，不宜布置短肢剪力墙，不应采用具有较多短肢剪力墙的剪力墙结构。所谓短肢剪力墙是指截面厚度不大于 300mm、各墙肢截面高度与厚度之比的最大值在 4 ~ 8 之间的剪力墙。短肢剪力墙受力特点是墙肢沿建筑高度可能在较多楼层出现反弯点，受力性能不如普通剪力墙，抗震设计要求比普通剪力墙高。短肢剪力墙承担的倾覆力矩不小于结构底部总倾覆力矩的 30% 时，称为具有较多短肢剪力墙的剪力墙结构，此时房屋的最大适用高度应适当降低。规范规定，当采用具有较多短肢剪力墙的剪力墙结构时，在规定的水平地震作用下，短肢剪力墙承担的底部倾覆力矩不宜大于结构底部总地震倾覆力矩的 50%，房屋的最大适用高度为：7 度、8 度（0.2g）和 8 度（0.3g）时分别不应大于 100m、80m 和 60m。

不宜采用一字形短肢剪力墙，也不宜在一字形短肢剪力墙上布置平面外与之相交的单侧楼面梁。

3. 剪力墙结构内力近似计算方法

1）计算假定及荷载和剪力分配

前面框架结构内力计算所采用的两条假定也适用于剪力墙结构。

剪力墙结构可以按纵、横两方向分别计算，每个方向是由若干片平面剪力墙组成，协调抵抗外荷载。对于每一片剪力墙，可考虑纵横墙共同形成带翼缘剪力墙，即纵墙的一部分可作为横墙的翼缘，横墙的一部分可作为纵墙的翼缘。

竖向荷载作用下按每片剪力墙的承荷面积计算荷载，直接计算墙截面上的轴力。

在水平荷载作用下，总水平荷载按各片剪力墙刚度分配到每片墙，然后分别计算各剪力墙的内力。剪力墙接近于悬臂杆件，弯曲变形是主要成分，其侧移曲线以弯曲型为主，由于还存在剪切变形，而且剪力墙上开洞，因此通常采用等效抗弯刚度 E_cI_{eq}（等效为悬臂杆的抗弯刚度）计算剪力墙层剪力分配。

2）整体墙近似计算方法

无洞口或开洞较小的剪力墙，可按整体墙计算，内力及位移按材料力学方法即可计算得到。如果有小洞口，截面惯性矩取有洞口截面与无洞口截面惯性矩的加权平均值。

3）联肢剪力墙计算方法

联肢剪力墙计算方法通常采用连续化方法进行，连续化方法是指把连梁看作分散在整个高度上的平行排列的连续连杆，连杆之间没有相互作用，该方法的基本假定为：

①忽略连梁轴向变形，即假定各墙肢水平位移完全相同；

②各墙肢各截面的转角和曲率都相等，因此连梁两端转角相等，连梁反弯点在中点；

③各墙肢截面、各连梁截面及层高等几何尺寸沿全高相同。

连续化方法适用于开洞规则、由下到上墙厚及层高都不变的联肢墙。实际工程中不可避免地会有变化，如果变化不多，可取各楼层的平均值作为计算参数。

4. 剪力墙结构荷载组合

荷载效应组合分为恒荷载和活荷载效应组合、地震作用效应组合，对于第一种组合也叫作无地震作用效应组合，其原则见第 2 章内容。

对有地震作用效应的组合，情况较为复杂，可参阅 11.5 节。

5. 剪力墙截面设计原则

剪力墙截面设计包括墙肢截面设计和连梁截面设计及相应的构造要求，墙肢有轴力、弯矩和剪力，连梁主要是弯矩和剪力，墙肢的轴力可能是压力也可能是拉力，应进行平面内偏压或偏拉承载力验算，在集中荷载作用下，墙内无暗柱时还应进行局部受压承载力验算，在集中荷载作用下，墙内无暗柱时还应进行局部受压承载力验算。墙肢和连梁尺寸及配筋还有一定的构造要求。

在抗震设计中，为保证剪力墙有足够的延性，应设计成延性剪力墙，为此设计中应遵循强墙肢弱连梁、强剪弱弯、限制墙肢轴压比、设置底部加强部位及连梁特别措施等原则。具体要求如下：

1）满足“强墙肢弱连梁”要求

连梁应先于墙肢屈服，使塑性变形和耗能分散在连梁中，避免因墙肢过早屈服使塑性变形集中于某一层，使某一层的变形过大而形成柱铰倒塌机制，要实现连梁先于墙肢屈服，可以在进行小震（频遇地震）作用下的弹性内力计算时，可适当减小连梁弯矩设计值的办法来实现。

2）满足“强剪弱弯”要求

与框架结构的梁柱原则相同，剪力墙的墙肢和连梁均应设计成弯曲破坏，避免剪切破坏。在设计中，对于墙肢，可以通过增大底部加强部位截面组合的剪力计算值方法而实现，对于连梁，通过增大与弯矩设计值所对应的梁端剪力计算值方法而实现。

3）限制墙肢轴压比和设置墙肢约束边缘构件

与钢筋混凝土柱相同，限制墙肢轴压比，并对轴压比大于一定值的墙肢两端设置约束边缘构件，都能显著提高剪力墙的抗震性能。

4）设置底部加强部位

侧向力作用下的剪力墙，墙肢的塑性铰一般在结构下部一定高度范围内形成，这个高度范围称为剪力墙下部加强部位。加强部位的高度按下述办法确定：当房屋高度大于 24m 时，下部加强部位的高度取底部两层和墙体总高度的 1/10 两者的较大值；当房屋高度不大于 24m 时，取底部一层为加强部位的高度；对部分框支剪力墙结构的剪力墙，下部加强部位的高度取框支墙层加上框支层以上两层的高度和落地剪力墙总高度的 1/10 两者的较大值。对有地下室的建筑，下部加强部位的高度从地下室顶板算起，当结构计算嵌固端位于地下一层的底板或以下时，底部加强部位的高度宜向下延伸到计算嵌固端。加强部位的竖向及水平钢筋直径、间距及配筋率均应加强。

此外，普通配筋的、跨高比小的连梁很难为延性构件，对抗震等级高、跨高比小的连系梁采用特殊的构造措施，使其成为延性构件。

6. 一般构造要求

1）截面厚度

（1）墙体厚度必须满足墙体稳定性要求。

（2）高层建筑剪力墙的截面厚度不应小于 160mm，多层建筑剪力墙的截面厚度不应小于 140mm。抗震等级为一、二级剪力墙：不宜小于楼层净高的 1/20，且底部加强部位不应小于 200mm，其他部位不应小于 160mm；一字形独立剪力墙底部加强部位不应小于 220mm，其他部位不应小于 180mm。抗震等级为三、四级剪力墙：不宜小于楼层净高的 1/20，且不应小于 160mm，一字形独立剪力墙的底部加强部位尚不应小于 180mm；剪力墙井筒中，分隔电梯井或管道井的墙肢截面厚度可适当减小，但不宜小于 160mm；当墙端无端柱或翼墙时，不宜小于楼层净高的 1/12；短肢剪力墙截面厚度还应符合底部加强部位尚不应小于 200mm，其他部位尚不应小于 180mm 的要求。

（3）当墙肢的截面高度与厚度之比不大于 4 时，宜按框架柱进行截面设计。

2）材料要求

（1）混凝土强度等级不应低于 C25，也不宜高于 C60。抗震等级不低于二级时，混凝土强度等级不低于 C30；采用 500MPa 及以上等级钢筋的钢筋混凝土结构构件，混凝土强度等级不应低于 C30。

（2）采用 500MPa 及以上等级钢筋时，混凝土强度等级不应低于 C30。

（3）作为上部结构嵌固部位的地下室楼盖的混凝土强度等级不宜低于 C30。

（4）受力钢筋及其性能应符合现行国家标准《混凝土结构设计规范》GB 50010—2010（2015 年版）的有关规定。

3）配筋要求

（1）高层建筑剪力墙中的钢筋包括竖向和水平分布钢筋，竖向和水平分布钢筋不应单排配置。剪力墙截面厚度不大于 400mm 时，可采用双排配筋；大于 400mm、但不大于 700mm 时，宜采用三排配筋；大于 700mm 时，宜采用四排配筋。各排分布钢筋之间拉筋的间距不应大于 600mm，直径不应小于 6mm。在底部加强部位、约束边缘构件以外的拉结筋间距尚应适当加密。

（2）重力荷载代表值作用下，一、二、三级短肢剪力墙的轴压比，分别不宜大于 0.45、0.50、0.55，一字形截面短肢剪力墙的轴压比限值应相应减少 0.1。

（3）重力荷载代表值作用下，一、二、三级剪力墙墙肢的轴压比不宜超过表 8-17 的限值。

剪力墙墙肢轴压比限值　　表 8-17

抗震等级	一级（9 度）	一级（6、7、8 度）	二、三级
轴压比限值	0.4	0.5	0.6

注：墙肢轴压比是指重力荷载代表值作用下墙肢承受的轴压力设计值与墙肢的全截面面积和混凝土轴心抗压强度设计值乘积之比值。

（4）剪力墙的竖向和水平分布钢筋的配筋率，一、二、三级抗震等级时均不应小于 0.25%，四级时不应小于 0.20%。房屋高度不大于 10m 且不超过三层的混凝土剪力墙结构，剪力墙分布钢筋的最小配筋率应允许适当降低，但不应小于 0.15%。

（5）部分框支剪力墙结构房屋建筑中，剪力墙底部加强部位墙体的水平和竖向分布钢筋的最小配筋率均不应小于 0.30%，钢筋间距不应大于 200mm，钢筋直径不应小于 8mm。

（6）高层房屋建筑框架 - 剪力墙结构、板柱 - 剪力墙结构、筒体结构中，剪力墙的竖向、水平向分布钢筋的配筋率均不应小于 0.25%，并应至少双排布置，各排分布钢筋之间应设置拉筋，拉筋的直径不应小于 6mm，间距不应大于 600mm。

（7）短肢剪力墙的全部竖向钢筋的配筋率，底部加强部位一、二级不宜小于 1.2%，三、四级不宜小于 1.0%；其他部位一、二级不宜小于 1.0%，三、四级不宜小于 0.8%。

（8）剪力墙的竖向和水平分布钢筋的间距均不宜大于 300mm，直径不应小于 8mm，竖向钢筋直径一般不小于 10mm，且竖向和水平分布钢筋的直径不宜大于墙厚的 1/10。房屋顶层剪力墙、长矩形平面房屋的楼梯间和电梯间剪力墙、端开间纵向剪力墙以及端山墙的水平和竖向分布钢筋的配筋率均不应小于 0.25%，间距均不应大于 200mm。

（9）剪力墙两端和洞口两侧应设置边缘构件，且满足：一、二、三级剪力墙底层墙肢底截面的轴压比大于表 8-18 的规定值时，以及部分框支剪力墙结构的剪力墙，应在底部加强部位及相邻的上一层设置约束边缘构件（图 8-18）。除此以外部位的剪力墙构造边缘构件的范围宜按图 8-19 中阴影部分采用，其最小配筋（包括竖向钢筋最小量、箍筋和拉筋的最小直径和最大间距）应满足一定的规定。B 级高度高层建筑的剪力墙，宜在约束边缘构件层与构造边缘构件层之间设置 1 ~ 2 层过渡层，过渡层边缘构件的箍筋配置要求可低于约束边缘构件的要求，但应高于构造边缘构件的要求。

剪力墙可不设约束边缘构件的最大轴压比　　表 8-18

等级或烈度	一级（9 度）	一级（6、7、8 度）	二、三级
轴压比	0.1	0.2	0.3

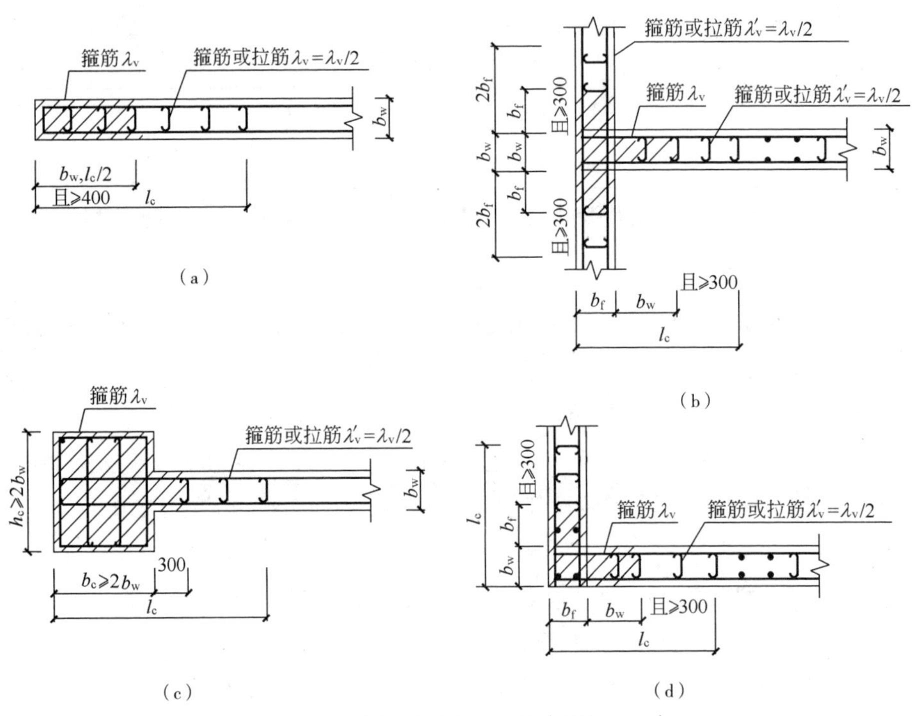

图 8-18 剪力墙约束边缘构件（单位：mm）
（a）暗柱；（b）有翼墙；（c）有端柱；（d）有转角墙（L 形墙）

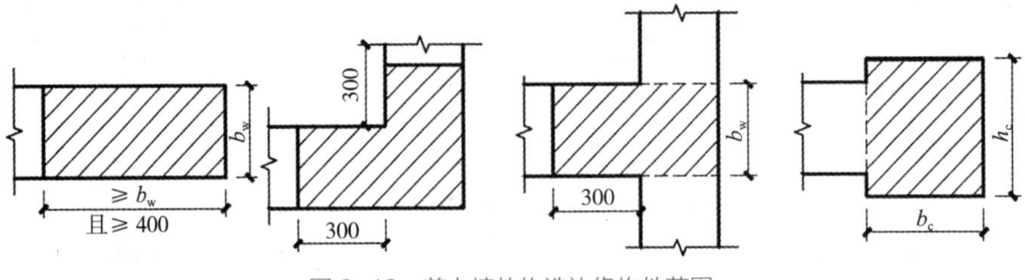

图 8-19 剪力墙的构造边缘构件范围

剪力墙的约束边缘构件可为暗柱、端柱和翼墙（图 8-18），约束边缘构件沿墙肢的长度 l_c 和箍筋配箍特征值 λ_v，应符合一定的要求；图 8-18 中剪力墙约束边缘构件阴影部分的竖向钢筋除应满足正截面受压（受拉）承载力计算要求外，其配筋率对一、二、三级抗震等级分别不应小于 1.2%、1.0% 和 1.0%，并分别不应少于 8ϕ16、6ϕ16 和 6ϕ14 的钢筋（ϕ 表示钢筋直径）；约束边缘构件内箍筋或拉筋沿竖向的间距，一级不宜大于 100mm，二、三级不宜大于 150mm；箍筋、拉筋沿水平方向的肢距不宜大于 300mm，不应大于竖向钢筋间距的 2 倍。

（10）剪力墙钢筋锚固和连接应符合下列要求：

①非抗震设计时，剪力墙纵向钢筋最小锚固长度应取 l_a。抗震设计时，剪力墙纵向钢筋最小锚固长度应取 l_{aE}。

②剪力墙竖向及水平分布钢筋采用搭接连接时（图 8-20），一级、二级抗震等级剪力墙的加强部位，接头位置应错开，同一截面连接的钢筋数量不宜超过总数量的 50%，错开净距不宜小于 500mm；其他情况剪力墙的钢筋可在同一部位连接。分布钢筋的搭接长度非抗震设计时，不应小于 $1.2l_a$，抗震设计时，不应小于 $1.2l_{aE}$。暗柱及端柱内纵向钢筋连接和锚固要求宜与框架柱相同，宜符合混凝土规程中有关钢筋连接和锚固的有关规定。

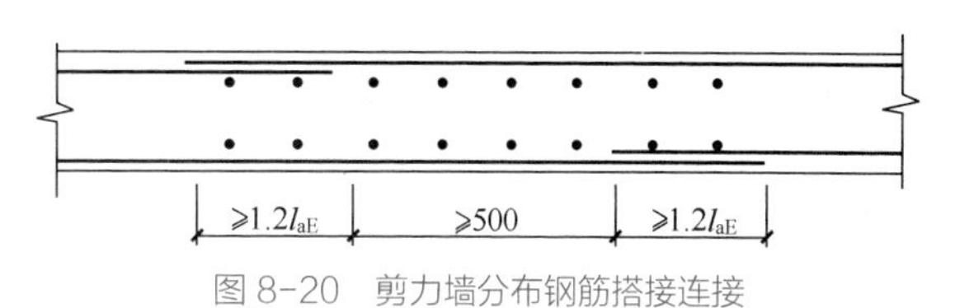

图 8-20　剪力墙分布钢筋搭接连接

4）连梁

（1）最小截面尺寸

为避免斜裂缝过早出现和混凝土过早剪坏，连梁截面不宜过小，截面的剪力设计值应符合前述第 3 章有关规定。

（2）纵向钢筋配筋率

连梁的纵向钢筋配置，不宜小于最小配筋率，也不宜大于最大配筋率。

跨高比 l/h_b 不大于 1.5 的连梁，非抗震设计时，其纵向钢筋的最小配筋率为 0.2%，抗震设计时，其纵向钢筋的最小配筋率见表 8-19。跨高比大于 1.5 的连梁，其纵向钢筋的最小配筋率按框架梁要求采用。

跨高比不大于 1.5 的连梁纵向钢筋最小配筋率（%）　　表 8-19

跨高比	最小配筋率（采用较大值）
$l/h_b \leqslant 0.5$	0.20，$45f_t/f_y$
$0.5 < l/h_b \leqslant 1.5$	0.25，$55f_t/f_y$

非抗震设计时，连梁底面及顶面单侧纵向钢筋的最大配筋率为 2.5%；抗震设计时，连梁底面及顶面单侧纵向钢筋的最大配筋率见表 8-20，如不满足，应按实配钢筋进行强剪弱弯验算。

连梁纵向钢筋最大配筋率（%） 表 8-20

跨高比	最大配筋率
$l/h_b \leqslant 1.0$	0.6
$1.0 < l/h_b \leqslant 2.0$	1.2
$2.0 < l/h_b \leqslant 2.5$	1.5

（3）配筋构造

连梁配筋构造（图 8-21）应满足下列要求：

①连梁顶面、底面纵向水平钢筋伸入墙肢的长度，抗震设计时不应小于 l_{aE}，非抗震设计时不应小于 l_a，且均不应小于 600mm。

②抗震设计时，沿连梁全长箍筋的最大间距和最小直径应与框架梁端箍筋加密区箍筋构造要求相同；非抗震设计时，箍筋间距不应大于 150mm，直径不应小于 6mm。

③顶层连梁纵向水平钢筋伸入墙肢的长度范围内，应配置间距不大于 150mm 的箍筋，其直径与该连梁的箍筋直径相同。

④截面比较高的连梁，要设置腰筋（图 8-22）。连梁截面高度大于 700mm 时，其两侧面设置的腰筋直径不小于 8mm，间距不大于 200mm。跨高比不大于 2.5 的连梁，两侧腰筋的总面积配筋率不小于 0.3%。连梁高度范围内的墙肢水平分布钢筋可拉通作为连梁的腰筋。

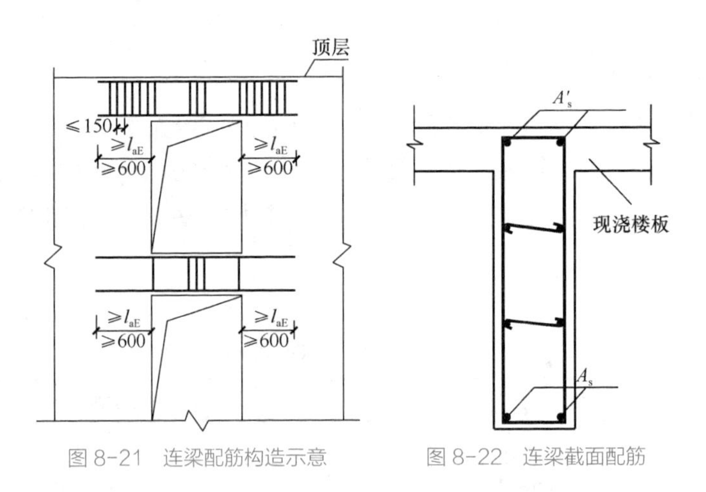

图 8-21 连梁配筋构造示意　　图 8-22 连梁截面配筋

（4）交叉暗撑配筋连梁

试验研究表明，跨高比小的连梁内配置交叉暗撑或另增设斜向交叉构造钢筋，可以有效地改善连梁的抗剪性能，增大连梁的变形能力。

框架 - 核心筒结构核心筒的连梁、筒中筒结构的框筒梁和内筒连梁，当其跨高比不大于 2、

二维码 8.4-1

截面宽度不小于 400mm 时，除配置普通箍筋外，可配置交叉暗斜撑；截面宽度小于 400mm、但不小于 200mm 时，可增设斜向交叉构造钢筋。

图 8-23 所示为交叉暗斜撑的配筋构造示意图。每根暗撑应配置不少于 4 根纵向钢筋，纵筋直径不小于 14mm，地震设计时，按规定计算确定。

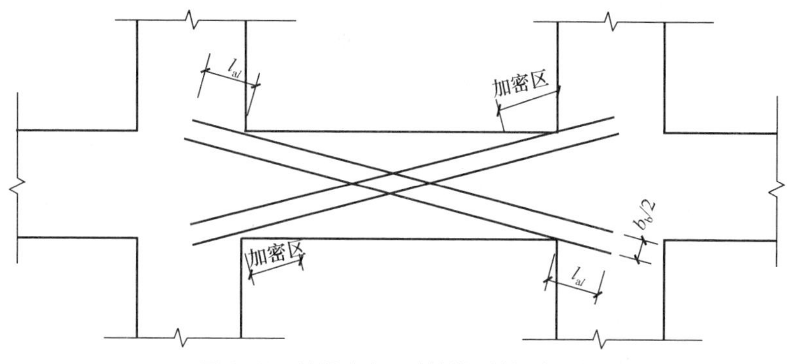

图 8-23　连梁内交叉暗斜撑配筋构造示意

8.4　框架 - 剪力墙结构

针对框架结构布置灵活，但抗侧移刚度小，而剪力墙结构布置空间狭小，但抗侧移刚度大的特点，以及前者以剪切变形为主，后者以弯曲变形为主的特点，将两者合理布置在同一结构中，形成框架和剪力墙共同承受竖向荷载和水平力，就成为框架 - 剪力墙结构。框架 - 剪力墙结构的剪力墙布置比较灵活，剪力墙的端部可以有框架柱，也可以没有框架柱，剪力墙也可以围成井筒。图 8-24 和图 8-25 分别为 18 层的北京饭店和 26 层的上海宾馆的平面图，这两幢建筑是典型的框架 - 剪力墙结构。

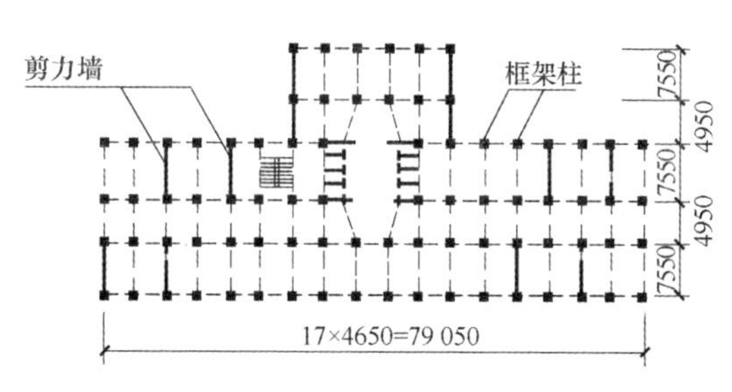

图 8-24　北京饭店平面布置及立面图

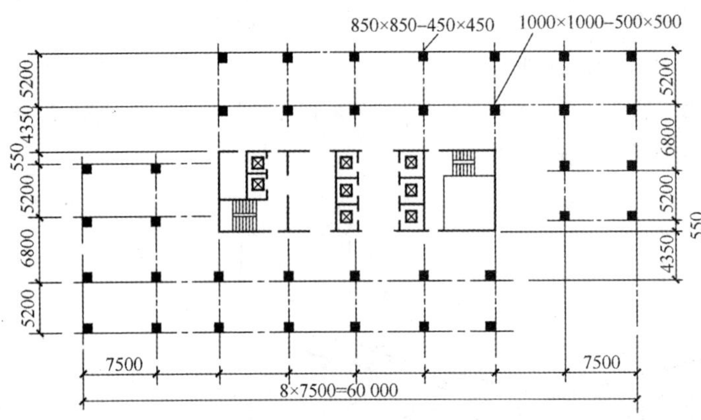

图 8-25 上海宾馆平面布置及立面图

在水平力作用下，框架和剪力墙的变形曲线分别呈剪切型和弯曲型，由于楼板平面内刚度无穷大的假定作用，框架和剪力墙的侧向位移必须协调，其结果是在结构的底部，框架的侧移减小；在结构的上部，剪力墙的侧移减小，侧移曲线的形状呈弯剪型（图 8-26），层间位移沿建筑高度比较均匀，改善了框架结构及剪力墙结构的抗震性能，也减少了小震作用下非结构构件的破坏。

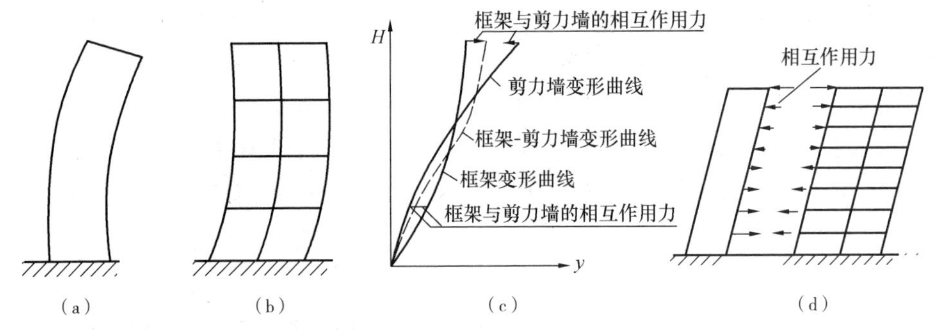

图 8-26 框架 - 剪力墙结构在水平力作用下协同工作
(a) 剪力墙变形；(b) 框架变形；(c) 框 - 剪变形；(d) 框 - 剪相互作用

1. 结构布置

1）框架 - 剪力墙结构可采用下列形式：

（1）框架与剪力墙（单片墙、联肢墙或较小井筒）分开布置；

（2）在框架结构的若干跨内嵌入剪力墙（带边框剪力墙）；

（3）在单片抗侧力结构内连续分别布置框架和剪力墙；

（4）上述两种或三种形式的混合。

2）框架－剪力墙结构应设计成双向抗侧力体系；抗震设计时，结构两主轴方向均应布置剪力墙。梁与柱或柱与剪力墙的中线宜重合。

3）框架－剪力墙结构中剪力墙的布置宜符合下列规定：①剪力墙宜均匀布置在建筑物的周边附近、楼梯间、电梯间、平面形状变化及恒载较大的部位，剪力墙间距不宜过大；②平面形状凹凸较大时，宜在凸出部分的端部附近布置剪力墙；③纵、横剪力墙宜组成L形、T形和[形等形式；④单片剪力墙底部承担的水平剪力不应超过结构底部总水平剪力的30%；⑤剪力墙宜贯通建筑物的全高，宜避免刚度突变；剪力墙开洞时，洞口宜上下对齐；⑥楼、电梯间等竖井宜尽量与靠近的抗侧力结构结合布置；⑦抗震设计时，剪力墙的布置宜使结构各主轴方向的侧向刚度接近。

4）长矩形平面或平面有一部分较长的建筑中，其剪力墙的布置尚宜符合下列规定：①横向剪力墙沿长方向的间距不宜过大，若剪力墙间距过大，在水平力作用下，两道墙之间的楼板可能在其自身平面内产生弯曲变形，过大的变形对框架柱产生不利影响。因此，必须限制剪力墙的间距，其值宜满足表8-21的要求，当这些剪力墙之间的楼盖有较大开洞时，剪力墙的间距应适当减小。②纵向剪力墙不宜集中布置在房屋的两尽端，以避免由于端部剪力墙的约束作用造成楼盖梁板开裂。

剪力墙间距（m）（取较小值）　　表8-21

楼、屋盖类型	非抗震设计	设防烈度		
		6度、7度	8度	9度
现浇	5.0*B*，60	4.0*B*，50	3.0*B*，40	2.0*B*，30
装配整体式	3.5*B*，50	3.0*B*，40	2.5*B*，30	—

注：1. *B*为剪力墙之间的楼盖宽度，单位为“m”；
2. 现浇层厚度大于60mm的叠合楼板可以作为现浇板考虑；
3. 当房屋端部未布置剪力墙时，第一片剪力墙与房屋端部的距离，不宜大于表中剪力墙间距的1/2。

2. 剪力墙的数量

框架－剪力墙结构布置的关键是剪力墙的数量。一般来讲，多设剪力墙可以提高建筑物的抗震性能，减轻震害。但是，随着剪力墙的增加，结构刚度也会随之增大，周期缩短，作用于结构的地震作用也加大。这样，必有一个合理的剪力墙数量，能兼顾抗震性能和经济性两方面的要求。基于国内的设计经验，表8-22列出了底层结构截面面积（即抗震墙截面面积A_w和柱截面面积A_c之和）与楼面面积A_f之比、剪力墙截面面积A_w与楼面面积A_f之比的合理范围。

二维码 8.5-1

底层结构截面面积与楼面面积之比 表 8-22

设计条件	$\frac{A_w+A_c}{A_f}$	$\frac{A_w}{A_f}$
7 度，Ⅱ类场地	3% ~ 5%	2% ~ 3%
8 度，Ⅱ类场地	4% ~ 6%	3% ~ 4%

板柱结构是指钢筋混凝土无梁楼盖和柱组成的结构。板柱结构具有施工方便，楼板高度小，可以减小层高，能提供大的使用空间，灵活布置隔断墙等优点；但板柱连接节点的抗震性能差。地震作用在柱周边板内产生较大的附加剪力，加上竖向荷载的剪力，有可能使楼板产生冲切破坏，不能作为抗震设计的高层建筑结构体系。

在板柱结构中设置剪力墙，或将楼、电梯间做成钢筋混凝土井筒，即成为板柱－剪力墙结构。板柱－剪力墙结构可以用于设防烈度不超过 8 度的高层建筑。板柱－剪力墙结构房屋的周边应采用有梁框架，楼、电梯洞口周边宜设置边框梁，剪力墙的布置要求与框架－剪力墙结构中剪力墙的布置要求相同。

对于板柱－剪力墙结构，抗风设计时，各层筒体或剪力墙承担不小于 80% 风荷载作用下本层的剪力；抗震设计时，房屋高度不大于 12m 时，各层筒体或剪力墙承担本层全部地震水平作用力；当房屋高度大于 12m 时，各层筒体或剪力墙承担本层全部地震水平作用力；同时，各楼层板柱需承担不小于本层全部地震水平作用力 20% 的剪力。由于板柱部分结构延性差，抗震性能不好，故板柱－剪力墙结构的高度也受到限制。

8.5 筒体结构

筒体结构包括框筒、桁架筒、筒中筒和束筒结构，还有多筒和多重筒等筒体结构。它是高层建筑高效的抗侧力结构体系。

1. 框筒结构

框筒是由布置在建筑物周边的柱距小、梁截面高的密柱深梁框架组成。形式上框筒由四榀框架围成，但其受力上是空间结构，一个方向作用水平力时，沿建筑周边布置的四榀框架都参与抵抗水平力，即层剪力由平行于水平力作用方向的腹板框架抵抗，倾覆力矩由腹板框架及垂直于水平力作用方向的翼缘框架共同抵抗。框筒结构的四榀框架位于建筑物周边，形成抗侧、抗扭刚度及承载力都很大的外筒。

图 8-27 为水平力作用下的倾覆力矩在框筒柱中产生的轴力分布图。倾覆力矩使框筒的一侧

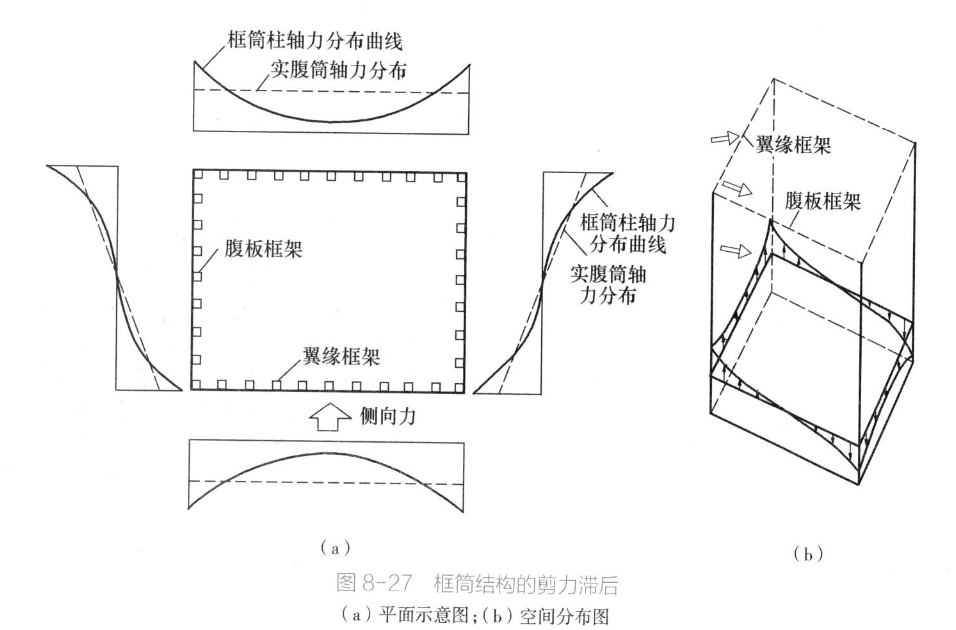

图 8-27　框筒结构的剪力滞后
（a）平面示意图；（b）空间分布图

翼缘框架柱受拉、另一侧翼缘框架柱受压，而腹板框架柱有拉有压。翼缘框架中各柱轴力分布并不均匀，角柱的轴力大于平均值，中部柱的轴力小于平均值；腹板框架各柱的轴力不是线性分布，这种现象称为剪力滞后。剪力滞后越严重，框筒的空间作用越小。可以采取控制最大柱距、限制梁最小尺寸、控制梁的跨高比、柱采用对称截面及限制平面两个方向的长宽比等措施减小框筒结构的剪力滞后。

水平力作用下，框筒结构腹板框架的侧移曲线呈剪切型，而翼缘框架主要抵抗倾覆力矩，其侧移曲线呈弯曲型。两者协调，框筒结构的侧移曲线以剪切型为主。

框筒可以是钢结构、钢筋混凝土结构或者混合结构。纽约世界贸易中心大厦为钢框筒结构，110 层 417m 高，平面尺寸为 63.5m × 63.5m，柱距 1.02m，梁高 1.32m，标准层高度为 3.65m。设置在平面核心的 47 根钢柱仅承受竖向荷载（图 8-28）；每 32 层设置一道 7m 高的钢板圈梁，以减小剪力滞后。

2. 桁架筒结构

用稀柱、浅梁和巨型支撑斜杆组成桁架，布置在建筑物的周边，就形成了桁架筒结构。

桁架筒结构主要是钢结构。钢桁架筒结构的柱距大，支撑斜杆跨越建筑的一个面的边长，沿竖向跨越数个楼层，形成巨型桁架，4 片桁架围成桁架筒，两个相邻立面的支撑斜杆相交在角柱上，保证了从一个立面到另一个立面支撑的传力路径连续，形成整体悬臂结构。水平力通过支撑

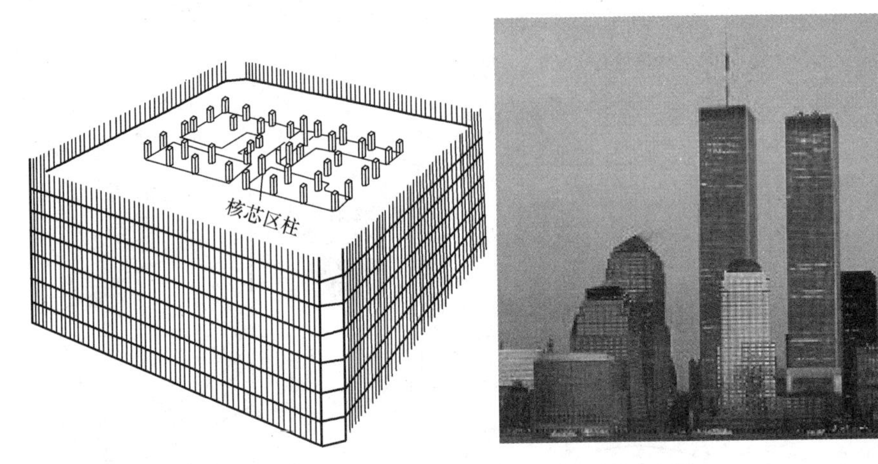

图 8-28 纽约世界贸易中心塔楼结构立面图

斜杆的轴力传至柱和基础。钢桁架筒结构的刚度大，比框筒结构更能充分利用建筑材料，适用于更高的建筑。

图 8-29 为 1970 年建成的芝加哥汉考克大厦的立面图，立面为上小下大的矩形截面锥形，底面的平面尺寸为 79.9m×46.9m，顶面的平面尺寸为 48.6m×30.4m，100 层，332m 高，底层最大柱距达 13.2m，立面上巨大的 X 形支撑特别引人注目。平面中部的柱只承受竖向荷载。用钢量仅为 146kg/m^2，相当于 40 层钢框架结构的用钢量。

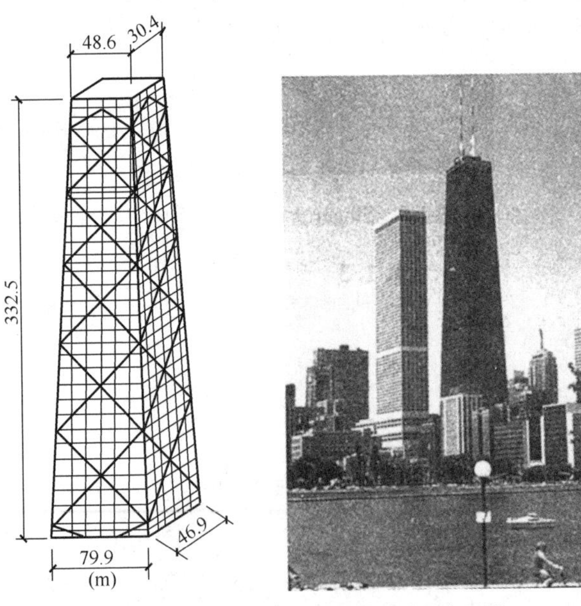

图 8-29 芝加哥汉考克大厦立面图

3. 筒中筒结构

用框筒作为外筒，将楼内电梯间、管道竖井等服务设施集中在建筑平面的中心形成内筒，就成为筒中筒结构。采用钢筋混凝土结构时，一般外筒采用框筒，内筒为剪力墙围成的井筒；采用钢结构时，外筒用框筒，内筒一般采用钢支撑框架形成井筒。

筒中筒结构也是双重抗侧力体系，在水平力作用下，内外筒协同工作，其侧移曲线类似于框架－剪力墙结构，呈弯剪型。外框筒的平面尺寸大，有利于抵抗水平力产生的倾覆力矩和扭矩；内筒采用钢筋混凝土墙或支撑框架，具有比较大的抵抗水平剪力的能力。在水平力作用下，外框筒也有剪力滞后现象。

筒中筒结构的平面外形可以为圆形、正多边形、椭圆形或矩形等，内筒宜居中。筒中筒结构的高度不宜低于 80m，高宽比不宜小于 3。矩形平面长短边长度比值不宜大于 2。内筒居中，内外筒之间的间距一般为 10 ~ 12m，不设柱，若跨度过大，可以在内外筒之间设柱以减小水平构件的跨度。内筒的边长（直径）一般为外框筒边长（直径）的 1/2 左右，为高度的 1/15 ~ 1/12，内筒要贯通建筑全高，内筒面积约为结构平面面积的 25% ~ 30%。

三角形平面宜切角，外筒的切角长度不宜小于相应边长的 1/8，其角部可设置刚度较大的角柱或角筒；内筒的切角长度不宜小于相应边长的 1/10，切角处的筒壁宜适当加厚。

外框筒应符合下列规定：①柱距不宜大于 4m，框筒柱的截面长边应沿筒壁方向布置，必要时可采用 T 形截面；②洞口面积不宜大于墙面面积的 60%，洞口高宽比宜与层高和柱距之比值相近；③外框筒梁的截面高度可取柱净距的 1/4；④角柱截面面积可取中柱的 1 ~ 2 倍。

跨高比不大于 2 的框筒梁和内筒连梁宜增配对角斜向钢筋。楼盖主梁不宜搁置在核心筒或内筒的连梁上。跨高比不大于 1 的框筒梁和内筒连梁宜采用交叉暗撑，且梁截面宽度不宜小于 400mm。

图 8-30 为 1989 年建成的北京中国国际贸易大厦一期工程的结构平面图和剖面图。国贸大厦一期高 153m，39 层，钢结构筒中筒结构，1 ~ 3 层为钢骨混凝土结构。在内筒 4 个面两端的柱列内，沿高度设置中心支撑；在 20 层和 38 层，内、外筒周边各设置一道高 5.4m 的钢桁架，以减小剪力滞后，增大整体侧向刚度。

4. 束筒结构

两个或者两个以上框筒排列在一起，即为束筒结构。束筒结构中的每一个框筒，可以是方形、矩形或者三角形等；多个框筒可以组成不同的平面形状；其中任一个筒可以根据需要在任何高度中止。图 8-31 为不同平面形状的束筒结构平面图。

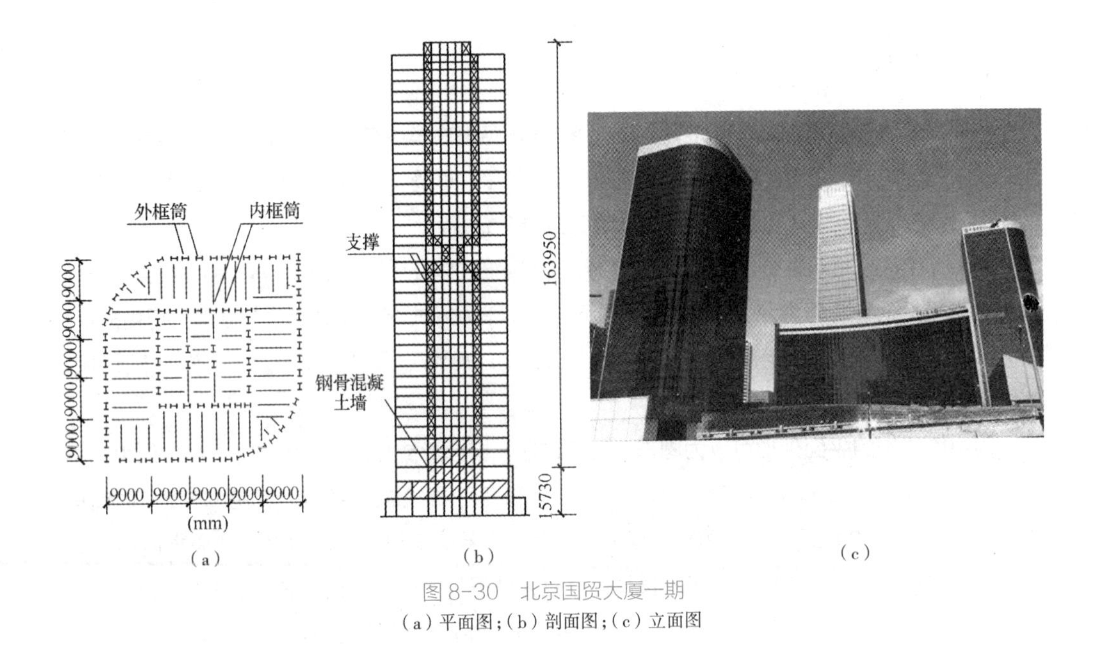

图 8-30 北京国贸大厦一期

(a)平面图;(b)剖面图;(c)立面图

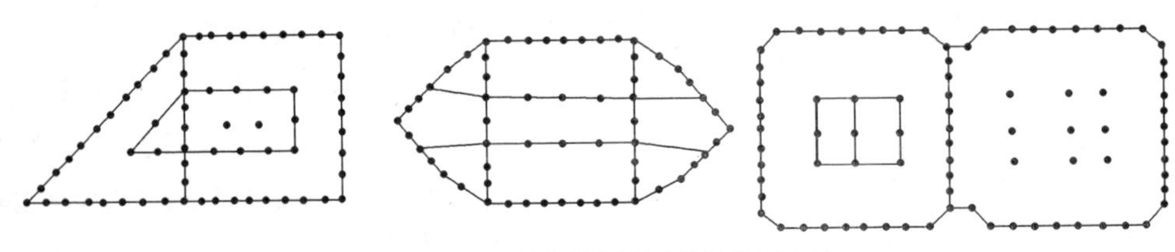

图 8-31 不同平面形状的束筒结构平面图

建筑平面较大时，为减小外墙在侧向力作用下的变形，将建筑平面按模数网格布置，使外部框架式筒体和内部纵横剪力墙（或密排的柱）成为组合筒体群。这就大大增强了建筑物的刚度和抗侧向力的能力。当结构受水平力作用而弯曲时，平面内刚度很大的楼盖将约束内部腹板框架与外侧腹板框架一起弯曲，这样内部腹板框架的存在，很大程度地减轻了框筒柱轴力由于受剪力滞后影响而呈现的不均匀性，使得竖向应力更为均匀，从而结构的性能更接近于一个普通实腹筒而不是一个框筒。

束筒结构的特点是：①侧向刚度大，建筑物可达到很高的高度；②结构体系的模块可以在任意高度予以削弱，在减小横截面积的同时结构的整体性可以继续保持，故建筑立面布置相对灵活；③若干个筒体的并联，共同承担水平荷载，可以看成若干个框筒之间夹了些框架隔板；由于这种双向隔墙的加强作用，束筒结构的剪力滞后现象明显较框筒结构有改善。

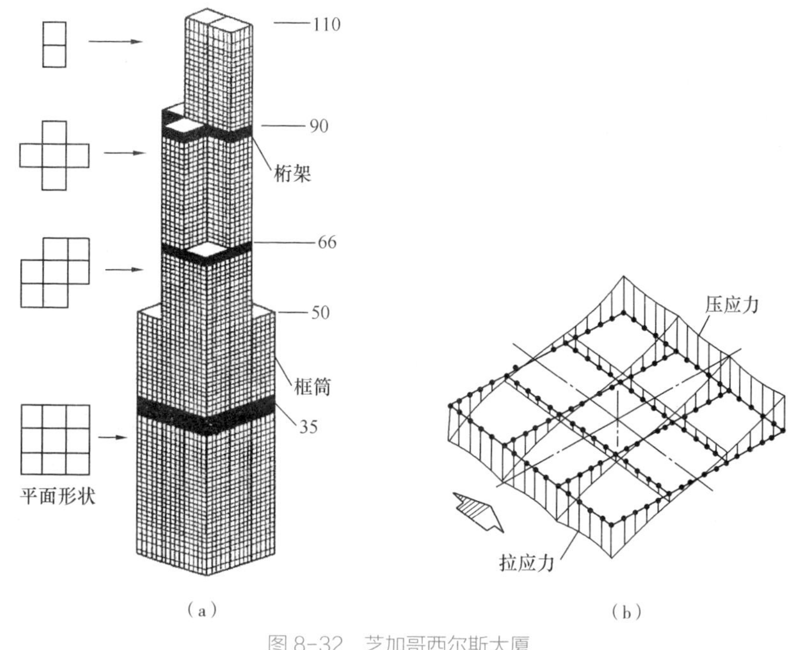

图 8-32 芝加哥西尔斯大厦

(a) 结构立面与平面;(b) 侧向力作用下柱轴力分布

著名的束筒结构是芝加哥的西尔斯大厦(图 8-32),110 层,443m,世界上最高的钢结构建筑,底层平面尺寸为 68.6m×68.6m;50 层以下为 9 个框筒组成的束筒,51 ~ 66 层是 7 个框筒,67 ~ 91 层为 5 个框筒,91 层以上 2 个框筒,在第 35 层、66 层和第 90 层,沿周边框架各设一层楼高的桁架(图 8-32a),对整体结构起到箍的作用,提高侧向刚度和抗竖向变形的能力。束筒结构缓解了剪力滞后,柱的轴力分布比较均匀(图 8-32b)。

8.6 框架 - 核心筒结构

加大筒中筒结构外框筒柱距,减小梁的高度,周边形成稀柱框架,并在平面中心设置内筒,就形成框架 - 核心筒结构。框架 - 核心筒结构的周边框架与核心筒之间距离一般为 10 ~ 12m,使用空间大且灵活,广泛用于写字楼、多功能建筑。

核心筒的宽度不宜小于筒体总高的 1/12,当筒体结构设置角筒、剪力墙或增强结构整体刚度的构件时,核心筒的宽度可适当减小。框架 - 核心筒结构的周边柱间必须设置框架梁。

当内筒偏置、长宽比大于 2 时,宜采用框架 - 双筒结构。当框架 - 双筒结构的双筒间楼板开洞时,其有效楼板宽度不宜小于楼板典型宽度的 50%,洞口附近楼板应加厚,并应采用双层双向配筋，双筒间楼板宜按弹性板进行细化分析。

对内筒偏置的框架－筒体结构，应控制结构在考虑偶然偏心影响的规定地震作用下，最大楼层水平位移和层间位移比值、结构扭转为主的第一自振周期与平动为主的第一自振周期之比。

框架－核心筒结构的周边框架为平面框架，没有框筒的空间作用，类似于框架－剪力墙结构。核心筒除了四周的剪力墙外，内部还有楼、电梯间的分隔墙，核心筒的刚度和承载力都较大，成为抗侧力的主体，框架承受的水平剪力较小。框架与核心筒之间的楼盖采用梁板体系比较好，可以加强框架与核心筒的共同工作。

当建筑高度较大时，为了增大结构的侧向刚度，同时增大结构抗倾覆力矩的能力，在核心筒和框架柱之间设置水平伸臂构件。伸臂构件使与其相连的一侧框架柱受压、另一侧框架柱受拉，对核心筒形成反弯，从而减小了结构的侧移和减小伸臂构件所在楼层以下核心筒各截面的弯矩（图8-33）。设置水平伸臂构件的楼层，称为加强层。为了进一步增大结构的刚度，使周边的框架柱都参与抗倾覆力矩，可以在设置伸臂构件的楼层设置周边环带构件。钢结构建筑和混合结构建筑可以采用钢桁架作为水平伸臂构件和周边环带构件，钢筋混凝土建筑可以采用钢筋混凝土空腹桁架、斜腹杆桁架、梁等。

框架－核心筒结构设置加强层后，会引起结构在加强层处结构竖向刚度的突变。这种突变，不仅使加强层本层的水平剪切刚度突然增大，而且使加强层处结构整体转动大幅度减少，加强层上、下几层的整体转动也随之减少，设置加强层相当于给整个结构增设了若干道“整体转动嵌固

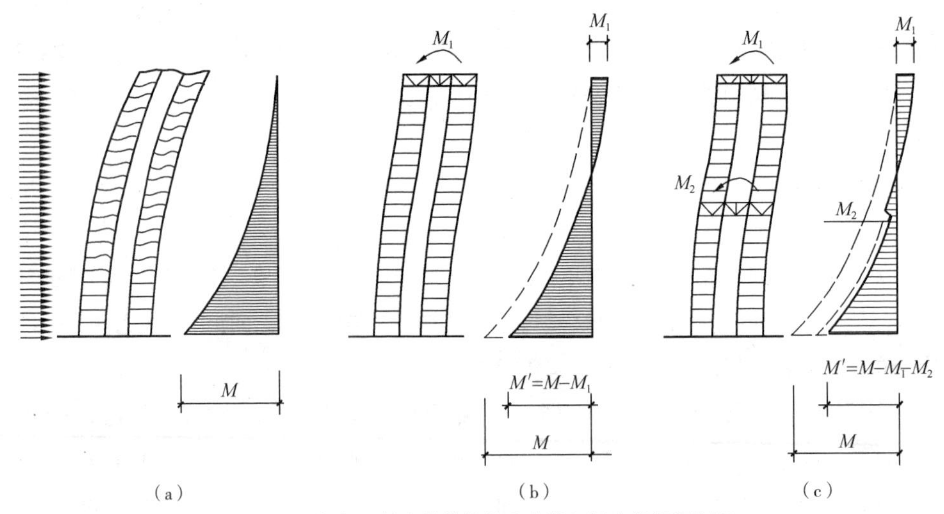

图8-33 框架－核心筒结构位移曲线和核心筒倾覆力矩

（a）无加强层；（b）仅顶层有加强层；（c）顶层和中间某一层为加强层

约束”。这种形式的刚度突变必然伴随着结构内力突变以及整体结构传力路径的改变，从而使结构在地震作用下，其破坏和位移较容易集中在加强层附近，即形成薄弱层。为了减少在加强层附近出现的应力突变，宜采用“有限刚度”的加强层，从概念上讲其目的是尽量减少结构刚度突变和内力剧增，尽可能调整增强原结构刚度，弥补整体刚度不足，并减少非结构构件的破损，并实现结构在罕遇地震作用下“强柱弱梁”“强剪弱弯”的延性屈服机制，避免结构在加强层附近形成薄弱层。此外还可以多设几个加强层，每个加强层的刚度不宜过大；加强层的数量也不是越多作用越大，一般不多于 4 层。同时为了减小加强层附近楼层柱配筋设计上的困难，宜采用刚度大而杆件不大的伸臂构件。

一般情况下，加强层在平面的两个方向都要设置水平伸臂构件；核心筒的转角处要布置伸臂构件，伸臂构件贯通核心筒，形成井字形；水平伸臂构件与周边框架的连接，采用铰接或半刚接。加强层的高度位置对其作用也有影响，加强层通常设置在建筑避难层或设备层；只设置一个加强层时，通常在顶层。当设置两道或多道时，一般设置在顶层一道，其余沿高度均匀布置。

为方便施工，常将伸臂与柱、墙在施工中完全刚性连接，但在混合结构中随着建筑高度的增加，外钢柱和混凝土内筒的压缩量不同，尤其混凝土内筒徐变压缩变形的影响，竖向变形差使伸臂产生较大的附加内力，这不利于伸臂构件的受力，为减小这一附加内力，可以将伸臂构件的一端与竖向构件不完全固结（滑动连接），待主体结构施工完毕后，竖向变形已基本稳定后，再将连接节点完全固定。内力分析中，应有相应模型与此施工过程相吻合，并应考虑加强层附近楼板的变形。

框架 - 核心筒结构与筒中筒结构在受力性能的区别在于前者抗侧力刚度比后者的小；前者的核心筒所承受的剪力和倾覆力矩比后者内筒所承受的相应力要大，而承担的整体倾覆力则相反，这表明框架 - 核心筒的核心筒是主要的抗侧力结构单元，而筒中筒结构的抗剪力以内筒为主，抗倾覆以外筒为主。

图 8-34 所示为深圳地王大厦结构平面图、剖面图及立面图，图 8-35 所示为深圳赛格广场大厦结构平面图及立面图。它们是典型的框架 - 核心筒结构。

马来西亚吉隆坡的石油双塔（图 8-36），88 层，建筑高度 452m，框架 - 核心筒结构。其周边为 16 根圆柱和梁组成的平面为圆形框架，钢梁 - 混凝土组合楼盖。周边框架 84 层及以下为钢筋混凝土，84 层以上为钢结构。混凝土强度等级最高为 C80。第 60、73、82、85 层和 88 层平面尺寸减小、立面收进，第 60、73 和 82 层采用 3 层高的斜柱实现平面尺寸转换。为增大结构刚度，在第 38 ~ 40 层设置水平伸臂构件。

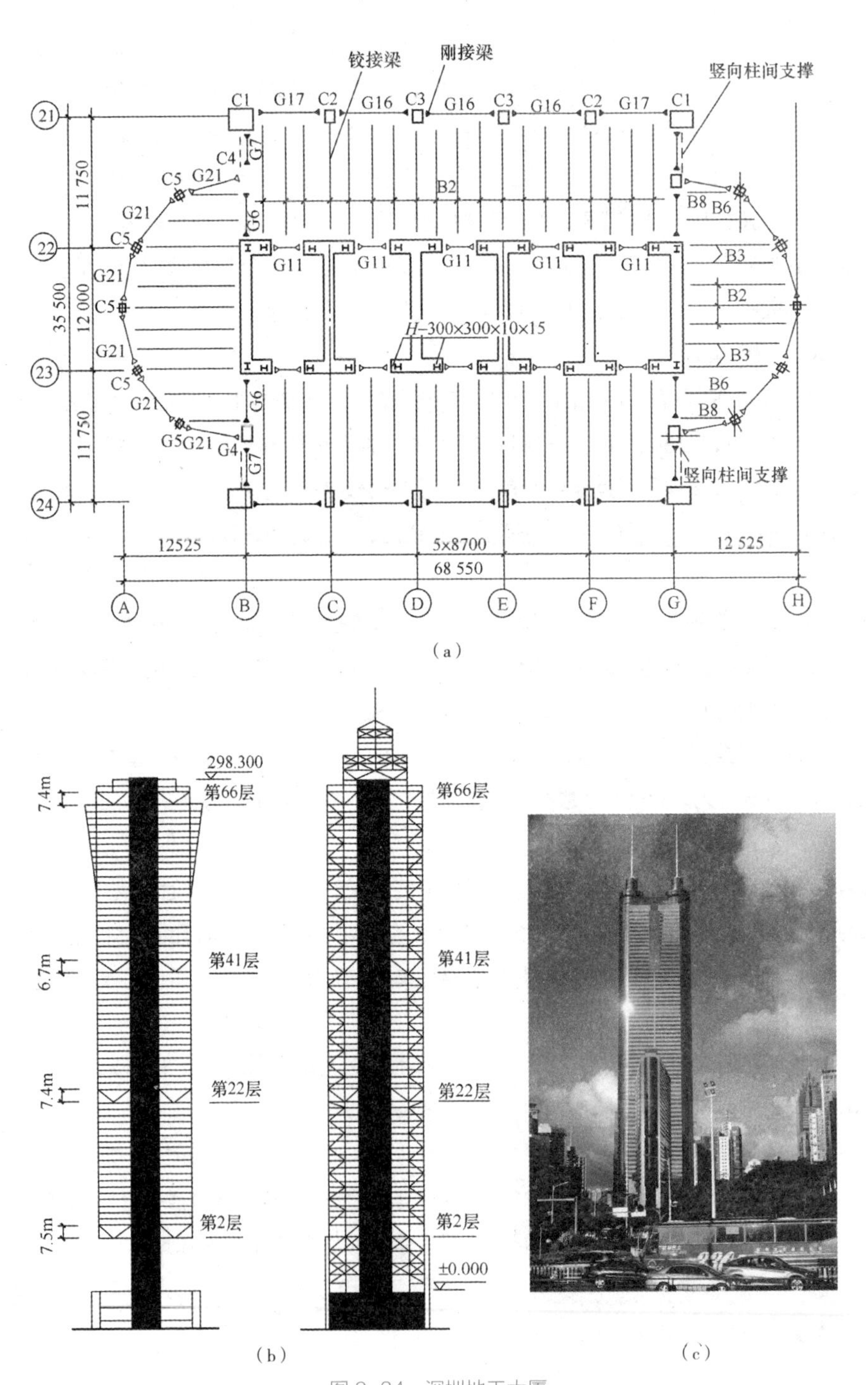

(a)

(b)

(c)

图 8-34 深圳地王大厦

(a) 结构平面图;(b) 结构剖面图;(c) 立面图

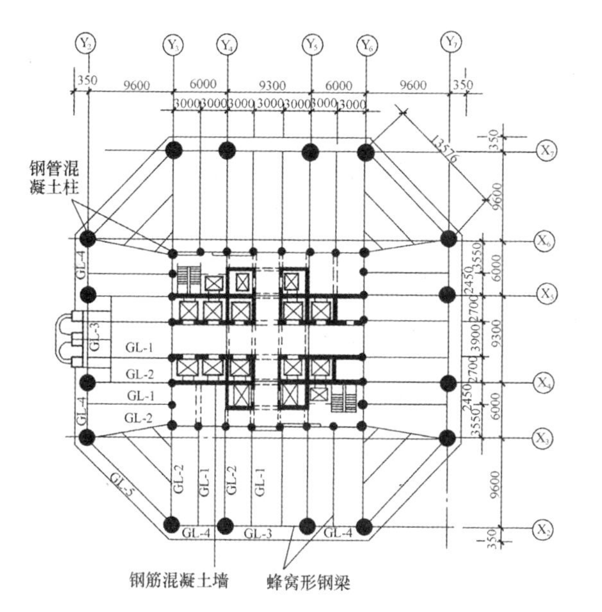

图 8-35　深圳赛格广场大厦结构平面及立面图

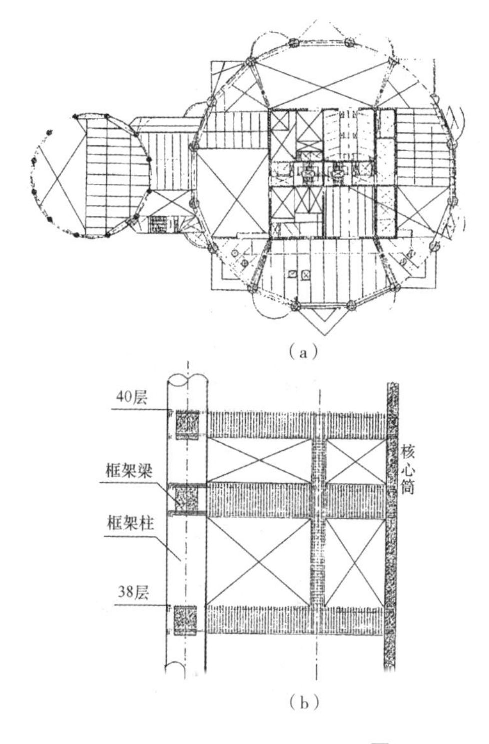

图 8-36　石油双塔
（a）第 38 层结构平面图；（b）水平伸臂构件立面图；（c）立面图

二维码 8.7-1

8.7　巨型结构

1. 巨型框架结构

巨型框架结构也称为主次框架结构，主框架为巨型框架，次框架为普通框架。巨型框架相邻层的巨梁之间设置次框架，一般为 4 ~ 10 层，次框架支承在巨梁上，次框架梁柱截面尺寸较小，仅承受竖向荷载，竖向荷载由巨型框架传至基础；水平荷载由巨型框架承担。巨型框架一般设置在建筑的周边，中间无柱，提供更大的可使用的自由空间。

钢筋混凝土巨型框架结构的巨柱可采用由剪力墙围成的井筒，巨柱之间的跨度大，巨梁由截面尺寸很大的巨梁或桁架组成。

图 8-37 为日本东京市政厅大厦 1 号塔楼的结构平面图、剖面图和立面图，采用巨型钢框架体系，地上 48 层，243.4m 高，8 根巨柱由基础直达顶部，巨柱由 4 榀钢桁架组成，平面尺寸为 6.4m × 6.4m；巨梁为一层高的空间桁架。横向设置了 6 道巨梁，形成 4 榀 6 层巨型框架；纵向巨梁分别设置在第 9、33、44 层和 48 层，与巨柱组成纵向的 4 层巨型框架。由于采用了巨型框架结构，每个楼层有 19.2m × 108.8m 的无柱空间。

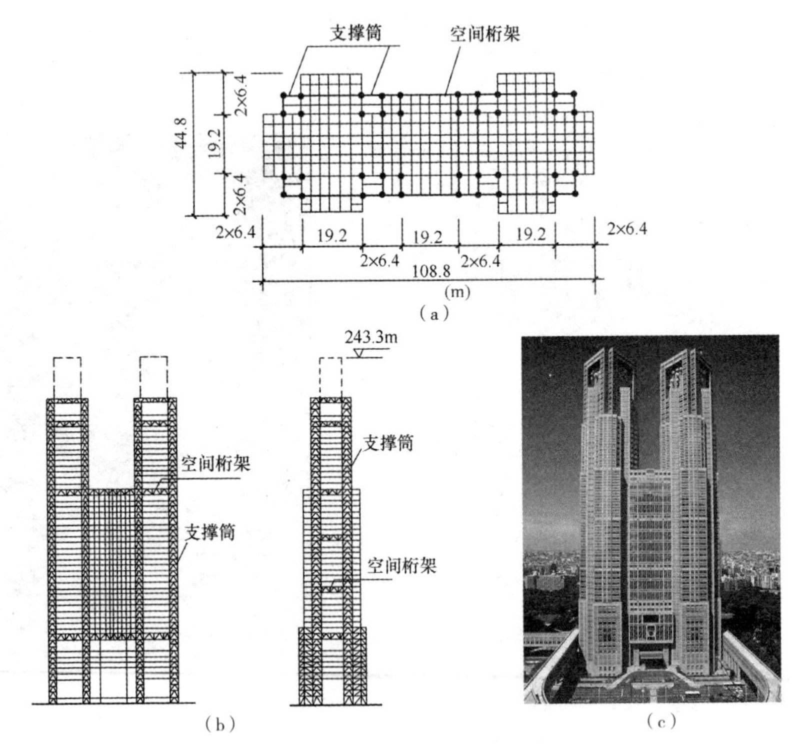

图 8-37　日本东京市政厅大厦 1 号塔楼
(a) 平面图；(b) 剖面图；(c) 立面图

图 8-38 为深圳亚洲大酒店钢筋混凝土巨型框架结构的平面图和剖面图，地下 1 层，埋深 5.5m，地上 33 层，高 114.1m，平面为 Y 形。位于三个翼端部的筒（楼电梯间）和位于平面中心的剪力墙作为四根巨柱，每隔六层用一层高的 4 根大梁和楼板组成箱形大梁。巨梁之间的次框架为 5 层，次框架顶上有一层没有柱，形成大的空间。

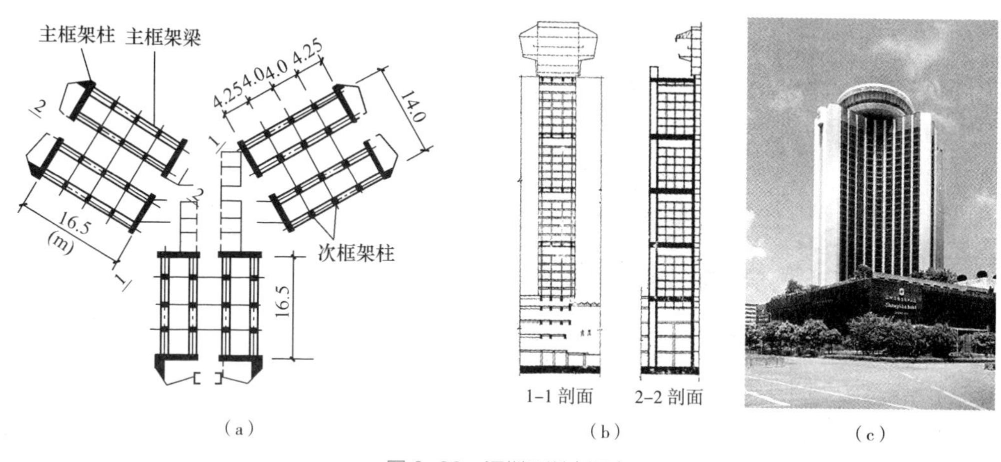

图 8-38　深圳亚洲大酒店
（a）平面图；（b）剖面图；（c）立面图

2. 巨型空间桁架结构

整幢结构用巨柱、巨梁和巨型支撑等巨型杆件组成空间桁架，相邻立面的支撑交汇在角柱，形成巨型空间桁架结构。空间桁架可以抵抗任何方向的水平作用，水平作用产生的层剪力成为支撑斜杆的轴向力，可最大限度地利用材料；楼板和围护墙的重量通过次构件传至巨梁，再通过柱和斜撑传至基础。巨型桁架是既高效又经济的抗侧力结构。

香港中国银行大厦是典型的巨型空间桁架结构（图 8-39）。大厦地面以上 70 层，高 315m。大厦平面为 52m×52m 的正方形。沿平面的四边和对角布置支撑（图 8-39a），支撑为矩形截面钢管，内填混凝土防止管壁压曲，并提高承载力。从 25 层开始，增加一根中心柱一直到顶。从 25 层开始，从平面上看，切去 1/4；38 层以上，又切去 1/4；51 层、52 层以上，再切去 1/4（图 8-39b）。在平面的四角设置钢筋混凝土柱，最大的截面尺寸约为 4.8m×4.1m；柱内设置 3 根 H 型钢，分别与 3 个方向的钢支撑连接（图 8-39c）。每隔 12 层设置一层高的水平桁架作为巨梁，支撑斜杆跨越 12 个楼层的高度，沿正方形平面周边和对角线布置的 8 片巨型桁架组成了巨型空间桁架结构。用钢量约为 140kg/m^2，是省钢的记录先驱。

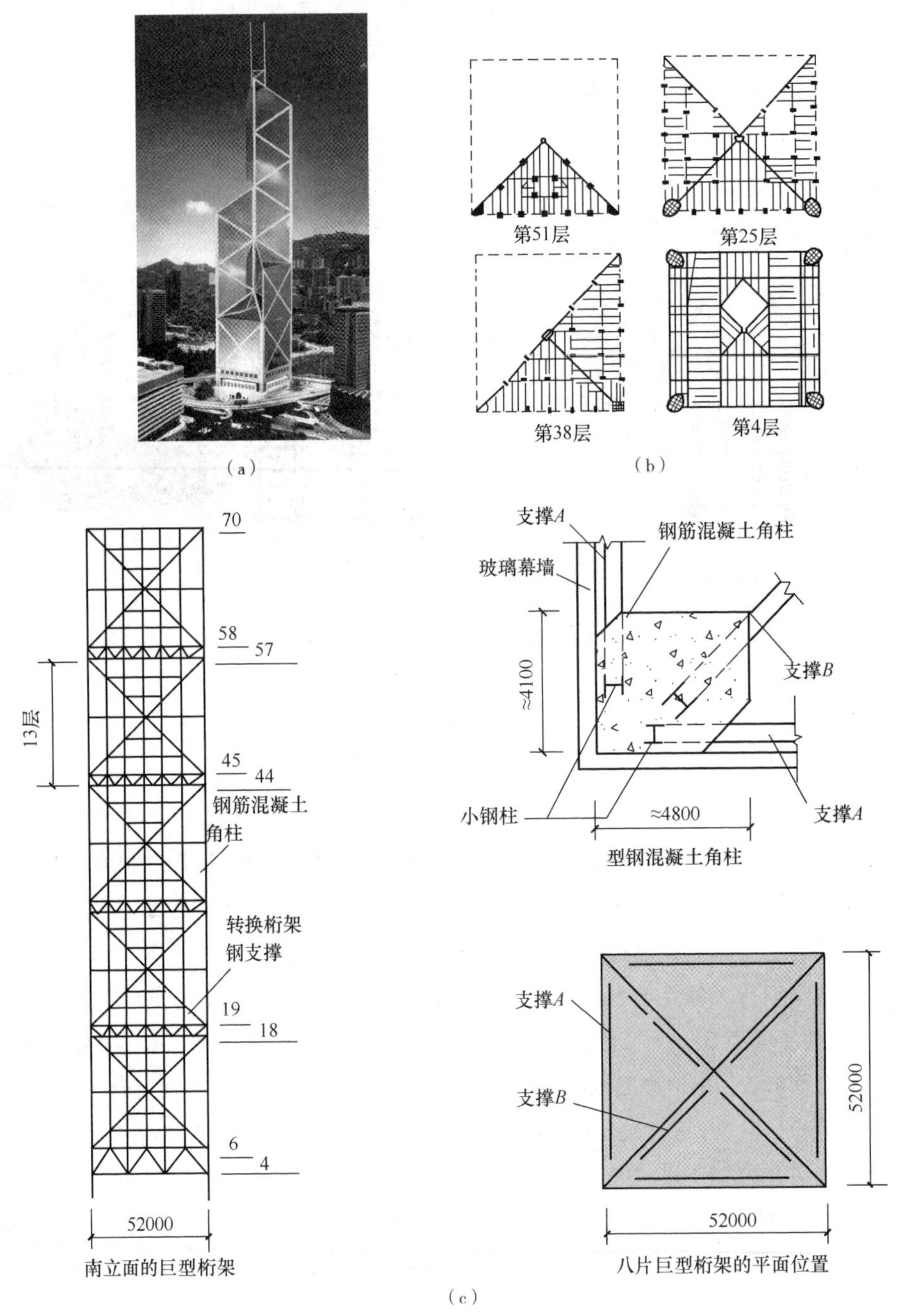

图8-39 香港中银大厦

(a) 立面图;(b) 楼层平面图;(c) 配有钢骨的钢筋混凝土柱平面图

二维码 8.7-2

二维码 8.7-3

3. 巨型框架（支撑框架）- 核心筒 - 伸臂桁架结构

建筑高度达 500m 甚至更高时，巨型框架结构或巨型空间桁架结构已不再适用，必须采用刚度更大、更经济合理的结构体系。巨型框架（支撑框架）- 核心筒 - 伸臂桁架结构是我国目前抗震设防房屋建筑可以达到最高的结构体系。

深圳平安金融中心大厦（图 8-40），塔楼地上 118 层，地下 5 层，裙房 10 层，塔尖高 660m，主结构高 597m。平安金融中心大厦的结构体系采用了型钢混凝土巨柱 - 巨型钢斜撑 - 钢板混凝土剪力墙核心筒 - 钢带状桁架 - 钢伸臂巨型结构，沿建筑高度方向设置 9 个分区（不包含裙房），4 个设备层，8 个设备 / 避难层。

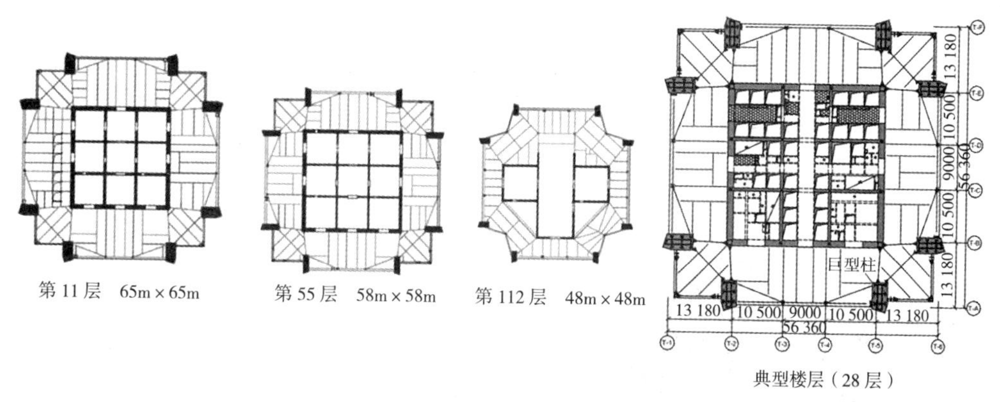

立面

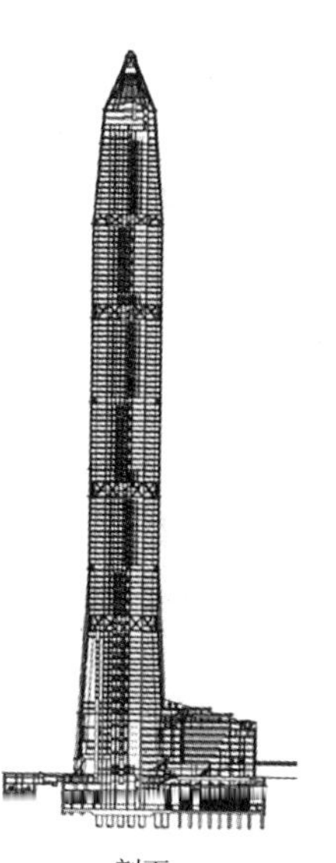
剖面

图 8-40 深圳平安金融中心大厦平面、立面及剖面图

二维码 8.7-4

二维码 8.7-5

建筑平面约为正方形，角部向内切角，底部平面尺寸约为 65m×65m，平面尺寸沿高度逐渐收进。巨型框架由 8 根巨柱、7 道环带桁架以及巨型斜撑组成，并设有 4 道两层高的伸臂桁架，伸臂桁架与内埋于核心筒角部的钢管柱相连，伸臂桁架的弦杆贯穿核心筒，同时在墙的两侧设置 X 斜撑。将巨型框架与核心筒协调共同作用，结构体系如图 8-41 所示。

与上海中心类似，其环带桁架在正立面采用双榀环带桁架，角部采用单榀桁架。相比于单榀环带桁架，其截面较小，与巨柱的连接较为方便，如图 8-42 所示。

巨柱采用异形截面的 SRC 柱，柱内采用王字型型钢。巨柱最大截面尺寸为 6525mm×3200mm，到顶部收为 3120mm×1400mm，如图 8-43 所示。

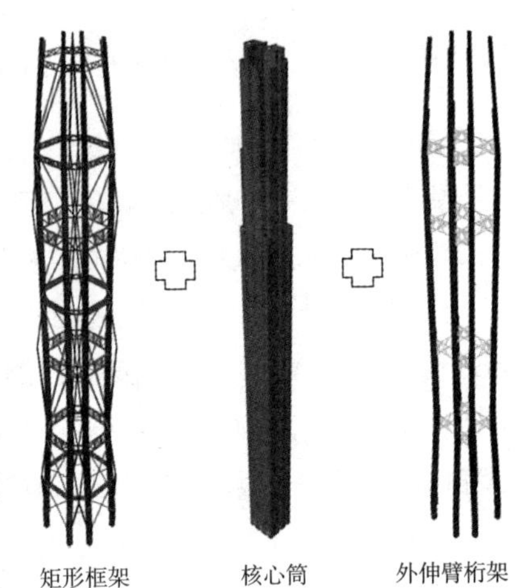

图 8-41 结构体系示意

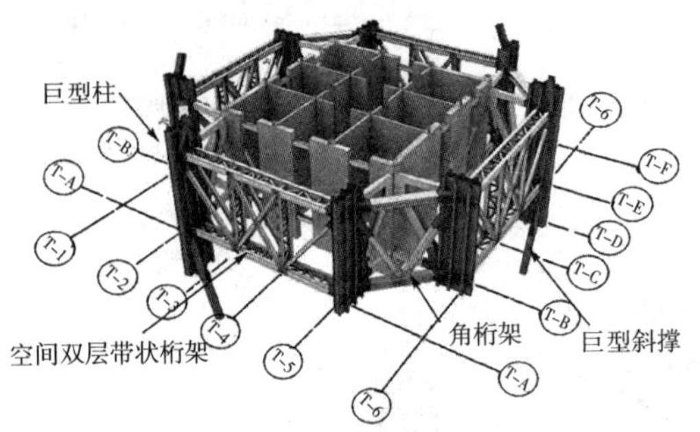

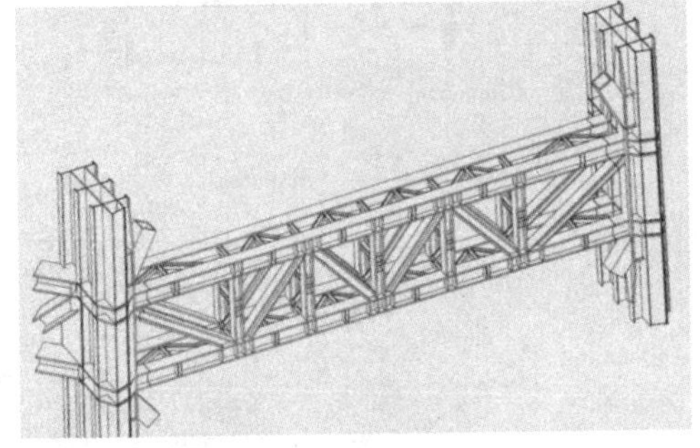
图 8-42 伸臂桁架层结构示意图

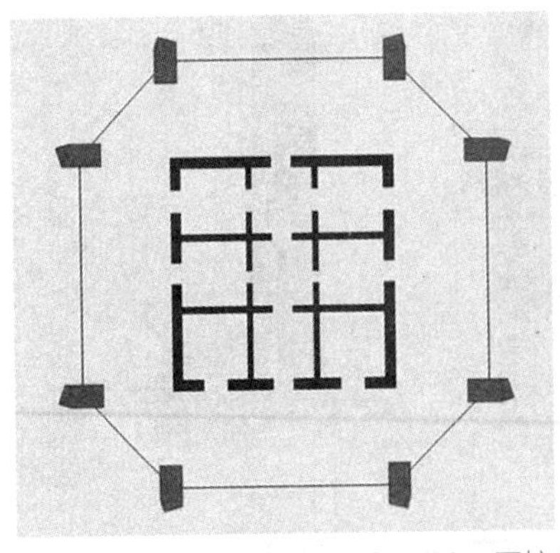

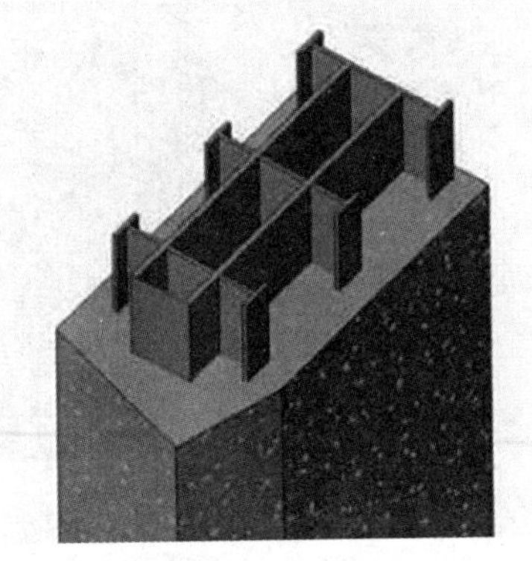
图 8-43 巨柱布置及截面示意图

在水平荷载作用下，核心筒承担的剪力与倾覆力矩比例分别为 52% 和 28.2%，巨型框架承担的剪力与倾覆力矩比例分别为 47.5% 和 71.8%。可见，在伸臂桁架的协同作用下，巨型框架承担了一半左右的剪力和主要的倾覆力矩，形成了有效的双重抗侧力体系。

此外，广州周大福金融中心、天津周大福金融中心、北京中信大厦、台北 101 大厦、上海环球金融中心、环球贸易广场、长沙国际金融中心、苏州国际金融中心和南京绿地紫峰大厦等均采用了巨型框架 - 核心筒 - 伸臂桁架结构。

上海中心大厦（图 8-44），地上 120 层，塔尖高度 632m，结构高度 574.6m，地下 5 层，地上 124 层，裙房 5 层，抗侧力结构体系为“巨型空间框架 - 核心筒 - 伸臂桁架”巨型框架（支撑框架）- 核心筒 - 伸臂桁架结构属于双重抗侧力结构体系，其巨型框架（巨型支撑框架）必须分担一定量的地震层剪力，其巨柱和巨型支撑成为结构抗震的关键构件。

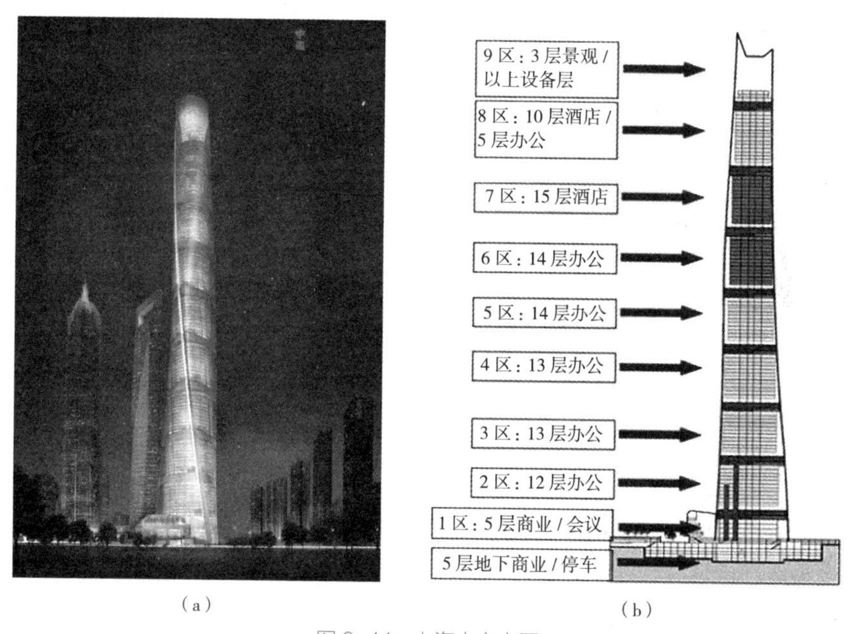

（a）　　（b）

图 8-44　上海中心大厦

（a）立面图；（b）竖向功能布置

结构竖向分为 8 个区段和一个观光层（图 8-44），标准层和设备层平面如图 8-45 所示，剖面图如图 8-46 所示。在 8 个设备区布置了六道两层高外伸臂桁架和八道箱型环带桁架，由环带桁架和巨柱形成外围巨型框架，由 8 根巨型柱、四根角柱（仅布置在地下室及 1 ~ 5 区）、8 道两层高的环带桁架（位于各加强层）组成巨型框架。6 道伸臂桁架分别位于 2、4、5、6、7、8 区的设备层处。环带桁架为双榀的箱型空间桁架（图 8-47），相比单榀的环带桁架，其对巨柱

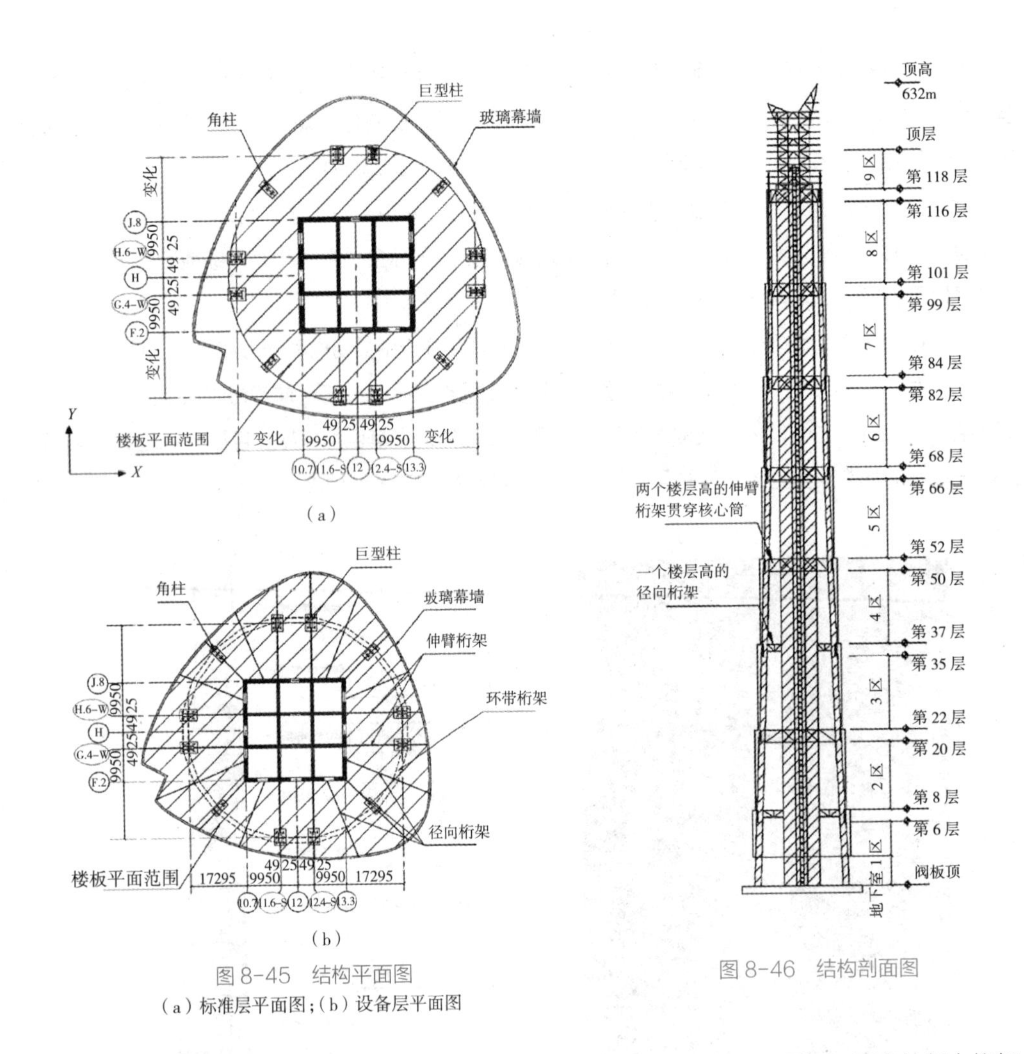

图 8-45 结构平面图

（a）标准层平面图；（b）设备层平面图

图 8-46 结构剖面图

的约束效果基本不变，增加了环带桁架抗扭刚度。同时，在加强层还设置了一层高的径向桁架，将外侧悬挑的幕墙荷载传递给巨型框架。巨柱采用 SRC 巨柱，它和环带桁架组成巨型框架，再通过 6 道两层高的伸臂桁架将 8 根巨柱与核心筒联系起来（图 8-48），使核心筒与外框协调变形，共同抵抗侧向荷载。4 根角柱主要是用来减小环带桁架的跨度，减缓外框的剪力滞后效应。

核心筒为一个边长约 30m 的方形且底部加强区内埋设钢骨的钢筋混凝土筒体，核心筒底部翼墙厚 1.2m，并随高度逐渐减小至 0.5m，腹墙厚度由底部的 0.9m 逐渐减薄至顶部的 0.5m；从第五区段开始，核心筒四角被削掉，逐渐变化为十字形，直至顶部。巨柱的截面尺寸最大为 3.7m × 5.3m，到顶部收为 1.9m × 2.4m，1 ~ 6 区巨柱采用王字型钢骨（图 8-49），7 ~ 8 区采用日字型钢骨（图 8-50）。

在水平荷载作用下，核心筒承担了 48% 左右的基底剪力及 22% 左右的倾覆弯矩，巨型框

图 8-47　环带桁架为双榀的箱型空间桁架

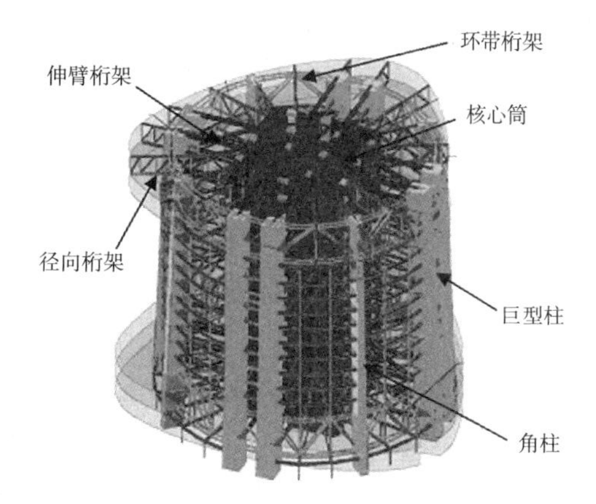

图 8-48　空间受力模型

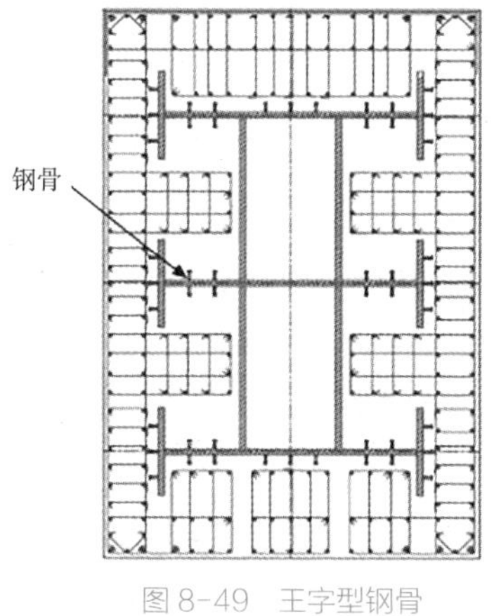

图 8-49　王字型钢骨

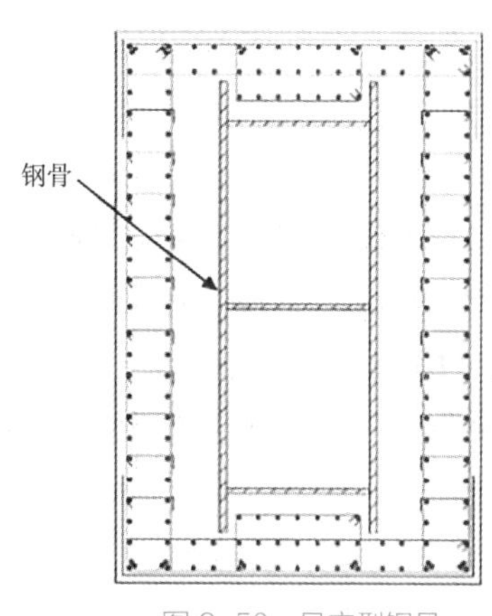

图 8-50　日字型钢骨

架承担了 52% 左右的基底剪力和 78% 左右的倾覆弯矩，巨型框架承担了主要的水平剪力和绝大部分的倾覆力矩。

8.8　带转换层结构

现代高层建筑的多功能、综合用途与结构竖向构件的正常布置之间常产生矛盾，建筑的使用功能往往底部为商业、中部为办公、顶部为公寓，要求底部为大空间，上部为小空间，而结构竖向构件的正常布置为从下到上连续不间断，或底部间距小，上部间距大。为了满足建筑多功能的需要，部分竖向构件（墙、柱）不能直接落地，需要通过转换构件将其内力转移至相邻的落地构件。设置转换构件的楼层，称为转换层；设置转换层的高层建筑，即为带转换层的结构（图 8-51）。

二维码 8.8-1

二维码 8.8-2

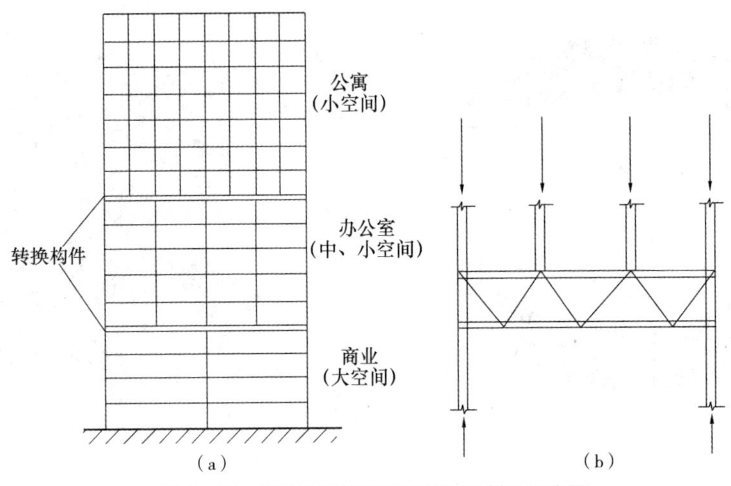

图 8-51 带转换层的高层建筑结构剖面示意图

(a)托梁转换层；(b)托柱转换层

高层建筑竖向结构构件的转换有两种形式：上部剪力墙转换为底部框架，其转换层称为托墙转换层；上部框筒（或周边框架）转换为底部稀柱框架（或巨型框架），其转换层称为托柱转换层。托墙转换层用于剪力墙结构，将其中不能落地的剪力墙通过转换构件支承在框架上，形成框支剪力墙。托柱转换层用于框筒结构、筒中筒结构及框架－核心筒结构，将外框筒（或周边框架）中不能落地的柱通过转换构件支承在稀柱框架（或巨型框架）上。图 8-52 为框筒结构转换层形式示例。

转换结构构件可采用转换梁、桁架、空腹桁架、箱形结构、斜撑等，非抗震设计和 6 度抗震设计时可采用厚板，7、8 度抗震设计时地下室的转换结构构件可采用厚板，9 度抗震设计时不应采用带转换层的结构。转换层上部的竖向抗侧力构件（墙、柱）宜直接落在转换层的主要转换构件上。

带转换层的高层建筑结构，其剪力墙底部加强部位的高度应从地下室顶板算起，宜取至转换层以上两层且不宜小于房屋高度的 1/10。

为了避免转换层成为薄弱层或软弱层，转换层的侧向刚度与其相邻上一层的侧向刚度相比，不宜过小。当转换层设置在第 1、2 层时，转换层与其相邻上一层的结构等效剪切刚度比 γ_{e1} 尽可能接近 1，非抗震设计时 γ_{e1} 不应小于 0.4，抗震设计时 γ_{e1} 不应小于 0.5。当转换层设置在第 2 层以上时，应按规范要求验算侧向刚度比。

对于钢筋混凝土剪力墙结构，不允许将全部剪力墙用托墙转换为框支剪力墙，必须有部分剪力墙从基础到屋顶连续贯通，形成部分框支剪力墙结构。地面以上设置转换层的位置也不宜过高，8 度时不宜超过 3 层，7 度时不宜超过 5 层，6 度时可适当提高。部分框支剪力墙结构的落地剪力墙基础应有良好的整体性和抗转动的能力。

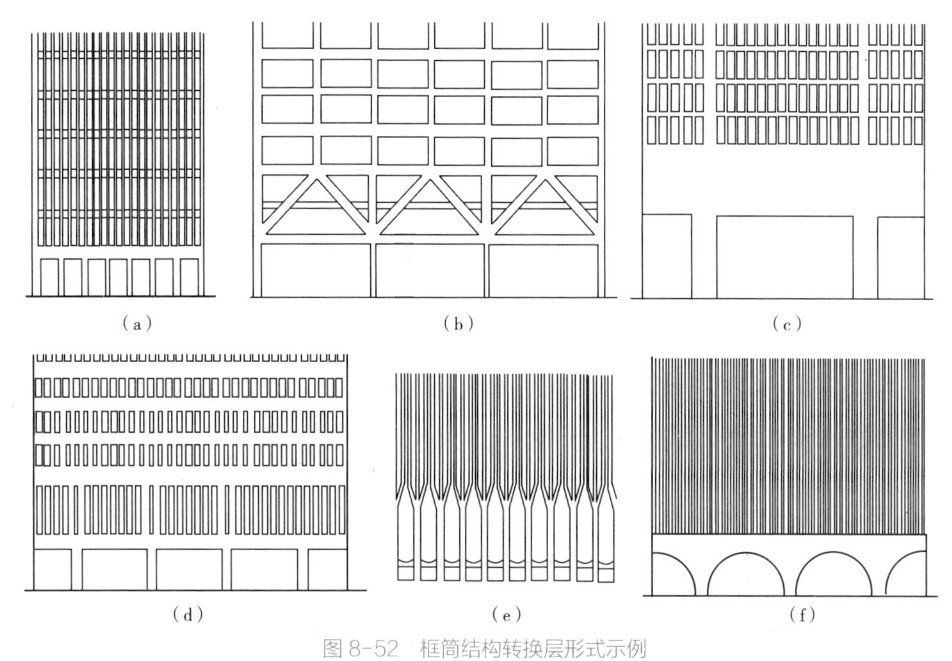

图 8-52　框筒结构转换层形式示例

（a）转换梁；（b）转换桁架；（c）转换墙；（d）间接转换拱；（e）台柱；（f）转换拱

部分框支剪力墙结构的框支柱周围楼板不应错层布置；落地剪力墙的间距 l 应满足：非抗震设计时，l 不宜大于 3B 和 36m，抗震设计时，当底部框支层为 1 ~ 2 层时，l 不宜大于 2B 和 24m；当底部框支层为 3 层及 3 层以上时，l 不宜大于 1.5B 和 20m（B 为落地墙之间楼盖的平均宽度）。框支柱与相邻落地剪力墙的距离，1 ~ 2 层框支层时不宜大于 12m，3 层及 3 层以上框支层时不宜大于 10m；部分框支剪力墙结构的剪力墙底部加强部位，墙体两端宜设置翼墙或端柱，抗震设计时尚应按规定设置约束边缘构件。

部分框支剪力墙结构中，框支转换层楼板厚度不宜小于 180mm，应双层双向配筋，且每层每方向的配筋率不宜小于 0.25%，楼板中钢筋应锚固在边梁或墙体内；落地剪力墙和筒体外围的楼板不宜开洞。

箱形转换结构上、下楼板厚度均不宜小于 180mm，应根据转换柱的布置和建筑功能要求设置双向横隔板；上、下板配筋设计应同时考虑板局部弯曲和箱形转换层整体弯曲的影响，横隔板宜按深梁设计。

厚板转换时，其厚度应由抗弯、抗剪、抗冲切截面验算确定。转换厚板可局部做成薄板，薄板与厚板交界处可加腋；转换厚板亦可局部做成夹心板，转换厚板宜按整体计算时所划分的主要交叉梁系的剪力和弯矩设计值进行截面设计并按有限元法分析结果进行配筋校核；受弯纵向钢筋和转换板内暗梁的抗剪箍筋配筋率都有一定要求。转换厚板上、下部的剪力墙、柱的纵向钢筋均应在转换厚板内可靠锚固。转换厚板上、下一层的楼板应适当加强，楼板厚度不宜小于150mm。

采用空腹桁架转换层时，空腹桁架宜满层设置，应有足够的刚度。空腹桁架的上、下弦杆宜考虑楼板作用，并应加强上、下弦杆与框架柱的锚固连接构造；竖腹杆应按强剪弱弯进行配筋设计，并加强箍筋配置以及与上、下弦杆的连接构造措施。

抗震设计时，带托柱转换层的筒体结构的外围转换柱与内筒、核心筒外墙的中距不宜大于12m，托柱转换层结构，转换构件采用桁架时，转换桁架斜腹杆的交点、空腹桁架的竖腹杆宜与上部密柱的位置重合，并应加强转换桁架节点的配筋及构造措施。

广州中信大厦，80层，结构高322m，钢筋混凝土框架－核心筒结构。底部1～4层的周边仅在四角有L形截面的大型角柱，角柱边长7.75m，肢厚2.5m；第5层为转换层，转换梁截面尺寸为2.5m×7.5m。角柱与转换梁组成巨型框架，承托上部75层周边框架。图8-53为中信大厦转换层平面图、转换层以上结构平面图以及立面图。

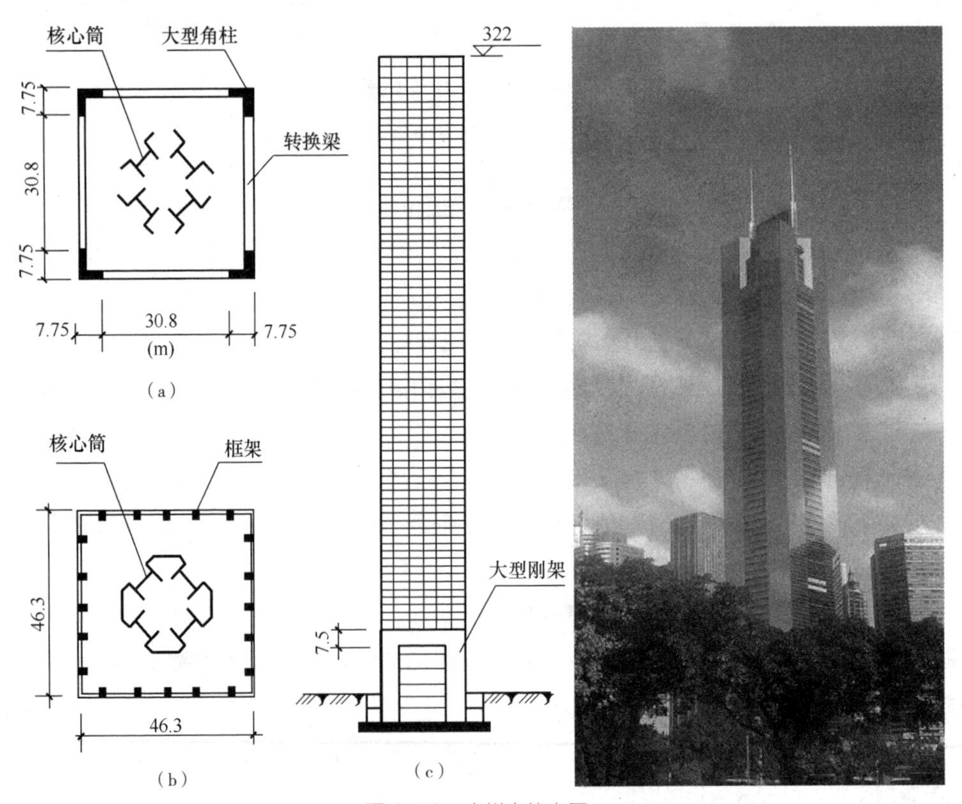

图8-53 广州中信大厦

(a)转换层平面；(b)上部结构平面；(c)立面

二维码 8.9-1

二维码 8.9-2

8.9　多塔结构和连体高层结构

由两个或两个以上的塔楼和一个大底盘所组成的结构称为多塔高层结构，它是一种复杂的高层建筑结构。在荷载和地震的作用下，任何一部分的内力和变形都与其他部分有着密切的关系。多塔高层结构的振型复杂，除同向振型之外，还出现反向振型；高阶振型对结构内力与变形的影响较大，当各塔楼质量和刚度分布不均匀时，此影响更为突出。

连体高层结构是由两个或两个以上的塔楼和它们的连接体所组成，是一种更为复杂的高层建筑结构。在荷载和地震的作用下，塔楼之间的相互影响和相互约束性比多塔高层结构更大。

1. 平面布置

多塔高层建筑：①多塔高层建筑结构各塔楼的层数、平面和刚度宜接近，塔楼对底盘宜对称布置。塔楼结构与底盘结构质心的距离不宜大于底盘相应边长的 20%。②抗震设计时，转换层不宜设置在底盘屋面的上层塔楼内，否则，应采取有效的抗震措施。③抗震设计时，多塔楼之间裙房连接体的屋面梁应加强；塔楼中与裙房连接体相连的外围柱、剪力墙，从固定端至裙房屋面上一层的高度范围内，柱纵向钢筋的最小配筋率宜适当提高，柱箍筋宜在裙楼屋面上、下层的范围内全高加密，剪力墙宜设置约束边缘构件。④底盘高度与结构总高度之比太小和太大，都会使塔楼顶层的楼层位移和最大层间位移角增大，合理的底盘高度与结构总高度的比值约为 0.3 ~ 0.4。

连体高层建筑：①连体高层建筑结构的各独立部分宜有相同或相近的体型、平面和刚度，7 度、8 度抗震设计时，层数和刚度相差悬殊的建筑不宜采用强连接的连体结构。②连接体结构自身重量应尽量减轻，因此应优先采用钢结构，也可采用型钢混凝土结构等。当连接体包含多个楼层时，最下面一层宜采用桁架结构形式，应特别加强其最下面一个楼层及顶层的构造设计。③连接体两端与主体结构可以有刚性连接、铰接、滑动连接等，每种连接方式的处理方式不同，研究和使用表明宜采用刚性连接。应特别注意加强连接体结构与主体结构的连接构造，这包括两方面的连接：一方面指连接体结构与主体结构的水平连接；另一方面指连接体结构与主体结构的竖向连接，尤其是支座部位的连接构造。对于连接体结构与主体结构的水平连接，连接体结构应至少延伸至主体结构一跨并与内筒可靠连接；如无法伸至内筒，也可在主体结构内沿连接体方向设置型钢混凝土梁与主体结构可靠锚固。连接体结构的楼板应与主体结构的楼板可靠连接并加强配筋构造。连接体结构与主体结构的竖向连接，尤其是支座部位的连接构造也应重点加强，当与连接体相连的主体结构为钢筋混凝土结构时，竖向构件内宜设置型钢，型钢宜可靠锚入下部主体结构。对连接体与主体结构滑动连接的结构，支座滑移量应能满足两个方向在罕遇地震作用下的位移要求，并应采取防坠落、撞击措施。

2. 计算特点

多塔和连体高层结构是复杂体型高层建筑，其计算分析应符合下列要求：①应采用至少两个不同力学模型的三维空间分析软件进行整体内力位移计算；连体结构因体型特殊，连接部位复杂，宜采用有限元模型进行整体建模分析，对连接体部分应采用弹性楼盖进行计算。②抗震计算时，应考虑平扭耦联计算结构的扭转效应，振型数不应小于 15，多塔楼结构的振型数不应小于塔楼数的 9 倍，且计算振型数应使振型参与质量不小于总质量的 90%。③应采用弹性时程分析法进行补充计算。④对多塔楼结构，宜按整体模型和各塔楼分开的模型分别计算，并采用较不利的结果进行结构设计。当塔楼周边的裙楼超过两跨时，分塔楼模型宜至少附带两跨的裙楼结构。⑤与其他体型结构相比，连体结构扭转变形较大，扭转效应尤为明显。

3. 连接体设计

连接体是连体结构的关键部位，其受力较复杂。连接体一方面要协调两侧结构的变形，在水平荷载作用下承受较大的内力；另一方面当本身跨度较大时，除竖向荷载作用外，竖向地震作用影响也较明显。这是因为当连接体位置较高时，连接体两端支座（两侧塔楼上部）本身竖向地震加速度反应已比地面竖向地震加速度加大，连接体竖向地震反应与一般大跨结构有所不同。

连体结构的连接体宜按中震弹性进行设计，并补充考虑竖向地震作用为主的组合，竖向地震作用更为关键。对钢筋混凝土结构，抗震设计时，连接体及与连接体相邻的结构构件的抗震等级应提高一级采用。

为了观光等的需要，连接体也可由架空连廊组成，此时的连接体称为弱连接体，弱连接体结构与主体结构的连接采用滑动连接或至少有一端采用滑动连接，也包括采用阻尼器的连接体连廊。弱连接连体结构的特点是：连接体结构受力较小；在风和地震作用下，连接体两侧主体结构基本上不能整体协调变形受力。设计中连接体结构宜采用轻型结构，对抗震有利，如钢结构及轻型围护结构；连接体与主体结构连接宜按大震不屈服设计，即连接体支座除按常规组合内力进行计算外，还应进行大震下的验算。

中央电视台新楼由塔 1 和塔 2 两座塔楼、裙房及基座组成，地下 3 层，地上总建筑面积 40 万 m^2。塔楼 1、2 均呈双向 6° 倾斜，从一个共同的基座拔起，在 162m 的高空中合拢，形成一个巨大的直角悬臂，分别为 51 层和 44 层。在 37 层（塔楼 2 为 30 层）以上部分用 14 层高的 L 形悬臂结构连为一体。结构屋面高度 234m，最大悬挑长度 75m，裙房为 9 层，与塔楼连为一体（图 8-54）。

中央电视台新楼采用钢支撑筒体结构体系，带斜撑的钢结构外筒体提供结构的整体刚度，部分钢结构外筒体表面延续至筒体内部，以加强塔楼角部及保持钢结构外筒体作用的连续性。

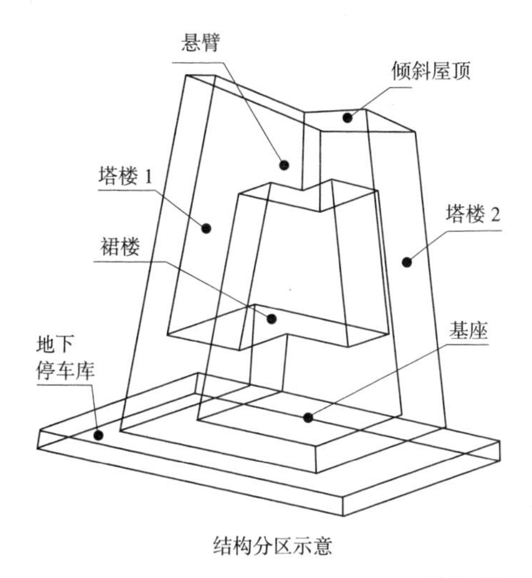

结构分区示意

鸟瞰图

图 8-54　中央电视台新台主楼

外筒体由水平边梁、外柱及斜撑组成筒体在两个平面都倾斜 6°。外筒柱采用钢柱、型钢混凝土柱。

进入施工阶段以后遇到的最大挑战就是如何选择一个合理的施工方案。两座塔楼呈 6° 角相向倾斜，顶楼的悬挑距离地面 161m，南北向出挑 68m，东西向出挑 74m。施工管理者采纳了空中悬挑对接的方案：先建起两座塔楼，然后如架设桥梁般建起空中悬挑的部分，最后在空中完成合拢对接。重 1.8 万 t 的钢结构大悬臂在 162m 以上的高空中合拢，两座塔楼完成对接。

8.10　带加强层结构和错层高层结构

当框架－核心筒、筒中筒结构的侧向刚度不能满足要求时，为了增强外围结构与核心结构之间的联系，可利用建筑避难层、设备层空间，设置适宜刚度的水平伸臂构件，形成带加强层的高层建筑结构。必要时，加强层也可同时设置周边水平环带构件。水平伸臂构件、周边环带构件可采用斜腹杆桁架、实体梁、箱形梁、空腹桁架等形式。

设置加强层后，结构整体性得到大大加强，外部框架与核心筒能更好地协同工作，核心筒和框架梁和柱的内力将发生重分布。由伸臂约束的柱将阻止筒体的转动，因而使筒体的水平位移和弯矩，比仅由单独筒体受水平荷载和地震作用时小，加强层只增加结构的抗弯刚度，不增加结构的抗剪能力。

错层结构是指将同层楼面分成两个或以上的区段，并将它们沿房屋高度方向错开形成的结构。错层结构可以只在一层楼面错层，也可以在多层楼面错层。与不错层结构相比，有如下受力特点：(1)由于错层，楼板被分割，楼面在自身平面内的刚度被削弱，在水平力作用下，抗侧力结构不能始终一致地产生水平位移，在传力途径上容易出现薄弱环节，不能保证协调传力，导致楼面在自身平面内刚度视为无限大的假定不宜采用。(2)由于错层，有可能使错层处的框架柱或墙形成短柱和矮墙，在水平荷载和地震作用下，这些短柱和矮墙的延性差，容易发生脆性破坏。(3)由于错层，使得错层处框架柱的梁、柱节点应力集中，受力复杂，容易发生破坏。错层柱沿高度方向反向弯曲的数量增多，受力更加复杂。

1. 结构布置

带加强层高层结构：加强层结构形式的选择除了要考虑使用要求以外，还要考虑刚度协调问题。加强层刚度太弱时，难以起到协调核心筒与外围结构共同工作的作用，对减小结构在水平荷载作用下的侧向变形作用也小。反过来，加强层刚度过大时，容易造成结构沿高度方向的刚度、内力和变形的突变，对结构受力性能也造成不利的影响。

加强层在高宽比较大的房屋中设置，一般为2～3道，如房屋高度在400m以上时，可增设一道，再多作用不大。当加强层附近有转换层、避难层或技术层时，可将它们与加强层合并设置。加强层水平伸臂构件宜贯通核心筒，其平面布置宜位于核心筒的转角、T字节点处。

加强层的主要作用是将核心筒和外框架这两个刚度不同的结构连接在一起，使它们能够协同工作。特别是在钢框架－混凝土核心筒的高层建筑中，楼盖与外框架和混凝土核心筒通常采用铰接或半刚性连接的情况下，外框架与核心筒之间的连接是很弱的，需要加强层来加强连接。因此，可以认为在钢框架－混凝土核心筒高层混合结构中，加强层与外框架和核心筒的连接宜采用刚性连接。而在钢筋混凝土框架－核心筒和钢筋混凝土筒中筒结构中，由于楼盖通常为现浇，楼盖与外围结构和核心筒连接通常为刚性连接，外围结构与核心筒协同工作较好，加强层与外围结构和核心筒的连接，可以采用刚性连接，也可以采用铰接或半刚性连接。

周边设置水平环带相当于沿竖向给结构加箍，对结构的整体稳定和内外结构的协同工作都能起到很好的作用。周边环带构件可采用斜腹杆桁架、空腹桁架、开洞梁等形式，高度可与加强层相同。

错层高层结构：当房屋不同部位因功能不同而使楼层错层时，宜采用防震缝将结构划分为两个或两个以上无错层的独立结构单元；当不能采用防震缝将结构划分为两个或两个以上无错层的独立结构单元时，宜在错层框架结构中加设剪力墙或撑杆，使错层框架结构变成带剪力墙错层结构或带撑杆错层结构；错层两侧宜采用结构布置和侧向刚度相近的结构体系；错层处框架柱的截面高度不应小于600mm，混凝土强度等级不应低于C30，当错层处框架柱的截面尺寸较大、高度不大时，宜将截面划分成几个截面较小的柱，在保证承载能力不受到削弱的前提下，增大错层处框架柱的剪跨比，改善错层处框架柱的脆性性能；当错层处剪力墙为矮墙时，可以采用在墙上设置竖向缝的方法来改善矮墙的脆性；错层处框架柱的箍筋应全柱段加密；错层处平面外受力的剪力墙，其截面厚度：非抗震设计时不应小于 200mm，抗震设计时不应小于 250mm，并均应设置与之垂直的墙肢或扶壁柱。

2. 结构计算

应按实际结构的构成采用空间协同的方法分析计算。尤其应注意对重力荷载作用进行准确的符合实际情况的整体三维施工模拟计算。抗震设计时，需进行弹性时程分析补充计算和弹塑性时程分析的计算校核。同时还应注意计入温差、混凝土徐变、收缩等非荷载效应影响。

错层结构中，错开的楼层应各自参加结构的整体计算，不应归并为一层。

兰州市交通指挥中心是一幢集多种功能于一体的建筑，主要功能有办公和住宅两个部分，建筑主体高 61.50m，加上屋顶以上四层塔楼的高度后建筑总高度为 77.10m，包括错层在内建筑总层数为 24 层，地下 1 层、1 层为架空停车场，2 层为对外办公大厅，3 层、5 层、6 层、7 层为活动用房和生活保障设施，9 层、11 层为档案室，12 ~ 18 层为办公室，19 层、20 层为交通指挥调度中心，21 ~ 22 层为电梯机房、水箱间，23 ~ 24 层为通信发射机房和电视台发射机房。干警住宅设于办公部分南侧，共 6 层，分别在 3、4、6 ~ 8、10 层，该建筑由于指挥中心的重要性而被定为抗震设防乙类建筑，兰州地区基本设防烈度为 8 度，建设场地类别为Ⅱ类。

三层及以上为活动和生活保障设施用房要求层高较高，而三层以上住宅部分的层高要低，在三层以上办公和住宅功能穿插时不可避免地出现了错层。建筑剖面图见图 8-55，办公、住宅部分各错层平面及标准层平面见图 8-56。

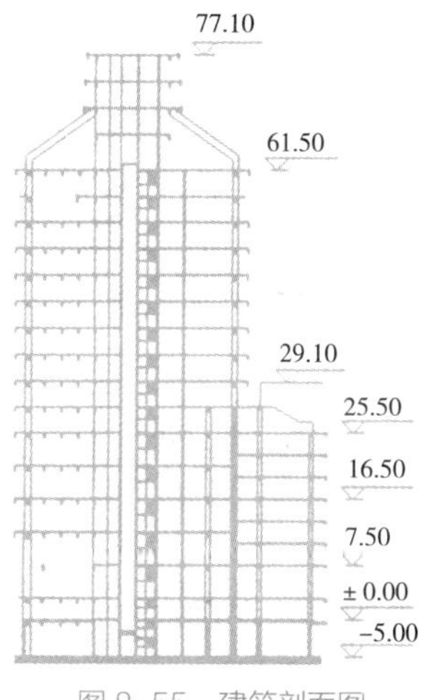

图 8-55　建筑剖面图

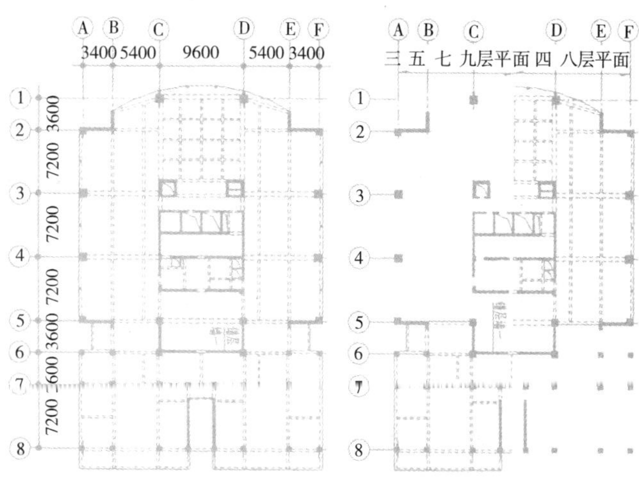

图 8-56　错层平面及标准层平面

在竖向布置时，为最大限度地减少错层的层数，增加贯通层的层数，经分析将办公需较高层高的房间布置在 3 ~ 6 层，层高定为 4.5m，将住宅部分的层高定为 3.0m，在立面上将错层分为二个区段（标高 7.50 ~ 16.50m、16.50 ~ 25.50m），使每 9m 为一个错层区段，同时中间布置一道贯通楼层（标高 16.50m），在一个错层区段内出现三次错层。在设计中对错层部分的上下相关楼层贯通层（标高 3.0m、7.50m、16.50m、25.50m、29.10m）的楼板在构造上予以重点加强。

8.11 混合结构

高层建筑混合结构是指梁、板、柱、剪力墙和筒体或结构的一部分，采用钢结构、钢筋混凝土、钢骨混凝土、钢管混凝土、钢 - 混凝土组合楼板等构件组成的高层建筑结构，本节仅对其构成及适应范围作一简介，具体设计方法见规程和有关专著。

1. 混合结构构件类型

混合结构构件类型主要有：钢骨混凝土构件，指在钢骨周围配置钢筋并浇筑混凝土的构件，简称为 SRC，广泛用于梁、柱构件中（图 8-57、图 8-58、图 8-59）；钢管混凝土构件，指在钢管内填充混凝土的构件，简称为 CFST，主要用于柱构件中（图 8-60）；钢板混凝土剪力墙，指在普通钢筋混凝土剪力墙内埋设钢板，仍用于剪力墙构件（图 8-61）；钢 - 混凝土组合楼盖，指楼盖中利用钢梁或压型钢板承受界面弯矩产生的拉应力，混凝土承受压应力的楼盖（图 8-62）。

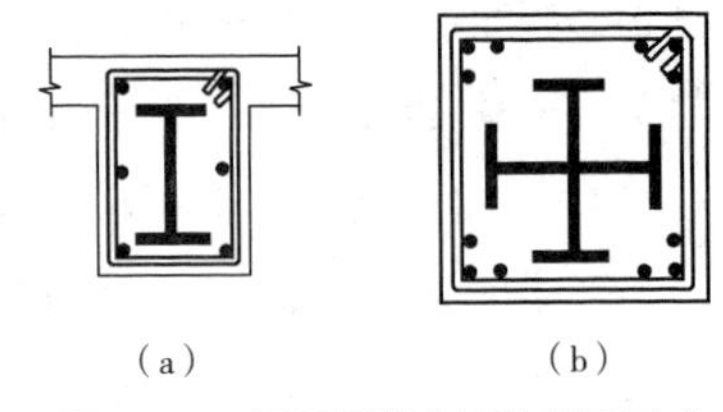

图 8-57 钢骨混凝土梁柱截面形式

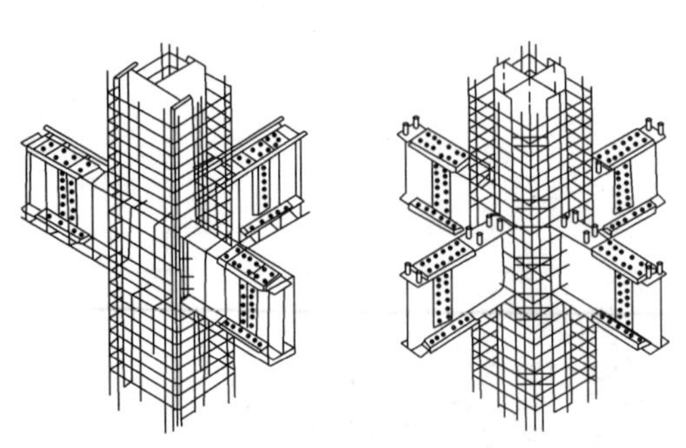
图 8-58 钢骨混凝土梁柱节点大样

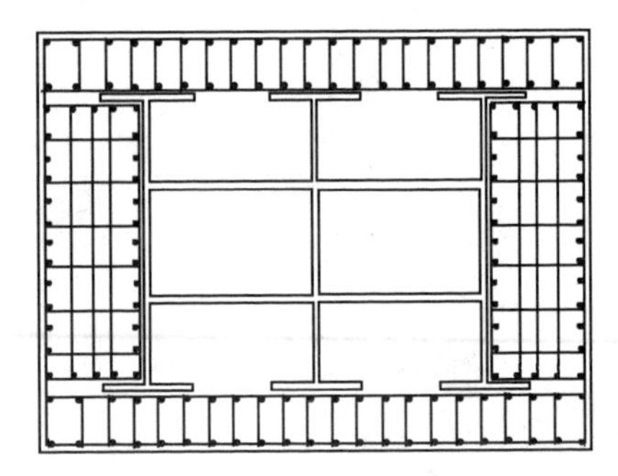
图 8-59 上海中心大厦钢骨混凝土巨柱截面

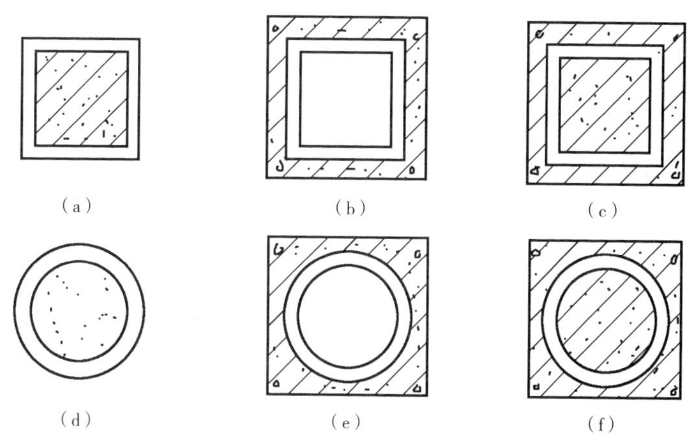

图 8-60　钢管混凝土柱截面形式

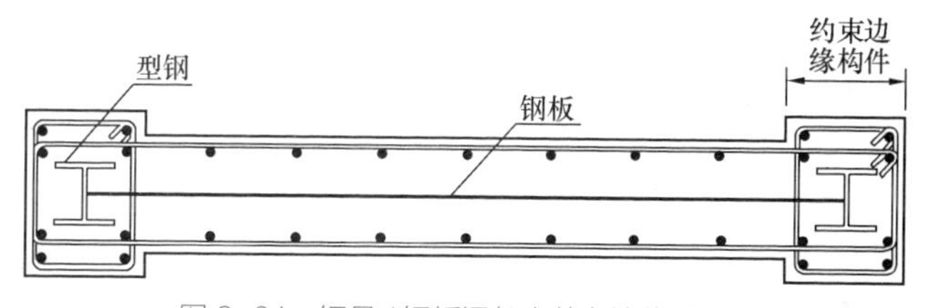

图 8-61　钢骨 / 钢板混凝土剪力墙截面形式

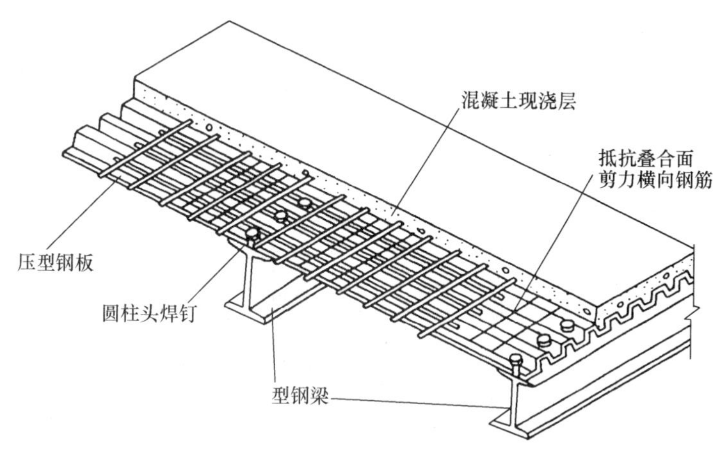

图 8-62　钢 - 混凝土组合楼盖

2. 混合结构体系及有关规定

混合结构抗侧力基本单元仍是框架、框 - 剪和筒体，所不同的是构成这些单元的构件采用前述四种主要类型，因而组合而成的结构体系就十分丰富，在工程应用中，主要有：框架结构、框架－钢筋（钢骨）混凝土剪力墙（筒体）结构、钢框架－钢筋（钢骨）混凝土剪力墙（筒体）结构以及筒中筒结构。

按照《高层建筑混凝土结构技术规程》JGJ 3—2010，参照《组合结构设计规范》JGJ 138—2016 和《组合结构通用规范》GB 55004—2021，混合结构高层建筑适用的最大高度应符合表 8-23 的规定。表中框架结构、框架－剪力墙结构中的型钢（钢管）混凝土框架，系指型钢（钢管）混凝土柱与钢梁、型钢混凝土梁或钢筋混凝土梁组成的框架；表中框架－核心筒结构中的型钢（钢管）混凝土框架和筒中筒结构中的型钢（钢管）混凝土外筒，系指结构全高由型钢（钢管）混凝土柱与钢梁或型钢混凝土梁组成的框架、外筒；表中"钢筋混凝土剪力墙""钢筋混凝土核心筒"，系指其剪力墙全部是钢筋混凝土剪力墙以及结构局部部位是型钢混凝土剪力墙或钢板混凝土剪力墙。平面和竖向均不规则的结构，表中最大适用高度应适当降低。

混合结构高层建筑适用的最大高度（m） 表 8-23

结构体系		非抗震设计	抗震设防烈度				
			6度	7度	8度		9度
					0.2g	0.3g	
框架	型钢（钢管）混凝土框架	70	60	50	40	35	24
框架－剪力墙	型钢（钢管）混凝土框架－钢筋混凝土剪力墙	150	130	120	100	80	50
剪力墙	钢筋混凝土剪力墙	150	140	120	100	80	60
部分框支剪力墙	型钢（钢管）混凝土转换柱－钢筋混凝土剪力墙	130	120	100	80	50	不应采用
框架－核心筒	钢框架－钢筋混凝土核心筒	210	200	160	120	100	70
	型钢（钢管）混凝土框架－钢筋混凝土核心筒	240	220	190	150	130	70
筒中筒	钢外筒－钢筋混凝土核心筒	280	260	210	160	140	80
	型钢（钢管）混凝土外筒－钢筋混凝土核心筒	300	280	230	170	150	90

混合结构高层建筑的高宽比不宜大于表 8-24。

混合结构高层建筑适用的最大高宽比 表 8-24

结构体系	非抗震设计	抗震设防烈度		
		6度、7度	8度	9度
框架－核心筒	8	7	6	4
筒中筒	8	8	7	5

8.12　国内外高层建筑典型实例

自 19 世纪末摩天楼在芝加哥兴起，高层和超高层建筑在过去百年间极大地改变了各国大城市的面貌。每隔几十年，新经济体的崛起都预示着又有一波超高层建筑将会刷新城市的天际线。就建筑物高度而言，直到 19 世纪中后期，名列前茅的依旧还是来自古代世界的建筑奇迹（比如金字塔和大教堂），古代达到百米以上的建筑除了宫殿陵寝就是宗教建筑，其高层空间象征意义远大于实际使用意义。工业革命后随着大量人口向城市聚集，城市化进程大大加快，工商业发展对于建筑物密度和高度的要求越来越高，城市土地价值的升高使得向上发展成为了更有经济效益的选择。

在近代建筑结构与材料没有取得突破之前，限于结构和建造技术，大部分近代楼房的高度不超过六层，但工业革命带来的成果已经逐渐显现。最早的摩天楼除了 1884 年芝加哥建筑师威廉 · 勒巴伦 · 詹尼设计的家庭人寿保险大楼，还有 1889 年更加著名的埃菲尔铁塔。前者首创了由铁架支撑的整体结构，后者不但把铁质建筑的高度极限提高到 300m，还证明了金属框架足够抵御风力。

家庭保险大楼（Home Insurance Building）（图 8-63），建于 1885 年，位于美国伊利诺伊州的芝加哥，楼高 10 层，42m，由美国建筑师威廉 · 詹尼设计。1890 年这座大楼又加建 2 层，增高至 55m。下面 6 层使用生铁柱式熟铁梁框架，上面 4 层是钢框架，墙仅承受自己的重量。最后于 1931 年拆除。

埃菲尔铁塔（图 8-64）的建立是为了 1889 年第四次在法国巴黎举办的世界博览会，同时纪念法国大革命 100 周年。设计师亚历山大 · 古斯塔夫 · 埃菲尔（Alexandre Gustave Eiffel）在主导设计埃菲尔铁塔之前，已经是经验丰富的桥梁和铁路的施工承包商了。

1884 年，英国工程师欧内斯特 · 兰索姆（Ernest Ransome）完善了用钢筋加固混凝土的发明，预示着建筑的新纪元。这项创新使混凝土更加灵活和稳定，使建筑师能够在一个无法想象

图 8-63　家庭保险大楼

图 8-64　埃菲尔铁塔

的规模，为摩天大楼的美丽新世界铺平了道路。

随着建筑科技不断创新、突破，以及全球城市化进程在资本的助推下，建造摩天大楼越来越像是一场竞赛，最高建筑纪录不断被刷新。直至目前，450m 的高度方能进入全球前 20 名榜单。目前全球前 20 名超高层建筑榜单如下。

第一名：哈利法塔

总高度：829.8m，屋顶高度：585m，楼层数：163，建成年份：2010 年。用途：办公，酒店，住宅，观光，信号发射。所在城市：迪拜。

它是迄今为止世界上最高的建筑。塔楼由 SOM 建筑事务所设计，灵感来源于一种沙漠之花的几何形体，其图案结构影响了许多穆斯林建筑。

图 8-65 哈利法塔

图 8-66 默迪卡 118

第二名：默迪卡 118

总高度：679m，屋顶高度：518m，楼层数：118，封顶年份：2021 年。用途：办公，酒店，观光，住宅，购物中心。所在城市：吉隆坡。

该大楼目前还未完工，但已于 2021 年 11 月封顶，标准高度达 679m，在世界上仅次于迪拜的哈利法塔，超过了上海中心 632m 的高度，成为新的世界第二高楼。但是，此楼的高度有相当一部分是天线的高度，屋顶高度只有 518m，比上海中心 587m 的屋顶高度要矮约 70m。

第三名：上海中心大厦

总高度：632m，屋顶高度：587m，楼层数：128，建成年份：2015 年。用途：办公，酒店，观光，书店，博物馆，零售。所在城市：上海。

该建筑地下室有 5 层，裙楼共 7 层，其中地上 5 层，地下 2 层；总建筑面积约为 57.8 万 m^2，其中地上总面积约 41 万 m^2，地下总面积约 16.8 万 m^2，占地面积 30368m^2，绿化率 33%。

图 8-67　上海中心大厦

第四名：麦加皇家钟塔

总高度：601m，楼层数：120，建成年份：2012 年，用途：酒店，住宅，观光，宗教，报时。所在城市：麦加。

钟塔建在麦加皇家钟塔饭店建筑群的顶端，高 601m，最高处是用黄金制作的一弯新月。在饭店 400m 处安装有四面钟，每个表盘的直径达 40m。面向禁寺一面的大钟，高 80m，宽 65m，比英国伦敦国会大厦顶上著名的“大本钟”大 6 倍。钟面上用黄金镶嵌着“安拉至大”的阿拉伯文，每天五次礼拜时间报时。伊斯兰风格让塔楼极具辨识度。

图 8-68　麦加皇家钟塔

第五名：平安金融中心

总高度：599m，屋顶高度：589m，观光厅高度：561m，楼层数：115，建成年份：2016年。用途：办公，观光，零售。所在城市：深圳。

平安金融中心原先设计高度为660m，屋顶将装有60多米高的天线，并成为中国最高的摩天大楼，然而后来因为航线问题天线被从设计中移除，导致高度降到600m以下。平安金融中心在116层有一个观光厅，名为云际观光厅，是世界第一高的观光厅。整个塔呈圆柱形一直到六百米高顶部后聚拢，这样可以把地球的张力调节到空中的一个点。

图8-69 平安金融中心

第六名：高银金融117大厦

总高度和屋顶高度：597m，楼层数：117，封顶年份：2019年。用途：办公，酒店，住宅，观光。所在城市：天津。

高银金融117大厦目前还尚在施工中，但已于2019年五月完全封顶，一个钻石形状的结构体被安置在大楼的顶端。尽管117大厦是世界第六高的高楼，它实际上拥有比以上任何一座高楼都高的混凝土核心筒，同时也是世界最高的平顶建筑。大厦建筑形体自下而上逐渐收缩，顶端呈钻石形，设计灵感采用古代天圆地方的理念，大楼整体方方正正，代表“方”；塔楼顶部为巨大的钻石造型，代表“圆”，钻石造型则象征着尊贵无比的至高荣誉。总建筑面积约84.7万m^2，结构高度达到596.5m，仅次于828m的阿联酋哈利法塔，成为世界结构第二高楼。

第七名：乐天世界大厦

总高度：555m，楼层数：123，建成年份：2016年，用途：办公，酒店，住宅，观光，零售。所在城市：首尔。

图 8-70　高银金融 117 大厦

它是韩国第一高楼，大楼于 2017 年 4 月对外开放，最上面的 7 层用作观光厅，并提供世界最高的展望台。相比之下，其他高楼的观光厅普遍都在一到两层左右，基本上不会超过 3 层。外观连续的曲线和柔和的锥形形式是韩国艺术的反射，贯穿建筑结构顶部和底部的接缝指向旧的城市中心。站在离地距离 541m 的塔顶空中索桥上，在晴朗的日子里，游客可以裸眼看到黄海。

图 8-71　乐天世界大厦

第八名：世贸中心一号楼

总高度：541m，屋顶高度：417m，楼层数：104，建成年份：2014 年。用途：办公，观光，信号发射。所在城市：纽约。

世贸中心一号楼是美国纽约第一高楼，也是西半球第一高楼。纽约有很多其他高楼的高度都比它要高，屋顶高度设定在 417m 是为了和已毁的原世贸中心北塔的屋顶高度一致。但天线部分延长了一些，使大楼的建筑高度达 541m，即 1776 英尺，对应于美国签署独立宣言的年份 1776 年。不少纽约高楼爱好者认为 417m 的屋顶高度在当今世界偏矮。

图 8-72 世贸中心一号楼

第九名：周大福金融中心，亦称广州东塔

总高度：530m，屋顶高度：530m，楼层数：111，建成年份：2016 年。用途：办公，酒店，住宅。所在城市：广州。

广州周大福金融中心是第一座五百米以上以周大福命名的大楼，另外将在天津和武汉还有两座周大福中心。建筑采取"之"字形的退台设计，在不同楼层形成空中花园。塔楼装备了两台世界上最高速电梯，速度可达每秒 20m，电梯从 1 层到 95 层只需 43s。

第十名：周大福滨海中心

总高度：530m，屋顶高度：480m，楼层数：97，建成年份：2019 年。用途：办公，酒店，住宅。所在城市：天津。

图 8-73 周大福金融中心

周大福滨海中心是第二座以周大福集团命名的超高层建筑。表现形式和设计灵感来源于“艺术和自然”中的几何造型，运用了起伏的曲线，在巧妙体现大厦三个功能空间组成元素的同时，也在天际线中展现出高大醒目的形象；柔和曲面的玻璃表皮包裹着八根倾斜的柱子，这些柱子位于立面上主要弯曲部位的后面，可提高结构的刚度，满足抗震要求；在多个楼层的重要位置策略性地设置通风口，再加上大厦的外形符合空气动力学，可以减少涡旋发散现象，进而最大程度地降低风荷载。

图 8-74 周大福滨海中心

第十一名：中国尊大厦（中信大厦）

总高度：528m，屋顶高度：524m，楼层数：108，观光厅高度：524m，建成年份：2018年。用途：办公，酒店，观光。所在城市：北京。

中国尊大厦的正式名称是中信集团总部大楼，它将是中信集团的总部所在地，实际上中国尊这个昵称更被广泛知晓，尊是中国古代一种仪式上使用的容器，中国尊大厦的造型就来源于尊的形状。目前是中国首都最高的大楼。建筑是8度抗震设防烈度区的最高建筑，体型呈中国古代用来盛酒的器具“尊”的形状。为满足结构抗震与抗风的技术要求，在结构上采用了含有巨型柱、巨型斜撑及转换桁架的外框筒以及含有组合钢板剪力墙的核心筒，形成了巨型钢－混凝土筒中筒结构体系。为配合建筑外轮廓，结构设计使用了BIM技术特别是结构参数化设计和分析手段，满足了建筑功能的要求，达到了经济性和安全性的统一。

图8-75 中国尊大厦

第十二名：台北101

总高度：509m，屋顶高度：448m，楼层数：101，观光厅高度：392m，建成年份：2004年。用途：办公，观光，零售，餐厅，信号发射。所在城市：台北。

台北101在2004年到2009年期间都是世界第一高楼，现在它依然是建造在地震带上最高的大楼。台北101的造型出自古中国的古塔，以数字8作为设计单元，每8层楼为一个结构单元，建筑面内斜7°，彼此接续、层层相叠，构筑整体；外观为多节式结构，达到防灾防风效果，墙体为透明隔热帷幕玻璃。在观光厅内可以看到大楼的防震阻尼球，也是世界上最大的防震阻尼球，以达到防震的效果，它采用的质量阻尼器是一个重达660t的球。

第十三名：上海环球金融中心

总高度：492m，屋顶高度：492m，楼层数：101，观光厅高度：423m，439m，474m，建成年份：2008年。用途：办公，观光，酒店，零售，餐厅。所在城市：上海。

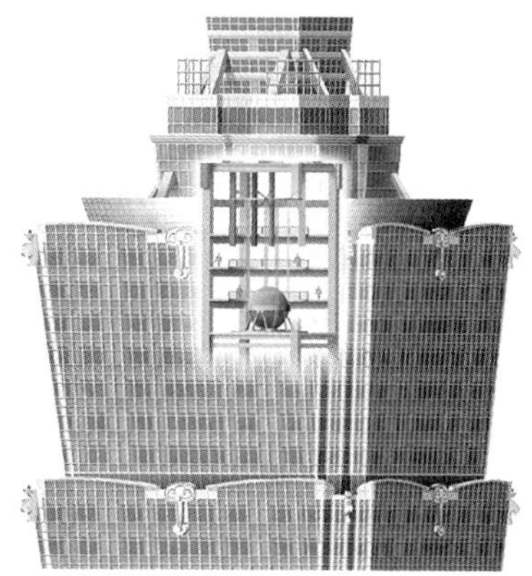

图 8-76　台北 101

上海环球金融中心形态和构架来源于“天地融合”的构想，将高楼“演绎”为连接天与地的纽带。其主体是一个正方形柱体，由两个巨型拱形斜面逐渐向上缩窄于顶端交会而成，方形的棱柱与大弧线相互交错，凸显出大楼的垂直高度。为减轻风阻，在原设计中建筑物的顶端设有一个巨型的环状圆形风洞开口，借鉴了中国庭园建筑的“月门”，后来将大楼顶部风洞由圆形改为倒梯形。

图 8-77　上海环球金融中心

第十四名：环球贸易广场

总高度：484m，屋顶高度：484m（原设计是一栋574m高的锥状顶摩天大厦，最终的484m高方案为实施方案），楼层数：118，观光厅高度：393m，建成年份：2010年。用途：办公，酒店，观光，零售。所在城市：香港。

环球贸易广场是香港最高楼，塔楼底部精妙的锥形凹角及微倾的弧线确保了最佳的结构性能。弧线在塔楼的底部延伸开来，将塔楼与其周边环境相连，在三侧形成了遮蔽雨篷，并在北侧形成了动态中庭。中庭与其他开发空间相呼应，并作为公共空间，连接商业及火车站。设计将高层建筑模型与高效的结构及运营模式相结合，提供了成功的设计解决方案。

图8-78 环球贸易广场

第十五名：武汉绿地中心

总高度和屋顶高度：476m，楼层数：97，封顶年份：2021年。用途：办公，酒店，住宅，观光。所在城市：武汉。

武汉绿地中心是武汉长江沿岸的一座超高层建筑，原先计划建到636m，以4m之差超越上海中心大厦成为中国第一高楼，还计划在610m的位置添加一个世界最高可到达楼层和观光厅，将成为世界最高观光厅，然而后来被迫取消，原计划在2019年完工，却因城市的航线问题于2018年初停工，并迫使高度削减至476m。武汉绿地中心建筑造型主要取材于武汉三镇，楼体横切面为“三叶草”外形，代表隔江相望的武汉三镇，象征三镇共同繁荣发展，既体现了武汉悠久的历史文化，又包含了武汉独特的城市结构。

第十六名：中央公园大厦

总高度：472m，楼层数：131，封顶年份：2019年。用途：住宅，零售。所在城市：纽约。

中央公园大厦是纽约曼哈顿中城区临近中央公园的一座超高层住宅楼，取代芝加哥的威利斯大厦（前西尔斯大厦）成为以屋顶高度计算的美国最高楼，成为世界最高的住宅楼、世界最细的建筑。

得堡。

图 8-79　武汉绿地中心

图 8-80　中央公园大厦

第十七名：拉赫塔中心

总高度：462m，楼层数：86，建成年份：2019 年。用途：办公，观光。所在城市：圣彼得堡。

拉赫塔中心是俄罗斯圣彼得堡的一座摩天大楼，它是圣彼得堡第一座也是目前唯一一座超高层建筑，同时也是俄罗斯最高楼和欧洲第一高楼。拉赫塔中心是地球上最靠北的摩天大楼。

图 8-81 拉赫塔中心

建筑的外部结构由五个塔楼组成，主体旋转角度接近 90°，高楼从地面拔地而起，五个塔楼通过螺旋形旋转到达最高点并汇聚在一起。这种扭曲上升的外观给人一种动态的感觉，让建筑的形状犹如熊熊燃烧的火焰，这也与天然气工业股份公司（Gazprom）的标志相呼应。出众的环保和节能技术也让这座摩天大楼得以知名，作为世界上最北端的超高摩天大楼，这座建筑暴露在极端低温下，双层外立面可防止不必要的热损失，并使大楼特别节能。此外，由于创新地使用了红外辐射器，使大楼内多余的热量不会损失，而是循环回系统中。大楼还将包含一个观景台，位于离地面 357m 高位置的顶层。

第十八名：地标塔 81

总高度和屋顶高度：461.5m，楼层数：81，建成年份：2018 年。用途：酒店，住宅，观光。所在城市：胡志明市。

地标塔 81 是越南第一高楼，也是目前东南亚第一高楼，由多座修长柱体组成，形如竹捆，象征越南源远流长的农耕历史，更寓意胡志明市势如破竹的快速发展。作为越南最先进、最大的绿色建筑，该建筑外墙使用 Low-E 玻璃，其具有光传导，热控制和防紫外等特点，使房间光照

图 8-82 地标塔 81

二维码 8.12-1

充沛，但仍能保持室内温度的稳定。此外，该项目也是越南首次使用符合欧洲标准的净水系统。

第十九名：长沙 IFS 大厦

总高度和屋顶高度：452m，楼层数：93，建成年份：2018 年。用途：酒店，办公，观光。所在城市：长沙市。

长沙国际金融中心主楼高 452m，副楼高 315m；地下为 5 层结构（局部夹层 7 层），地下部分的国金街总建筑面积 2.8 万 m^2，南北长度 318m；负 3 层至负 5 层为停车场，配备 2700 个车位；1 号塔楼（主楼）地上 93 层，8 至 82 层为写字楼，2 号塔楼（副楼）地上 65 层，裙房 3 至 6 层，主要为大商业；1 号塔楼办公楼层位于 8 至 82 层，办公楼建筑面积约 25.8 万 m^2，五星级酒店位于 85 至 93 层；长沙国际金融中心共占地 7.44 万 m^2，总建筑面积达 102 万 m^2。塔楼灵感来自于在湖南旅游胜地张家界，其形态隐喻张家界的奇峰秀石；裙楼体现水的元素，表征了湖湘文化的特色。

图 8-83　长沙 IFS 大厦

第二十名：石油双峰塔

总高度：452m，屋顶高度：407m，楼层数：88，建成年份：1998 年。用途：办公，观光，零售。所在城市：吉隆坡。

它又称吉隆坡双子塔，曾经是世界最高的摩天大楼，以 451.9m 的高度打破了美国芝加哥希尔斯大楼保持了 22 年的最高纪录。它是两个独立的塔楼并由裙房相连，在两座主楼的 41 和 42 楼之间有一座长 58.4m、距地面 170m 高的天桥，独立塔楼外形像两个巨大的玉米，故又名双峰大厦。

以上是到 2022 年 3 月止，世界最高的 20 座大楼，你也许会发现很多曾经耳熟能详的摩天大楼没有在上面出现，这是因为当今都市开发的迅速使许多曾经的各地著名最高楼跌出了前 20。

图8-84 石油双峰塔

混合结构的设计有关内容及规定参见有关专著。值得指出的是在钢框架－核心筒混合结构中，由于两者的徐变和收缩性能的差异，在高度较大时，竖向变形差对构件受力不利，需在设计及施工中采用特别的措施。

思考题与习题

8-1 简述框架结构的设计过程。

8-2 剪力墙结构平面布置的注意事项有哪些？

8-3 简述框－剪结构的变形特点。

8-4 简述混合结构的特点。

8-5 简述框架－核心筒结构的受力特点。

第9章

大跨度建筑结构

9.1 单层刚架

1. 受力特点

梁、柱杆件刚性连接的结构称为刚架。

梁柱合一的刚架仍是横向受弯为主的结构，但梁柱刚接的相互约束减少了梁跨中与柱内弯矩，内力虽有轴力，但以弯矩为主，这是其承载传力的基本特性，见图 9-1。从材尽其用角度看，刚架结构形式并不理想，其跨度不能过大。

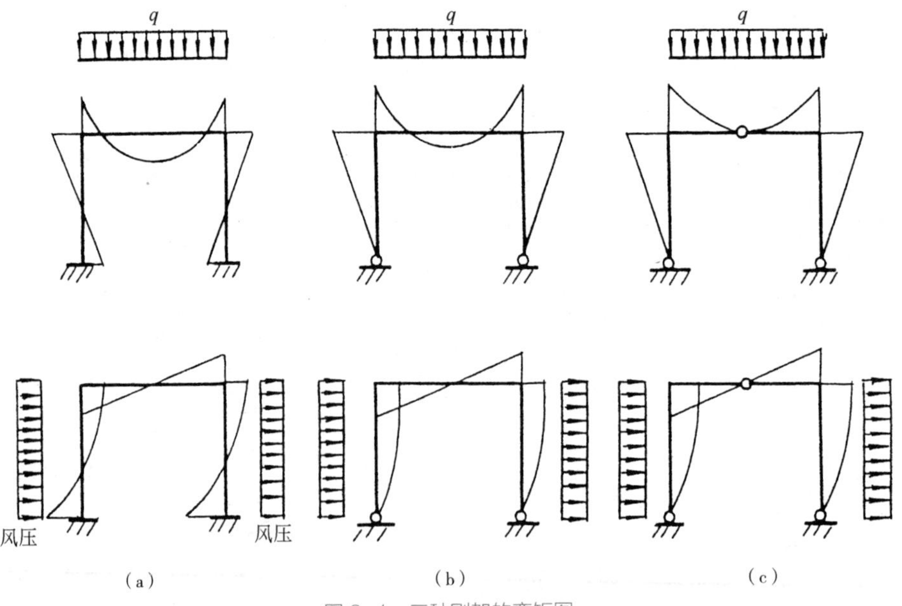

图 9-1 三种刚架的弯矩图

(a) 无铰刚架；(b) 两铰刚架；(c) 三铰刚架

2. 类型及适用范围

1）按结构形式分类

（1）无铰刚架

该类刚架为三次超静定结构，刚度好，结构内力小，但对基础和地基的要求较高，当地基有不均匀沉降时，将使刚架内产生附加力，基础处作用力复杂，用料较多，在地质条件较差时应慎用无铰刚架。

（2）两铰刚架

该类刚架为一次超静定结构，在竖向荷载或水平荷载作用下，刚架内弯矩比无铰刚架大。两铰刚架基础为铰支承，当基础有转动时对刚架内力无影响，但不均匀沉降仍会使刚架内产生附加力。

（3）三铰刚架

该类刚架为静定结构，地基的变形和基础的不均匀沉降对刚架内力无影响，但三铰刚架内力大，刚度差，一般只宜用于跨度较小或地基较差的情况。

2）按材料分类

（1）胶合木刚架

胶合木刚架是利用层板胶合木（Glued-laminated timber，GLT）或正交胶合木（Cross laminated timber，CLT）等制作而成，不受原木尺寸及缺陷的限制，具有较好的防腐和耐燃性能，并可提高生产效率；另外，构造简单、造型美观且便于运输安装。

（2）钢刚架

钢刚架可分为实腹式和格构式。实腹式适用于跨度不很大的结构，常做成两铰式，截面一般为焊接工字形，少数为Z形，制作安装较方便。当跨度或荷载较大时构件应为变截面，一般使截面高度适应弯矩图的变化。为充分发挥材料的作用，可在支座水平面内设拉杆，并施加预应力使刚架横梁产生卸荷力矩及反拱（图9-2）。

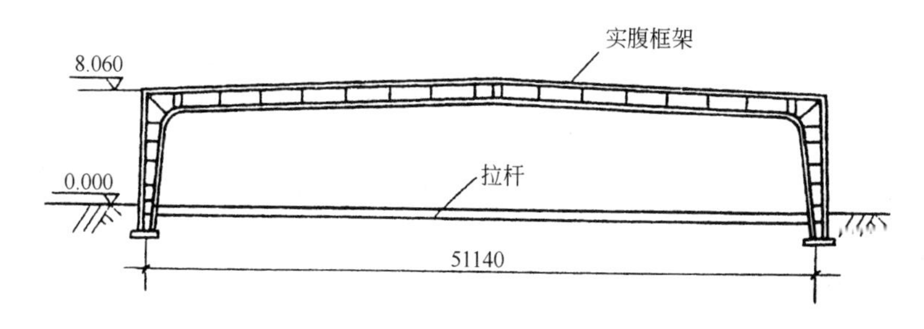

图9-2　实腹式双铰刚架

格构式刚架的适用范围较大，具有刚度大、耗钢少等优点。当跨度较大时可采用两铰式或无铰式刚架（图9-3）。为了节省材料，增加刚度、减轻基础负担，也可施加预应力，以调整结构中的内力。预应力拉杆可布置在支座铰的平面内，既可布置在刚架横梁内仅对横梁施加预应力，也可对整个刚架施加预应力（图9-4）。

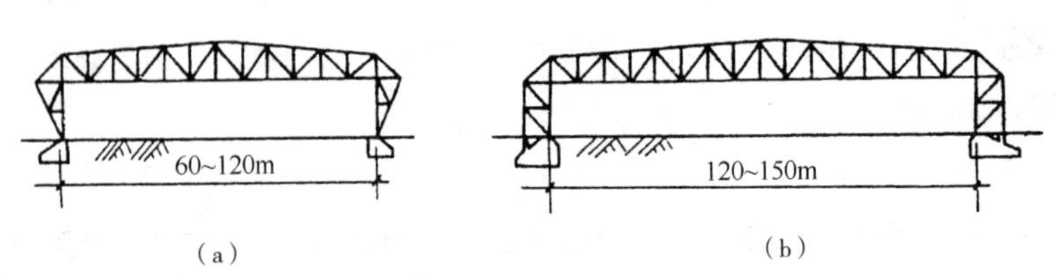

图9-3 格构式刚架结构

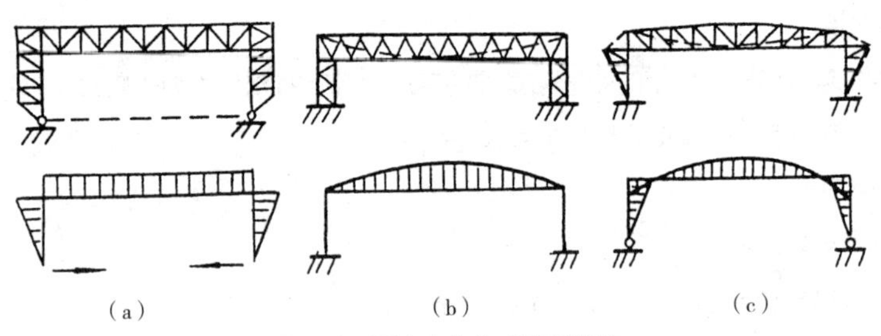

图9-4 预应力格构式刚架结构
（a）预应力夹在支座铰平面内；（b）仅对横梁施加预应力；（c）对整个刚架施加预应力

（3）钢筋混凝土刚架

钢筋混凝土刚架一般适用于跨度不大于18m，高度不大于10m的无吊车或吊车荷载不大于100kN的建筑中，最大跨度可达30m。

钢筋混凝土刚架构件的截面形式一般为矩形，以便于叠层预制，为省掉不必要的混凝土可做成空心截面、工字形截面或空腹式（图9-5）。

刚架构件的截面尺寸可根据结构在外力作用下弯矩图的大小而改变，一般是截面宽度不变，而高度呈线性变化。

为了提高结构刚度，减少构件截面，可采用预应力混凝土刚架。预应力刚架最大跨度可达50m。

另外，单层刚架从建筑体型分有平顶、坡顶、拱，单跨与多跨。

3. 常用单层刚架基本尺度

常用单层刚架基本尺度见表9-1。

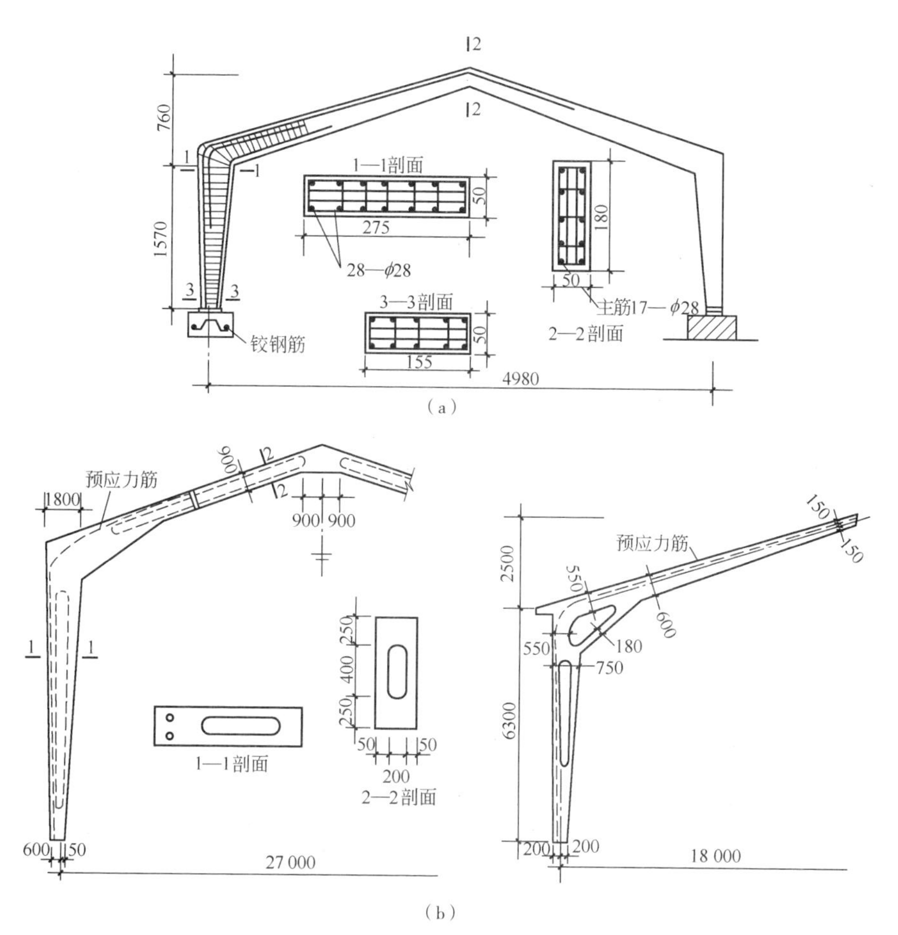

图 9-5　钢筋混凝土刚架（单位：mm）

（a）实腹式钢筋混凝土刚架结构（广州体育馆）；（b）空腹式刚架结构

单层刚架基本尺度　　表 9-1

类型		截面尺寸		适宜跨度 L	刚架柱适宜高度 H
		高 h_{max}	宽 b		
钢刚架	实腹式	$\left(\frac{1}{20}\sim\frac{1}{12}\right)L$	$\geq\frac{H}{30}$	≤ 40m 最大达 75m	≤ 10m
	格构式	$\left(\frac{1}{20}\sim\frac{1}{15}\right)L$	b 随立体刚架形式而定	60 ~ 150m	—
钢筋混凝土刚架		$\left(\frac{1}{20}\sim\frac{1}{15}\right)L$ 且 $h_{梁}\geq 250$mm $H_{柱}\geq 300$mm	$\geq\frac{H}{30}$，且 ≥ 200	≤ 18m 最大达 30m	≤ 10m

注：当支座平面内设置拉杆施加预应力时，$h_{max}=\left(\frac{1}{40}\sim\frac{1}{30}\right)L$。

4. 单层刚架的布置

单层刚架结构的布置十分灵活，可以是平行布置、辐射状布置或其他方式布置，形成风格多变的建筑造型（图 9-6）。

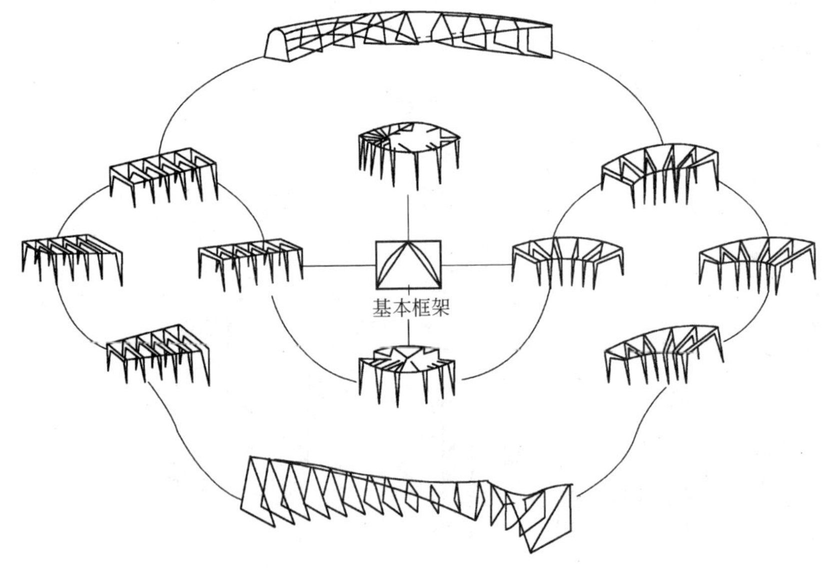

图 9-6 单层刚架结构的布置

刚架的间距，对于钢筋混凝土刚架一般不大于 9m（因其连续梁一般为钢筋混凝土结构），而钢刚架当采用轻型屋面时可达 12m，甚至 15m。

刚架也可分主次刚架的方式交叉布置，或多榀组合（图 9-7）。

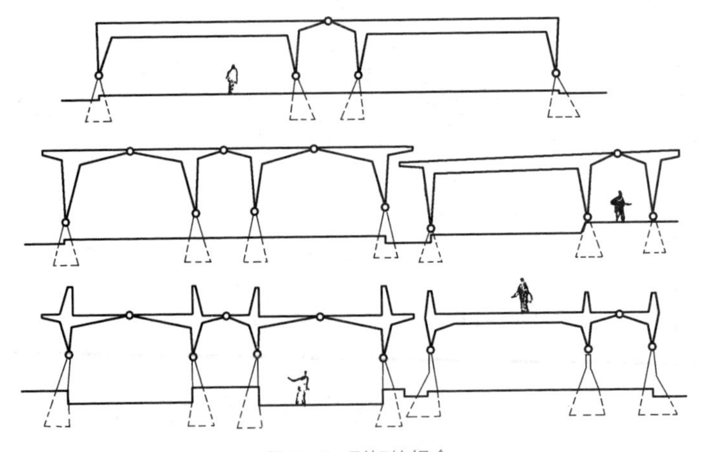

图 9-7 刚架的组合

5. 工程实例

2015 年建成的美国米德尔伯里学院沃尔图体育馆（图 9-8）由 Sasaki 设计团队设计，主体结构采用刚架结构体系，厚重的刚架支撑起屋盖重量，同时承担了室内照明、暖通等设备的管线重量。这个体育馆拥有灵活的设计，容纳室内练习场、200m 跑道、扩建的休闲空间以及优化的观众席，还有 1858m^2 人工草坪，总面积达 11 150m^2。该建筑物用途多元化，在进行体育活动时可容纳 500 名观众，而在举办大型校园活动时，更可按照适用于集会的布局方式容纳多达 5000 人。

（a）　（b）　（c）　（d）

图 9-8　刚架的组合

（a）体育馆外观；（b）体育馆内部刚架全貌；（c）刚架局部；（d）内部跑道

9.2　桁架结构

1. 受力特点

桁架结构是由上下弦杆和腹杆组成，相当于掏去了中间部分未充分受力材料的简支梁。从整体来说，外荷载所产生的弯矩图与剪力图和作用在简支梁上时完全一致，但在桁架内部，则是上弦受压、下弦受拉，由此形成力偶来平衡外荷载所产生的弯矩。外荷载所产生剪力则是由斜腹杆轴力中的竖向分量来平衡。实际桁架的受力情况一般是比较复杂的，从其主要受力状态和简化的角度，通常采用以下几个基本假定：（1）组成桁架的所有各杆连接处均为铰接点；（2）各杆都是直杆并在同一平面内，其轴线通过铰中心线；（3）所有外力都作用在节点上并在桁架平面内。

从上述简化看，桁架的受力以轴力为主，各杆是承受拉（压）力的二力杆件，受力状态比梁合理，计算简单、施工方便、自重较轻、适应性强。但也存在结构高度大，侧向刚度小的缺点，为保证其侧向稳定而设置的支撑往往耗费过多的材料，为了构造和制作的方便往往采取由最大内力控制的等截面杆件而使材料未尽其用。

2. 桁架的类型及适用情况

桁架有时又叫屋架，其类型很多，按所使用材料的不同，可分为木屋架，钢－木组合屋架、钢屋架、轻型钢屋架、钢筋混凝土屋架，预应力混凝土屋架，钢筋混凝土－钢组合屋架等。按屋架外形的不同可分为三角形屋架、梯形屋架、抛物线形屋架、折线形屋架、平行弦屋架等。根据受力特点及材料性能的不同，可分为桥式屋架，无斜腹杆屋架，刚接桁架、立体桁架等。

1）木屋架

木屋架一般是方木或原木榫接的豪式屋架，有三角形、弧形、梯形三种，大都在工地手工制作，三角形屋架的内力分布不均匀，支座处大而跨中小，因此适用于盖小型瓦材，要求坡度较大，且跨度小于 18m 的建筑；梯形、孤形屋架受力性能比三角形屋架合理，当跨度较大时选用较适宜，适宜于采用波形瓦、金属皮、卷材等作屋面防水材料的建筑，适宜跨度为 12 ~ 18m。

2）钢－木组合屋架

钢－木组合屋架是采用钢拉杆做屋架下弦，代替存在干裂缺陷且连接不便的木材，大大提高了结构的可靠性、刚度和承载能力，而用钢量仅增加 2 ~ 4kg/m^2。钢－木组合屋架的适用跨度根据形式的不同分别为：三角形适宜跨度 12 ~ 18m，梯形、折成形、弧形跨度可达 18 ~ 24m。对屋面盖料的适用情况同木屋架。

3）钢屋架

钢屋架采用铆接、焊接或螺栓连接而成，有三角形、梯形、矩形等，为改善上弦杆的受力情况，常采用再分式腹杆的形式。

三角形钢屋架一般用于坡度较大的屋盖结构中，另外因弦杆内力变化较大，弦杆内力在支座处最大，在跨中小，材料强度不能充分发挥作用，一般宜用于中小跨度的轻屋盖结构；梯形屋架一般用于坡度较小的屋盖中，其受力性能比三角形屋架优越，适用于较大跨度或荷载的工业厂房。梯形屋架一般都用于无檩体系屋盖，屋面盖料大多采用大型屋面板，这时上弦节间长度应与大型屋面板尺寸相配合，使大型屋面板的主肋正好搁置在屋架上弦节点，使上弦不产生局部弯矩。当采用檩条时，则上弦节间距视檩距而变为 0.8 ~ 3.0m。

矩形屋架也称平行弦桁架。因其上、下弦平行，腹杆长度一致，杆件类型少，易于满足标准化、工业化生产的要求。矩形屋架在均布荷载作用下，杆件内力分布极不均匀，故材料强度得不到充分利用，不宜用于大跨度建筑中，一般常用于托架或支撑系统。当跨度较大时为节约材料，也可采用不同的杆件截面尺寸。

当钢屋架由圆钢或小角钢、薄壁型钢连接而成时叫轻型钢屋架，一般用于跨度不大于 18m，柱距 4 ~ 6m，起重量不大于 50kN 的轻、中级工作制桥式吊车的厂房。当屋面为轻型屋面时其跨度与柱距可稍加大。

4）钢筋混凝土屋架

根据是否对屋架下弦施加预应力，可分为钢筋混凝土屋架和预应力混凝土屋架。钢筋混凝土屋架有梯形、折线形、拱形、无斜腹杆形等，适宜跨度为 15 ~ 24m；预应力混凝土屋架的适宜跨度为 18 ~ 36m。

梯形屋架上弦为直线，屋面坡度$\frac{1}{12}\sim\frac{1}{10}$，节间为 3m，下弦节间为 6m，梯形屋架的自重大、刚度好，适用于重型、高温及采用井式或横向天窗的厂房。

折线三角形屋架外形较合理、结构自重轻，屋面坡度$\frac{1}{4}\sim\frac{1}{3}$，适用于卷材防水屋面的大、中型厂房，而折线梯形屋架因坡度平缓，适用于卷材防水屋面的中型厂房。

拱形屋架上弦一般为抛物线形，为制作方便也可采用折线形，但应使节点落在抛物线上。拱形屋架外形合理，杆件内力均匀、自重轻、经济指标良好，但屋架端部屋面坡度太陡，这时可在上弦上部加设短柱、抬高屋面后使之适合卷材防水。

无斜腹杆屋架（图 9-9）上弦一般为抛物线拱，因无斜腹杆而使构造简单、便于制作，屋面板可以支承在上弦上，也可支承在下弦上，较适合于井式或横向天窗的厂房，可简化天窗构造、降低屋盖高度、减小受风面积。另外屋架中管道穿行和工人检修也方便，其屋架高度空间能充分利用。无斜腹杆屋架，因节点不能简化为铰接点，从严格意义讲并不是桁架，应按刚架或拱式结

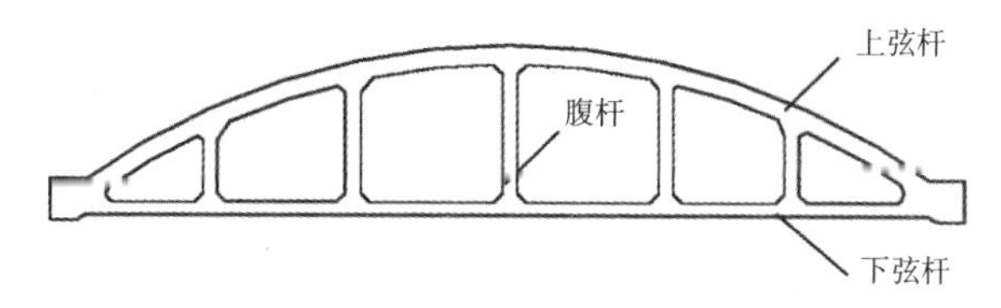

图 9-9　钢筋混凝土无斜腹杆屋架

构计算，但这类屋架的技术经济指标较好，采用预应力时跨度可达 36m。

钢筋混凝土屋架也有将屋面板和屋架合二为一的桥式屋架，如图 9-10 所示（本图也是一种钢筋混凝土 - 钢组合屋架）。屋面板与屋架共同工作，屋盖结构传力简捷、整体性好，充分利用了构件的承载能力，节省了材料，其缺点是施工复杂。桥式屋架一般直接支承在承重外墙的圈梁上或柱承重体系的边梁上，既可以紧靠布置也可间隔布置。

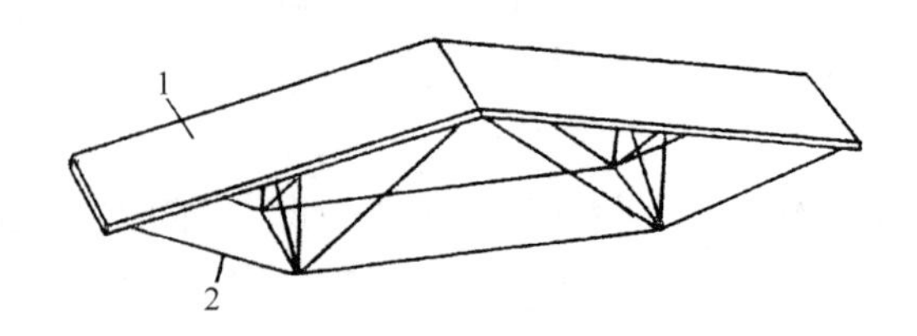

图 9-10 钢筋混凝土 - 钢组合桥式屋架
1—屋面板；2—钢拉杆

5）钢筋混凝土 - 钢组合屋架

如果将受压杆件保留为钢筋混凝土，而受拉杆件改为钢材，则形成钢筋混凝土 - 钢组合屋架，它能充分发挥两种材料的力学性能，自重轻、材料省、技术经济指标较好。折线形屋架是上弦及受压腹杆为钢筋混凝土，而下弦及受拉腹杆为角钢；两铰或三铰多组合屋架上弦多为钢筋混凝土或预应力构件，下弦为型钢或钢筋，顶节点刚接（两铰组合屋架）或铰接（三铰组合屋架），此类屋架因具有杆件少、自重轻、受力明确、构造简单、施工方便的特点，特别适用于农村地区的中小型建筑（图 9-11）。

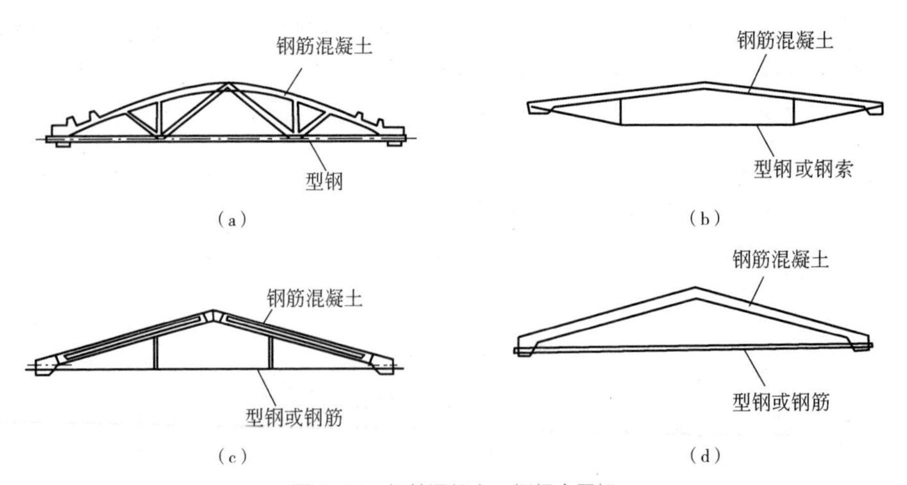

图 9-11 钢筋混凝土 - 钢组合屋架
（a）折线形组合屋架；（b）五角形组合屋架；（c）三铰组合屋架；（d）两铰组合屋架

6）其他形式的桁架

（1）立体桁架

平面桁架因高度较大、平面外刚度很小，需消耗许多支撑材料，为解决此问题可采用立体桁架（图 9-12）。立体桁架适于 30 ~ 70m 的中大跨建筑，对于长宽比超过 1.5 的矩形平面用立体桁架比平板网架更合适。

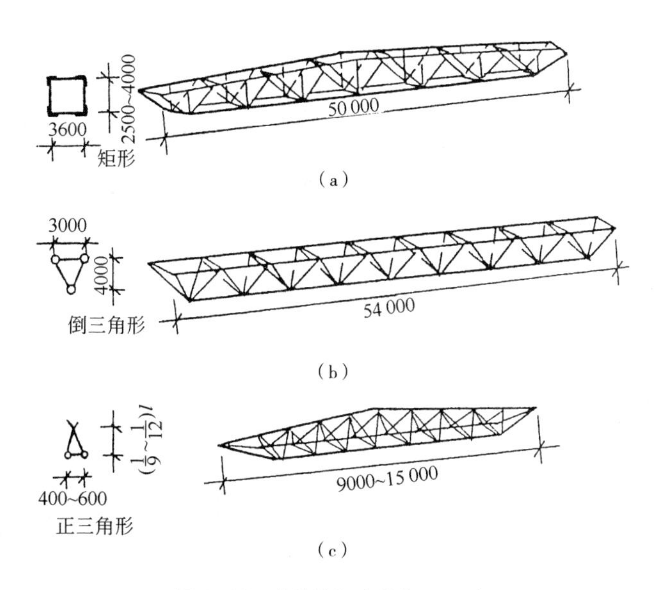

图 9-12 立体桁架（单位：mm）

（a）矩形立体桁架（北京军区体育馆）；（b）倒三角形立体桁架（内蒙古体育馆）；（c）正三角形立体桁架

（2）刚接桁架（空腹桁架）

当桁架由于使用功能和建筑造型上的要求而无斜腹杆只设竖腹杆时，为避免形成可变体，节点不能为铰接，必须采用刚接节点形成刚接桁架。刚接桁架各杆除承受轴力外，还承受较大的弯矩与剪力。刚接桁架不一定做成矩形，可做成梯形、拱形、梭形、半月形。如上海大剧院的屋架（图 9-13），刚接桁架具有杆件少，构造简单，节点钢筋简单，施工方便，外形美观等优点，但它未充分利用材料性能，只宜在特殊需要情况下使用。

3. 桁架结构的主要形式与基本尺度

桁架结构的主要形式与尺度见表 9-2、表 9-3、表 9-4。

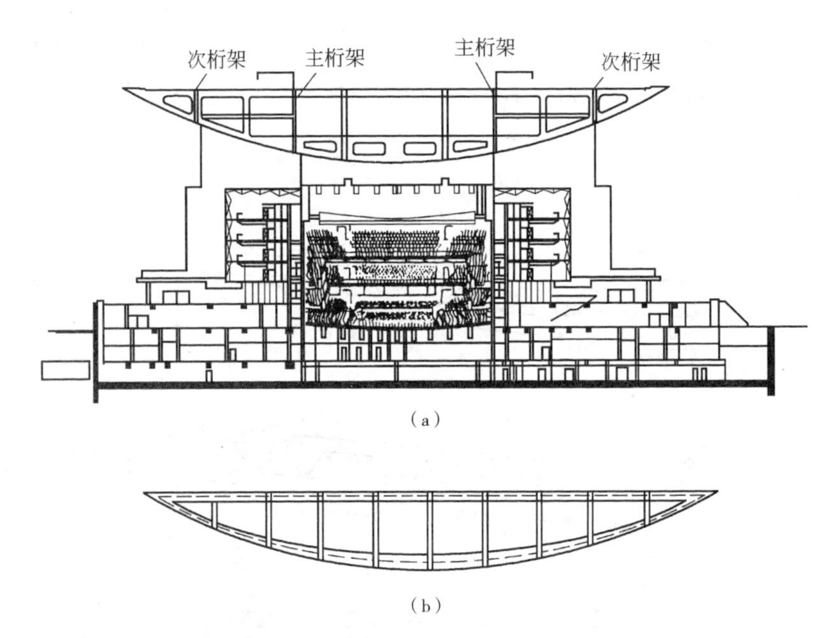

（a）

（b）

（c）

图 9-13 上海大剧院刚接桁架

（a）上海大剧院剖面；（b）上海大剧院横向月牙形屋架；（c）上海大剧院实体外景

木桁架、钢木桁架主要形式 表 9-2

屋架形式				跨度 l（m）	高跨比 $\frac{H}{l}$
木桁架	豪式（Howe）	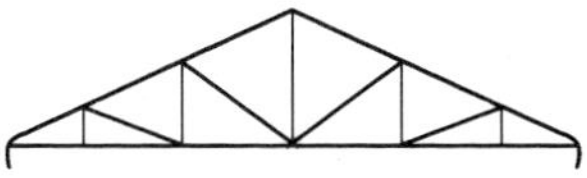 节间数	4 6 8	6 ~ 9 9 ~ 15 15 ~ 18	$\frac{1}{5} \sim \frac{1}{4}$
	弧形			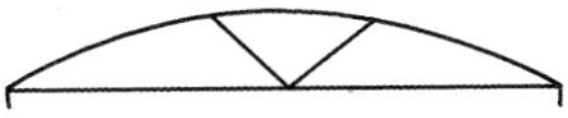 15 ~ 18	$\frac{1}{7} \sim \frac{1}{6}$
钢木桁架				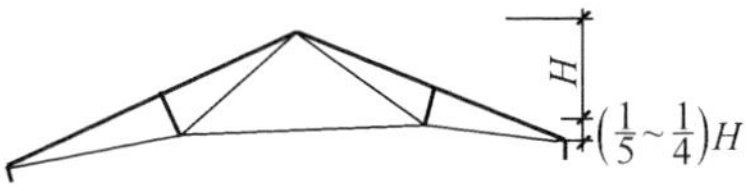 9 ~ 15	$\frac{1}{6} \sim \frac{1}{5}$
	豪式（Howe）			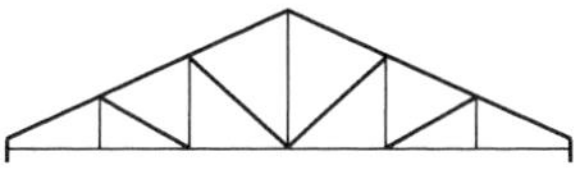 12 ~ 18	
	芬克式（Fink）			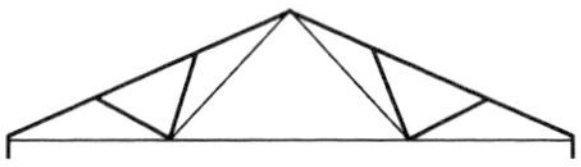 12 ~ 18	
	混合式			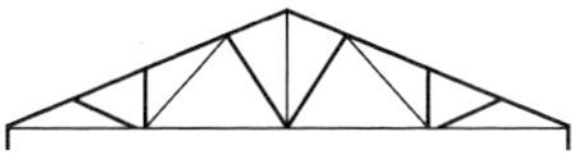 12 ~ 18	
	梯形	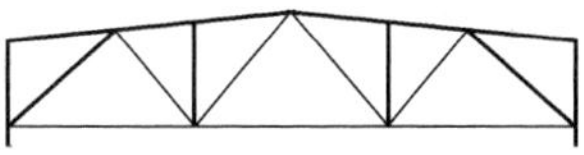 上弦节间数	4 6 8	12 ~ 15 15 ~ 21 21 ~ 24	$\frac{1}{7} \sim \frac{1}{6}$
	弧形	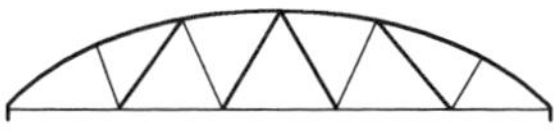 上弦节间数	4 5 6 7	12 ~ 15 15 ~ 18 18 ~ 21 21 ~ 24	$\frac{1}{7}$
	下折式			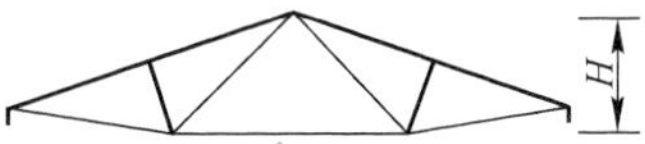 18 ~ 24	$\frac{1}{6} \sim \frac{1}{5}$
	下折式			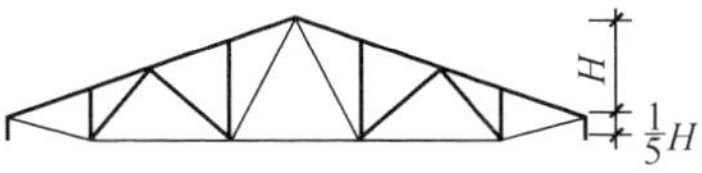 18 ~ 24	

钢筋混凝土桁架主要形式 表 9-3

屋架主要形式			跨度 l（m）	高跨比$\frac{H}{l}$
组合屋架		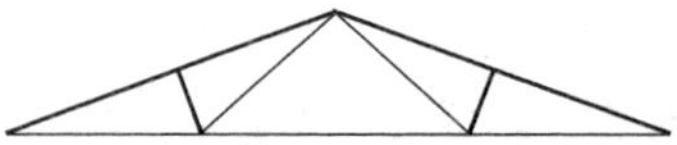	12 ~ 15	$\frac{1}{7.5}$ ~ $\frac{1}{6}$
		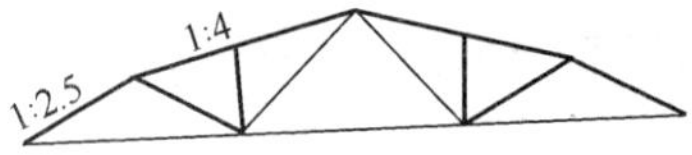	18	$\frac{1}{6.82}$
钢筋混凝土桁架	梯形	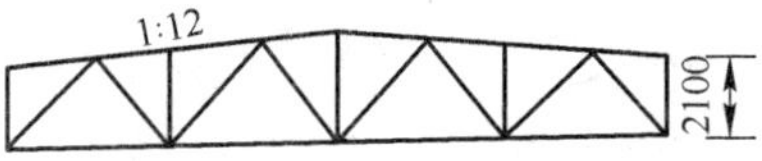	18 ~ 24	$\frac{1}{7.74}$ ~ $\frac{1}{6.32}$
预应力混凝土桁架	拱形（G415）	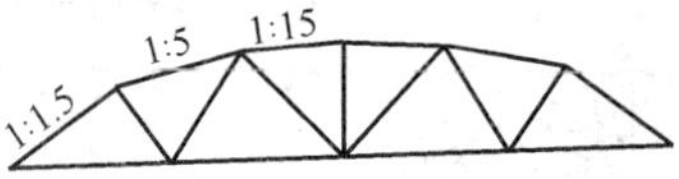	18	$\frac{1}{6.43}$
	折线形（CG423）	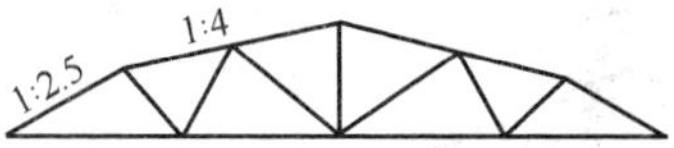	18	$\frac{1}{6.82}$
		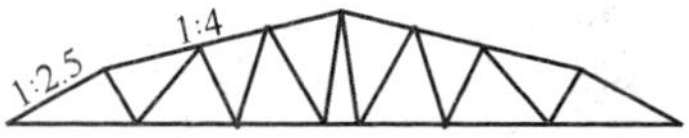	24	$\frac{1}{7.08}$

钢桁架主要形式 表 9-4

桁架形式		跨度 l（m）	高跨比$\frac{H}{l}$	间距（m）
芬克式（Fink）	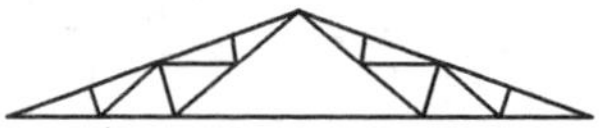	12 ~ 18	$\frac{1}{8}$ ~ $\frac{1}{5}$	6
	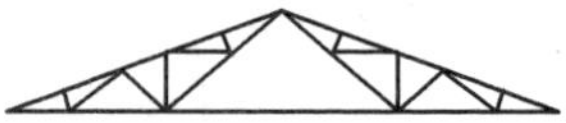			
下折式	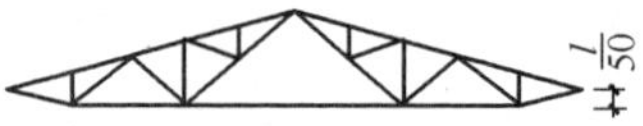	12 ~ 18	$\frac{1}{5}$ ~ $\frac{1}{8}$	
	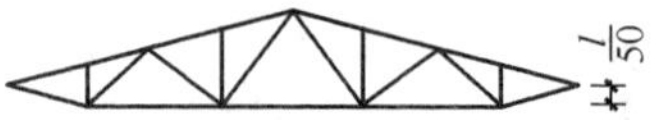	15 ~ 30		

续表

桁架形式				跨度 l（m）	高跨比 $\frac{H}{l}$	间距（m）
梯形	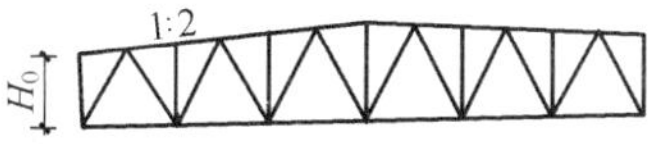 1:2　H_0	上弦节间数			$\frac{1}{6}\sim\frac{1}{10}$	6
		8	1	12		
		10	1.2	15		
		12	1.5	18		
		16	1.8	24		
		20	2.2	30		
	再分式 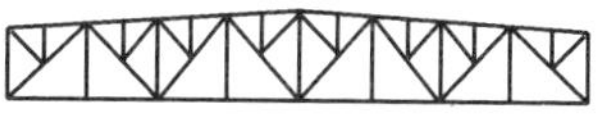			24 ~ 60	$\frac{1}{8}\sim\frac{1}{10}$	
立体桁架	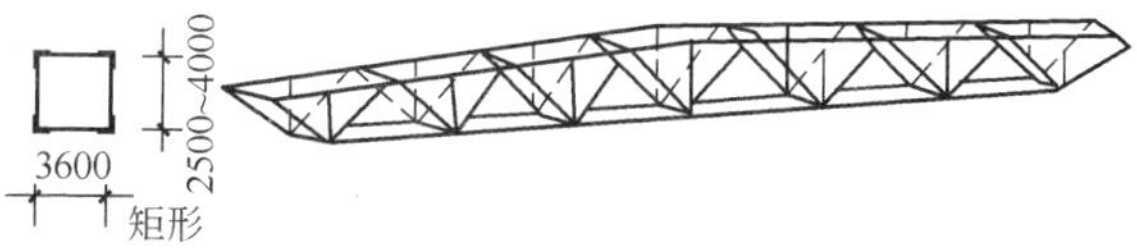 3600　2500~4000　矩形			30 ~ 70	$\frac{1}{10}\sim\frac{1}{14}$	
特殊形式	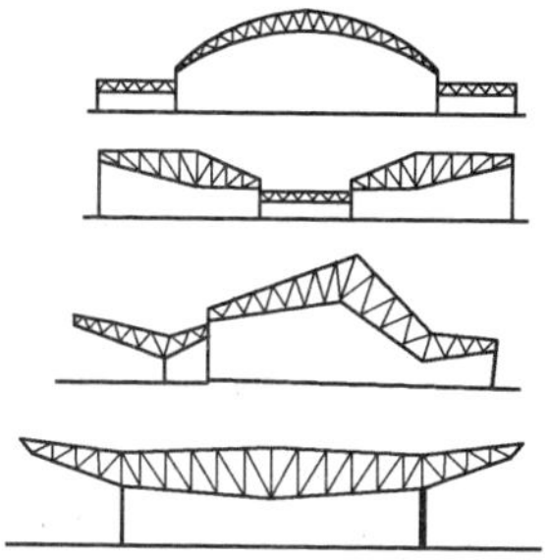					

4. 桁架结构的布置

桁架的布置一般采取平行排列。对于钢筋混凝土桁架，采用普通屋面时，考虑到檩条和屋面板的跨度，间距以 4 ~ 9m 为宜；采用轻型屋面时，间距可达 12m。钢桁架采用轻型屋面时，间距一般为 6 ~ 12m，最大可达 15m。钢桁架立面形式还可根据造型及功能要求变化，如表 9-4 所示。

除了上述平行布置以外，也可采取单榀独用（图 9-14a），多榀辐射汇交（图 9-14b）。

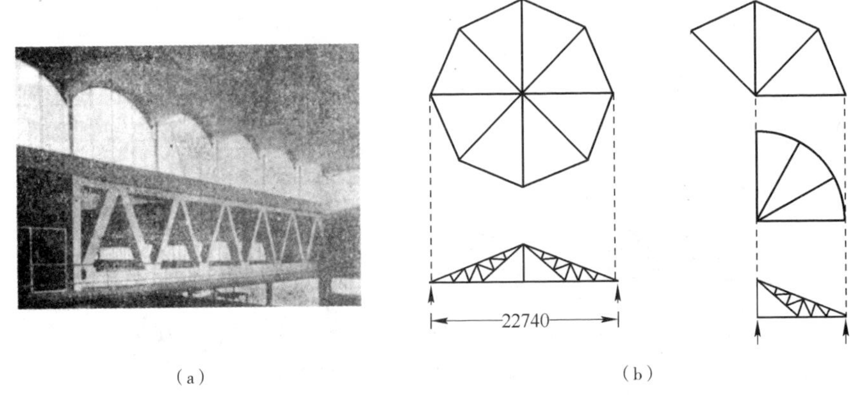

(a)　　(b)

图 9-14 桁架特殊布置

(a) 单榀独用桁架;(b) 多榀辐射桁架

5. 工程实例

国家体育场——鸟巢是北京 2008 年奥运会的主体育场。建筑顶面呈马鞍形，长轴为 332.3m，短轴为 297.3m，南北跨度结构相对标高为 42.246m，东西跨度结构相对标高为 69.900m，屋盖中间开洞长度为 185.3m，宽度为 127.5m（图 9-15a）。主桁架围绕屋盖中间的开口放射形布置，与屋面及立面的次结构一起形成了“鸟巢”的特殊建筑造型。大跨度屋盖支撑在周边的 24 根桁架柱之上。48 榀主桁架尽可能直通或接近直通，并在中部形成由分段直线构成椭圆形的内环（图 9-15b、c）。主桁架总用钢量约 14 000t，桁架柱约 17 020t，主桁架与桁架柱一起共同形成如图 9-15（d）所示的主要承力体系。主桁架的轴线高度为 12m，上下弦及腹杆均为箱形截面构件（图 9-15e），其空间位置复杂多变，形体宏大、美观。

(a)　　(b)

图 9-15 国家体育场——鸟巢结构体系

(a) 鸟巢骨架和形体;(b) 主桁架平面布置示意

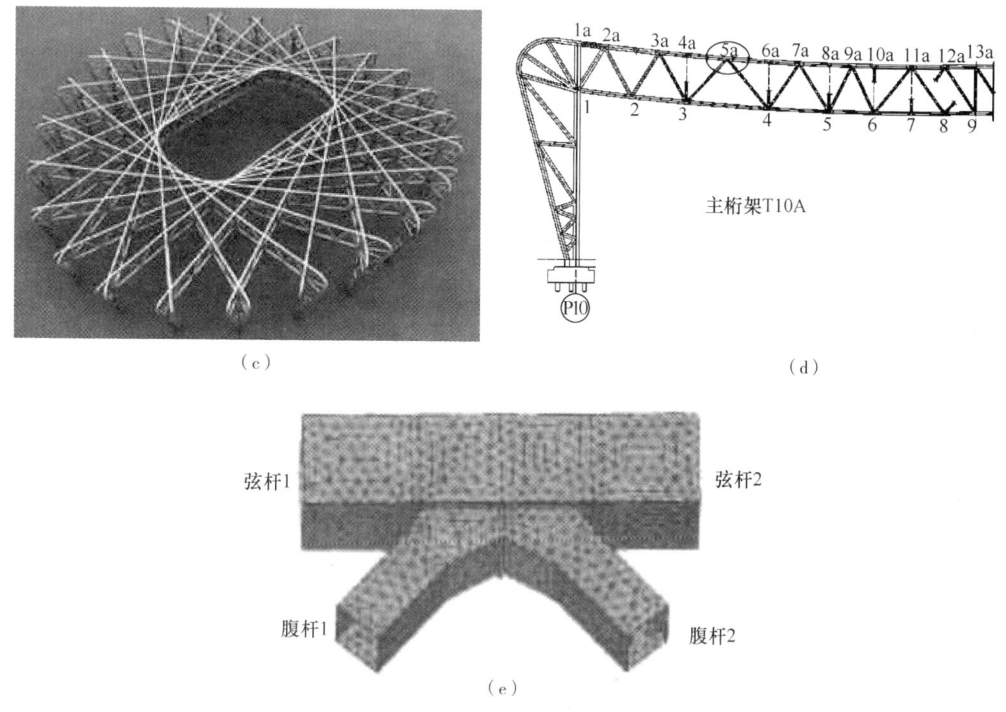

（c） （d） （e）

图 9-15 国家体育场——鸟巢结构体系（续）

（c）主桁架立体模型；（d）主桁架立面示意；（e）桁架箱型杆件节点

9.3 拱结构

1. 受力特点

拱是一种从古到今广泛应用的结构体系，杆轴为凸向外荷载的曲线，在竖向荷载作用下产生推力并以轴向受压为主，而拱脚支座的水平推力能抵消竖向荷载引起的弯矩作用，从而减少拱杆的弯矩峰值。而让拱完全没有弯矩只有压应力的曲线形式为倒悬链形（自然下垂的链条只有拉应力，推断倒转后凸曲线只有压应力）。所以悬链形拱在均布荷载下最经济合理，但施工不便，且活荷载的影响使荷载变化，故一般做成圆弧形，抛物线形。一般情况下，结构所受外力的传递路线越短捷，其外力越是能够直接地传到基础，结构越经济，落地拱就是这样一种结构（图 9-16）。

2. 处理水平推力的方式

拱的最大特点是产生水平推力，也是其区别于梁的重要标志，而保证拱的正常工作，必须使支座能承受住推力而不位移，故拱脚推力的处理是拱结构设计的中心问题，抗推力的方式有以下四种。

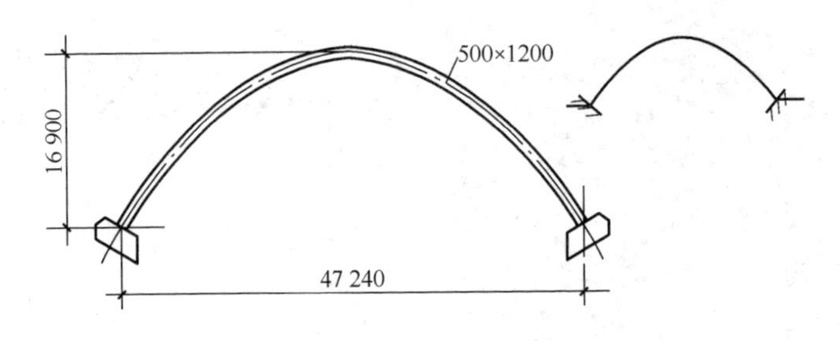

图 9-16 落地拱（单位：mm）

1）推力由拉杆承受

推力由拉杆承受后，支承拱的柱或墙就不承受推力所产生的水平力，只有竖向力，使受力简化、用料省、较经济，但带拉杆的拱使室内空间（净高与内景）欠佳，应用受到限制。落地拱如采用拉杆可使基础受力简单、减小底面积、截面尺寸和埋深，当地质条件不好时，落地拱采用拉杆较为经济（图 9-17）。

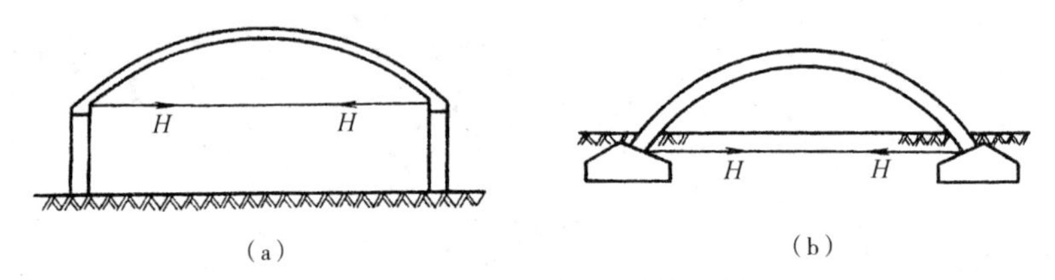

图 9-17 拱脚水平推力由拉杆承受

2）推力由水平结构承担

让推力由拱脚标高平面内的水平结构（圈梁、挑檐板、边跨现浇混凝土屋盖等）承担，使拱脚以下的墙、柱、刚架等竖向结构顶部不承受水平推力。这一方案用料较多，造价较高（图 9-18）。

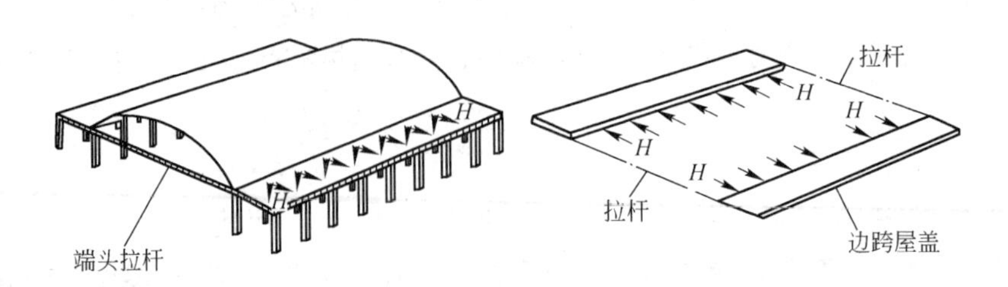

图 9-18 拱脚水平推力由山墙内的拉杆承担

3）推力由竖向结构承担

利用支承拱脚的竖向结构来抵抗推力，因此要求竖向结构应有极大刚度，极小变形。抗推力竖向结构有下列四种形式（图 9-19）。

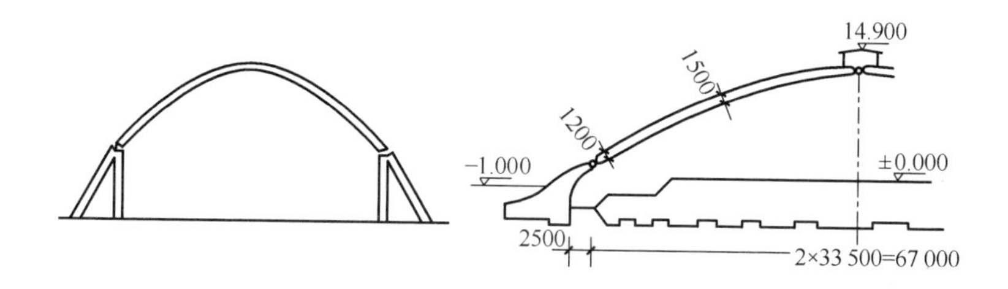

拱脚水平推力由斜柱墩承担

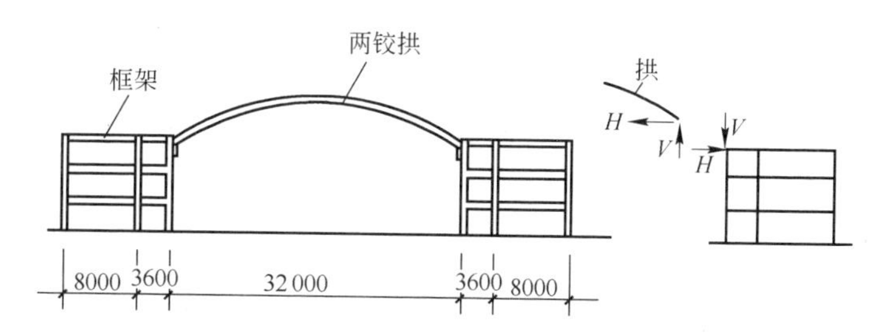

拱脚水平推力由侧边框架承担（北京崇文门菜市场）

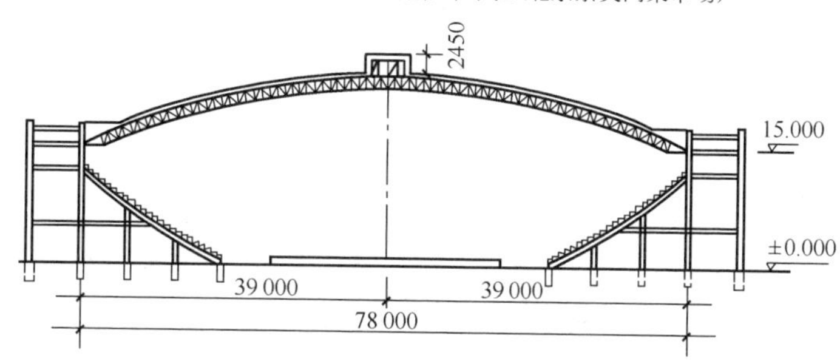

拱脚水平推力由侧边框架承担（某体育馆）

图 9-19　竖向结构承担推力

（1）扶壁墙墩。小跨度拱的推力较小或拱脚标高较低时，推力可由带扶壁柱的砖墙或墩承担。

（2）飞券。哥特式教堂中厅尖拱的拱脚标高很高，利用凌空腾越的飞券把推力从高处向下传递给标高较低的墙墩。

（3）斜柱墩。当跨度较大，拱脚推力较大时，采用斜柱墩方案，既传力直接、用料经济合理，又造型新颖。

（4）边跨结构。当拱跨较大，且其旁侧有边跨建筑时，就可让拱脚推力传给边跨结构，靠它把推力均匀传布开去。这些抗推力的边跨竖向结构，可以是单层或多层的结构体系。为保证其侧移极小，抗侧力竖向结构必须有足够的刚度，且基底不应出现拉应力。

4）推力由基础直接承受

对落地拱，当水平推力不太大或地质条件较好时，拱的推力可由基础直接承受，并通过基础传给地基。采用这种方案基础尺寸一般都很大，材料用量较多。为了更有效地抵抗推力，基底常做成斜面形状（图 9-16）。

3. 拱的类型与基本尺度

1）类型

拱按结构组成和支承方式可分为三铰拱、两铰拱、无铰拱三种；按材料分为木拱、砖拱、石拱、钢筋混凝土拱、钢拱；按截面形式分为实体拱和格构式拱（截面高大于 1.5m 时），除此之外，拱身还可做成折波式或多波式的板式拱，它们既是围护结构又兼作承重构件，具有自重小、刚度好、美观的特点。

2）拱的矢高

矢高对拱的外形影响很大，直接影响建筑造型和构造处理。矢高的大小还影响拱身轴力与拱脚推力大小，水平推力与矢高成反比，确定矢高要从建筑外形和结构合理性两方面考虑，一般矢高 $f=\left(\frac{1}{7}\sim\frac{1}{5}\right)L$（$L$ 为跨度）最小不小于 $\frac{1}{10}L$。当 $f<\frac{1}{4}L$ 时可用圆弧形代替抛物线形以简化施工和便于标准化制作。

3）拱身截面高度

钢筋混凝土拱截面一般为实体形式，有矩形、工字形两种；钢结构拱一般采用格构式，当为实体式时一般为工字形。拱身截面高度按表 9-5 估算。

拱身截面高度估算表　　表 9-5

类型	实体式	格构式
钢筋混凝土拱	$\left(\frac{1}{40}\sim\frac{1}{30}\right)L$	—
钢结构拱	$\left(\frac{1}{80}\sim\frac{1}{30}\right)L$	$\left(\frac{1}{60}\sim\frac{1}{30}\right)L$

4. 拱结构的布置

拱结构一般平行布置，也可根据平面的需要交叉布置，构成圆形或正多边形平面（图9-20）。图 9-20（b）为法国巴黎工业技术展览中心结构示意图，大厅结构由三个交叉的宽拱组成，它们在拱顶处相遇。拱的水平推力由布置在地下的预应力拉杆承担，拉杆的平面布置也为正三角形，图中 H 为拱脚水平推力，T 为拉杆拉力。

当拱从地平面开始时，拱脚处墙体构造极为不便，同时建筑物内部空间的利用也不好，为此可在拱脚附近外设一排直墙，把拱包在建筑物内部；或外墙收进，将拱脚暴露在外，见图 9-20（d）；也可把拱脚改为直立柱式，但受力不好，见图 9-20（c）。

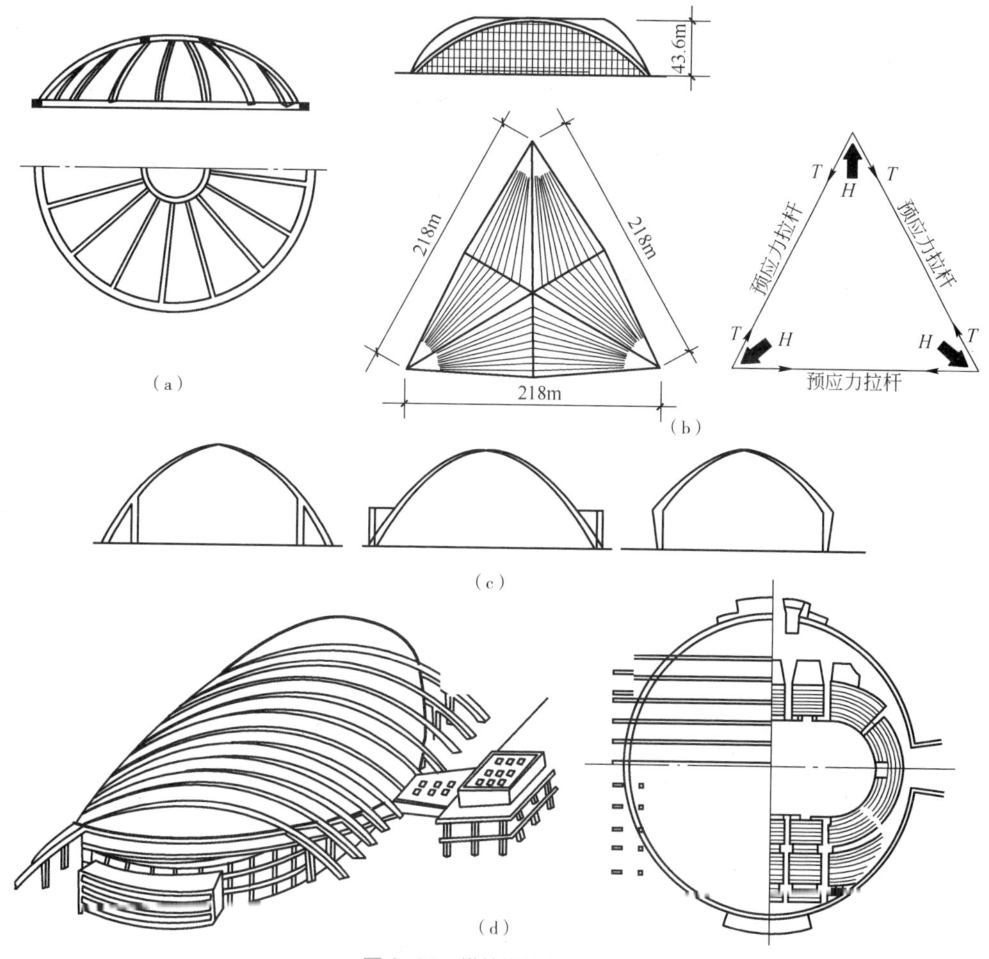

图 9-20　拱结构的布置方式

（a）圆形平面交叉拱；（b）法国巴黎工业技术展览中心结构示意图；（c）拱与建筑外墙的布置关系；（d）美国蒙哥马利体育馆

5. 工程实例

菲律宾的麦克坦－宿雾国际机场（图9-21）的新航站楼由香港工作室 Integrated Design Associates 与当地 Budji Royal 公司的工业设计师 Kenneth Cobonpue 联合设计，建筑屋顶是由连续的跨度30m、高度15m的胶合层压板木拱支撑，拱顶的天窗将自然光引入室内，而拱间的谷形连接则巧妙地结合入了空调系统。在屋顶挑檐的荫蔽下，使建筑的内部可以拥有连续的、毫无遮挡的视野。

（a）　　（b）

图9-21　麦克坦－宿雾国际机场

（a）外观；（b）内景

9.4　薄壳结构

1. 结构特点与优缺点

1）壳体具有三大力学特点

（1）双向直接传力——强度大

垂直壳面的壳体厚度比壳体其他尺寸（如曲率半径 R，跨度 L 等）极其微小，一般要求 $t/R \leqslant 1/20$，故称其为薄壳，实际工程的壳体厚度多在 $1/1000 \leqslant t/R \leqslant 1/50$ 范围。除了其薄的外在表现外，其内在承荷传力特征具有极大的优越性，壳体相对于板来说具有拱相对于梁类似的优越性，但还有很大的区别。壳体是双向受荷传力的空间结构，对于一般的壳体结构，每一计算单元中曲面上的内力有八对（图9-22），它们是正向力 N_x、N_y，顺剪力 $S_{xy}=S_{yx}$，横剪力 V_x、V_y，弯矩 M_x、M_y 及扭矩 $M_{xy}=M_{yx}$。上述内力可分为两类，作用于中曲面的薄膜内力（N_x、N_y、S_{xy}、S_{yx}）和作用于中曲面外的弯曲内力（V_x、V_y、M_x、M_y、M_{xy}、M_{yx}）。理论表明：在壳体支座不受弯矩、剪力作用，且转角和法向位移不受约束，壳体的曲率、厚度、荷载不突变的条件下，当 $t/R \leqslant 1/20$ 时，薄壳中内力可忽略弯曲内力而只考虑薄膜内力。这时可按壳体无矩理论对薄壳结构进行分析，即薄壳能以极小厚度通过双向直接力与顺剪力抗衡各种巨大荷载，并传给支座。

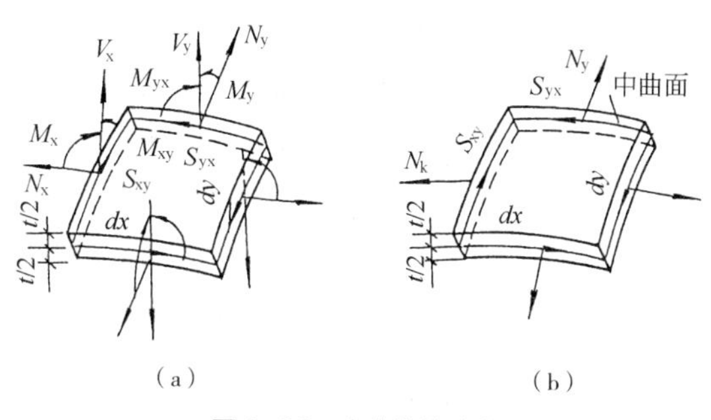

图 9-22　壳体结构内力

（a）壳体结构的内力；（b）薄膜内力

当然，在非对称均布荷载下壳体会产生少许横向弯矩，但只限于局部，故需适当配置钢筋或局部（一般是支座处）加厚壳体。

（2）极大空间刚度——刚度大

曲面的第二大功能是使壳体本身具有极大的空间刚度。平板两个方向的刚度均极小，单曲板有一个方向的刚度极小，只有双曲板各个方向的刚度均极大，双曲是使薄板以最少之料构成最坚之形的最经济途径，这一点已为动物界壳体所证实。

（3）屋面承重合一 ——板架合一

壳体是屋面与承重两功能合一的面系结构中的曲板，能做到合理用材，材尽其用。曲板类型较多，单曲的有筒壳，锥壳等；双曲的有球壳、扁壳、扭壳等，还可切割、组合，形式类别之多为其他结构所不及。

2）壳体的优缺点

由于壳体具有上述三大结构特点，故能充分发挥材料最大潜力，达到自重轻、强度大、刚度大，切实做到合理用材，材尽其用。另外壳体近于自然、曲线优美、形态多变，适于各种平面，为建筑提供了较好的结构条件，给建筑师较多的想象空间。但壳体也存在计算复杂、现浇施工时模板消耗与人工费很高，预制装配化施工因而曲面不能太复杂且整体性差等问题。采取地面现浇整体提升则需设备起重量大，现在也发展了柔膜喷涂成壳的施工方法，解决了一些施工中的难题。

某些壳体（球壳、扁壳）在声学上易产生回声现象及声音聚焦，并给建筑带来较大的内部结构空间，对保温不利。

2. 薄壳结构的曲面形式

1）按高斯曲率分类

在任意形状的壳的中面上某一点 m（图 9-23）可作法线 mn。包含该法线可作一系列的平面，各平面与中面相交可得到许多具有确定方向的平面曲线，其中有两条相互垂直或正交的曲线 r 和

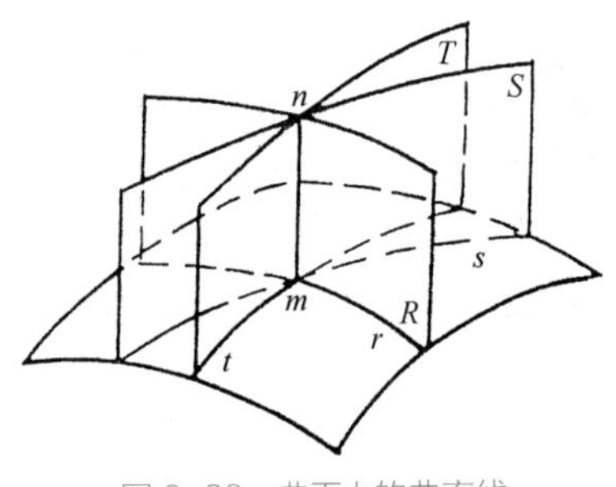

图 9-23 曲面上的曲率线

t 的曲率具有极值，一条的曲率最大，另一条的曲率最小，这两条曲线的曲率称为曲面在该点的主曲率，分别以 k_1 及 k_2 表示。曲面任意点上的高斯曲率等于该点的两主曲率的乘积：$K=k_1 \cdot k_2$。

按高斯曲率的符号，可将曲面划分成下列三类：

（1）正高斯曲率的曲面，即 $K>0$，如球面、椭球面、抛物面等（图 9-24a）。这类曲面上的两个主曲率半径都在曲面的同一侧。

（2）零高斯曲率的曲面，即 $K=0$，如圆柱面、圆锥面等（图 9-24b）。曲面上每点的两主曲率之一等于零，或两主曲率半径之一是无限大。

（3）负高斯曲率的曲面，即 $K<0$，图 9-24（c）所示的单叶双曲面可作为这类曲面的例子。在某点 m 上，两曲率线的曲率中心 P_1 及 P_2 位于该点的两侧，因此，k_1、k_2 具有不同的符号，从而高斯曲率 K 是负的。

壳体可按其中面的高斯曲率符号分类，分别称为正、负、零高斯曲率壳体。

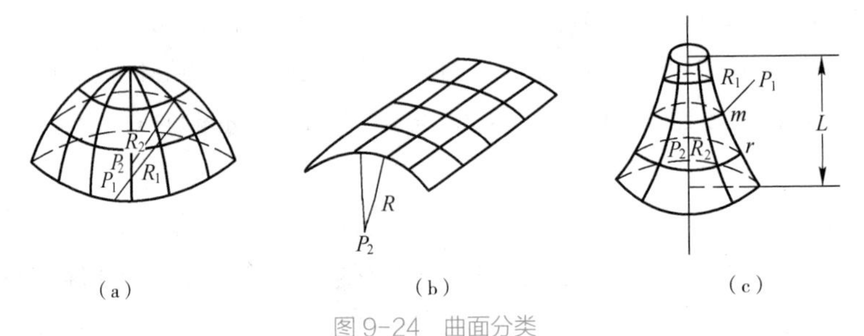

图 9-24 曲面分类

（a）正高斯曲率曲面；（b）零高斯曲率曲面；（c）负斯曲率曲面

2）按其形成的几何特点分类

（1）旋转曲面

由一平面曲线作母线绕其平面内的轴旋转而形成的曲面称旋转曲面。在薄壁空间结构中，常用的旋转曲面有球形曲面、旋转抛物面和旋转双曲面等（图 9-25），球壳结构就是旋转曲面的一种。

（2）平移曲面

一竖向曲母线沿另一竖向曲导线平移所形成的曲面称平移曲面。在工程中常见的椭圆抛物面双曲扁壳就是平移曲面。它是以一竖向抛物线作母线沿另一凸向相同的抛物线作导线平

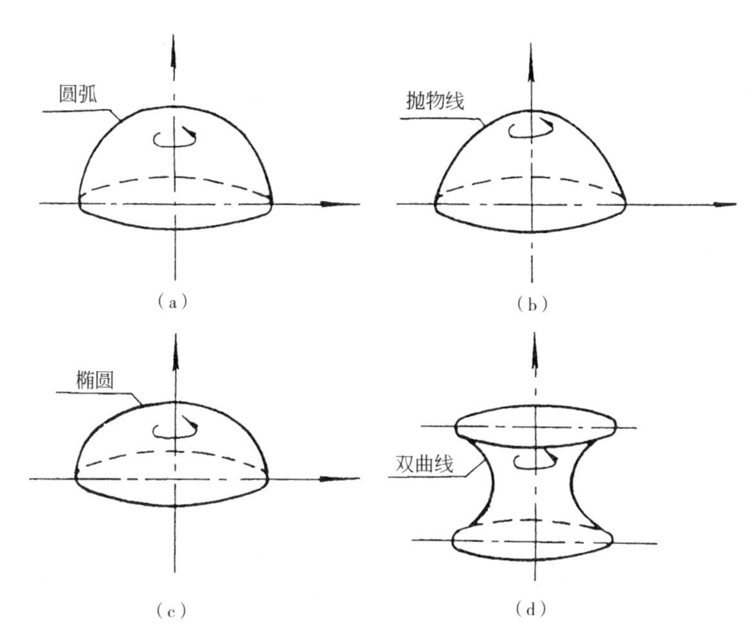

图 9-25　旋转曲面

(a)球形曲面;(b)旋转曲面;(c)椭球面;(d)旋转双曲面

行移动而形成的曲面。因为这种曲面与水平面的截交线为椭圆曲线，所以称之为椭圆抛物面（图 9-26）。

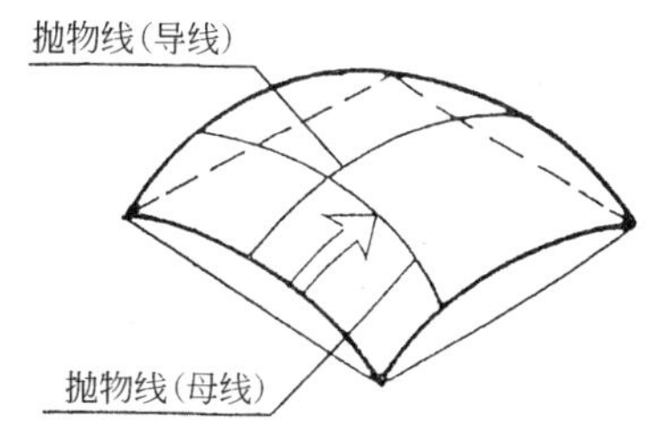

图 9-26　平移曲面

（3）直纹曲面

一段直线的两端各沿二固定曲线移动形成的曲面叫直纹曲面。常用的直纹曲面有如下几种（图 9-27）:

①双曲抛物面

它是以一根直母线在两根相互倾斜但又不相交的直导线上平行移动而形成的曲面，工程中常称它为扭面（图 9-27a），工程中扭壳就是由扭面组成的。它也可用一根竖向抛物线沿一凸向相反的抛物线移动而形成，见图 9-27（b）。扭面也可以认为是从双曲抛物面中沿直纹方向截取的一部分，如图 9-27（a）中的曲面 *abcd*，可以从图 9-27（c）中截取。

②柱面与柱状面

柱面是由直母线沿一竖向曲导线移动而形成的曲面。工程中的筒壳（柱面壳）就是柱面组成的。

柱状面是由一直母线沿着两根曲率不同的坚向曲导线移动，并始终平行于一导平面而形成。工程中的柱状面壳就是由柱状面组成的（图 9-28）。

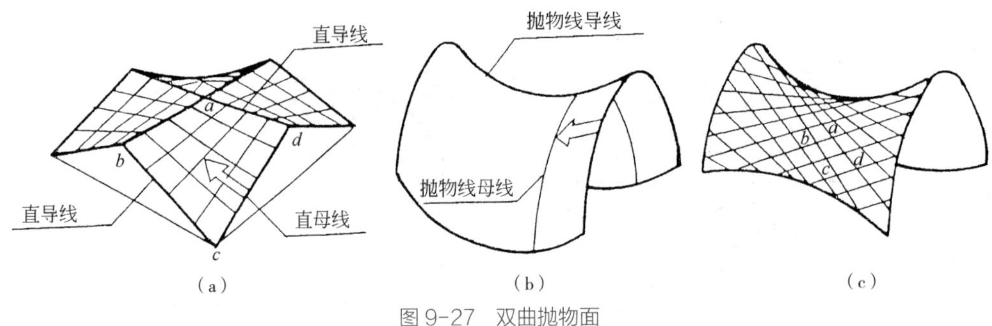

(a) (b) (c)

图9-27 双曲抛物面

(a)扭面;(b)抛物面的形成;(c)双曲抛物面

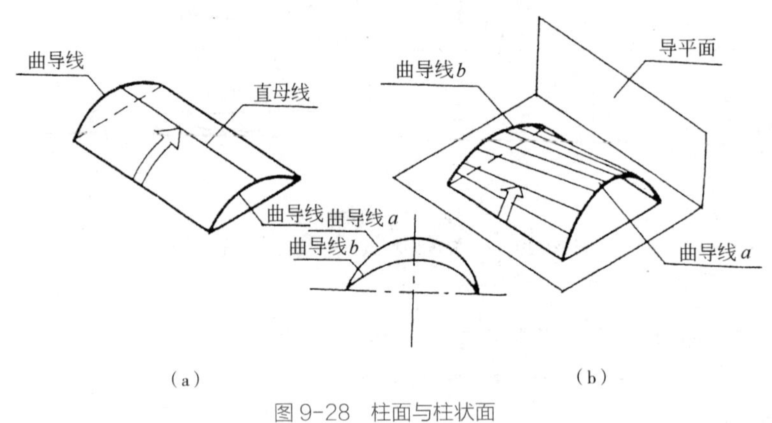

(a) (b)

图9-28 柱面与柱状面

(a)柱面;(b)柱状面

③锥面与锥状面

锥面是一直母线沿一竖向曲导线移动，并始终通过一定点而形成的曲面。工程中的锥面壳就是由锥面组成的。

锥状面是由直母线沿一根直导线和一根竖向曲导线移动，并始终平行于一导平面而形成的曲面。工程中的锥状面壳（劈锥壳）就是由锥状面组成的（图9-29）。直纹曲面壳体的最大优点是施工时模板易制作。

3. 常用形式和其尺度

1）筒壳

（1）筒壳的形式与特点

筒壳的壳板为柱形曲面，所以也称为柱面壳，是一种单曲面壳体，外形简单，模板制作容易，施工方便。

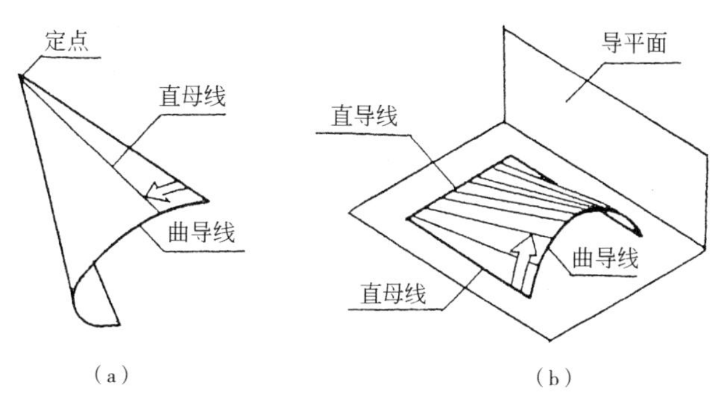

图 9-29 锥面与锥状面
(a)锥面;(b)锥状面

筒壳与筒拱外形相似但不应混淆，筒拱是以曲线两端为支座，而筒壳有边梁和横隔板以纵向直线两端为其支座（有时四边支承）（图 9-30）。

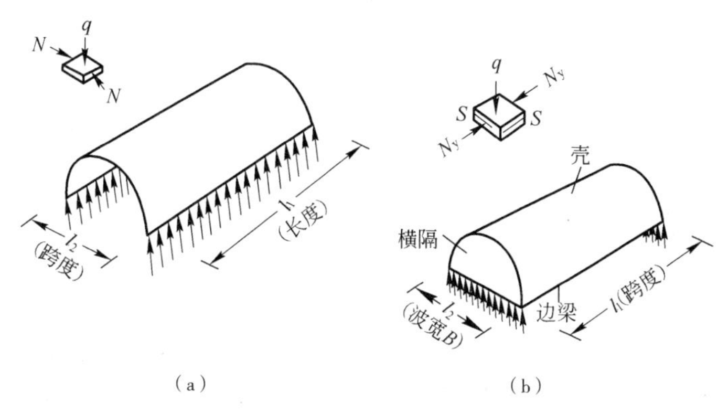

图 9-30 筒壳与筒拱受力比较
(a)筒拱的受力;(b)筒壳的受力

（2）筒壳的构造与尺度

①短壳

A. 壳板

壳板的矢高 f_1 不应小于 $L_2/8$。壳体内力以薄膜内力为主，弯矩极小，壳板内的应力不大，通常不必计算，可按跨度及施工条件决定其厚度。对普通跨度（L_1=6 ~ 12m，L_2=18 ~ 30m）的屋盖，当矢高不小于 $L_2/8$ 时，厚度可按表 9-6 选定。

短壳的板厚 表 9-6

横隔的间距（m）	6	7	8	9	10	11	12
壳板的厚度（mm）	50 ~ 60	60	70	70 ~ 80	80	90	100

B. 边梁

边梁宜采用矩形截面，其高度一般为（1/15 ~ 1/10）L_1，而且不应小于 L_1/15，宽度为高度的 1/5 ~ 2/5。

常用的边梁形式如图 9-31 所示，（a）类的边梁向下，增加了薄壳的高度，使受力有利、省料，是最经济的一种；（b）类为平板式，水平刚度大，有利于减少壳板的水平位移，适用于边梁下有墙或中间支承的建筑；（c）类适用于小型筒壳；（d）类可结合边缘构件做排水天沟。

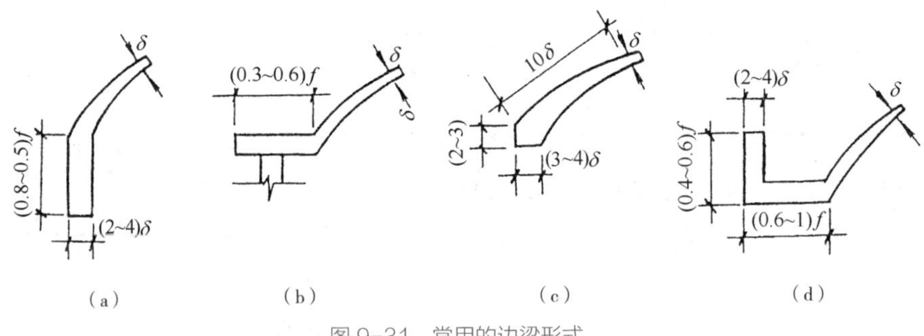

图 9-31 常用的边梁形式

C. 横隔

横隔构件是壳板和边梁的支承构件，宜采用拉杆拱。当波长较大时，也可采用拱形桁架。横隔构件的间距一般采用 6 ~ 12m。常见的横隔构件如图 9-32 所示。

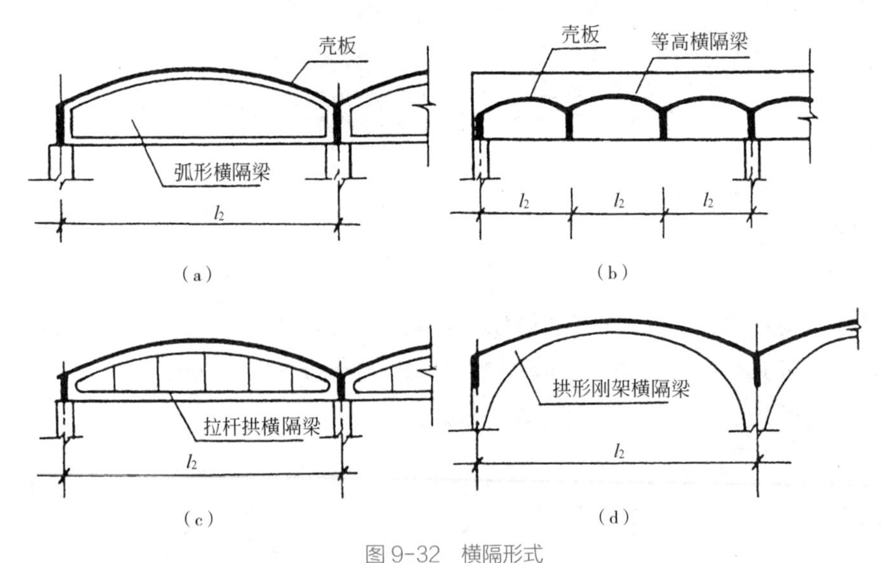

图 9-32 横隔形式

（a）弧形横隔梁；（b）等高横隔梁；（c）拉杆拱横隔梁；（d）拱形刚架横隔梁

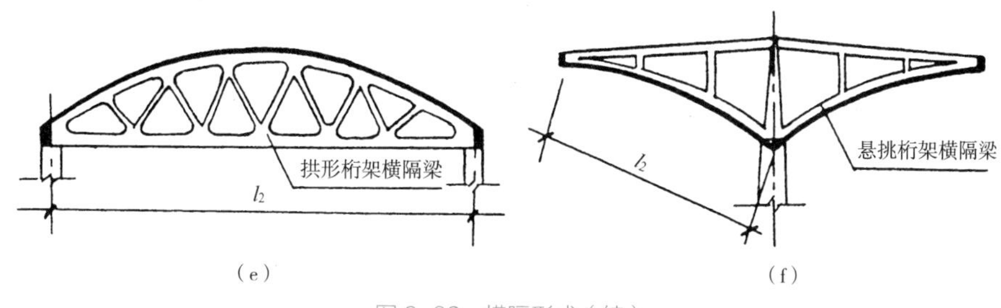

图 9-32　横隔形式（续）
（e）拱形桁架横隔梁；（f）悬挑桁架横隔梁

②长壳

长壳的空间作用没有短壳的明显。长壳大部分是多波式的（图 9-33）。L_1/L_2 的比值一般为 1.5 ~ 2.5，也可达 3 ~ 4。当跨度等于和超过 24m 时，宜采用预应力钢筋混凝土边梁。

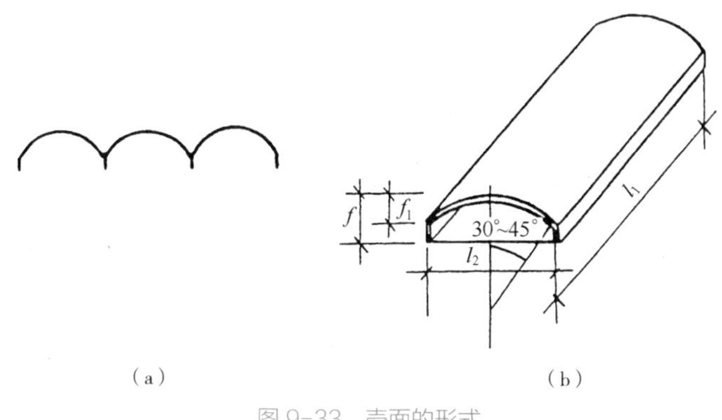

图 9-33　壳面的形式
（a）多波；（b）剖面尺寸

为了保证壳体的强度和刚度，应使壳体截面的总高度 $f \geq$（1/15 ~ 1/10）L_1，采用预应力钢筋混凝土边梁的壳体可适当减少。矢高 f_1 不应小于 $L_2/8$。与壳体截面对应的圆心角以 60° ~ 90° 为宜。壳板边缘处坡度不宜超过 40°，避免浇灌混凝土时自然塌落，否则须上、下两面支模。如果角度过大，坡度太陡，夏季高温时，屋顶油毡沥青还会流淌。壳板厚度 $t=\left(\frac{1}{500}\sim\frac{1}{300}\right)L_1$，且≥ 50mm。

常用的壳板形状为圆弧曲面。壳板厚度 t 一般为 50 ~ 80mm，预制钢丝网壳厚度还可以小些，一般不宜小于 40mm。由于壳板与边梁连接处横向弯矩较大，所以在边梁附近局部加厚。

2）球壳

（1）形式与特点

球壳属于旋转曲面壳，按壳面的构造不同，可分为平滑球壳、肋形球壳和多面球壳三种。在实际工程中平滑球壳应用较多。当建筑平面不完全是圆形及采光要求需将圆顶表面分成单独的区格时，可采用肋形球壳。肋形球壳是由径向及环向肋系与壳板组成，肋与壳板整体连接，当直径不大时可只设径向肋。多面球壳是由数个拱形薄壳相交而成，其优点主要是支座距离可以比平滑球壳大，同时，有较好的建筑外形，比肋形球壳自重轻、较经济。

球壳结构由于为轴对称，同一纬线上的内力均相等，在竖向均布荷载下绝大部分范围内只有薄膜内力 N_x、N_y 存在。N_x 为径向轴力，N_y 为环向轴力（图 9-34），N_x 恒为受压，N_y 则由顶部受压转入下部受拉，其过渡点为 σ = 51°49′，如果球壳自球面中截取出来的幅角 σ > 51°49′ 则球壳的下部就有受拉的环向轴力产生。球壳的支座环承受壳身边缘传来的推力，该推力使支座环在水平面内受拉，在竖向平面内受弯，见图 9-35。球壳的下部支承结构一般有以下几种：①支承在支座环上（该环支承在竖向承重构件上）；②支承在斜柱或斜拱上；③支承在框架上；④直接落地支承在基础上。

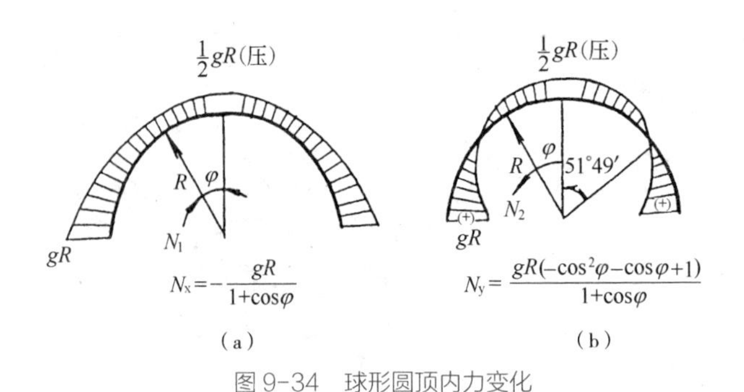

图 9-34 球形圆顶内力变化

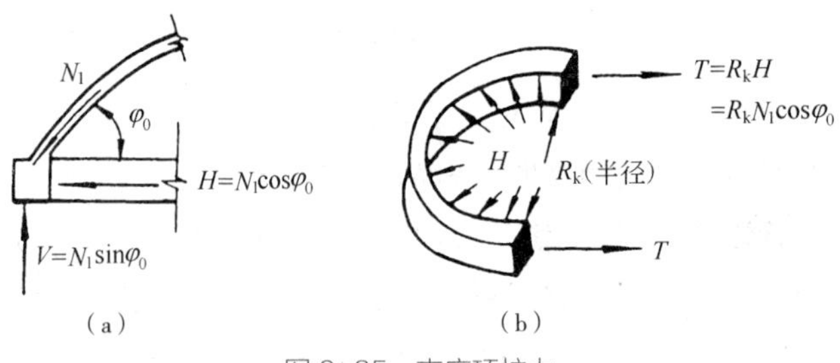

图 9-35 支座环拉力

（2）构造与尺度

球壳的壳板厚 t 一般由构造要求确定，建议可取球壳半径的 $\frac{1}{600}$，对于现浇钢筋混凝土球壳其厚度应不小于 40mm，对于装配整体式球壳其厚度应不小于 30mm，壳板边缘应局部加厚，加厚范围一般不小于壳体直径的 $\frac{1}{12}$ ~ $\frac{1}{10}$，增加的厚度不小于壳体中间部分的厚度。

3）双曲扁壳

（1）形式与特点

扁壳曲面实际上是庞大的普通曲面上的一小块，球面壳、柱面壳、椭圆抛物面壳、双曲抛物面壳等都可做成扁壳，矢高 f 不大于 1/5 跨度者统称为扁壳。双曲扁壳在满跨均布荷载作用下的内力以薄膜内力为主，中部区域主要为压应力，弯矩、顺剪力、扭矩都很小；边缘部分有一定正弯矩，需配置受弯钢筋。而角隅区的扭矩及顺剪力均较大，具有较大的主拉应力与主压应力，是壳体的关键部位，不允许开洞。

双曲扁壳因矢高小，结构所占的空间较小，建筑造型美观、平面多变、施工方便，壳身曲面可分为等曲率与不等曲率两种，可为单波也可双波，一般常用抛物线平移曲面。双曲扁壳由壳身及周边竖向的边缘构件组成（图 9-36）。壳身可是光面的，也可是带肋的，而边缘构件一般是带拉杆的拱或拱形桁架，跨度较小时可以用等截面或变截面的薄腹梁。

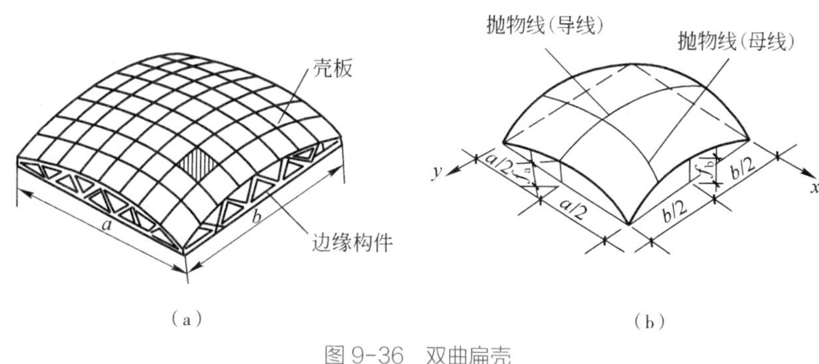

图 9-36 双曲扁壳

（a）双曲扁壳的结构组成；（b）双曲扁壳的面坐标

（2）构造与尺度

双曲扁壳矢高与底面短边之比应不大于 1/5，但也不能太扁以避免向平板转化，承载力下降，材料用量增加。当双面扁壳双面曲率不等时，较大曲率与较小曲率之比，以及底面长边与短边之比，均不宜超过 2。双曲扁壳允许倾斜放置，但壳体底平面的最大倾角不宜超过 10°，其他尺度要求同球壳。

4）双曲抛物面壳

（1）形式与特点

当平移曲面的母线与导线为反向的两抛物线时形成双曲抛物面壳，为负高斯曲率壳体，见图 9-27（c）。工程上常用的扭壳是从双曲抛物面中沿直纹方向切取的一部分，扭壳可以用单块做屋盖，也可结合成多种组合型扭壳，能灵活地适应建筑功能、平面、造型需要。

双曲抛物面壳在竖向均布荷载作用下，曲面内不产生法向力，仅存在剪力 S，剪力 S 产生主拉应力或主压应力，作用在与剪力呈 45° 角的截面上，整个壳面可以想象为一系列拉索与受压拱正交而组成的曲面。在全部壳面上，沿壳的两个对角线方向（索向与拱向）的正向力是一正一负，一拉一压。受压拱存在着压曲失稳问题（故同向双曲壳体壳板太薄了不行），而正好与之正交的另一方向为受拉索，把拱向两侧绷紧，能制约住拱的失稳。这就降低了对防止壳板压曲的要求，扭壳可更薄些，自重更轻些。

正是这种双向一拉一压，使双曲抛物面壳可充分利用混凝土的抗压特性与钢材的抗拉特性，所形成的空间双曲壳面既是屋面又是结构层，并且壳板中的压应力都很小，仅在边缘部分有局部弯矩，在材尽其用上，已达到非常完善的地步。

因此可作出如下结论：扭壳把壳体结构引向了正确的道路，达到了非常理想的受力状态。

扭壳发展很快，其主要优点如下：

①双向直纹——使壳体结构能采用直料模板，沿直纹铺设双向直线钢筋、预应力筋，因此深受施工人员欢迎。

②受力理想——拱向受压、索向受拉，彻底解决了同向双曲壳体的压曲稳定问题，且壳面各点内力一致，能做到各点都材尽其用，反向双曲刚度极好，因此具有极大的经济价值，深受结构工程师的欣赏。

③造型善变——扭壳式样新颖美观，组合图案优美多变，建筑平面适应性强而灵活，音响效果好，因此深受建筑师们的喜爱。

扭壳的缺点是图纸上不易表达，只用一般的平、立、剖面图是不能把扭壳表达清楚的。

（2）构造与尺度

壳厚尺度要求同球壳，但在靠近边缘 1/10 短边长范围内壳板应加厚。对于组合型扭壳，在屋脊交接缝附近的局部区域还应逐渐加厚到 3 ~ 4 倍壳厚，加厚范围需满足受力要求，但不小于短边边长的 1/10，同时应使加厚部分光滑地过渡。

4. 工程实例

罗马小体育宫（图 9-37）为意大利工程师 R · L · 奈尔维所设计，这是一个现代的落地穹顶建筑，用钢筋混凝土网格型球壳屋顶和 36 个斜向 Y 形支撑作为主体结构。壳体屋顶直径 61m，由 1620 个壁厚 25mm 的钢丝网水泥菱形槽板拼装而成，在槽板间和其上浇筑混凝土形成整体，兼作防水层。在建筑方面，把 Y 形斜向支撑露在室外，不仅在外形上显示出结构美，形象地表现了独具风格的艺术效果，而且避开了穹顶近地面处不便利用的空间。穹顶的檐边波浪起伏，优美自然，在功能上既可作为屋面与支撑构件间的过渡，又便于设置高侧窗。屋顶中央设置略为突出屋面的天窗，使穹顶不至于单调。

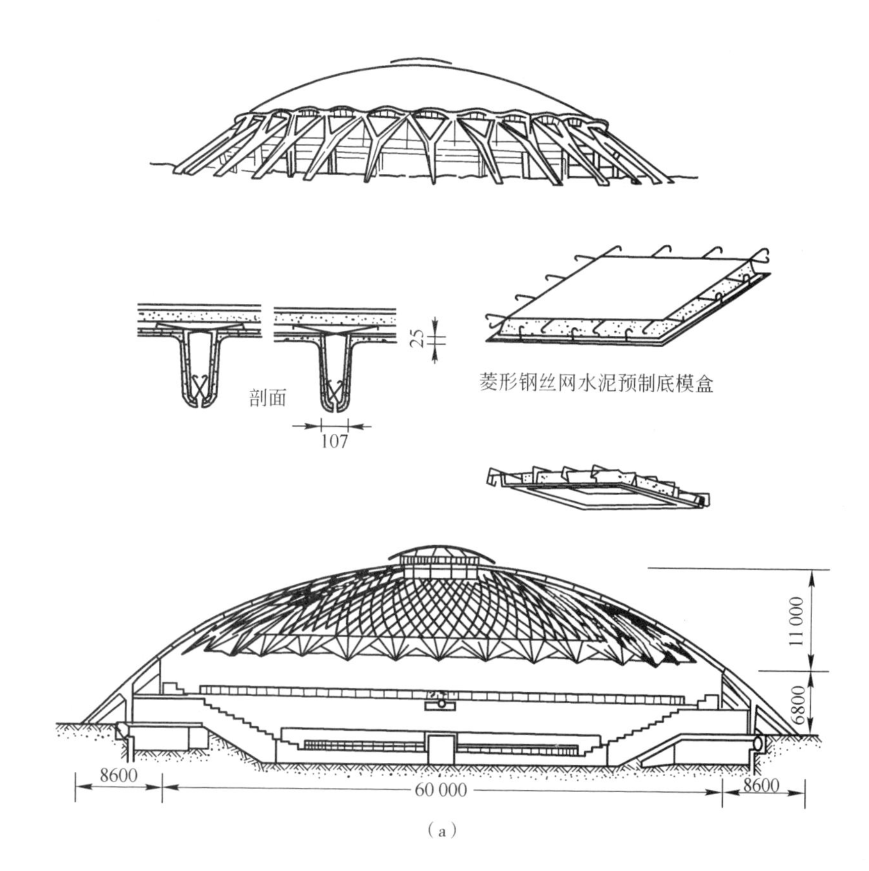

（a）

（b） （c）

图 9-37 罗马小体育宫

(a) 罗马小体育宫立面、预制构件节点、剖面（单位：mm）;（b）罗马小体育宫内景照片；（c）罗马小体育宫施工照片

从室内看，结构用统一化的菱形网格构成一幅绚丽的葵花图案，蔚然成景。下部看台布置与屋顶遥相呼应，使室内空间与结构高度融为一体，协调而有韵律。在施工方面，追求工艺的先进性、经济性，采取标准化的装配整体式结构，既保证了整体性，又加快了施工进度（主体完工仅40d）。

因此，该工程是建筑、结构、施工完美结合的产物。

9.5 折板结构

1. 受力特点

它是以一定角度整体联系的薄板体系。折板结构通过折缝和端部支座或中部横隔的加劲作用，能形成具有折线形横截面的梁、刚架、拱或穹顶等结构，是一种双向受力与传力体系，横向靠多跨连续板传力，纵向靠侧缝及两侧斜板传力。故受力性能良好，又因主要是板式结构，构造简单、施工方便、模板消耗少。

2. 结构形式与尺寸

折板结构的形式主要分为有边梁的和无边梁的两种。无边梁的折板由若干等厚度的平板和横隔构件组成，预制V形折板就是其中的一种。有边梁的折板一般为现浇结构，由板、边梁和横隔构件三部分组成，与筒壳类似（图9-38）。边梁的间距 l_2 通常也称为波长，横隔的间距 l_1 称为跨度。

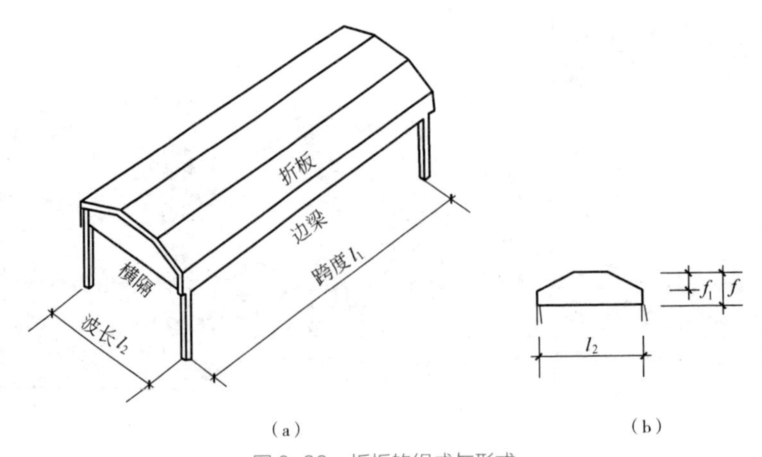

图9-38 折板的组成与形式

（a）折板结构的组成；（b）折板断面尺寸

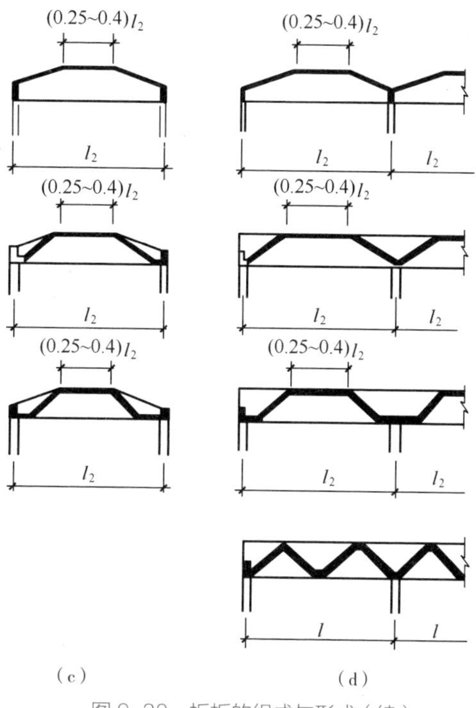

图 9-38　折板的组成与形式（续）
（c）单波；（d）多波

折板结构可以有单波和多波，单跨和多跨。板的宽度一般不宜大于 3.5m，使其厚度不超过 100mm，否则，板的横向弯矩过大，板厚增加，自重大，不经济。顶板的宽度应为（0.25 ~ 0.4）l_2。波长 l_2 一般不应大于 12m，跨度 l_1 可达 27m，甚至更大。

影响折板结构形式的主要参数有倾角 α、高跨比 f/l_1 及板厚 t 与板宽 b 之比 t/b。折板屋盖的倾角 α 越小，其刚度也越小，这就必然造成增大板厚和多配置钢筋，经济上是不合理的。因此，折板屋盖的倾角 α 不宜小于 25°。高跨比 f/l_1 也是影响结构刚度的主要因素之一，跨度越大，要求折板屋盖的矢高越大，以保证足够的刚度。长折板的矢高 f 一般不宜小于（1/15 ~ 1/10）l_1；短折板的矢高 f_1 一般不宜小于（1/10 ~ 1/8）l_2。板厚与板宽之比，则是影响折板屋盖结构稳定的重要因素，板厚与板宽之比过小，折板结构容易产生平面外失稳破坏。折板的厚度 t 一般可取（1/50 ~ 1/40）b 且不宜小于 30mm。装配整体式 V 形折板的几何参数见图 9-39 及表 9-7。

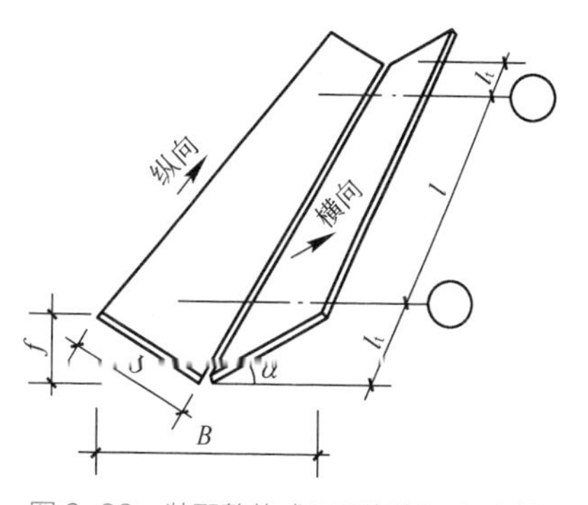

图 9-39　装配整体式 V 形折板几何参数

表 9-7

V 形折板几何参数

折板类型	跨度 l（m）	倾角 α	高跨比		板厚与板宽之比 t/b	跨度与波宽之比 l/B
			简支 f/l	悬臂 f/l_t		
钢筋混凝土 V 形折板	≤ 21	≥ 25°	$>\frac{1}{15}$	$>\frac{1}{5}$	$>\frac{1}{35}$	3 ~ 7.5
预应力混凝土 V 形折板	≤ 27	≥ 25°	$>\frac{1}{20}$	$>\frac{1}{7}$	$>\frac{1}{40}$	3 ~ 10.5

3. 工程应用实例

建于巴黎的联合国教科文组织总部会议大厅为典型的折板结构。会议大厅采用两跨连续的折板刚架结构，其两边的支座为折板墙，中间支座为支承于 6 根柱子上的大梁，为适应抗弯需要，沿折板最大压应力曲线设置一道实心曲板，如图 9-40 所示。

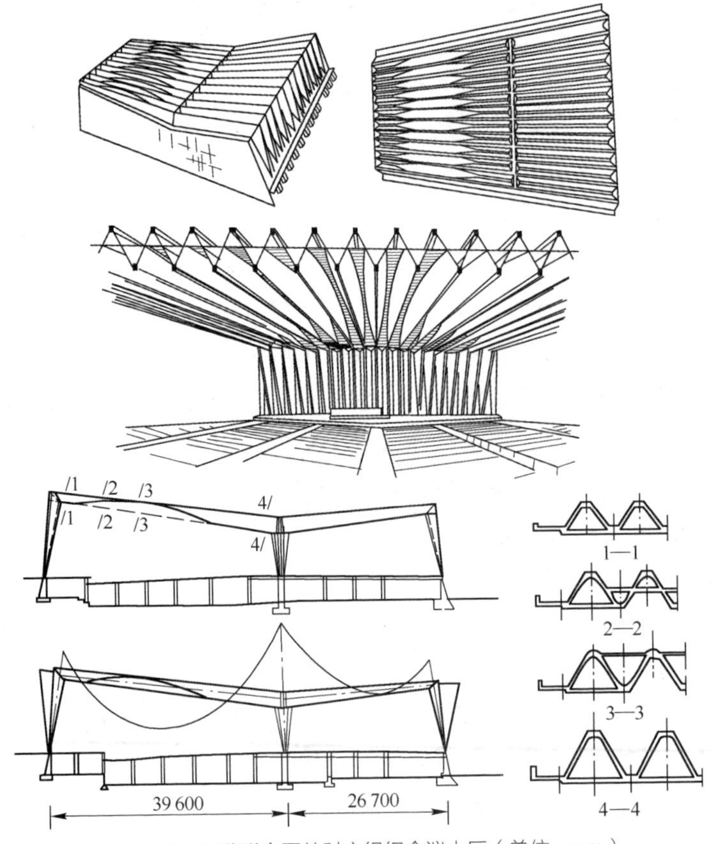

图 9-40 巴黎联合国教科文组织会议大厅（单位：mm）

9.6 网架结构

1. 特点与类别

网架是由许多杆件按照一定规律组成的网状结构，是一种受力性能很好的空间高次超静定结构体系。网架结构的材料多采用钢管或角钢制作，节点多为空心球或钢板用焊接、螺栓或铆钉相连。

1）网架结构的优缺点

（1）网架结构具有以下优点

①三维受力的网架结构较平面结构节省材料。网架结构比传统的钢结构节省 20% ~ 30% 的用钢量，如采用轻屋面，经济效果将会更显著。

②应用范围广、适应性强。网架结构不仅用于中小跨度的工业与民用建筑，更适于大跨度的公共建筑，且能适应于各种平面形状，给建筑带来极大的灵活性与通用性。

③网架结构上、下弦之间的结构空间可以利用，这样可以降低层高，减少造价，获得良好的经济效果。

④网架结构整体空间刚度大，稳定性能及抗震性能好，安全储备高，对于承受集中荷载、非对称荷载、局部超载、地基不均匀沉陷等均较有利。

⑤网格尺寸小，上弦便于设置轻屋面，下弦便于设置悬挂吊车，且可在两个方向设置悬挂吊车，悬挂吊车的起重量一般为 10 ~ 50kN，最大可达 100kN。

⑥网架结构的建筑造型美观、大方、轻巧、形式新颖。

⑦网架结构用于大柱网的工业厂房，可灵活布置工艺流程，并可做成标准化的工业厂房。

⑧网架结构采光方便，可设置点式采光、块式采光或带式采光，采光的方式可设置升起的平天窗或侧天窗。

⑨网架结构屋盖通风方便，既可采用侧窗通风，也可在屋面上开洞设流风机。

⑩便于定型化、工业化、工厂化、商品化生产，便于集装箱运输，零件尺寸小，重量轻，便于存放、装卸、运输和安装，现场安装不需要大型起重设备。

⑪ 网架结构如采用螺栓连接，便于拆卸，可适用于临时建筑。

⑫ 计算绘图简便，设计出图极快，为下部结构的设计提供了方便条件。

（2）网架结构的缺点

①网架为板式受弯构件，内力变化大，差值大，而为了型号规格的统一，使很多材料不能材尽其用；

②制作、装配精度要求高，尤其是壳形网架。

2）网架结构的类别

（1）按外形可分为平板型网架与壳形网架，平板型网架都是双层的，壳形网架则有单层、双层，单曲、双曲等形状。

（2）按材料分有钢筋混凝土网架、钢木组合网架、钢网架，一般前两种采用较少，大都采用钢结构。

2. 平板网架的形式与适用范围

平板网架是一种杆件为轴向受力的空间多向桁架，但其整体仍为板式受弯，是格构化的板，可分为交叉桁架体系和角锥体系两类。

1）交叉桁架体系网架

这类网架结构是由许多上、下弦平行的平面桁架相互交叉联成一体的网状结构。网架的节点构造与平面桁架类似。交叉桁架体系网架的主要形式可分为：

（1）两向正交正放网架（井字形网架）

这种网架是由两个方向相互交叉成 90° 的桁架组成，而且两个方向的桁架与其相应的建筑平面边线平行，见图 9-41（a）。

这种网架构造比较简单，一般适用于正方形或接近正方形的矩形建筑平面，这样两个方向的桁架跨度相等或接近，才能共同受力发挥空间作用。如果建筑平面为长方形，受力状态就类似于单向板结构，长向桁架相当于次梁，短向桁架相当于主梁，网架的空间作用会很小，而且主要是短向桁架受力。因此，两向正交正放网架构造不适用于长方形的建筑平面。

对于中等跨度（50m 左右）的正方形建筑平面，采用两向正交正放网架较为有利。

在实际工程中，这种形式的网架用得较少，尤其是当网架周边支承时，它不如两向正交斜放网架刚度大，用钢量也较多。当为四点支承时，它就比正交斜放的网架有利。

两向正交正放网架当为四点支承时，其周边一般均向外悬挑，悬挑长以 1/4 柱距为宜。这种形式的网架，从平面图形看是几何可变的，为了保证网架的几何不变性，和有效传递水平力，必须适当设置水平支撑。

（2）两向正交斜放网架

这种网架是由两个方向相互交角为 90° 的桁架组成，桁架与建筑平面边线的交角为 45°，见图 9-41（b）。从受力上看，当这种网架周边为柱子支承时，因为角部短桁架 C-D、E-F 等的相对刚度较大，于是便对与其垂直的长桁架 A-H、B-G 等起弹性支承作用，使长桁架在角部产生负弯矩，从而减少了跨度中部的正弯矩，改善了网架的受力状态，见图 9-41（b）。但角部负弯矩的存在，对四角支座产生较大的拉力。为了不使拉力过大，北京国际俱乐部网球馆把角柱去掉，使拉力分散，由角部两个柱子共同来承担，避免了拉力集中，简化了支座构造。但这样做的结果是屋面起坡脊线的构造处理较为复杂。所以，当需四坡起拱时，长桁架通往角柱是有利的。

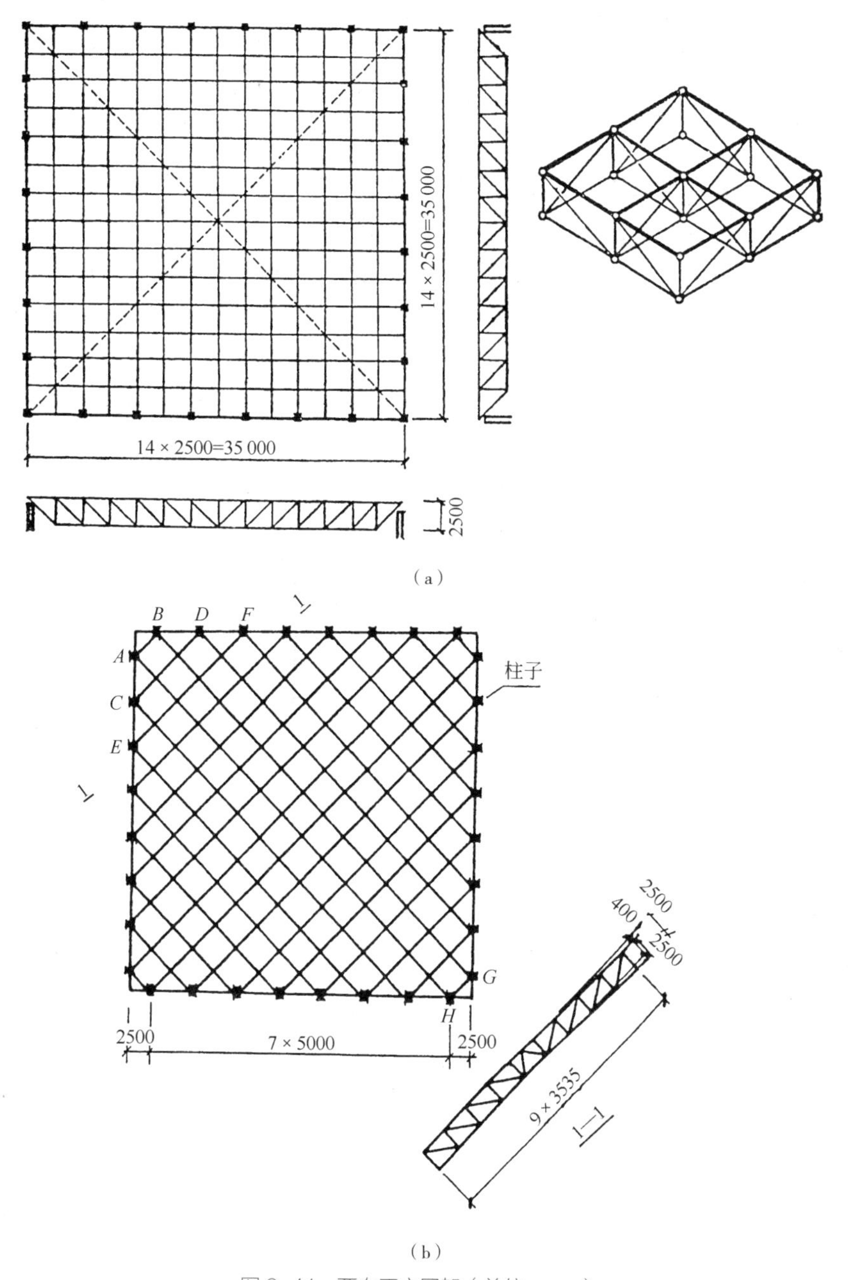

图 9-41　两向正交网架（单位：mm）

（a）两向正交正放网架；（b）两向正交斜放网架

两向正交斜放网架用于较长的矩形建筑平面时，布置如图 9-42 所示。其平面桁架长度 L 为其相应的直角边的 $\sqrt{2}$ 倍，桁架最大的长度为 $\sqrt{2}\,L_1$。由此可以看出桁架长度并不因 L_2 的增加而改变。它克服了两向正交正放网架当建筑平面为长条矩形时接近单向受力状态的缺陷。

这种网架不仅适用于正方形建筑平面，而且也适用于不同长度的矩形建筑平面。由于它的建筑形式比较美观，因此，使用范围较两向正交正放网架广泛。在周边支撑的情况下，它与正交正放网架相比，不仅空间刚度较大，而且用钢量也较省，特别在大跨度时，其优越性更为明显。

（3）两向斜交斜放网架

由于使用和建筑立面要求，有时相邻两个立面的柱距不等，于是，两个方向的桁架不能正交，只能相交成任意角度，如图 9-43 所示。采用这种网架要注意的是两个方向桁架的夹角不宜太小，以免造成构造上不合理。这种网架在实际工程中用得较少。

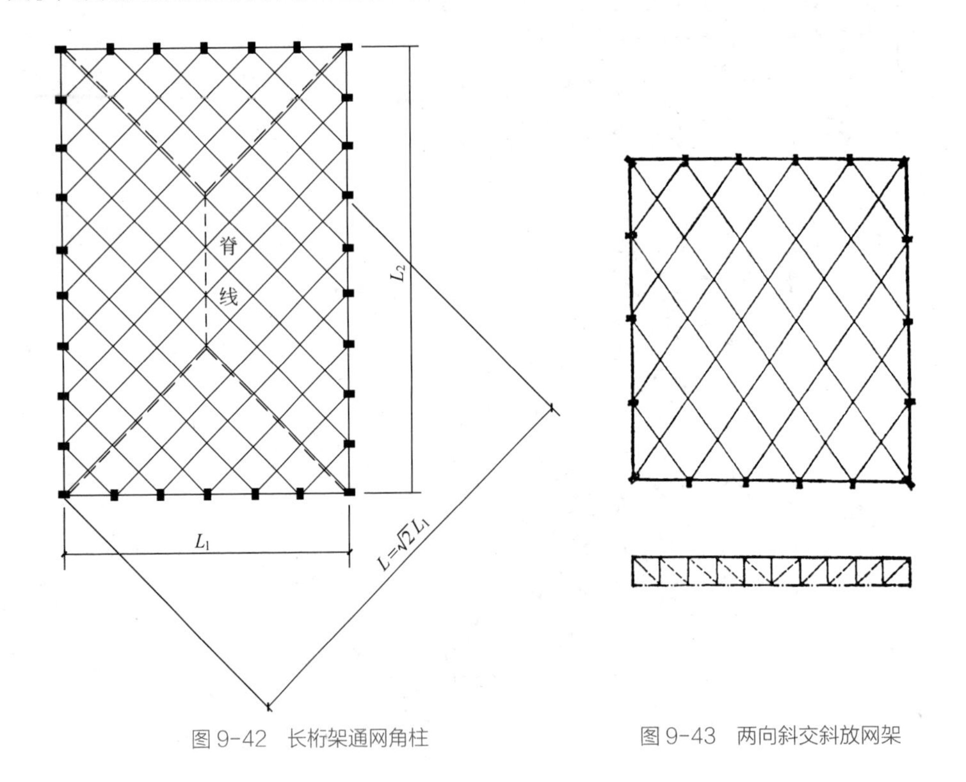

图 9-42 长桁架通网角柱

图 9-43 两向斜交斜放网架

（4）三向交叉网架

它是由三个方向的平面桁架互为 60° 夹角组成的空间网架。它比两向网架的空间刚度大。在非对称荷载作用下，杆件内力比较均匀。但它的杆件多，节点构造复杂。当采用钢管杆件球节点时，节点构造比较简单。它适合于大跨度的建筑，特别适合于三角形、多边形和圆形平面的建筑，如图 9-44 所示。

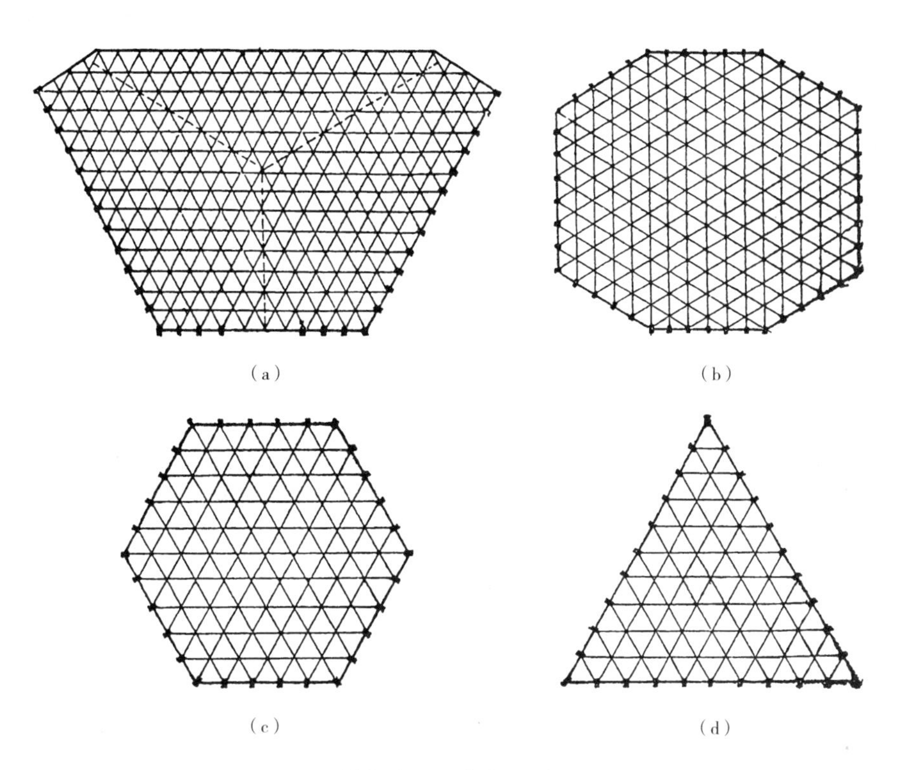

图 9-44 三向交叉网架
(a) 扇形平面(上海文化广场);(b) 八角平面(江苏体育馆);(c) 六角形平面;(d) 三角形平面

这种网架的节间一般较大，有时可达 6m 以上，因此适于采用再分式桁架。

2) 角锥体系网架

角锥体系网架是由三角锥、四角锥或六角锥单元分别组成的空间网架结构。由三角锥单元组成的叫三角锥体网架，由四角锥和六角锥单元组成的分别叫四角锥和六角锥体网架。它比交叉桁架体系网架刚度大，受力性能好。它还可以预先做成标准体单元，这样安装、运输、存放都很方便(图 9-45)。

(1) 四角锥体网架

一般四角锥体网架的上弦和下弦平面均为方形网格，上、下弦错开半格，用斜腹杆连接上、下弦的网格交点，形成一个个相连的四角锥体。四角锥体网架上弦不易设置再分杆，因此，网格尺寸受限制，不宜太大。它适用于中小跨度。

日前，常用的四角锥体网架有两种。

①正放四角锥体网架

所谓正放，是指锥的底边与相应的建筑平面周边平行。正放四角锥网架可以由倒四角锥(锥

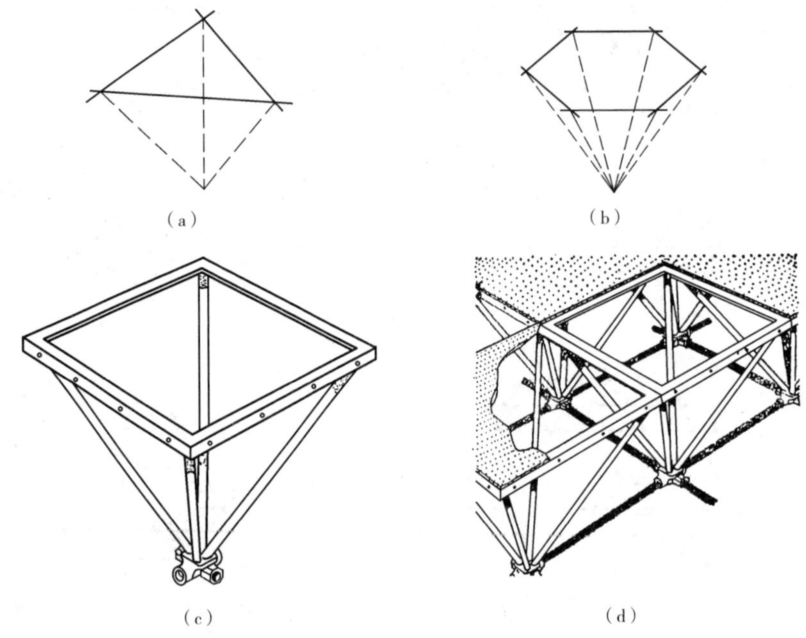

图 9-45 角锥网架
（a）三角锥单元；（b）六角锥单元；（c）四角锥单元；（d）四角锥单元拼装

尖向下）单元组成，锥的底边相连成为网架的上弦杆，锥尖的连杆为网架的下弦杆，上、下弦杆平面错开半个网格，锥体的棱角杆件为腹杆（图 9-46a 为杭州歌剧院网架）。正放四角锥网架也可由正四角锥（锥尖向上）单元组成。这样，锥的底边相连成为网架的下弦杆，锥尖的连杆为上弦杆，上、下弦杆平面也错开半个网格。上海师院球类房屋顶结构就是这种网架（31.5m×40.5m）（图 9-46b）。

正放四锥体网架杆件内力比较均匀。当为点支承时，除支座附近的杆件内力较大外，其他杆件的内力也比较均匀。屋面板规格比较统一，上、下弦杆等长，无竖杆，构造比较简单。

这种网架适用于平面接近正方形的中、小跨度周边支承的建筑，也适用于大柱网的点支承、有悬挂吊车的工业厂房和屋面荷载较大的建筑。

为了降低用钢量，使构造简单以及便于屋面设置采光通风天窗，也可以跳格布置四角锥（图 9-47）。

②斜放四角锥体网架

所谓斜放，是指四角锥单元的底边与建筑平面周边夹角 45°（图 9-48）。它比正放四角锥体网架受力更为合理。因为四角锥体斜放以后，上弦杆短，对受压有利，下弦杆虽长，但为受拉杆件，这样可以充分发挥材料强度。斜放四角锥体网架的形式新颖，经济指标较好，节点汇集的

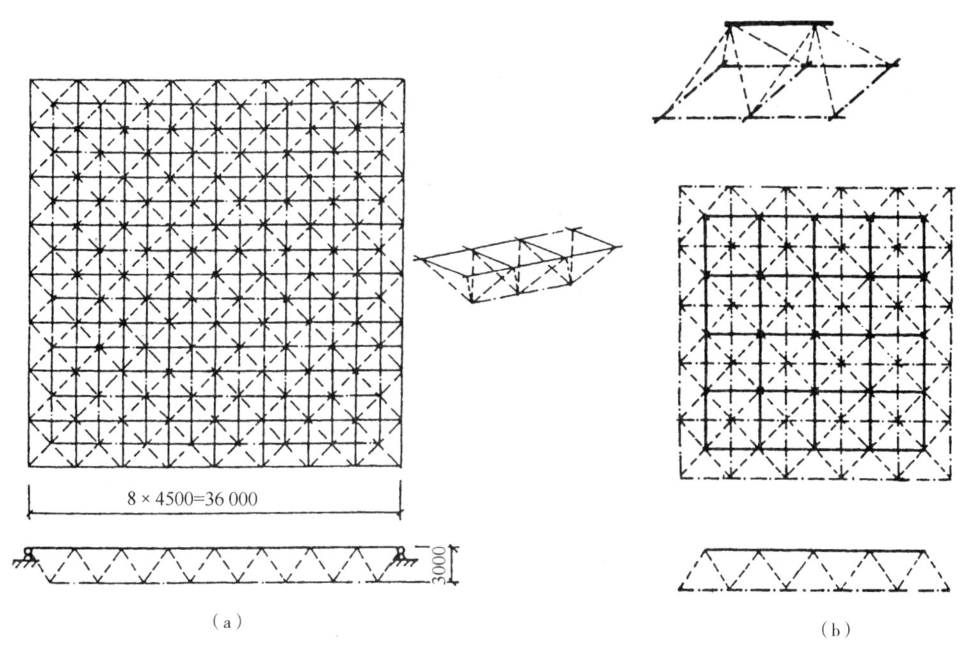

图 9-46　四角锥体网架（单位：mm）

（a）杭州歌剧院网架正放四角锥体网架（锥尖向下）；（b）正放四角锥体网架（锥尖向上）

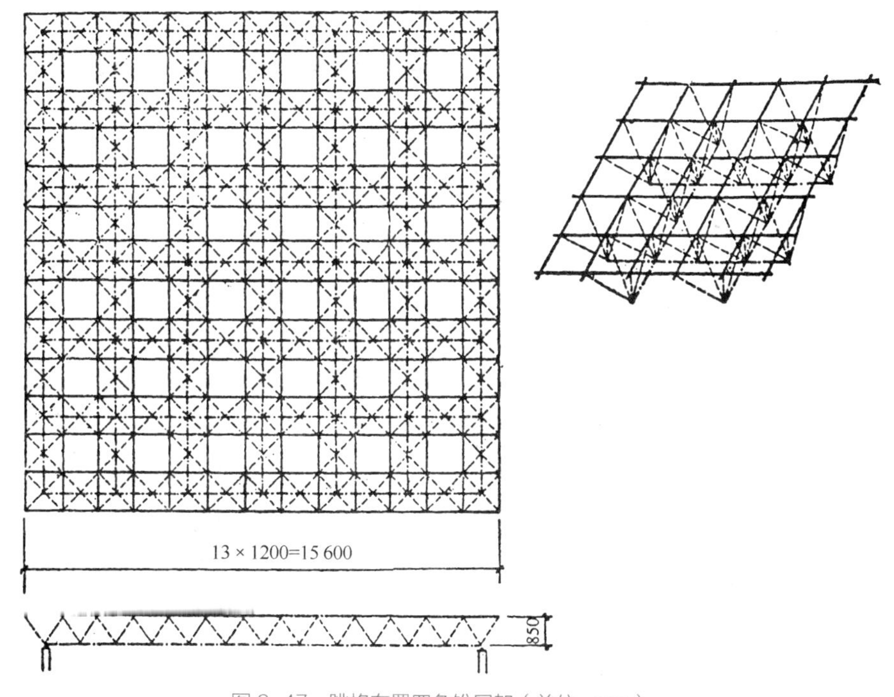

图 9-47　跳格布置四角锥网架（单位：mm）

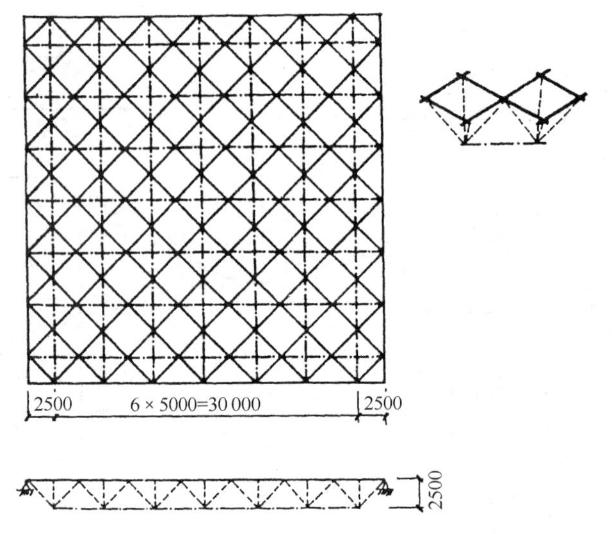

图 9-48 斜放四角锥体网架（单位：mm）

杆件数目少，构造简单，因此近年来用得较多。它适用于中小跨度和矩形平面的建筑。它的支承方式可以是周边支承或边支承与点支承相结合，当为点支承时，要注意在周边布置封闭的边桁架以保证网架的稳定性。

（2）六角锥体网架

这种网架由六角锥单元组成，当锥尖向下时，上弦为正六边形网格下弦为正三角形网格（图 9-49a）。与此相反，当锥尖向上时，上弦为正三角形网格、下弦为正六边形网格（图 9-49b）。

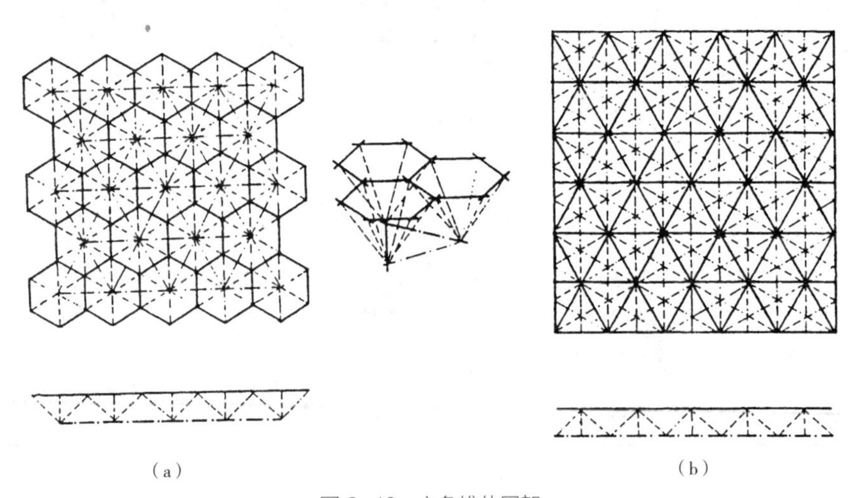

图 9-49 六角锥体网架

这种形式的网架杆件多，节点构造复杂，屋面板为六角形或三角形，施工也比较困难。因此，仅在建筑有特殊要求时采用，一般不宜采用。

（3）三角锥体网架

三角锥体网架是由三角锥单元组成。这种网架受力均匀，刚度较前述网格形式好，是目前各国在大跨度建筑中广泛采用的一种形式。它适合于矩形、三角形、梯形、六边形和圆形等建筑平面。

三角锥体网格常见的形式有两种。一种是上、下弦平面均为正三角形的网格，另一种是跳格三角锥体网格，其上弦为三角形网格，下弦为三角形和六角形网格，天津塘沽车站候车室就属于此类，其平面为圆形，直径为 47.18m。跳格三角锥网架的用料较省。同时，杆件减少，构造也较简单，但空间刚度不如前者（图 9-50）。

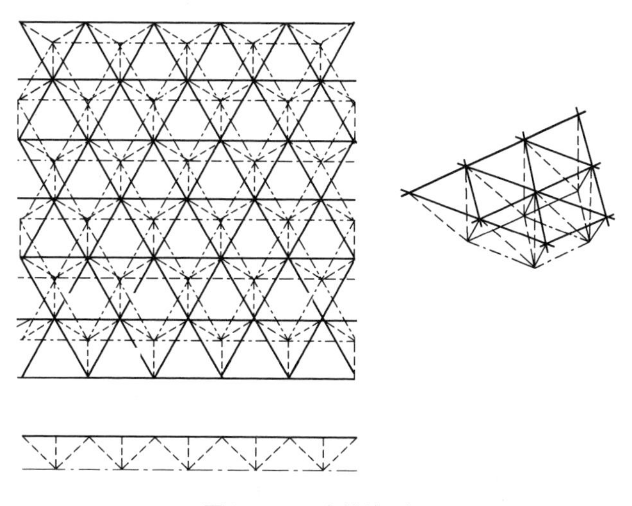

图 9-50　三角锥体网架

3. 平面网架结构的主要尺度

进行结构选型和确定建筑方案剖面时，必须了解网架的高度、网格尺寸、腹杆布置等尺度。

1）网架高度

网架的高度（即厚度）直接影响网架的刚度和杆件内力。增加网架的高度可以提高网架的刚度，减少弦杆内力，但相应的腹杆长度增加，围护结构加高。网架的高度主要取决于网架的跨度。网架的高度与短向跨度之比一般为：

跨度小于 30m 时，约为 1/14 ～ 1/10；

跨度为 30 ～ 60m 时，约为 1/16 ～ 1/12；

跨度大于 60m 时，约为 1/20 ～ 1/14。

屋面荷载较大或有悬挂吊车时，为了满足刚度要求（一般控制挠度小于 1 /250 跨度），网架高度可大些；当采用轻屋面时，网架高度可小些。当建筑平面为方形或接近方形时，网架高度可小些；当建筑平面为长条形时，网架高度可大些，因为长条形平面网架的单向梁作用较为明显。当采用螺栓球节点时，则希望网架高度大些，以减小弦杆内力，并尽可能使各杆件内力相差不要太大，以便统一杆件和螺栓球的规格；当采用焊接节点时，网架高度则可小些。

2）网格尺寸（主要指上弦）

网格尺寸应与网架高度配合确定，以获得腹杆的合理倾角；同时还要考虑柱距模数、屋面构件和屋面做法等。

网格的尺寸也取决于网架的跨度。在可能的条件下，网格宜大些，减少节点数和更有效地发挥杆件的截面强度，简化构造，节约钢材。当采用钢筋混凝土屋面时，网格尺寸不宜过大，一般不超过 3m×3m，否则构件重，吊装困难；当采用轻型屋面时，可取檩条间距的倍数。当网架杆件为钢管时，由于杆件截面性能好，网格尺寸可以大些。当杆件为角钢时，由于截面受长细比限制，杆件不宜太长，网格尺寸不宜太大。

网格尺寸与网架短向跨度之比一般为：

跨度小于 30m 时，约为 1/12 ~ 1/8；

跨度为 30 ~ 60m，约为 1/16 ~ 1/10；

跨度大于 60m 时，约为 1/20 ~ 1/12。

3）腹杆布置

腹杆布置应尽量使受压杆件短，受拉杆件长，减少压杆的长细比，充分发挥杆件的承载力，使网架受力合理。对交叉桁架体系网架，腹杆倾角一般在 40° ~ 55° 之间，对角锥网架，斜腹杆的倾角宜采用 60°，这样可以使杆件标准化。对于大跨度网架，因网格尺寸较大，为减少上弦长度可采用再分式腹杆（图 9-51）。

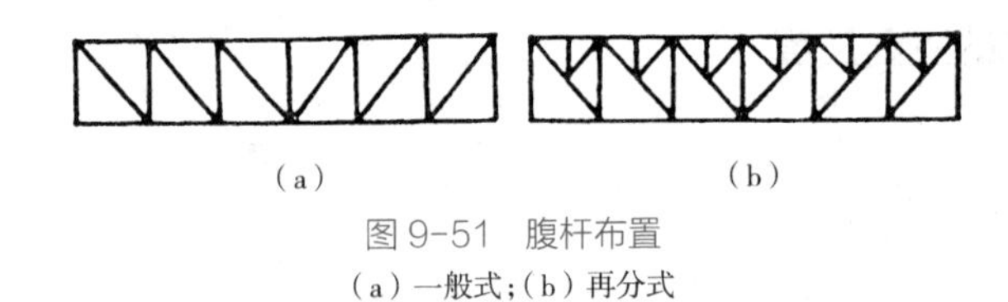

图 9-51 腹杆布置

（a）一般式；（b）再分式

4. 杆件，节点及支承方式

1）杆件

网架杆件常用的为钢管和角钢两种。其中钢管受力性能最好，刚度大、承载力高、厚度最薄为 1.5mm、用材合理，截面简单、节点好处理，且易于焊接。因此，在可能条件下应尽量选用薄壁钢管。在网架形式比较简单、跨度较小的情况下，可采用角钢。

2）节点

网架常用节点一般为三种：板节点，焊接空心球节点，螺栓球节点，各类节点见图 9-52。板节点刚度大，整体性好，加工简单，质量易保证，成本低，适于两向正交网架；螺栓球节点主要工作在工厂完成，现场工作量小，施工速度快，但机械加工量大；而焊接空心球现场工作量大，对工人技术要求高。

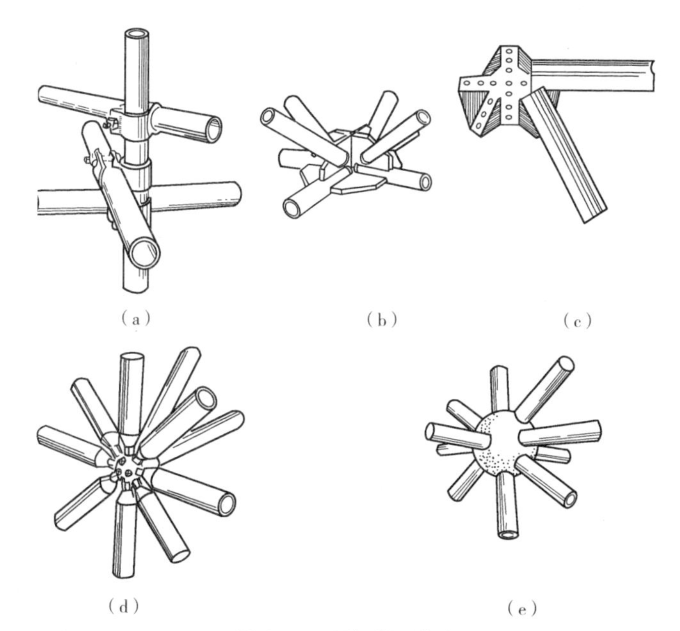

图 9-52　网架常用节点

(a)扣件连接；(b)节点板节点；(c)螺栓板节点；(d)螺栓球节点；(e)焊接球节点

3）支承方式

（1）不动铰支座

对于跨度较小的网架，可采用平板支座（图 9-53）。对于跨度较大网架，由于挠度较大和温度应力的影响，宜采用可转动的弧形支座，即在支座板与柱顶板之间加一弧形钢板（图 9-54）。以上两种属于不动铰支座。

（2）可动铰支座

当网架跨度大，或网架处于温差较大的地区，其支座的转动和侧移都不能忽视时，为了满足既能转动又能有一定侧移的要求，支座可以作成半滑动铰式的摇摆支座（图 9-55a）。支座的上、下托座之间装一块两面为弧形的铸钢块。这种支座的缺点是只能在一个方向转动，且对抗震不利。球形铰支座，既可以满足两个方向的转动，又有利于抗震（图 9-55b）。

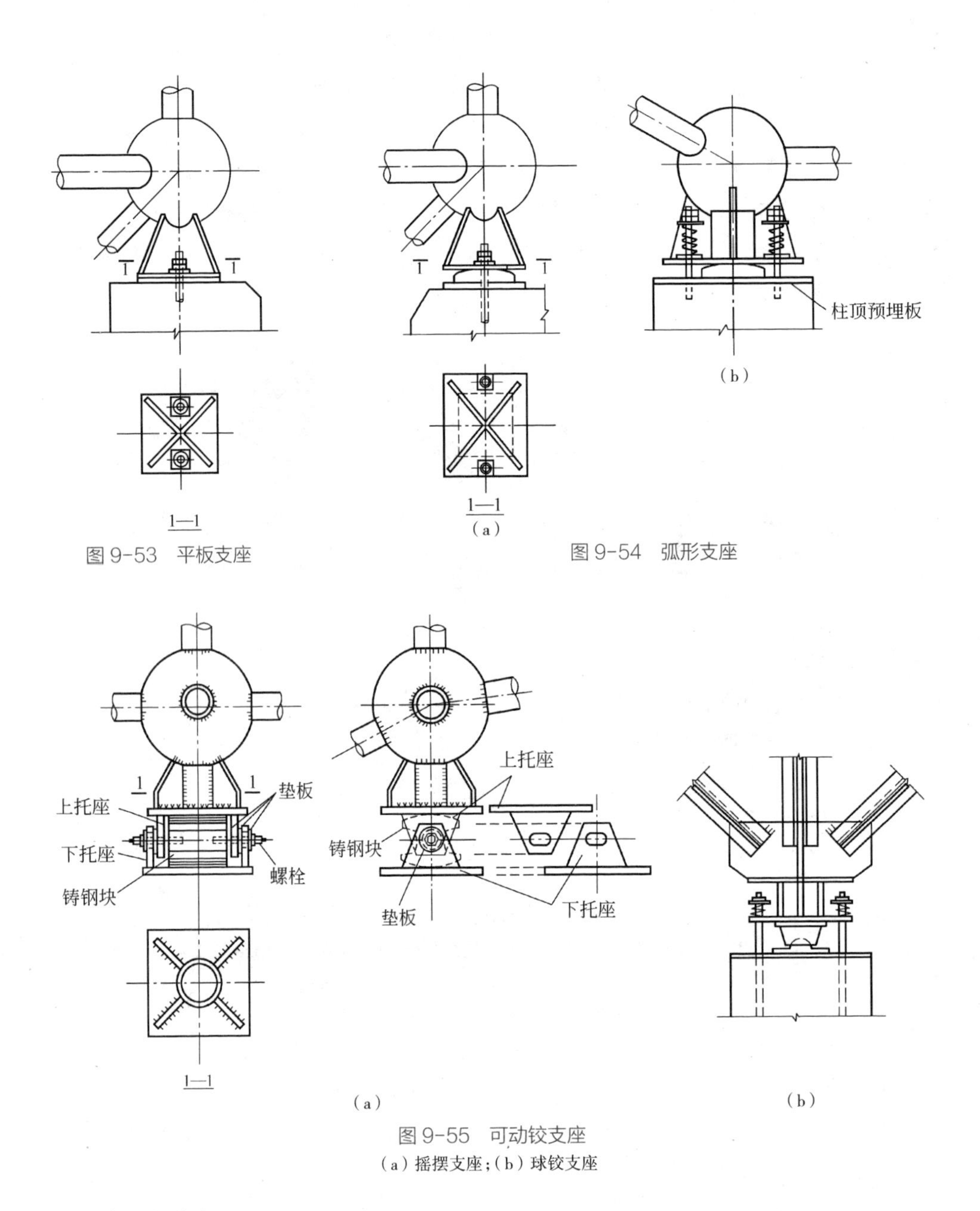

图 9-53 平板支座

图 9-54 弧形支座

图 9-55 可动铰支座
(a)摇摆支座;(b)球铰支座

(3)抗拉支座

对网架(如两向正交斜放网架)角部产生拉力的支座要求采用与主体锚固的支座。

(4)橡胶垫支座

当跨度大时,一般可采用橡胶垫支座,利用橡胶垫的剪切变形来消除温度应力,橡胶垫的厚度及钢板的厚度与层数是根据计算来确定的。

5. 曲面网架（网壳）结构的特点及分类

网壳是格构化的壳体，由网肋纵横交叉形成网格状。

1）特点

（1）网壳结构的杆件主要承受轴力，结构内力分布比较均匀，应力峰值较小，因而可以充分发挥材料强度作用。

（2）由于它可以采用各种壳体结构的曲面形式，在外观上可以与薄壳结构一样具有丰富的造型，无论是建筑平面或建筑形体，网壳结构都能给设计人员以充分的设计自由和想象空间，通过使结构动静对比、明暗对比、虚实对比，把建筑美与结构美有机地结合起来，使建筑更易于与环境相协调。

（3）由于杆件尺寸与整个网壳结构的尺寸相比很小，可把网壳结构近似地看成各向同性或各向异性的连续体，利用薄壳理论进行分析。

（4）网壳结构中网格的杆件可以用直杆代替曲杆，即以折面代替曲面，如果杆件布置和构造处理得当，可以具有与薄壳结构相似的良好的受力性能。同时又便于工厂制造和现场安装，在构造上和施工方法上具有与平板网架结构一样的优越性。

综上所述，网壳结构兼有薄壳结构和平板网架结构的优点，是一种很有竞争力的大跨度空间结构，近年来发展十分迅速。网壳结构的缺点是计算、构造、制作安装均较复杂，使其在实际工程中的应用受到限制。但是，随着计算机技术的发展，网壳结构的计算和制作中的复杂性将由于计算机的广泛应用而得到克服，而网壳结构优美的造型、良好的受力性能和优越的技术经济指标将日益明显，其应用将越来越广泛。

2）分类

（1）按杆件布置方式分类，有单层网壳、双层网壳。一般中小跨度（≤ 40m 时）采用单层网壳，跨度较大时则采用双层网壳。单层网壳杆件少、重量轻、节点简单施工方便，具有较好的经济指标，但平面外刚度差，稳定性差。双层网壳能承受一定的弯矩，具有较高的稳定性与承载力，当屋顶需安装灯具、音响、空调等设备及管道时，选用双层网壳能有效地利用空间。

（2）按材料分类，有木网壳（图 9-56）、钢筋混凝土网壳、钢网壳、铝网壳（图 9-57）、塑料网壳、玻璃钢网壳等。木网壳结构仅在早期的少数建筑中采用，近年来，在一些木材丰富的国家也有采用胶合木建造网壳的，有的跨度已超过 100m，但用得不多。钢筋混凝土网壳结构常为单层，且常用预制钢筋混凝土杆件装配而成，自重大、节点构造复杂，一般只宜用于跨度 60m 以下。钢网壳在我国用得最多，可单层或双层，具有重量轻、强度高、构造简单、施工方便等优点。铝合金网壳结构由于重量轻，强度高，耐腐蚀，易加工制造和安装方便，在国外已被大量应用，其杆件可为圆形、椭圆形、方形或矩形截面的管材，塑料网壳和玻璃钢网壳结构目前较少采用。

图 9-56 日本 Ohdate Jukai Dome 木网壳

图 9-57 长沙市经开区管委会办公楼铝网壳

（3）网壳结构按曲面形式分类，有单曲面和双曲面两种。单曲面网壳即为筒网壳或柱面壳，双曲面网壳目前常用的有球网壳和扭网壳两种，也有其他曲面的扁网壳及组合网壳。

6. 网壳结构各主要形式及特点

1）筒网壳结构

筒网壳也称为柱面网壳，是单曲面结构，其横截面常为圆弧形，也可采用椭圆形，抛物线形和双中心圆弧形等。

（1）单层筒网壳

单层筒网壳若以网格的形式及其排列方式分类，有以下五种形式（图 9-58）。

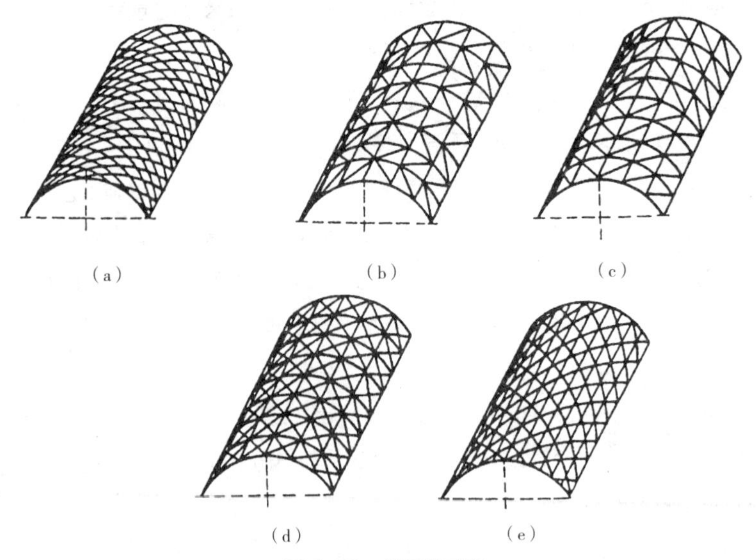

图 9-58 单层筒网壳

(a) 联方网格型；(b) 弗普尔型；(c) 单斜杆型；(d) 双斜杆型；(e) 三向网格型

联方网格型网壳受力明确，屋面荷载从两个斜向拱的方向传至基础，简洁明了。室内呈菱形网格，犹如撒开的渔网，美观大方，其缺点是稳定性较差。由于网格中每个节点连接的杆件数少，故常采用钢筋混凝土结构。

弗普尔型和单斜杆型筒网壳结构形式简单，用钢量少，多用于小跨度或荷载较小的情况。双斜杆型筒网壳和三向网格型筒网壳具有相对较好的刚度和稳定性，构件比较单一，设计及施工都比较简单，可适用于跨度较大和不对称荷载较大的屋盖中。

为了增强结构刚度，单层筒网壳的端部一般都设置横向端肋拱（横隔），必要时，也可在中部增设横向加强肋拱。对于长网壳，还应在跨度方向边缘设置边桁架。

（2）双层筒网壳

由于单层筒网壳在刚度和稳定性方面的不足，不少工程采用双层筒网壳结构。双层筒网壳结构的形式很多，常用的如图9-59所示。一般可按几何组成规律分类，也可按弦杆布置方向分类。

①按几何组成规律分类

A. 平面桁架体系双层筒网壳

平面桁架体系双层筒网壳是由两个或三个方向的平面桁架交叉构成。图9-59中两向正交正放、两向斜交斜放、三向桁架就属于这一类结构。

B. 四角锥体系双层筒网壳

四角锥体系双层筒网壳是由四角锥按一定规律连接而成。图9-59中折线形、正放四角锥、正放抽空四角锥、棋盘形四角锥、斜放四角锥、星形四角锥网壳等都属于这一类结构。

C. 三角锥体系双层筒网壳

三角锥体系双层筒网壳是由三角锥单元按一规律连接而成。图9-59中三角锥、抽空三角锥、蜂窝形三角锥网壳等都属于这一类结构。

②按弦杆布置方向分类

与平板网架一样，双层筒网壳主要受力构件为上、下弦杆。力的传递与上、下弦杆的走向直接关系，因此可按上、下弦杆的布置方向分成三类：

A. 正交类双层筒网壳

正交类双层筒网壳的上、下弦杆与网壳的波长方向正交或平行。图9-59中两向正交正放、折线形、正放四角锥、正放抽空四角锥网壳等属于这一类结构。

B. 斜交类双层筒网壳

斜交类双层筒网壳的上、下弦杆件与网壳的波长方向的夹角均小于或大于90°。图9-59中只有两向斜交斜放网壳属于这一类结构。

C. 混合类双层筒网壳

混合类双层筒网壳的部分弦杆与网壳的波长方向正交、部分斜交。图9-59中除上述6种外，

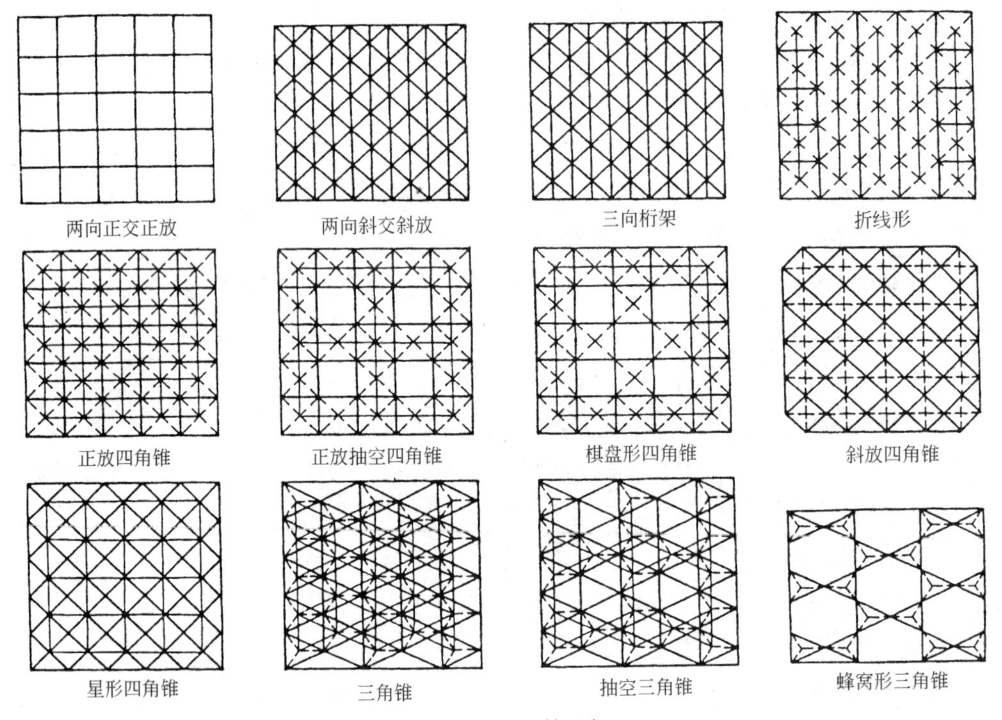

图9-59 双层筒网壳

均属这一类结构。

从总体来看，根据双层筒网壳的几何外形及其支承条件，网壳结构的作用可看成为波长方向拱的作用与跨度方向梁的作用的组合，其内力分布规律及变形也与两铰拱相似。但由于各种形式的双层筒网壳杆件排列方式不一样，拱作用的表现也形态不一。

正交类网壳的外荷载主要由波长方向的弦杆承受，纵向弦杆的内力很小。很明显，结构是处于单向受力状态，以拱的作用为主，网壳中内力分布比较均匀，传力路线短。

斜交类网壳的上、下弦杆是与壳体波长方向斜交的，因此，外荷载也是沿着斜向逐步卸荷的，拱的作用不是表现在波长方向，而是表现在与波长斜交的方向。通常，最大内力集中在对角线方向，形成内力最大的“主拱”，主拱内上、下弦杆均受压。

混合类网壳受力比较复杂，对于斜放四角锥网壳、星形四角锥网壳，其上弦平面内力类似于斜交类网壳，而下弦内力分布却类似于正交类网壳。棋盘形四角锥网壳与它们相反，上弦内力分布与正交类网壳相似，下弦内力分布与斜交类网壳相似。三角锥类网壳以及三向桁架网壳的内力分布也有上述特点，即荷载向各个方向传递，结构空间作用明显。

（3）筒网壳结构的受力特点

网壳结构的受力与其支承条件也有很大关系。网壳结构的支承一般有两对边支承或四边支承、多点支承等。

①两对边支承

当筒网壳结构以跨度方向为支座时，即成为筒拱结构，推力解决方式同拱结构。

当筒网壳结构在波长方向设支座时，网壳以纵向梁的作用为主。

②四边支承或多点支承

四边支承或多点支承的筒网壳结构可分为短壳、长壳和中长壳。筒网壳的受力同时有拱式受压和梁式受弯两个方面，两种作用的大小同网格的构成及网壳的跨度与波长之比有关。其中，短网壳的拱式受压作用比较明显，而长网壳表现出更多的梁式受弯特性，中长壳的受力特点则介于两者之间。由于拱的受力性能要优于梁，因此，在工程中一般都采用短壳。对于因建筑功能而要求必须采用长网壳结构时，可考虑在筒网壳纵向的中部增设加强肋，把长壳分隔成两个甚至多个短壳，充分发挥短壳空间多向抗衡的良好力学性能，以增强拱的作用。

2）球网壳结构

球网壳也分单层、双层。

（1）单层球网壳

单层球网壳的主要网格形式有以下几种。

① 肋环型网格

肋环型网格只有径向杆和纬向杆，无斜向杆，大部分网格呈四边形，其平面图酷似蜘蛛网，如图 9-60 所示。它的杆件种类少，每个节点只汇交四根杆件，节点构造简单，但节点一般为刚性连接。这种网壳通常用于中小跨度的穹顶。

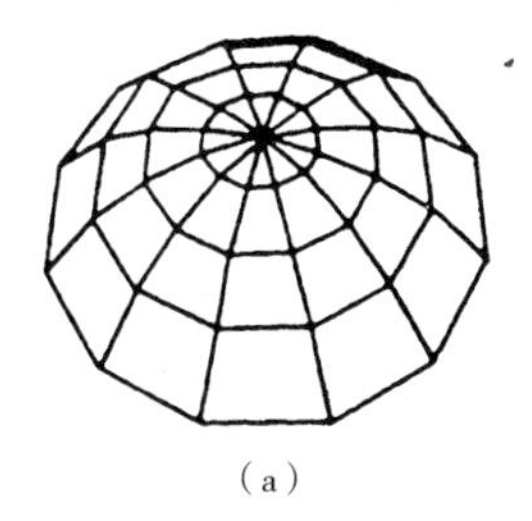

（a）

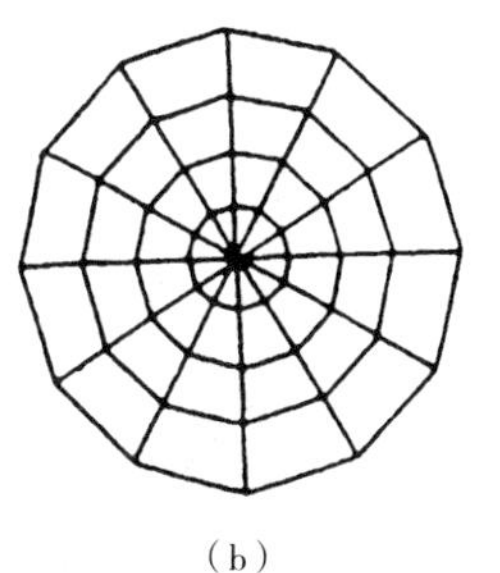

（b）

图9-60　肋环型网格
（a）透视图；（b）平面图

②施威特勒（Schwedler）型网格

施威特勒型网格由径向网肋、环向网肋和斜向网肋构成，如图 9-61 所示。其特点是规律性明显，内部及周边无不规则网格，刚度较大，能承受较大的非对称荷载，可用于大中跨度的穹顶。

③联方型网格

联方型网格由左斜肋与右斜肋构成菱形网格，两斜肋的夹角为 30° ~ 50°，如图 9-62（a）所示；为增加刚度和稳定性，也可加设环向肋，形成三角形网格，如图 9-62（b）所示。联方型网格的特点是没有径向杆件，规律性明显，造型美观，从室内仰视，像葵花一样。其缺点是网格周边大，中间小，不够均匀。联方型网格网壳刚度好，可用于大中跨度的穹顶。

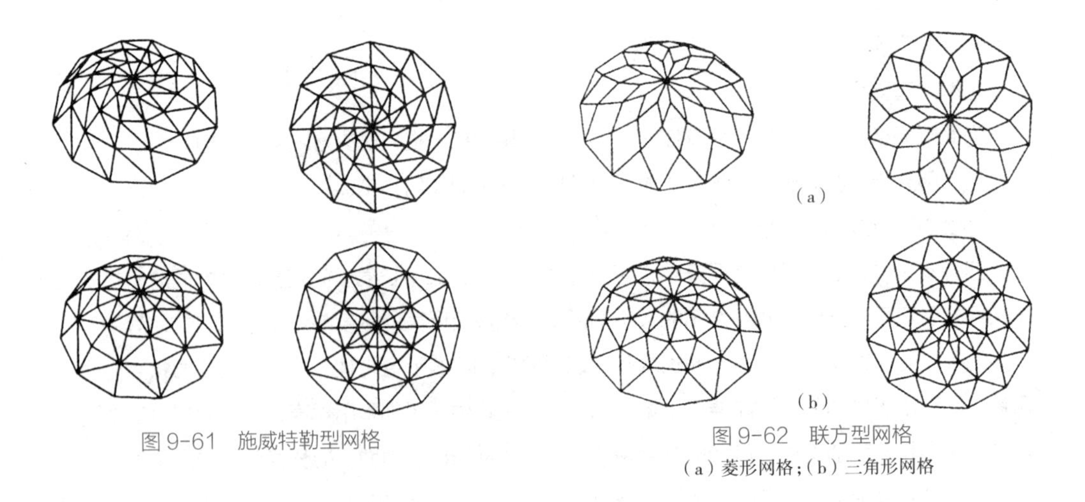

图 9-61 施威特勒型网格

图 9-62 联方型网格
(a)菱形网格;(b)三角形网格

④凯威特(Kiewitt)型网格

凯威特形网格是先用 n 根(n 为偶数,且不小于 6)通长的径向杆将球面分成 n 个扇形曲面,然后在每个扇形曲面内用纬向杆和斜向杆划分成比较均匀的三角形网格。在每个扇区中各左斜杆相互平行,各右斜杆也相互平行,故亦称为平行联方型网格。这种网格由于大小均匀,避免了其他类型网格由外向内大小不均的缺点,且内力分布均匀,刚度好,故常用于大中跨度的穹顶中(图 9-63)。

⑤三向型网格

由竖平面相交成 60° 的三族竖向网肋构成,如图 9-64 所示。其特点是杆件种类少,受力比较明确,可用于中小跨度的穹顶。

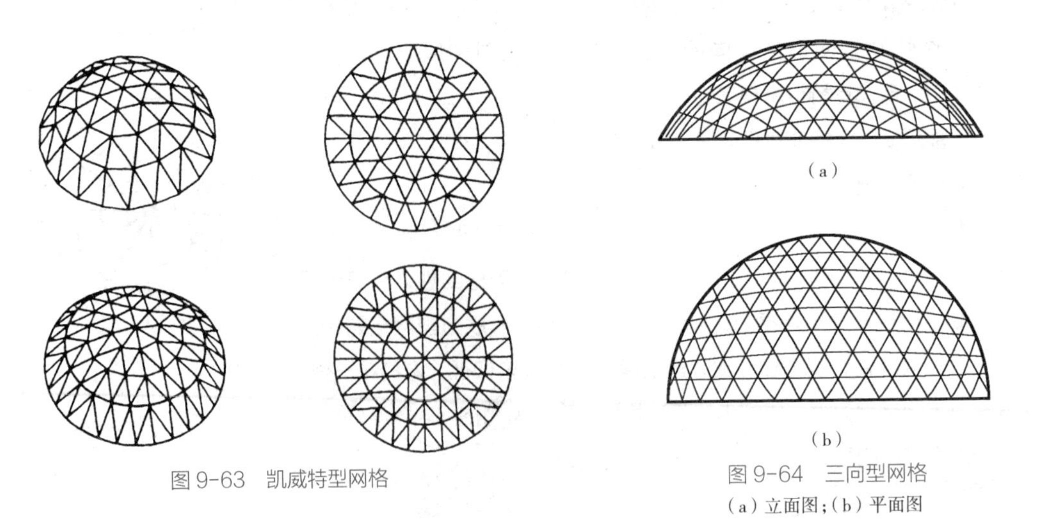

图 9-63 凯威特型网格

图 9-64 三向型网格
(a)立面图;(b)平面图

⑥短程线型网格

这种网壳的网格划分由前人研究结果证明，球面最多能划分出 20 个相同的等正三角形，这就是大家所熟知的 20 面体。这 20 面体由 20 个等正三角形组成。而正三角形的顶点，即每边的顶点可以内接在一个球面内，但不能外切于一个同心球面上。由此而知这 20 面体的正三角形是具有边长相等和等立体角的 20 个球面正三角形，可以组成一个完整的球面。

它是以一个正 20 面体的小三角形边长对相向半径球体的投影为基础。所谓短程线型，是将球面三角形可展开布置不同的网格图形，每个球面三角形内部可作等弧长划分，或用其他方法来划分。这样的划分方法，两点之间的距离为最短，故称为短程线法。这是杆长规格最少且杆长最短的球壳网格（图 9-65a）。但该网格的边长为 0.5257D（D 为球的直径），杆长太大，在建筑工程中并不实用，而要把这些球面正三角形再完全等分成更小的球面正三角形又不可能，因此，以后只能根据弧长相等的原则进行二次划分（图 9-65b），所得到的网格称为短程线型网格。二次划分的次数称为短程线型网格的频率。通过不同的划分方法，可以得到三角形、菱形、半菱形、六角形等不同的网格形式。二次划分后的所有小三角形虽不完全相等，但相差甚微（图 9-65c）。因此，短程线型网格规整均匀，杆件和节点种类在各种球面网壳中是最少的，适合于在工厂大批量生产。短程线网格穹顶受力性能好，内力分布均匀，传力路线短，而且刚度大，稳定性能好，因此具有良好的应用前景。从受力角度来看，经向拉力传递不直接，这就要求节点做法具有一定的刚性。

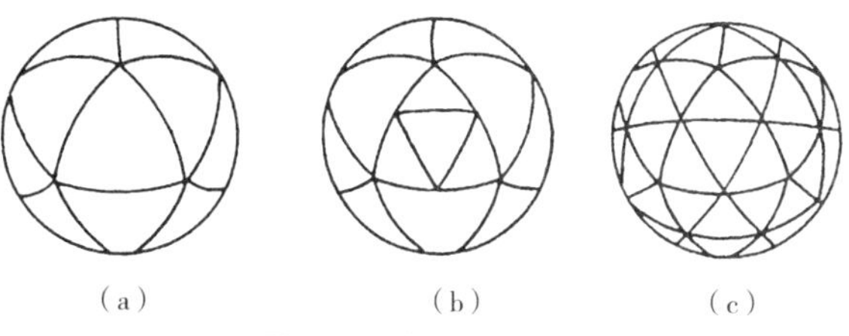

（a）　（b）　（c）

图 9-65　短程线型网格

图 9-66（a）为北京东城区少年宫气象厅，网壳直径 12m，为 5 频划分的单层短线球壳，网壳支承在一根略有高低起伏的圈梁上。图 9-66（b）为潍坊艺海大厦屋顶水箱网壳划分示意。

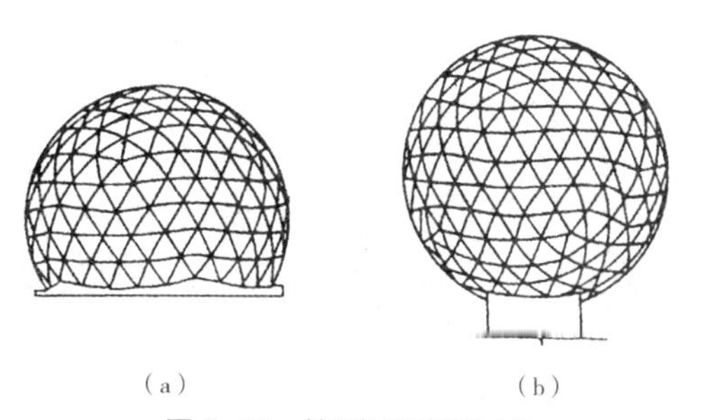

（a）　（b）

图 9-66　单程短程线型网格

（a）北京东城区少年宫气象厅；（b）潍坊艺海大厦屋顶水箱

⑦ 双向子午线网格

双向子午线网格是由位于两组子午线上的交叉杆件所组成，如图 9-67 所示。它的所有杆件都是连续的等曲率圆弧杆，所形成的网格均接近方形且大小接近。该结构用料节省，施工方便，是经济有效的大跨度空间结构之一，已被广泛采用。

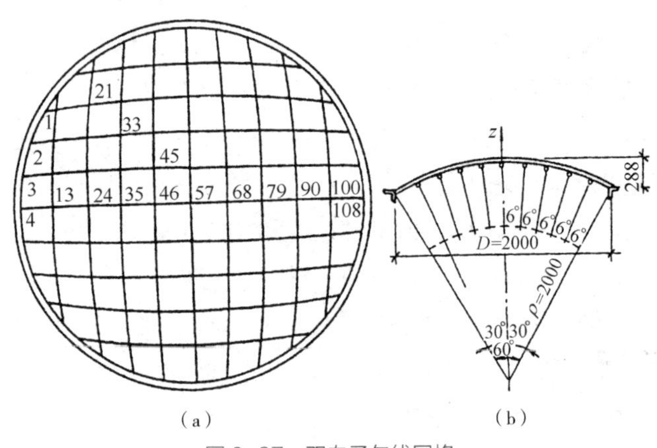

（a）　　（b）

图 9-67　双向子午线网格

（a）平面图；（b）剖面图

（2）双层球网壳

① 双层球网壳的形成

当跨度大于 40m 时，不管是从稳定性还是从经济性的方面考虑，双层网壳要比单层网壳好得多。双层球壳是由两个同心的单层球面通过腹杆连接而成。各层网格的形成与单层网壳相同，对于肋环型、施威特勒型、联方型、凯威特型和双向子午线型等双层球面网壳，通常都选用交叉桁架体系。三向网格型和短程线型等双层球面网壳，一般均选用角锥体系。凯威特型和有纬向杆的联方型双层球面网壳也可选用角锥体系。短程线型的双层球面网壳，根据内、外层球面上网格划分形式的不同，可以得到多种形式，最常见的两种连接形式如图 9-68 所示。第一种是内、外两层节点不在同一半径延线上，如外层节点在内层三角形网格的中心上，则可以形成六边形和五边形、内三角形的划分（图 9-68a）。第二种是内、外两层节点在同一半径延线上，实际上是两个划分完全相同但大小不等的单层网壳通过腹杆连接而成，图 9-68（b）是抽掉部分外层节点时的情形。

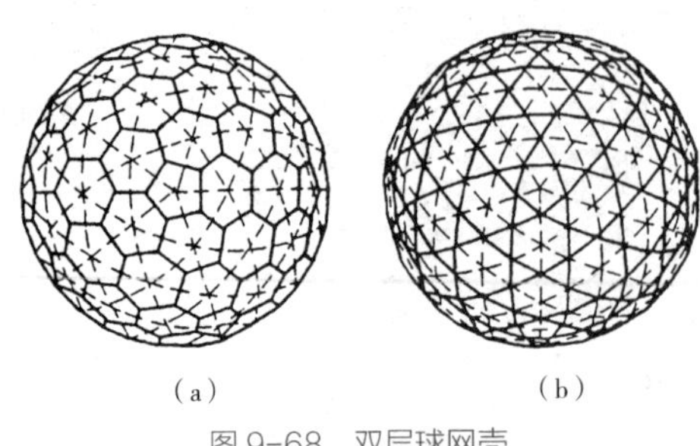

（a）　　（b）

图 9-68　双层球网壳

北京科技馆穹幕影院为一个内径 32m、外径 35m，高 25.5m 的 3/4 双层球网壳，

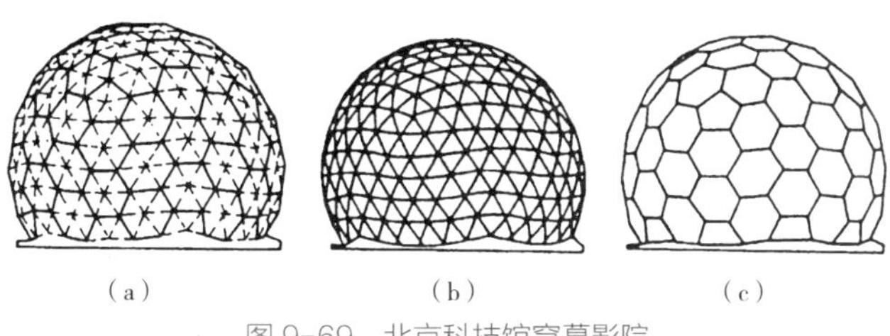

图 9-69　北京科技馆穹幕影院

(a) 总体;(b) 内层;(c) 外层

内层采用 6 频划分的完整的短程线穹顶，外层则是内层径向延伸并抽掉一部分外层杆件和节点形成六边形与五边形组合的图案（图 9-69）。

② 双层球网壳的布置

已建成的双层球网壳大多数是等厚度的，即内、外两层壳面是同心的。但从杆件内力分布来看，一般情况下，周边部分的杆件内力大于中央部分杆件的内力。因此，在设计时，为了使网壳既具有单双层网壳的主要优点，又避免它们的缺点，既不受单层网壳稳定性控制，又能充分发挥杆件的承载力，节省材料，可采用变厚度或局部双层网壳。其主要形式有以下几种：

A. 从支承周边到顶部，网壳的厚度均匀地减少（图 9-70a）;

B. 网壳的下部为双层，顶部为单层；

C. 网壳的大部分为单层，仅在支承区域为双层（图 9-70b）;

D. 在双层等厚度网壳上大面积抽空布置。

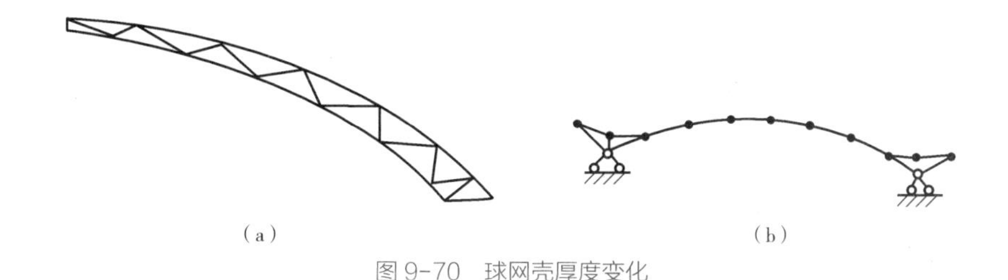

图 9-70　球网壳厚度变化

（3）球网壳结构的受力特点

球网壳是格构化的球壳，其受力状态与球壳的受力相似，网壳的杆件为拉杆或压杆。球网壳的底座一般设置环梁，以便增强结构的刚度。随网壳支座约束的增强，球网壳内力逐渐均匀，且最大内力也相应减少，同时，整体稳定系数也不断提高。为增大刚度，单层球网壳也可再增设多道环梁，环梁与网壳节点用钢管焊接。

为使球网壳的受力符合薄膜理论，球网壳应沿其边缘设置连续的支承结构。否则，在支座附近，应力向支座集中，内力分布将会与薄膜理论有较大出入。

3）扭网壳结构

扭网壳为双向直纹曲面，壳面上每一点都可作两根互相垂直的直线，这是其最大特点。因此，扭网壳可以采用直线杆件直接形成，采用简单的施工方法就能准确地保证杆件按壳面布置。由于扭网壳为负高斯曲壳，可避免其他扁壳所具有的聚焦现象，能产生良好的室内声响效果。扭壳造型轻巧活泼，适应性强，很受建筑师和业主的欢迎。

（1）单层扭网壳

单层扭网壳杆件种类少，节点连接简单，施工方便。单层扭网壳按网格形式的不同，有正交正放网格和正交斜放网格两种（图9-71）。

图9-71（a）、图9-71（c）所示杆件沿两个直线方向设置，组成的网格为正交正放。在实际工程中，一般都在第三个方向再设置杆件，即斜杆，从而构成三角形网格。图9-71（a）所示为全部斜杆沿曲面的压拱方向布置，图9-71（c）所示为全部斜杆沿曲面的拉索方向布置。这两种形式应用较多。

图9-71（e）所示为杆件沿曲面最大曲率方向设置，组成的网格为正交斜放。此时，杆件受力最直接。但其中由于没有第三方向的杆件，网壳平面内的抗剪切刚度较差，对承受非对称荷载不利。改善的办法是在第三方向全部或局部地设置直线方向的杆件，如图9-71（b）、（d）、（f）所示。

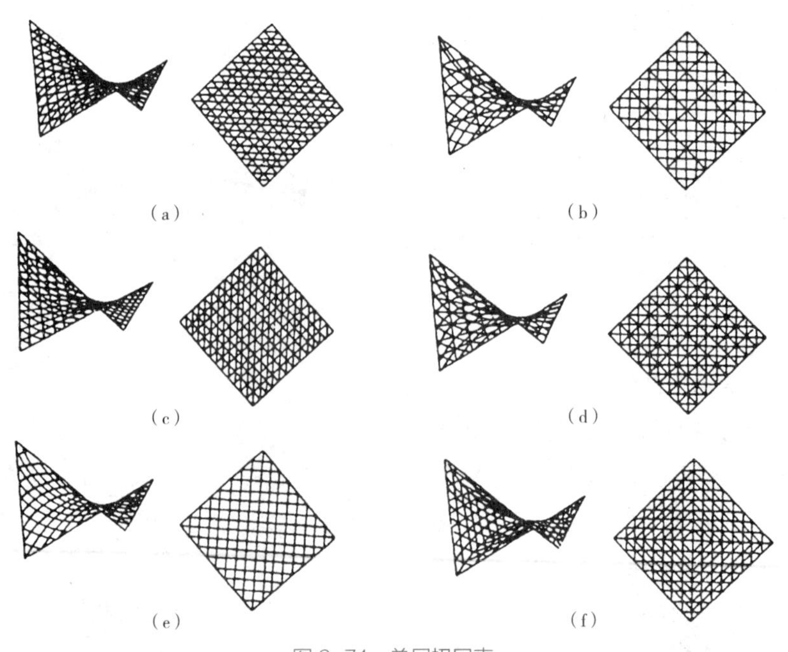

图9-71 单层扭网壳

（2）双层扭网壳

双层扭网壳结构的构成与双层筒网壳结构相似。网格的形式与单层扭网壳相似，也可分为两向正交正放网格和两向正交斜放网格（图9-72）。为了增强结构的稳定性，双层扭网壳一般都设置斜杆形成三角形网格。

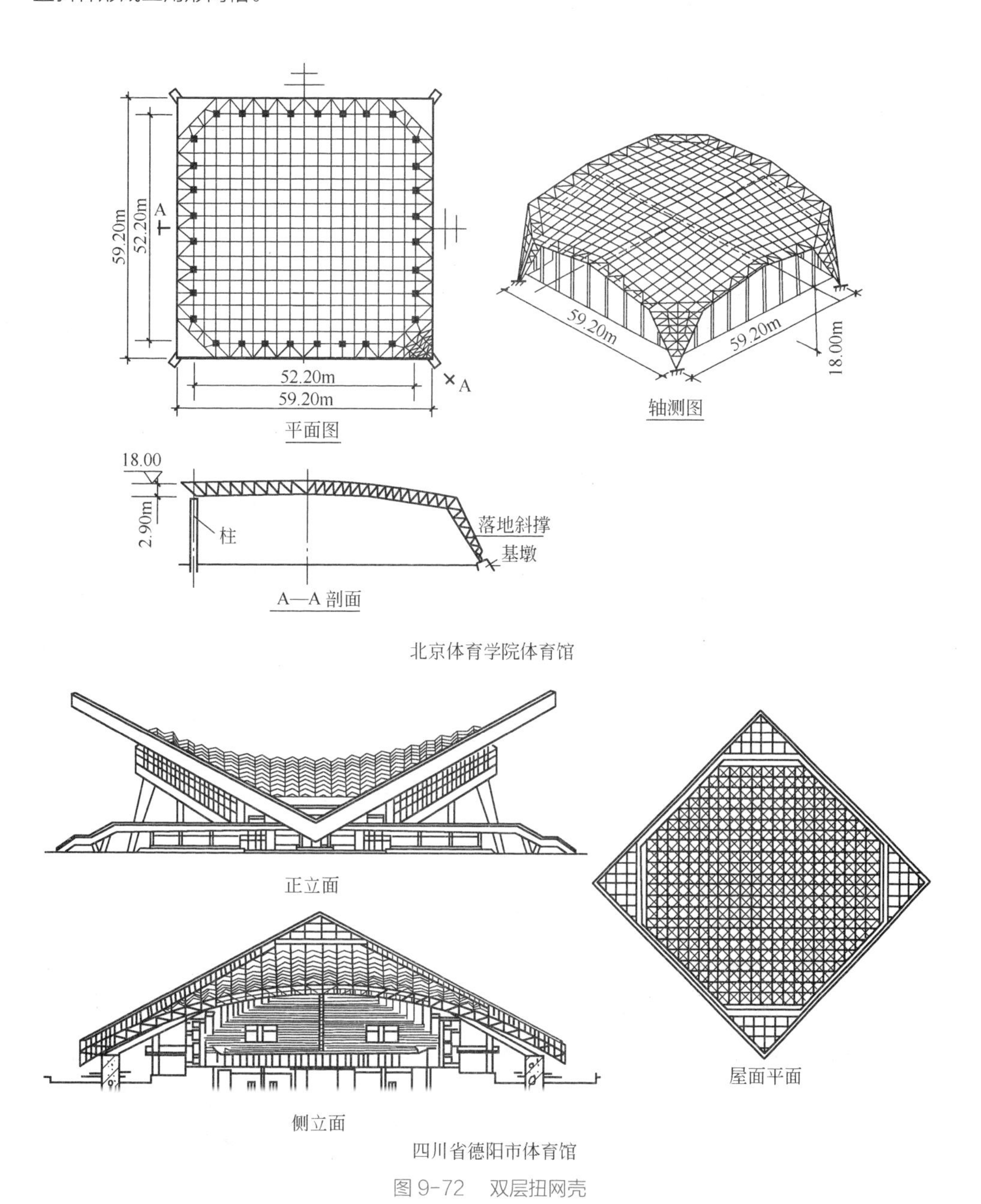

图9-72　双层扭网壳

①两向正交正放网格的扭网壳

两组桁架垂直相交且平行或垂直于边界。这时，每榀桁架的尺寸均相同，每榀桁架的上弦为一直线，节间长度相等。这种布置的优点是杆件规格少，制作方便；缺点是体系的稳定性较差，需设置适当的水平支撑及第三向桁架来增强体系的稳定性并减少网壳的垂直变形，而这又会导致用钢量的增加。

②两向正交斜放网格的扭网壳

两组桁架垂直相交但与边界成 45° 斜交，两组桁架中，一组受拉（相当于悬索受力），一组受压（相当于拱受力），充分利用了扭壳的受力特性；并且上、下弦受力同向，变化均匀，形成了壳体的工作状态。这种体系的稳定性好，刚度较大，不需设置较多的第三向桁架，但桁架杆件尺寸变化多，给施工增加了一定的难度。

（3）扭网壳结构的受力特点

扭网壳结构的受力与双曲抛物面壳类似，是格构化的扭壳。

单层扭网壳本身具有较好的稳定性，但在其平面外刚度较小，在扭壳的周边，布置水平斜杆，以形成周边加强带，可提高抗侧能力。

另外，控制扭网壳的挠度是设计中的关键，采取屋脊处设加强桁架，能明显地减少屋脊附近的挠度，但随着与屋脊距离的增加，加强桁架的影响则下降。因此，在屋脊处设加强桁架只能部分地解决问题。

扭网壳的支承考虑到其脊线为直线，会产生较大的温度应力，应采用橡胶支座，放松水平约束。为抵抗网壳的水平推力，可在相邻柱间设拉杆或做落地斜撑。

7. 网壳的尺度

1）网格尺寸

网格数或网格尺寸，对于网壳的挠度影响较小，而对用钢量影响较大，网格尺寸越大用钢量越省，但网格尺寸太大，不利于杆件的稳定，网格尺寸太小会增加用钢量和安装费。选定网格尺寸时宜与屋面板模数相协调。网格尺寸还必须保证与网壳厚度有适合的比例，使腹杆与弦杆之间的夹角在 40° ~ 55° 之间。

2）网壳的矢高与厚度

矢跨比对建筑体型有直接影响，也是影响网壳结构内力的主要因素之一。矢跨比越大，网壳表面积越大，屋面材料及用钢量增加，室内空间大，使用期间能耗大，但可减少推力，降低下部结构的造价；矢跨比越小，材料消耗量相应减少，但侧推力增加，从而提高了下部结构的造价，柱面网壳的矢跨比可取 1/8 ~ 1/4，单层柱面网壳的矢跨比宜大于 1/5，球面网壳的矢跨比一般取 1/7 ~ 1/2。

双层网壳的厚度取决于跨度、荷载大小、边界条件及构造要求，它是影响网壳挠度和用钢量的重要参数。厚度小时，结构的空间作用较强，上下层杆件内力分布比较均匀，用钢量小，但当跨度大，荷载大，承受非对称荷载或有悬挂吊车及支承点较少时，网壳厚度应取大一些。影响网壳结构矢高与厚度的主要因素是跨度。一般来说，跨度越大，越能发挥网壳的优越受力性能，可以充分发挥材料的强度作用，并可减少柱和边缘构件用量。但是，对于跨度要求不严格的建筑，宜尽量将大跨度的建筑平面分割为中小跨度的柱网采用多跨连续的网壳结构，以减少造价。

8. 工程实例

国家大剧院总建筑面积约 15 万 m^2，由中心建筑、北侧建筑、南侧建筑三部分组成，覆盖在一个长 212.2m、宽 143.64m、高 46.285m 的超级椭球体钢网壳内（图 9-73a、c）。其椭球体屋盖，分为顶部结构和下部结构，顶部结构由钢管环梁、箱形梁、短轴钢板梁架、长轴 H 型钢梁架、钢管连系杆等组成。下部结构是由径向等弦布置的 148 榀主构架和 42 道环向内外布置的双层系杆构成空间网壳结构，整个壳体由 4 片在上下弦布置的斜撑（图 9-73d、e）分为 4 个区域，同时增强了结构主体的抗扭性能。主构架下端支承在钢筋混凝土圈梁上，上端支承在钢内环梁上，是长度约 76 ~ 98m，底部宽度 4m，顶部宽度 2m 的弧形桁架，短轴桁架由 200mm × 60mm 的钢板拼焊而成，长轴桁架由 H 型钢焊接而成；短轴环向系杆由 ϕ195 × 5mm 钢管和铸钢造型件构成，长轴环向系杆 ϕ140 ~ 194 × 8mm 钢管和套筒件组成（图 9-73b、e、f）。钢壳体主要钢材为 Q345D，总用钢量约 6750t。

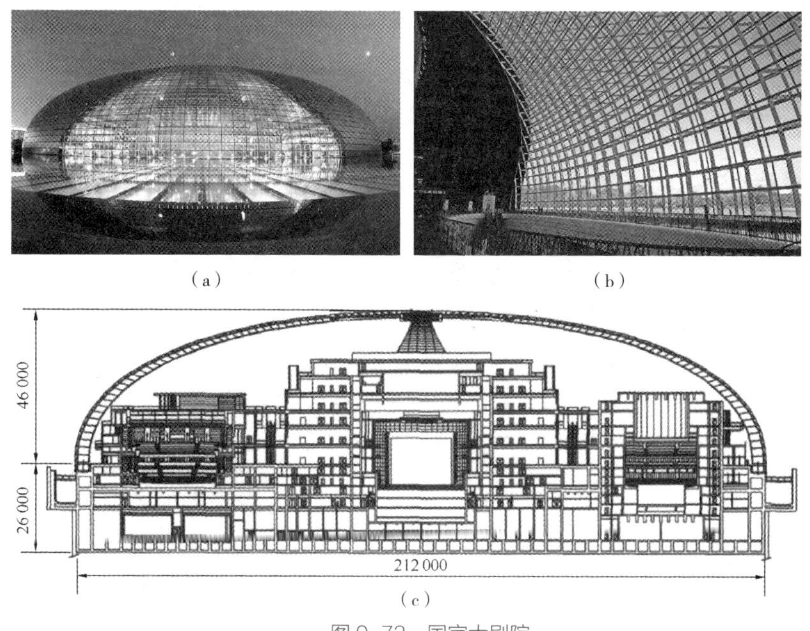

图 9-73　国家大剧院

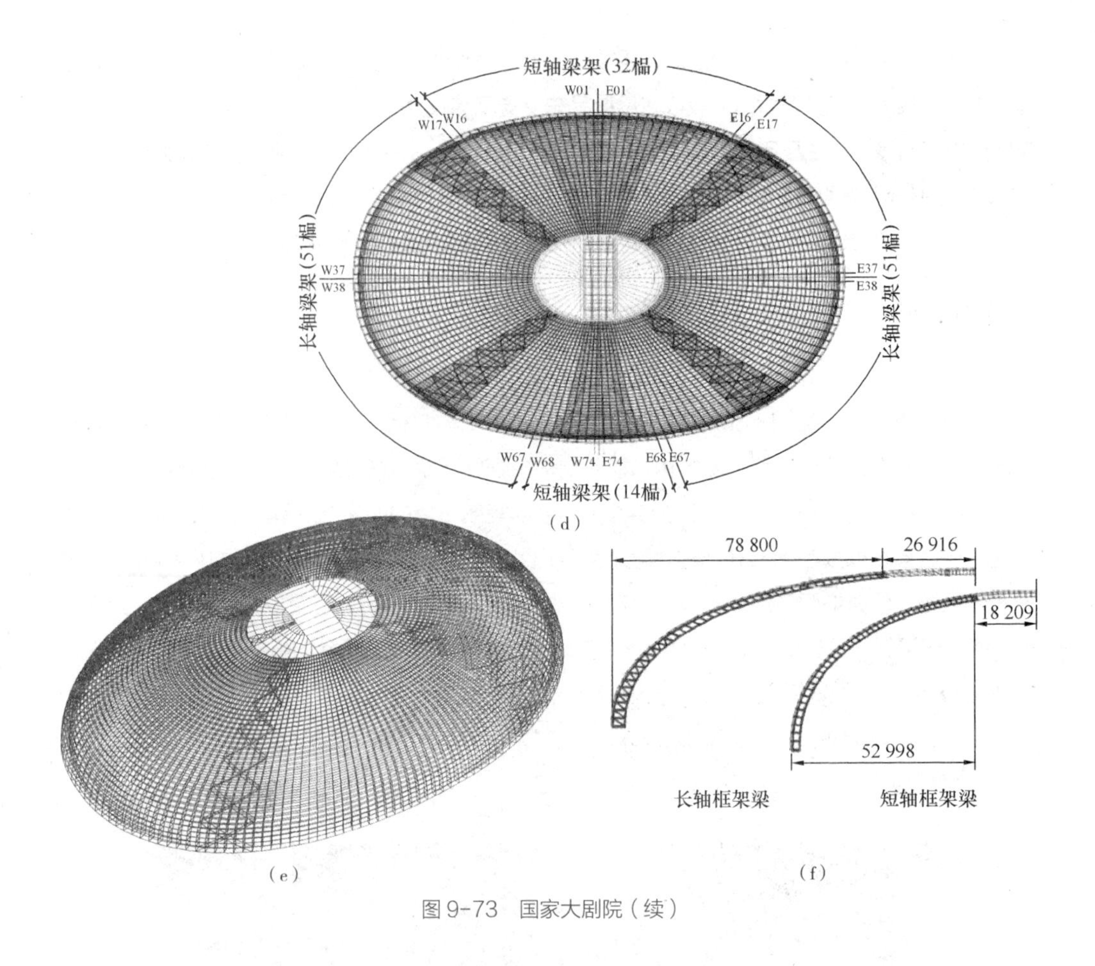

图 9-73 国家大剧院（续）

9.7 悬索结构

悬索是以一系列受拉的索作为主要承重构件，这些索按一定规律组成各种不同形式的体系，并悬挂在相应的支承结构上。悬索一般采用由高强钢丝组成的高强钢丝束、钢绞线或钢丝绳，也可采用圆钢筋、带钢或薄钢板等材料。

1. 悬索结构的特点

1）悬索结构的优点

（1）悬索结构受力合理，用料经济。当采用高强材料时，更可大大减轻结构自重，因而可以较经济地跨越很大的跨度。根据对国外悬索屋盖所做的统计，当结构跨度不超过 160m 时，每 1m² 屋盖的钢索用量一般在 10kg 以下。但悬索体系的支承结构往往需要耗费较多的材料，其用钢量均超过钢索部分。国内外的许多悬索工程实践说明，只要做到合理设计与施工，悬索结构完全可以取得好的综合经济效益。

（2）施工便捷、施工设施简单。由于钢索自重很小，索的架设安装利用简便的施工机具便可完成，不需要大型起重设备和搭设大量脚手架，也不需要模板；还可利用架设好的钢索安装屋面材料。

（3）适应性强，造型美观。悬索结构适应于各种建筑平面和外形轮廓。利用曲线索，采用不同的支承形式，可方便地创造出各种新颖独特的建筑造型，是建筑师们乐于采用的一种结构形式。

（4）与桁架、刚架、拱和网架等常规结构相比，悬索结构的工作性能有以下特点：

① 悬索的荷载与位移、荷载与索力的关系曲线呈非线性，是动态变化的，计算悬索要采用几何非线性理论。

② 悬索是一种可变体系，其平衡形式随荷载分布方式而变化。悬索抵抗机构性位移的能力就是悬索的形状稳定性，它与悬索的张紧程度有关。为使悬索结构具有足够的形状稳定性，应在悬索体系内建立适当的预应力，使悬索绷紧。

2）悬索结构的缺点

悬索也存在动荷载下的共振问题及不能承受反向荷载的弱点。

2. 悬索结构的分类

悬索结构形式极其丰富多彩，根据几何形状、组成方法、悬索材料以及受力特点等不同因素，可有多种不同的划分，按组成方法和受力特点，可分为以下类型。

1）单层悬索体系

单层悬索体系由一系列、按一定规律布置的单根悬索组成，悬索两端锚挂在稳固的支承结构上。

（1）结构方案

有平行布置、辐射式布置和网状布置等三种结构方案形式。

① 平行布置

平行布置的单层索系形成下凹的单曲率曲面，适应于矩形或多边形的建筑平面，可用于单跨和多跨以上的建筑（图9-74）。悬索两端可以等高，也可以不等高，依建筑造型和使用要求而定。

合理可靠地解决水平力的传递是悬索结构设计中的重要问题，索的水平力不外乎是采用闭合的边缘构件、支承框架或地锚等承受。图9-74表示了各种不同的悬索支承体系。

② 辐射式布置

单索辐射式布置形成下凹的双曲率蝶形屋顶，适用于圆形、椭圆形平面（图9-75a）。显然

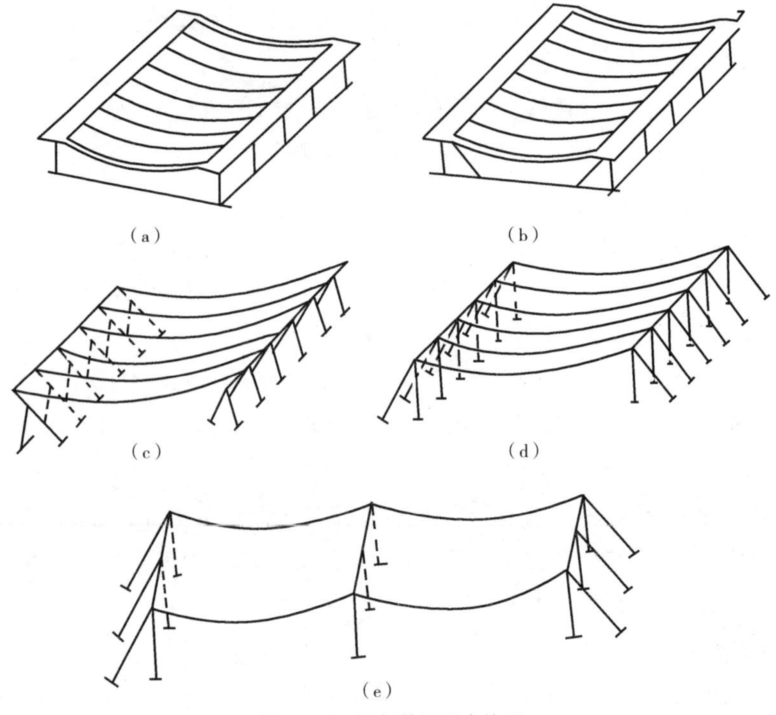

图 9-74 平行单层悬索体系

下凹的屋面不便于排水。当房屋中容许设支柱时，利用支柱升起为悬索提供中间支承，做成伞形屋面（图 9-75b），以利于排水。辐射式布置的单层索系中，要在圆形平面的中央设置中心环；在外围设置外环梁。索的一端锚在中心环上，另一端锚在外环梁上。在索的拉力水平分量作用下，内环受拉，外环受压；内环、悬索、外环形成一自平衡体系。悬索拉力的竖向分力不大，由外环梁传到下部的支承柱。在这一体系中，受拉内环采用钢制；受压外环一般采用钢筋混凝土结构，材尽其用，经济合理，因而辐射式布置的单层索系可比平行索系做到较大跨度。

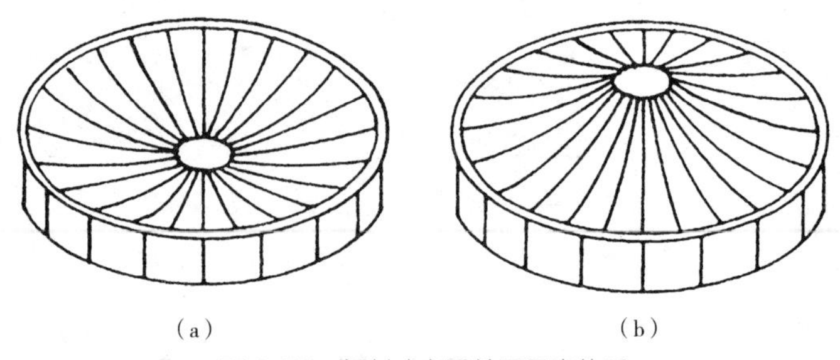

图 9-75 辐射式布置单层悬索体系

③网状布置

网状布置的单层索系形成下凹的双曲率曲面。两个方向的索一般呈正交布置，可用于圆形、矩形等各种平面，用于圆形平面时，与辐射式布置相比，省去了中心拉环（图 9-76）。网状布置的单层索系屋面板规格较统一，但边缘构件的弯矩大于辐射式布置。

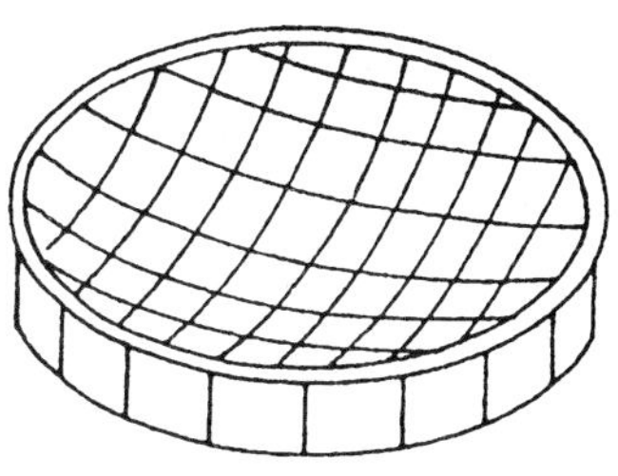

图 9-76　网状布置单层悬索体系

（2）受力特点

仅有一系列下凹的单层柔索组成的悬索体系，其工作性能与单索相似，属几何可变，所以形状稳定性不好。一方面，索系在局部荷载作用下会产生较大的机构性位移，另一面，索系的抗风能力也很差。

提高单层索系形状稳定性的作法一般可以采用重屋面，利用较大的均布荷载使悬索始终保持较大的张紧力，以加强维持其原始形状的能力，或使整个屋面形成一个预应力混凝土薄壳，以加强这种屋盖的稳定性和改善它的工作性能。另一种办法是设置横向加劲梁或加劲桁架，形成所谓的索梁体系或索桁体系，这些构件使原来单独工作的悬索连接成整体，与悬索共同承受外荷，改善了整个屋盖的受力性能。

2）预应力双层悬索体系

双层悬索体系是由一系列下凹的承重索和上凸的稳定索以及它们之间的连系杆（拉杆或压杆）组成，图 9-77 表示双层索系的几种一般形式。一般连系杆的内力不大，采用圆钢、钢管、角钢等均可。

（1）结构方案

在竖向关系上，承重索可以在稳定索之上（图 9-77a、d）或之下（图 9-77b），也可相互交错（图 9-77c）。相互交错时，可减小屋盖结构所占空间。承重索与稳定索在跨中可以相连（图 9-75e、f）或不相连。在对称均匀分布荷载作用时，跨中相连与否，索系的工作性能没有区别。在不对称荷载作用下，跨中相连的索系具有较大的抵抗不对称变形的能力。两组索之间的连系杆可以竖向布置或斜向布置，连系杆斜向布置的索系具有较大抵抗不对称变形的能力。

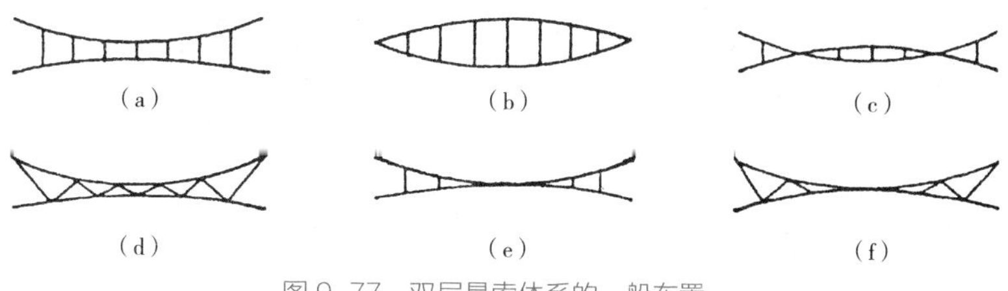

图 9-77　双层悬索体系的一般布置

在平面关系上，承重索、稳定索和连系杆一般布置在同一竖向平面上，由于其外形和受力特点类似于承受横向荷载的传统平面桁架，又常称为索桁架。承重索和稳定索也可相互错开布置，而不位于同一竖向平面，这种布置形成的波形屋面便于屋面排水（图 9-78）。

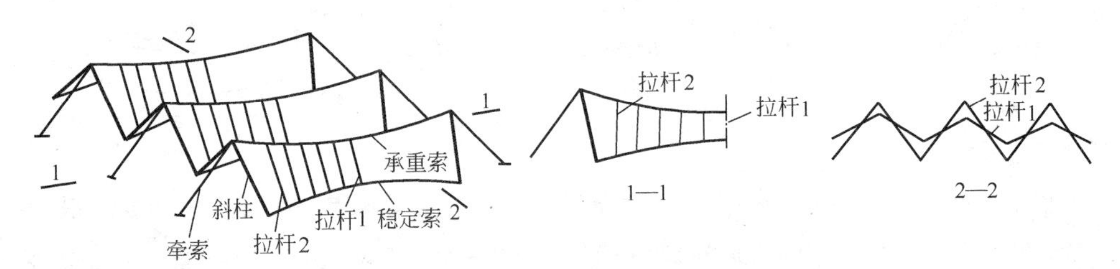

图 9-78　承重索和稳定索相互错开布置

与建筑平面相适应，双层索系也有平行布置、辐射式布置和网状布置等三种形式（图9-79）。

平行布置的双层索可用于矩形、多边形建筑平面，并可用于单跨、双跨及多跨。双层索系的承重索与稳定索要分别锚固在稳固的支承结构上，支承结构形式与单层索体系基本相同。

辐射式布置的双层索系可用于圆形、椭圆形建筑平面。为解决双层索在圆形平面中央的汇交问题，在圆心处通常要设置受拉内环，双层索一端锚挂于内环上，另一端锚挂在周边的受压外环

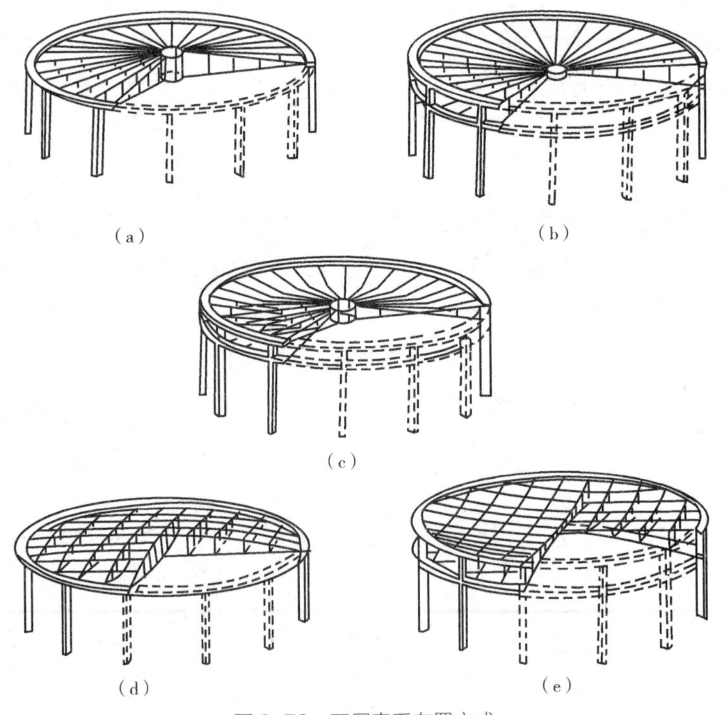

图 9-79　双层索系布置方式

上。根据所采用的索桁架形式不同，对应承重索和稳定索可能要设置两层外环梁或两层内环梁。

（2）受力特点

双层悬索体系中，设置了相反曲率的稳定索及相应的连系杆，不仅能够有效地抵抗风吸力作用，而且可以对体系施加预应力。通过张拉承重索或稳定索，或对它们都施行张拉，均可使索系绷紧，在承重索和稳定索内保持足够的预拉力，以使索系具有必要的形状稳定性。此外，由于存在预应力，稳定索能与承重索一起抵抗竖向荷载作用，从而整个体系的刚度得到提高。采用预应力双层索系是解决悬索屋盖形状稳定性问题的一个十分有效的途径。预应力双层索系具有良好的结构刚度和形状稳定性，因此可以采用轻屋面，如石棉板、纤维水泥板、彩色涂层压型钢板及高效能的保温轻质材料。此外，双层悬索体系还具有较好的抗震性能。

3）预应力鞍形索网

鞍形索网是由相互正交、曲率相反的两组钢索直接叠交而形成一种负高斯曲率的曲面悬索结构。两组索中，下凹的承重索在下，上凸的稳定索在上，两组索在交点处相互连接在一起，索网周边悬挂在强大的边缘构件上，图 9-80 给出了几种常见的鞍形索网形式。

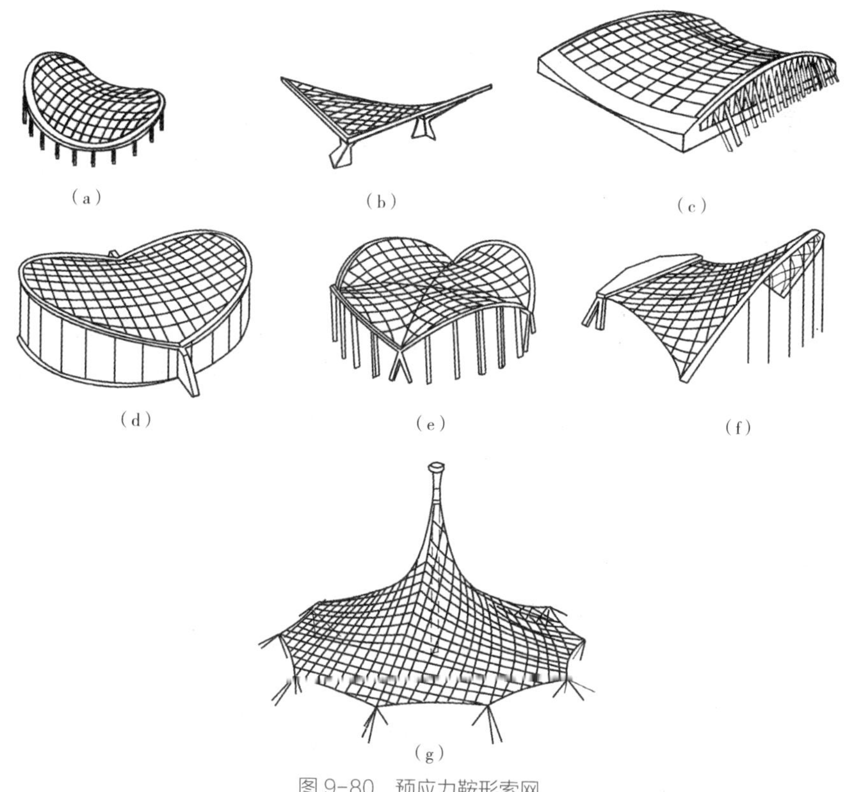

图 9-80　预应力鞍形索网

（1）结构方案

如把预应力鞍形索网视为一张网式蒙皮，则它可以覆盖任意平面形状，绷紧并悬挂在任意空间的边缘构件上，形成各式各样的鞍形索网结构。索网的边缘构件可根据建筑要求选取各种结构形式和做各种灵活布置。归纳起来，常见的边缘构件形式有如下几类：

①闭合空间曲梁

圆形或椭圆形平面的双曲抛物面索网多采用这种形式（图9-80a），空间曲梁的轴线是双曲抛物面与圆柱面或椭圆柱面的相截线，空间曲梁可设支柱支承。索网的两组索力水平分量由闭合空间曲梁承受，并形成自平衡体系。采用这种边缘构件，因索的水平力不下传，下部支承结构和基础设计均得以简化。

②空间框架

菱形平面双曲抛物面索网的边缘构件，即为由直梁组成的空间框架（图9-80b）。与空间曲梁相比，空间框架在索的拉力作用下，将产生很大弯矩，因此不如空间曲梁受力合理。同时，还会产生框架高端向索网跨中内移和框架低端外推的内力和变形，从而给下部支承结构的设计带来麻烦。因此，在实际悬索结构中，这种形式很少应用。

③拱

由于拱主要以轴向压力抵抗外荷作用，因此以拱作为鞍形索网的边缘构件比较合理。

鞍形索网采用两个倾斜的大拱作为边缘构件的工程实例较多，此时，索网不再是双曲抛物面。两个倾斜拱的轴线一般采用平面抛物线。两拱交叉或不交叉以及交叉点的位置均要结合建筑要求确定。

④柔性边缘构件——边界索

图9-80（f）、（g）所示的索网均采用了柔性的边缘构件——边界索。图9-80（f）所示索网采用柔性与刚性的混合边缘构件；图9-80（g）所示为由若干片鞍形索网组成的帐篷式结构，帐篷中间立一桅杆柱，索网在里侧连于由桅杆吊挂下来的主索上；索网外侧与边界索相连，边界索再与锚在地面上的若干支架相连。边界索实际是一种受拉型的边缘构件，一般采用粗大截面的钢丝绳，并须施以很大的预应力。由柔性边界索组成的索网，上面以透明的涂层纤维织物覆盖，自重很轻，在国外，广泛应用于大跨度的永久性建筑。

（2）受力特点

鞍形索网的工作原理与双层索系相同，但作为空间结构，其受力分析要比双层索系复杂。

与双层悬索体系一样，对鞍形索网也必须进行预张拉。由于两组索的曲率相反，因此可以对其中任意一组或同时对两组索进行张拉，在索网中建立预应力。

另外，因柔性悬索不能抗弯、抗压，因此为改进这一缺点而出现了一些结合体系，如劲性索结构、横向加劲单层索系与索拱体系，将两片或以上的悬索体系和强大的中间支承结构组合在一起，还可形成各种组合悬索结构。

3. 悬索结构的尺度

悬索结构的尺度主要是承重索的垂跨比与稳定索的拱跨比，其各体系适宜的尺度如表 9-8 所示。

悬索结构的尺度 表 9-8

类别	承重索垂跨比	稳定索拱跨比
单层索系	$\frac{1}{20}\sim\frac{1}{10}$	—
双层索系	$\frac{1}{20}\sim\frac{1}{15}$	$\frac{1}{30}\sim\frac{1}{20}$
鞍形索网	$\frac{1}{20}\sim\frac{1}{10}$	$\frac{1}{30}\sim\frac{1}{15}$

4. 工程实例

2021 年建成的北京冬奥会国家速滑馆（图 9-81），其外形上由 22 条晶莹美丽的“丝带”状曲面玻璃幕墙环绕（又称冰丝带）。它是由全球体育建筑公司 POPULOUS（博普乐思）在 2016 年的国际设计竞赛中获胜后设计的。长 198m，宽 124m 的国家速滑馆，若采用桁架体系所需的结构断面高度将大幅增加建筑的总体高度，与控制建筑高度的出发点违背，最终采用了双曲面马鞍形单层索网结构屋面设计，是目前世界上规模最大的单层双向正交马鞍形索网屋面体育馆。这种结构设计大幅度降低了工程用钢量，是传统钢结构的 1/4。

国家速滑馆主场馆地上部分建筑高度为 17 ~ 32m，平面尺寸为 178m×240m。地下室、看台及支承屋顶部分为混凝土结构，屋顶和周边幕墙为钢结构（图 9-81d）。整体模型及钢结构模型分解图如图 9-81（c）所示。钢结构由马鞍形索网、环桁架、斜拉索及幕墙网壳组成。环桁架通过球铰支座固定于混凝土框架柱顶，马鞍形索网支承于环桁架内侧弦杆，斜拉索支承于环桁架外侧弦杆，幕墙网壳附着于环桁架、斜拉索及下部混凝土挑梁边缘，典型剖面如图 9-81（f）所示。体育馆最终屋面的双曲面建筑形式符合索网体系的受力特点，承重索沿东西向短跨，跨度 124m，垂度 8.25m，垂跨比 1/15；稳定索沿南北向长跨，跨度 198m，拱度 7m，拱跨比约 1/28。网格间距 4m，平行双索，采用高钒封闭索，稳定索采用直径 74mm 的平行双索，承重索采用直径 64mm 的平行双索，索网端部连接在环形桁架上。索网的找形始于内部的建筑功能需求。首先控制冰面中心的净高约 20m，自中心点开始，按照有效的结构垂跨比、拱跨比控制，向东西侧高处看台上升，向南北侧低处看台下降，形成空间双曲面。然后测试双曲面的室内外建筑效果，在结构效率和动感的建筑形式之间寻求平衡。这一找形方法有效地控制了比赛大厅

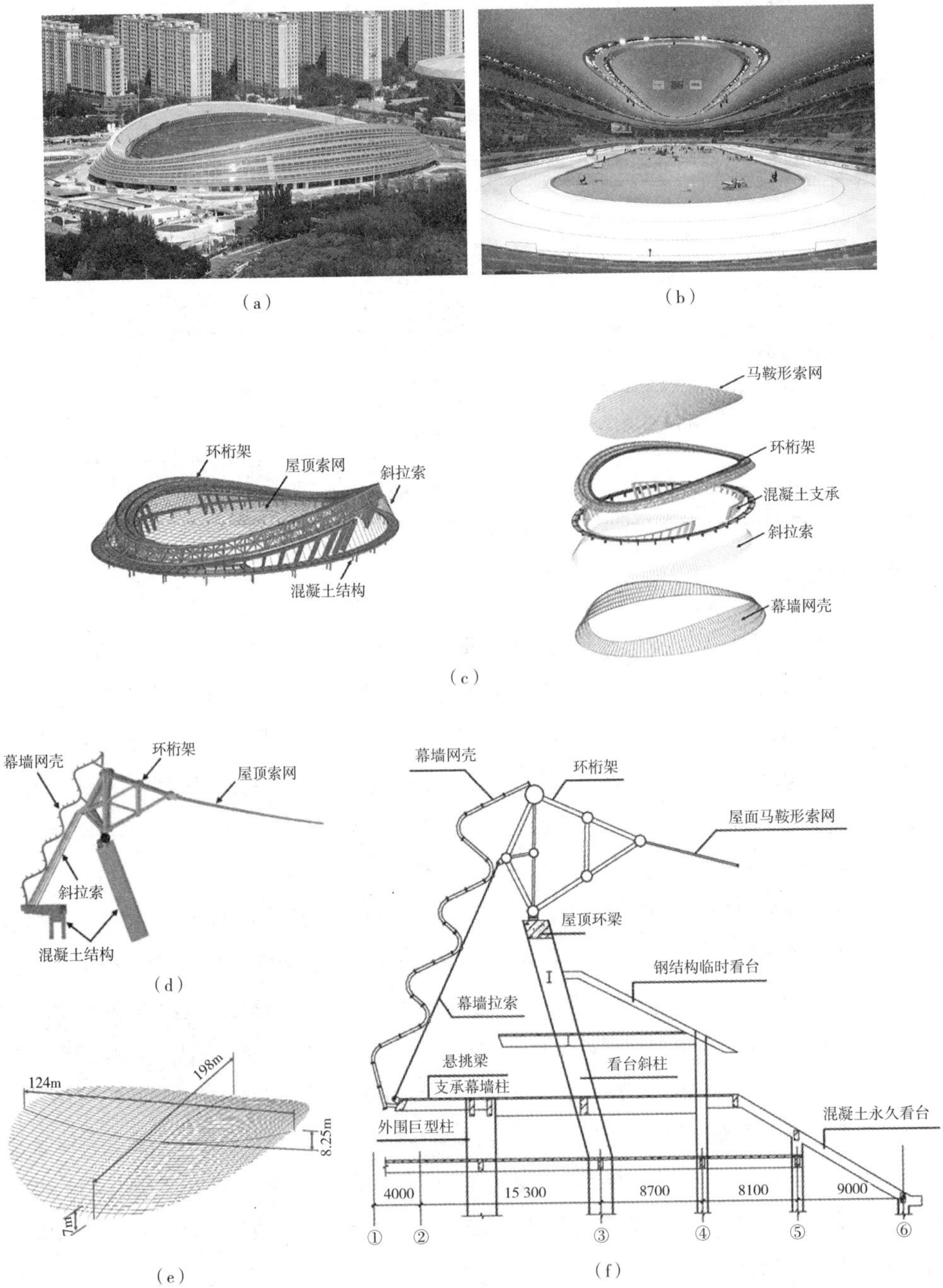

（a）

（b）

（c）

（d）

（e）

（f）

图9-81 中国国家速滑馆

（a）外观；（b）内景；（c）钢结构模型分析图；（d）主体结构构件示意图；（e）马鞍形索网尺度；（f）典型剖面图（单位：mm）

的空间容积，以节省冰场大空间制冰、除湿、空调等能耗，并为大厅的混响时间控制提供有利的条件。同时，单层索网结构极大地降低了建筑的整体高度，建筑体量得到有效地控制，融入仰山脚下森林公园的环境。通过单层双向正交双曲面索网的设计，实现建筑功能、超级结构、绿色节能与建筑效果协调一致。

9.8　薄膜结构

扫码观看 9.8 节

9.9　组合空间结构

扫码观看 9.9 节

思考题与习题

9-1　刚架、桁架、拱等平面体系的结构布置如何适应多边形等非矩形空间的建筑平面?

9-2　空间结构体系为什么比平面结构体系稳定性更好、更经济?

9-3　请从力的传递逻辑分析一个你身边的大跨建筑的传力方式、结构体系，并指出你认为其出彩或不足的地方。

9-4　为了创造造型独特、经济合理的建筑形式，目前较多地采用组合空间结构，在考虑其组合时应该注意遵循哪些原则?

9-5　在大跨建筑创作中，为了做出结构上合理经济的建筑作品，结构设计与建筑设计应该如何配合?

第10章

装配式建筑结构简介

10.1 装配式建筑的定义与特征

1. 定义与特征

装配式建筑是指建筑的部分或全部构件在构件预制工厂生产完成，然后通过相应的运输方式运到施工现场，采用可靠的安装方式和安装机械将构件组装起来，并具备使用功能的建筑。装配式建筑最大的特点是集成，是将结构系统、外围护系统、内装系统、设备与管线系统的主要部分采用预制部品部件集成的建筑。装配式建筑包括装配式混凝土结构建筑、装配式钢结构建筑和装配式木结构建筑。装配式混凝土结构建筑是指用混凝土预制结构构件在工地装配而成的建筑，装配式钢结构建筑是指用钢结构构件在工地装配而成的建筑，装配式木结构建筑是指用木结构构件在工地装配而成的建筑。

装配式建筑具有以下基本特征：装配式建筑集中体现了工业化建造方式，其基本特征主要体现在标准化设计、工厂化生产、装配化施工、一体化装修和信息化管理五个方面。

（1）标准化设计：标准化是装配式建筑所遵循的设计理念，是工程设计的共性条件，主要采用统一的模数协调和模块化组合方法，各建筑单元、构配件等具有通用性和互换性，满足少规格、多组合的原则，符合适用、经济、高效的要求。

（2）工厂化生产：采用现代工业化手段，实现施工现场作业向工厂生产作业的转化，形成标准化、系列化的预制构件和部品，完成预制构件、部品精细制造的过程。

（3）装配化施工：在现场施工过程中，使用现代机具和设备，以构件、部品装配施工代替传统的现浇或手工作业，实现工程建设装配化施工的过程。

（4）一体化装修：一体化装修指建筑室内外装修工程与主体结构工程紧密结合，装修工程与主体结构一体化设计，采用定制化部品、部件实现技术集成化、施工装配化，施工组织穿插作业、协调配合。

（5）信息化管理：以BIM信息化模型和信息化技术为基础，通过设计、生产、运输、装配、运维等全过程信息数据传递和共享，在工程建造全过程中实现协同设计、协同生产、协同装配等信息化管理。

2. 装配式建筑的优缺点

装配式建筑是建造方式的革新，一定程度上能够对传统建造方式的缺陷加以克服、弥补，成为建筑业转型升级的重要途径之一。具有以下优点：

1）提高建筑质量

装配式并不是单纯的工艺改变，而是建筑体系与运作方式的变革，对建筑质量提升有推动作用；装配式建筑要求设计必须精细化、协同化；装配式可以提高建筑精度；装配式可以提高混凝土浇筑、振捣和养护环节的质量；装配式是实现建筑自动化和智能化的前提。从生产组织体系上来看，装配式将建筑业传统的层层竖向转包变为扁平化分包。

2）提高效率

对钢结构、木结构和全装配式混凝土结构而言，装配式能够提高效率是显而易见的。对于装配整体式混凝土建筑，高层、超高层建筑最多的日本给出的结论也是装配式会提高效率。

装配式使一些高处和高空作业转移到车间进行，即使不搞自动化，生产效率也会提高。工厂作业环境比现场优越，工厂化生产不受气象条件制约，刮风下雨不影响构件制作。

3）节省材料

实行内装修和集成化会大幅度节约材料。对于装配整体式混凝土结构而言，结构连接会增加套筒、灌浆料和加密箍筋等材料，规范规定的结构计算提高系数或构造加强也会增加配筋，但可以减少内墙抹灰、现场模具和脚手架消耗等。节约材料还可以大幅度减少建筑垃圾，有助于节能减排环保。

4）改善劳动条件

主要体现在：节省劳动力；改变从业者的结构构成；改善工作环境；降低劳动强度。

5）缩短工期

装配式建筑特别是装配式整体式混凝土建筑，缩短工期的空间主要在主体结构施工之后的环节，尤其是内装环节，因为装配式建筑湿作业少，外围护系统与主体结构施工可以同步，内装施工可以尾随结构施工进行，相隔 2 ~ 3 层楼即可。当主体结构施工结束时，其他环节的施工也接近结束。

6）可以冬期施工

装配式混凝土建筑的构件制作在冬期不会受到大的影响。工地冬期施工，可以对构件连接处做局部即护保温，也可以搭设折叠式临时暖棚。冬期施工成本比现浇建筑低很多。

装配式建筑具有以下缺点：

1）装配式混凝土结构的缺点：连接构造制作和施工比较复杂，精度要求高；预埋件和预埋物一旦遗漏也很难补救；房屋的适用高度降低。

2）装配式钢结构的缺点：防火和确保耐久性的代价较高。

3）装配式木结构的缺点：集成化程度低，适用范围窄，成本方面优势不大。

3. 装配式建筑的评价体系

住建部发布了《装配式建筑评价标准》GB/T 51129—2017（以下简称《标准》），自2018年2月1日起实施。《标准》设置了基础性指标，可以较简捷地判断一栋建筑是否是装配式建筑。

1）适用范围与评价体系

《标准》适用于评价民用建筑的装配化程度。民用建筑，包括居住建筑和公共建筑，工业建筑符合本标准的规定时，可参照执行。

《标准》采用一个指标——装配率综合反应建筑的装配化程度。评定时采用两阶段评价，即认定评价与等级评价。所谓认定评价就是对装配式建筑设置了相对合理可行的控制性指标，达到"准入门槛"的最低要求时，即认定为装配式建筑，在此基础上再根据分值进行等级评价。计算装配率时含三个一级指标（主体结构、围护墙和内隔墙、装修和设备管线）和十一个二级指标。

《标准》将主楼与裙房分开评价，因为裙房建筑面积较大，而且裙房建筑使用功能或主体结构形式与主楼存在较大差异。装配率计算和装配式建筑等级评价应以单体建筑作为计算和评价单元。

装配率具体定义为：单体建筑室外地坪以上的主体结构、围护墙和内隔墙、装修和设备管线等采用预制部品部件的综合比例。

装配式建筑的装配率应根据表10-1中评价项得分值，按下式计算：

$$P=\frac{Q_1+Q_2+Q_3}{1-Q_4}\times 100\% \tag{10-1}$$

式中 P——装配式建筑的装配率；

Q_1——承重结构构件指标实际得分值；

Q_2——非承重构件指标实际得分值；

Q_3——装修与设备管线指标实际得分值；

Q_4——评价项目中缺少的评价项分值总和。

2）评价标准

（1）认定评价标准：装配式建筑应同时满足下列要求。

①主体结构部分的评价分值不低于20分。

②围护墙和内隔墙部分的评价分值不低于10分。

③采用全装修。

④装配率不低于50%。

装配式建筑评分计算表　　表 10-1

评价项		评价要求	评价分值	最低分值
主体结构（50 分）	柱、支撑、承重墙、延性墙板等竖向构件	35% ≤比例≤ 80%	20 ~ 30*	20
	梁、板、楼梯、阳台、空调板等构件	70% ≤比例≤ 80%	10 ~ 20*	
围护墙和内隔墙（20 分）	非承重围护墙非砌筑	比例≥ 80%	5	10
	围护墙与保温、隔热、装饰一体化	50% ≤比例≤ 80%	2 ~ 5*	
	内隔墙非砌筑	比例≥ 50%	5	
	内隔墙与管线、装修一体化	50% ≤比例≤ 80%	2 ~ 5*	
装修和设备管线（30 份）	全装修	—	6	6
	干式工法楼面、地面	比例≥ 70%	6	—
	集成厨房	70% ≤比例≤ 90%	3 ~ 6*	
	集成卫生间	70% ≤比例≤ 90%	3 ~ 6*	
	管线分离	50% ≤比例≤ 70%	4 ~ 6*	

注：表中带“*”项的分值采用“内插法”计算，计算结果取小数点后 1 位。

以上四项是装配式建筑的控制项，即准入门槛，满足了以上四项要求，应评价为装配式建筑。

（2）等级评价：当评价项目满足认定评价标准，且主体结构竖向构件中预制部品部件的应用比例不低于 35% 时，可进行装配式建筑等级评价。

装配式建筑评价等级划分为 A 级、AA 级、AAA 级，并应符合下列规定。

①装配率为 60% ~ 75% 时，评价为 A 级装配式建筑。

②装配率为 76% ~ 90% 时，评价为 AA 级装配式建筑。

③装配率为 91% 及以上时，评价为 AAA 级装配式建筑。

评价等级分值划分如下：将 A 级装配式建筑的评价分值确定为 60 分；在装配式结构、功能性部品部件或装配化装修等某一个方面做到较完整时，评价分值可以达到 75 分以上，评价为 AA 级装配式建筑；将装配式结构、功能性部品部件和装配化装修等均做到体系化综合运用，并完成较好的项目，评价分值可以达到 90 分以上，评价为 AAA 级装配式建筑。

4. 装配式建筑的发展历程与趋势

20 世纪 50 年代 ，我国借鉴苏联的技术和经验，在第一个五年计划重点工业建设中，以构件装配化和施工机械化为切入点开始发展装配式建筑。工业建筑广泛采用预制厂房柱、屋架梁或屋架、吊车梁、大型屋面板组装而成的装配式工业厂房，民用建筑中预制混凝土空心楼板、槽形楼板得到了应用。

近10年来国家与地方政府陆续出台了相关政策，积极支持装配式建筑产业的发展，并建立了大批装配式建筑生产基地。2016年9月召开的国务院常务会议，决定大力发展装配式建筑，并决定以京津冀、长三角、珠三角城市群和常住人口超过300万人的其他城市为重点，加快提高装配式建筑占新建建筑面积的比例。力争用10年左右的时间，使装配式建筑占新建建筑面积的比例达到30%，并确定八项重点任务。

随着城镇化建设的推进和“中国制造2025”的影响，建筑产业的新理念、新技术不断更新和发展，装配式建筑也将会产生新的变革，其主要发展趋势表现在以下5个方面。

（1）向开放体系发展：装配式建筑现有的生产重点为标准化构件设计和快速施工，设计缺乏灵活性。未来应该发展标准化的功能块，设计上统一模数，让设计者与建造者有更多的装配自由，使生产和施工更加方便。

（2）向结构预制式和内装修系统化集成方向发展：装配式建筑普遍采用模块式结构设计，未来应该将内装修部品与主体结构结合在一起设计、生产、安装。

（3）向现浇和预制装配相结合的柔性联结体系发展：装配式建筑的联结部位采用的主要有湿式体系与干式体系。湿式体系作业会影响结构强度、质量水平，而且劳动力和工时也较多；干式体系作业如果利用螺栓螺帽连接，则抗震性能和防渗性差。未来的联结体系将会往现浇和预制装配相结合的柔性联结节点发展，提高装配构件的利用率。

（4）向全产业链信息平台发展：未来将利用BIM和网络化等信息手段，使装配式建筑中的咨询、规划、设计、施工和运营各个环节联系在一起形成全产业链信息平台，对装配式建筑全生命周期和质量管理实现完全把控。

（5）向绿色化结构装配体系发展：未来的装配式建筑要考虑对环境的影响最小，同时兼顾安全性与资源利用效率——从设计、加工制作、运输、吊装与安装到拆除、拆迁和报废过程中，考虑建筑材料的绿色环保性，以保证其可持续发展。

10.2 装配式建筑分类

装配式建筑可按照建筑结构的材料、建筑高度、结构体系、预制率和施工方法等方面进行分类，主要有以下几种分类：

1. 按建筑结构材料分类

装配式建筑按建筑结构材料分类，有装配式混凝土建筑、装配式钢结构建筑、装配式木结构建筑和装配式组合结构建筑。

2. 按建筑高度分类

装配式建筑按建筑高度分类，有低层装配式建筑、多层装配式建筑、高层装配式建筑、超高层装配式建筑。

3. 按结构体系分类

装配式建筑按结构体系分类，有框架结构、框架 - 剪力墙结构、筒体结构、剪力墙结构、无梁板结构、空间薄壁结构、悬索结构、预制钢筋混凝土柱单层厂房结构等。

4. 按预制率分类

装配式建筑按预制率分类：预制率小于 5% 为局部使用预制构件建筑；预制率 5% ~ 20% 为低预制率建筑；预制率 20% ~ 50% 为普通预制率建筑；预制率 50% ~ 70% 为高预制率建筑；预制率 70% 以上为超高预制率建筑。

5. 按结构形式和施工方法分类

装配式建筑按结构形式和施工方法分类，有砌块建筑、板材建筑、盒式建筑、骨架板材建筑，以及升板、升层建筑等。其中，骨架板材建筑由全预制或部分预制的骨架和板材连接而成。

10.3　装配式建筑设计理念

1. 装配式建筑设计理念

系统工程理论是装配式建筑设计的基本理论。在装配式建筑设计过程中，必须建立整体性设计的方法，采用系统集成的设计理念与工作模式。系统设计应遵循以下原则：

1）建立一体化、工业化的系统方法

在装配式建筑设计开始时，首先要进行总体技术策划，确定整体技术方案，然后进行具体设计，即先进行建筑系统的总体设计，然后进行各子系统和具体分部设计。

2）建立多专业的协同设计

装配式建筑设计应实现各专业系统之间在不同阶段的协同、融合、集成、创新，实现建筑、结构、机电、内装、智能化、造价等各专业的一体化集成设计。

3）以整体最优化为设计目标

在设计过程中要综合各专业的系统，进行分析优化，采用信息化手段来构建系统模型，优化系统结构和功能，使之达到整体效率、效益最大化。

4）采用标准化设计方法

装配式建筑的设计要遵循少规格、多组合的原则，需要建立建筑部品和单元的标准化模数模块、统一的技术接口和规则，实现平面标准化、立面标准化、构件标准化和部品标准化。

5）充分考虑生产、施工的可行性和经济性

设计要充分考虑构件、部品生产和施工的可行性因素，通过整体的技术优化，保证建筑设计、生产运输、施工装配、运营维护等各环节的一体化建造。

2. 装配式建筑主要设计内容

装配式的概念应当伴随着设计全过程，需要建筑师、结构设计师和其他专业设计师密切合作与互动，需要设计人员与制作厂家和安装施工单位的技术人员密切合作与互动。部品部件设计是具有高度衔接性、互动性、集合性和精细性的设计过程，不同的拆分还会出现一些新的课题。各设计阶段主要设计内容如下：

1）设计前期阶段：工程设计尚未开始时，关于装配式的分析就应当先行。设计者首先需要对项目是否适合做装配式进行定量的技术经济分析，对约束条件进行调查，判断是否有条件做装配式建筑。

2）方案设计阶段：在方案设计阶段，建筑师和结构设计师需根据建筑的特点和有关规范的规定确定方案。方案内容包括：

（1）在确定建筑风格、造型、质感时分析判断装配式的影响和实现可能性。例如，PC建筑不适宜造型复杂且没有规律性的立面，无法提供连续的无缝建筑表皮。

（2）在确定建筑高度时考虑装配式的影响。

（3）有些地方政府在土地招拍挂时设定了预制率的刚性要求，建筑师和结构设计师在方案设计时须考虑实现这些要求的做法。

3）施工图设计阶段：

（1）建筑设计：施工图设计阶段，建筑设计内容包括：①与结构工程师确定预制范围，如哪一层、哪个部分预制。②设定建筑模数，确定模数协调原则。③在进行平面布置时考虑装配式的特点与要求。④在进行立面设计时考虑装配式的特点，确定立面拆分原则。⑤依照装配式特点与优势设计表皮造型和质感。⑥进行外围护结构建筑设计，尽可能实现建筑、结构、保温、装饰一体化。⑦设计外墙预制构件接缝防水防火构造。⑧根据门窗、装饰、厨卫、设备、电源、通信、避雷、管线、防火等专业或环节的要求，进行建筑构造设计和节点设计，与构件设计对接。⑨将各专业对建筑构造的要求汇总等。

（2）结构设计：施工图设计阶段，结构设计内容包括：①与建筑师确定预制范围，如哪一层、哪个部分预制。②因装配式而附加或变化的作用与作用分析。③对构件接缝处水平抗剪能力进行计算。④因装配式所需要进行的结构加强或改变。⑤因装配式所需要进行的构造设计。⑥确定连接方式，进行连接节点设计，选定连接材料。⑦对夹芯保温构件进行拉结节点布置、外叶板结构设计和拉结件结构计算，选择拉结件。⑧对预制构件承载力和变形进行验算。⑨将建筑和其他专业对预制构件的要求集成到构件制作图中。

（3）其他专业设计：给水、排水、暖通、空调、设备、电气、通信等专业须将与装配式有关的要求，准确定量地提供给建筑师和结构工程师。

（4）拆分设计与构件设计：结构拆分和构件设计是装配式结构设计非常重要的环节，拆分设计与构件设计内容包括：①依据规范，按照建筑和结构设计要求和制作、运输、施工的条件，结合制作、施工的便利性和成本因素，进行结构拆分设计。②设计拆分后的连接方式、连接节点、出筋长度、钢筋的锚固和搭接方案等；确定连接件材质和质量要求。③进行拆分后的构件设计，包括形状、尺寸、允许误差等。④对构件进行编号。构件有任何不同，编号都要有区别，每一类构件有唯一的编号。⑤设计预制混凝土构件制作和施工安装阶段需要的脱模、翻转、吊运、安装、定位等吊点和临时支撑体系等，确定吊点和支承位置，进行强度、裂缝和变形验算，设计预埋件及其锚固方式。⑥设计预制构件存放、运输的支承点位置，提出存放要求。

（5）其他设计：对装配式混凝土结构建筑，设计还包括制作工艺设计、模具设计、产品保护设计、运输装车设计和施工工艺设计，由 PC 构件工厂和施工安装企业负责，其中模具可能还需要专业模具厂家负责或参与设计。

4）装配式建筑设计质量要点

装配式建筑的设计涉及结构方式的重大变化和各个专业各个环节的高度契合，对设计深度和精细程度要求高，部品部件一旦设计出现问题，到施工时才发现，许多构件已经制成，往往会造成很大损失，也会延误工期。像混凝土 PC 建筑就不能像现浇建筑那样在现场临时修改或砸掉返工。因此，必须保证设计精度、深度、完整性，必须保证不出错，必须保证设计质量。保证设计质量的要点包括：①设计开始就建立统一协调的设计机制，由富有经验的建筑师和结构设计师负责协调衔接各个专业。②列出与装配式有关的设计和衔接清单，避免漏项。③列出与装配式有关的设计关键点清单。④制定装配式设计流程。⑤与装配式有关的各个专业应当参与拆分后的构件制作图校审。⑥尽可能应用 BIM 系统。

10.4　装配式混凝土结构

1. 概念

由预制混凝土构件通过可靠的连接方式装配而成的混凝土结构称为装配式混凝土结构，包括装配整体式混凝土结构、全装配混凝土结构等。所谓预制混凝土构件是指在工厂或现场预先制作的混凝土构件，简称预制构件或PC构件。在工厂或现场预先生产制作完成，构成建筑结构系统的结构构件及其他构件统称为部件；由工厂生产，构成外围护系统、设备与管线系统、内装系统的建筑单一产品或复合产品组装而成的功能单元统称为部品。

装配整体式混凝土结构是指由预制混凝土构件通过可靠的方式进行连接并与现场后浇混凝土、水泥基灌浆料形成整体的装配式混凝土结构，简称装配整体式结构，它的连接以“湿连接”为主要方式。全装配混凝土结构是指由预制混凝土构件通过干法连接（如螺栓连接、焊接等）形成整体，它的连接以“干连接”为主要方式。装配整体式混凝土结构具有较好的整体性和抗震性。目前，大多数多层和全部高层建筑都是装配整体式结构，有抗震要求的低层建筑也多是装配整体式结构。预制钢筋混凝土柱单层厂房就属于全装配混凝土结构。国外一些低层建筑或非抗震地区的多层建筑采用全装配混凝土结构。

装配整体式混凝土结构在体系上可分为装配整体式混凝土框架结构、装配整体式混凝土剪力墙结构和装配整体式框架－现浇剪力墙结构等。装配整体式混凝土框架结构是指全部或部分框架梁、柱采用预制构件构建。装配整体式混凝土剪力墙结构是指全部或部分剪力墙采用预制墙板构建。装配整体式框架－现浇剪力墙结构是指全部或部分框架梁、柱采用预制构件、剪力墙采用全现浇的结构。

除了柱采用预制构件以外，混凝土预制梁、板的应用量非常广泛，尤其是预制板，为保证梁板的整体协调受力，工程上将梁和板预制一部分高度，剩余部分板和梁面混凝土采用现浇，这样不仅保证了结构的整体性，还节省了模板。此时混凝土梁板就是一个叠合受弯构件，简称叠合板、叠合梁。

预制梁、板、柱构件是依靠钢筋可靠的连接拼接而成，连接的方式主要有：①钢筋套筒灌浆连接，在预制混凝土构件内预埋的金属套筒中插入钢筋并灌注水泥基灌浆料而实现的钢筋连接方式；②钢筋浆锚搭接连接，在预制混凝土构件中预留孔道，在孔道中插入需搭接的钢筋，并灌注水泥基灌浆料而实现的钢筋搭接连接方式；③水平锚环灌浆连接，同一楼层预制墙板拼接处设置后浇段，预制墙板侧边甩出钢筋锚环并在后浇段内相互交叠而实现的预制墙板竖缝连接方式。

还有预制外挂墙板和预制混凝土夹心保温外墙板用于外围护结构。预制外挂墙板是指安装在主体结构上，起围护、装饰作用的非承重预制混凝土外墙板，简称外挂墙板；预制混凝土夹心保温外墙板是指中间夹有保温层的预制混凝土外墙板，简称夹心外墙板。

2. 设计规定

1）一般规定

装配式结构的设计应符合现行国家标准《混凝土结构设计规范》GB 50010—2010（2015年版）、《装配式混凝土建筑技术标准》GB/T 51231—2016和《装配式混凝土结构技术规程》

JGJ 1—2014 的基本要求，并应符合下列规定：①应采取有效措施加强结构的整体性；②装配式结构宜采用高强混凝土、高强钢筋；③装配式结构的节点和接缝应受力明确、构造可靠，并应满足承载力、延性和耐久性等要求；④应根据连接节点和接缝的构造方式和性能，确定结构的整体计算模型。

预制构件的连接部位宜设置在结构受力较小的部位，其尺寸和形状应符合下列规定：①应满足建筑使用功能、模数、标准化要求，并应进行优化设计；②应根据预制构件的功能和安装部位、加工制作及施工精度等要求，确定合理的公差；③应满足制作、运输、堆放、安装及质量控制要求。

2）材料要求

（1）混凝土和钢筋

预制构件的混凝土强度等级不宜低于 C30；预应力混凝土预制构件的混凝土强度等级不宜低于 C40，且不应低于 C30；现浇混凝土的强度等级不应低于 C25。

普通钢筋采用套筒灌浆连接和浆锚搭接连接时，钢筋应采用热轧带肋钢筋；预制构件的吊环应采用未经冷加工的 HPB300 级钢筋制作。

预制构件节点及接缝处后浇混凝土强度等级不应低于预制构件的混凝土强度等级；多层剪力墙结构中墙板水平接缝用坐浆材料的强度等级值应大于被连接构件的混凝土强度等级值。

（2）连接材料

钢筋套筒灌浆连接接头采用的套筒、灌浆料应满足行业标准要求。钢筋浆锚搭接连接接头应采用水泥基灌浆料，灌浆料的性能应满足一定要求。钢筋锚固板、受力预埋件的锚板及锚筋材料、连接用焊接材料以及螺栓、锚栓和铆钉等紧固件的材料都应符合现行国家标准或行业标准要求。

此外，外墙板接缝处的密封材料、夹心外墙板中保温材料的导热系数、采用的室内装修材料等应符合现行国家标准或行业标准。

3）最大适用高度

装配整体式框架结构、装配整体式剪力墙结构、装配整体式框架－现浇剪力墙结构的房屋最大适用高度应满足表 10-2 的要求，并应符合下列规定：

（1）当结构中竖向构件全部为现浇且楼盖采用叠合梁板时，房屋的最大适用高度按《高层建筑混凝土结构技术规程》JGJ 3—2010 中的规定采用。

（2）装配整体式剪力墙结构，在规定的水平力作用下，当预制剪力墙构件底部承担的总剪力大于该层总剪力的 50% 时，其最大适用高度应适当降低；当预制剪力墙构件底部承担的总剪力大于该层总剪力的 80% 时，最大适用高度应取表 10-2 中括号内的数值。

装配整体式结构房屋的最大适用高度（m） 表 10-2

结构类型	非抗震设计	抗震设防烈度			
		6 度	7 度	8 度（0.2g）	9 度（0.3g）
装配整体式框架结构	70	60	50	40	30
装配整体式框架 – 现浇剪力墙结构	150	130	120	100	80
装配整体式剪力墙结构	140（130）	130（120）	110（100）	90（80）	70（60）

注：房屋高度指室外地面到主要屋面的高度，不包括局部突出屋顶的部分。

4）最大高宽比

高层装配整体式结构的高宽比不宜超过表 10-3 的数值。

高层装配整体式结构适用的最大高宽比 表 10-3

结构类型	非抗震设计	抗震设防烈度	
		6 度、7 度	8 度
装配整体式框架结构	5	4	3
装配整体式框架 – 现浇剪力墙结构	6	6	5
装配整体式剪力墙结构	6	6	5

5）抗震等级

装配整体式结构构件的抗震设计，应根据设防类别、烈度、结构类型和房屋高度采用不同的抗震等级，并应符合相应的计算和构造措施要求。丙类装配整体式结构的抗震等级应按表 10-4 确定。

丙类装配整体式结构的抗震等级 表 10-4

结构类型		抗震设防烈度							
		6 度		7 度			8 度		
装配整体式框架	高度（m）	≤ 24	> 24	≤ 24		> 24	≤ 24		> 24
	框架	四	三	三	二		二	一	
	跨度不小于 18m 框架	三		二			一		
装配整体式框架 – 现浇剪力墙	高度（m）	≤ 60	> 60	≤ 24	24 ~ 60	> 60	≤ 24	24 ~ 60	> 60
	框架	四	三	四	三	二	三	二	一
	抗震墙	三		三	二		二	一	
装配整体式剪力墙	高度（m）	≤ 80	81 ~ 140	≤ 24	24 ~ 70	> 70	≤ 24	24 ~ 70	> 70
	抗震墙	四	三	四	三	二	三	二	一

6）现浇部位要求

高层装配整体式结构应符合下列规定：宜设置地下室，地下室宜采用现浇混凝土；剪力墙结构底部加强部位的剪力墙宜采用现浇混凝土；框架结构首层柱宜采用现浇混凝土，顶层宜采用现浇楼盖结构。

7）结构布置

装配式结构的平面布置和竖向布置要求与《混凝土结构设计规范》GB 50010—2010（2015 年版）相同。

8）结构分析

（1）分析理论：结构内力计算采用弹性分析理论。在各种设计状况下，装配整体式结构可采用与现浇混凝土结构相同的方法进行结构分析；当同一层内既有预制又有现浇抗侧力构件时，地震设计状况下宜对现浇抗侧力构件在地震作用下的弯矩和剪力进行适当放大。

（2）装配整体式混凝土结构设计应符合现行国家标准《工程结构可靠性设计统一标准》GB 50153—2008 的规定，结构的设计工作年限不应少于 50 年，其安全等级不应低于二级。结构设计时采用的荷载和效应的标准值、荷载分项系数、荷载效应组合、组合值系数应符合现行国家标准。

（3）按弹性方法计算的风荷载或多遇地震标准值作用下的楼层层间最大位移与层高之比的限值为：装配整体式框架结构 1/550，装配整体式框架 - 剪力墙结构 1/800，装配整体式剪力墙结构 1/1000，多层装配式剪力墙结构 1/1200。

（4）在结构内力与位移计算时，对现浇楼盖和叠合楼盖，均可假定楼盖在其自身平面内为无限刚性；楼面梁的刚度可计入翼缘作用予以增大；梁刚度增大系数可根据翼缘情况近似取为 1.3 ~ 2.0。

3. 结构拆分

1）拆分原则

装配整体式结构拆分是设计的关键环节。拆分基于多方面因素：建筑功能性和艺术性、结构合理性、制作运输安装环节的可行性和便利性等。拆分不仅是技术工作，也包含对约束条件的调查和经济分析。拆分应当由建筑、结构、预算、工厂、运输和安装各个环节技术人员协作完成。

2）拆分内容

（1）拆分工作内容包括：①确定现浇与预制的范围、边界；②确定结构构件在哪个部位拆分；③确定后浇区与预制构件之间的关系，包括相关预制构件的关系；④确定构件之间的拆分位置，如柱、梁、墙、板构件的分缝处。

（2）从建筑角度拆分：建筑外立面构件拆分以建筑艺术和建筑功能需求为主，同时满足结构、制作、运输、施工条件和成本因素。

（3）从结构角度考虑拆分：从结构受力合理性考虑，如构件接缝选在应力小的部位，尽可能统一和减少构件规格，应当与相邻的相关构件拆分协调一致。

（4）从制作、运输、安装条件考虑拆分：从安装效率和便利性考虑，构件越大越好，但必须考虑工厂起重机能力、模台或生产线尺寸、运输限高限宽限重约束、道路路况限制、施工现场塔式起重机能力限制等，如重量限制、尺寸限制、运输长度限制及形状限制。

4. 预制构件设计

1）计算 / 验算内容

预制构件的设计应符合下列受力规定：

（1）对持久设计状况，应进行承载力、变形、裂缝控制验算；

（2）对地震设计状况，应进行承载力验算；

（3）对制作、运输和堆放、安装等短暂设计状况下的预制构件验算，应符合现行国家标准《混凝土结构工程施工规范》GB 50666—2011 的有关规定。

2）构造要求

（1）预制板式楼梯的梯段板底应配置通长的纵向钢筋。板面宜配置通长的纵向钢筋；当楼梯两端均不能滑动时，板面应配置通长的纵向钢筋。

（2）用于固定连接件的预埋件与预埋吊件、临时支撑用预埋件不宜兼用；当兼用时，应同时满足各种设计工况要求。

（3）预制构件中外露预埋件凹入构件表面的深度不宜小于 10mm。

5. 连接设计

装配整体式结构中，节点及接缝处的纵向钢筋连接有很多方法，如机械连接、套筒灌浆连接、浆锚搭接连接、焊接连接、绑扎搭接连接等连接方式，具体选用应根据接头受力、施工工艺等要求进行，并应符合国家现行有关标准的规定。应对连接件、焊缝、螺栓或铆钉等紧固件在不同设计状况下的承载力进行验算。

1）计算 / 验算内容：装配整体式结构中，接缝的正截面承载力及受剪承载力均应符合现行国家标准《混凝土结构设计规范》GB 50010—2010（2015 年版）的规定。

2）构造要求

（1）纵向钢筋采用套筒灌浆连接时，应满足：预制剪力墙中钢筋接头处套筒外侧钢筋的混凝土保护层厚度不应小于 15mm，预制柱中钢筋接头处套筒外侧箍筋的混凝土保护层厚度不应小于 20mm；套筒之间的净距不应小于 25mm。

（2）纵向钢筋采用浆锚搭接连接时，对预留孔成孔工艺、孔道形状和长度、构造要求、灌浆

二维码 10.4-1

料和被连接钢筋，应进行力学性能以及适用性的试验验证。直径大于 20mm 的钢筋不宜采用浆锚搭接连接，直接承受动力荷载构件的纵向钢筋不应采用浆锚搭接连接。

（3）预制构件与现浇层结合面要求：预制构件与后浇混凝土、灌浆料、坐浆材料的结合面应设置粗糙面、键槽，并符合：

①预制板与后浇混凝土叠合层之间的结合面应设置粗糙面；②预制梁与后浇混凝土叠合层之间的结合面应设置粗糙面；预制梁端面应设置键槽（图 10-1）且宜设置粗糙面；③预制剪力墙的顶部和底部与后浇混凝土的结合面应设置粗糙面；侧面与后浇混凝土的结合面应设置粗糙面，也可设置键槽；④预制柱的底部应设置键槽且宜设置粗糙面，键槽应均匀布置，柱顶应设置粗糙面；⑤粗糙面的面积不宜小于结合面的 80%。

（4）预制构件纵向钢筋宜在后浇混凝土内直线锚固；当直线锚固长度不足时，可采用弯折、

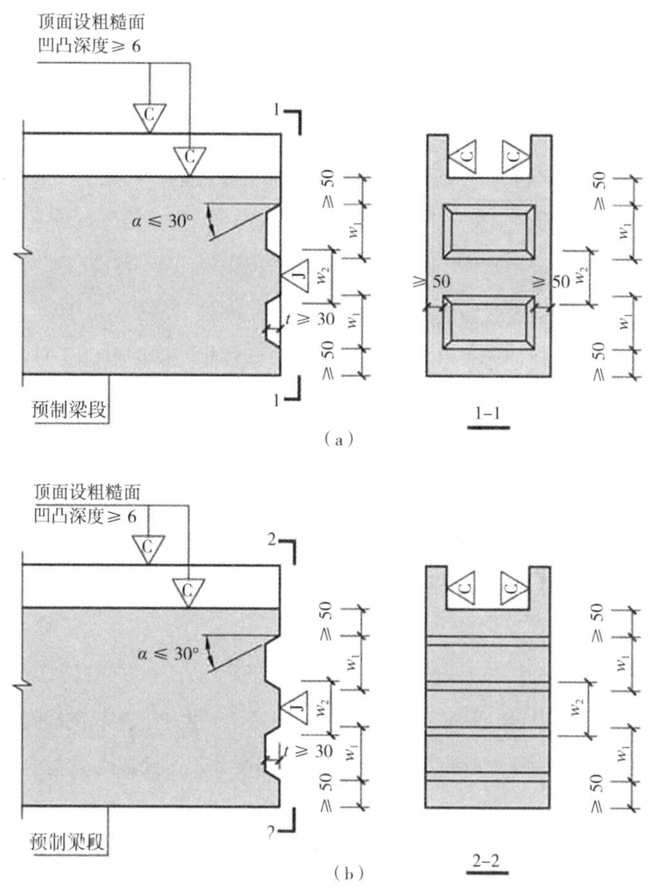

图 10-1 梁端键槽构造示意
（a）梁端设不贯通截面的键槽；（b）梁端设贯通截面的键槽

二维码 10.4-2

机械锚固方式，并应符合现行国家标准《混凝土结构设计规范》GB 50010—2010（2015 年版）。

（5）预制楼梯与支承构件之间宜采用简支连接，并符合下列规定：①预制楼梯宜一端设置固定铰，另一端设置滑动铰，其转动及滑动变形能力应满足结构层间位移的要求，且预制楼梯端部在支承构件上的最小搁置长度应符合表 10-5 的规定；②预制楼梯设置滑动铰的端部应采取防止滑落的构造措施。

预制楼梯在支承构件上的最小搁置长度　　表 10-5

抗震设防烈度	6 度	7 度	8 度
最小搁置长度（mm）	75	75	100

6. 楼盖设计

装配整体式结构的楼盖宜采用叠合楼盖。结构转换层、平面复杂或开洞较大的楼层、作为上部结构嵌固部位的地下室楼层宜采用现浇楼盖。叠合楼盖主要包括普通叠合楼板、带肋预应力叠合楼板、空心预应力叠合板、双 T 形预应力叠合楼板等。

普通叠合楼板的预制底板一般厚 60mm，包括有桁架筋预制底板和无桁架筋预制底板。预制底板安装后绑扎叠合层钢筋，浇筑混凝土，形成整体受弯楼盖，如图 10-2 所示。

1）楼盖拆分原则与厚度规定

楼盖拆分时可依据其受力特性、施工条件限制和管线预埋等内容拆分，具体为：①在板的次要受力方向拆分，也就是板缝应当垂直于板的长边，如图 10-3（a）所示。②在板受力小的部位分缝，如图 10-3（b）所示。③板的宽度不超过运输超宽的限制和工厂生产线模台宽度的限制。④尽可能统一或减少板的规格，宜取相同宽度。⑤有管线穿过的楼板，拆分时须考虑避免与钢筋或桁架筋的冲突。⑥顶棚无吊顶时，板缝应避开灯具、接线盒或吊扇位置。

叠合板的预制板厚度不宜小于 60mm，后浇混凝土叠合层厚度不应小于 60mm；当叠合板的预制板采用空心板时，板端空腔应封堵；跨度大于 3m 的叠合板，宜采用桁架钢筋混凝土叠合板；跨度大于 6m 的叠合板，宜采用预应力混凝土预制板。

2）叠合板设计

叠合板应按现行国家标准《混凝土结构设计规范》GB 50010—2010（2015 年版）进行设计。叠合板设计计算可根据预制板接缝构造、支座构造、长宽比的大小，按单向板或双向板设计。当预制板之间采用分离式接缝（图 10-3a）时，宜按单向板设计。对长宽比不大于 3 的四边支承叠合板，其预制板之间采用整体式接缝（图 10-3b）或无接缝（图 10-3c）时，可按双向板设计。

3）接缝构造设计：分为单项叠合板板侧的分离式接缝和双向叠合板板侧的整体式接缝两类。

①单项叠合板板侧的分离式接缝宜配置附加钢筋，并满足：接缝处紧邻预制板顶面宜设置垂直于板缝的附加钢筋，附加钢筋伸入两侧后浇混凝土叠合层的锚固长度不应小于 15d（d 为附加

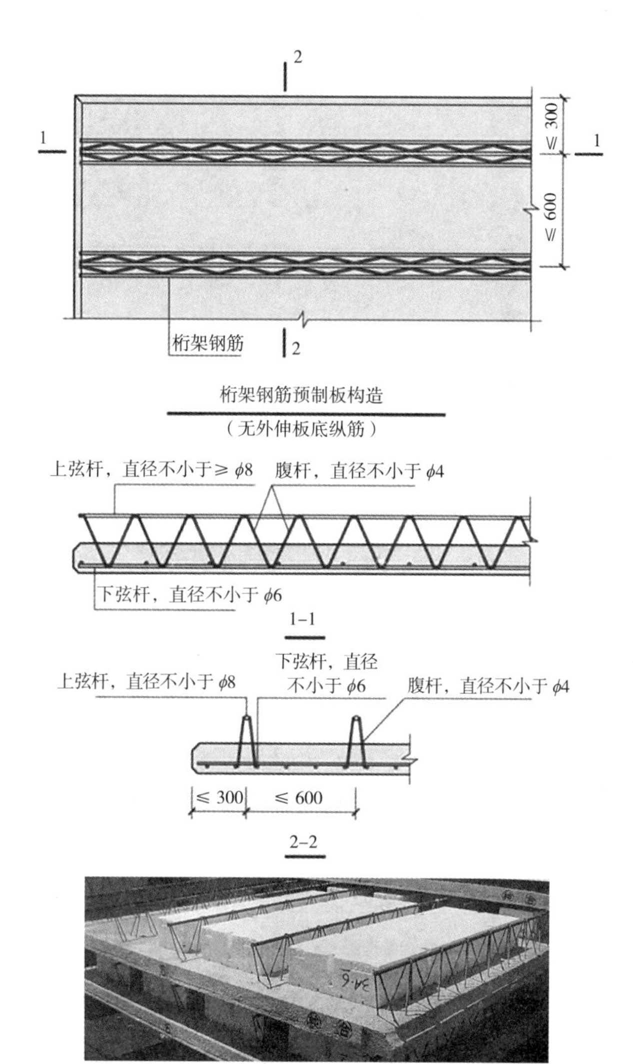

图 10-2　普通叠合楼盖

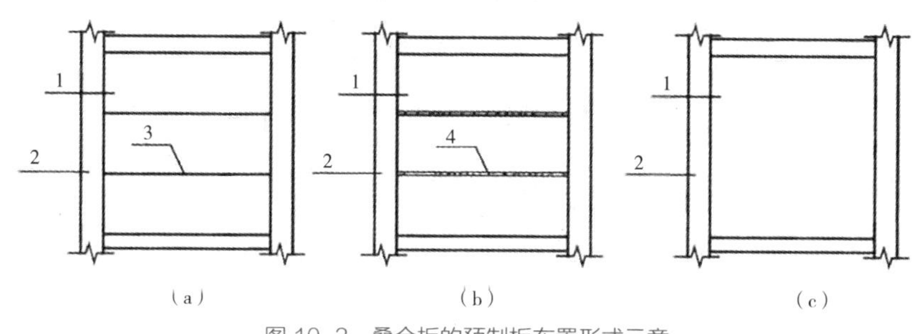

图 10-3　叠合板的预制板布置形式示意

（a）单向叠合板；（b）带接缝双向叠合板；（c）无接缝双向叠合板

1—预制板；2—梁或墙；3—板侧分离式接缝；4—板侧整体式接缝

钢筋直径）；附加钢筋截面面积不宜小于预制板中该方向钢筋面积，钢筋直径不宜小于 6mm，间距不宜大于 250mm，如图 10-4 所示。

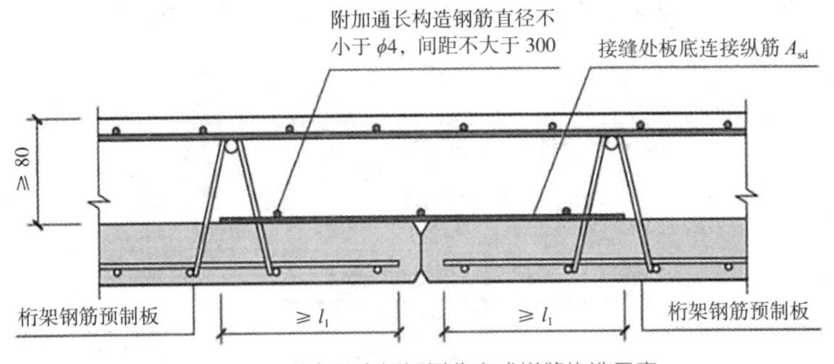

图 10-4 单向叠合板板侧分离式拼缝构造示意

②双向叠合板板侧的整体式接缝宜设置在叠合板的次要受力方向上且宜避开最大弯矩截面。接缝可采用后浇带形式，后浇带宽度不宜小于 200mm，后浇带两侧板底纵向受力钢筋可在后浇带中焊接、搭接连接、弯折锚固。

采用弯折锚固需满足叠合板厚度不应小于 10d，不应小于 120mm（d 为弯折钢筋直径的较大值），且接缝处预制板侧伸出的纵向受力钢筋应在后浇混凝土叠合层内锚固，锚固长度不应小于 l_a；两侧钢筋在接缝处重叠的长度不应小于 10d，钢筋弯折角度不应大于 30°，弯折处沿接缝方向应配置不少于 2 根通长构造钢筋，且直径不应小于该方向预制板内钢筋直径。如图 10-5 所示。

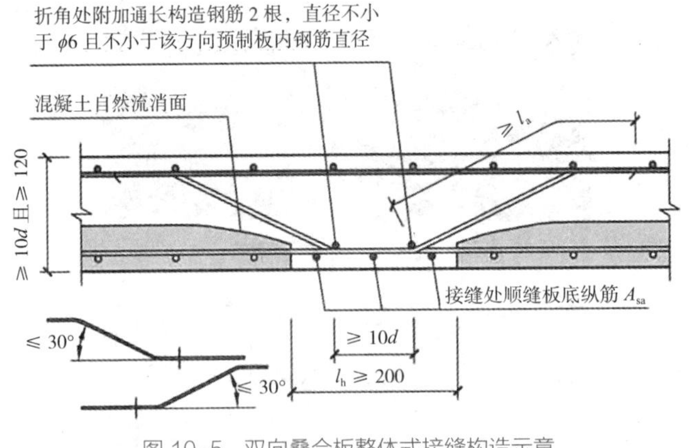

图 10-5 双向叠合板整体式接缝构造示意

采用搭接连接时，板拼缝构造大样如图 10-6 所示。

4）叠合板支座设计

板端支座处，预制板内的纵向受力钢筋宜从板端伸出并锚入支承梁或墙的后浇混凝土中，锚固长度不应小于 5d（d 为纵向受力钢筋直径），且宜伸过支座中心线（图 10-7a）。

二维码 10.4-3

二维码 10.4-4

二维码 10.4-5

二维码 10.4-6

二维码 10.4-7

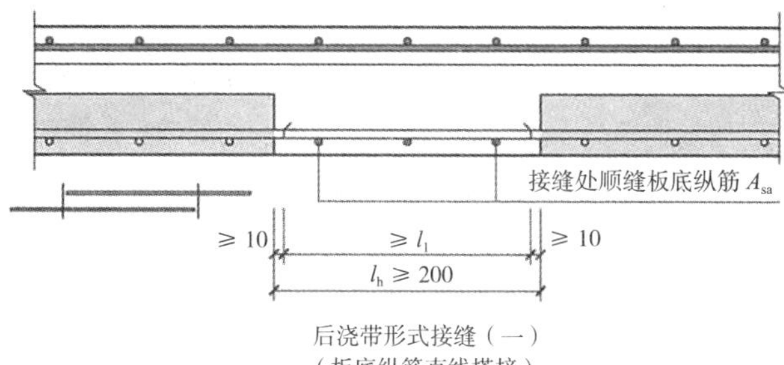

后浇带形式接缝（一）
（板底纵筋直线搭接）

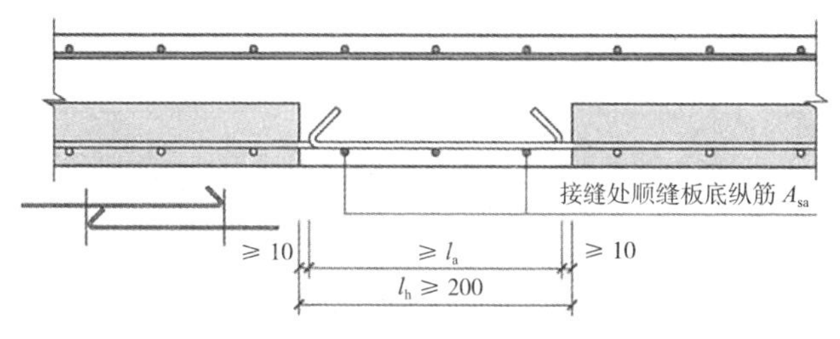

后浇带形式接缝（二）
（板底纵筋末端带 135° 弯钩连接）

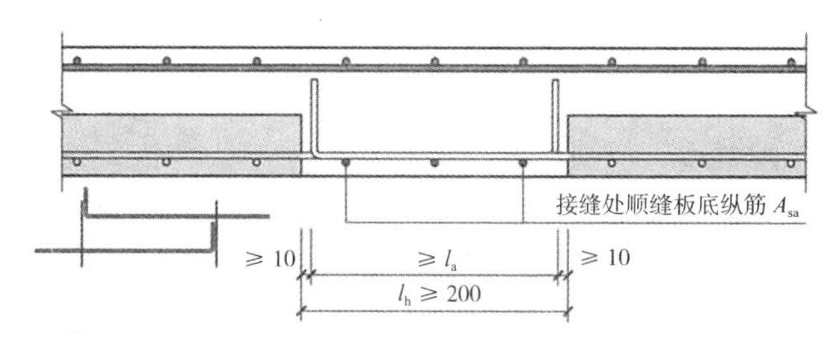

后浇带形式接缝（三）
（板底纵筋末端带 90° 弯钩连接）

图 10-6　板拼缝构造大样

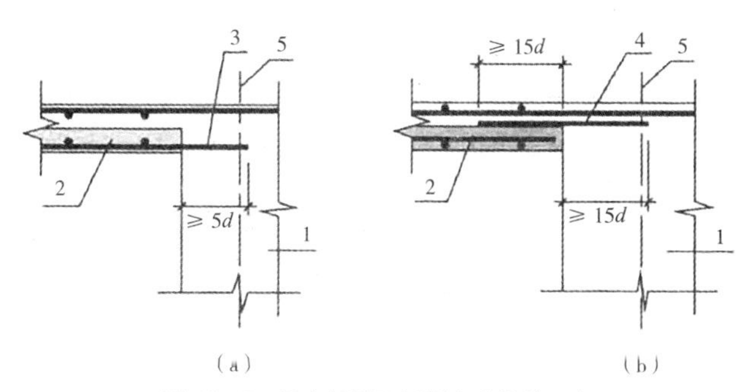

图 10-7　叠合板端及板侧支座构造示意

（a）板端支座；（b）板侧支座

1—支承梁或墙；2—预制板；3—纵向受力钢筋；4—附加钢筋；5—支座中心线

单向叠合板的板侧支座处，当预制板内的板底分布钢筋伸入支承梁或墙的后浇混凝土中时，应符合以上的要求；当板底分布钢筋不伸入支座时，宜在紧邻预制板顶面的后浇混凝土叠合层中设置附加钢筋，附加钢筋截面面积不宜小于预制板内的同向分布钢筋面积，间距不宜大于 600mm，在板的后浇混凝土叠合层内锚固长度不应小于 15d，在支座内锚固长度不应小于 15d（d 为附加钢筋直径）且宜伸过支座中心线（图 10-7b）。工程中常见做法如图 10-8 所示。

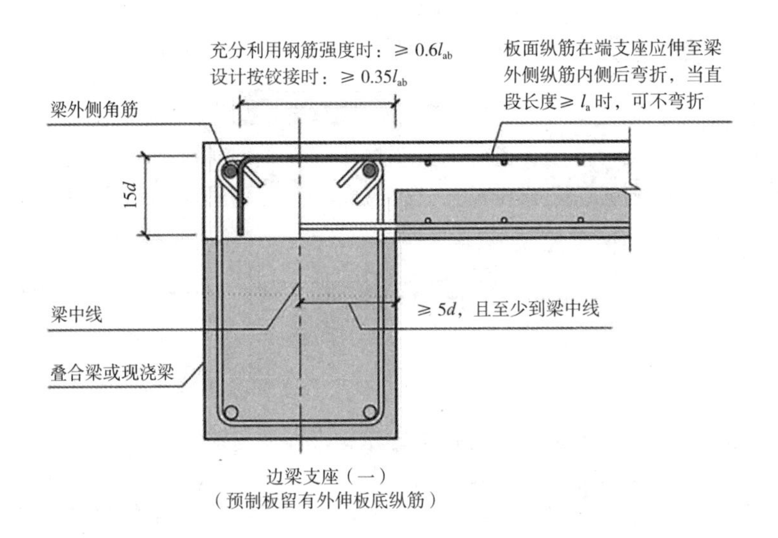

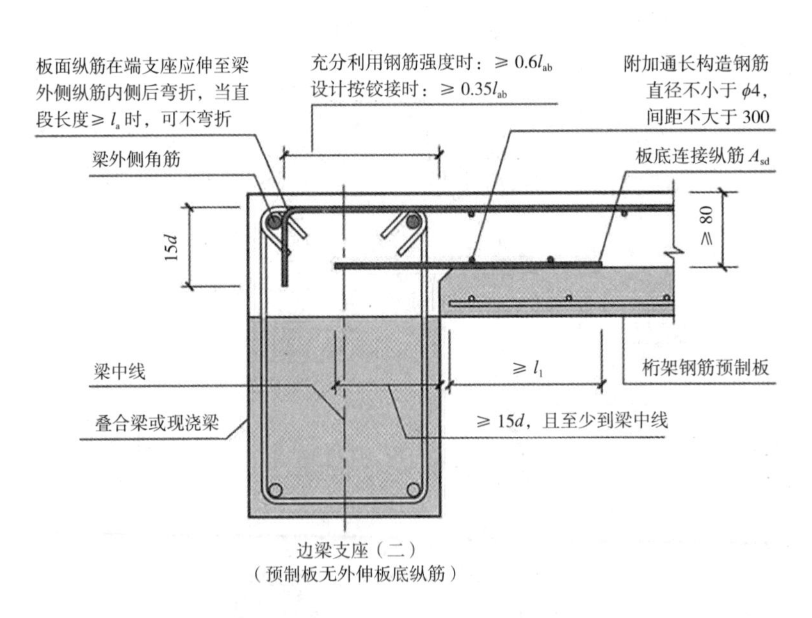

图 10-8 边梁和中间梁支座板端连接构造

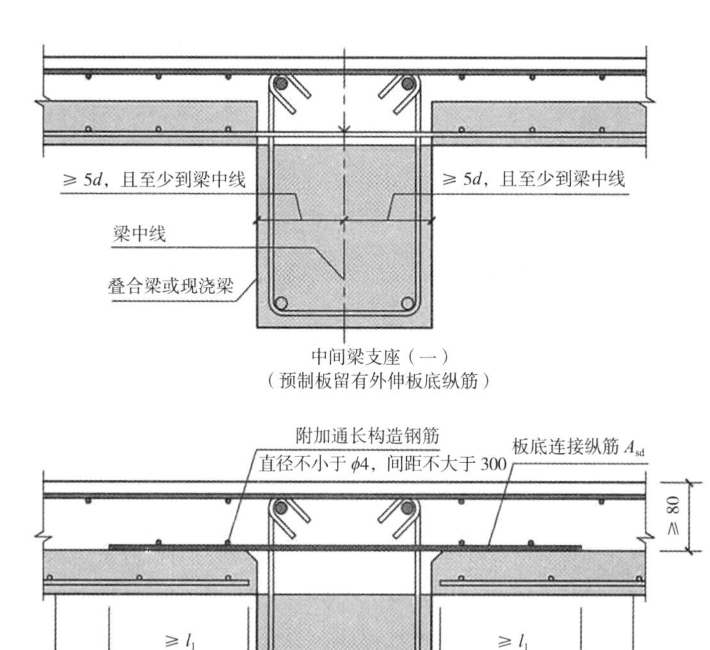

图 10-8　边梁和中间梁支座板端连接构造（续）

7. 框架结构设计

1）一般规定

（1）装配整体式框架结构是指预制梁、柱构件通过可靠的方式进行连接并与现场后浇混凝土、水泥基灌浆料形成整体，也就是用所谓的“湿连接”形成整体。装配整体式框架结构可按现浇混凝土框架结构进行设计。

（2）研究和实践经验表明，对预制柱纵向钢筋连接方法是：当房屋高度不大于 12m 或层数不超过 3 层时，可采用套筒连接、浆锚搭接、焊接等连接方式；当房屋高度大于 12m 或层数超过 3 层时，宜采用套筒灌浆连接。

（3）试验表明当柱受拉时，水平接缝的抗剪能力较差，易发生接缝的滑移错动，应通过合理的结构布置，避免柱的水平接缝处出现拉力。

二维码 10.4-8

2）承载力计算

（1）梁：混凝土叠合梁的设计应符合现行国家标准《混凝土结构设计规范》GB 50010—2010（2015年版）中的有关规定；叠合梁端竖向接缝的受剪承载力需满足一定的计算要求。

（2）柱：在地震设计状况下，预制柱底水平接缝的受剪承载力需满足一定的计算要求，并尽量避免出现拉应力。

（3）节点：对一、二、三级抗震等级的装配整体式框架，应进行梁柱节点核心区抗震受剪承载力验算；对四级抗震等级可不进行验算。梁柱节点核心区抗震受剪承载力验算和构造应符合现行国家标准《混凝土结构设计规范》GB 50010—2010（2015年版）和《建筑抗震设计规范》GB 50011—2010（2016年版）中的有关规定。

3）拆分原则

装配整体式框架结构地下室与一层宜现浇，与标准层差异较大的裙楼也宜现浇，最顶层楼板应现浇。其他楼层结构构件拆分原则除满足前面所述外，还满足：

（1）梁拆分位置可以设置在梁端，也可以设置在梁跨中，拆分位置在梁的端部时，梁纵向钢筋套管连接位置距离柱边不宜小于1.0h（h为梁高），不应小于0.55h，这样做主要是考虑塑性铰，塑性铰区域内存在套管连接，不利于塑性铰转动。（2）柱拆分位置一般设置在楼层标高处，底层柱拆分位置应避开柱脚塑性铰区域，每根预制柱长度可为1层、2层或3层高。图10-9为常规体系拆分法。

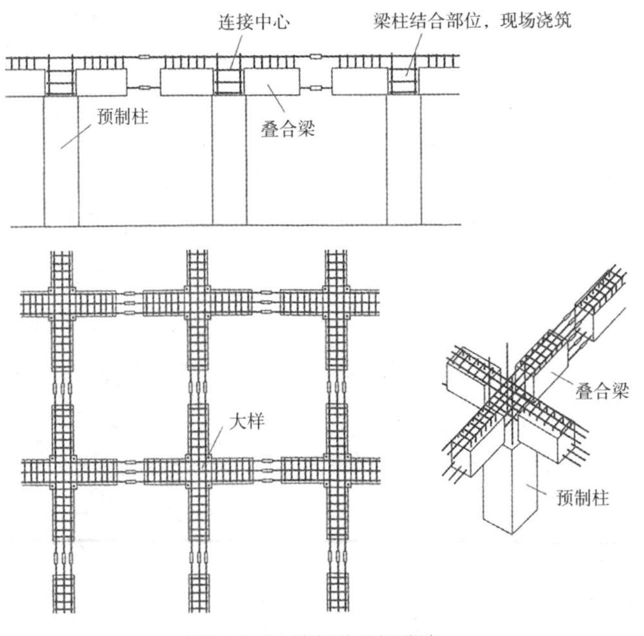

图10-9 常规体系拆分法

二维码 10.4-9 二维码 10.4-10 二维码 10.4-11

4）构造设计

（1）梁：包括混凝土叠合层、箍筋、对接连接和主次梁连接等 4 个内容。

①叠合梁后浇混凝土：装配整体式框架结构中，当采用叠合梁时，框架梁的后浇混凝土叠合层厚度不宜小于 150mm，次梁的后浇混凝土叠合层厚度不宜小于 120mm；当采用凹口截面预制梁时，凹口深度不宜小于 50mm，凹口边厚度不宜小于 60mm，参见图 10-10。

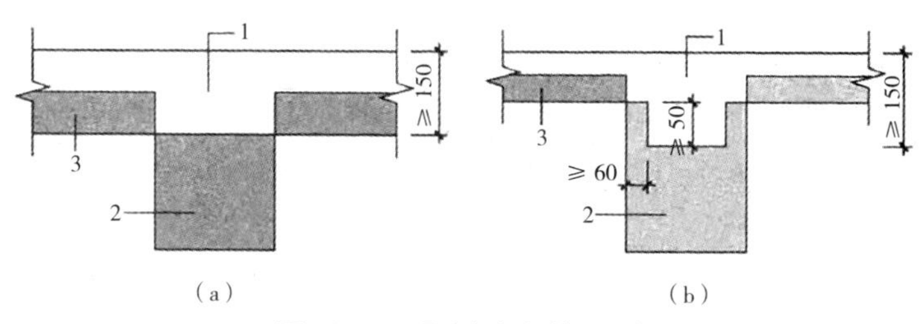

图 10-10 叠合框架梁截面示意

（a）矩形截面预制梁；（b）凹口截面预制梁

1—后浇混凝土叠合层；2—预制梁；3—预制板

②叠合梁箍筋：叠合梁的箍筋配置应符合下列规定，抗震等级为一、二级的叠合框架梁的梁端箍筋加密区宜采用整体封闭箍筋（图 10-11a）；采用组合封闭箍筋的形式（图 10-11b）时，开口箍筋上方应做成 135° 弯钩；非抗震设计时，弯钩端头平直段长度不应小于 5*d*（*d* 为箍筋直径）；抗震设计时，平直段长度不应小于 10*d*。现场应采用箍筋帽封闭开口箍，箍筋帽末端应做成 135° 弯钩；非抗震设计时，弯钩端头平直段长度不应小于 5*d*；抗震设计时，平直段长度不应小于 10*d*。

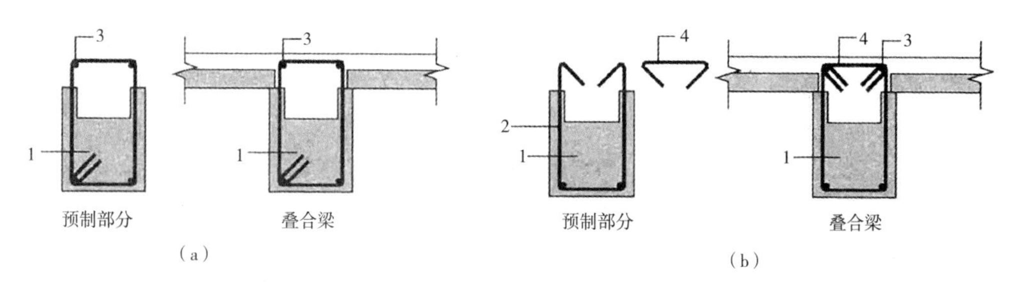

图 10-11 叠合梁箍筋构造示意

（a）采用整体封闭箍筋的叠合梁；（b）采用组合封闭箍筋的叠合梁

1—预制梁；2—开口箍筋；3—上部纵向钢筋；4—钢筋帽

③叠合梁对接连接：叠合梁对接连接应符合下列规定，连接处应设置后浇段，后浇段的长度应满足梁下部纵向钢筋连接作业的空间需求；梁下部纵向钢筋在后浇段内宜采用机械连接、套筒灌浆连接或焊接连接；后浇段内的箍筋应加密，箍筋间距不应大于 5*d*（*d* 为纵向钢筋直径），且

不应大于 100mm，如图 10-12 所示。

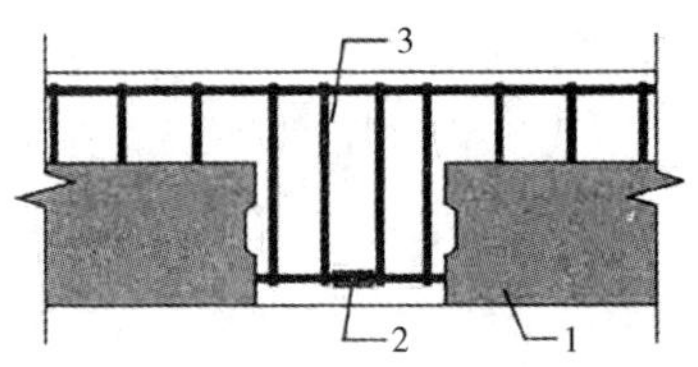

图 10-12 叠合梁连接节点示意

1—预制梁；2—钢筋连接接头；3—后浇段

④主梁与次梁连接：主梁与次梁采用后浇段连接时，应满足：在端部节点处，次梁下部纵向钢筋伸入主梁后浇段内的长度不应小于 12d。次梁上部纵向钢筋应在主梁后浇段内锚固。当采用弯折锚固（图 10-13a）或锚固板时，锚固直段长度不应小于 0.6l_{ab}；当钢筋应力不大于钢筋强度设计值的 50% 时，锚固直段长度不应小于 0.35l_{ab}；弯折锚固的弯折后直段长度不应小于 12d（d 为纵向钢筋直径）。此外在中间节点处，两侧次梁的下部纵向钢筋伸入主梁后浇段内长度不应小于 12d（d 为纵向钢筋直径）；次梁上部纵向钢筋应在现浇层内贯通（图 10-13b）。

（2）柱

柱纵向受力钢筋直径不宜小于 20mm。矩形柱截面宽度或圆柱直径不宜小于 400mm，且不宜小于同方向梁宽的 1.5 倍。柱纵向受力钢筋在柱底采用套筒灌浆连接时，柱箍筋加密区长度不

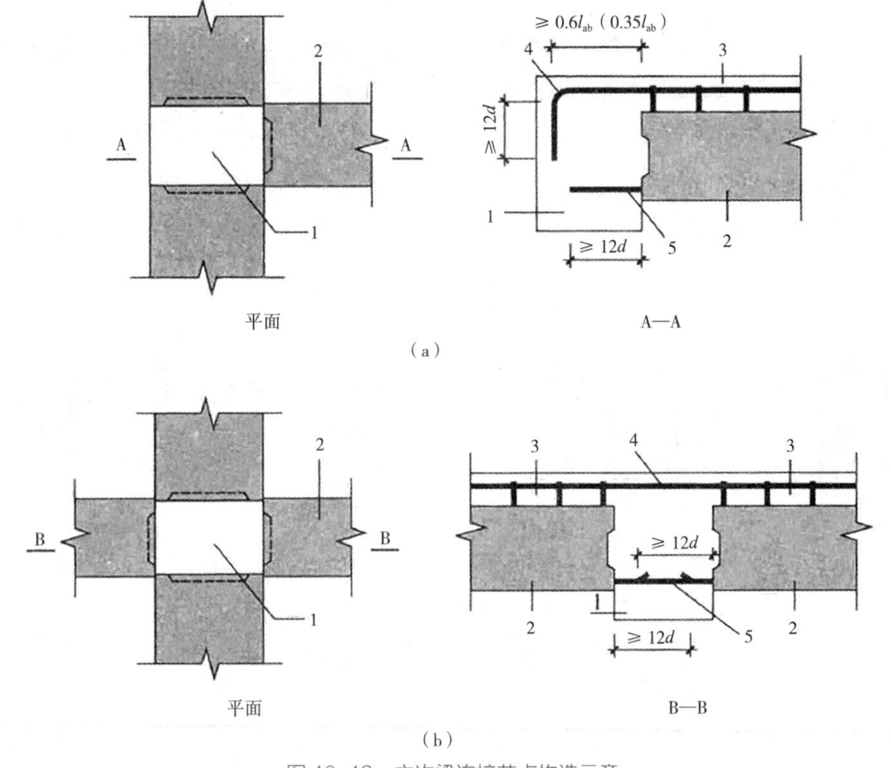

图 10-13 主次梁连接节点构造示意

（a）端部节点；（b）中间节点

1—主梁后浇段；2—次梁；3—后浇混凝土叠合层；4—次梁上部纵向钢筋；5—次梁下部纵向钢筋

应小于纵向受力钢筋连接区域长度与500mm之和；套筒上端第一道箍筋距离套筒顶部不应大于50mm，如图10-14所示。

提倡采用较大直径的钢筋及较大的柱断面，其目的可以减少钢筋根数，增大间距，便于柱钢筋连接及节点区钢筋布置。套筒连接区域柱截面刚度及承载力较大，柱的塑性铰区可能会上移到套筒连接区域以上，因此至少应将套筒连接区域以上500mm高度区域内的柱箍筋加密。

预制柱与叠合梁柱底接缝：预制柱柱底接缝宜设置在楼面标高处，如图10-15所示，并应满足：后浇区节点混凝土上表面应设置粗糙面；柱纵向受力钢筋应贯穿后浇节点区；柱底接缝厚度宜为20mm，并应采用灌浆料填实。

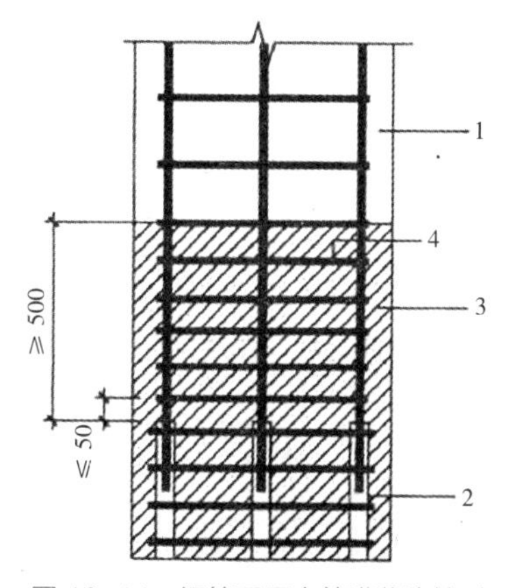

图10-14　钢筋采用套筒灌浆连接时柱底纵筋加密区域构造示意

1—预制柱；2—套筒灌浆连接接头；3—箍筋加密区（阴影区域）；4—加密区纵筋

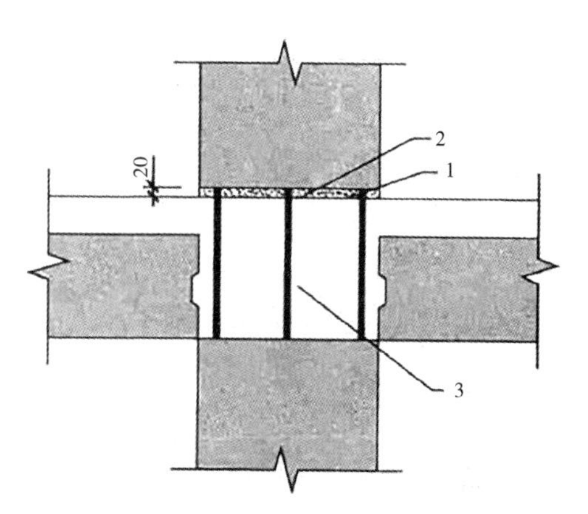

图10-15　预制柱底接缝构造示意

1—后浇节点区混凝土上表面粗糙面；2—接缝灌浆层；3—后浇区

（3）节点

在节点中，梁钢筋在节点中锚固及连接方式是决定施工可行性以及节点受力性能的关键。梁、柱构件尽量采用较粗直径、较大间距的钢筋布置方式，节点区的主梁钢筋较少，有利于节点的装配施工，保证施工质量。设计中应使梁、柱纵向钢筋在后浇节点区内采用直线锚固、弯折锚固或机械锚固方式，且锚固长度应符合现行国家标准《混凝土结构设计规范》GB 50010—2010（2015年版）的有关规定；当梁、柱纵向钢筋采用锚固板时，应符合现行行业标准《钢筋锚固板应用技术规程》JGJ 256—2011中的有关规定。

梁纵向受力钢筋应伸入后浇节点区内锚固或连接，并满足：

①对框架中间层中节点，节点两侧的梁下部纵向受力钢筋宜锚固在后浇节点区内，如图10-16（a）所示，也可采用机械连接或焊接的方式直接连接，如图10-16（b）所示；梁的上部纵向受力钢筋应贯穿后浇节点区。

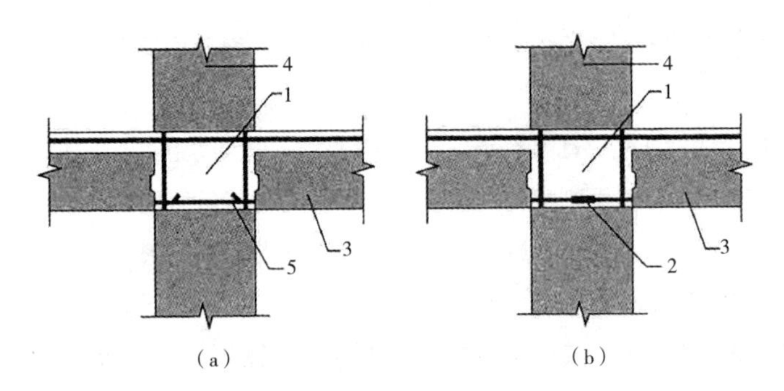

图 10-16 预制柱及叠合梁框架中间层中节点构造示意

(a) 梁下部纵向受力钢筋锚固；(b) 梁下部纵向受力钢筋连接

1—后浇区；2—梁下部纵向受力钢筋连接；3—预制梁；4—预制柱；5—梁下部纵向受力钢筋锚固

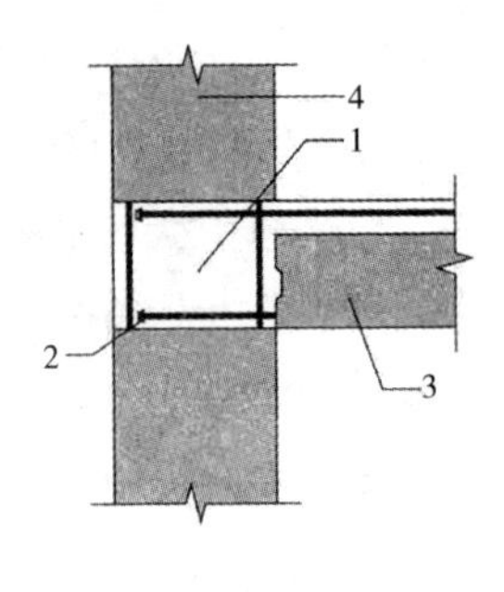

图 10-17 预制柱即叠合梁看框架

1—后浇区；2—梁纵向受力钢筋锚固；3—预制梁；4—预制柱

②对框架中间层端节点，当柱截面尺寸不满足梁纵向受力钢筋的直线锚固要求时，宜采用锚固板锚固，如图 10-17 所示，也可采用 90° 弯折锚固。

③对框架顶层中节点，梁纵向受力钢筋的构造应符合①的规定。柱纵向受力钢筋宜采用直线锚固；当梁截面尺寸不满足直线锚固要求时，宜采用锚固板锚固，如图 10-18 所示。

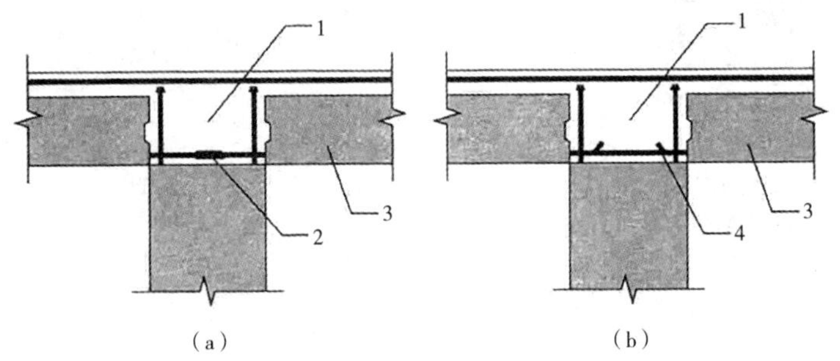

图 10-18 预制柱及叠合梁框架顶层中节点构造示意

(a) 梁下部纵向受力钢筋连接；(b) 梁下部纵向受力钢筋锚固

1—后浇区；2—梁下部纵向受力钢筋连接；3—预制梁；4—梁下部纵向受力钢筋锚固

④对框架顶层端节点，梁下部纵向受力钢筋应锚固在后浇节点区内，且宜采用锚固板的锚固方式；梁、柱其他纵向受力钢筋的锚固应符合：柱宜伸出屋面并将柱纵向受力钢筋锚固在伸出段内，如图 10-19（a）所示，伸出段长度不宜小于 500mm，伸出段内箍筋间距不应大于 5d（d 为柱纵向受力钢筋直径），且不应大于 100mm；柱纵向钢筋宜采用锚固板锚固，锚固长度不应小于 40d；梁上部纵向受力钢筋宜采用锚固板锚固。柱外侧纵向受力钢筋也可与梁上部纵向受力钢筋在后浇节点区搭接，如图 10-19（b）所示，其构造要求应符合现行国家标准《混凝土结构设计规范》GB 50010—2010（2015 年版）中的规定；柱内侧纵向受力钢筋宜采用锚固板锚固。

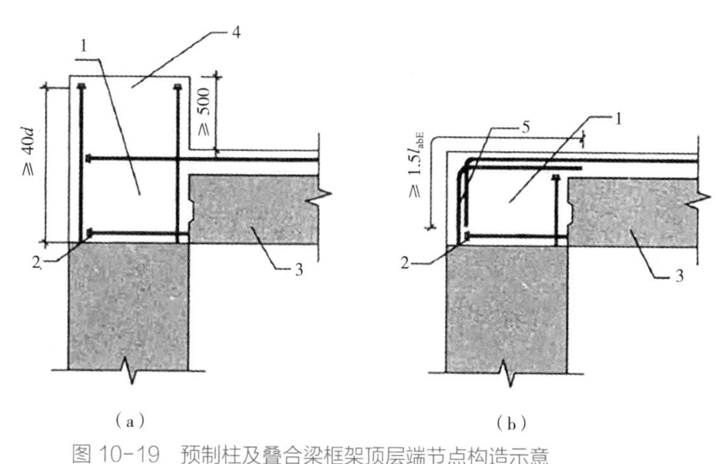

图 10-19　预制柱及叠合梁框架顶层端节点构造示意

(a) 柱向上伸长；(b) 梁柱外侧钢筋搭接

1—后浇区；2—梁下部纵向受力钢筋锚固；3—预制梁；4—柱延伸段；5—梁柱外侧钢筋搭接

此外框架节点中，若梁下部纵向钢筋在节点区内连接较困难时，可在节点区外设置后浇梁段，梁下部纵向受力钢筋也可伸至节点区外的后浇段内连接，为保证梁端塑性铰区的性能，连接接头与节点区的距离不应小于 $1.5h_0$（h_0 为梁截面有效高度），如图 10-20 所示。

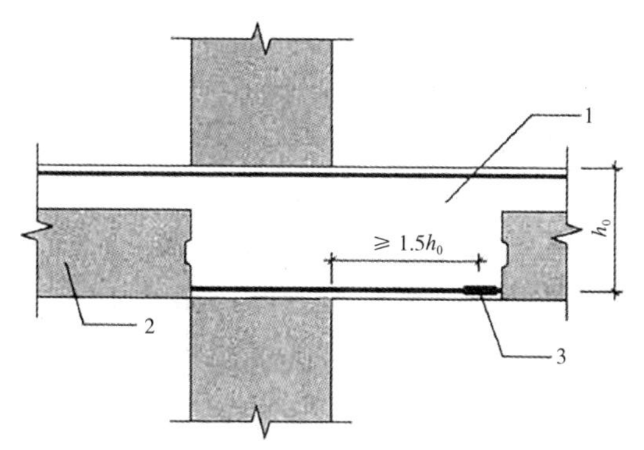

图 10-20　梁纵向钢筋在节点区外的后浇段内连接示意

1—后浇段；2—预制梁；3—纵向受力钢筋连接

8. 剪力墙结构设计

1）一般规定

（1）全部或部分剪力墙采用预制墙板构建成的装配整体式混凝土结构，称为装配整体式剪力墙结构。装配式整体式剪力墙结构可以分为部分预制剪力墙结构和全预制剪力墙结构。部分预制剪力墙结构主要指内墙现浇、外墙预制的结构，全预制剪力墙结构是指全部剪力墙采用预制构件拼装装配。该结构体系的预制化率高，但拼缝的连接构造比较复杂、施工难度较大，难以保证完全等同于现浇剪力墙结构。

装配整体式剪力墙结构可按现浇混凝土剪力墙结构进行设计。

（2）装配整体式剪力墙结构的布置应满足：应沿两个方向布置剪力墙；剪力墙的截面宜简单、规则；预制墙的门窗洞口宜上下对齐、成列布置。

抗震设计时，高层装配整体式剪力墙结构不应全部采用短肢剪力墙；设防烈度为8度时，高层装配整体式剪力墙结构中的电梯井筒宜采用现浇混凝土结构。

2）承载力计算

（1）梁：混凝土叠合梁的设计应符合《混凝土结构设计规范》GB 50010—2010（2015年版）中的有关规定；叠合梁端竖向接缝的受剪承载力需满足一定的计算要求。

（2）剪力墙：在地震设计状况下，剪力墙底水平接缝的受剪承载力需满足一定的计算要求。

3）拆分原则

根据规范和工程经验做法，可按如下原则进行拆分：

（1）高层装配整体式剪力墙结构底部加强部位的剪力墙宜采用现浇混凝土。

（2）带转换层的装配整体式结构：当采用部分框支剪力墙结构时，底部框支层不宜超过2层，且框支层及相邻上一层应采用现浇结构；部分框支剪力墙以外的结构中，转换梁、转换柱宜现浇。

（3）预制剪力墙宜按建筑开间和进深尺寸划分，高度不宜大于层高；预制墙板的划分还应考虑预制构件制作、运输、吊运、安装的尺寸限制。

（4）拆分应符合模数协调原则，优化预制构件的尺寸和形状，减少预制构件的种类。

（5）预制剪力墙的竖向拆分宜在各层层高处进行。

（6）预制剪力墙的水平拆分应保证门窗洞口的完整性，便于部品标准化生产。

（7）预制剪力墙结构最外部转角应采取加强措施，当不满足设计的构造要求时可采用现浇构件。

4）构造设计

为保证单个墙体的稳定、吊装、运输和施工中的受力和变形满足规范要求，并使构件和整体结构满足使用阶段的承载力极限状态和正常使用极限状态要求，对构件尺寸、连接方式都必须加以限制或规定。

（1）一般要求

①预制剪力墙板宜采用一字形，也可采用L形、T形或U形；开洞预制剪力墙洞口宜居中布置，洞口两侧的墙肢宽度不应小于200mm，洞口上方连梁高度不宜小于250mm。

②预制剪力墙的连梁不宜开洞；当需开洞时，洞口宜预埋套管，洞口上、下截面的有效高度不宜小于梁高的1/3，且不宜小于200mm；被洞口削弱的连梁截面应进行承载力验算，洞口处应配置补强纵向钢筋和箍筋，补强纵向钢筋的直径不应小于12mm。

③预制剪力墙开有边长小于 800mm 的洞口且在结构整体计算中不考虑其影响时，应沿洞口周边配置补强钢筋；补强钢筋的直径不应小于 12mm，截面面积不应小于同方向被洞口截断的钢筋面积；该钢筋自孔洞边角算起伸入墙内的长度，非抗震设计时不应小于 l_a，抗震设计时不应小于 l_{aE}，如图 10-21 所示。

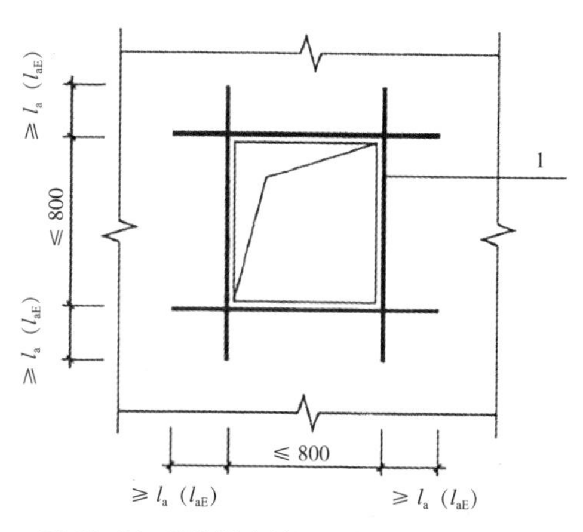

图 10-21 预制剪力墙洞口补强钢筋配置示意

1—洞口补强钢筋

④当采用套筒灌浆连接时，自套筒底部至套筒顶部并向上延伸 300mm 范围内，预制剪力墙的水平分布筋应加密，如图 10-22 所示，套筒上端第一道水平分布钢筋距离套筒孔顶部不应大于 50mm。

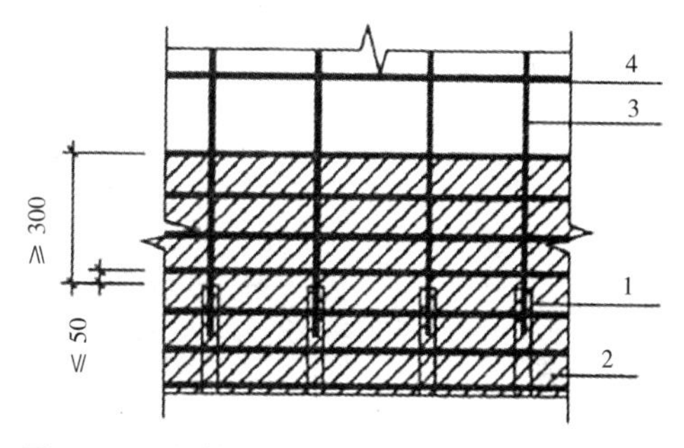

图 10-22 钢筋套筒灌浆连接部位水平分布钢筋的加密构造示意

1—灌浆套筒；2—水平分布钢筋加密区域（阴影区域）；3—竖向钢筋；4—水平分布钢筋

⑤端部无边缘构件的预制剪力墙，宜在端部配置 2 根直径不小于 12mm 的竖向构造钢筋；沿该钢筋竖向应配置拉筋，拉筋直径不宜小于 6mm、间距不宜大于 250mm。

（2）连接设计

预制构件的连接节点设计应满足结构承载力和抗震性能要求，宜构造简单，受力明确，方便施工，主要内容包括竖向接缝、水平接缝、钢筋连接和连梁构造等方面。

①剪力墙竖向接缝：竖向接缝位置的确定首先要尽量避免拼缝对结构整体性能的影响，还要考虑建筑功能和艺术效果，便于生产、运输和安装。当主要采用一字形墙板构件时，拼缝通常位于纵横墙片交接处的边缘构件位置，边缘构件是保证剪力墙抗震性能的重要构件，如边缘构件的一部分现浇，一部分预制，则应采取可靠连接措施，保证现浇与预制部分共同组成叠合式边缘构件。对于约束边缘构件，阴影区域宜采用现浇，则竖向钢筋可均配置在现浇拼缝内，且在现浇拼缝内配置封闭箍筋及拉筋，预制墙板中的水平分布筋在现浇拼缝内锚固。如果阴影区域部分预制，则竖向钢筋可部分配置在现浇拼缝内，部分配置在预制段内；预制段内的水平钢筋和现浇拼缝内的水平钢筋需通过搭接、焊接等措施形成封闭的环箍，并满足国家现行相关规范的配箍率要求。墙肢端部的构造边缘构件通常全部预制；当采用 L 形、T 形或者 U 形墙板时，拐角处的构造边缘构件可全部位于预制剪力墙段内，竖向受力钢筋可采用搭接连接或焊接连接。图 10-23、图 10-24、图 10-25 为构造做法示意。

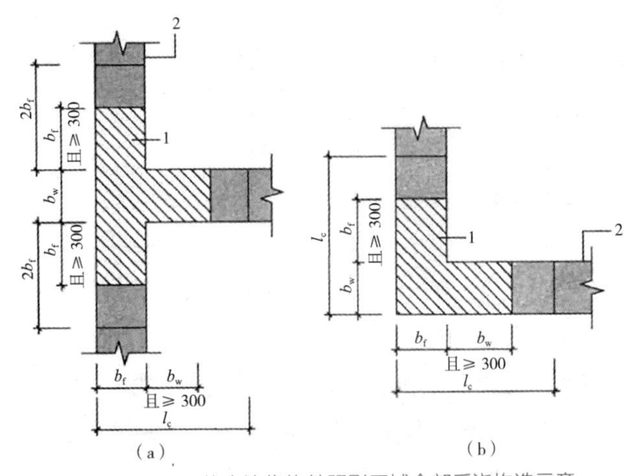

图 10-23 约束边缘构件阴影区域全部后浇构造示意

(a) 有翼墙；(b) 转角墙

l_c—约束边缘构件沿墙肢的长度；1—后浇段；2—预制剪力墙

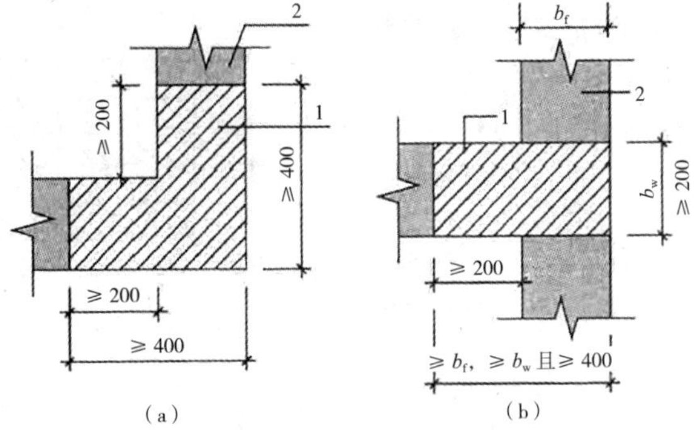

图 10-24 构造边缘构件全部后浇构造示意（阴影区域为构造边缘构件范围）

(a) 转角墙；(b) 有翼墙

1—后浇段；2—预制剪力墙

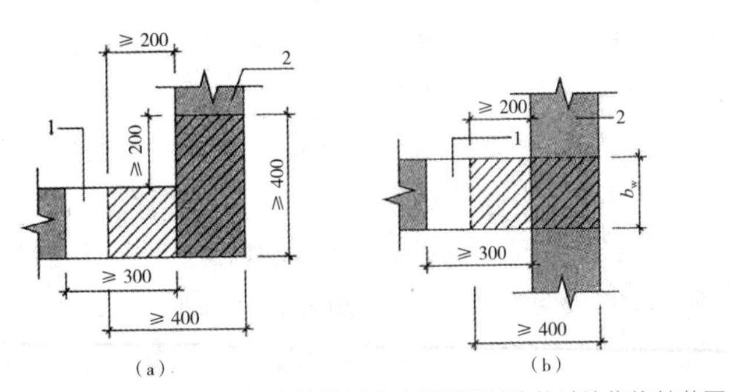

图 10-25 构造边缘构件部分后浇构造示意（阴影区域为构造边缘构件范围）

(a) 转角墙；(b) 有翼墙

1—后浇段；2—预制剪力墙

对于非边缘构件相邻预制剪力墙之间连接，应设置后浇段，后浇段的宽度不应小于墙厚且不宜小于 200mm，后浇段内应设置不少于 4 根竖向钢筋，钢筋直径不应小于墙体竖向分布筋直径且不应小于 8mm；两侧墙体的水平分布筋在后浇段内的锚固、连接应符合现行国家标准《混凝土结构设计规范》GB 50010—2010（2015 年版）的有关规定。

②剪力墙水平接缝：通常用设置水平圈梁或后浇带的方式处理剪力墙水平连接的问题。

对剪力墙顶部：屋面以及立面收进的楼层，应在预制剪力墙顶部设置封闭的后浇钢筋混凝土圈梁（图 10-26），圈梁截面宽度不应小于剪力墙的厚度，截面高度不宜小于楼板厚度及 250mm 的较大值；圈梁应与现浇或者叠合楼、屋盖浇筑成整体。此外圈梁纵向钢筋根数、配筋率、纵向钢筋竖向间距以及箍筋间距和直径都应满足一定要求。在各层楼面位置，预制剪力墙顶部无后浇圈梁时，应设置连续的水平后浇带（图 10-27），水平后浇带宽度应取剪力墙的厚度，高度不应小于楼板厚度；水平后浇带应与现浇或者叠合楼、屋盖浇筑成整体。水平后浇带内纵向钢筋根数和直径均有一定要求。

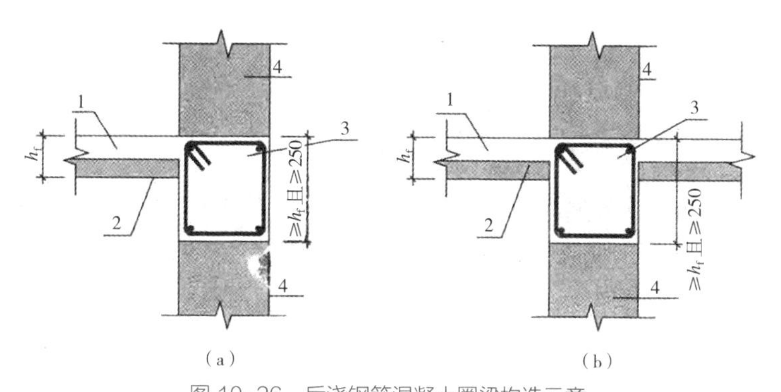

图 10-26　后浇钢筋混凝土圈梁构造示意

(a) 端部节点；(b) 中间节点

1—后浇混凝土叠合层；2—预制板，3—后浇圈梁；4—预制剪力墙

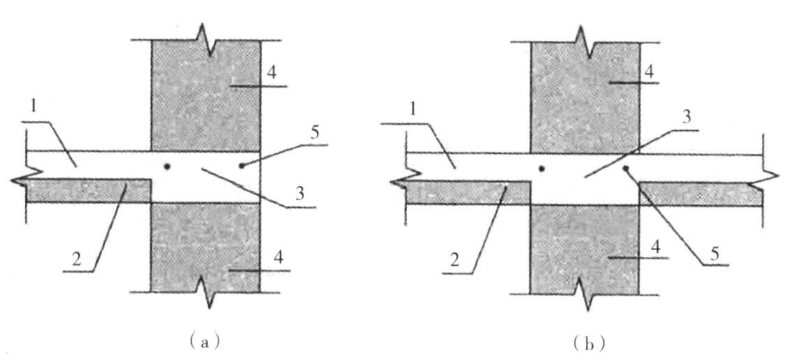

图 10-27　水平后浇带构造示意

(a) 端部节点；(b) 中间节点

1—后浇混凝土叠合层；2—预制板；3—水平后浇带；4—预制墙板；5—纵向钢筋

对剪力墙底部：预制剪力墙接缝宜设置在楼面标高处，接缝高度宜为20mm，接缝宜采用灌浆料填实，且接缝处后浇混凝土上表面应设置粗糙面。

③钢筋连接：上下层预制剪力墙的竖向钢筋，当采用套筒灌浆连接和浆锚搭接连接时，边缘构件竖向钢筋应逐根连接；预制剪力墙的竖向分布钢筋，当仅部分连接时（图10-28），被连接的同侧钢筋间距不应大于600mm，且在剪力墙构件承载力设计和分布钢筋配筋率计算中不得计入不连接的分布钢筋；不连接的竖向分布钢筋直径不应小于6mm；一级抗震等级剪力墙以及二、三级抗震等级底部加强部位，剪力墙的边缘构件竖向钢筋宜采用套筒灌浆连接。

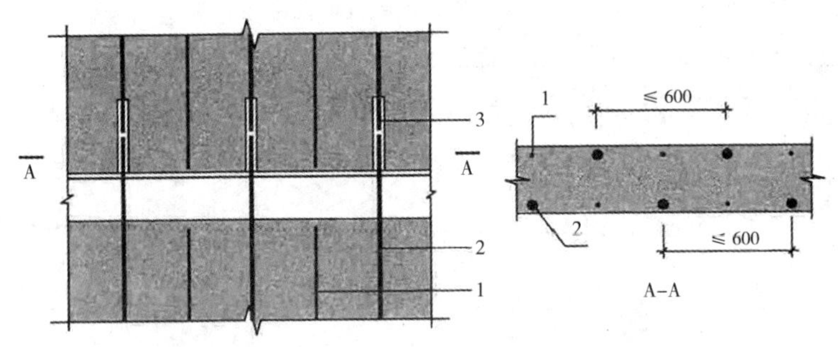

图10-28 预制剪力墙竖向分布钢筋连接构造示意
1—不连接的竖向分布钢筋；2—连接的竖向分布钢筋；3—连接接头

④连梁构造：预制剪力墙洞口上方的预制连梁宜与后浇圈梁或水平后浇带形成叠合连梁（图10-29），叠合连梁的配筋及构造要求应符合现行国家标准《混凝土结构设计规范》GB 50010—2010（2015年版）规定。预制叠合连梁的预制部分宜与剪力墙整体预制，也可在跨中拼接或在端部与预制剪力墙拼接。当采用后浇连梁时，宜在预制剪力墙端伸出预留纵向钢筋，并与后浇连梁的纵向钢筋可靠连接（图10-30）。当预制叠合连梁端部与预制剪力墙在平面内拼接时，接缝构造应满足一定的构造要求。

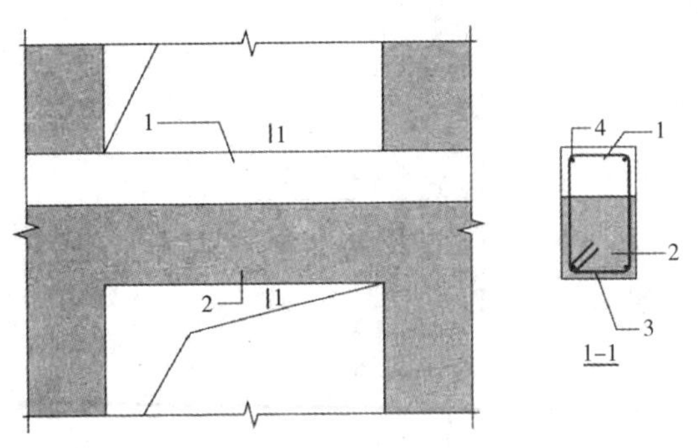

图10-29 预制剪力墙叠合连梁构造示意
1—后浇圈梁或后浇带；2—预制连梁；3—箍筋；4—纵向钢筋

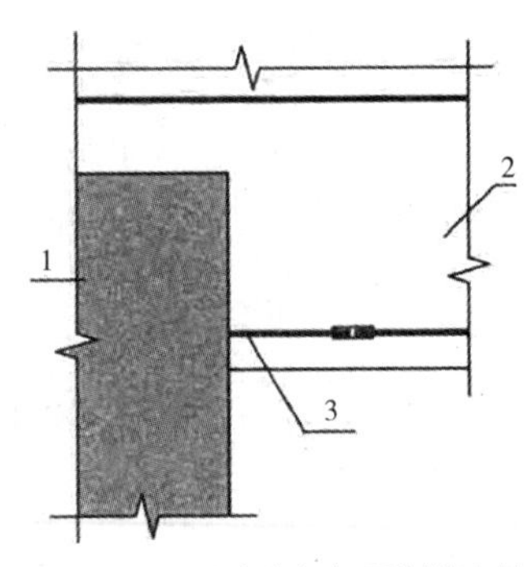

图10-30 后浇连梁与预制剪力墙连接构造示意
1—预制墙板；2—后浇连梁；3—预制剪力墙伸出纵向受力钢筋

二维码 10.4-14

二维码 10.4-15

二维码 10.4-16

叠合连梁在端部接缝应进行受剪承载力计算。

9. 结构施工

装配式混凝土结构施工前应制定施工组织设计、施工方案；施工组织设计的内容应符合现行国家标准《建筑施工组织设计规范》GB/T 50502—2009 的规定；施工方案的内容应包括构件安装及节点施工方案、构件安装的质量管理及安全措施等。

构件安装前应合理规划构件运输通道和临时堆放场地，并应采取成品堆放保护措施。装配式混凝土结构施工前，宜选择有代表性的单元进行预制构件试安装，并应根据试安装结果及时调整完善施工方案和施工工艺。安装与连接预制构件吊装就位后，应及时校准并采取临时固定措施，并应符合现行国家标准《混凝土结构工程施工规范》GB 50666—2011 的相关规定。

构件连接部位后浇混凝土及灌浆料的强度达到设计要求后，方可拆除临时固定措施。

其他要求可参阅规范或规程。

10.5 装配式钢结构

1. 概念

建筑结构系统由钢部（构）件构成的装配式建筑称为装配式钢结构建筑。结构构件均在钢结构加工厂完成生产加工，运至施工现场后，完全通过螺栓连接、焊接等方式组装成最终结构，本身不包括湿作业，施工速度快、现场人员少、对环境的影响也小，是一种装配程度极高的结构形式。装配式钢结构最适合于模块化建设，其中每个模块都具有自身完善的设定的分项建筑功能，它可以是仅有门窗的空旷单元，也可以是厨房单元、卫生间单元、楼梯单元、阳台单元等，经在平面上和竖向上组合形成总体完备的建筑功能。

2. 基本规定

1）一般规定

（1）结构体系

装配式钢结构体系主要有：钢框架结构、钢框架支撑结构、钢框架延性墙板结构、筒体结构、交错桁架结构、门式刚架结构和低层冷弯薄壁型钢结构，具体适用高度见表 10-6。

装配式钢结构建筑的结构体系应具有明确的计算简图和合理的传力路径；应具有适宜的承载能力、刚度及耗能能力；对薄弱部位应采取有效的加强措施。

多高层装配式钢结构适用的最大高度（m） 表 10-6

结构体系	6 度	7 度		8 度		9 度
	0.05g	0.10g	0.15g	0.20g	0.30g	0.40g
钢框架结构	110	110	90	90	70	50
钢框架－中心支撑结构	220	220	200	180	150	120
钢框架－偏心支撑结构 钢框架－屈曲约束支撑结构 钢框架－延性墙板结构	240	240	220	200	180	160
筒体（框筒、筒中筒、桁架筒、束筒）结构 巨型结构	300	300	280	260	240	180
交错桁架结构	90	60	60	40	40	

注：1. 房屋高度指室外地面到主要屋面板板顶的高度（不包括局部突出屋顶部分）；
2. 超过表内高度的房屋，应进行专门研究和论证，采取有效的加强措施；
3. 交错桁架结构不得用于 9 度区；
4. 柱可采用钢柱或钢管混凝土柱；
5. 特殊设防类，6、7、8 度时宜按本地区抗震设防烈度提高一度后符合本表要求，9 度时应做专门研究。

（2）结构布置

装配式钢结构建筑的结构布置应符合：结构平面布置宜规则、对称；结构竖向布置宜保持刚度、质量变化均匀；结构布置应考虑温度作用、地震作用或不均匀沉降等效应的不利影响，当设置伸缩缝、防震缝或沉降缝时，应满足相应的功能要求。

（3）最大高度

重点设防类和标准设防类多高层装配式钢结构建筑适用的最大高度应符合表 10-6 的规定。

（4）最大高宽比

多高层装配式钢结构建筑的高宽比不宜大于表 10-7 的规定。

多高层装配式钢结构建筑适用的最大高宽比 表 10-7

6 度、7 度	8 度	9 度
6.5	6.0	5.5

2）结构分析

（1）分析理论：结构内力计算采用弹性分析理论。

（2）结构设计：装配式钢结构建筑的结构设计应符合现行国家标准《工程结构可靠性设计统一标准》GB 50153—2008 的规定，结构的设计工作年限不应少于 50 年，其安全等级不应低于二级。

（3）可靠度：结构设计时采用的荷载和效应的标准值、荷载分项系数、荷载效应组合、组合值系数应符合现行国家标准。

（4）位移限值：在风荷载或多遇地震标准值作用下，弹性层间位移角不宜大于 1/250（采用钢管混凝土柱时不宜大于 1/300）。装配式钢结构住宅在风荷载标准值作用下的弹性层间位移角尚不应大于 1/300，屋顶水平位移与建筑高度之比不宜大于 1/450。

二维码 10.5-1

（5）舒适性要求：高度不小于 80m 的装配式钢结构住宅以及高度不小于 150m 的其他装配式钢结构建筑应进行风振舒适度验算，具体体现在结构顶点的顺风向和横风向振动最大加速度不超过一定的值。

3. 钢框架结构设计

钢框架结构设计应符合国家现行有关标准的规定，高层装配式钢结构建筑尚应符合现行行业标准《高层民用建筑钢结构技术规程》JGJ 99—2015 的规定。

1）梁柱连接

可采用带悬臂梁段、翼缘焊接腹板栓接或全焊接连接形式（图 10-31a ~ d）；抗震等级为一、二级时，梁与柱的连接宜采用加强型连接（图 10-31c、d）；当有可靠依据时，也可采用端板螺栓连接的形式（图 10-31e）。

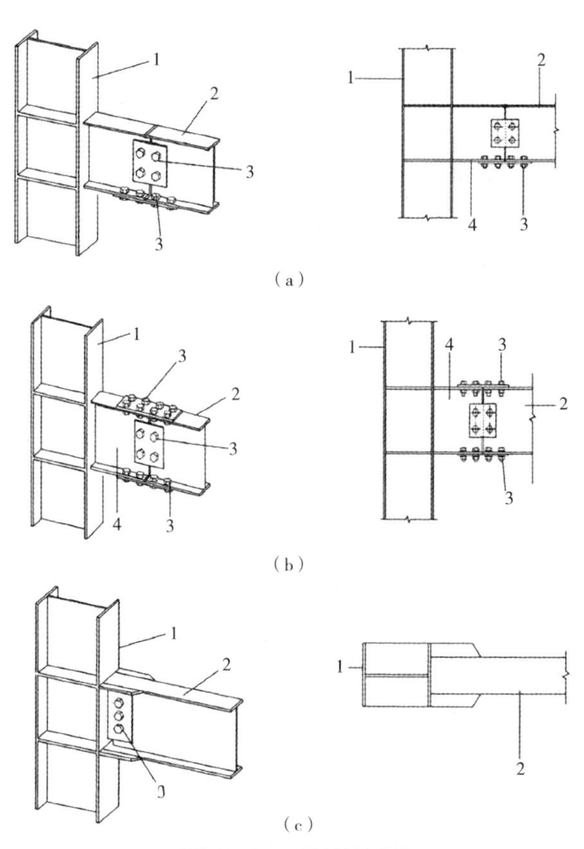

图 10-31　梁柱连接节点
（a）带悬臂梁端的栓焊连接；（b）带悬臂梁段的螺栓连接；（c）梁翼缘局部加宽式连接

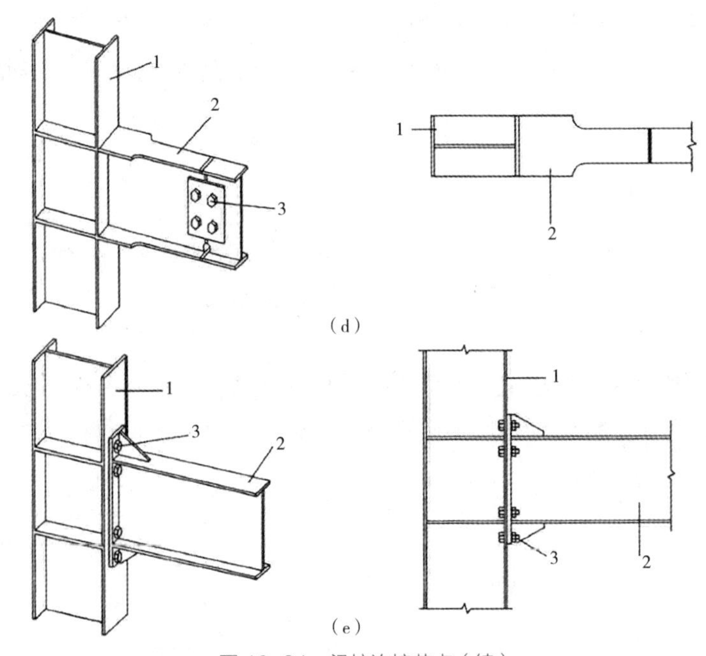

图 10-31 梁柱连接节点（续）

(d) 梁翼缘扩翼式连接；(e) 外伸式端板螺栓连接

1—柱；2—梁；3—高强度螺栓；4—悬臂段

2）钢柱拼接

钢柱的拼接可采用焊接或螺栓连接的形式（图 10-32、图 10-33）。

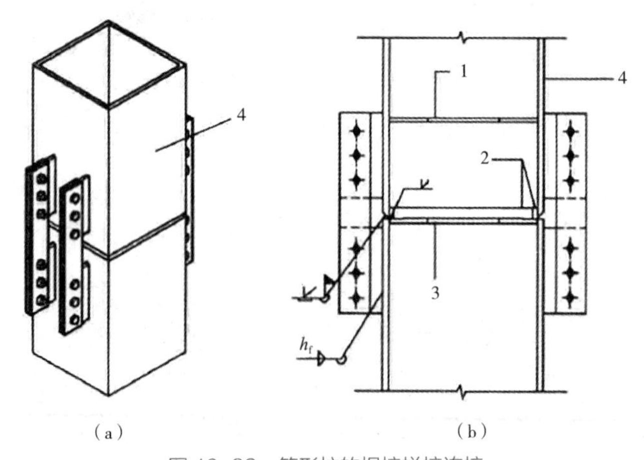

图 10-32 箱形柱的焊接拼接连接

(a) 轴测图；(b) 侧视图

1—上柱隔板；2—焊接衬板；3—下柱顶端隔板；4—柱

二维码 10.5-2

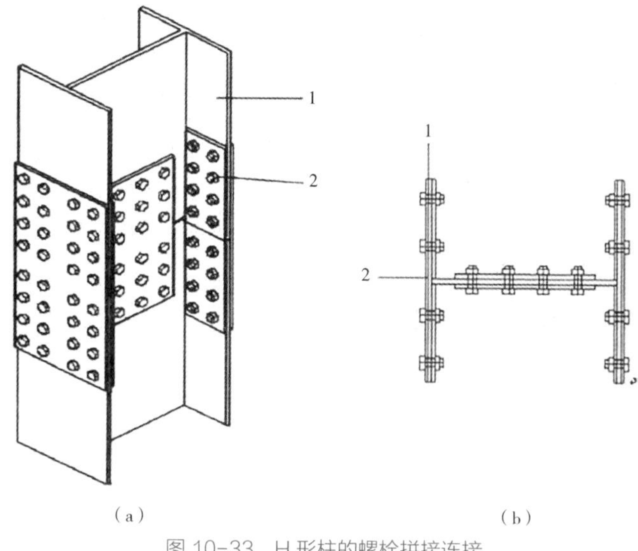

图 10-33　H 形柱的螺栓拼接连接
（a）轴测图；（b）俯视图
1—柱；2—高强度螺栓

4. 构件之间连接

1）抗震设计时，应按弹塑性设计，连接的极限承载力应大于构件的全塑性承载力。

2）装配式钢结构建筑构件的连接宜采用螺栓连接，也可采用焊接。

3）有可靠依据时，梁柱可采用全螺栓的半刚性连接，此时结构计算应计入节点转动对刚度的影响。

5. 楼板构造

楼盖相当于水平隔板，提供足够的平面内刚度，可以聚集和传递水平荷载到各个竖向抗侧力结构，使整个结构协同工作。特别是当竖向抗侧力结构布置不规则或各抗侧力结构水平变形特征不同时，楼盖的这个作用更显得突出和重要。①楼板可选用工业化程度高的压型钢板组合楼板、钢筋桁架楼承板组合楼板、预制混凝土叠合楼板及预制预应力空心楼板等。②楼板应与主体结构可靠连接，保证楼盖的整体牢固性。③抗震设防烈度为 6、7 度且房屋高度不超过 50m 时，可采用装配式楼板（全预制楼板）或其他轻型楼盖，但应采取下列措施之一保证楼板的整体性：设置水平支撑，采用有效措施保证预制板之间的可靠连接。④采用装配整体式楼板时，应适当降低表 11-6 中的最大高度。⑤楼盖舒适度应符合现行行业标准《高层民用建筑钢结构技术规程》JGJ 99—2015 的规定。

二维码 10.6-1

二维码 10.6-2

6. 楼梯

宜采用装配式混凝土楼梯或钢楼梯。楼梯与主体结构宜采用不传递水平作用的连接形式。当抗震设防烈度为8度及以上时，装配式钢结构建筑可采用隔震或消能减震结构，并应按国家现行标准《建筑抗震设计规范》GB 50011—2010（2016年版）和《建筑消能减震技术规程》JGJ 297—2013的规定执行。

10.6 装配式木结构

1. 概念

装配式木结构建筑是指建筑结构系统由木结构承重构件组成的装配式建筑。装配式木结构的木构件、部品部件主要在工厂预制，在现场进行装配，其最主要的特点是：大量现场施工转移到工厂生产，构件、部品部件及房屋的质量控制由工地前移至工厂，能规模化生产，并能满足严格的质量认证管理的要求。木构件的生产不受恶劣天气等自然环境的影响，施工周期更为可控。装配式木结构在北美地区广泛应用于低层住宅建筑和公共建筑等，既适用于新建建筑，也适用于既有建筑的改造。

2. 结构类型

装配式木结构建筑可按结构材料、结构体系、结构高度及结构跨度等方面进行分类。本节主要介绍装配式木结构建筑按结构材料分类的内容，按结构材料分类有以下4种类型：轻型木结构、胶合木结构、方木原木结构和木结构组合建筑。

1）轻型木结构

轻型木结构是指主要采用规格材及木基结构板材制作的木框架墙、木楼盖和木屋盖系统构成的单层或多层建筑。轻型木结构由小尺寸木构件（通常称为规格材）按不大于600mm的中心间距密置而成，所用基本材料包括规格材、木基结构板材、工字形搁栅、结构复合材和金属连接件，如图10-34所示。轻型结构的承载力、刚度和整体性是通过主要结构构件（骨架构件）和次要结构构件（墙面板、楼面板和屋面板）共同作用获得的。

图10-34 轻型木结构建筑

轻型木结构构件之间的连接主要采用齿连接、螺栓和钉连接，部分构件之间也采用金属齿板连接和专用金属连接件连接。轻型木结构具有施工简便、材料成本低、抗震性能好等优点。轻型木结构建筑可以根据施工现场的运输条件，将部分构件在工厂制作成基本单元，然后在现场进行装配。

2）胶合木结构

胶合木结构指承重构件主要采用层板胶合木制作的单层或多层建筑，也被称作层板胶合木结构。

胶合木结构主要包括梁柱式（图 10-35）、空间桁架式（图 10-36）、拱式（图 10-37）和空间网壳式（图 10-38）等结构形式。胶合木结构的各种连接节点均采用钢板、螺栓或销钉连接，应进行节点计算。胶合木结构是目前应用较广的木结构形式，具有以下几个特点：具有天然木材的外观魅力；不受天然木材尺寸限制，能够制作成满足任意造型建筑和结构要求的各种形状和尺寸的构件；避免和减少天然木材无法控制的缺陷影响，提高了强度，并能合理级配、量材使用；具有较高的强重比（强度／容重），能以较小截面满足强度要求；可大幅度减小结构体自重，提高抗震性能；有较高的韧性和弹性，在短期荷载作用下能够迅速恢复原状。

图 10-35　胶合木结构梁柱式

图 10-36　胶合木结构空间桁架式

图 10-37　胶合木结构拱式

图 10-38　胶合木结构空间网壳式

3）方木原木结构

方木原木结构是指承重构件主要采用方木或原木制作的单层或多层建筑结构，方木原木结构在《木结构设计标准》GB 50005—2017 中被称为普通木结构。方木原木结构的结构形式主要包括穿斗式结构、抬梁式结构、井干式结构（图 10-39）、梁柱式结构、木框架剪力墙结构，以及作为楼盖或屋盖在其他材料结构（混凝土结构、砌体结构、钢结构）中组合使用的混合结构。这些结构都在梁柱连接节点、梁与梁连接节点处采用钢板、螺栓或销钉以及专用连接件等钢连接件进行连接。方木原木结构的构件及其钻孔等构造在工厂加工制作。

4）木结构组合建筑

木结构组合建筑是指木结构与其他材料结构组成的建筑，主要与钢结构、钢筋混凝土结构或砌体结构进行组合（图 10-40）。组合方式有上下组合与水平组合，也包括现有建筑平改坡的屋面系统和钢筋混凝土结构中采用木骨架组合的墙体系统。进行上下组合时，下部结构通常采用钢筋混凝土结构。

图 10-39 井干式结构

图 10-40 钢木结构组合建筑

3. 基本规定

1）一般规定

（1）结构体系

装配式木结构建筑的结构体系应满足承载能力、刚度和延性的要求；应采取加强结构整体性的技术措施；结构应规则、平整，在两个主轴方向的动力特性的比值不大于 10%；应具有合理明确的传力路径；结构薄弱部位应采取加强措施；应具有良好的抗震能力和变形能力。

（2）结构布置

装配式木结构的整体布置应连续、均匀，避免抗侧力结构的侧向刚度和承载力沿竖向突变。装配式木结构建筑的结构平面不规则和竖向不规则应按表 10-8 的规定进行划分，所谓不规则结构是指当结构符合表 10-8 中一项不规则结构类型情况；特别不规则结构是指当结构符合表 10-8 中两项或两项以上不规则结构类型情况或者结构符合表 10-8 中一项不规则结构类型，且不规则定义指标超过规定的 30% 时情况；严重不规则结构是指当结构两项或两项以上不规则结构类型且不规则定义指标超过规定的 30% 时情况。

不规则结构类型表　　表 10-8

序号	不规则方向	不规则结构类型	不规则定义
1	平面不规则	扭转不规则	在具有偶然偏心的水平力作用下，楼层两端抗侧力构件的弹性水平位移或层间位移的最大值与平均值的比值大于 1.2 倍
2		凹凸不规则	结构平面凹进的尺寸大于相应投影方向总尺寸的 30%
3		楼板局部不连续	有效楼板宽度小于该层楼板标准宽度的 50%；开洞面积大于该层楼面面积的 30%；楼层错层超过层高的 1/3
4	竖向不规则	侧向刚度不规则	该层的侧向刚度小于相邻上一层的 70%；该层的侧向刚度小于其上相邻三个楼层侧向刚度平均值的 80%；除顶层或出屋面的小建筑外，局部收进的水平向尺寸大于相邻下一层的 25%
5		竖向抗侧力构件不连续	竖向抗侧力构件的内力采用水平转换构件向下传递
6		楼层承载力突变	抗侧力结构的层间受剪承载力小于相邻上层的 80%

2）拆分原则

木组件的拆分单元应按内力分析结果，结合生产、运输和安装条件确定。

3）结构分析

（1）分析理论：结构内力计算可采用弹性分析理论。内力与位移计算时，当采取了保证楼板平面内整体刚度的措施，可假定楼板平面为无限刚性进行计算；当楼板具有较明显的面内变形，计算时应考虑楼板面内变形的影响，或对按无限刚性假定方法的计算结果进行适当调整。装配式木结构中抗侧力构件承受的剪力，对于柔性楼盖、屋盖宜按面积分配法进行分配；对于刚性楼、屋盖宜按抗侧力构件等效刚度的比例进行分配。

（2）分析模型：结构分析模型应按结构实际情况确定，可选择空间杆系、空间杆－墙板元及其他组合有限元等计算模型。所选取的计算模型应能准确反映结构构件的实际受力状态，连接的假定应符合结构实际采用的连接形式。

装配式木结构建筑的结构体系的选用应按项目特点确定，并应符合组件单元拆分便利性、组件制作可重复性以及运输和吊装可行性的原则。当装配式木结构建筑的结构形式采用框架支撑结构或框架剪力墙结构时，不应采用单跨框架体系。

（3）可靠度：结构设计时采用的荷载和效应的标准值、荷载分项系数、荷载效应组合、组合值系数应符合现行国家标准。

（4）位移限值：按弹性方法计算的风荷载或多遇地震标准值作用下的楼层层间位移角应满足：轻型木结构建筑不得大于 1/250；多高层木结构建筑不得大于 1/350；轻型木结构建筑和多高层木结构建筑的弹塑性层间位移角不得大于 1/50。

4. 梁柱构件设计

装配式木结构建筑的部品部件主要包括预制梁、柱、板式组件和空间组件等，部品部件设计时需确定集成方式。集成方式包括：散件装配；散件或分部组件在施工现场装配为整体组件再进行安装；在工厂完成组件装配，运到现场直接安装。集成方式需依据部品部件尺寸是否符合运输和吊装条件确定。部品部件的基本单元需要规格化，便于自动化制作。部品部件安装单元可根据现场情况和吊装等条件采用以下方式：采用运输单元作为安装单元；现场对运输单元进行组装后作为安装单元；采用上述两种方式混合安装单元。

梁柱构件的设计验算应符合现行国家标准《木结构设计标准》GB 50005—2017 和《胶合木结构技术规范》GB/T 50708—2012 的规定。在长期荷载作用下，应进行承载力和变形等验算。在地震作用和火灾状况下，应进行承载力验算。

5. 墙体、楼盖、屋盖设计

（1）装配式木结构的楼板和墙体应按现行国家标准《木结构设计标准》GB 50005—2017 的规定进行验算。

（2）应验算墙骨柱、顶梁板和底梁板连接处的局部承压承载力。顶梁板、楼盖和屋盖的连接应进行平面内与平面外的承载力验算。外墙中的顶梁板、底梁板与墙骨柱的连接应进行墙体平面外承载力验算。

（3）预制木墙板在竖向及平面外荷载作用时，墙骨柱宜按两端铰接的受压构件设计，构件在平面外的计算长度应为墙骨柱长度；当墙骨柱两侧布置木基结构板或石膏板等覆面板时，可以不进行平面内的侧向稳定验算，平面内只需进行强度计算。墙骨柱在竖向荷载作用下，在平面外弯曲的方向应考虑 0.05 倍墙骨柱截面高度的偏心距。

预制木墙板中外墙骨柱时应考虑风荷载效应的组合，需要按两端铰接的受压构件设计。

当非承重的预制木墙板采用木骨架组合墙体时，其设计和构造要求应符合国家标准《木骨架组合墙体技术标准》GB/T 50361—2018 的规定。

二维码 10.6-3

（4）正交胶合木墙体的设计应符合国家标准《多高层木结构建筑技术标准》GB/T 51226—2017 的要求，且剪力墙的高宽比不宜小于 1，且不大于 4；当高宽比小于 1 时，墙体应当分为两段，中间应用耗能金属件连接。墙应具有足够的抗倾覆能力，当结构自重不能抵抗倾覆力矩时，设置抗拔连接件。

（5）装配式木结构中楼盖宜采用正交胶合木楼盖、木搁栅与木基结构板材楼盖。装配式木结构中屋盖系统可采用正交胶合木屋盖、椽条式屋盖、斜撑梁式屋盖和桁架式屋盖。

6. 连接设计

（1）基本要求：连接的设计应满足结构设计和结构整体性要求；应受力合理，传力明确，应避免被连接的木构件出现横纹受拉破坏；应满足延性和耐久性的要求；当连接具有耗能作用时，可进行特殊设计；连接件宜对称布置，宜满足每个连接件能承担按比例分配的内力的要求；同一连接中不得考虑两种或两种以上不同刚度连接的共同作用，不得同时采用直接传力和间接传力两种传力方式；连接节点应便于标准化制作。

（2）计算模型：连接设计时应选择适宜的计算模型。当无法确定计算模型时，应提供试验验证或工程验证的技术文件。

（3）连接方法：预制木结构组件与其他结构之间宜采用锚栓或螺栓进行连接。锚栓或螺栓的直径和数量应按计算确定，计算时应考虑风荷载和地震作用引起的侧向力，以及风荷载引起的上拔力。上部结构产生的水平力或上拔力应乘以 1.2 倍的放大系数。当有上拔力时，尚应采用抗拔金属连接件进行连接。

（4）木组件之间连接：木组件与木组件的连接方式可采用钉连接、螺栓连接、销钉连接、齿板连接、金属连接件连接或榫卯连接。当预制次梁与主梁、木梁与木柱之间连接时，宜采用钢插板、钢夹板和螺栓进行连接。

7. 轻型木结构设计

轻型木结构建筑中，墙体、楼盖和屋盖一般由规格材墙骨柱和结构或非结构覆面板材通过栓钉等连接组合而成，并形成围护结构以安装固定外墙饰面、楼板饰面以及屋面材料。承重墙将竖向荷载传递到基础，同时可以设计为剪力墙抵抗侧向荷载。屋盖和楼盖可以承受竖向荷载同时将侧向荷载传递到剪力墙。这些构造特点使得轻型木结构可以适应并达到不同预制化程度的要求。

轻型木结构的设计方法主要有构造设计法和工程设计法两种。

1）构造设计法

构造设计法就是对满足一定条件的房屋可以不做结构内力分析（特别是抗侧力分析），只进行结构构件的竖向承载力分析验算，根据构造要求设计施工。构件的竖向承载力验算主要针对受弯构件，可以从木材供应商或设计手册中查到需要的材料规格。这种设计方法可以极大地提高工作效率，避免不必要的重复劳动。构造设计法适用于设计工作年限为 50 年以内（含 50 年）的安全等级为二、三级的轻型木结构和上部为轻型木结构的混合木结构的抗侧力设计。

2）工程设计法

工程设计法是常规的结构工程设计方法，通过工程计算来确定结构构件的尺寸和布置，以及构件和构件之间的连接设计。一般的设计流程是：首先根据建筑物所在地以及建筑功能确定荷载类别和性质；其次进行结构布置；再次进行荷载和地震作用计算，从而进行相应的结构内力和变形等分析，验算主要承重和连接构件的承载力与变形情况；最后提出必要的构造措施等。

思考题与习题

10-1 装配式建筑的优缺点是什么？

10-2 如何评价装配式建筑的等级？

10-3 装配式混凝土结构的设计流程是什么？

第3篇

建筑抗震设计基本知识

第11章

抗震设计基本概念

地震按其成因主要分为火山地震、陷落地震、诱发地震和构造地震。火山地震是由于地下深处大量岩浆损失，来不及补充，从而出现空洞，引起岩层断裂而形成的；陷落地震是因为地下溶洞或矿山采空区的陷落引起的局部地震；诱发地震，也叫人工地震，是由于人工爆破、矿山开采、军事施工及地下核试验等引起的地震；当地球内部积累的能量使岩层无法承受时，岩层就会发生断裂或者错位，积累的能量也会释放出来，并以地震波的形式向四面八方传播，这就是构造地震，我们通常所说的地震。火山地震、陷落地震和诱发地震的影响范围和破坏程度相对较小，而构造地震的分布范围广，破坏作用大，本章只介绍构造地震相关知识。

地震是一种极其普通和常见的自然现象，但由于地壳构造的复杂性和震源区的不可直观性，关于地震是怎样孕育和发生的，其成因和机制是什么的问题，至今尚无完满的解答，但目前科学家比较公认的解释是构造地震是由地壳板块运动造成的。板块构造学说又称新全球构造学说，则是形成较晚（20世纪60年代），已为广大地质学工作者所接受的一个关于地壳构造运动的学说。

板块构造理论认为：岩石圈（即地壳）的基本构造单元是板块；全球被分为欧亚、美洲、非洲、太平洋、澳洲、南极六大板块和若干小板块；全球地壳构造运动的基本原因是这些板块的相互作用，板块强度很大，板块的边缘是构造运动最剧烈的地方，主要变形在其边缘部分。板块构造说阐明的地球基本面貌的形成和发展，例如：大西洋在不断扩大；太平洋在不断缩小；西藏高原是两个大陆板块相碰，印度板块跑到欧亚板块下面，彼此重叠而生成的；喜玛拉雅山是两者挤压而迅速隆起形成等等。

据统计，全球有85%的地震发生在板块边界上，世界上主要有三大地震带：环太平洋地震带，分布在太平洋周围，这里是全球分布最广、地震最多的地震带，所释放的能量约占全球的四分之三；欧亚地震带，从地中海向东，一支经中亚至喜马拉雅山，然后向南经中国横断山脉，过缅甸，呈弧形转向东，至印度尼西亚。另一支从中亚向东北延伸，至堪察加，分布比较零散。大洋中脊地震活动带，此地震活动带蜿蜒于各大洋中间，几乎彼此相连。此地震活动性较之前两个带要弱得多，而且均为浅源地震，尚未发生过特大的破坏性地震。

我国东临环太平洋地震带，南接欧亚地震带，地震分布相当广泛。我国的地震活动主要分布在 5 个地区，分别是台湾省及其附近中国及周边地区地震分布海域；西南地区，包括西藏、四川中西部和云南中西部；西部地区，主要在甘肃河西走廊、青海、宁夏以及新疆天山南北麓；华北地区，主要在太行山两侧、汾渭河谷、阴山－燕山一带、山东中部和渤海湾；东南沿海地区，广东、福建等地。

从中国的宁夏，经甘肃东部、四川中西部直至云南，有一条纵贯中国大陆、大致呈南北走向的地震密集带，历史上曾多次发生强烈地震，被称为中国南北地震带。2008 年 5 月 12 日汶川 8.0 级地震就发生在该带中南段。该带向北可延伸至蒙古境内，向南可到缅甸。根据地质力学的观点，中国大致可分为 20 个地震带。

据统计，地球上每年发生 500 多万次地震，即每天要发生上万次的地震。其中绝大多数太小或太远，以至于人们感觉不到；真正能对人类造成严重危害的地震大约有二十次，能造成特别严重灾害的地震大约有一两次。人们感觉不到的地震，必须用地震仪才能记录下来，不同类型的地震仪能记录不同强度、不同远近的地震。世界上运转着数以千计的各种地震仪器日夜监测着地震的动向。

当前的科技水平尚无法预测地震的到来，未来相当长的一段时间内，地震也是无法预测的。对于地震，我们作为工程设计和建设者，更应该做的是做好建筑抗震设计、做好防御，而不是预测地震。

11.1　地震基本概念

1. 震源和震中

地壳运动中，在地下岩层产生剧烈相对运动的部位大量释放能量，产生剧烈振动，此处就叫做震源，震源正上方的地面位置叫震中（图 11-1）。震中附近的地面振动最剧烈，也是破坏最严重的地区，叫震中区或极震区。地面某处至震中的水平距离叫做震中距。把地面上破坏程度相同或相近的点连成的曲线叫做等震线。震源至地面的垂直距离叫做震源深度。

按震源的深浅，地震又可分为：①浅源地震，震源深度在 70km 以内；②中源地震，震源深度在 70 ~ 300km 范围；③深源地震，震源深度超过 300km。全球所有地震释放的能量约有 85% 来自浅源地震，12% 来自中源地震，3% 来自深源地震。

按震中距的大小，震中距小于 100km 的地震，称为地方震；震中距为 100 ~ 1000km 的地震，称为近震；震中距大于 1000km 的地震，称为远震。

2. 地震波

地震引起的振动以波的形式从震源向各个方向传播并释放能量，这就是地震波。地震波具有强烈的随机性，它包含可以通过地球本体的两种“体波”和只限于在地面附近传播的两种“面波”。

体波是指通过介质体内传播的波。介质质点振动方向与波的传播方向一致的波称为纵波，它引起地面上下颠簸振动；质点振动方向与波的传播方向正交的波称为横波，它引起地面的水平晃动。纵波比横波的传播速度要快，所以地震时，纵波总是先到达地表，而横波总落后一步。这样，发生较大的近震时，一般人们先感到上下颠簸，过数秒到十几秒后才感到有很强的水平晃动。横波是造成房屋破坏的主要原因。通常把纵波叫“P 波”（即初波），把横波叫“S 波”（即次波），如图 11-1 所示。

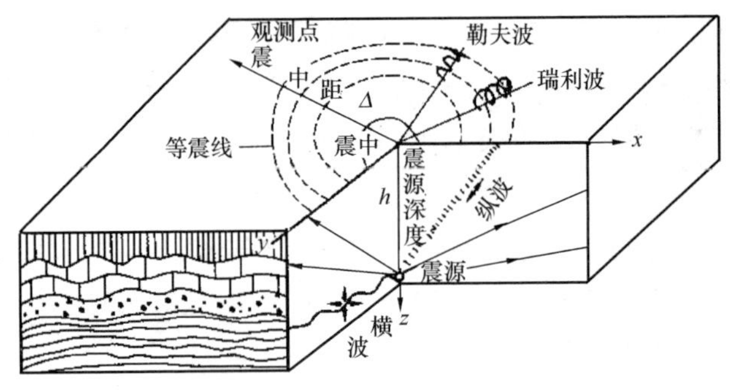

图 11-1　地震波传播示意

面波是指沿着介质表面（地面）及其附近传播的波。在半空间表面上一般存在两种波的运动，即瑞利波（R 波）和勒夫波（L 波）。瑞利波传播时，质点在波的传播方向和自由面（即地表面）法向组成的平面内作椭圆运动，在地表以垂直运动为主。勒夫波只是在与传播方向相垂直的水平方向运动，即地面水平运动或者说在地面上呈蛇形运动形式。

一般认为，地震波在地表面引起的破坏力主要是 S 波和面波的水平（L 波）和竖向（R 波）振动。

3. 震级

震级是表示地震本身大小的尺度，是按一次地震本身强弱程度而定的等级。国际上比较通用的是里氏震级，其原始定义是在 1935 年由 C.F.Richter 给出，即地震震级 M 为：

$$M=\log A \tag{11-1}$$

式中　A——标准地震仪（指摆的自振周期 0.8s，阻尼系数 0.8，放大倍数 2800 的地震仪）在距震中 100km 处记录的以微米（$1\mu m=10^{-6}m$）为单位的最大水平地动位移（即振幅）。

震级表示一次地震释放能量的多少，所以一次地震只有一个震级。震级 M 与震源释放的能量 E 之间有如下对应关系：

$$\log E=1.5M+11.8 \tag{11-2}$$

由上可知，震级每差一级，地震释放的能量将差 32 倍。

一般认为，小于 2 级的地震，人们感觉不到，只有仪器才能记录下来，称为微震；2 ~ 4 级地震，人可以感觉到，称为有感地震；5 级以上地震能引起不同程度的破坏，称为破坏性地震；7 级以上的地震，则称为强烈地震或大地震；8 级以上的地震，称为特大地震。

4. 地震烈度

地震烈度表示地震时一定地点振动的强弱程度。对于一次地震，它对不同地点的影响是不一样的。一般距震中越远，地震影响越小，烈度就越低；反之，距震中越近，烈度就越高。此外，地震烈度与地震大小、震源深度、地震传播介质、表土性质、建筑物动力特性等许多因素有关。震中区的烈度称为震中烈度。对于大量的震源深度在 10 ~ 30km 的浅源地震，其震中烈度 I_0 与震级 M 的对应关系见表 11-1。

震中烈度与震级的大致对应关系　　表 11-1

震级 M	2	3	4	5	6	7	8	＞8
震中烈度 I_0	1 ~ 2	3	4 ~ 5	6 ~ 7	7 ~ 8	9 ~ 10	11	12

为评定地震烈度，就需要建立一个标准，这个标准称为地震烈度表。

我国曾先后编制了三代地震烈度表，和世界大多数国家一样采用了 12 等级的地震烈度表，称为《中国地震烈度表》GB/T 17742—2020，其具体指标如表 11-2 所示。

5. 地震动特性

地震动是指由震源释放出来的地震波引起的地面运动。这种地面运动可以用地面质点的加速度、速度或位移的时间函数来表示。利用强震加速度仪可以观测强震时的地震动，地震动的主要特性可以通过三个基本要素来描述，即地震动的幅值、频谱和持续时间。

1）地震动幅值特性

通常将加速度和速度作为描述地震动强弱的变量，通常以峰值表示的最多，峰值是指地震动的最大值。地震动峰值的大小反映了地震过程中某一时刻地震动的最大强度。

中国地震烈度表

表 11-2

地震烈度	评定指标								合成地震动的最大值	
	房屋震害			人的感觉	器物反应	生命线工程震害	其他震害现象	仪器测定的地震烈度 I_1	加速度 m/s² ($\times 10^{-2}$)	速度 m/s ($\times 10^{-3}$)
	类型	震害程度	平均震害指数							
Ⅰ（1）	—	—	—	无感	—	—	—	1 ~ 1.5	1.8	1.21
Ⅱ（2）	—	—	—	室内个别静止中的人有感觉，个别较高楼层中的人有感觉	—	—	—	1 ~ 1.5		
Ⅲ（3）	—	门、窗轻微作响	—	室内少数静止中的人有感觉，少数较高楼层中的人有明显感觉	悬挂物微动	—	—	2.5 ~ 3.5	7.57	5.58
Ⅳ（4）	—	门、窗作响	—	室内多数人、室外少数人有感觉，少数人睡梦中惊醒	悬挂物明显摆动、器皿作响	—	—	3.5 ~ 4.5	15.5	12.0
Ⅴ（5）	—	门窗、屋顶、屋架颤动作响，灰土掉落，个别房屋墙体抹灰出现细微裂缝，个别老旧 A1 类或 A2 类房屋墙体出现轻微裂缝或原有裂缝扩展，个别屋顶烟囱掉砖，个别檐瓦掉落	—	室内绝大多数、室外多数人有感觉，多数人睡梦中惊醒，少数人惊逃户外	悬挂物大幅度晃动，少数架上小物品、个别顶部沉重或放置不稳定器物摇动或翻倒，水晃动并从盛满的容器中溢出	—	—	4.5 ~ 5.5	31.9	25.9
Ⅵ（6）	A1	少数轻微破坏和中等破坏，多数基本完好	0.02 ~ 0.17	多数人站立不稳，多数人惊逃户外	少数轻家具和物品移动，少数顶部沉重的器物翻倒	个别梁桥挡块破坏，个别拱桥主拱圈出现裂缝及桥台开裂；个别主变压器跳闸；个别老旧支线管道有破坏，局部水压下降	河岸和松软土地出现裂缝，饱和砂层出现喷砂冒水；个别独立砖烟囱轻度裂缝	5.5 ~ 6.5	65.3	55.7
	A2	少数轻微破坏和中等破坏，大多数基本完好	0.01 ~ 0.13							
	B	少数轻微破坏和中等破坏，大多数基本完好	≤ 0.11							
	C	少数或个别轻微破坏，绝大多数基本完好	≤ 0.06							
	D	少数或个别轻微破坏，绝大多数基本完好	≤ 0.04							

续表

地震烈度	评定指标								合成地震动的最大值	
	房屋震害			人的感觉	器物反应	生命线工程震害	其他震害现象	仪器测定的地震烈度 I_1	加速度 m/s^2 ($\times 10^{-2}$)	速度 m/s ($\times 10^{-3}$)
	类型	震害程度	平均震害指数							
Ⅶ（7）	A1	少数严重破坏和毁坏，多数中等破坏和轻微破坏	0.15 ~ 0.4	大多数人惊逃户外，骑自行车的人有感觉，行驶中的汽车驾乘人员有感觉	物品从架子上掉落，多数顶部沉重的器物翻倒，少数家具倾倒	少数梁桥挡块破坏，个别拱桥主拱圈出现明显裂缝和变形以及少数桥台开裂；个别变压器的套管破坏，个别瓷柱型高压电气设备破坏；少数支线管道破坏，局部停水	河岸出现塌方，饱和砂层常见喷水冒砂，松软土地上地裂缝较多；大多数独立砖烟囱中等破坏	6.5 ~ 7.5	135	120
	A2	少数中等破坏，多数轻微破坏和基本完好	0.10 ~ 0.31							
	B	少数中等破坏，多数轻微破坏和基本完好	0.09 ~ 0.27							
	C	少数轻微破坏和中等破坏，多数基本完好	0.05 ~ 0.18							
	D	少数轻微破坏和中等破坏，大多数基本完好	0.04 ~ 0.16							
Ⅷ（8）	A1	少数毁坏，多数中等破坏和严重破坏	0.42 ~ 0.62	多数人摇晃颠簸，行走困难	除重家具外，室内物品大多数倾倒或移位	少数梁桥梁体移位、开裂及多数挡块破坏，少数拱桥主拱圈开裂严重；少数变压器的套管破坏，个别或少数瓷柱型高压电气设备破坏；多数支线管道及少数干线管道破坏，部分区域停水	干硬土地上出现裂缝，饱和砂层绝大多数喷砂冒水；大多数独立砖烟囱严重破坏	7.5 ~ 8.5	279	258
	A2	少数严重破坏，多数中等破坏和轻微破坏	0.29 ~ 0.46							
	B	少数严重破坏和毁坏，多数中等和轻微破坏	0.25 ~ 0.50							
	C	少数中等破坏和严重破坏，多数轻微破坏和基本完好	0.16 ~ 0.35							
	D	少数中等破坏，多数轻微破坏和基本完好	0.14 ~ 0.27							

续表

地震烈度	评定指标								合成地震动的最大值	
	房屋震害			人的感觉	器物反应	生命线工程震害	其他震害现象	仪器测定的地震烈度 I_1	加速度 m/s^2 ($\times 10^{-2}$)	速度 m/s ($\times 10^{-3}$)
	类型	震害程度	平均震害指数							
Ⅸ（9）	A1	大多数毁坏和严重破坏	0.60 ~ 0.90	行动的人摔倒	室内物品大多数倾倒或移位	个别梁桥桥墩局部压溃或落梁，个别拱桥垮塌或濒于垮塌；多数变压器套管破坏、少数变压器移位，少数瓷柱型高压电气设备破坏；各类供水管道破坏、渗漏广泛发生，大范围停水	干硬土地上多处出现裂缝，可见基岩裂缝、错动，滑坡、塌方常见；独立砖烟囱多数倒塌	8.5 ~ 9.5	577	555
	A2	少数毁坏，多数严重破坏和中等破坏	0.4 ~ 0.62							
	B	少数毁坏，多数严重破坏和中等破坏	0.48 ~ 0.69							
	C	多数严重破坏和中等破坏，少数轻微破坏	0.3 ~ 0.54							
	D	少数严重破坏，多数中等破坏和轻微破坏	0.25 ~ 0.48							
Ⅹ（10）	A1	绝大多数毁坏	0.8 ~ 1.0	骑自行车的人会摔倒，处不稳状态的人会摔离原地，有抛起感	—	个别梁桥桥墩压溃或折断，少数落梁，少数拱桥垮塌或濒于垮塌；绝大多数变压器移位、脱轨，套管断裂漏油，多数瓷柱型高压电气设备破坏；供水管网毁坏，全区域停水	山崩和地震断裂出现；大多数独立砖烟囱从根部破坏或倒毁	9.5 ~ 10.5	1190	1190
	A2	大多数毁坏	0.6 ~ 0.8							
	B	大多数毁坏	0.67 ~ 0.91							
	C	大多数严重破坏和毁坏	0.52 ~ 0.84							
	D	大多数严重破坏和毁坏	0.46 ~ 0.84							

续表

地震烈度	评定指标								合成地震动的最大值	
	房屋震害			人的感觉	器物反应	生命线工程震害	其他震害现象	仪器测定的地震烈度 I_I	加速度 m/s^2 ($\times10^{-2}$)	速度 m/s ($\times10^{-3}$)
	类型	震害程度	平均震害指数							
Ⅺ（11）	A1	绝大多数毁坏	1.0	—	—	—	地震断裂延续很大；大量山崩滑坡	10.5 ~ 11.5	2470	2570
	A2		0.86 ~ 1.0							
	B		0.9 ~ 1.0							
	C		0.84 ~ 1.0							
	D		0.84 ~ 1.0							
Ⅻ（12）	各类		1.0	—	—	—	地面剧烈变化，山河改观	11.5 ~ 12	> 3550	> 3770

注：1. 表中“个别”表示10%以下；“少数”表示10% ~ 45%；“多数”表示40% ~ 70%；“大多数”表示60% ~ 90%；“绝大多数”表示80%以上；

2. 表中震害指数是从各类房屋的震害调查和统计中得出的，反映破坏程度的数字指标，0表示无震害，1表示倒平；

3. “—”表示无内容；

4. 表中给出的合成地震动的最大值为所对应的仪器测量的地震烈度中值；

5. 用于评定烈度的房屋，包括以下五种类型：A1类：未经抗震设防的土木、砖木、石木等房屋；A2类：穿斗木构架房屋；B类：未经抗震设防的砖混结构房屋；C类：按照Ⅶ度（7度）抗震设防的砖混结构房屋；D类：按照Ⅶ度（7度）抗震设防的钢筋混凝土框架结构房屋。

2）地震动频谱特性

地震动频谱特性是指地震动对具有不同自振周期的结构的反应特性，通常可以用反应谱来表示。地震动频谱特性就是强震地面运动对具有不同自振周期的结构的响应，反应谱是工程抗震用来表示地动频谱的一种特有的方式，这是由于它是通过单自由度体系的反应来定义的，容易为工程界所接受。

3）地震动持时特性

地震动持时对结构的破坏程度有着较大的影响。在相同的地面运动最大加速度作用下，当强震的持续时间长，则该地点的地震烈度高，结构物的地震破坏重；反之，当强震的持续时间短，则该地点的地震烈度低，结构物的破坏轻。

地震动强震持时对结构反应的影响主要表现在结构的非线性反应阶段。大多数情况是，结构从局部破坏开始到倒塌，往往要经历几次、几十次甚至是上百次的往复振动过程，塑性变形的不可恢复性需要耗散能量，因此在这一振动过程中即使结构最大变形反应没有达到静力试验条件下的最大变形，结构也可能因贮存能量能力的耗损达到某一限值而发生倒塌破坏。

11.2 抗震设计基本规定

1. 建筑抗震设防类别和设防标准

1）建筑抗震设防类别

抗震设防的各类建筑，根据其遭受地震破坏后可能造成的人员伤亡、经济损失、社会影响程度及其在抗震救灾中的作用等因素，按照《建筑工程抗震设防分类标准》GB 50223—2008，将建筑工程分为下列四个抗震设防类别。

（1）特殊设防类：指使用上有特殊要求的设施，涉及国家公共安全的重大建筑工程和地震时可能发生严重次生灾害等特别重大灾害后果，如产生放射性物质的污染、大爆炸，需要进行特殊设防的建筑，简称甲类。

（2）重点设防类：指地震时使用功能不能中断或需尽快恢复的生命线相关建筑，以及地震时可能导致大量人员伤亡等重大灾害后果，如城市生命线工程的建筑和地震时救灾需要的建筑等，需要提高设防标准的建筑，简称乙类。

（3）标准设防类：指大量的除（1）、（2）、（4）款以外按标准要求进行设防的建筑，如大量的一般工业与民用建筑等，简称丙类。

（4）适度设防类：指使用上人员稀少且震损不致产生次生灾害，不易造成人员伤亡和较大经济损失的建筑等，允许在一定条件下适度降低要求的建筑，简称丁类。

2）各抗震设防类别建筑的抗震设防标准

抗震设防标准包括设防烈度及抗震构造措施两方面内容，各类抗震设防类别建筑的抗震设防标准是不同的，其中甲类建筑的要求最高，丁类建筑最低。

抗震设防烈度为6度时，除规范有具体规定外，对乙、丙、丁类建筑可不进行地震作用计算。抗震构造措施是指根据抗震概念设计原则，一般不需计算而对结构和非结构各部分必须采取的各种细部构造要求。

各抗震设防类别建筑的抗震设防标准应符合下列要求：

（1）标准设防类，应按本地区抗震设防烈度确定其抗震措施和地震作用，达到在遭遇高于当地抗震设防烈度的预估罕遇地震影响时不致倒塌或发生危及生命安全的严重破坏的抗震设防目标。

（2）重点设防类，应按高于本地区抗震设防烈度一度的要求加强其抗震措施；但抗震设防烈度为9度时应按比9度更高的要求采取抗震措施；地基基础的抗震措施，应符合有关规定。同时，应按本地区抗震设防烈度确定其地震作用。

（3）特殊设防类，应按高于本地区抗震设防烈度提高一度的要求加强其抗震措施；但抗震设防烈度为9度时应按比9度更高的要求采取抗震措施。同时，应按批准的地震安全性评价的结果且高于本地区抗震设防烈度的要求确定其地震作用。

（4）适度设防类，允许比本地区抗震设防烈度的要求适当降低其抗震措施，但抗震设防烈度为6度时不应降低。一般情况下，仍应按本地区抗震设防烈度确定其地震作用。

2. 三水抗震设防目标和两阶段抗震设计方法

抗震设防是指对建筑物进行抗震设计和采取抗震构造措施，以达到抗震的效果。抗震设防的依据是抗震设防烈度。我国《建筑抗震设计规范》GB 50011—2010（2016年版）规定，抗震设防的各类建筑，其抗震设防目标应符合下列规定：

1）当遭遇低于本地区设防烈度的多遇地震影响时，各类工程的主体结构不受损坏或不需修理可继续使用。

2）当遭遇相当于本地区设防烈度的设防地震影响时，各类工程中的建筑物、构筑物、地下工程结构等可能发生损伤，但经一般性修理可继续使用。

3）当遭遇高于本地区设防烈度的罕遇地震影响时，各类工程中的建筑物、构筑物、地下工程结构等不致倒塌或发生危及生命的严重破坏。

抗震设防的建筑工程，其多遇地震动、设防地震动和罕遇地震动的超越概率水准不应低于表11-3的规定。

建筑工程的各级地震动的超越概率水准 表 11-3

分类	多遇地震动	设防地震动	罕遇地震动
居住建筑与公共建筑、城镇地下工程结构（不含城市地下综合管廊）	63.2%/50 年	10%/50 年	2%/50 年
城市地下综合管廊	63.2%/100 年	10%/100 年	2%/100 年

为达到上述抗震设防目标，可以用三个地震烈度水准来考虑，即多遇烈度、基本烈度和罕遇烈度。遵照现行规范设计的建筑物，在遭遇到多遇烈度（即小震）时，基本处于弹性阶段，一般不会损坏；在罕遇地震作用下，建筑物将产生严重破坏，但不至于倒塌。即建筑物抗震设防的目标就是要做到“小震不坏，中震可修，大震不倒”。

当基准设计期为 50 年时，则 50 年内多遇烈度（有时又称为众值烈度）的超越概率为 63.2%，即 50 年内发生超过多遇地震烈度的地震大约有 63.2%，这就是第一水准的烈度。50 年超越概率约 10%的烈度大体相当于现行地震区划图规定的基本烈度，将它定义为第二水准的烈度。对于罕遇地震烈度，其 50 年期限内相应的超越概率约为 2%，这个烈度又可称为大震烈度，作为第三水准的烈度。由烈度概率分布分析可知，基本烈度与众值烈度相差约为 1.55 度，而基本烈度与罕遇烈度相差约为 1 度。例如，当基本烈度为 8 度时，其众值烈度（多遇烈度）为 6.45 度左右，罕遇烈度为 9 度左右。

规范提出了两阶段设计方法以实现上述三个烈度水准的抗震设防要求。第一阶段设计是在方案布置符合抗震原则的前提下，按与基本烈度相对应的众值烈度（相当于小震）的地震动参数，用弹性反应谱法求得结构在弹性状态下的地震作用标准值和相应的地震作用效应，然后与其他荷载效应按一定的组合系数进行组合，对结构构件截面进行承载力验算，对较高的建筑物还要进行变形验算，以控制侧向变形不要过大。这样，既满足了第一水准下具有必要的承载力可靠度，又满足第二水准损坏可修的设防要求，再通过概念设计和构造措施来满足第三水准的设计要求。对大多数结构，可只进行第一阶段设计；对少部分结构，如有特殊要求的建筑和地震时易倒塌的结构以及有明显薄弱层的不规则结构，除进行第一阶段设计外，还要进行第二阶段设计，即在罕遇地震烈度作用下，验算结构薄弱层的弹塑性层间变形，并采取相应的构造措施，以满足第三水准大震不倒的设防要求。

3. 地震影响

建筑所在地区遭受的地震影响，应采用相应于抗震设防烈度的设计基本地震加速度和特征周期表征，抗震设防烈度和设计基本地震加速度取值的对应关系，应符合表 11-4 的规定。

抗震设防烈度和Ⅱ类场地设计基本地震加速度值的对应关系　　表 11-4

抗震设防烈度	6 度	7 度		8 度		9 度
Ⅱ类场地设计基本地震加速度值	0.05g	0.10g	0.15g	0.20g	0.30g	0.40g

特征周期应根据工程所在地的设计地震分组和场地类别确定，设计地震分组应根据现行国家标准《中国地震动参数区划图》GB 18306—2015 Ⅱ类场地条件下的基本地震动加速度反应谱特征周期值确定。工程场地类别根据岩石的剪切波速或土层等效剪切波速和场地覆盖层厚度进行分类。这些在后面的内容中将介绍。

4. 建筑形体及构件布置

建筑设计应重视其平面、立面和竖向剖面的规则性对抗震性能及经济合理性的影响，宜择优选用规则的形体，其抗侧力构件的平面布置宜规则对称、侧向刚度沿竖向宜均匀变化、竖向抗侧力构件的截面尺寸和材料强度宜自下而上逐渐减小、避免侧向刚度和承载力突变。

建筑形体及其构件布置的平面、竖向不规则性划分见表 11-5、表 11-6。当存在多项不规则或某项不规则超过规定的参考指标较多时，应属于特别不规则的建筑。

抗震设计要求对不规则的建筑应按规定采取加强措施；特别不规则的建筑应进行专门研究和论证，采取特别的加强措施；严重不规则的建筑不应采用。

平面不规则的主要类型　　表 11-5

不规则类型	定义和参考指标
扭转不规则	在具有偶然偏心的规定水平力作用下，楼层两端抗侧力构件弹性水平位移（或层间位移）的最大值与平均值的比值大于 1.2
凹凸不规则	平面凹进的尺寸，大于相应投影方向总尺寸的 30%
楼板局部不连续	楼板的尺寸和平面刚度急剧变化，例如，有效楼板宽度小于该层楼板典型宽度的 50%，或开洞面积大于该层楼面面积的 30%，或较大的楼层错层

竖向不规则的主要类型　　表 11-6

不规则类型	定义和参考指标
侧向刚度不规则	该层的侧向刚度小于相邻上一层的 70%，或小于其上相邻三个楼层侧向刚度平均值的 80%；除顶层或出屋面小建筑外，局部收进的水平向尺寸大于相邻下一层的 25%
竖向抗侧力构件不连续	竖向抗侧力构件（柱、抗震墙、抗震支撑）的内力由水平转换构件（梁、桁架等）向下传递
楼层承载力突变	抗侧力结构的层间受剪承载力小于相邻上一楼层的 80%

5. 结构抗震体系

抗震体系类型与第8章相同，选择时应根据工程抗震设防类别、抗震设防烈度、场地条件、地基条件、结构材料和施工等因素，经技术、经济和使用条件综合比较确定，并符合下列规定:（1）应具有清晰、合理的地震作用传递途径。（2）应具备必要的抗震承载力，良好的变形能力和消耗地震能量的能力。（3）应避免因部分结构或构件破坏而导致整个结构丧失抗震能力或对重力荷载的承载能力。（4）结构体系应具有足够的牢固性和抗震冗余度。（5）楼、屋面应具有足够的面内刚度和整体性。采用装配整体式楼、屋面时，应采取措施保证楼、屋面的整体性及其与竖向抗侧力构件的连接。（6）基础应具有良好的整体性和抗转动能力，避免地震时基础转动加重建筑震害。（7）构件连接的设计与构造应能保证节点或锚固件的破坏不先于构件或连接件的破坏。（8）对可能出现的薄弱部位，应采取措施提高其抗震能力。

对于构件而言，砌体结构应按规定设置钢筋混凝土圈梁和构造柱、芯柱，或采用约束砌体、配筋砌体等。混凝土结构构件应控制截面尺寸和受力钢筋、箍筋的设置，防止剪切破坏先于弯曲破坏、混凝土的压溃先于钢筋的屈服、钢筋的锚固粘结破坏先于钢筋破坏。钢结构构件的尺寸应合理控制，避免局部失稳或整个构件失稳。多、高层的混凝土楼、屋盖宜优先采用现浇混凝土板，当采用预制装配式混凝土楼、屋盖时，应从楼盖体系和构造上采取措施确保各预制板之间连接的整体性。

6. 结构分析

建筑结构应进行多遇地震作用下的内力和变形分析，此时，假定结构与构件处于弹性工作状态，内力和变形分析采用线性静力方法或线性动力方法。对不规则且具有明显薄弱部位可能导致重大地震破坏的建筑结构，应按抗震规范规定进行罕遇地震作用下的弹塑性变形分析，分析可根据结构特点采用静力弹塑性分析或弹塑性时程方法。

质量和侧向刚度分布接近对称且楼、屋盖可视为刚性横隔板的结构，可采用平面结构模型进行抗震分析。其他情况，应采用空间结构模型进行抗震分析。

利用计算机进行结构抗震分析时，计算模型的建立、必要的简化计算与处理，应符合结构的实际工作状况，计算中应考虑楼梯构件的影响。复杂结构在多遇地震作用下的内力和变形分析时，应采用不少于两个合适的不同力学模型，并对其计算结果进行分析比较。

此外非结构构件与主体的连接、隔振与消能减震、结构材料要求以及建筑抗震性能化设计等内容参见规范或相应专著。

7. 舒适度要求

房屋高度不小于 150m 的高层混凝土建筑结构应满足风振舒适度要求。在现行国家标准《建筑结构荷载规范》GB 50009—2012 规定的 100 年一遇的风荷载标准值作用下，结构顶点的顺风向和横风向振动最大加速度计算值不应超过如下限制：对住宅和公寓，限值为 0.15m/s^2，对办公和旅馆，限值为 0.25m/s^2。结构顶点的顺风向和横风向振动最大加速度可按现行行业标准《高层民用建筑钢结构技术规程》JGJ 99—2015 的有关规定计算，也可通过风洞试验结果判断确定，计算时结构阻尼比宜取 0.01 ~ 0.02。

对于楼盖结构，也应具有适宜的舒适度。楼盖结构的竖向振动频率不宜小于 3Hz，竖向振动加速度峰值不应超过以下限值：对住宅和办公楼，当竖向自振频率不大于 2Hz 时，限值为 0.07，当竖向自振频率不小于 4Hz 时，限值为 0.05；对商场及室内连廊，当竖向自振频率不大于 2Hz 时，限值为 0.22，当竖向自振频率不小于 4Hz 时，限值为 0.15。当楼盖结构的竖向自振振动频率为 2Hz 至 4Hz 时，峰值加速度限值可按线性插值选取。

8. 建筑场地、地基和基础

1）场地分类

为考虑场地对建筑物稳定性及地震影响，将场地分为 4 个地段，如表 11-7 所示，并依据土层等效剪切波速和场地覆盖层厚度将场地分为 4 个类别，如表 11-8 所示，在四类场地中，Ⅰ类场地土为坚硬土或岩石，Ⅱ类场地为中硬土，Ⅲ类场地土为中软土和Ⅳ类场地土为软弱土。Ⅰ类场地最好，Ⅳ类最差。

对不利地段，应尽量避开；当无法避开时应采取有效的抗震措施。对危险地段，严禁建造甲、乙、丙类建筑。

有利、一般、不利和危险地段的划分　表 11-7

地段类别	地质、地形、地貌
有利地段	稳定基岩，坚硬土，开阔、平坦、密实、均匀的中硬土等
一般地段	不属于有利、不利和危险的地段
不利地段	软弱土，液化土，条状突出的山嘴，高耸孤立的山丘，陡坡，陡坎，河岸和边坡的边缘，平面分布上成因、岩性、状态明显不均匀的土层，高含水量的可塑黄土，地表存在结构性裂缝等
危险地段	地震时可能发生滑坡、崩塌、地陷、地裂、泥石流等及发震断裂带上可能发生地表位错的部位

各类场地的覆盖层厚度（m） 表11-8

岩石的剪切波速或土层等效剪切波速（m/s）	场地类别				
	I_0	I	II	III	IV
$V_S > 800$	0	—	—	—	—
$800 \geqslant V_S > 500$	—	0	—	—	—
$500 \geqslant V_S > 250$	—	< 5	≥ 5	—	—
$250 \geqslant V_S > 150$	—	3	3 ~ 50	> 50	—
$V_S \leqslant 150$	—	3	3 ~ 15	15 ~ 80	> 80

2）地基和基础

地基在地震作用下的稳定性对基础至上部结构的内力分布是较为敏感的，故确保地震时地基基础能够承受上部结构传来的竖向和水平地震作用以及倾覆力矩而不发生过大变形和不均匀沉降是地基基础抗震设计的基本要求。

一般情况下有以下注意事项：

（1）单独柱基础适用于层数不多、地基土质较好的框架结构。交叉梁带形基础以及筏式基础适用于层数较多的框架。对不利场地的框架结构，可沿两主轴方向设置基础系梁，其目的是加强基础在地震作用下的整体工作，以减少基础间的相对位移以及由于地震作用引起的柱端弯矩以及基础的转动等。

（2）抗震墙结构以及框架－抗震墙结构的抗震墙基础应具有良好的整体性和抗转动能力，否则一方面会影响上部结构的屈服，使位移增大，另一方面将影响框架－抗震墙结构的侧力分配关系，将使框架所分配的侧力增大。因此，当按天然地基设计时，最好采用整体性较好的基础结构并有相应的埋置深度。抗震墙结构和框架－抗震墙结构当上部结构的重量和刚度分布不均匀时，宜结合地下室采用箱形基础以加强结构的整体性。当表层土质较差时，为了充分利用较深的坚实土层，减少基础嵌固程度，可以结合以上基础类型采用桩基础。

（3）选择对抗震有利的基础类型，在抗震验算时应尽量考虑结构、基础和地基的相互作用影响。

11.3 地震作用和结构抗震验算

地震作用分析以弹性反应谱理论为基础，结构的内力和变形分析以线弹性理论进行。罕遇地震作用下的弹塑性变形分析，采用静力弹塑性分析或弹塑性时程分析方法。

1. 各类建筑结构的地震作用计算原则

各类建筑结构的地震作用，应按下列原则考虑：

1）一般情况下，应至少在建筑结构的两个主轴方向分别计算水平地震作用并进行抗震验算，各方向的水平地震作用应由该方向抗侧力构件承担，如该构件带有翼缘，尚应包括翼缘作用。

2）有斜交抗侧力构件的结构，当相交角度大于 15° 时，应分别计算各抗侧力构件方向的水平地震作用。

3）质量和刚度分布明显不对称的结构，应计入双向水平地震作用下的扭转影响；其他情况，应允许采用调整地震作用效应的方法计入扭转影响。

4）8 度和 9 度时的大跨度结构（如跨度大于 24m 的屋架等）、长悬臂结构（如 1.5m 以上的悬挑阳台等），9 度时的高层建筑，应计算竖向地震作用。

2. 各类建筑结构的抗震计算方法

底部剪力法和振型分解反应谱法是结构抗震计算的基本方法，而时程分析法作为补充计算方法，仅对特别不规则、特别重要和较高的高层建筑才要求采用。

根据建筑类别、设防烈度以及结构的规则程度和复杂性，规范为各类建筑结构的抗震计算规定以下三种方法：

1）高度不超过 40m，以剪切变形为主且质量和刚度沿高度分布比较均匀的结构，以及近似于单质点体系的结构，宜采用底部剪力法等简化方法。

2）除第（1）条外的建筑结构，宜采用振型分解反应谱法。

3）特别不规则的建筑（表 11-5 和表 11-6）、甲类建筑和表 11-9 所列高度范围的高层建筑，应采用时程分析法进行多遇地震下的补充计算。

采用时程分析法房屋高度范围　　表 11-9

烈度、场地类别	房屋高度范围（m）
8 度 Ⅰ、Ⅱ类场地和 7 度	＞100
8 度 Ⅲ、Ⅳ类场地	＞80
9 度	＞60

3. 地震影响因素

1）抗震设防烈度

抗震设防烈度是一个地区作为抗震设防依据的地震烈度，抗震设防烈度与设计基本地震加速度取值的对应关系如表 11-10 所示。设计基本加速度是指 50 年设计基准期超越概率 10% 的地震加速度的设计取值。规范规定，抗震设防烈度为 6 度及以上地区的建筑，必须进行抗震设计。

抗震设防烈度和设计基本地震加速度值的对应关系 表 11-10

抗震设防烈度	6度	7度	8度	9度
设计基本加速度值	0.05g	0.10（0.15）g	0.20（0.30）g	0.40g

2）设计特征周期

抗震规范采用建筑设计特征周期来表征地震反应谱的相对形状。地震反应谱的相对形状与许多因素有关，如震源特性、震级大小和震中距离、传播途径和方位以及场地条件等。但震级大小和震中距离以及场地条件是相对易于考虑的因素，这三个因素在抗震规范中分别采用所在地的设计地震分组和场地类别予以反映。

4. 设计反应谱

地震设计反应谱是现阶段计算地震作用的基础，它是通过反应谱把随时间变化的地震作用转换为最大的等效侧向力。它是一条在给定的地震加速度作用期间内，单质点体系弹塑性最大反应随质点自振周期变化的曲线。

地震作用下，单自由度弹性体系所受到的最大地震作用 F 为：

$$F=m|\ddot{x}(t)+\ddot{x}_g(t)|_{max}=mS_a \tag{11-3}$$

将上式进一步改写为：

$$F=mS_a=mg\frac{S_a}{|\ddot{x}_g(t)|_{max}}\cdot\frac{|\ddot{x}_g(t)|_{max}}{g}=G\beta k=\alpha G \tag{11-4}$$

式中 G——集中于质点处的重力荷载代表值；

g——重力加速度；

β——动力系数，它是单自由度弹性体系的最大绝对加速度反应与地面运动最大加速度的比值；

k——地震系数，它是地面运动最大加速度与重力加速度的比值；

α——地震影响系数，它是动力系数与地震系数的乘积。

根据结构动力学，可将地震影响系数 α 与结构自振周期 T 间建立对应关系，作出标准的 $\alpha-T$ 曲线，称为地震影响系数曲线（图 11-2），即抗震设计反应谱曲线，一旦求得地震影响系数值就可以得到地震作用的大小。地震影响系数应根据烈度、场地类别、设计地震分组和结构自振周期以及阻尼比确定。水平地震影响系数最大值应按表 11-11 采用；特征周期应根据场地类别和设计地震分组按表 11-12 采用，计算罕遇地震作用时，特征周期应增加 0.05s。图中的形状参数 γ 和阻尼系数 η 的调整参见规范。

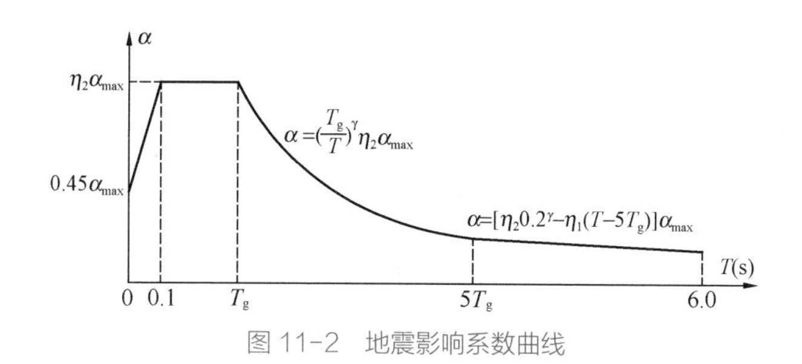

图 11-2　地震影响系数曲线

水平地震影响系数最大值 α_{max}　　表 11-11

地震影响	6 度	7 度		8 度		9 度
	0.05g	0.10g	0.15g	0.20g	0.30g	0.40g
多遇地震	0.04	0.08	0.12	0.16	0.24	0.32
设防地震	0.12	0.23	0.34	0.45	0.68	0.90
罕遇地震	0.28	0.50	0.72	0.90	1.20	1.40

特征周期 T_g（s）　　表 11-12

设计地震分组	场地类别				
	I_0	I_1	Ⅱ	Ⅲ	Ⅳ
第一组	0.20	0.25	0.35	0.45	0.65
第二组	0.25	0.30	0.40	0.55	0.75
第三组	0.30	0.35	0.45	0.65	0.90

11.4　水平地震作用计算

实际工程结构中的多层和高层建筑，不能简化为单质点体系，而通常是将一个楼层当作一个质点，整个楼层的重力荷载代表值集中到楼面或屋面标高处，堆集在相应楼层的质点上，各楼层质点由无质量的弹性直杆连接并支承于地面上，形成所谓多质点弹性体系。

多质点弹性体系地震作用计算方法有：底部剪力法、振型分解法和时程分析法。各方法适应范围如前所述。

底部剪力法最为简单，根据建筑物的重力荷载代表值可计算出结构底部的总剪力，然后按一定的规律分配到各楼层，得到各楼层的水平地震作用，然后按静力法计算结构内力。

采用底部剪力法计算高层建筑结构的水平地震作用时，各楼层在计算方向可仅考虑一个自由度（图 11-3），并按下列步骤计算。

1）结构底部水平地震作用标准值按下列公式计算

$$F_{Ek}=\alpha_1 G_{eq} \tag{11-5}$$

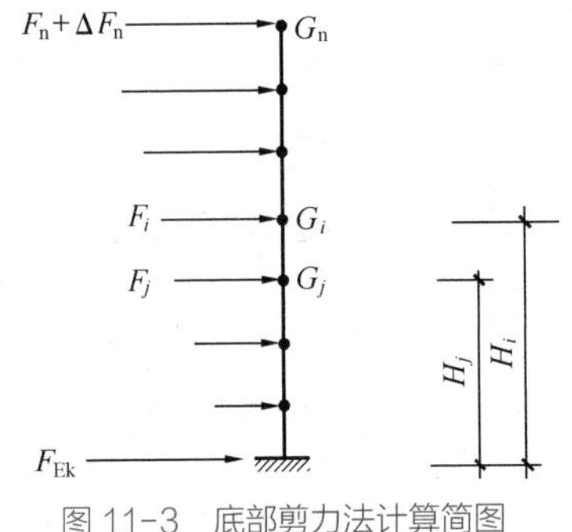

图 11-3 底部剪力法计算简图

$$G_{eq}=0.85G_E \tag{11-6}$$

式中 F_{Ek}——结构总水平地震作用标准值；

α_1——相当于结构基本自振周期 T_1 的水平地震影响系数；

G_{eq}——结构等效重力荷载代表值；

G_E——结构重力荷载代表值。

在计算结构的水平地震作用标准值和竖向地震作用标准值时，都要用到集中在质点处的重力荷载代表值 G。规范规定，结构的重力荷载代表值取结构和配件自重标准值加上各可变荷载组合值，即：

$$G_E=G_k+\sum_{i=1}^{n}\psi_{Qi}G_{ik} \tag{11-7}$$

式中 G_{ik}——第 i 个可变荷载标准值；

ψ_{Qi}——第 i 个可变荷载的组合值系数，详见表 11-13。

重力荷载代表值组合值系数 表 11-13

公式	$G_E=G_k+\sum_{i=1}^{n}\psi_{Qi}G_{ik}$							
G_k Q_{ik}	结构构件、配件永久荷载（自重）标准值 有关可变荷载标准值							
可变荷载的地震组合值系数 ψ_{Qi}								
可变荷载类型	雪荷载	屋面积灰荷载	屋面活荷载	楼面活荷载			起重机悬吊物重力	
				按实际情况考虑	按等效均布荷载考虑		软钩吊车	硬钩吊车
					书库、档案库	其他民用建筑		
ψ_{Qi}	0.5	0.5	0.0	1.0	0.8	0.5	0.0	0.3

注：1. 地震作用效应基本组合时，悬吊物重力的 ψ_{Qi}=1.0 并按不利情况取值；

2. 工业设备，按永久荷载考虑时取其自重标准值，按可变荷载考虑时宜按实际情况取组合值系数；

3. 工业建筑的楼面活荷载，原则上按实际情况考虑，当用等效均布活荷载替代时，可根据实际情况取大于一般民用建筑的组合值数。

2）质点 i 的水平地震作用标准值按下式计算

$$F_i=\frac{G_iH_i}{\sum_{j=1}^{n}G_jH_j}F_{\mathrm{Ek}}(1-\delta_{\mathrm{n}}) \quad (i=1,\ 2\cdots\cdots n) \tag{11-8}$$

式中　F_i——质点 i 的水平地震作用标准值；

G_i、G_j——分别为集中于质点 i、j 的重力荷载代表值；

H_i、H_j——分别为质点 i、j 的计算高度；

δ_{n}——顶部附加地震作用系数，可按表 11-14 采用。

顶部附加地震作用系数　表 11-14

T_{g}（s）	$T_1 > 1.4T_{\mathrm{g}}$	$T_1 \leqslant 1.4T_{\mathrm{g}}$
≤ 0.35	$0.08T_1+0.07$	0.0
0.35 ~ 0.55	$0.08T_1+0.01$	
≥ 0.55	$0.08T_1-0.02$	

注：T_{g} 为场地特征周期；T_1 为结构基本自振周期。

3）主体结构顶层附加水平地震作用标准值可按下式计算

$$\Delta F_{\mathrm{n}}=\delta_{\mathrm{n}}F_{\mathrm{Ek}} \tag{11-9}$$

式中　ΔF_{n}——主体结构顶层附加水平地震作用标准值。

震害表明，突出屋面的屋顶间、女儿墙及烟囱等，它们的震害比下部主体结构严重。这是由于出屋面的这些建筑的质量和刚度突然变小，地震反应随之增大的缘故。在地震工程中，把这种现象称为“鞭梢效应”。因此，采用底部剪力法时，突出屋面的屋顶间、女儿墙及烟囱等的地震作用效应，宜乘以增大系数，此增大部分不应往下传递，但与该突出部分相连的构件应予以计入。

地震作用计算较为准确的计算方法有振型分解法和时程分析法，但两者均较为复杂，可参阅规范。

以上讨论的是水平地震作用计算，对竖向地震作用计算，我国规范规定，对于 8、9 度时的大跨度和长悬壁结构及 9 度时的高层建筑，应计算竖向地震作用。

11.5 结构抗震验算

扫码观看 11.5 节

11.6 提高抗震性能措施

扫码观看 11.6 节

思考题与习题

11-1 什么是震级？它们是如何划分的？

11-2 抗震设防的目标是什么？

11-3 什么是重力荷载代表值？

11-4 试说明地震震级和烈度的区别与联系。

第12章

多高层钢筋混凝土框架结构抗震设计简述

钢筋混凝土框架结构具有建筑平面布置灵活、可以任意分隔空间等优点，容易满足生产工艺和使用要求，因而在多层工业与民用建筑中得到广泛应用。但是，框架结构的抗侧移刚度较小，在水平地震作用下的侧向变形较大，从而限制了框架结构使用高度。

12.1 地震破坏特点

近几十年来，国内外许多城市都发生了较强烈的地震，震害的调查与分析对不断提高多高层建筑结构的抗震设计水平具有十分重要的意义。有必要在充分吸取历史地震经验和教训的基础上，从基本理论、计算方法和构造措施等多方面研究改进工程结构的抗震设计技术，不断地提升工程抗震领域的整体技术水平。

大量震害调查表明，未经抗震设防或抗震设计不合理的框架结构在8度和8度以上的地震作用下，有部分房屋会发生中等程度或严重的破坏，个别甚至倒塌。而经过合理的抗震设计后，框架结构具有良好的抗震性能，能够抵抗较为强烈的地震作用，可以实现预期的中震和大震抗震性能目标，下面就空间结构的破坏特点和破坏原因做简要介绍。

1. 框架结构地震破坏特点

地震引起框架结构的破坏包括：结构构件破坏；非结构构件破坏以及场地和地基的破坏。结构构件破坏主要指框架柱、框架梁和梁柱节点的破坏；非结构构件破坏主要指的是填充墙和围护结构的破坏。

1）框架柱的破坏

在地震作用下，框架柱受到轴力、两个主轴方向的弯矩和水平剪力的共同作用，受力状态复杂。从受力状态上区分，柱的破坏主要有压弯破坏、剪切破坏和弯曲破坏。

框架柱柱端弯矩较大部位的混凝土压碎剥落，使得钢筋外露，主筋压屈（图12-1），这种破坏称为压弯破坏。柱的轴压比过大、受弯纵向钢筋不足、箍筋过稀等都会造成这种破坏，其破坏部位一般在梁底、柱顶的交接处。这是一种脆性破坏，且较难修复，在高烈度区较为常见。

图 12-1　柱压弯破坏

图 12-2　柱剪切破坏

剪切破坏是指柱在地震反复剪力作用下，会出现斜裂缝或 X 形裂缝，裂缝的宽度很大（图 12-2），难以修复，这种破坏也属于脆性破坏。若柱的剪跨比较小，刚度较大，地震时将会吸收较多的地震剪力，如果设计时没有采取可靠措施来提高其抗震能力，将会发生剪切破坏；长柱箍筋不足时，也会发生剪切破坏。

弯曲破坏是指在反复弯矩作用下，柱身发生的水平开裂破坏，一般柱的纵向钢筋不足时发生。弯曲破坏的裂缝一般很小，容易修复。

2）框架梁的破坏

框架梁的破坏一般发生在梁端，常见的破坏有正截面破坏，斜截面破坏和锚固破坏。正截面破坏是指在弯矩作用下，梁端或跨中受拉边出现的竖向裂缝（图 12-3）。当梁的抗剪强度不足时，地震作用下，梁端将会出现斜裂缝或交叉裂缝，这种破坏称为斜截面破坏。当梁的主筋在节点内锚固长度不足，或锚固构造不当，或节点区混凝土破坏时，钢筋与混凝土的粘结力受到破坏，钢筋移动、甚至从混凝土中拔出，这种破坏称为锚固破坏。

梁的破坏后果没有柱的严重，且梁的破坏属于局部破坏，一般不会引起结构的整体倒塌。但是梁的斜截面和锚固破坏都是脆性破坏，应该避免。

图 12-3　框架梁破坏

3）框架节点破坏

节点区的破坏主要是抗剪强度不足引起的剪切破坏。在早期设计的框架节点中，往往不配置箍筋或箍筋不足，而强烈地震时，节点区受到的剪力很大，导致节点区产生 X 形交叉裂缝（图 12-4）。节点的破坏将使得与之相连的梁柱均失效，且为脆性破坏，应该避免。

图 12-4 框架节点破坏

4）填充墙破坏

地震时，框架和填充墙共同工作，抵抗地震作用。

填充墙的刚度大、变形性能差、承载力低，所以填充墙破坏发生早、破坏严重（图 12-5）。

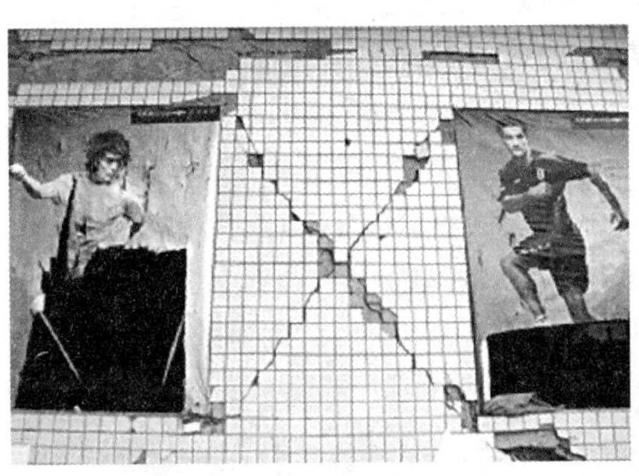

图 12-5 填充墙破坏

填充墙震害大多表现为墙面产生斜向裂缝或交叉裂缝，在窗口上、下的墙面上也经常可以见到水平裂缝；当墙面高大，并且开有较大的洞口时，也会发生整片墙体倒塌的现象。

填充墙的破坏程度与地震烈度、墙体构造和材料以及施工质量密切相关。在 8 度和 8 度以上地震作用下，填充墙的震害明显加重。框架填充墙震害的一般规律是：上轻下重、空心砌体重于实心砌体、砌块墙重于砖墙。

5）场地和地基失效

图 12-6　砂土液化时的场地破坏情况

场地和地基失效有两方面的含义。一是地基失效：地基在地震作用下丧失承载力，从而引起建筑物的倒塌和倾覆，最典型的例子是 1964 年日本新潟地震中，砂土液化造成一幢四层公寓大楼整体倾倒 80°，图 12-6 为砂土液化时的场地破坏情况；二是结构自振周期与场地振动周期接近时，框架结构易发生共振，此时的地震作用迅速增加，结构震害严重。

6）防震缝两侧结构破坏

当防震缝宽度不足时，地震作用引起防震缝两侧的结构构件发生碰撞，从而造成结构的破坏。例如天津友谊宾馆主楼东、西段间设有 150mm 宽的防震缝，唐山地震时，主体结构基本完好，但是由于防震缝宽度不足，房屋发生碰撞，造成严重的结构破坏（图 12-7）。

图 12-7　防震缝两侧墙体碰撞

图 12-8　底部楼层倒塌

7）底部楼层侧移过大导致倒塌

由于底层作为商用或公共停车场等大空间使用，上部楼层为住宅或宾馆，填充墙使上部楼层的层刚度增大，形成柔性底层结构，地震时整个房屋一层折断（图 12-8）。这类问题需在结构整体抗震方案中给予充分考虑。

8）楼梯破坏

楼梯破坏会导致逃生通道被切断，而在抗震调查中发现楼梯破坏比较严重，其原因是框架结构的抗侧刚度比较小，楼梯板类似斜撑，使楼梯间抗侧刚度比较大，承担的地震剪力比较大。楼梯震害主要体现在休息平台处短柱破坏和楼梯板受拉破坏。由于楼梯休息平台处的框架柱是短柱，地震剪力比较大，容易发生破坏，如图 12-9 所示。在往复地震作用下，在楼梯板施工薄弱部位容易发生拉裂破坏，如图 12-10 所示。

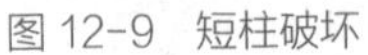

图 12-9 短柱破坏

图 12-10 楼梯板拉断

9）出屋面附属结构震害

出屋面附属结构的地震反应明显比主体结构大，该现象称为“鞭梢效应”。其原因是突出屋面附属结构与下部主体结构之间存在明显的刚度突变，导致其地震反应加大，震害加重，如图 12-11 所示。

图 12-11 出屋面附属结构震害

2. 框架结构破坏原因

从抗震概念设计角度出发，框架结构破坏主要原因还有：

1）结构布置不合理

建筑结构的平、立面是否规则，直接影响结构的抗震性能。规则的建筑结构体现在体形（平面和立面的形状）简单，抗侧力体系的刚度和承载力上下变化连续、均匀，平面布置对称，这种结构具有较好的抗震性能，设计中宜采用抗震性能好的规则布置设计方案，不宜采用抗震性能较差的不规则布置设计方案，不应采用抗震性能差的严重不规则布置设计方案。

平面不规则、质量和刚度分布不均匀以及不对称，使结构的质量中心和刚度中心偏离比较大，容易使结构在地震时由于扭转和局部应力集中而严重破坏，图 12-12 就是这种破坏的结果。结构刚度沿竖向分布有局部削弱或者突然变化时，会使框架结构在刚度突变的楼层产生过大变形甚至局部坍塌，如图 12-13 所示。

图 12-12　框架局部倒塌

图 12-13　竖向刚度不均匀导致的破坏

2）未实现“强柱弱梁”屈服机制

《建筑抗震设计规范》GB 50011—2010（2016 年版）第 6.2.2 条文说明指出，地震作用下框架结构的变形能力与其破坏机制密切相关，国内外大量的研究表明“强柱弱梁”屈服机制可使整个框架结构有较大的内力重分布能力，有尽可能多的结构构件参与整体结构抗震，地震能量可分布于所有楼层耗散，大量的地震输入能量被弹塑性变形所消耗，耗能能力大，是框架结构抗震设计所期望的屈服机制。实际地震中框架结构大多未能实现“强柱弱梁”屈服机制，这主要是因为填充墙等非结构构件、梁配筋存在超配以及楼板对框架梁的空间作用，使得梁实际承载力和刚度增大。实际工程中如何全面考虑，作为设计人员应该清楚地认识到框架柱在整体结构抗震能力中特别重要的地位。

12.2　设计一般规定

钢筋混凝土框架结构房屋适用的最大高度、最大高宽比及抗震等级的确定分别见第 8 章和 11 章相关内容。

1. 抗震结构的多道抗震设防

对于框架结构而言，框架填充墙结构是一种性能较差的多道抗震设防体系。在地震时，填充墙与框架共同工作，填充墙刚度大而承载力低，首先达到极限承载力，然后发生刚度快速退化，将较多的地震作用转移给框架部分，因此填充墙构成了框架填充墙结构的第一道抗震设防，框架结构本身是第二道设防。在实际设计时，一般只考虑填充墙的重量和刚度对框架的不利影响，而不计其承载力的有利作用。

2. 结构布置原则

建筑物的结构布置是对建筑物的平面和立面形状、结构刚度和楼层承载力分布等方面因素的综合考虑。建筑体型简单、结构布置规则有利于结构抗震，但在实际工程中，不规则是难免的，规范列出了平面不规则及竖向不规则类型（参见第 11.2 节），并明确应采用不同的抗震措施分别处理。

水平地震作用由两个相互垂直的地震作用构成，所以钢筋混凝土框架结构应在两个主轴方向上均具有良好的抗震能力，而且应该尽量使得横向和纵向框架的抗震能力相匹配。

甲、乙类建筑及高度大于 24m 的丙类建筑，不应采用单跨框架结构；高度不大于 24m 的丙类建筑不宜采用单跨框架结构。

3. 结构破坏机制

钢筋混凝土框架结构具有良好的塑性内力重分布能力，如果整体结构同时具有合理的破坏机制，能够较充分地吸收和耗散输入结构的地震能量，就可以保证结构在强震作用下不会过早地发生严重破坏甚至倒塌。为了保证框架结构具有合理的破坏机制，设计框架结构时应该满足以下要求：

1）满足“强节点弱构件”的要求

框架的梁柱节点是保证框架有效地抵御地震作用的关键部位，它的破坏将直接导致交于该节点的梁、柱失效，同时节点的破坏为剪切脆性破坏，变形能力极差，所以要保证节点有足够的抗剪承载力，使其在梁柱构件达到极限承载力前不发生破坏，设计时要保证节点区混凝土强度、密实性及在节点核心区内配置足够的箍筋。

2）满足“强剪弱弯”的要求

这要求是指梁柱的实际受剪承载力应大于其实际受弯承载力对应的剪力。在设计上可以通过调整梁柱截面受剪承载力与受弯承载力之间的相对值，从而使梁柱发生延性弯曲破坏，避免发生脆性剪切破坏。

3）满足“强柱弱梁”的要求

钢筋混凝土框架的层间变形能力取决于梁、柱的变形性能。柱是压弯构件，其变形能力不如弯曲构件梁。合理的框架破坏机制应该是梁的塑性屈服要早于柱的塑性屈服，底层柱的塑性屈服最晚发生，同时柱的塑性屈服要尽量分散，避免集中在某一层。这样的框架才具有良好的变形能力和整体抗震能力。

此外加强角柱、框支柱等受力尤为不利部位的构件承载力及构造以及限制柱轴压比、加强柱箍筋对混凝土的约束，都能推迟柱铰的出现及避免柱的破坏，达到预想破坏机构的目的。

确保框架构件具有一定的变形能力是实现延性框架结构的前提，为此规范对框架构件的轴压比、剪跨比、剪压比及最大和最小纵筋配筋率、箍筋直径、间距、配箍率等都进行了具体的规定，在后面将讲到。

4. 防震缝

设置防震缝时，如果缝宽过小，在强烈地震作用下，地面的运动和变形将使得防震缝两侧相邻的结构构件发生碰撞而破坏；如果缝宽过大，会给建筑处理造成困难。因此，在选择建筑方案时，尽量不要设置防震缝，应采取合理的计算方法、构造措施和施工方法，来解决不设防震缝引起的不利影响。如果必须设置防震缝，防震缝的宽度要满足规范的要求，对于 8 度和 9 度设防的钢筋混凝土框架结构，防震缝两侧还要设置抗撞墙。

1）防震缝设置

防震缝设置原则和宽度要求参见第 8.1 节，计算防震缝宽度 t 时，按照框架结构并取房屋高度 H 确定缝宽（图 12-14）。

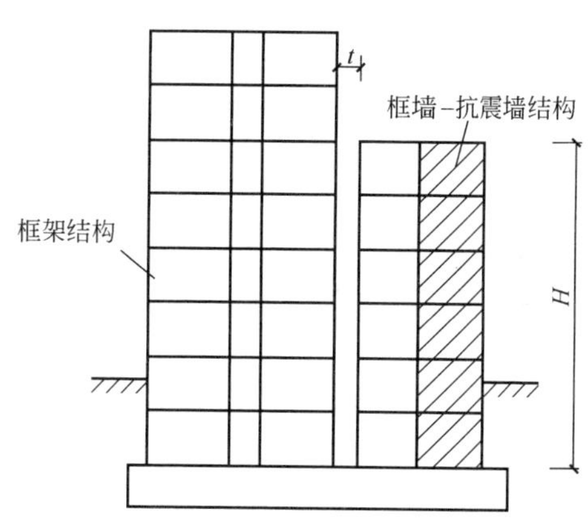

图 12-14　防震缝宽度确定

2）抗撞墙设置

地震时，钢筋混凝土框架结构的碰撞将造成较为严重的破坏，对于按 8 度和 9 度设防的钢筋混凝土框架结构房屋，当防震缝两侧结构高度、刚度或层高相差较大时，应在防震缝两侧，沿墙体的全高设置垂直于防震缝的抗撞墙，每一侧抗撞墙的数量不少于两道，宜分别对称布置，墙肢长度可不大于一个柱距和不大于 1/2 层高，如图 12-15 所示。防震缝两侧抗撞墙的端柱和框架的边柱，箍筋应沿房屋的全高加密。

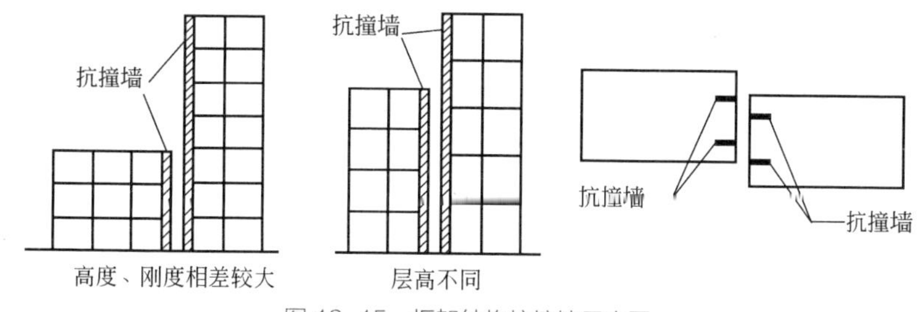

图 12-15　框架结构抗撞墙示意图

12.3 抗震验算

扫码观看 12.3 节

12.4 抗震设计

扫码观看 12.4 节

思考题与习题

12-1 框架结构地震破坏的特点是什么？

12-2 框架结构在不同设防烈度区的最大高度是多少？

普通钢筋强度标准值（N/mm²） 附表 3-1

牌号	符号	公称直径 d（mm）	屈服强度标准值 f_{yk}	极限强度标准值 f_{stk}
HPB300	Φ	6 ~ 14	300	420
HRB400 HRBF400 RRB400	Φ Φ^{F} Φ^{R}	6 ~ 50	400	540
HRB500 HRBF500	Φ Φ^{F}	6 ~ 50	500	630

预应力筋强度标准值（N/mm²） 附表 3-2

种类		符号	公称直径 d（mm）	屈服强度标准值 f_{pyk}	极限强度标准值 f_{ptk}
中强度预应力钢丝	光面 螺旋肋	Φ^{PM} Φ^{HM}	5、7、9	620	800
				780	970
				980	1270
预应力螺纹钢筋	螺纹	Φ^{T}	18、25、32、40、50	785	980
				930	1080
				1080	1230
消除应力钢丝	光面 螺旋肋	Φ^{P} Φ^{H}	5	—	1570
				—	1860
			7	—	1570
			9	—	1470
				—	1570
钢绞线	1×3 （三股）	Φ^{S}	8.6、10.8、12.9	—	1570
				—	1860
				—	1960
	1×7 （七股）		9.5、12.7、15.2、17.8	—	1720
				—	1860
				—	1960
			21.6	—	1860

注：极限强度标准值为 1960N/mm² 的钢绞线作后张预应力配筋时，应有可靠的工程试验。

普通钢筋强度设计值（N/mm^2） 附表 3-3

牌号	抗拉强度设计值 f_y	抗压强度设计值 f_y'
HPB300	270	270
HRB400、HRBF400、RRB400	360	360
HRB500、HRBF500	435	435

预应力筋强度设计值（N/mm^2） 附表 3-4

种类	极限强度标准值 f_{ptk}	抗拉强度设计值 f_{py}	抗压强度设计值 f'_{py}
中强度预应力钢丝	800	510	410
	970	650	
	1270	810	
消除应力钢丝	1470	1040	410
	1570	1110	
	1860	1320	
钢绞线	1570	1110	390
	1720	1220	
	1860	1320	
	1960	1390	
预应力螺纹钢筋	980	650	400
	1080	770	
	1230	900	

钢筋的弹性模量（$\times 10^5 N/mm^2$） 附表 3-5

牌号或种类	弹性弹量 E_s
HPB300 钢筋	2.10
HRB400、HRB500 钢筋 HRBF400、HRBF500、RRB400 钢筋 预应力螺纹钢筋	2.00
消除应力钢丝、中强度预应力钢丝	2.05
钢绞线	1.95

注：必要时可采用实测的弹性模量。

钢筋的公称直径、公称截面面积及理论重量　　附表 3-6

公称直径（mm）	不同根数钢筋的公称截面面积（mm^2）									单根钢筋理论重量（kg/m）
	1	2	3	4	5	6	7	8	9	
6	28.3	57	85	113	142	170	198	226	255	0.222
8	50.3	101	151	201	252	302	352	402	453	0.395
10	78.5	157	236	314	393	471	550	628	707	0.617
12	113.1	226	339	452	565	678	791	904	1017	0.888
14	153.9	308	461	615	769	923	1077	1231	1385	1.21
16	201.1	402	603	804	1005	1206	1407	1608	1809	1.58
18	254.5	509	763	1017	1272	1527	1781	2036	2290	2.00
20	314.2	628	942	1256	1570	1884	2199	2513	2827	2.47
22	380.1	760	1140	1520	1900	2281	2661	3041	3421	2.98
25	490.9	982	1473	1964	2454	2945	3436	3927	4418	3.85
28	615.8	1232	1847	2463	3079	3695	4310	4926	5542	4.83
32	804.2	1609	2413	3217	4021	4826	5630	6434	7238	6.31
36	1017.9	2036	3054	4072	5089	6107	7125	8143	9161	7.99
40	1256.6	2513	3770	5027	6283	7540	8796	10 053	11 310	9.87
50	1963.5	3928	5982	7856	9820	11 784	13 748	15 712	17 675	15.42

钢绞线公称直径、公称截面面积及理论重量　　附表 3-7

种类	公称直径（mm）	公称截面面积（mm^2）	理论重量（kg/m）
1×3	8.6	37.7	0.296
	10.8	58.9	0.462
	12.9	84.8	0.666
1×7 标准型	9.5	54.8	0.430
	12.7	98.7	0.775
	15.2	140	1.101
	17.8	191	1.500
	21.6	285	2.237

钢丝公称直径、公称截面面积及理论重量　　附表 3-8

公称直径（mm）	公称截面面积（mm^2）	理论重量（kg/m）
5.0	19.63	0.154
7.0	38.48	0.302
9.0	63.62	0.499

混凝土轴心抗压、轴心抗拉强度标准值（N/mm^2） 附表 3-9

强度种类	混凝土强度等级													
	C15	C20	C25	C30	C35	C40	C45	C50	C55	C60	C65	C70	C75	C80
f_{ck}	10.0	13.4	16.7	20.1	23.4	26.8	29.6	32.4	35.5	38.5	41.5	44.5	47.4	50.2
f_{tk}	1.27	1.54	1.78	2.01	2.20	2.39	2.51	2.64	2.74	2.85	2.93	2.99	3.05	3.11

混凝土轴心抗压、轴心抗拉强度设计值（N/mm^2） 附表 3-10

强度种类	混凝土强度等级													
	C15	C20	C25	C30	C35	C40	C45	C50	C55	C60	C65	C70	C75	C80
f_c	7.2	9.6	11.9	14.3	16.7	19.1	21.1	23.1	25.3	27.5	29.7	31.8	33.8	35.9
f_t	0.91	1.10	1.27	1.43	1.57	1.71	1.80	1.89	1.96	2.04	2.09	2.14	2.18	2.22

混凝土弹性模量（×10^{4}N/mm^2） 附表 3-11

混凝土强度等级	C15	C20	C25	C30	C35	C40	C45	C50	C55	C60	C65	C70	C75	C80
E_c	2.20	2.55	2.80	3.00	3.15	3.25	3.35	3.45	3.55	3.60	3.65	3.70	3.75	3.80

混凝土的疲劳变形模量（×10^{4}N/mm^2） 附表 3-12

强度等级	C30	C35	C40	C45	C50	C55	C60	C65	C70	C75	C80
E_c^f	1.30	1.40	1.50	1.55	1.60	1.65	1.70	1.75	1.80	1.85	1.90

1）构件中普通钢筋及预应力筋的混凝土保护层厚度应满足下列要求：

（1）构件中受力钢筋的保护层厚度不应小于钢筋的公称直径 d；

（2）设计工作年限为 50 年的混凝土结构，最外层钢筋的保护层厚度应符合附表 3-13 的规定；设计工作年限为 100 年的混凝土结构，最外层钢筋的保护层厚度不应小于附表 3-13 中数值的 1.4 倍。

混凝土保护层的最小厚度 c（mm） 附表 3-13

环境类别	板、墙、壳	梁、柱、杆
一	15	20
二 a	20	25
二 b	25	35
三 a	30	40
三 b	40	50

注：1. 混凝土强度等级不大于 C25 时，表中保护层厚度数值应增加 5mm；
2. 钢筋混凝土基础宜设置混凝土垫层，基础中钢筋的混凝土保护层厚度应从垫层顶面算起，且不应小于 40mm。

2）当有充分依据并采取下列措施时，可适当减小混凝土保护层的厚度：

（1）构件表面有可靠的防护层；

（2）采用工厂化生产的预制构件；

（3）在混凝土中掺加阻锈剂或采用阴极保护处理等防锈措施；

（4）当对地下室墙体采取可靠的建筑防水做法或防护措施时，与土层接触一侧钢筋的保护层厚度可适当减少，但不应小于 25mm。

3）当梁、柱、墙中纵向受力钢筋的保护层厚度大于 50mm 时，宜对保护层采取有效的构造措施。当在保护层内配置防裂、防剥落的钢筋网片时，网片钢筋的保护层厚度不应小于 25mm。

纵向受力钢筋的最小配筋率 ρ_{min}（%） 附表 3-14

受力类型			最小配筋率
受压构件	全部纵向钢筋	强度等级 500MPa	0.50
		强度等级 400MPa	0.55
		强度等级 300MPa	0.60
	一侧纵向钢筋		0.20
受弯构件、偏心受拉、轴心受拉构件一侧的受拉钢筋			0.20 和 $45f_t/f_y$ 中的较大值

注：1. 受压构件全部纵向钢筋最小配筋率，当采用 C60 以上强度等级的混凝土时，应按表中规定增加 0.10%；
2. 板类受弯构件（不包括悬臂板、柱支承板）的受拉钢筋，当采用强度等级 500MPa 的钢筋时，其最小配筋率应允许采用 0.15% 和 $0.45f_t/f_y$ 中的较大值；
3. 对于卧置于地基上的钢筋混凝土板，板中受拉普通钢筋的最小配筋率不应小于 0.15%；
4. 偏心受拉构件中的受压钢筋，应按受压构件一侧纵向钢筋考虑；
5. 受压构件的全部纵向钢筋和一侧纵向钢筋的配筋率以及轴心受拉构件和小偏心受拉构件一侧受拉钢筋的配筋率均应按构件的全截面面积计算；
6. 受弯构件、大偏心受拉构件一侧受拉钢筋的配筋率应按全截面面积扣除受压翼缘面积 $(b_f'-b)\ h_f'$ 后的截面面积计算；
7. 当钢筋沿构件截面周边布置时，“一侧纵向钢筋”系指沿受力方向两个对边中一边布置的纵向钢筋。

每米板宽度各种钢筋间距时钢筋截面面积 附表 3-15

钢筋间距（mm）	当钢筋直径（mm）为下列数值时的钢筋截面面积（mm^2）													
	3	4	5	6	6/8	8	8/10	10	10/12	12	12/14	14	14/16	16
70	101	179	281	404	561	719	920	1121	1369	1616	1908	2199	2536	2827
75	94.3	167	262	377	524	671	859	1047	1277	1508	1780	2053	2367	2681
80	88.4	157	245	354	491	629	805	981	1198	1414	1669	1924	2218	2513
85	83.2	148	231	333	462	592	758	924	1127	1331	1571	1811	2088	2365
90	78.5	140	218	314	437	559	716	872	1064	1257	1484	1710	1972	2234
95	74.5	132	207	298	414	529	678	826	1008	1190	1405	1620	1868	2116
100	70.6	126	196	283	393	503	644	785	958	1131	1335	1539	1775	2011

续表

钢筋间距（mm）	当钢筋直径（mm）为下列数值时的钢筋截面面积（mm^2）													
	3	4	5	6	6/8	8	8/10	10	10/12	12	12/14	14	14/16	16
110	64.2	114	178	257	357	457	585	714	871	1028	1214	1399	1614	1828
120	58.9	105	163	236	327	419	537	654	798	942	1112	1283	1480	1676
125	56.5	100	157	226	314	402	515	628	766	905	1068	1232	1420	1608
130	54.4	96.6	151	218	302	387	495	604	737	870	1027	1184	1366	1547
140	50.5	89.7	140	202	281	359	460	561	684	808	954	1100	1268	1436
150	47.1	83.8	131	189	262	335	429	523	639	754	890	1026	1183	1340
160	44.1	78.5	123	177	246	314	403	491	599	707	834	962	1110	1257
170	41.5	73.9	115	166	231	296	379	462	564	665	786	906	1044	1183
180	39.2	69.8	109	157	218	279	358	436	532	628	742	855	985	1117
190	37.2	66.1	103	149	207	265	339	413	504	595	702	810	934	1058
200	35.3	62.8	98.2	141	196	251	322	393	479	565	668	770	888	1005
220	32.1	57.1	89.3	129	178	228	292	357	436	514	607	700	807	914
240	29.4	52.4	81.9	118	164	209	268	327	399	471	556	641	740	838
250	28.3	50.2	78.5	113	157	201	258	314	383	452	534	616	710	804
260	27.2	48.3	75.5	109	151	193	248	302	368	435	514	592	682	773
280	25.2	44.9	70.1	101	140	180	230	281	342	404	477	550	634	718
300	23.6	41.9	66.5	94	131	168	215	262	320	377	445	513	592	670
320	22.1	39.2	61.4	88	123	157	201	245	299	353	417	481	554	628

注：表中钢筋直径中的6/8，8/10……系指两种直径的钢筋间隔放置。

钢筋排成一行时梁的最小宽度　　附表 3-16

钢筋直径（mm）	3根	4根	5根	6根	7根
12	180/150	200/180	250/220		
14	180/150	200/180	250/220	300/300	
16	180/180	220/200	300/250	350/300	400/350
18	180/180	250/220	300/300	350/300	400/350
20	200/180	250/220	300/300	350/350	400/400
22	200/180	250/250	350/300	400/350	450/400
25	220/200	300/250	350/300	450/350	500/400
28	250/220	350/300	400/350	450/400	550/450
32	300/250	350/300	450/400	550/450	

注：斜线以左数值用于梁的上部，以右数值用于梁的下部。

钢筋混凝土受弯构件配筋计算用 α_s—ξ 表　　附表 3-17

α_s	0	1	2	3	4	5	6	7	8	9
0.00	0.0000	0.0010	0.0020	0.0030	0.0040	0.0050	0.0060	0.0070	0.0080	0.0090
0.01	0.0101	0.0111	0.0121	0.0131	0.0141	0.0151	0.0161	0.0171	0.0182	0.0192
0.02	0.0202	0.0212	0.0222	0.0233	0.0243	0.0253	0.0263	0.0274	0.0284	0.0294
0.03	0.0305	0.0315	0.0325	0.0336	0.0346	0.0356	0.0367	0.0377	0.0388	0.0398
0.04	0.0408	0.0419	0.0429	0.0440	0.0450	0.0461	0.0471	0.0482	0.0492	0.0503
0.05	0.0513	0.0524	0.0534	0.0545	0.0555	0.0566	0.0577	0.0587	0.0598	0.0609
0.06	0.0619	0.0630	0.0641	0.0651	0.0662	0.0673	0.0683	0.0694	0.0705	0.0716
0.07	0.0726	0.0737	0.0748	0.0759	0.0770	0.0780	0.0791	0.0802	0.0813	0.0824
0.08	0.0835	0.0846	0.0857	0.0868	0.0879	0.0890	0.0901	0.0912	0.0923	0.0934
0.09	0.0945	0.0956	0.0967	0.0978	0.0989	0.1000	0.1011	0.1022	0.1033	0.1045
0.10	0.1056	0.1067	0.1078	0.1089	0.1101	0.1112	0.1123	0.1134	0.1146	0.1157
0.11	0.1168	0.1180	0.1191	0.120	0.1214	0.1225	0.1236	0.1248	0.1259	0.1271
0.12	0.1282	0.1294	0.1305	0.1317	0.1328	0.1340	0.1351	0.1363	0.1374	0.1386
0.13	0.1398	0.1409	0.1421	0.1433	0.1444	0.1456	0.1468	0.1479	0.1491	0.1503
0.14	0.1515	0.1527	0.1538	0.1550	0.1562	0.1574	0.1586	0.1598	0.1610	0.1621
0.15	0.1633	0.1645	0.1657	0.1669	0.1681	0.1693	0.1705	0.1717	0.1730	0.1742
0.16	0.1754	0.1766	0.1778	0.1790	0.1802	0.1815	0.1827	0.1839	0.1851	0.1864
0.17	0.1876	0.1888	0.1901	0.1913	0.1925	0.1938	0.1950	0.1963	0.1975	0.1988
0.18	0.2000	0.2013	0.2025	0.2038	0.2050	0.2063	0.2075	0.2088	0.2101	0.2113
0.19	0.2126	0.2139	0.2151	0.2164	0.2177	0.2190	0.2203	0.2215	0.2228	0.2241
0.20	0.2254	0.2267	0.2280	0.2293	0.2306	0.2319	0.2332	0.2345	0.2358	0.2371
0.21	0.2384	0.2397	0.2411	0.2424	0.2437	0.2450	0.2463	0.2477	0.2490	0.2503
0.22	0.2517	0.2530	0.2543	0.2557	0.2570	0.2584	0.2597	0.2611	0.2624	0.2638
0.23	0.2652	0.2665	0.2679	0.2692	0.2706	0.2720	0.2734	0.2747	0.2761	0.2775
0.24	0.2789	0.2803	0.2817	0.2831	0.2845	0.2859	0.2873	0.2887	0.2901	0.2915
0.25	0.2929	0.2943	0.2957	0.2971	0.2986	0.3000	0.3014	0.3029	0.3043	0.3057
0.26	0.3072	0.3086	0.3101	0.3115	0.3130	0.3144	0.3159	0.3174	0.3188	0.3203
0.27	0.3218	0.3232	0.3247	0.3262	0.3277	0.3292	0.3307	0.3322	0.3337	0.3352
0.28	0.3367	0.3382	0.3397	0.3412	0.3427	0.3443	0.3458	0.3473	0.3488	0.3504
0.29	0.3519	0.3535	0.3550	0.3566	0.3581	0.3597	0.3613	0.3628	0.3644	0.3660
0.30	0.3675	0.3691	0.3707	0.3723	0.3739	0.3755	0.3771	0.3787	0.3803	0.3819

续表

α_s	0	1	2	3	4	5	6	7	8	9
0.31	0.3836	0.3852	0.3868	0.3884	0.3901	0.3917	0.3934	0.3950	0.3967	0.3983
0.32	0.4000	0.4017	0.4033	0.4050	0.4067	0.4084	0.4101	0.4118	0.4135	0.4152
0.33	0.4169	0.4186	0.4203	0.4221	0.4238	0.4255	0.4273	0.4290	0.4308	0.4325
0.34	0.4343	0.4361	0.4379	0.4396	0.4414	0.4432	0.4450	0.4468	0.4486	0.4505
0.35	0.4523	0.4541	0.4559	0.4578	0.4596	0.4615	0.4633	0.4652	0.4671	0.4690
0.36	0.4708	0.4727	0.4746	0.4765	0.4785	0.4804	0.4823	0.4842	0.4862	0.4881
0.37	0.4901	0.4921	0.4940	0.4960	0.4980	0.5000	0.5020	0.5040	0.5060	0.5081
0.38	0.5101	0.5121	0.5142	0.5163	0.5183	0.5204	0.5225	0.5246	0.5267	0.5288
0.39	0.5310	0.5331	0.5352	0.5374	0.5396	0.5417	0.5439	0.5461	0.5483	0.5506
0.40	0.5528	0.5550	0.5573	0.5595	0.5618	0.5641	0.5664	0.5687	0.5710	0.5734
0.41	0.5757	0.5781	0.5805	0.5829	0.5853	0.5877	0.5901	0.5926	0.5950	0.5975
0.42	0.6000	0.6025	0.6050	0.6076	0.6101	0.6127	0.6153			

注：$\alpha_s=\dfrac{M}{\alpha_1 f_c b h_0^2}$，$A_s=\dfrac{\alpha_1 f_c}{f_y}bh_0$。

钢筋混凝土受弯构件配筋计算用 α_s—γ_s 表　　附表 3-18

α_s	0	1	2	3	4	5	6	7	8	9
0.00	1.000	0.9995	0.9990	0.9985	0.9980	0.9975	0.9970	0.9965	0.9960	0.9955
0.01	0.9950	0.9945	0.9940	0.8835	0.9930	0.9924	0.9919	0.9914	0.9909	0.9904
0.02	0.9899	0.9894	0.9889	0.9884	0.9879	0.9873	0.9868	0.9863	0.9858	0.9853
0.03	0.9848	0.9843	0.9837	0.9832	0.9827	0.9822	0.9817	0.9811	0.9806	0.9801
0.04	0.9796	0.9791	0.9785	0.9780	0.9775	0.9770	0.9764	0.9759	0.9954	0.9749
0.05	0.9743	0.9738	0.9733	0.9728	0.9722	0.9717	0.9712	0.9706	0.9701	0.9696
0.06	0.9690	0.9685	0.9680	0.9674	0.9669	0.9664	0.9658	0.9653	0.9648	0.9642
0.07	0.9637	0.9631	0.9626	0.9621	0.9615	0.9610	0.9604	0.9599	0.9593	0.9588
0.08	0.9583	0.9577	0.9572	0.9566	0.9561	0.9555	0.9550	0.9544	0.9539	0.9533
0.09	0.9528	0.9522	0.9517	0.9511	0.9506	0.9500	0.9494	0.9489	0.9483	0.9478
0.10	0.9472	0.9467	0.9461	0.9455	0.9450	0.9444	0.9438	0.9433	0.9427	0.9422
0.11	0.9416	0.9410	0.9405	0.9399	0.9393	0.9387	0.9382	0.9376	0.9370	0.9365
0.12	0.9359	0.9353	0.9347	0.9342	0.9336	0.9330	0.9324	0.9319	0.9313	0.9307
0.13	0.9301	0.9295	0.9290	0.9284	0.9278	0.9272	0.9266	0.9260	0.9254	0.9249

续表

α_s	0	1	2	3	4	5	6	7	8	9
0.14	0.9243	0.9237	0.9231	0.9225	0.9219	0.9213	0.9207	0.9201	0.9195	0.9189
0.15	0.9183	0.9177	0.9171	0.9165	0.9159	0.9153	0.9147	0.9141	0.9135	0.9129
0.16	0.9123	0.9117	0.9111	0.9105	0.9099	0.9093	0.9087	0.9080	0.9074	0.9068
0.17	0.9062	0.9056	0.9050	0.9044	0.9037	0.9031	0.9025	0.9019	0.9012	0.9006
0.18	0.9000	0.8994	0.8987	0.8981	0.8975	0.8969	0.8962	0.8956	0.8950	0.8943
0.19	0.8937	0.8931	0.8924	0.9818	0.8912	0.8905	0.8899	0.8892	0.8886	0.8879
0.20	0.8873	0.8867	0.8860	0.8854	0.8847	0.8841	0.8834	0.8828	0.8821	0.8814
0.21	0.8808	0.8801	0.8795	0.8788	0.8782	0.8775	0.8768	0.8762	0.8755	0.8748
0.22	0.8742	0.8735	0.8728	0.8722	0.8715	0.8708	0.8701	0.8695	0.8688	0.8681
0.23	0.8674	0.8667	0.8661	0.8654	0.8647	0.8640	0.8633	0.8626	0.8619	0.8612
0.24	0.8606	0.8599	0.8592	0.8586	0.8578	0.8571	0.8564	0.8557	0.8550	0.8543
0.25	0.8536	0.8528	0.8521	0.8514	0.8507	0.8500	0.8493	0.8486	0.8479	0.8471
0.26	0.8464	0.8457	0.8450	0.8442	0.8435	0.8428	0.8421	0.8413	0.8406	0.8399
0.27	0.8391	0.8384	0.8376	0.8369	0.8362	0.8354	0.8347	0.8339	0.8332	0.8324
0.28	0.8317	0.8309	0.8302	0.8294	0.8286	0.8279	0.8271	0.8263	0.8256	0.8248
0.29	0.8240	0.8233	0.8225	0.8217	0.8209	0.8202	0.8194	0.8186	0.8178	0.8170
0.30	0.8162	0.8154	0.8146	0.8138	0.8130	0.8122	0.8114	0.8106	0.8098	0.8090
0.31	0.8082	0.8074	0.8066	0.8058	0.8050	0.8041	0.8033	8025	0.8017	0.8008
0.32	0.8000	0.7992	0.7983	0.7975	0.7966	0.7958	0.7950	0.7941	0.7933	0.7924
0.33	0.7915	0.7907	0.7898	0.7890	0.7881	0.7872	0.7864	0.7855	0.7846	0.7837
0.34	0.7828	0.7820	0.7811	0.7802	0.7793	0.7784	0.7775	0.7766	0.7757	0.7748
0.35	0.7739	0.7729	0.7720	0.7711	0.7702	0.7693	0.7683	0.7674	0.7665	0.7655
0.36	0.7646	0.7636	0.7627	0.7617	0.7608	0.7598	0.7588	0.7579	0.7569	0.7559
0.37	0.7550	0.7540	0.7530	0.7520	0.7510	0.7500	0.7490	0.7481	0.7470	0.7460
0.38	0.7449	0.7439	0.7429	0.7419	0.7408	0.7398	0.7387	0.7377	0.7366	0.7356
0.39	0.7345	0.7335	0.7324	0.7313	0.7302	0.7291	0.7280	0.7269	0.7258	0.7247
0.40	0.7236	0.7225	0.7214	0.7202	0.7191	0.7179	0.7168	0.7156	0.7145	0.7133
0.41	0.7121	0.7110	0.7098	0.7086	0.7074	0.7062	0.7049	0.7037	0.7025	0.7012
0.42	0.7000	0.6987	0.6975	0.6962	0.6949	0.6936	0.6924			

注：$\alpha_s=\frac{M}{\alpha_1 f_c b h_0^2}$，$A_s=\frac{M}{f_y \gamma_s h_0}$。

连续梁板的计算跨度 l_0　　附表 3-19

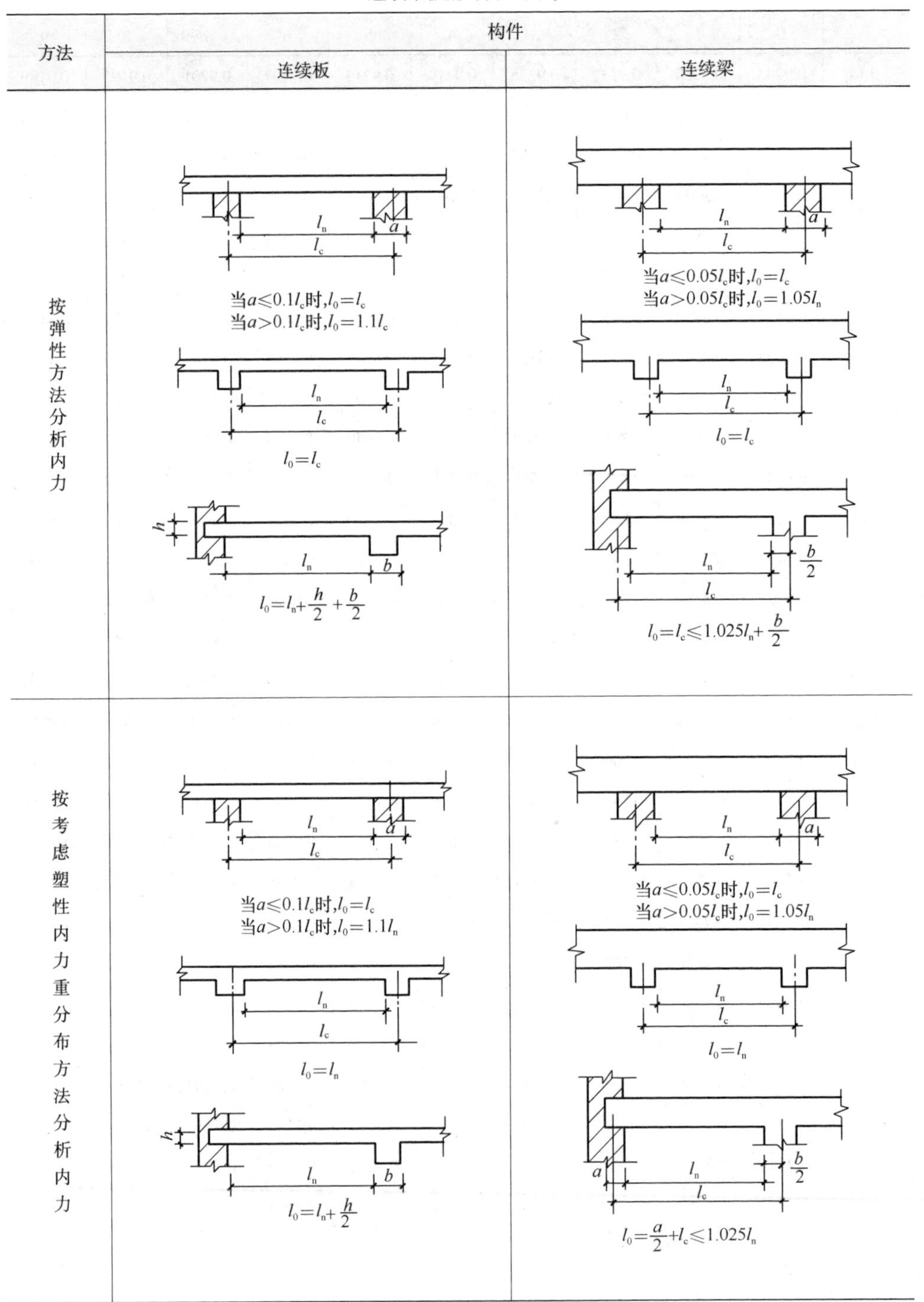

方法	构件	
	连续板	连续梁
按弹性方法分析内力	当$a\leqslant 0.1l_c$时,$l_0=l_c$ 当$a>0.1l_c$时,$l_0=1.1l_c$ $l_0=l_c$ $l_0=l_n+\frac{h}{2}+\frac{b}{2}$	当$a\leqslant 0.05l_c$时,$l_0=l_c$ 当$a>0.05l_c$时,$l_0=1.05l_n$ $l_0=l_c$ $l_0=l_c\leqslant 1.025l_n+\frac{b}{2}$
按考虑塑性内力重分布方法分析内力	当$a\leqslant 0.1l_c$时,$l_0=l_c$ 当$a>0.1l_c$时,$l_0=1.1l_n$ $l_0=l_n$ $l_0=l_n+\frac{h}{2}$	当$a\leqslant 0.05l_c$时,$l_0=l_c$ 当$a>0.05l_c$时,$l_0=1.05l_n$ $l_0=l_n$ $l_0=\frac{a}{2}+l_c\leqslant 1.025l_n$

结构构件的裂缝控制等级及最大裂缝宽度的限值（mm） 附表 3-20

环境类别	钢筋混凝土结构		预应力混凝土结构	
	裂缝控制等级	$\omega_{\lim}$	裂缝控制等级	$\omega_{\lim}$
一	三级	0.30（0.40）	三级	0.20
二 a		0.20		0.10
二 b			二级	—
三 a、三 b			一级	—

注：1. 对处于年平均相对湿度小于 60% 地区一类环境下的受弯构件，其最大裂缝宽度限值可采用括号内的数值；
2. 在一类环境下，对钢筋混凝土屋架、托架及需作疲劳验算的吊车梁，其最大裂缝宽度限值应取为 0.20mm，对钢筋混凝土屋面梁和托梁，其最大裂缝宽度限值应取为 0.30mm；
3. 在一类环境下，对预应力混凝土屋架、托架及双向板体系，应按二级裂缝控制等级进行验算；对一类环境下的预应力混凝土屋面梁、托梁、单向板，按表中二 a 类环境的要求进行验算；在一类和二 a 类环境下的需作疲劳验算的预应力混凝土吊车梁，应按裂缝控制等级不低于二级的构件进行验算；
4. 表中规定的预应力混凝土构件的裂缝控制等级和最大裂缝宽度限值仅适用于正截面的验算；预应力混凝土构件的斜截面裂缝控制验算应符合《混凝土结构设计规范》GB 50010—2010（2015 年版）第 7 章的要求；
5. 对于烟囱、筒仓和处于液体压力下的结构构件，其裂缝控制要求应符合专门标准的有关规定；
6. 对于处于四、五类环境下的结构，其裂缝控制要求应符合专门标准的有关规定；
7. 表中的最大裂缝宽度限值为用于验算荷载作用引起的最大裂缝宽度。

受弯构件的挠度限值 附表 3-21

构件类型	挠度限值
吊车梁：手动吊车 电动吊车	$l_0/500$ $l_0/600$
屋盖、楼盖及楼梯构件： 当 $l_0 < 7\text{m}$ 时 当 $7\text{m} \leqslant l_0 \leqslant 9\text{m}$ 时 当 $l_0 > 9\text{m}$ 时	 $l_0/200$（$l_0/250$） $l_0/250$（$l_0/300$） $l_0/300$（$l_0/400$）

注：1. 表中 l_0 为构件的计算跨度；计算悬臂构件的挠度限值时，其计算跨度 l_0 按实际悬臂长度的 2 倍取用；
2. 表中括号内的数值适用于使用上对挠度有较高要求的构件；
3. 如果构件制作时预先起拱，且使用上也允许，则在验算挠度时，可将计算所得的挠度减去起拱值；对预应力混凝土构件，尚可减去预加力所产生的反拱值；
4. 构件制作时的起拱值和预加力所产生的反拱值，不宜超过构件在相应荷载组合作用下的计算挠度值。

等截面等跨连续梁在常用荷载作用下按弹性分析的内力系数 附表 3-22

1. 在均布及三角形荷载作用下：

$$M = \text{表中系数} \times ql_0^2$$

$$V = \text{表中系数} \times ql_0$$

2. 在集中荷载作用下：

$$M = \text{表中系数} \times Pl_0$$

$$V = \text{表中系数} \times P$$

3. 内力正负号规定：

M：使截面上部受压、下部受拉为正；

V：对邻近截面所产生的力矩沿顺时针方向者为正

两跨梁 附表 3-22-1

荷载图	跨中最大弯矩		支座弯矩	剪力		
	M_1	M_2	M_B	V_A	V_{Bl} V_{Br}	V_c
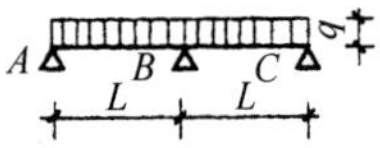 A B C L L q	0.070	0.070	−0.125	0.375	−0.625 0.625	−0.375
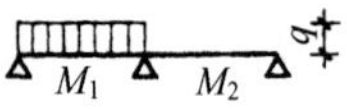 M_1 M_2 q	0.096	—	−0.063	0.437	−0.563 0.063	0.063
 q	0.048	0.048	−0.078	0.172	−0.328 0.328	−0.172
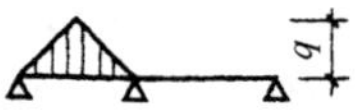 q	0.064	—	−0.039	0.211	−0.289 0.039	0.039
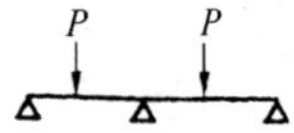 P P	0.156	0.156	−0.188	0.312	−0.688 0.688	−0.312
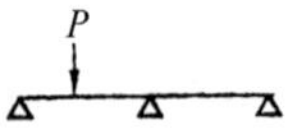 P	0.203	—	−0.094	0.406	−0.594 0.094	0.094
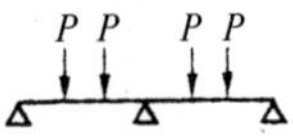 P P P P	0.222	0.222	−0.333	0.667	−1.333 1.333	−0.667
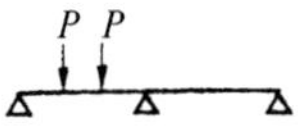 P P	0.278	—	−0.167	0.833	−1.167 0.167	0.167

三跨梁 附表 3-22-2

荷载图	跨内最大弯矩		支座弯矩		剪力			
	M_1	M_2	M_B	M_C	V_A	V_{Bl} V_{Br}	V_{Cl} V_{Cr}	V_D
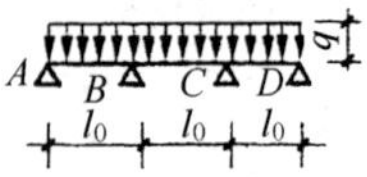 A B C D l_0 l_0 l_0 q	0.080	0.025	−0.100	−0.100	0.400	−0.600 0.500	−0.500 0.600	−0.400
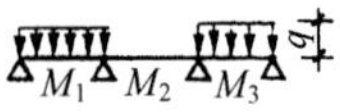 M_1 M_2 M_3 q	0.101	—	−0.050	−0.050	0.450	−0.550 0	0 0.550	−0.450
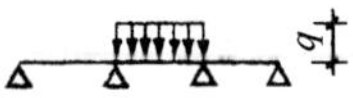 q	—	0.075	−0.050	−0.050	0.050	−0.050 0.500	−0.500 0.050	0.05
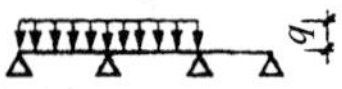 q	0.073	0.054	−0.117	−0.033	0.383	−0.617 0.583	−0.417 0.033	0.033

续表

荷载图	跨内最大弯矩		支座弯矩		剪力			
	M_1	M_2	M_B	M_C	V_A	V_{Bl} V_{Br}	V_{Cl} V_{Cr}	V_D
	0.054	0.021	−0.063	−0.063	0.183	−0.313 0.250	−0.250 0.313	−0.188
	0.068	—	−0.031	−0.031	0.219	−0.281 0	0 0.281	−0.219
	—	0.052	−0.031	−0.031	0.031	−0.031 0.250	−0.250 0.031	0.031
	0.050	0.038	−0.073	−0.021	0.177	−0.323 0.302	−0.198 0.021	0.021
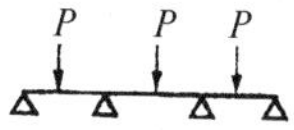	0.175	0.100	−0.150	−0.150	0.350	−0.650 0.500	−0.500 0.650	−0.350
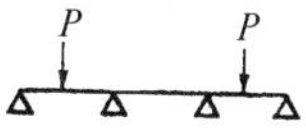	0.213	—	−0.075	−0.075	0.425	−0.575 0	0 0.575	−0.425
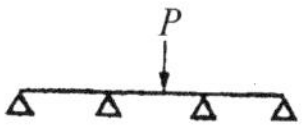	—	0.175	−0.075	−0.075	−0.075	−0.075 0.500	−0.500 0.075	0.075
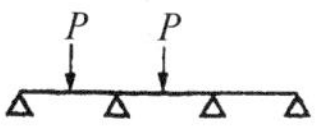	0.162	0.137	−0.175	−0.050	0.325	−0.675 0.625	−0.375 0.050	0.050
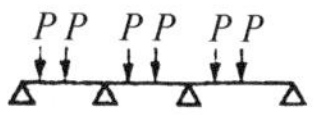	0.244	0.067	−0.267	−0.267	0.733	−1.267 1.000	−1.000 1.267	−0.733
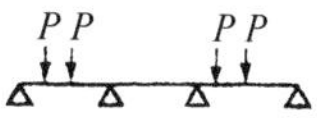	0.289	—	0.133	−0.133	0.866	−1.134 0	0 1.134	−0.866
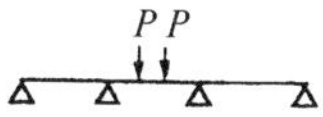	—	0.200	−0.133	0.133	−0.133	−0.133 1.000	−1.000 0.133	0.133
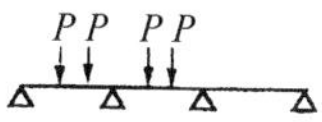	0.229	0.170	−0.311	−0.089	0.689	−1.311 1.222	−0.778 0.089	0.089

四跨梁　　附表 3-22-3

荷载图	跨内最大弯矩				支座弯矩			剪力				
	M_1	M_2	M_3	M_4	M_B	M_C	M_D	V_A	V_{Bl} V_{Br}	V_{Cl} V_{Cr}	V_{Dl} V_{Dr}	V_E
q; A B C D E; l_0 l_0 l_0 l_0	0.077	0.036	0.036	0.077	−0.107	−0.071	−0.107	0.393	−0.607 0.536	−0.464 0.464	−0.536 0.607	−0.393
q; M_1 M_2 M_3 M_4	0.100	—	0.081	—	−0.054	−0.036	−0.054	0.446	−0.554 0.018	0.018 0.482	−0.518 0.054	0.054
q	0.072	0.061	—	0.098	−0.121	−0.018	−0.058	0.380	−0.620 0.603	−0.397 −0.040	−0.040 0.558	−0.442
q	—	0.056	0.056	—	−0.036	−0.107	−0.036	−0.036	−0.036 0.429	−0.571 0.571	−0.429 0.036	0.036
q	0.062	0.028	0.028	0.052	−0.067	−0.045	−0.067	0.183	−0.317 0.272	−0.228 0.223	−0.272 0.317	−0.183
q	0.067	—	0.055	—	0.084	−0.022	−0.034	0.217	0.234 0.011	0.011 0.239	−0.261 0.034	0.034
q	0.049	0.042	—	0.066	−0.075	−0.011	−0.036	0.175	−0.325 0.314	−0.186 −0.025	−0.025 0.286	−0.214
q	—	0.040	0.040	—	−0.022	−0.067	−0.022	−0.022	−0.022 0.205	−0.295 0.295	−0.205 0.022	0.022
P P P P	0.169	0.116	0.116	0.169	−0.161	−0.107	−0.161	0.339	−0.661 0.554	−0.446 0.446	−0.554 0.661	−0.330
P P	0.210	—	0.183	—	−0.080	−0.054	−0.080	0.420	−0.580 0.027	0.027 0.473	−0.527 0.080	0.080
P P P	0.159	0.146	—	0.206	−0.181	−0.027	−0.087	0.319	−0.681 0.654	−0.346 −0.060	−0.060 0.587	−0.413
P P	—	0.142	0.142	—	−0.054	−0.161	−0.054	0.054	−0.054 0.393	−0.607 0.607	−0.393 0.054	0.054
PP PP PP PP	0.238	0.111	0.111	0.238	−0.286	−0.191	−0.286	0.714	1.286 1.095	−0.905 0.905	−1.095 1.286	−0.714
PP PP	0.286	—	0.222	—	−0.143	−0.095	−0.143	0.857	−0.143 0.048	0.048 0.952	−1.048 0.143	0.143
PP PP PP	0.226	0.194	—	0.282	−0.321	−0.048	−0.155	0.679	−1.321 1.274	−0.726 −0.107	−0.107 1.155	−0.845
PP PP	—	0.175	0.175	—	−0.095	−0.286	−0.095	−0.095	−0.095 0.810	−1.190 1.190	−0.810 0.095	0.095

双向板计算系数表　　附表 3-23

$$B_C=\frac{Eh^3}{12(1-\mu^2)}$$

式中　B_C——板的抗弯刚度；

E——混凝土的弹性模量；

h——板厚；

μ——混凝土的泊桑比。

表中其余符号含义如下：

f，f_{max}——分别为板中心点的挠度和最大挠度；

m_x，m_{xmax}——分别为平行于 l_x 方向板中心点单位板宽内的弯矩和板跨内最大弯矩；

m_y，m_{ymax}——分别为平行于 l_y 方向板中心点单位板宽内的弯矩和板跨内最大弯矩；

m_x' ——固定边中点沿 l_x 方向单位板宽内的弯矩；

m_y' ——固定边中点沿 l_y 方向单位板宽内的弯矩。

代表简支　代表固支

正负号规定：

弯矩——使板的受荷面受压为正；挠度——变位方向与荷载方向相同者为正

1. 四边简支板

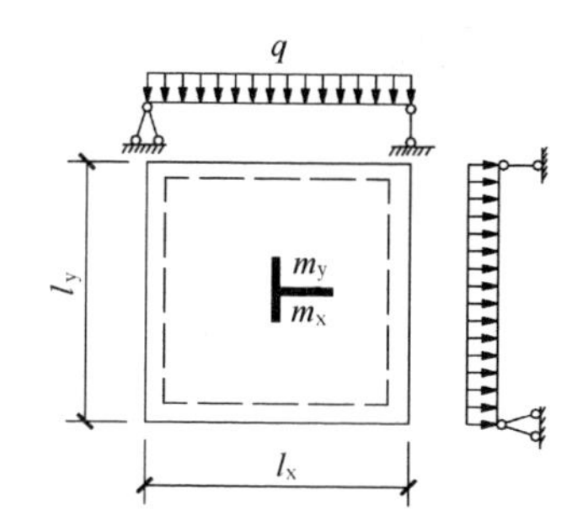

挠度 = 表中系数 × $\frac{ql^4}{B_C}$；

$\mu=0$，弯矩 = 表中系数 × ql^2；

式中 l 取 l_x 和 l_y 中较小者。

四边简支板计算系数表　　附表 3-23-1

l_x/l_y	f	m_x	m_y	l_x/l_y	f	m_x	m_y
0.50	0.010 13	0.0965	0.0174	0.80	0.006 03	0.0561	0.0334
0.55	0.009 40	0.0892	0.0210	0.85	0.005 47	0.0506	0.0348
0.60	0.008 67	0.0820	0.0242	0.90	0.004 96	0.0456	0.0358
0.65	0.007 96	0.0750	0.0271	0.95	0.004 49	0.0410	0.0364
0.70	0.007 27	0.0683	0.0296	1.00	0.004 06	0.0368	0.0368
0.75	0.006 63	0.0620	0.0317				

2. 一边固支、另三边简支板

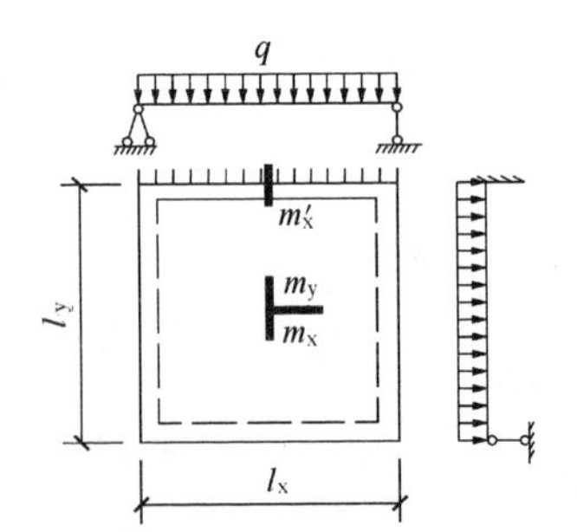

挠度 = 表中系数 × $\frac{ql^4}{B_C}$;
$\mu=0$，弯矩 = 表中系数 × ql^2;
式中 l 取 l_x 和 l_y 中较小者。

一边固支、另三边简支板计算系数表　　附表 3-23-2

l_x/l_y	l_y/l_x	f	f_{max}	m_x	m_{xmax}	m_y	m_{ymax}	m_x'
0.50		0.004 88	0.005 04	0.0583	0.0646	0.0060	0.0063	−0.1212
0.55		0.004 71	0.004 92	0.0563	0.0618	0.0081	0.0087	−0.1187
0.60		0.004 53	0.004 72	0.0539	0.0589	0.0104	0.0111	−0.1158
0.65		0.004 32	0.004 48	0.0513	0.0559	0.0126	0.0133	−0.1124
0.70		0.004 10	0.004 22	0.0485	0.0529	0.0148	0.0154	−0.1087
0.75		0.003 88	0.003 99	0.0457	0.0496	0.0168	0.0174	−0.1048
0.80		0.003 65	0.003 76	0.0428	0.0463	0.0187	0.0193	−0.1007
0.85		0.003 43	0.003 52	0.0400	0.0431	0.0204	0.0211	−0.0965
0.90		0.003 21	0.003 29	0.0372	0.0400	0.0219	0.0226	−0.0922
0.95		0.002 99	0.003 06	0.0345	0.0369	0.0232	0.0239	−0.0880
1.00	1.00	0.002 79	0.002 85	0.0319	0.0340	0.0243	0.0249	−0.0839
	0.95	0.003 16	0.003 24	0.0324	0.0345	0.0280	0.0287	−0.0882
	0.90	0.003 60	0.003 68	0.0328	0.0347	0.0322	0.0330	−0.0926
	0.85	0.004 09	0.004 17	0.0329	0.0347	0.0370	0.0378	−0.0970
	0.80	0.004 64	0.004 73	0.0326	0.0343	0.0424	0.0433	−0.1014
	0.75	0.005 26	0.005 36	0.0319	0.0335	0.0485	0.0494	−0.1056
	0.70	0.005 95	0.006 05	0.0308	0.0323	0.0553	0.0562	−0.1096
	0.65	0.006 70	0.006 80	0.0291	0.0306	0.0627	0.0637	−0.1133
	0.60	0.007 52	0.007 62	0.0268	0.0289	0.0707	0.0717	−0.1166
	0.55	0.008 38	0.008 48	0.0239	0.0271	0.0792	0.0801	−0.1193
	0.50	0.009 27	0.009 35	0.0205	0.0249	0.0880	0.0888	−0.1215

3. 两对边固支、两对边简支板

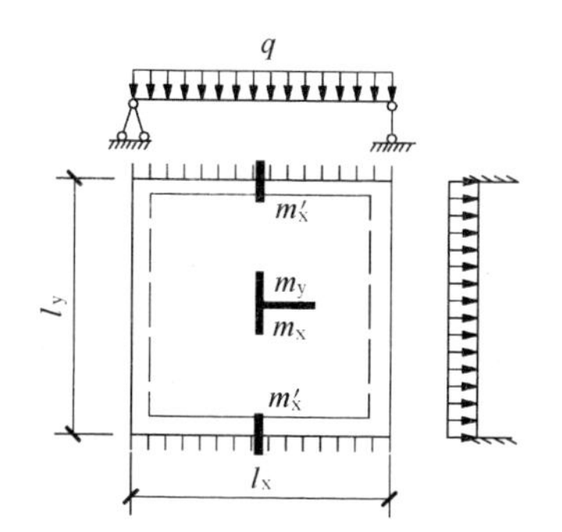

挠度 = 表中系数 × $\frac{ql^4}{B_C}$；

$\mu = 0$，弯矩 = 表中系数 × ql^2；

式中 l 取 l_x 和 l_y 中较小者。

两对边固支、两对边简支板计算系数表　　附表 3-23-3

l_x/l_y	l_y/l_x	f	m_x	m_y	m_x'
0.50		0.002 61	0.0416	0.0017	−0.0843
0.55		0.002 59	0.0410	0.0028	−0.0840
0.60		0.002 55	0.0402	0.0042	−0.0834
0.65		0.002 50	0.0392	0.0057	−0.0826
0.70		0.002 43	0.0379	0.0072	−0.0814
0.75		0.002 36	0.0366	0.0088	−0.0799
0.80		0.002 28	0.0351	0.0103	−0.0782
0.85		0.002 20	0.0335	0.0118	−0.0763
0.90		0.002 11	0.0319	0.0133	−0.0743
0.95		0.002 01	0.0302	0.0146	−0.0721
1.00	1.00	0.001 92	0.0285	0.0158	−0.0698
	0.95	0.002 23	0.0296	0.0189	−0.0746
	0.90	0.002 60	0.0306	0.0224	−0.0797
	0.85	0.003 03	0.0314	0.0266	−0.0850
	0.80	0.003 54	0.0319	0.0316	−0.0904
	0.75	0.004 13	0.0321	0.0374	−0.0959
	0.70	0.004 82	0.0318	0.0441	−0.1013
	0.65	0.005 60	0.0308	0.0518	−0.1066
	0.60	0.006 47	0.0292	0.0604	−0.1114
	0.55	0.007 43	0.0267	0.0698	−0.1156
	0.50	0.008 44	0.0234	0.0798	−0.1191

4. 两邻边固支、两邻边简支板

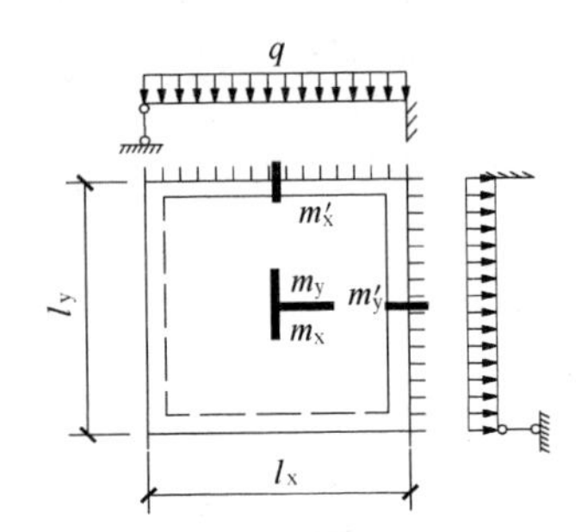

挠度 = 表中系数 × $\frac{ql^4}{B_C}$；

μ = 0，弯矩 = 表中系数 × ql^2；

式中 l 取 l_x 和 l_y 中较小者。

两邻边固支、两邻边简支板计算系数表　　附表 3-23-4

l_x/l_y	f	f_{max}	m_x	m_{xmax}	m_y	m_{ymax}	m_x'	m_y'
0.50	0.004 68	0.004 71	0.0559	0.0562	0.0079	0.0135	−0.1179	−0.0786
0.55	0.004 45	0.004 54	0.0529	0.0530	0.0104	0.0153	−0.1140	−0.0785
0.60	0.004 19	0.004 29	0.0496	0.0498	0.0129	0.0169	−0.1095	−0.0782
0.65	0.003 91	0.003 99	0.0461	0.0465	0.0151	0.0183	−0.1045	−0.0777
0.70	0.003 63	0.003 68	0.0426	0.0432	0.0172	0.0195	−0.0992	−0.0770
0.75	0.003 35	0.003 40	0.0390	0.0396	0.0189	0.0206	−0.0938	−0.0760
0.80	0.003 08	0.003 13	0.0356	0.0361	0.0204	0.0218	−0.0883	−0.0748
0.85	0.002 81	0.002 86	0.0322	0.0328	0.0215	0.0229	−0.0829	−0.0733
0.90	0.002 56	0.002 61	0.0291	0.0297	0.0224	0.0238	−0.0776	−0.0716
0.95	0.002 32	0.002 37	0.0261	0.0267	0.0230	0.0244	−0.0726	−0.0698
1.00	0.002 10	0.002 15	0.0234	0.0240	0.0234	0.0249	−0.0667	−0.0677

5. 三边固支、一边简支板

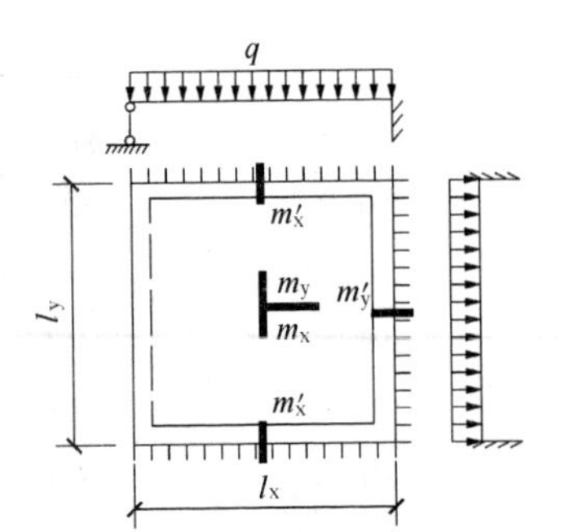

挠度 = 表中系数 × $\frac{ql^4}{B_C}$；

μ = 0，弯矩 = 表中系数 × ql^2；

式中 l 取 l_x 和 l_y 中较小者。

三边固支、一边简支板计算系数表　　附表 3-23-5

l_x/l_y	l_y/l_x	f	f_{max}	m_x	m_{xmax}	m_y	m_{ymax}	m_x'	m_y'
0.50		0.002 57	0.002 58	0.0408	0.0409	0.0028	0.0089	−0.0836	−0.0569
0.55		0.002 52	0.002 55	0.0398	0.0399	0.0042	0.0093	−0.0827	−0.0570
0.60		0.002 45	0.002 49	0.0384	0.0386	0.0059	0.0105	−0.0814	−0.0571
0.65		0.002 37	0.002 40	0.0368	0.0371	0.0076	0.0116	−0.0796	−0.0572
0.70		0.002 27	0.002 29	0.0350	0.0354	0.0093	0.0127	−0.0774	−0.0572
0.75		0.002 16	0.002 19	0.0331	0.0335	0.0109	0.0137	−0.0750	−0.0572
0.80		0.002 05	0.002 08	0.0310	0.0314	0.0124	0.0147	−0.0722	−0.0570
0.85		0.001 93	0.001 96	0.0289	0.0293	0.0138	0.0155	−0.0693	−0.0567
0.90		0.001 81	0.001 84	0.0268	0.0273	0.0159	0.0163	−0.0663	−0.0563
0.95		0.001 69	0.001 72	0.0247	0.0252	0.0160	0.0172	−0.0631	−0.0558
1.00	1.00	0.001 57	0.001 60	0.0227	0.0231	0.0168	0.0180	−0.0600	−0.0550
	0.95	0.001 78	0.001 82	0.0229	0.0234	0.0194	0.0207	−0.0629	−0.0599
	0.90	0.002 01	0.002 06	0.0228	0.0234	0.0223	0.0238	−0.0656	−0.0653
	0.85	0.002 27	0.002 33	0.0225	0.0231	0.0255	0.0273	−0.0683	−0.0711
	0.80	0.002 56	0.002 62	0.0219	0.0224	0.0290	0.0311	−0.0707	−0.0772
	0.75	0.002 86	0.002 94	0.0208	0.0214	0.0329	0.0354	−0.0729	−0.0837
	0.70	0.003 19	0.003 27	0.0194	0.0200	0.0370	0.0400	−0.0748	−0.0903
	0.65	0.003 52	0.003 65	0.0175	0.0182	0.0412	0.0446	−0.0762	−0.0970
	0.60	0.003 86	0.004 03	0.0153	0.0160	0.0454	0.0493	−0.0773	−0.1033
	0.55	0.004 19	0.004 37	0.0127	0.0133	0.0496	0.0541	−0.0780	−0.1093
	0.50	0.004 49	0.004 63	0.0099	0.0103	0.0534	0.0588	−0.0784	−0.1146

6. 四边固支板

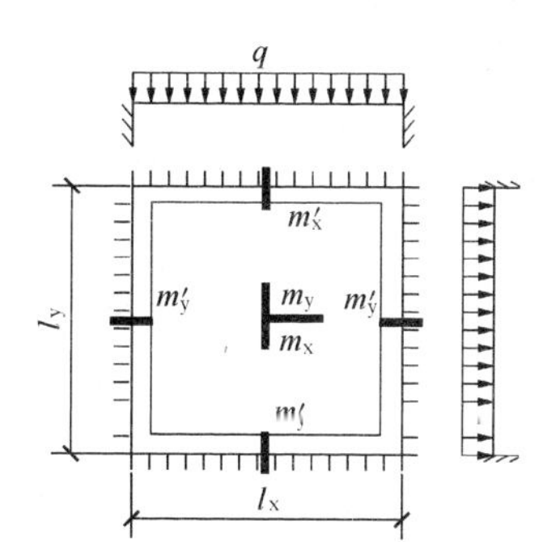

挠度＝表中系数 × $\frac{ql^4}{B_C}$；

$\mu = 0$，弯矩＝表中系数 × ql^2；

式中 l 取 l_x 和 l_y 中较小者。

四边固支板计算系数表 附表 3-23-6

l_x/l_y	f	m_x	m_y	m_x'	m_y'
0.50	0.002 53	0.0400	0.0038	−0.0829	−0.0570
0.55	0.002 46	0.0385	0.0056	−0.0814	−0.0571
0.60	0.002 36	0.0367	0.0076	−0.0793	−0.0571
0.65	0.002 24	0.0345	0.0095	−0.0766	−0.0571
0.70	0.002 11	0.0321	0.0113	−0.0735	−0.0569
0.75	0.001 97	0.0296	0.0130	−0.0701	−0.0565
0.80	0.001 82	0.0271	0.0144	−0.0664	−0.0559
0.85	0.001 68	0.0246	0.0156	−0.0626	−0.0551
0.90	0.001 53	0.0221	0.0165	−0.0588	−0.0541
0.95	0.001 40	0.0198	0.0172	−0.0550	−0.0528
1.00	0.001 27	0.0176	0.0176	−0.0513	−0.0513

砌体的弹性模量（MPa） 附表 4-1

砌体种类	砂浆强度等级			
	≥ M10	M7.5	M5	M2.5
烧结普通砖、烧结多孔砖砌体	1600f	1600f	1600f	1390f
混凝土普通砖、混凝土多孔砖砌体	1600f	1600f	1600f	—
蒸压灰砂普通砖、蒸压粉煤灰普通砖砌体	1060f	1060f	1060f	—
非灌孔混凝土砌块砌体	1700f	1600f	1500f	—
粗料石、毛料石、毛石砌体	—	5650	4000	2250
细料石砌体	—	17000	12000	6750

砌体的线膨胀系数和收缩系数 附表 4-2

砌体类别	线膨胀系数（10^{-6}/℃）	收缩率（mm/m）
烧结普通砖、烧结多孔砖砌体	5	−0.1
蒸压灰砂普通砖、蒸压粉煤灰普通砖砌体	8	−0.2
混凝土普通砖、混凝土多孔砖、混凝土砌块砌体	10	−0.2
轻集料混凝土砌块砌体	10	−0.3
料石和毛石砌体	8	—

砌体的摩擦系数 附表 4-3

材料类别	摩擦面情况	
	干燥的	潮湿的
砌体沿砌体或混凝土滑动	0.70	0.60
砌体沿木材滑动	0.60	0.50
砌体沿钢滑动	0.45	0.35
砌体沿砂或卵石滑动	0.60	0.50
砌体沿粉土滑动	0.55	0.40
砌体沿黏性土滑动	0.50	0.30

影响系数 φ（砂浆强度等级不小于 M5） 附表 4-4

β	$\frac{e}{h}$或$\frac{e}{h_T}$												
	0	0.025	0.05	0.075	0.1	0.125	0.15	0.175	0.2	0.225	0.25	0.275	0.3
≤ 3	1	0.99	0.97	0.94	0.89	0.84	0.79	0.73	0.68	0.62	0.57	0.52	0.48
4	0.98	0.95	0.90	0.85	0.80	0.74	0.69	0.64	0.58	0.53	0.49	0.45	0.41
6	0.95	0.91	0.86	0.81	0.75	0.69	0.64	0.59	0.54	0.49	0.45	0.42	0.38
8	0.91	0.86	0.81	0.76	0.70	0.64	0.59	0.54	0.50	0.46	0.42	0.39	0.36
10	0.87	0.82	0.76	0.71	0.65	0.60	0.55	0.50	0.46	0.42	0.39	0.36	0.33
12	0.82	0.77	0.71	0.66	0.60	0.55	0.51	0.47	0.43	0.39	0.36	0.33	0.31
14	0.77	0.72	0.66	0.61	0.56	0.51	0.47	0.43	0.40	0.36	0.34	0.31	0.29
16	0.72	0.67	0.61	0.56	0.52	0.47	0.44	0.40	0.37	0.34	0.31	0.29	0.27
18	0.67	0.62	0.57	0.52	0.48	0.44	0.40	0.37	0.34	0.31	0.29	0.27	0.25
20	0.62	0.57	0.53	0.48	0.44	0.40	0.37	0.34	0.32	0.29	0.27	0.25	0.23
22	0.58	0.53	0.49	0.45	0.41	0.38	0.35	0.32	0.30	0.27	0.25	0.24	0.22
24	0.54	0.49	0.45	0.41	0.38	0.35	0.32	0.30	0.28	0.26	0.24	0.22	0.21
26	0.50	0.46	0.42	0.38	0.35	0.33	0.30	0.28	0.26	0.24	0.22	0.21	0.19
28	0.46	0.42	0.39	0.36	0.33	0.30	0.28	0.26	0.24	0.22	0.21	0.19	0.18
30	0.42	0.39	0.36	0.33	0.31	0.28	0.26	0.24	0.22	0.21	0.20	0.18	0.17

影响系数 φ（砂浆强度等级不小于 M2.5） 附表 4-5

β	$\frac{e}{h}$或$\frac{e}{h_T}$												
	0	0.025	0.05	0.075	0.1	0.125	0.15	0.175	0.2	0.225	0.25	0.275	0.3
≤ 3	1	0.99	0.97	0.94	0.89	0.84	0.79	0.73	0.68	0.62	0.57	0.52	0.48
4	0.97	0.94	0.89	0.84	0.78	0.73	0.67	0.62	0.57	0.52	0.48	0.44	0.40
6	0.93	0.89	0.84	0.78	0.73	0.67	0.62	0.57	0.52	0.48	0.44	0.40	0.37
8	0.89	0.84	0.78	0.72	0.67	0.62	0.57	0.52	0.48	0.44	0.40	0.37	0.34
10	0.83	0.78	0.72	0.67	0.61	0.56	0.52	0.47	0.43	0.40	0.37	0.34	0.31
12	0.78	0.72	0.67	0.61	0.56	0.52	0.47	0.43	0.40	0.37	0.34	0.31	0.29
14	0.72	0.66	0.61	0.56	0.51	0.47	0.43	0.40	0.36	0.34	0.31	0.29	0.27
16	0.66	0.61	0.56	0.51	0.47	0.43	0.40	0.36	0.34	0.31	0.29	0.26	0.25
18	0.61	0.56	0.51	0.47	0.43	0.40	0.36	0.33	0.31	0.29	0.26	0.24	0.23
20	0.56	0.51	0.47	0.43	0.39	0.36	0.33	0.31	0.28	0.26	0.24	0.23	0.21
22	0.51	0.47	0.43	0.39	0.36	0.33	0.31	0.28	0.26	0.24	0.23	0.21	0.20
24	0.46	0.43	0.39	0.36	0.33	0.31	0.28	0.26	0.24	0.23	0.21	0.20	0.18
26	0.42	0.39	0.36	0.33	0.31	0.28	0.26	0.24	0.22	0.21	0.20	0.18	0.17
28	0.39	0.36	0.33	0.30	0.28	0.26	0.24	0.22	0.21	0.20	0.18	0.17	0.16
30	0.36	0.33	0.30	0.28	0.26	0.24	0.22	0.21	0.20	0.18	0.17	0.16	0.15

影响系数 φ（砂浆强度 0） 附表 4-6

β	$\frac{e}{h}$或$\frac{e}{h_T}$												
	0	0.025	0.05	0.075	0.1	0.125	0.15	0.175	0.2	0.225	0.25	0.275	0.3
≤ 3	1	0.99	0.97	0.94	0.89	0.84	0.79	0.73	0.68	0.62	0.57	0.52	0.48
4	0.87	0.82	0.77	0.71	0.66	0.64	0.55	0.51	0.46	0.43	0.39	0.36	0.33
6	0.76	0.70	0.65	0.59	0.54	0.50	0.46	0.42	0.39	0.36	0.33	0.30	0.28
8	0.63	0.58	0.54	0.49	0.45	0.41	0.38	0.35	0.32	0.30	0.28	0.25	0.24
10	0.53	0.48	0.44	0.41	0.37	0.34	0.32	0.29	0.27	0.25	0.23	0.22	0.20
12	0.44	0.40	0.37	0.34	0.31	0.29	0.27	0.25	0.23	0.21	0.20	0.19	0.17
14	0.36	0.33	0.31	0.28	0.26	0.24	0.23	0.21	0.20	0.18	0.17	0.16	0.15
16	0.30	0.28	0.26	0.24	0.22	0.21	0.19	0.18	0.17	0.16	0.15	0.15	0.13
18	0.26	0.24	0.22	0.21	0.19	0.18	0.17	0.16	0.15	0.14	0.13	0.12	0.12
20	0.22	0.20	0.19	0.18	0.17	0.16	0.15	0.14	0.13	0.12	0.12	0.11	0.10
22	0.19	0.18	0.16	0.15	0.14	0.14	0.13	0.12	0.12	0.11	0.10	0.10	0.09
24	0.16	0.15	0.14	0.13	0.13	0.12	0.11	0.11	0.10	0.10	0.09	0.09	0.08
26	0.14	0.13	0.13	0.12	0.11	0.11	0.10	0.10	0.09	0.09	0.08	0.08	0.07
28	0.12	0.12	0.11	0.11	0.10	0.10	0.09	0.09	0.08	0.08	0.08	0.07	0.07
30	0.11	0.10	0.10	0.09	0.09	0.09	0.08	0.08	0.07	0.07	0.07	0.07	0.06

高厚比修正系数 γ_β　　附表 4-7

砌体材料种类	γ_β
烧结普通砖、烧结多孔砖	1.0
混凝土普通砖、混凝土多孔砖、混凝土及轻集料混凝土砌块	1.1
蒸压灰砂普通砖、蒸压粉煤灰普通砖、细料石	1.2
粗料石、毛石	1.5

注：对灌孔混凝土砌块砌体，γ_β 取 1.0。

受压构件的计算高度 H_0　　附表 4-8

房屋类型			柱		带壁柱墙或周边拉结的墙		
			排架方向	垂直排架方向	$s>2H$	$H\leq s\leq 2H$	$s<H$
有吊车的单层房屋	变截面柱上段	弹性方案	$2.5H_u$	$1.25H_u$	$2.5H_u$		
		刚性、刚弹性方案	$2.0H_u$	$1.25H_u$	$2.0H_u$		
	变截面柱下段		$1.0H_l$	$0.8H_l$	$1.0H_l$		
无吊车的单层和多层房屋	单跨	弹性方案	$1.5H$	$1.0H$	$1.5H$		
		刚弹性方案	$1.2H$	$1.0H$	$1.2H$		
	多跨	弹性方案	$1.25H$	$1.0H$	$1.25H$		
		刚弹性方案	$1.10H$	$1.0H$	$1.1H$		
	刚性方案		$1.0H$	$1.0H$	$1.0H$	$0.4s+0.2H$	$0.6s$

注：1. s 为房屋横墙间距；

2. 表中的构件高度 H 应按下列规定采用：在房屋底层，为楼板顶面到构件下端支点的距离，下端支点的位置可取在基础顶面，当埋置较深且有刚性地坪时，可取室外地面下 500mm 处，在房屋的其他层，为楼板或其他水平支点间的距离；对于无壁柱的山墙，可取层高加山墙尖高度的 1/2；对于带壁柱山墙可取壁柱处的山墙高度。

钢材的设计用强度指标（N/mm^2）　　附表 5-1

钢材牌号		钢材厚度或直径（mm）	设计强度值			屈服强度 f_y	抗拉强度 f_u
			抗拉、抗压、抗弯 f	抗剪 f_v	端面承压（刨平顶紧）f_{ce}		
碳素结构钢	Q235	≤ 16	215	125	320	235	370
		> 16，≤ 40	205	120		225	
		> 40，≤ 100	200	115		215	
低合金高强度结构钢	Q345	≤ 16	305	175	400	345	470
		> 16，≤ 40	295	170		335	
		> 40，≤ 63	290	165		325	
		> 63，≤ 80	280	160		315	
		> 80，≤ 100	270	155		305	

续表

钢材牌号		钢材厚度或直径（mm）	设计强度值			屈服强度 f_y	抗拉强度 f_u
			抗拉、抗压、抗弯 f	抗剪 f_v	端面承压（刨平顶紧）f_{ce}		
低合金高强度结构钢	Q390	≤ 16	345	200	415	390	490
		> 16，≤ 40	330	190		370	
		> 40，≤ 63	310	180		350	
		> 63，≤ 100	295	170		330	
	Q420	≤ 16	375	215	440	420	520
		> 16，≤ 40	355	205		400	
		> 40，≤ 63	320	185		380	
		> 63，≤ 100	305	175		360	
	Q460	≤ 16	410	235	470	460	550
		> 16，≤ 40	390	225		440	
		> 40，≤ 63	355	205		420	
		> 63，≤ 100	340	195		400	

结构用钢板的设计用强度指标（N/mm²） 附表 5-2

建筑结构用钢板	钢材厚度或直径（mm）	强度设计值			屈服强度 f_y	抗拉强度 f_u
		抗拉、抗压、抗弯 f	抗剪 f_v	端面承压（刨平顶紧）f_{ce}		
Q345GJ	> 16，≤ 50	325	190	415	345	490
	> 50，≤ 100	300	175		335	

焊缝强度设计指标（N/mm²） 附表 5-3

焊接方法和焊条型号	构件钢材		对接焊缝强度设计值				角焊缝强度设计值	对接焊缝抗拉强度 f_u^w	角焊缝抗拉、抗压和抗剪强度 f_u^f
	牌号	厚度或直径（mm）	抗压 f_c^w	焊缝质量为下列等级时，抗拉 f_t^w		抗剪 f_v^w	抗拉、抗压和抗剪 f_f^w		
				一级、二级	三级				
自动焊、半自动焊和E43型焊条手工焊	Q235	≤ 16	215	215	185	125	160	415	240
		> 16，≤ 40	205	205	175	120			
		> 40，≤ 100	200	200	170	115			

续表

焊接方法和焊条型号	构件钢材		对接焊缝强度设计值				角焊缝强度设计值	对接焊缝抗拉强度 f_u^w	角焊缝抗拉、抗压和抗剪强度 f_u^f
	牌号	厚度或直径（mm）	抗压 f_c^w	焊缝质量为下列等级时，抗拉 f_t^w 一级、二级	焊缝质量为下列等级时，抗拉 f_t^w 三级	抗剪 f_v^w	抗拉、抗压和抗剪 f_f^w		
自动焊、半自动焊和E50、E55型焊条手工焊	Q345	≤ 16	305	305	260	175	200	480（E50）540（E55）	280（E50）315（E55）
		> 16，≤ 40	295	295	250	170			
		> 40，≤ 63	290	290	245	165			
		> 63，≤ 80	280	280	240	160			
		> 80，≤ 100	270	270	230	155			
	Q390	≤ 16	345	345	295	200	200（E50）220（E55）		
		> 16，≤ 40	330	330	280	190			
		> 40，≤ 63	310	310	265	180			
		> 63，≤ 100	295	295	250	170			
自动焊、半自动焊和E55、E60型焊条手工焊	Q420	≤ 16	375	375	320	215	220（E55）240（E60）	540（E55）590（E60）	315（E55）340（E60）
		> 16，≤ 40	355	355	300	205			
		> 40，≤ 63	320	320	270	185			
		> 63，≤ 100	305	305	260	175			
	Q460	≤ 16	410	410	350	235	220（E55）240（E60）	540（E55）590（E60）	315（E55）340（E60）
		> 16，≤ 40	390	390	330	225			
		> 40，≤ 63	355	355	300	205			
		> 63，≤ 100	340	340	290	195			
自动焊、半自动焊和E50、E55型焊条手工焊	Q345GJ	> 16，≤ 35	310	310	265	180	200	480（E50）540（E55）	280（E50）315（E55）
		> 35，≤ 50	290	290	245	170			
		> 50，≤ 100	285	285	240	165			

注：表中厚度系指计算点的钢材厚度，对轴心受拉和轴心受压构件系指截面中较厚板件的厚度。

螺栓连接的强度指标（N/mm²） 附表 5-4

螺栓的性能等级、锚栓和构件钢材的牌号		强度设计值										高强度螺栓的抗拉强度 f_u^b
		普通螺栓						锚栓	承压型连接或网架用高强度螺栓			
		C 级螺栓			A 级、B 级螺栓							
		抗拉 f_t^b	抗剪 f_v^b	承压 f_c^b	抗拉 f_t^b	抗剪 f_v^b	承压 f_c^b	抗拉 f_t^a	抗拉 f_t^b	抗剪 f_v^b	承压 f_c^b	
普通螺栓	4.6 级、4.8 级	170	140	—	—	—	—	—	—	—	—	—
	5.6 级	—	—	—	210	190	—	—	—	—	—	—
	8.8 级	—	—	—	400	320	—	—	—	—	—	—
锚栓	Q235	—	—	—	—	—	—	140	—	—	—	—
	Q345	—	—	—	—	—	—	180	—	—	—	—
	Q390	—	—	—	—	—	—	185	—	—	—	—
承压型连接高强度螺栓	8.8 级	—	—	—	—	—	—	—	400	250	—	830
	10.9 级	—	—	—	—	—	—	—	500	310	—	1040
螺栓球节点用高强度螺栓	9.8 级	—	—	—	—	—	—	—	385	—	—	—
	10.9 级	—	—	—	—	—	—	—	430	—	—	—
构件钢材牌号	Q235	—	—	305	—	—	405	—	—	—	470	—
	Q345	—	—	385	—	—	510	—	—	—	590	—
	Q390	—	—	400	—	—	530	—	—	—	615	—
	Q420	—	—	425	—	—	560	—	—	—	655	—
	Q460	—	—	450	—	—	595	—	—	—	695	—
	Q345GJ	—	—	400	—	—	530	—	—	—	615	—

注：1. A 级螺栓用于 $d \leq 24$mm 和 $L \leq 10d$ 或 $L \leq 150$mm（按较小值）的螺栓；B 级螺栓用于 $d > 24$mm 和 $L > 10d$ 或 $L > 150$mm（按较小值）的螺栓；d 为公称直径，L 为螺栓公称长度；
2. A 级、B 级螺栓孔的精度和孔壁表面粗糙度，C 级螺栓孔的允许偏差和孔壁表面粗糙度，均应符合现行国家标准《钢结构工程施工质量验收标准》GB 50205—2020 的要求；
3. 用于螺栓球节点网架的高强度螺栓，M12 ~ M36 为 10.9 级，M39 ~ M64 为 9.8 级。

铆钉连接的强度设计值（N/mm²） 附表 5-5

铆钉钢号和构件钢材牌号		抗拉（钉头拉脱）f_t^r	抗剪 f_v^r		承压 f_c^r	
			Ⅰ类孔	Ⅱ类孔	Ⅰ类孔	Ⅱ类孔
铆钉	BL2 或 BL3	120	185	155	—	—
构件钢材牌号	Q235	—	—	—	450	365
	Q345	—	—	—	565	460
	Q390	—	—	—	590	480

注：1. 属于下列情况者为Ⅰ类孔：
1）在装配好的构件上按设计孔径钻成的孔；
2）在单个零件和构件上按设计孔径分别用钻模钻成的孔；
3）在单个零件上先钻成或冲成较小的孔径，然后在装配好的构件上再扩钻至设计孔径的孔；
2. 在单个零件上一次冲成或不用钻模钻成设计孔径的孔属于Ⅱ类孔。

方木、原木等木材的强度设计值和弹性模量（N/mm^2） 附表 6-1

强度等级	组别	抗弯 f_m	顺纹抗压及承压 f_c	顺纹抗拉 f_t	顺纹抗剪 f_v	横纹承压 $f_{c,90}$			弹性模量 E
						全表面	局部表面和齿面	拉力螺栓垫板下	
TC17	A	17	16	10	1.7	2.3	3.5	4.6	10000
	B		15	9.5	1.6				
TC15	A	15	13	9.0	1.6	2.1	3.1	4.2	10000
	B		12	9.0	1.5				
TC13	A	13	12	8.5	1.5	1.9	2.9	3.8	10000
	B		10	8.0	1.4				9000
TC11	A	11	10	7.5	1.4	1.8	2.7	3.6	9000
	B		10	7.0	1.2				
TB20	—	20	18	12	2.8	4.2	6.3	8.4	12000
TB17	—	17	16	11	2.4	3.8	5.7	7.6	11000
TB15	—	15	14	10	2.0	3.1	4.7	6.2	10000
TB13	—	13	12	9.0	1.4	2.4	3.6	4.8	8000
TB11	—	11	10	8.0	1.3	2.1	3.2	4.1	7000

注：计算木构件端部的拉力螺栓垫板时，木材横纹承压强度设计值应按“局部表面和齿面”一栏的数值采用。

对称异等组合胶合木的强度设计值和弹性模量（N/mm^2） 附表 6-2

强度等级	抗弯 f_m	顺纹抗压 f_c	顺纹抗拉 f_t	弹性模量 E
$TC_{YD}40$	27.9	21.8	16.7	14000
$TC_{YD}36$	25.1	19.7	14.8	12500
$TC_{YD}32$	22.3	17.6	13.0	11000
$TC_{YD}28$	19.5	15.5	11.1	9500
$TC_{YD}24$	16.7	13.4	9.9	8000

注：当荷载的作用方向与层板窄边垂直时，抗弯强度设计值 f_m 应乘以 0.7 的系数，弹性模量 E 应乘以 0.9 的系数。

非对称异等组合胶合木的强度设计值和弹性模量（N/mm^2） 附表 6-3

强度等级	抗弯 f_m		顺纹抗压 f_c	顺纹抗拉 f_t	弹性模量 E
	正弯曲	负弯曲			
$TC_{YF}38$	26.5	19.5	21.1	15.5	13000
$TC_{YF}34$	23.7	17.4	18.3	13.6	11500
$TC_{YF}31$	21.6	16.0	16.9	12.4	10500
$TC_{YF}27$	18.8	13.9	14.8	11.1	9000
$TC_{YF}23$	16.0	11.8	12.0	9.3	6500

注：当荷载的作用方向与层板窄边垂直时，抗弯强度设计值 f_m 应采用正向弯曲强度设计值，并乘以 0.7 的系数，弹性模量 E 应乘以 0.9 的系数。

同等组合胶合木的强度设计值和弹性模量（N/mm²） 附表 6-4

强度等级	抗弯 f_m	顺纹抗压 f_c	顺纹抗拉 f_t	弹性模量 E
TC_T40	27.9	23.2	17.9	12 500
TC_T36	25.1	21.1	16.1	11 000
TC_T32	22.3	19.0	14.2	9500
TC_T28	19.5	16.9	12.4	8000
TC_T24	16.7	14.8	10.5	6500

胶合木构件顺纹抗剪强度设计值（N/mm²） 附表 6-5

树种级别	顺纹抗剪强度设计值 f_v
SZ1	2.2
SZ2、SZ3	2.0
SZ4	1.8

胶合木构件横纹承压强度设计值（N/mm²） 附表 6-6

树种级别	局部横纹承压强度设计值 $f_{c,90}$		全表面横纹承压强度设计值 $f_{c,90}$
	构件中间承压	构件端部承压	
SZ1	7.5	6.0	3.0
SZ2、SZ3	6.2	5.0	2.5
SZ4	5.0	4.0	2.0
承压位置示意图	构件中间承压 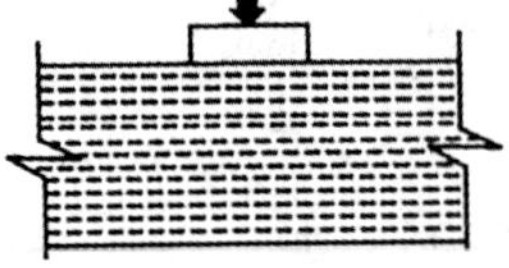	构件端部承压 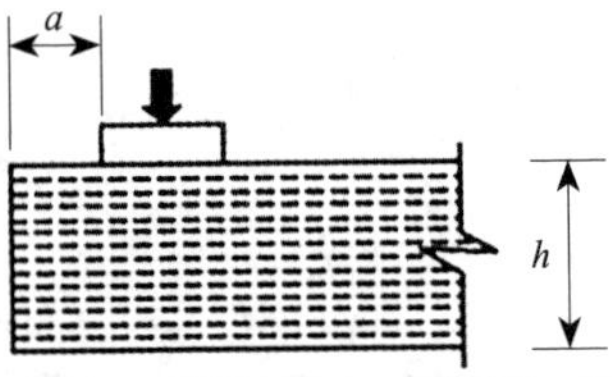 a h 1. 当 $h \geq 100mm$ 时，$a \leq 100mm$ 2. 当 $h < 100mm$ 时，$a \leq h$	构件全表面承压 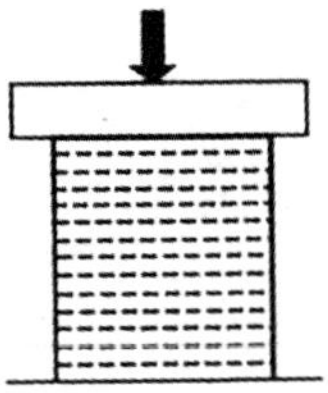

轴心受压构件稳定系数 TC17、TC15 及 TB20 级木材的 φ 值表　　附表 6-7-1

λ	0	1	2	3	4	5	6	7	8	9
0	1.000	1.000	0.999	0.998	0.998	0.996	0.994	0.992	0.990	0.988
10	0.985	0.981	0.978	0.974	0.970	0.966	0.962	0.957	0.952	0.947
20	0.941	0.936	0.930	0.924	0.917	0.911	0.904	0.898	0.891	0.884
30	0.877	0.869	0.862	0.854	0.847	0.839	0.832	0.824	0.816	0.808
40	0.800	0.792	0.784	0.776	0.768	0.760	0.752	0.743	0.735	0.727
50	0.719	0.711	0.703	0.695	0.687	0.679	0.671	0.663	0.655	0.648
60	0.640	0.632	0.625	0.617	0.610	0.602	0.595	0.588	0.580	0.573
70	0.566	0.559	0.552	0.546	0.539	0.532	0.519	0.506	0.493	0.481
80	0.469	0.457	0.446	0.435	0.425	0.415	0.406	0.396	0.387	0.379
90	0.370	0.362	0.354	0.347	0.340	0.332	0.326	0.319	0.312	0.306
100	0.300	0.294	0.288	0.283	0.277	0.272	0.267	0.262	0.257	0.252
110	0.248	0.243	0.239	0.235	0.231	0.227	0.223	0.219	0.215	0.212
120	0.208	0.205	0.202	0.198	0.195	0.192	0.189	0.186	0.183	0.180
130	0.178	0.175	0.172	0.170	0.167	0.165	0.162	0.160	0.158	0.155
140	0.153	0.151	0.149	0.147	0.145	0.143	0.141	0.139	0.137	0.135
150	0.133	0.132	0.130	0.128	0.126	0.125	0.123	0.122	0.120	0.119
160	0.117	0.116	0.114	0.113	0.112	0.110	0.109	0.108	0.106	0.105
170	0.104	0.102	0.101	0.100	0.0991	0.0980	0.0968	0.0958	0.0947	0.0936
180	0.0926	0.0916	0.0906	0.0896	0.0886	0.0876	0.0867	0.0858	0.0849	0.0840
190	0.0831	0.0822	0.0814	0.0805	0.0797	0.0789	0.0781	0.0773	0.0765	0.0758
200	0.0750									

表中的 φ 值系按下列公式计算：

当 $\lambda \leqslant 75$ 时：$\varphi = \dfrac{1}{1+\left(\dfrac{\lambda}{80}\right)^2}$

当 $\lambda > 75$ 时：$\varphi = \dfrac{3000}{\lambda^2}$

TC13、TC11、TB17、TB15、TB13 及 TB11 级木材的 φ 值表　　附表 6-7-2

λ	0	1	2	3	4	5	6	7	8	9
0	1.000	1.000	0.999	0.998	0.996	0.994	0.992	0.988	0.985	0.981
10	0.977	0.972	0.967	0.962	0.956	0.949	0.943	0.936	0.929	0.921
20	0.914	0.905	0.897	0.889	0.880	0.871	0.862	0.853	0.843	0.834
30	0.824	0.815	0.805	0.795	0.785	0.775	0.765	0.755	0.745	0.735
40	0.725	0.715	0.705	0.696	0.686	0.676	0.666	0.657	0.647	0.638
50	0.628	0.619	0.610	0.601	0.592	0.583	0.574	0.565	0.557	0.548
60	0.540	0.532	0.524	0.516	0.508	0.500	0.492	0.485	0.477	0.470
70	0.463	0.456	0.449	0.442	0.436	0.429	0.422	0.416	0.410	0.404
80	0.398	0.392	0.386	0.380	0.374	0.369	0.364	0.358	0.353	0.348
90	0.343	0.338	0.331	0.324	0.317	0.310	0.304	0.298	0.292	0.286
100	0.280	0.274	0.269	0.264	0.259	0.254	0.249	0.244	0.240	0.236
110	0.231	0.227	0.223	0.219	0.215	0.212	0.208	0.204	0.201	0.198
120	0.194	0.191	0.188	0.185	0.182	0.179	0.176	0.174	0.171	0.168
130	0.166	0.163	0.161	0.158	0.156	0.154	0.151	0.149	0.147	0.145
140	0.143	0.141	0.139	0.137	0.135	0.133	0.131	0.130	0.128	0.126
150	0.124	0.123	0.121	0.120	0.118	0.116	0.115	0.114	0.112	0.111
160	0.109	0.108	0.107	0.105	0.104	0.103	0.102	0.100	0.0992	0.0980
170	0.0969	0.0958	0.0946	0.0936	0.0925	0.0914	0.0904	0.0894	0.0884	0.0874
180	0.0864	0.0855	0.0845	0.836	0.0827	0.0818	0.0809	0.0801	0.0792	0.0784
190	0.0776	0.0768	0.0760	0.0752	0.0744	0.0736	0.0729	0.0721	0.0714	0.0707
200	0.0700									

表中的 φ 值系按下列公式计算：

当 $\lambda \leqslant 91$ 时：$\varphi=\dfrac{1}{1+\left(\dfrac{\lambda}{65}\right)^2}$

当 $\lambda > 91$ 时：$\varphi=\dfrac{2800}{\lambda^2}$

当销类连接件符合下列条件时，群栓组合系数 k_g 取 1.0：

①直径小于 6.5mm 时；②仅有 1 个紧固件时；③两个或两个以上的紧固件沿顺纹方向仅排成一行时；④两行或两行以上的紧固件，每行紧固件分别采用单独的连接板连接时。

在构件连接中，当侧面构件为木材时，常用紧固件的群栓组合系数 k_g 应符合附表 6-8-1 的规定。

螺栓、销和木螺钉的群栓组合系数 k_g（侧面构件为木材）　　附表 6-8-1

A_s/A_m	A_s (mm²)	每排中紧固件的数量										
		2	3	4	5	6	7	8	9	10	11	12
0.5	3225	0.98	0.92	0.84	0.75	0.68	0.61	0.55	0.50	0.45	0.41	0.38
	7740	0.99	0.96	0.92	0.87	0.81	0.76	0.70	0.65	0.61	0.47	0.53
	12900	0.99	0.98	0.95	0.91	0.87	0.83	0.78	0.74	0.70	0.66	0.62
	18060	1.00	0.98	0.96	0.93	0.90	0.87	0.83	0.79	0.76	0.72	0.69
	25800	1.00	0.99	0.97	0.95	0.93	0.90	0.87	0.84	0.81	0.78	0.75
	41280	1.00	0.99	0.98	0.97	0.95	0.93	0.91	0.89	0.87	0.84	0.82
1	3225	1.00	0.97	0.91	0.85	0.78	0.71	0.64	0.59	0.54	0.49	0.45
	7740	1.00	0.99	0.96	0.93	0.88	0.84	0.79	0.74	0.70	0.65	0.61
	12900	1.00	0.99	0.98	0.95	0.92	0.89	0.86	0.82	0.78	0.75	0.71
	18060	1.00	0.99	0.98	0.97	0.94	0.92	0.89	0.86	0.83	0.80	0.77
	25800	1.00	1.00	0.99	0.98	0.96	0.94	0.92	0.90	0.87	0.85	0.82
	41280	1.00	1.00	0.99	0.98	0.97	0.95	0.95	0.93	0.91	0.90	0.88

注：当侧构件截面毛面积与主构件截面毛面积之比 $A_s/A_m > 1.0$ 时，应采用 A_m/A_s 和 A_m 值查表。

在构件连接中，当侧面构件为钢材时，常用紧固件的群栓组合系数 k_g 应符合附表 6-8-2 的规定。

螺栓、销和木螺钉的群栓组合系数 k_g（侧面构件为钢材）　　附表 6-8-2

A_m/A_s	A_m (mm²)	每排中紧固件的数量										
		2	3	4	5	6	7	8	9	10	11	12
12	3225	0.97	0.89	0.80	0.70	0.62	0.55	0.49	0.44	0.40	0.37	0.34
	7740	0.98	0.93	0.85	0.77	0.70	0.63	0.57	0.52	0.47	0.43	0.40
	12900	0.99	0.96	0.92	0.86	0.80	0.75	0.69	0.64	0.60	0.55	0.52
	18060	0.99	0.97	0.94	0.90	0.85	0.81	0.76	0.71	0.67	0.63	0.59
	25800	1.00	0.98	0.96	0.94	0.90	0.87	0.83	0.79	0.76	0.72	0.69
	41280	1.00	0.99	0.98	0.96	0.94	0.91	0.88	0.86	0.83	0.80	0.77
	77400	1.00	0.99	0.99	0.98	0.96	0.95	0.93	0.91	0.90	0.87	0.85
	129000	1.00	1.00	0.99	0.99	0.98	0.97	0.96	0.95	0.93	0.92	0.90

续表

A_m/A_s	A_m (mm^2)	每排中紧固件的数量										
		2	3	4	5	6	7	8	9	10	11	12
18	3225	0.99	0.93	0.85	0.76	0.68	0.61	0.54	0.49	0.44	0.41	0.37
	7740	0.99	0.95	0.90	0.83	0.75	0.69	0.62	0.57	0.52	0.48	0.44
	12900	1.00	0.98	0.94	0.90	0.85	0.79	0.74	0.69	0.65	0.60	0.56
	18060	1.00	0.98	0.96	0.93	0.89	0.85	0.80	0.76	0.72	0.68	0.64
	25800	1.00	0.99	0.97	0.95	0.93	0.90	0.87	0.83	0.80	0.77	0.73
	41280	1.00	0.99	0.98	0.97	0.95	0.93	0.91	0.89	0.86	0.83	0.81
	77400	1.00	1.00	0.99	0.98	0.97	0.96	0.95	0.93	0.92	0.90	0.88
	129000	1.00	1.00	0.99	0.99	0.98	0.98	0.97	0.96	0.95	0.94	0.92
24	25800	1.00	0.99	0.97	0.95	0.93	0.89	0.86	0.83	0.79	0.76	0.72
	41280	1.00	0.99	0.98	0.97	0.95	0.93	0.91	0.88	0.85	0.83	0.80
	77400	1.00	1.00	0.99	0.98	0.97	0.96	0.95	0.93	0.91	0.90	0.88
	129000	1.00	1.00	0.99	0.99	0.98	0.98	0.97	0.96	0.95	0.93	0.92
30	25800	1.00	0.98	0.96	0.93	0.89	0.85	0.81	0.77	0.73	0.69	0.65
	41280	1.00	0.99	0.97	0.95	0.93	0.90	0.87	0.83	0.80	0.77	0.73
	77400	1.00	0.99	0.99	0.97	0.96	0.94	0.92	0.90	0.88	0.85	0.83
	129000	1.00	1.00	0.99	0.98	0.97	0.96	0.95	0.94	0.92	0.90	0.89
35	25800	0.99	0.97	0.94	0.91	0.86	0.82	0.77	0.73	0.68	0.64	0.60
	41280	1.00	0.98	0.96	0.94	0.91	0.87	0.84	0.80	0.76	0.73	0.69
	77400	1.00	0.99	0.98	0.97	0.95	0.92	0.90	0.88	0.85	0.82	0.79
	129000	1.00	0.99	0.99	0.98	0.97	0.95	0.94	0.92	0.90	0.88	0.86

[1] 中华人民共和国住房和城乡建设部 . 工程结构设计基本术语标准：GB/T 50083—2014[S]. 北京：中国建筑工业出版社，2015.

[2] 中华人民共和国住房和城乡建设部 . 建筑结构可靠性设计统一标准：GB 50068—2018[S]. 北京：中国建筑工业出版社，2019.

[3] 中华人民共和国住房和城乡建设部 . 建筑结构荷载规范：GB 50009—2012[S]. 北京：中国建筑工业出版社，2012.

[4] 中华人民共和国住房和城乡建设部 . 混凝土结构设计规范:GB 50010—2010（2015 年版）[S]. 北京：中国建筑工业出版社，2010.

[5] 中华人民共和国住房和城乡建设部 . 砌体结构设计规范：GB 50003—2011[S]. 北京：中国建筑工业出版社，2011.

[6] 中华人民共和国住房和城乡建设部 . 钢结构设计标准：GB 50017—2017[S]. 北京：中国建筑工业出版社，2018.

[7] 中华人民共和国住房和城乡建设部 . 木结构设计标准：GB 50005—2017[S]. 北京：中国建筑工业出版社，2018.

[8] 中华人民共和国住房和城乡建设部 . 建筑地基基础设计规范：GB 50007—2011[S]. 北京：中国建筑工业出版社，2011.

[9] 中华人民共和国住房和城乡建设部 . 工程结构通用规范：GB 55001—2021[S]. 北京：中国建筑工业出版社，2021.

[10] 中华人民共和国住房和城乡建设部 . 建筑与市政工程抗震通用规范：GB 55002—2021[S]. 北京：中国建筑工业出版社，2021.

[11] 中华人民共和国住房和城乡建设部 . 建筑与市政地基基础通用规范：GB 55003—2021[S]. 北京：中国建筑工业出版社，2021.

[12] 中华人民共和国住房和城乡建设部 . 组合结构通用规范：GB 55004—2021[S]. 北京：中国建筑工业出版社，2021.

[13] 中华人民共和国住房和城乡建设部 . 木结构通用规范：GB 55005—2021[S]. 北京：中国建筑工业出版社，2021.

[14] 中华人民共和国住房和城乡建设部 . 钢结构通用规范：GB 55006—2021[S]. 北京：中国建筑工业出版社，2021.

[15] 中华人民共和国住房和城乡建设部 . 砌体结构通用规范：GB 55007—2021[S]. 北京：中国建筑工业出版社，2021.

[16] 中华人民共和国住房和城乡建设部 . 混凝土结构通用规范：GB 55008—2021[S]. 北京：中国建筑工业出版社，2021.

[17] 中华人民共和国住房和城乡建设部 . 装配式建筑评价标准：GB/T 51129—2017[S]. 北京：中国建筑工业出版社，2018.

[18] 中华人民共和国住房和城乡建设部 . 装配式混凝土建筑技术标准：GB/T 51231—2016[S]. 北京：中国建筑工业出版社，2017.

[19] 中华人民共和国住房和城乡建设部 . 装配式钢结构建筑技术标准：GB/T 51232—2016[S]. 北京：中国建筑工业出版社，2017.

[20] 中华人民共和国住房和城乡建设部 . 装配式木结构建筑技术标准：GB/T 51233—2016[S]. 北京：中国建筑工业出版社，2017.

[21] 中华人民共和国住房和城乡建设部 . 装配式混凝土结构技术规程：JGJ 1—2014[S]. 北京：中国建筑工业出版社，2014.

[22] 中华人民共和国住房和城乡建设部 . 组合结构设计规范：JGJ 138—2016[S]. 北京：中国建筑工业出版社，2016.

[23] 中华人民共和国住房和城乡建设部 . 装配式钢结构住宅建筑技术标准：JGJ/T 469—2019[S]. 北京：中国建筑工业出版社，2019.

[24] 中华人民共和国住房和城乡建设部 . 安全防范工程通用规范：GB 55029—2022[S]. 北京：中国建筑工业出版社，2022.

[25] 中华人民共和国住房和城乡建设部 . 建筑与市政工程施工质量控制通用规范：GB 55032—2022[S]. 北京：中国建筑工业出版社，2022.

[26] 中华人民共和国住房和城乡建设部 . 高层建筑混凝土结构技术规程：JGJ 3—2010[S]. 北京：中国建筑工业出版社，2010.

[27] 中华人民共和国住房和城乡建设部 . 高层民用建筑钢结构技术规程：JGJ 99—2015[S]. 北京：中国建筑工业出版社，2016.

[28] 中华人民共和国住房和城乡建设部 . 建筑抗震设计规范：GB 50011—2010（2016 年版）[S]. 北京：中国建筑工业出版社，2011.

[29] 沈蒲生 . 混凝土结构设计 [M]. 5 版 . 北京：高等教育出版社，2020.

[30] 施楚贤 . 砌体结构 [M]. 3 版 . 北京：中国建筑工业出版社，2012.

[31] 陈志华 . 钢结构原理与设计 [M]. 2 版 . 天津：天津大学出版社，2019.

[32] 沈祖炎，陈杨骥，陈以一 . 钢结构基本原理 [M]. 北京：中国建筑工业出版社，2005.

[33] 叶列平 . 混凝土结构 [M]. 北京：清华大学出版社，2005.

[34] 刘庆伟 . 现代木结构 [M]. 2 版 . 北京：中国建筑工业出版社，2022.

[35] 张建荣 . 建筑结构选型 [M]. 2 版 . 北京：中国建筑工业出版社，2011.

[36] 轻型钢结构设计指南（实例与图集）编辑委员会．轻型钢结构设计指南（实例与图集）[M]. 北京：中国建筑工业出版社，2000.
[37] 王心田．建筑结构体系与选型 [M]. 上海：同济大学出版社，2003.
[38]（日）增田一真．结构形态与建筑设计 [M]. 任莅棣，译．北京：中国建筑工业出版社，2002.
[39] 方鄂华．高层建筑钢筋混凝土结构概念设计 [M]. 北京：机械工业出版社，2006.
[40] 钱稼茹，赵作周，叶列平．高层建筑结构设计 [M]. 北京：中国建筑工业出版社，2004.
[41] 罗福午，张惠英，杨军．建筑结构概念设计及案例 [M]. 北京：清华大学出版社，2003.
[42] 李爱群，丁幼亮，高振世．工程结构抗震设计 [M]. 4 版．北京：中国建筑工业出版社，2023.
[43] 沈聚敏，周锡元，高小旺，刘晶波．抗震工程学 [M]. 北京．中国建筑工业出版社，2000.
[44] 李爱群，高振世．工程结构抗震与防灾 [M]. 南京：东南大学出版社，2003.
[45] 东南大学，天津大学，同济大学．混凝土结构 [M]. 5 版．北京：中国建筑工业出版社，2012.
[46]《木结构设计手册》编辑委员会．木结构设计手册 [M]. 3 版．北京：中国建筑工业出版社，2005.
[47] 陈肇元，钱稼茹．汶川地震建筑震害调查与灾后重建分析报告 [R]. 北京：中国建筑工业出版社，2008.
[48] 叶献国．建筑结构选型概论 [M]. 2 版．武汉：武汉理工大学出版社，2013.
[49] 罗福午，邓雪松．建筑结构 [M]. 2 版．武汉：武汉理工大学出版社，2012.
[50] 黄真，林少培．现代结构设计的概念与方法 [M]. 北京：中国建筑工业出版社，2010.
[51] 陈宝胜．建筑结构选型 [M]. 上海：同济大学出版社，2008.
[52] 计学闰，王力．结构概念与体系 [M]. 北京：高等教育出版社，2004.
[53] 张其林．索和膜结构 [M]. 上海：同济大学出版社，2002.
[54] 陈务军．膜结构工程设计 [M]. 北京：中国建筑工业出版社，2005.
[55] 聂洪达，郄恩田．房屋建筑学 [M]. 2 版．北京：北京大学出版社，2012.
[56] 聂洪达，赵淑红．建筑技术赏析 [M]. 2 版．武汉：华中科技大学出版社，2014.
[57] 郑方，张欣．水立方—国家游泳中心 [J]. 建筑学报，2008.（6）.
[58] 哈里斯，李凯文．桅杆结构建筑 [M]. 钱稼茹，陈勤，纪晓东译．北京：中国建筑工业出版社，2009.
[59] 梁兴文．混凝土结构设计原理 [M]. 5 版．北京 : 中国建筑工业出版社，2022.
[60] 上海市住房和城乡建设管理委员会．装配式建筑应用实践 [M]. 北京 : 中国建筑工业出版社，2021.
[61] 张毅刚，薛素铎，杨庆山等．大跨空间结构 [M]. 北京：机械工业出版社，2005.
[62] 江韩，等．装配式建筑结构体系与案例 [M]. 南京：东南大学出版社，2018.
[63] 高立人，方鄂华，钱稼茹．高层建筑结构概念设计 [M]. 北京：中国计划出版社，2005.